医药生物领域发明专利申请文件撰写与答复技巧

欧阳石文◎主编

张清奎◎审核

知识产权出版社

全国百佳图书出版单位

图书在版编目（CIP）数据

医药生物领域发明专利申请文件撰写与答复技巧/欧阳石文主编. —北京：
知识产权出版社，2017.4（2019.5 重印）（2023.11 重印）
ISBN 978 - 7 - 5130 - 4794 - 4

Ⅰ.①医… Ⅱ.①欧… Ⅲ.①生物制品—专利申请—中国 Ⅳ.①G306.3

中国版本图书馆 CIP 数据核字（2017）第 046139 号

内容提要

本书较为全面地介绍了医药生物领域主要的专利申请主题撰写要求和基本技巧，以及答复审查意见通知书的反驳理由和技巧，并提供翔实的典型案例分析，兼具入门知识和常用技巧。本书适合于企事业单位专利工作者、专利代理人、专利代理人助理以及拟参加全国专利代理人资格考试的考生阅读。同时，本书也适合于从事医药生物领域的科研工作者和管理者了解专利申请的基本方法和技巧。

责任编辑：卢海鹰　胡文彬　　　　　　责任校对：潘凤越
封面设计：张　冀　　　　　　　　　　责任出版：刘译文

专利申请文件撰写和答复丛书
医药生物领域发明专利申请文件撰写与答复技巧
YIYAO SHENGWU LINGYU FAMINGZHUANLI SHENQINGWENJIAN ZHUANXIE YU DAFU JIQIAO
欧阳石文　主编
张清奎　审核

出版发行：知识产权出版社 有限责任公司		网　　址：http://www.ipph.cn	
社　　址：北京市海淀区气象路 50 号院		邮　　编：100081	
责编电话：010 - 82000860 转 8541		责编邮箱：wangyumao@cnipr.com	
发行电话：010 - 82000860 转 8101/8102		发行传真：010 - 82000893/82005070/82000270	
印　　刷：北京中献拓方科技发展有限公司		经　　销：新华书店、各大网上书店及相关专业书店	
开　　本：787mm×1092mm　1/16		印　　张：29.75	
版　　次：2017 年 4 月第 1 版		印　　次：2023 年 11 月第 3 次印刷	
字　　数：690 千字		定　　价：98.00 元	

ISBN 978-7-5130-4794-4

主编简介

　　欧阳石文，男，汉族，湖南省永州市宁远县人，研究员（二级审查员）。2002年毕业于中国农业科学院研究生院分子生物学专业，获得博士学位。

　　2002年8月至2014年4月在国家知识产权局专利局专利审查协作北京中心工作，主要从事医药和生物领域发明专利申请的实质审查工作。其间，2004年3月至2005年3月借调到国家知识产权局专利复审委员会工作，主审数十件医药和生物领域复审和无效案件。2010年至2012年任国家知识产权局专利局专利审查协作北京中心审查业务部研究室主任，2014年1～4月借调北京市第一中级人民法院。2014年5月调入国家知识产权局专利局专利审查协作河南中心工作，并担任化学部副主任。

　　从事发明实质审查工作10多年中，曾参与《专利审查指南2010》修订工作，国家知识产权局内部规程《审查操作规程·实审分册》的制定工作，《专利法》和《专利法实施细则》修改相关课题研究工作，在《知识产权》等知识产权专业期刊上共发表20多篇论文和文章。参与过多部专著的撰写，如《海外专利保护实务——美国篇》（编委）、《专利保护客体案例点评》（撰写第七章）、《实用新型专利评价报告实务手册》（撰稿人和统稿人）等。2010年与吴观乐老师合作出版《专利代理实务应试指南及真题精解》，随后在2012年和2015年分别修订出版第2版和第3版，获得广大考生的好评。

审稿人简介

张清奎先生于 1981 年清华大学硕士毕业后进入中国专利局（现国家知识产权局），历任化学发明审查部审查员、室主任、副部长，专利复审委员会副主任，化学发明审查部部长，医药生物发明审查部部长等职务，专利审查研究员、一级审查员，享受国务院特殊津贴，于 2013 年 6 月退休。

多年来，张清奎先生曾访问过许多国家的知识产权审理、代理和研究机构，并刻苦治学、潜心研究，在国内外各种报刊发表论文 110 多篇，主编或编著了近 10 部专著，主持过数十项国家级研究课题，参与了近 10 名知识产权学科博士和硕士的培养和答辩，多次在国内外举办的国际学术会议上作主题演讲。

此外，张清奎先生还曾兼任国家新药研究与开发协调领导小组成员，国家新药研究与开发专家委员会委员，国家生物产业发展专家咨询委员会专家，国家重大科技专项论证委员会委员，国家中药品种保护审评委员会委员，国家药品行政保护专家委员会委员，国家生物物种资源保护专家委员会委员，国家知识产权局高级职称评委会副主任、学术委员会副主任、实审专业委员会主任，中国药学会常务理事、医药知识产权研究专业委员会主任委员，中国知识产权研究会常务理事，中国知识产权培训中心兼职教授，中国中医科学院中药研究所客座研究员，中国药科大学研究生导师，《中国新药杂志》《中国药学杂志》《中国生物技术产业发展报告》编委，北京紫图知识产权司法鉴定中心司法鉴定人，中国医药保健品进出口商会顾问和中国人民大学知识产权学院兼职教授等社会职务。

编 写 分 工

撰　写

第一部分　欧阳石文

第二部分

第四章　王　冬

第五章　曾振文

第六章　欧阳石文　张　辉

第七章　欧阳石文

第八章　王　茨

第九章至第十五章　欧阳石文

第三部分　欧阳石文

第四部分

第二十章　欧阳石文

第二十一章　欧阳雪宇

第二十二章至第二十三章　欧阳石文

第二十四章至第二十七章　曹寅秋

第二十八章至第二十九章　欧阳雪宇

统　稿　欧阳石文

审　稿　张清奎

前　言

专利申请文件是承载发明创造技术内容的重要载体，也是发明创造能够获得专利权的必要条件之一。一份结构完整、行文流畅、必要内容交代充分的说明书是发明人智慧成果的良好展现，也是申请人获得专利保护的技术信息基础。由于我国专利制度起步较晚，申请人或专利代理人对于专利申请文件的撰写技巧掌握得还不够娴熟，目前仍有相当数量的专利申请因撰写失误或质量不佳阻碍其获得授权或者难以获得与发明贡献相匹配的专利保护范围。

医药和生物领域专利申请文件的撰写和答复既具有一般领域的通用规则，但也具有其自身的特点和规律。尤其后者对于从事该领域专利申请文件的撰写和答复工作来说，难度更大一些。因此，医药生物领域专利申请文件的撰写和答复与机械、电学领域存在一些不容忽视的差异，这正是本书重点关注的地方，探索归纳该领域的特点和规律及特殊做法。本书共分四个部分，简要介绍如下。

第一部分对专利申请文件起草的大致过程进行了简要介绍，首先，对专利申请文件撰写前的准备阶段作了说明，如何进行预判如拟申请的主题是否属于专利保护客体、发明创造是否具备新颖性和创造性、多项发明是否具备单一性的预判等，其中结合了一些具体实例进行说明。随后，对专利申请文件主要是权利要求书和说明书的撰写要求和通常步骤进行介绍。最后，针对目前专利申请和审查实践，列出了撰写中经常出现的错误类型和实例。

需要指出的是，本书提及的专利申请文件撰写，并不局限于专利申请文件的起草和定稿过程本身，而是采用专利代理过程中在接到技术交底书，或者申请人研发后要自行提出专利申请时，初步判断和考虑是否提出专利申请以及确定专利申请文件中应当提供的内容，以及起草和定稿申请文件等全过程，与发明专利实质审查所考虑角度不同，但本书定义的撰写要求实际上包括《专利法》实质条款和撰写要求的非实质条款。

第二部分较为全面地介绍医药和生物领域中相对重要的发明技术主题或类型的专利申请文件撰写，共十二章。第四章至第七章主要涉及医药领域，分别是西药、药物制剂、中药、医药用途发明的专利申请文件撰写；第八章和第九章分别是化妆品、食品及保健品发明专利申请文件的撰写；第十章至第十五章则主要涉及生物领域，分别是微生物、基因工程、引物和分子标记类、蛋白质工程、抗体和疫苗以及植物育种和组织培养发明专利申请文件的撰写。

根据不同技术主题在专利申请中的特点和特殊之处进行了详细介绍，各章主要包括申请前的预判、专利申请文件的撰写以及撰写案例分析。由于各章根据各自技术主题的特点，因此各技术主题的撰写内容框架也就并非完全一致。此外，对于不同技术主题的划分并非完善，也不完全同于产业的分类，而是根据撰写有共同之处来进行划分的。虽然本书较为全面地覆盖了医药和生物领域的各个技术主题，但仍然没有完全涉及所有技术主题，对于相对细小的技术主题或较杂的技术主题没有能够纳入进来。其中，本书主要针对医药生物领域的重要主题提供是否提出专利申请的预判（包括是否属于专利权保护的客体，重点是新颖性和创造性条件初步判断是否满足），对于相对次要的主题则相对简略，仅就其经常遇见的问题作重点介绍。

第三部分对实质审查意见通知书答复的处理进行整体说明，包括专利申请文件修改的相关规定、答复时不同的处理方式介绍等，其中对各重要法条的规范意见陈述和意见陈述书的规范格式进行了说明。

第四部分第二十章至第二十九章涉及不同法条的审查意见的答复技巧。通过医药和生物领域的具体案例对审查意见的答复进行剖析，以便了解各条款意见陈述的突破点，进而掌握答复的方法和技巧。具体编排上，由于实质审查中最重要的是新颖性、创造性的审查，因此首先对新颖性、创造性审查意见的答复进行重点介绍，随后再对其他条款的审查意见进行介绍。最后提供两个相对完整的专利申请的审查意见答复案例，通过这两个案例的分析，以便能够整体上把握意见陈述和处理策略。

参与编写的人员有欧阳石文、欧阳雪宇、曹寅秋、曾振文、王荧、王冬、张辉，全书由欧阳石文统稿、张清奎审核。

需要郑重说明的是，本书提供的判断思路和案例仅供申请专利时参考，并不是官方的标准或依据，若有官方的标准或依据（其也可能会随着时间的推移而发生变化），请以官方的标准或依据为准。同时本书中提供的供参考的申请文件也只是为撰写申请文件提供参考思路，其并不表明是完善的或是最佳的，也请读者理解。

本书在撰写过程中参考了大量的图书、论文、文章中的许多内容或观点，但为了页面美观，未能将引用一一标出，在此向相关作者表示歉意。

此外，由于编者的能力和水平所限，书中错误在所难免，敬请读者批评指正。必要时可以联系作者微信号 andy121ou，以期再版时能够消除存在的错误。

编　者

2016 年 10 月

目　录

第四部分 / 审查意见答复技巧和案例剖析 / 359

第一部分

专利申请文件撰写的基本过程和要求

总体来说，在撰写专利申请文件时，首先考虑发明创造本身质量是否符合《专利法》规定的授权实质性条件，具体包括是否属于专利保护的客体，是否具备《专利法》规定的"三性"（新颖性、创造性和实用性）；其次就是如何将发明创造撰写好，形成高质量的专利申请文件，这主要需要考虑《专利法》规定的对发明创造进行充分公开、获得合理的尽可能宽的清晰的保护范围（《专利法》第二十六条第四款）、独立权利要求仅记载必要技术特征（《专利法实施细则》第二十条第二款），以及其他一些如合案还是分案申请乃至撰写的形式要求等。

　　此处拟按照形成专利申请文件的基本过程，试图从申请人和专利代理人的角度而不是从专利审查的角度进行梳理，对各个环节的考虑因素以及专利申请文件撰写的实务过程进行说明，其中重点结合医药及生物技术领域中经常会遇到的问题进行说明。本书对于确定是否提出专利申请，重点关注其发明是否属于《专利法》保护的客体、是否满足创造性的要求；而在确定专利申请文件的撰写方面除一般撰写要求外，也考虑如权利要求应当得到说明书的支持、说明书应当充分公开。

第一章 专利申请文件撰写前的准备

一、判断主题是否属于专利保护客体

在撰写专利申请文件前，需要根据客户提供的技术交底资料，理解有关发明创造的技术内容。通常，首先要考虑专利申请涉及的主题是否属于专利保护客体，包括判断是否属于《专利法》第五条、第二十五条规定的不授予专利权的客体以及是否属于专利法意义上的产品或者方法。在医药和生物领域经常会遇到相关的研发主题不属于可授予专利权的客体。只有在主题属于专利保护客体的情况下，才有必要进行下一步工作。

（一）判断主题是否属于《专利法》第五条规定的不授予专利权的客体

根据《专利法》第五条第一款的规定，发明创造的公开、使用、制造违反了法律、社会公德或者妨害了公共利益的，不能被授予专利权。凡是属于上述不授予专利权的主题，既不能写入说明书中，当然也不能作为权利要求请求保护的对象。

1. 违反法律的发明创造

法律仅指全国人大或全国人大常委会制定和颁布的法律，不包括行政法规和规章。

发明创造本身与法律相违背的，不能授予专利权，但并不包括那些由于被滥用才导致违反法律的发明创造。

《专利法》第五条第一款所称违反法律的发明创造，不包括仅其实施为法律所禁止的发明创造。也就是说，如果仅仅是发明创造的产品的生产、销售或使用受到法律的限制或约束，则该产品及其制造方法并不属于违反法律的发明创造。

2. 违反社会公德的发明创造

《专利法》中所称的社会公德仅限于我国国内。发明创造与社会公德相违背的，不能被授予专利权，《专利审查指南 2010》第二部分第一章第 3.1.2 节和第二部分第十章第 9.1.1 节列举了一些例子。其中在医药和生物领域可能涉及改变人生殖系遗传同一性的方法或改变了生殖系遗传同一性的人，克隆的人或克隆人的方法，人胚胎的工业或商业目的的应用，可能导致动物痛苦而对人或动物的医疗没有实质性益处的改变动物遗传同一性的方法、人类胚胎干细胞及其制备方法、处于各个形成和发育阶段的人体，包括人的生殖细胞、受精卵、胚胎及个体等。需要说明的是，其中的"人胚胎"是从受精卵开始到新生儿出生前任何阶段的胚胎形式，包括卵裂期、桑葚期、囊胚期、着床期、胚层分化期的胚胎等。其来源也应包括任何来源的胚胎，包括体外授精多余的囊胚、体细胞核移植技术所获得的囊胚、自然或自愿选择流产的胎儿等。

在医药生物领域主要涉及人胚胎、人胚胎干细胞相关的发明中，对于人胚胎、人胚胎干细胞本身及它们的制备方法都属于不能授予专利权的主题，如下面的例子所示。

【案例 1 - 1】

一种建立未分化的人胚胎干细胞的方法，包括以下步骤：（a）解冻深低温保藏的人胚泡胚胎，其中所述的人胚泡胚胎包括在所述胚胎受精后 5 ~ 6 天深低温保藏的人胚胎；和（b）在能够维持未分化胚胎干细胞的培养基中，对上述人胚泡胚胎至少一部分进行培养，从而建立未分化人胚胎干细胞。

【案例 1 - 2】

一种使人胚胎干细胞分化成人造血细胞群的方法，其特征在于，该方法包括步骤：

（1）获得未分化的人胚胎干细胞群，所述人胚胎干细胞群是已建立的细胞系；

（2）引发人胚胎干细胞的分化；

（3）在基本无任何具有不同基因型的细胞，但含有至少两种造血细胞生长因子混合物的培养环境中培养所述细胞，所述造血细胞生长因子是干细胞因子、FLT - 3 配体、IL - 3、IL - 6 和粒细胞集落刺激因子；然后，

（4）从（3）培养环境中收集其中至少 1% 细胞是 CD45 阳性或该细胞群在造血细胞集落形成单位试验中以至少约 1/1000 的接种效率形成集落的造血细胞群。

此外，对于使用到人胚胎干细胞，则需要在权利要求中明确限定商业途径获得的细胞，如果没有限定，或者利用的不是商业途径获得的细胞，则权利要求的主题仍然不能授予专利权，如下述两个例子，由于均没有说明如何获得人胚胎干细胞，因而不能授予专利权。如果申请时说明书中也不能提供是采用商业途径获得的细胞，则也无法通过修改来获得授权。

【案例 1 - 3】

一种处理人胚胎干细胞获得可在体外培养分化的细胞的方法，其特征在于该方法包括：（a）提供人胚胎干细胞的培养物；（b）在含有干细胞分化剂的培养基中的基板上，在导致分化的细胞富集的条件下培养细胞。

【案例 1 - 4】

一种用于测试试剂对人心脏细胞所产生的影响的方法，所述方法包含以下步骤：培养来自人胚胎干细胞的心肌细胞，所述培养通过使人胚胎干细胞形成胚状体来进行，……。

但如果限定到明确的商业途径获得的具体细胞株（说明书实施例也应采用该细胞株），例如下述的人胚胎干细胞采用可商业途径购买的 H1 细胞系，不涉及破坏人胚胎的获取过程，因此有可能获得授权。

【案例 1 - 5】

某发明涉及一种诱导人胚胎干细胞向肝脏细胞分化的方法，包括以下步骤：（1）取培养在 MEF 饲养层上的人胚胎干细胞 H1 细胞系的细胞，弃去培养基，加入，在 37℃ 下培养 24 ~ 48 小时，然后弃去培养基，更换为添加 0.15% ~ 0.25% 胎牛血清的分化培养基分化培养基 II，在相同条件下培养 24 ~ 45 小时，再弃去培养基，更换为添加 1.5% ~ 2.5% 胎牛血清的分化培养基 I，在相同条件下继续培养 24 ~ 48 小时；

（2）弃去培养基，加入分化培养基 II，在 37℃ 下培养 3 ~ 6 天，每天更换一次培养基，得到肝样细胞；

其中，分化培养基 I 是在 RPMI1640 培养基的基础上添加了 80 ~ 12ng/L 活化素 A，pH7.2 ~ 7.6；分化培养基 II 是在 HCM 培养基的基础上添加了 20 ~ 60ng/mL 成纤维细胞生长因子和 15 ~ 25ng/mL 骨形态形成蛋白，pH7.2 ~ 7.6。

在上述研究中，虽然研究的重点在于摸索对胚胎干细胞进行处理的条件，但由于胚胎干细胞本身的获得依赖于胚胎，这被认为属于人胚胎的工业或商业目的的应用，是违反社会公德的发明创造。

但有时，对于上述问题是可以避免的。在涉及胚胎干细胞的研究中，应避免使用从胚胎中分离得到的胚胎干细胞。实际上，现在已有成熟的且已商业化的胚胎干细胞系，研究人员可以利用这些胚胎干细胞系作为起始材料进行研究，并在说明书中详细记载获取的途径，如购买的公司及其产品目录，并保存好购买发票等，必要时用于说明生物材料来源。

3. 妨害公共利益的发明创造

妨害公共利益，是指发明创造的实施或使用会给公众或社会造成危害，或者会导致国家和社会正常秩序受到影响。妨害公共利益的发明创造主要包括两种类型：

（1）发明创造以致人伤残或损害财物为手段的或者发明创造的实施或使用会严重污染环境、严重浪费能源或资源、破坏生态平衡、危害公共健康的。

（2）专利申请的文字或者图案涉及国家重大政治事件或宗教信仰、伤害人民感情或民族感情或宣传封建迷信。

但需要注意的是，如果仅仅是发明创造在被滥用而可能妨害公共利益的（如麻醉剂、放射性设备），或者发明创造在产生积极效果的同时存在某种缺点，则不属于妨害公共利益的发明创造。但是，如果发明创造本身是为了达到有益目的，而其使用和实施必然会导致妨害公共利益，则仍然不能被授予专利权。

4. 违法获取或利用遗传资源所完成的发明创造

根据《专利法》第五条第二款的规定，对违反法律、行政法规的规定获取或者利用遗传资源，并依赖该遗传资源完成的发明创造，不授予专利权。

（1）此处所称遗传资源，是指取自人体、动物、植物或者微生物的含有遗传功能单位并具有实际或者潜在价值的材料（指遗传功能单位的载体）。而遗传功能单位是指生物体的基因或者具有遗传功能的 DNA 或者 RNA 片段。

（2）《专利法》所称依赖遗传资源完成的发明创造，是指利用了遗传资源的遗传功能完成的发明创造，即对遗传功能单位进行分离、分析、处理等，以完成发明创造，实现其遗传资源的价值。

（3）违反法律、行政法规的规定获取或者利用遗传资源，是指遗传资源的获取或者利用未按照我国有关法律、行政法规的规定事先获得有关行政管理部门的批准或者相关权利人的许可。

这是医药和生物领域的特殊问题，其他领域比较少见；同时，这也是《专利法》第三次修改新增的条款，该条款主要是为了落实《生物多样性条约》的相关规定而制定的。

（二）判断主题是否属于《专利法》第二十五条规定的不授予专利权的客体

《专利法》第二十五条第一款规定：科学发现，智力活动规则和方法，疾病诊断和治疗方法，动物和植物品种，用原子核变换方法获得的物质，以及对平面的图案、色彩或者二者的结合作出的主要起标识作用的设计，不授予专利权。其中，第六种仅与外观设计专利申请有关。

根据该条的规定，一方面判断拟申请的发明创造是否属于该条规定不授予专利权的客体，另一方面也可以采用合适的撰写方式来避免落于该条规定不授予专利权的客体，这些通常都是在正式撰写专利申请文件之前需要考虑的。

1. 科学发现

通常，比较容易理解发明与发现之间的区别：前者是人们根据所认识的自然规律来解决客观世界所存在的技术问题的技术方案，而后者属于人们对客观世界自然规律的认识范畴，包括科学发现和科学理论。但是，将科学发现揭示的自然规律应用于解决客观世界存在的技术问题，就成为可以授予专利权的发明创造。

【案例1－6】

发明人提供的方案：一种中国中药野芙蓉，其是选择在6～9月对野芙蓉 Abelmoschus manihot（L.）Medicus 鲜品花进行采收，作为产品原料，限定时间以野芙蓉花蕾顶端开裂为基点时间，以距上述基点时间前后相距3小时内开放的鲜品花为最好，在距此基点前36小时和其后18小时这段时限外的花一律弃去不用。

分析：上述所谓的发明是在特定时间采收的野芙蓉，并未对其进行人工加工处理，只是对采收的时机作出选择，因而实际上还是植物野芙蓉的一部分，是天然存在的物质，属于科学发现，根据《专利法》第二十五条的规定，不属于专利保护的客体。

对此，可与发明人进一步沟通，建议其改变拟保护的主题和技术方案，例如可以将上述鲜品花作为原料，经过脱水干燥制成中药制品，则属于专利保护的客体。对此，技术方案应当写成：一种中国中药野芙蓉中药制品，其是选择在6～9月对野芙蓉 Abelmoschus manihot（L.）Medicus 鲜品花进行采收，并以野芙蓉花蕾顶端开裂为基点时间，以距上述基点时间前后相距3小时内开放的鲜品花作为原料，脱水干燥制成中药制品。

2. 智力活动规则和方法

智力活动规则和方法是指导人们进行思维、表述、判断和记忆的规则和方法，其没有采用技术手段和利用自然规律，也未解决技术问题、产生技术效果，因而没有构成技术方案，不能授予专利权。《专利审查指南2010》第二部分第一章第4.2节给出了诸多具体的例子。在医药及生物领域中较少遇到智力活动规则和方法，但主要可能在生物信息学领域存在。

【案例1－7】

发明人提出的方案：一种家蚕的分子连锁遗传图谱，其特征在于由SSR分子标记制成的高密度连锁遗传图，标记分布均匀，可对未知基因进行准确定位。

分析：由于连锁遗传图是对家蚕的遗传信息的一种表述方式，属于智力活动规则和方法。

3. 疾病的诊断和治疗方法

在医药和生物领域常常会遇到疾病的诊断和治疗方法。所谓疾病的诊断和治疗方法，是指以有生命的人体或者动物体为直接实施对象，进行识别、确定或消除病因或病灶的过程。由此可知，以有生命的人体或动物体为对象，并以获得疾病诊断结果或健康状况为直接目的的方法属于疾病的诊断方法。

需要注意的是，如果一项发明从表述形式上看是以离体样品为对象的，但该发明是以获得同一主体疾病诊断结果或健康状况为直接目的，则该发明仍然不能被授予专利权。同样，如果请求专利保护的方法中包括了诊断步骤或者虽未包括诊断步骤但包括检测步骤，而根据现有技术中的医学知识和该专利申请公开的内容，只要知晓所说的诊断或检测信息，就能够直接获得疾病的诊断结果或健康状况，因而包括这种针对有生命的人体或动物体作出的诊断步骤或检测步骤的方法，也属于疾病诊断方法。

此外，虽然疾病的诊断和治疗方法不能授予专利权，但诊断疾病的仪器、治疗疾病的药物以及治疗疾病时使用的手术器械等均属于可授予专利权的保护客体。

在《专利审查指南2010》第二部分第一章第4.3.1.1节和第4.3.2.1节列举了很多属于疾病的诊断和治疗方法的例子，在第4.3.1.2节和第4.3.2.2节列举了不少不属于疾病的诊断和治疗方法，可以从这些例子中理解判断标准。

如果技术交底书中，申请人主张了属于疾病诊断和治疗方法的主题，此时应当判断是否可以通过其他方式来避免落于疾病的诊断和治疗方法，例如发现物质的医药用途时，可以采用某物质在制备治疗某疾病的药物中的用途，而不能写成某物质治疗某疾病的用途。

在医药领域，往往会遇到要避免将疾病的诊断和治疗方法申请专利，或者将申请的主题撰写成疾病的诊断和治疗方法。除《专利审查指南2010》列举的例子外，在实际代理过程中，还会遇到其他的疾病的诊断和治疗方法的主题，需要进行识别，以建议不提出专利申请或将权利要求撰写成可授予专利权的主题。对于某些既包括治疗方法，又包括非治疗方法的情形，可以增加"非治疗目的"限定，如对于"一种促进猫科动物的骨形成的方法"，由于骨缺陷达到一定程度则可能成为疾病如骨质疏松症，但也包括非疾病的情形，因此在提出专利申请时，可以写成"一种非治疗目的的促进猫科动物的骨形成的方法，该方法包括……"。

有些表现形式不太像通常理解的疾病的治疗或诊断方法，但从《专利法》的角度，其本质却是疾病的治疗和诊断方法。以有生命的人或动物体为施用对象，若涉及发病机理、治疗机理、给药途径等，但其直接目的是预防或治疗疾病，往往属于疾病的治疗方法；对于病症的消除、对疾病的发生机理的消除或预防、虽然未直接提及治疗或预防疾病，但仍然属于治疗方法。下述列出一些属于疾病的治疗和诊断方法主题。

【案例1-8】

化合物A用于预防人的由胆碱酯酶抑制剂引起的中毒的应用。

上述主题本质上是化合物A预防人的由胆碱酯酶抑制剂引起的中毒，属于治疗方法。在具备新颖性和创造性的条件下，可以修改以避免属于治疗方法而不能授予专利权，例如撰写成制药用途权利要求：化合物A在制备预防由胆碱酯酶抑制剂引起的人中毒的药物中的用途。后续有许多例子可以通过这种方式来规避不授权的主题，不再一一重复。

【案例 1 - 9】

一种给患者施用化合物 A 以有效增加或维持骨骼特性的方法。

【案例 1 - 10】

一种将选择性 COX - 2 抑制剂药物靶向给药到患者的疼痛和/或发炎部位的方法，所述方法包括化合物局部给药到所述患者的皮肤。

【案例 1 - 11】

一种降低骨质疏松风险的方法。

【案例 1 - 12】

一种降低或消除绝经症状发生率的方法，所述方法包括给予患者治疗有效量的雌激素并结合给予所述患者有效量的选择性雌激素受体调节剂。

【案例 1 - 13】

一种控制哺乳动物的异常细胞生长的方法。

【案例 1 - 14】

一种降低人类婴儿血清胆红素水平的方法。

【案例 1 - 15】

一种促进神经生长的方法，包括以下步骤，给需促进神经生长的病人以治疗量的磷酸二醋孵抑制剂化合物。

【案例 1 - 16】

一种增加认知和神经功能的方法。

【案例 1 - 17】

一种产生冠脉血管舒张而没有外周血管舒张的方法，包括将含有 10 ~ 600 微克的至少一种 A2a 受体激动剂的组合物给予人体。

药物药品的使用方法通常也属于疾病的治疗方法。

【案例 1 - 18】

一种治疗肾病的中药的用法，其特征在于用萹草 30%（重量）~ 70%（重量）、过路黄 30%（重量）~ 70%（重量）共同加水煎煮，制成汤剂，早晚口服。

药物敏感性预测或评价方法、疾病的治疗效果、药效预测方法、患病风险评估方法、基因诊断筛查方法等也属于疾病的治疗方法。

【案例 1 - 19】

一种预测钙拮抗剂药效的方法，其特征在于通过采集受试者的生物样本，测定受试者的肾上腺素受体基因多态性，预测钙拮抗剂药效。

诊断方法如果比较明确，则容易判断，但也存在一些需要分析才能确定的情形。例如，通常愈后诊断、疾病前期的诊断、监测治疗过程中的诊断、病理（患病）风险度的确定、病原体的检测等都属于诊断的范畴。以下是一些例子。

【案例 1 - 20】

一种人体心肌灌注显像的方法，包括同时或者先后将放射性核素和化合物 A 给予人体，其中，在给予所述放射性核素和所述化合物 A 以后对心肌血力量不足的区域进行检查。

分析：上述主题由于本质是通过心肌灌注显像，从而得以对心肌血力量不足的区域检查，因而属于疾病的诊断方法。如果是下述主题："一种加强核磁共振检测显像的方法，包括将处理器采集的图像数据经两级预处理程序后合并，从而使图像质量得以加强。"由于其本质是提高图像质量，因而不属于疾病的诊断方法。

【案例 1-21】

一种对于已经明确的癌症患者，判断其愈后的方法，其特征在于，包括以下几个步骤：

（1）检测标本中单个细胞的细胞周期蛋白 E 型蛋白；

（2）检测标本中单个细胞的后 G1 期物质；

（3）确定胞核中含有细胞周期蛋白 E 型蛋白的细胞；

（4）根据后 G1 期物质的含量来确定处于 S 期和 G2 期的细胞；

当胞核中含有过量的细胞周期蛋白 E 型蛋白的细胞数目增加，而同时同一细胞处于 S 期或 G2 期，则表明标本中存在有细胞周期调节紊乱的细胞。

【案例 1-22】

前糖尿病状态的筛选方法，所述方法包括如下步骤：

（1）在采自受试者的体液中测定 D-甘露糖浓度；

（2）并将 D-甘露糖浓度与预先确定的 D-甘露糖浓度标准值比较。

【案例 1-23】

一种监测患者的卒中治疗过程的方法，其特征在于使用未结合游离脂肪酸的体液水平进行监测，包括下列步骤：

（1）在整个卒中治疗过程中的不同时间，测量来自所述患者体液样品中未结合游离脂肪酸的水平；

（2）将所得到的未结合游离脂肪酸水平与未结合游离脂肪酸水平阈值相比较，其中所述阈值水平由无卒中存在的正常群体体液中的未结合游离脂肪酸浓度来确定；

（3）在卒中治疗过程中的特定时间，确定来自患者体液样品中的未结合游离脂肪酸水平是否趋向于指示卒中治疗成功的来自正常群体的未结合游离脂肪酸的阈值水平。

【案例 1-24】

一种病理风险的确定方法，依次包括以下步骤：

（1）确定所述体液样品中唾液酸酶和/或氨酰基脯氨酸二肽酶活性水平；

（2）比较所述唾液酸酶和/或氨酰基脯氨酸二肽酶活性和所述活性的前置值范围；

（3）计算风险因子。

【案例 1-25】

一种筛选最佳 HIV 抑制剂的方法，包括如下步骤：……。

【案例 1-26】

猪附红细胞体 PCR 检测方法，包括如下步骤：

（1）被检样品 DNA 提取；

　　（2）PCR 扩增，其中引物采用：

　　　　上游引物 5'CGAGCATTATCCGGATTTATTG3'；

　　　　下游引物 5'ACATGCTCCACCACTTGTTCAG3'；

　　（3）扩增产物分析：将 PCR 产物进行琼脂糖电泳，被检样品孔出现的电泳带与阳性对照和阴性对照比对，以判定样品为猪附红细胞体阳性或阴性。

　　分析：由于猪附红细胞体是猪附红细胞体病原体，因此上述方法通常属于诊断方法。针对本发明本申请，在满足新颖性和创造性的前提下，可通过修改为所用到的引物对或者含有引物对的检测试剂盒作为保护的主题，但不能将所述检测方法作为请求保护的主题。

　　【案例 1 – 27】

　　1. 组合物用于涂敷到皮肤上面以预防内因性老化的皮肤征兆中的美容用途，……。

　　2. 以预防内因性老化的皮肤征兆为目的的美容处理方法，……。

　　分析：治疗方法包括以治疗为目的的或者具有治疗性质的各种方法，因而包括以治疗为目的的非介入式美容方法。"单纯的美容方法"是指非治疗性的美容方法，如果是治疗性的，那么即使是非介入式美容方法也是治疗方法。上述两个方案"以预防内因性老化的皮肤征兆为目的"的美容方法或美容用途由于其目的在于治疗，因此是疾病的治疗方法，属于《专利法》第二十五条不授予专利权的主题。

　　4. 动物和植物品种

　　不授予专利权的动物和植物品种不仅包括完整的动物和植物个体，还包括可以生长为个体的动物和植物的组成部分，例如动物的胚胎干细胞、动物个体的各个形成和发育阶段如生殖细胞、受精卵、胚胎等；植物的可繁殖材料，如植物种子等。相反，动物的体细胞以及动物组织和器官（除胚胎外）并不具有生长为个体的能力，不属于动物品种。

　　《专利审查指南 2010》第二部分第一章第 4.4 节对《专利法》第二十五条第二款的规定作出了进一步说明，动物和植物的非生物学的生产方法，属于可授权的范畴。在该生产方法中，人的技术处理或介入对所达到的目的或效果起了主要的控制作用或决定性作用。

　　在实际中，较常见的是植物品种的判断，其中植物品种包括处于不同发育阶段的植物体本身，还包括能够作为植物繁殖材料的植物细胞、组织或器官等。特定植物的某种细胞、组织或器官如果能够用于繁殖材料，则也属于植物品种。例如，百合鳞茎能够作为无性繁殖材料而属于专利法意义上的植物品种；愈伤组织培养物如果是能够在愈伤组织培养物诱导分化最终形成完整植株，则也属于植物品种；如果发明中涉及的植物细胞，能够分化生长成为完整植株的描述则属于植物品种，否则不属于植物品种，这需要具体判断。对于植物细胞，虽然理论上都具备分化全能性，但目前的审查实践并不完全认定其属于植物品种的范围。只有在发明表明了可以分化并能作为繁殖材料的植物细胞、组织或器官，则认定属于植物品种的范围，不属于专利保护的客体。

　　值得注意的是，对于具有分化全能性的动物相关干细胞和植物细胞，按照《专利审查指南 2010》的规定，其也属于动植物品种的范畴。

【案例1－28】

发明从小鼠肝脏分离培养出一种小鼠干细胞，并且通过验证其具分化全能性，那么所述的小鼠干细胞属于《专利法》所述的动物品种范畴，不属于专利保护的客体。

5. 用原子核变换方法获得的物质

用原子核变换方法获得的物质，以及原子核变换方法不能被授予专利权。但是，为实现原子核变换而采用的增加粒子能量的粒子加速方法不属于原子核变换方法，属于可授予专利权的范畴。但是为实现核变换方法的各种设备、仪器及其零部件等，用原子核变换方法所获得的各种放射性同位素用途以及使用的仪器、设备属于可被授予专利权的客体。

该条主要涉及如核能等特定领域，在医药和生物领域中通常不会存在核变换方法及其获得的物质。

（三）判断主题是否符合发明的定义

根据《专利法》第二条第二款的规定：发明是指对产品、方法或者其改进所提出的新的技术方案。由此可知，发明专利的保护客体既可以是产品，也可以是方法。

1. 确定是产品还是方法

发明的主题必须是专利法意义的产品或者方法。在确定权利要求的主题时必须首先弄清是产品还是方法，这对于保护范围而言是至关重要的。通常而言，产品权利要求的效力优于方法权利要求，因此尽可能写成产品权利要求，除非发明的关键并不在于对产品本身的创新或改进，而在于方法步骤或工艺参数等。例如，生产已知产品的新方法就只能撰写成方法权利要求。

在某些情况下，有些发明创造可以既撰写产品权利要求，同时还可以撰写方法权利要求。

2. 发明是一项技术方案

技术方案是对要解决的技术问题所采取的利用了自然规律的技术手段的集合，其中技术手段通常由技术特征来体现。

需要说明的是，这里要区分技术特征和非技术特征，如此才能形成符合基本要求的权利要求。例如，发明创造涉及某种新的基因，其能够治疗称为绝症的癌症。此时，该基因以其序列来进行限定属于技术特征，而描述其"发明经历大量实验才克隆到该新基因""该基因的用途为人类治疗绝症——癌症带来福音"等显然属于非技术特征，不能写入权利要求当中。

二、预判发明主题是否符合"三性"

申请人或专利代理人在上述对客户提供的技术资料进行分析和判断确定哪些属于专利保护的客体的基础上，准备撰写专利申请文件时，首先需要考虑所述主题是否具备《专利法》第二十二条第四款规定的实用性。在初步判断具备实用性的基础上，才需要进一步具体拟定符合《专利法》第二十二条第二款规定的新颖性和第三款规定的创造性的独立权利要求（及其从属权利要求）。下面按这种思路简述实用性、新颖性和创造性的相关规定，尤其是判断思路。

（一）实用性

《专利法》第二十二条第四款规定：实用性，是指该发明或者实用新型能够制造或者使用，并且能够产生积极效果。《专利审查指南2010》第二部分第五章第3.2节审查基准中给出不具备实用性的六种主要情形。

（1）无再现性。无再现性的发明或实用新型不具备实用性。需要注意产品的成品合格率低与不具备再现性的区别，不能因为实施过程中未确定某些技术条件而导致成品率低而认为不具有再现性，只有在确保发明和实用新型所需全部技术条件时仍不能重复实现该技术方案所要求达到的效果才认定为无再现性。此外，对于手工艺品，只有在不能重复再现时，才不具备实用性。

（2）违背自然规律。违背自然规律的发明或实用新型专利申请是不能实施的，不具备实用性。例如，永动机违背自然规律而不具备实用性；用优良传热材料将太阳和地球连接起来以实现热量的非光线传导，由于该设想的方法根本不可能实施，因而不具备实用性（注意，这种缺陷是该方法本身的固有缺陷，与是否被充分公开无关）。

（3）利用独一无二的自然条件的产品。利用特定的自然条件建造的自始自终都是不可移动的唯一产品，不具备实用性。但需要注意：①针对特定自然条件设计的产品，只要不是针对独一无二的自然条件，那么该产品具备实用性；②即使该产品本身是应用于特定条件下的唯一产品，也不能以此为理由来否定该产品的部件或构件也不具备实用性，除非它们是该产品的特定专用部件或构件，且无任何其他实用前景的情况。

（4）人体或者动物体的非治疗目的的外科手术方法。非治疗目的的外科手术方法，由于是以有生命的人或动物为实施对象，无法在产业上使用，因而不具备实用性。

（5）无积极效果。明显无益、脱离社会需要的发明或者实用新型专利申请的技术方案不具备实用性。但这种情况比较罕见。

（6）测量人体或者动物体在极限情况下生理参数的方法。测量人体或动物体在极限情况下的生理参数需要将被测对象置于极限环境中，这会对人或动物的生命构成威胁，需要有经验的测试人员根据被测对象的情况来确定其耐受的极限条件，因此这类方法无法在产业上使用，不具备实用性。

在医药领域，经常涉及非治疗目的的外科手术导致不具备实用性，而对于免疫、注射等步骤虽属介入性操作，但其介入性小、操作简单，不属于外科手术方法，技术方案中包括此类操作不会导致不具备实用性。如"导入""注射""植入""剖开"等步骤，它们本身不涉及具体实施细节，如果在实施时不存在个体差异，是本领域技术人员能够重复再现的，并且是能够产业化的，因此，即使包括了类似这样步骤的主题，也不被视为非治疗目的的外科手术方法。

在生物领域，主要涉及筛选微生物的方法或突变方法中有些不具备实用性的主题，下面通过案例来分析。

【案例1-29】

技术交底书相关内容：从河南洛阳贾沟铝土矿区采集表层土壤及铝土矿石，在一个1平方米的区域内采集5个点的土样或矿样，每个点采集约200g样品，土样或矿样混合后分别装入采样纸袋内，在实验室从所采集的样品中分离具有铝土矿选矿效果的

微生物菌株。装有100mL灭菌水的烧杯中加入10g土样或矿样，充分搅拌10分钟，使吸附在矿物颗粒上的微生物孢子、菌丝体等脱附进入水溶液中，配成悬液；采用平板稀释分离法进行分离，在无菌操作条件取1mL悬液于高温灭菌的培养皿中，然后倒入10mL冷却到40℃左右的培养基，混合均匀，完全冷却后即成固体分离平板。将平板倒置于生化培养箱中，25℃条件下培养2~7天，将生长部位培养基由紫色变为黄色的菌落挑出，进行纯化培养、筛选。通过筛选，获得几株具有铝土矿选矿效果的微生物菌株A1、A2、A3，其中A1和A2的效果基本不能达到实际有用的程度，而A3株效果特别好，能够有效地应用，因而详细分析其微生物学性状（此处略）。

分析：由于铝土矿区的土样或矿样的不确定性和自然、人为环境的不断变化，再加上同一个矿区中特定的微生物存在的偶然性，致使不可能重现地筛选出同种同属、生化遗传性能完全相同的微生物体A3。因此，撰写筛选A3株的方法，其不具备工业实用性，不能作为专利申请的主题请求保护。但由于A3株具有特别好的效果，相对于已有的菌株可能具有预料不到的技术效果，因此建议对A3株进行专利程序的生物保藏，可以作为专利申请的主题。

【案例1-30】

技术交底书提供的技术方案摘录：

一种诱发水稻抗氯磺隆体细胞突变体的方法，它包括下列步骤：

（1）配制培养基，诱导培养基：基本培养基中加入2mg/L二氯苯氧乙酸和20~30mg/L 5-溴尿嘧啶；继代培养基：培养基中加入2mg/L 2，4-D和0.2mg/L 6-苄基氨基嘌呤；筛选培养基：培养基中加入2mg/L 2，4-D和0.2mg/L 6-BA及25~50mg/L氯磺隆；分化培养基：培养基中加入2mg/L 6-BA和0.5mg/L萘乙酸；再分化培养基：培养基中加入2mg/L 6-BA和0.5mg/L NAA及50~60mg/L氯磺隆。

（2）培养时间：诱导、继代、筛选培养，将已消毒的成熟胚材料接于诱导培养基上，置于黑暗条件下进行诱导愈伤组织培养，并加入5-溴尿嘧啶诱变剂培养18~20天；继代培养：将诱导培养基上的愈伤组织转入继代培养基上培养18~20天，扩大愈伤组织抗氯磺隆细胞群体；筛选培养：将继代培养获得的愈伤组织切割成直径为1.5~2.0毫米，转入筛选培养基上培养18~20天。

（3）分化、再分化培养时间：在光照条件下愈伤组织进行再分化绿苗培养，12~14小时的光周期，分化培养，将筛选培养基上已成活的愈伤组织转入分化培养基上培养15~16天分化绿块；15~16天后进入再分化培养，将已分化的愈伤绿块转入再分化培养基上培养15~16天，筛选抗氯磺隆除草剂再生植株苗；

（4）诱导、继代、筛选、分化培养温度控制在26~27℃。

分析：在植物的组织培养过程中，通过添加化学诱变物质诱导愈伤组织产生突变，筛选获得具有某种特定性状的植物突变体是植物育种领域的常用方法。该发明通过在愈伤组织培养基中添加诱变剂5-溴尿嘧啶以提高愈伤组织的诱变频率，以期获得抗氯磺隆（一种除草剂）体细胞突变体。虽然5-溴尿嘧啶是植物育种中的一种常用诱变剂，主要依赖其活性引起DNA化学变化，更多地在分子水平上起作用，形成点突变。但这种诱变具有无方向性，并非针对某一特定基因，整个诱变过程具有不确定性和随机性。因此，所述方法的结果无法重复再现未必一定能够产生抗氯磺隆的体细胞突变体。即使考虑后续的筛选步骤，但其是以前面的产生抗氯磺隆的突变体为基础的，因此也不能说明所述方法符合专利法意义上的重复再现。经过上述分析，该发明的方法不具备实用性，建议申请人不要以此为主题提出专利申请。

（二）新颖性和创造性

接下来，需初步判断拟提出专利申请的发明创造是否具备新颖性或创造性，其基础是相对于所掌握的现有技术进行判断。作为申请前的准备阶段，现有技术的来源包括两个方面：一方面是申请人或发明人已掌握或提供的现有技术；另一方面是通过必要的检索获得的现有技术（因此作为专利代理人有时需要进行一定检索查新，但本书重点不在于此，因此不详细介绍）。在掌握的现有技术的基础上，筛选相关现有技术与该发明创造进行比较，以初步确定是否符合新颖性和创造性。只有具备新颖性，并且初步来看符合创造性的基础上，才有必要开展下一步的撰写工作，为提出专利申请做好准备，否则建议申请人不必申请专利。

（1）根据《专利法》第二十二条第二款规定，新颖性是指该发明或者实用新型不属于现有技术；也没有任何单位或者个人就同样的发明或者实用新型在申请日以前向专利局提出过申请，并记载在申请日以后公布的专利申请文件或者公告的专利文件中。现有技术是指申请日以前在国内外为公众所知的技术。其中，现有技术包括在申请日（有优先权日的，指优先权日）以前在国内外出版物上公开发表，在国内外公开使用或者以其他方式为公众所知的技术。

影响专利申请新颖性和创造性的文件包括两大类：一类是既可以影响专利申请新颖性，也可以影响其创造性的现有技术；另一类仅仅可以用作评价该专利申请是否具备新颖性而不能用作评价专利申请是否具备创造性的文件，即申请在先、公布或公告在后的中国专利申请或专利。而由于优先权制度，还存在中间文件，如果要求的优先权不成立，中间文件成为现有技术或抵触申请文件。此外，还可能存在导致重复授权的专利或专利申请文件。

新颖性的判断，包括判断原则和判断基准请参见《专利审查指南2010》第二部分第三章第3节的规定，涉及医药和生物领域的特殊规定还参见《专利审查指南2010》第二部分第十章的相关章节。

在新专利申请起草阶段，基本不会涉及抵触申请文件或导致重复授权文件。但在要求优先权或分案申请而提交新的专利申请时，可能涉及如何避开抵触申请或导致重复授权的专利文件，但此处重点考虑常规的新专利申请的撰写。

如果涉及要求优先权的新专利申请的撰写，应当考虑优先权的相关规定，包括部分优先权的利用等。相关规定可参见《专利审查指南2010》第二部分第三章第4节的规定。

撰写新专利申请时还有可能涉及利用新颖性宽限期制度，如果申请人将相关发明创造在中国政府主办或者承认的国际展览会上首次展出、在规定的学术会议或者技术会议上首次发表、发现他人未经申请人同意而泄露其内容时，应当考虑在上述任何一种情形之日起6个月内尽快提出专利申请，以免过期不能享受宽限期。其中，新颖性宽限期的适用范围和应办理的手续参见《专利审查指南 2010》第二部分第三章第 5 节的规定。重点注意何时可以请求新颖宽限期，以及需要提交的证据和提交的时间。

（2）在判断拟申请的发明主题具备新颖性之后，就需要重点考虑是否具备创造性，即确定发明改进之处（俗称发明点）是否达到足够的高度，这是专利申请中需要考虑最多的一个问题。也就是说，向国家知识产权局提交的专利申请应当是通过初步判断具备创造性，这是在撰写专利申请文件前或撰写过程中最主要考虑的因素，也是撰写出满足创造性要求的权利要求的前提条件。当然在专利申请文件的撰写和起草阶段，对于明显不具备创造性的发明主题，就应当放弃提出专利申请的计划。

关于创造性的判断标准具体参见《专利审查指南 2010》第二部分第四章的相关规定，涉及医药和生物领域的创造性还参见《专利审查指南 2010》第二部分第十章的相关规定。

需要注意的是，对于创造性的判断，《专利审查指南 2010》的规定多数属于原则性的指导，在实际发明创造的创造性判断中需要更具体的一些判断原则，对此本书在后面将提供创造性判断的实例，以便进一步了解和掌握创造性的判断，以有利于正确提出专利申请和撰写出合适的专利申请文件。

三、预判发明的单一性

在上述工作的基础上，初步确定需要提出专利申请。但同时还需要初步判断一下技术交底书中包括几项发明创造，进而确定其是否符合单一性的规定，以确定提出一件专利申请还是提出多件专利申请。

注意专利法意义的单一性不同于科研意义上的理解，不能因为属于一个科研项目中完成的多项发明创造就必然具备单一性，或者属于科研意义上同时完成的多项发明创造就必然具备单一性。例如，科研针对某已知化合物从两个方面进行开发，一方面是研制其结晶方法，以获得更久的保存效果，另一方面研究该已知化合物治疗某疾病的效果。但这两方面的研究成果即结晶方法或晶体与医药用途之间从专利法的角度来看是不具备单一性的，需要分别提出申请请求保护（但结晶方面的发明成果可作为医药用途发明中的优选方式）。

通俗来说，能够在一件申请中提出多项发明创造（称为合案申请）的条件是它们对现有技术具有相同或相应的贡献。每项发明创造都要以独立权利要求的形式（或并列技术方案）来体现，每一项发明创造具有一项独立权利要求。所谓相同的贡献，就是指每项发明创造的独立权利要求相对现有技术产生的贡献使得所述发明创造具备新颖性和创造性的技术特征中，至少有一个技术特征是相同的或者是相应的。

在申请的准备阶段，对于明显不具备单一性的多项发明创造，则应当分别提出专利申请；如果明显具备单一性，或者较难确定是否具备单一性，则可以先作为一件专利申请提出，即使在审查过程中被指出不具备单一性，再提出分案申请也是可以的。

如下述情况下，通常可以合案申请：

（1）发明创造涉及一种新的化合物，以及含有该化合物的药物组合物。通常两者可以是合案申请，因为提出申请时来看化合物具备新颖性和创造性，因而两者具备单一性。而且在审查过程中，即使经检索发现化合物本身已不具备新颖性或创造性，也不会再指出两者的单一性问题。

（2）发明创造涉及一种新的基因并具有治疗某疾病的功能，则基因本身以及含有该基因的载体、含有该基因宿主细胞、该基因在制备治疗所述疾病的药物中用途等都可以合案在一件专利申请中提出。

（3）发明创造涉及一种新的化合物并具有杀虫效果，则通常可以将该新化合物本身、该新化合物的制备方法、该化合物作为杀虫剂的用途进行合案申请。

（4）发明创造涉及一种新的微生物及其用途，则微生物本身与微生物的用途发明之间通常可以合案申请。

下述情况通常需要分案申请：发明创造涉及某已知化合物的新的制备方法，同时又发现了该化合物的新用途（例如杀虫效果）。由于除了都涉及该已知化合物外，这两方面的发明相互之间没有关联，因此两者不具有单一性，通常应当分别提出申请。

【案例1-31】

发明人在研究过程中，针对RP-Ⅱ蛋白酶进行突变以获得效果改善的蛋白酶变体。其中设计获得了较多的突变体，但通过筛选到效果改善的两大类突变类型：一种类型是涉及表面电荷分布被修饰的RP-Ⅱ蛋白酶变体，例如以RP-Ⅱ蛋白酶原始序列SEQ ID NO：1为基础，进行如下的氨基酸替换：D7N、Y17R、Y95R、T109R、Q143R、Q174R、E209Q、N216R；另一种类型涉及含有Pro取代并表现出改善的稳定性的RP-Ⅱ蛋白酶变体，例如以RP-Ⅱ蛋白酶原始序列SEQ ID NO：1为基础，进行如下的氨基酸替换：T60P、S221P、G193P、V194P。

而此前已有技术（WO01/16285A2）已经公开了来自芽孢杆菌属的多种RP-Ⅱ蛋白酶的其他方面的变体。因此，上述发明中两类突变之间相同的技术特征对RP-Ⅱ蛋白酶进行变异得到变体就不能构成对现有技术的贡献，不能作为特定技术特征。因而，上述两类不同突变类型的发明之间不具有单一性，不能合案申请，应分别予以申请。需要说明的，上述每大类突变中由于突变产生的效果具有共性，而且现有技术也没有披露相同特性的变体，因而每大类中的具体突变导致的变体之间可以认为具备单一性。

当然，单一性考虑的一个主要原因是是否会增加审查员的工作量，因此对于基因或蛋白变体的发明，如果涉及多个具体的突变，如果不是特别明显不具备单一性，通常应当先合案申请，随后根据审查意见来处理。

第二章　发明专利申请权利要求书的起草

理解提供的关于发明的资料（作为专利代理人接到的称其为技术交底书），并在前述考虑的基础上，如果认为发明的主题适合于提出发明专利申请，进而需要考虑正式起草专利申请文件。撰写的专利申请文件需要符合相关的撰写规定，并且其中提供足以支撑获得专利权的内容。发明专利申请文件包括请求书、权利要求书、说明书（及其附图）和说明书摘要，但本书不涉及请求书表格的填写，而重点就说明书和权利要求书的撰写进行介绍。

从专利申请文件的形成过程来看，通常是通过研发形成发明创造，然后通过技术交底书的形成提交给专利代理人。但少数情况下，在提交技术交底书后经判断提交专利申请的时机尚不成熟时，此时发明人根据建议为进一步完成发明创造或进一步支持特定保护范围而研发完善发明创造，然后再提出专利申请。

也就是说，在撰写专利申请文件时，通常已具有一定的发明创造相关的素材或资料。进一步形成正式的专利申请文件时，先撰写说明书还是权利要求书并没有固定、教条的顺序规定，而往往在撰写时还会相互反复。但作为原则，其一，对于技术交底书中的具备创造性的技术内容都应当写进专利申请中（如果存在需要分案申请的情况，需要与申请人沟通确定）。其二，撰写专利申请文件的基本出发点必须要明确，即始终围绕如何体现或表明发明具备创造性的角度来进行，对于权利要求的撰写而言是找准发明的关键，合理概括，以获得尽可能宽的保护范围，同时又满足创造性的要求；对于说明书的撰写而言，从背景技术到实施例的撰写，从发明关键的描述到技术效果的交代等方面在充分公开的基础上，始终以支持发明具备创造性为目的。这样的专利申请文件不仅有利于审查员认定发明的创造性，也增加获得专利权的概率。

下面先针对权利要求书的撰写进行介绍，下一章再针对说明书撰写进行介绍。

权利要求书是专利申请文件中最重要的部分，其与说明书的作用不同。权利要求书是通过发明的技术特征所限定的技术方案的描述来体现要求保护的发明，因而通过技术特征限定发明的保护范围及其边界。可以说权利要求书是行使专利权，判断被控侵权产品是否侵犯其专利权的依据。

一、权利要求书简介

权利要求书由记载发明或者实用新型的技术特征的权利要求组成，一份权利要求至少包括一项独立权利要求，还可以包括从属权利要求。《专利法》第二十六条第四款以及《专利法实施细则》第十九条至第二十二条对权利要求书的要求作出了明确的规定。

（一）产品权利要求和方法权利要求

权利要求按性质可分成两种基本类型：产品权利要求和方法权利要求。产品权利要求包括通过人类技术生产得到的任何具体的实体，此处的产品是广义的产品（产品、装置、设备），与常规概念之下的产品不完全相同。方法权利要求包括有时间过程要求的活动，也是广义概念上的方法，包括任何方法和用途。方法权利要求中的方法步骤的执行必然涉及材料、设备、工具等物，但其核心并不在于对物本身的创新或改进，而是通过方法步骤的组合和执行顺序来实现方法发明所要解决的技术问题。

发明专利给予保护的客体可以是产品，也可以是方法，因此发明专利申请的权利要求书中既可以包括产品权利要求，也可以有方法权利要求。而实用新型专利给予保护的客体只能是产品，而不包括任何方法，因此实用新型专利申请的权利要求书仅包括产品权利要求，不得有方法权利要求。

（二）独立权利要求和从属权利要求

权利要求书从撰写形式来看，首先包括独立权利要求，其次还可以有从属权利要求。从整体上反映发明或者实用新型的技术方案、记载解决其技术问题所需的必要技术特征的权利要求为独立权利要求，因此撰写独立权利要求就需要确定发明或者实用新型的必要技术特征。用附加技术特征对独立权利要求作进一步限定（当然，还可以对从属权利要求作进一步限定）则构成从属权利要求，因此通过确定附加技术特征来撰写从属权利要求。

此处，注意前面提到的首先要区分技术特征和非技术特征的差别，如此才能进一步确定必要技术特征和附加技术特征。

1. 必要技术特征

《专利法实施细则》第二十条第二款规定：独立权利要求应当从整体上反映发明或者实用新型的技术方案，记载解决技术问题的必要技术特征。

根据该条款的规定，一方面独立权利要求中应当写入所有必要的技术特征，另一方面从撰写的角度来看，独立权利要求中不要写入非必要技术特征，以免保护范围过窄，使发明创造得不到充分保护。从撰写的角度来看，确定了发明的必要技术特征，自然也就明确了不属于必要技术特征的技术特征为非必要技术特征（主要包括两类，即附加技术特征和与解决技术问题无关的技术特征）。

所谓必要技术特征是指，发明或者实用新型为解决其技术问题所不可缺少的技术特征，其总和足以构成发明或者实用新型的技术方案，使之区别于所掌握的现有技术中的技术方案（注意，在审查时，审查员判断权利要求的技术方案是否区别于专利申请文件的背景技术以及审查过程中检索到的现有技术）。在实际撰写时，主要根据发明或实用新型所要解决的技术问题来确定哪些技术特征是必要技术特征，即具体分析在独立权利要求中不写入某技术特征后，是否导致技术方案不能解决发明或实用新型所要解决的技术问题。需要注意的是，必要技术特征有时不同于常规理解的完整产品所需要的技术特征，例如发明创造涉及汽车发动机的改进，则对于以汽车为主题的独立权利要求而言，显然汽车的轮胎、车窗等与解决的技术问题无关而不属于必要技术特征。

对于分成前序部分和特征部分撰写的独立权利要求而言，必要技术特征既包括独立权利要求前序部分中写入的发明或者实用新型主题与最接近的现有技术共有的必要技术特征，还包括其特征部分写入的发明或者实用新型与最接近的现有技术不同的区别技术特征的必要技术特征。

2. 附加技术特征

未写入独立权利要求中，但需要写入从属权利要求中的特征称为附加技术特征。附加技术特征可以是对所引用的权利要求的技术特征作进一步限定的技术特征，也可以是增加的技术特征；既可以进一步限定独立权利要求特征部分的特征，也可以进一步限定其前序部分中的特征。

用附加技术特征对其引用的权利要求作进一步限定而构成的从属权利要求，包括以下两种情况。

（1）附加技术特征本身有助于使技术方案具备新颖性和创造性。在这种情况下，应当将这些附加技术特征作为限定部分的附加技术特征撰写一项从属权利要求。这种从属权利要求，在发明专利申请审批过程中，尤其在无效程序中起着重要作用，此时若其引用的权利要求不具备新颖性或创造性时或者不能得到说明书支持时，能够为其取得专利保护或维持专利权提供足够的退路。

（2）附加技术特征虽然本身并不能为技术方案带来新颖性和创造性，但其能够为技术方案带来较好的技术效果（如获得了附带的技术效果，解决了附带的技术问题），或者能够适用于特定情况。这种从属权利要求主要的作用在于提供合理保护梯度，同时在解释前面的权利要求的保护范围时，可能会起到有利的作用，这将有助于专利侵权诉讼中对是否构成侵权作出正确的判断。

对于上述第（2）种情况，可以从附加技术特征在技术方案中的作用和重要性来考虑，需要注意的是，过于细微的技术细节、极其公知的技术特征、不会产生任何特别效果的技术特征或者与解决的技术问题无关的技术特征等不宜作为附加技术特征。

二、权利要求应当满足的要求

权利要求撰写的基本要求首先是相对撰写时已掌握的现有技术来说应当具备新颖性和创造性。当然，在专利申请文件的撰写阶段，对于难以确定是否具备创造性时，通常应当作为权利要求的技术方案来撰写（待实质审查中审查意见到达后进一步确定是否坚持或放弃）。具体的判断方法，可以参看《专利审查指南2010》相关部分以及本书相关的内容。下面就权利要求应满足的《专利法》第二十六条第四款的规定进行说明。该款规定：权利要求书应当以说明书为依据，清楚、简要地限定要求专利保护的范围。由此可知，权利要求书应当满足两个方面的要求：以说明书为依据，清楚、简要地限定要求专利保护的范围。

（一）清楚和简要

对于权利要求书应当清楚、简要地限定要求专利保护的范围的规定而言，既要清楚地限定要求专利保护的范围，又应当简要地限定要求专利保护的范围。

1. 清楚

就权利要求书的清楚而言包括两个方面，其一是每一项权利要求应当清楚，其二是所有权利要求作为一个整体应当清楚。

1）每一项权利要求应当清楚

首先，每项权利要求的类型必须清楚。权利要求的主题名称必须清楚表明是产品权利要求，还是方法权利要求。既不能采用不能清楚界定是产品还是方法的主题名称，也不能同时包含产品和方法的主题名称。下述名称被认为未清楚反映权利要求的类型，不应当作为权利要求的主题名称：技术、产品及其制造方法、产品及其使用方法、产品及其用途、改进、改良、设计、逻辑等。在药学领域，尤其注意主题名称不得采用处方、配方、组方、复方等，而应采用中药物组合物等类似术语。

其次，权利要求的主题名称应当与权利要求的技术内容相适应。通常产品权利要求应当用产品的结构特征来描述，而方法权利要求应当采用工艺过程、操作条件、步骤或流程等技术特征来描述。

最后，每项权利要求所确定的保护范围应当清楚。要求通过权利要求的文字正确地描述发明或者实用新型的技术方案。至少包括三个层次：术语清楚、用词严谨，每个技术特征表述清楚，各技术特征之间的关系清楚。

在医药和生物领域中，经常会遇到采用百分比、浓度等情形，此时应尽量明确其具体单位或计算标准，除非本领域已公认其撰写方式。如"将1%~2%的$PdCl_2$溶液、10%~20%的$CuCl_2$溶液按照1:5的比例混合"。其中，没有明确浓度单位，容易导致不清楚的问题，因而应当明确是质量百分比还是摩尔百分比。

特别注意的是：①权利要求中不要写入《专利审查指南2010》第二部分第二章第3.2.2节中述及的模糊术语："厚""薄""强""弱""高温""高压""很宽范围"；"例如""最好是""尤其是""必要时"；"约""接近""等"（表示列举时）或"类似物"。②除附图标记或者化学式和数学式可以采用括号括之外，权利要求中通常不会存在使用括号的情形。③除非特殊情况，权利要求中不得有插图或引用附图，通常也不应使用表格。④不得包含不产生技术效果的特征以及对原因和理由的不必要描述。

2）所有权利要求作为一个整体应当清楚

构成权利要求书的所有权利要求作为整体也应当清楚，是指权利要求之间的引用关系应当清楚，这实际是由从属权利要求的引用关系来体现的。

2. 简要

对权利要求书简要的要求也包括两个方面：每一项权利要求应当简要，所有权利要求作为一个整体也应当简要。

（1）每一项权利要求应当简要是指权利要求的表述应当简要，除记载技术特征外，不得对原因或理由作不必要的描述，也不得使用商业宣传性用语。

（2）权利要求作为整体应当简要，即不得撰写两项或两项以上保护范围实质相同的权利要求，权利要求的数目合理，尽量采取引用在前权利要求的方式撰写来避免相同内容的不必要重复。

在权利要求应当清楚的规定当中，其中需要理解一个基本概念，即区分技术特征和非技术特征。所谓技术特征是解决技术问题所采用的技术手段的具体体现，在权利要求中具有限定保护范围的作用。而对于非技术特征，除前面提到的原因或理由的不必要的描述，商业宣传用语外，还包括其他与技术方案无关的一些描述等（具体实例参见后续案例剖析）。

（二）以说明书为依据

为满足权利要求书应当以说明书为依据的要求，在撰写权利要求书时，尤其对撰写的独立权利要求，除了要让独立权利要求的全部技术特征在说明书中至少一个具体实施方式中得到体现外，还应当对权利要求进行合理的概括，而不要仅仅局限于发明的具体实施方式或实施例。也就是说，在能够得到说明书或技术资料支持的情况下，对权利要求中的技术特征采用合理的概括方式，从而使其保护范围尽可能宽。当然，对于从属权利要求同样需要以说明书为依据，附加技术特征也应当尽可能地进行概括上升或者采用中位概念，以获得合理的保护梯度，这样当独立权利要求不符合《专利法》及其实施细则有关规定而不能成立时，还能够为专利申请人或专利权人尽可能争取较宽的保护范围，而不至于直接缩小到具体实施方式而使保护范围过窄。

权利要求的概括主要包括两种方式：上位概括和并列概括。概括是否适当的判断标准基本上可按下述方式来确定：如果本领域技术人员可以合理预测说明书或技术资料中给出的实施方式或明显变型方式都具备相同的性能或用途，则可以概括至覆盖其所有的等同替代或明显变型方式；反之，如果权利要求的概括包含了推测的、其效果难以预先确定和评价的内容，则概括范围过宽。

需要特别说明的是，产品权利要求通常应当避免使用功能或效果特征来限定发明或实用新型，尤其是应当避免纯功能性限定。只有在某一技术特征用结构特征限定不如用功能或效果特征来限定更为恰当，该功能限定的技术特征对本领域技术人员能够明了该功能还可以用其他已知方式来完成，而且除说明书中记载的实施方式外其他能实现该功能的替代方式也能解决技术问题、达到相同的技术效果的情况下，才可以采用功能限定的技术特征以争取尽量宽的保护范围。

三、权利要求的撰写要求

撰写的权利要求应当符合《专利法》及其实施细则、《专利审查指南2010》的相关规定。

（1）独立权利要求应当按照《专利法实施细则》第二十一条第一款的规定撰写，即尽可能采用两部分格式，包括前序部分和特征部分。但是，那些不适合采用两部分格式撰写的情况除外，例如：开拓性发明、化学物质发明和某些用途发明、已知方法的改进发明等。

（2）不同类型的并列独立权利要求，通常采用引用在前的独立权利要求的形式来撰写。

（3）发明或者实用新型的从属权利要求应当按照《专利法实施细则》第二十二条第一款规定来撰写，即包括引用部分和限定部分，前者要求写明引用的权利要求编号及其主题名称，后者写明附加技术特征。

（4）权利要求应当用阿拉伯数字编号，包括几项权利要求的，应按顺序编号，只有一项时，确定为"1"。

（5）从属权利要求只能引用在前的权利要求，不能引用在后的权利要求及其本身。直接或间接从属于某一项独立权利要求的所有从属权利要求应当写在该独立权利要求之后，另一项独立权利要求之前。一项从属权利要求因而不能同时直接或间接引用在前的两项或两项以上不同发明或者实用新型的独立权利要求。特殊情况下，为避免过多从属权利要求的重复，有时在附加技术特征完全相同的情况下，可以同时引用两项独立权利要求，也可能得到审查员的认可。

（6）引用两项以上权利要求的多项从属权利要求只能以择一的方式引用在前的权利要求，并不得作为另一项多项从属权利要求的引用基础。

（7）引用某独立权利要求的从属权利要求有多项的，应当有先后层次，有顺序地引用。

（8）每一项权利要求只允许在其结尾使用句号，中间根据情况可通过分段、分号等区分不同技术特征。

（9）权利要求中不要写入插图。

（10）权利要求中通常也不得使用"如说明书……部分所述"或"如图……所示"，特殊情况除外。

（11）权利要求中通常不允许使用表格。

（12）权利要求中的技术特征可以引用附图中的附图标记，并置于相应部件后的括号内。

（13）除附图标记或其他必要情形外，权利要求中尽量避免使用括号。

（14）权利要求中，一般情形下不得使用人名、地名、商标名称、商品名。

（15）权利要求中采用并列选择时，被并列选择概括的具体内容应当是等效的，不得将上位概念概括的内容，用"或者"并列在下位概念之后；并列选择的含义应当清楚。

四、权利要求的撰写原则

上面介绍的主要是《专利审查指南2010》对于权利要求的撰写规定和要求，授权的权利要求当然不能违背上述规定，尤其是实质性的规定。但由于授权的权利要求保护范围在一定程度来说是"申请人与审查员（代表公众利益）讨价还价的结果"，从申请人的角度来看，撰写权利要求还应当遵守一些基本原则，以免影响当事人的利益。

（1）基本出发点是维护申请人的利益，争取合理的最大的保护范围。对技术方案进行深入挖掘，在独立权利要求中不要写入非必要技术特征，相关的技术特征进行合理的上位概括，以获得更加合理的宽保护范围。这与专利审查的思路是不完全相同的，例如在专利申请文件中写入了非必要技术特征，在审查过程可能认为是符合要求而能授予专利权，但却使权利要求保护范围过窄而严重影响申请人的利益，甚至可能原本非常重要的发明创造而不能获得有效的专利保护。

（2）在申请阶段，对于权利要求的概括，应当在能够得到较大支持可能性的情况下（虽然可能存在一定的不支持风险等）尽可能上位概括，即使在审查阶段被提出质疑，经争辩还不能通过时，再行缩小保护范围。对此要求，为了降低权利要求得不到支持的风险，需要在说明书中提供充分必要的描述，如实施例等；同时，权利要求中或在说明书中提供不同的保护范围梯度，在面临不得不需要缩小保护范围时，能够退一步获得合理的次宽保护范围，而不至于直接缩小至实施例的过窄范围。

需要认真研究发明的技术方案，进行合理的扩展和拓宽（也称为技术方案挖掘）。首先，为了获得全面的保护，应从多个方面来限定发明，如涉及基因的发明，则考虑从基因本身、基因的获得方法、基因的用途等多个方面撰写权利要求。其次，为获得更宽的保护范围，需要找准关键的发明构思及所需要的必要技术特征，独立权利要求中不要写入非必要技术特征；相关特征考虑用合理的上位概念进行概括，或全面找出其他类似能够实现发明目的的结构（组分、方法），以作为并列技术特征。在医药及生物领域，还经常需要考虑应用范围的概括、数值范围的概括、组分含量或配比的概括等。最后，需要撰写保护范围逐级变窄的多层次从属权利要求，以便在独立权利要求不能成立、需要缩小保护范围时能够有合适的选择退路，避免在修改权利要求时造成不符合《专利法》第三十三条规定的缺陷。

（3）在试图获得较宽的保护范围时，注意避免"温水煮青蛙"的现象（如使得审查员在认为独立权利要求不具备创造性时，很容易认为从属权利要求也自然不具备创造性）。这就需要对权利要求的撰写保护梯度和层次进行区分，对应的说明书中提供对不同保护梯度具备新颖性和创造性的针对性支撑，可以对不同保护范围层次的技术方案解决的技术问题分别描述（如更进一步解决的问题），对所获得的技术效果进行合理的区分描述。

（4）权利要求中写入的技术特征越少，其保护范围通常越宽，限定特征越多，保护范围越窄。因而在撰写权利要求时，不应在权利要求（尤其是独立权利要求中）写入辅助的、附加的、非必要的、用于选择的特征；撰写的权利要求相对于已掌握的现有技术而言，应符合新颖性和创造性的要求，即不应将已知技术纳入到权利要求的保护范围之中，把握好与现有技术的区别，在权利要求中明确体现与现有技术的区别；权利要求应当采取有利于侵权判定的技术特征，例如在产品和方法权利要求中，应以产品权利要求作为优先考虑，因而方法权利要求不利于证明侵权行为的存在。

（5）权利要求的撰写应当从权利要求的保护范围角度来进行限定和描述，通过语言文字表述对权利要求的保护范围给出确切的界线。作为科研人员，通常容易将权利要求写成科研论文的形式，例如经常采用某技术特征也可以采用 A 技术特征，也可以采用 B 技术特征（如某部件可以用铁，也可以用铜制备），虽然这种表述在说明书中是可以的，但写成权利要求则是不合适的，而应当采用确切的并列表述形式，例如某部件用铁或铜制备。

（6）专利的获得及保护范围在某种意义上是申请人与国家知识产权局之间"讨价还价"的结果。因此，在申请阶段，对于授权标准或规定的把握要适度，不能主动放弃可能获得专利的更宽范围或可能获得授权的内容。比如，在对权利要求保护范围进行概括时，对于是否能够得到说明书支持存在疑问时（不是明显不能得到支持），应当先撰写该范围的独立权利要求,然后再撰写缩小范围的独立从属权利要求(作为退路);又如,对于发明是否具备创造性存在疑问(不是明显不具备创造性)的情况下,建议先提出专利申请,不应主动放弃以影响申请人的利益。

五、权利要求撰写的通常步骤

(一)分析技术交底书,确定所包括的技术主题

1. 找出共包括几个技术主题

由客户提供的有关发明创造的技术资料(包括委托人提供其已掌握的现有技术)确定涉及哪些技术主题。其中要找出共有几个技术主题,比较得出首要的最主要的技术主题。最主要的技术主题是发明核心和关键,能够为申请人提供最充分的保护,或者保护范围最宽,或者具有最重要的实际意义。其他主题则是附属的,可在主要技术主题的基础上为申请人提供补充性保护。注意在这一步中,需要区分排除那些不属于专利保护客体的主题,并判断技术主题是否具备实用性。

2. 全面地理解各技术主题

正确、全面地理解委托人所提供的技术资料中所涉及的每一个技术主题。弄清各技术主题包含的具体实施方式,以及挖掘各个实施方式中的优选方案。必要时还要区分其是某一个实施方式中的优选技术特征,还是哪几个实施方式共有的优选技术特征,这可以用于确定撰写从属权利要求时的引用关系。

3. 在理解的基础上,分析技术主题是否存在缺陷

(1)针对每一个技术主题分析客户所提供的有关发明创造的技术资料中是否缺少其作为申请主题提出时应当补充的材料、需要客户给予补充说明或给予解释的方面。

(2)基于《专利法》第二十六条第三款的规定,对于导致说明书未充分公开发明的情况,例如就某一技术主题仅给出设想而无具体技术方案;技术方案的成立需要实验数据支持,新的化学物质至少应当给出一种制造方法和至少一种用途等。

(3)基于《专利法》第二十六条第四款的规定,对于权利要求需要有足够实施方式支持的情况,例如缺少一种下位概念的实施方式,缺少数值范围上下限附近的实施例,缺少支持从属权利要求的优选方案,缺少应用独立权利要求的实施例等。

(4)分析技术资料中是否存在不清楚需要客户给予解释之处。其中,尤其要注意专利法意义下的不清楚。

4. 确定写入申请的技术主题

(1)将这些技术主题与申请人提供的现有技术以及必要时检索到的现有技术进行对比,将那些没有新颖性和创造性的技术方案(包括其中没有新颖性和创造性的具体实施方式)排除在专利申请的主题之外。

(2)在余下的申请主题中确定最主要的技术主题作为专利申请独立权利要求的主题。这可以从主题的重要性,尤其对现有技术作出贡献的大小来确定,选择可为申请人提供最大可能保护范围的主题。

(3)对其他主题作进一步分析,其中与本申请主题具有单一性的也作为该专利申请的主题;而对于不具有单一性的主题,可建议委托人另行提出专利申请。

5. 撰写独立权利要求

首先确定合理的技术主题名称，以确定其合理的表述，必要时还需要予以概括。例如，某药物既对病毒性感冒有效，也对细菌性感冒有效，则应当确定名称为感冒药，而不应局限于病毒性或细菌性感冒药。同时，技术方案中各个技术特征也需要进行合理提炼和概括，以确保独立权利要求获得合理宽的保护范围。技术特征概括至少有两个层次角度：其一是基于对发明解决的技术问题来进行概括，比如发明采用了无机酸的共同特性来作为解决某技术问题的技术手段，如果实施例列举的盐酸、硫酸，则应当概括为无机酸。这一层次的概括是确定权利要求合理宽范围的最重要环节。其二是可以基于技术特征是等同形式、可变形式进行概括，以将其适用于发明的该技术特征各种等同形式包括进来。

此外，在撰写独立权利要求时，应当考虑下述几个方面。

（1）对多个具体实施方式进行分析，确定是并列关系还是从属关系。

（2）针对多个并列关系的具体实施方式，应当尽可能采用概括的方式加以限定，但应当注意避免纯功能性概括。

（3）一项技术主题通过多个技术措施实现不同的技术改进时如何确定要解决的技术问题，需要找出最接近的现有技术来确定其解决的关键技术问题，这对于确定关键技术特征极其重要。

（4）根据确定的发明所解决的关键技术问题，进一步确定可为技术方案带来新颖性和创造性的技术特征。这通常需要将发明与现有技术中的技术特征进行比较分析来确定，必要时可以通过特征对比列表的方式以更易于判断和确定。

（5）分析哪些是解决技术问题的必要技术特征，并写入到独立权利要求中。其中需要考虑两种不同性质的技术特征，即确定与现有技术共有的必要技术特征和为技术方案带来创造性的技术特征。主要注意以下方面：

① 不要把优选的附加技术特征写入到独立权利要求中，如此导致权利要求保护过窄，有损申请人的利益。如何判断是否作为必要技术特征写入独立权利要求，通常可以通过技术分析独立权利要求的主题是否缺它也行（缺少该特征后，技术方案仍然能够解决发明所要解决的技术问题），或者如果不写入是否会导致权利要求不清楚、不完整，或不具备新颖性和创造性等。在特别难以确定的情况下，建议从申请的角度先将其当作非必要技术特征予以对待，而写在从属权利要求当中。

② 对于与现有技术共有的必要技术特征，主要看缺少它是否导致权利要求不清楚、不完整，或者会不明确其应用对象等。此种情况下，对于在确定不了是必要技术特征还是优选的附加技术特征时，如果属于现有技术共有的技术特征，建议先不要写入独立权利要求中，因为不写入导致不清楚或不完整的影响要比因写入导致权利要求保护过窄时的影响小得多，而且有挽救的机会。

③ 对于可为技术方案带来创造性的技术特征具有多个时，首先在前面分析的基础上，确定解决关键技术问题的技术特征，该特征应写入独立权利要求中。而其他能为技术方案带来创造性的技术特征则不应写入独立权利要求，其可以作为附加技术特征来撰写从属权利要求，或者可以根据其解决技术问题的重要性来确定是否有必要撰写

另外的独立权利要求（此时，需要考虑单一性的问题，如果不具备单一性则撰写分案申请的权利要求书）。

④ 独立权利要求通常应当尽可能根据确定的最接近的现有技术进行划界。例如：对于与最接近的现有技术共有的技术特征，凡与发明改进点有关的，应当写入到前序部分（特别注意，与解决技术问题无关的，一定不要写入到前序部分）。

⑤ 注意权利要求的表述应当清楚，对于《专利审查指南2010》第二部分第二章第3.2.2节中明确规定权利要求中不得使用的术语或表述形式，不可出现在权利要求当中。权利要求中也不得有插图或引用附图、表格（在实际代理中仅有极特殊性情形下可写入），从属权利要求的表述也应当遵循该撰写思路。

⑥ 有附图标记的，权利要求中的相关部件后应标注附图标记，并使用括号。

（二）拟定从属权利要求

针对确定的最主要的主题撰写从属权利要求，需要考虑以下几个方面。

（1）独立权利要求采用概括性描述时应当针对所概括的不同实施方式撰写从属权利要求。

（2）客户提供的有关发明创造的技术资料中以优选方式或者类似方式的表示、可获得附带的技术效果或解决了附带的技术问题的技术特征等可以表述成从属权利要求。其主要是根据独立权利要求的技术主题的重要方面作进一步限定，根据技术资料中明确提出可以获得好效果的技术特征等方面来选择附加技术特征。但是不必针对那些技术意义不大的属于公知常识的优选方式来撰写从属权利要求。在实际撰写中，如果不能确定是否写成从属权利要求，则尽可能将其写成从属权利要求，待审查后再行确定。此外，作为"第二发明人"，专利代理人有时需要挖掘技术资料中没有明确提及的优选方式。

（3）注意从属权利要求的撰写层次性，从属权利要求保护范围逐层推进，层层缩小，即引用要有先后顺序。又如，附加技术特征本身相互之间没有递进关系时，则需要根据附加技术特征的重要性来考虑排列顺序。

（4）注意从属权利要求应当清楚地限定发明。作为从属权利要求也应当保证在独立权利要求不存在时，也是一个完整的技术方案；进一步限定的技术特征的表述方式要考虑是前述权利要求中已有技术特征的进一步限定，还是增加的技术特征，应相应地表述清楚；引用关系要合适，例如对于各个实施方式的共同优选方式，则可以考虑引用前述的多个实施方式的权利要求。对于仅针对某一个实施方式的优选方式，则不应当引用限定另外实施方式的权利要求以免导致引用不清楚。

（5）注意从属权利要求的撰写格式以及对其引用部分的撰写格式要求：

① 从属权利要求只能引用在前的权利要求，不能引用在后的权利要求。

② 引用两项以上权利要求的多项从属权利要求只能以择一方式引用在前的权利要求，即只能用"或"及其等同语，不得用"和"及其等同语。

③ 多项从属权利要求不得作为另一项多项从属权利要求的基础，即多项从属权利要求不得直接或间接引用另一项多项从属权利要求。

④ 直接或间接从属于某一项独立权利要求的所有从属权利要求都应当写在该独立

权利要求之后、另一项独立权利要求之前，从而一项从属权利要求不能同时引用在前的两项或两项以上的独立权利要求。

（三）拟定与独立权利要求 1 具有单一性的并列独立权利要求及其从属权利要求

许多情况下，还需针对其他应当写入的申请主题撰写独立权利要求和从属权利要求。其中，与最主要的技术主题具有单一性的申请主题，可以采用合案申请的方式，即作为并列独立权利要求及其相应的从属权利要求写入该申请中。其独立权利要求及相应从属权利要求的写法参见前面的撰写思路。

但通常而言，并列独立权利要求的从属权利要求通常情况下比独立权利要求 1 的从属权利要求要少一些。这是因为并列的发明相对次要一些的缘故。

（四）确定是否还需提交分案申请

按照《专利法》第三十一条的规定，一件发明或实用新型应当限于一项发明或实用新型，属于一个总的发明构思的两项以上发明或者实用新型，可以作为一件专利申请提出。按照《专利法实施细则》第三十四条规定，可以作为一件专利申请提出的属于一个总的发明构思的两项以上的发明或者实用新型，应当在技术上相互关联，包含一个或者多个相同或者相应的特定技术特征。其中特定技术特征是体现发明对现有技术作出贡献的技术特征，也就是使发明相对于现有技术具备新颖性和创造性的技术特征。

为符合上述规定，在撰写权利要求书时，对于有多项发明或实用新型时，需要确定是合案申请还是分案申请。即有多个独立权利要求的情况下，需要考虑它们之间是否具有单一性以确定写入一份申请或写入多份申请。属于一个总的发明构思的两项以上发明或者实用新型，具有单一性，可以作为一件申请提出。

如果存在与最主要的技术主题不具有单一性的申请主题，应当向委托人建议另行提出分案申请或者请委托人补充有关更具体的发明内容后另行提出专利申请。其独立权利要求及相应从属权利要求的写法参见前面的撰写思路。

在这方面，实际操作时应当从两个层面加以考虑：其一，从撰写角度来看，具备单一性的多项发明应当写入一份申请。其二，与一份申请的独立权利要求 1 不具备单一性的其他发明应当以另一份申请提出。在实际代理实务工作中，由于单一性并非无效理由，在不能确定多项独立权利要求是否具备单一性的情况下，通常可以合案申请，待审查员指出专利申请不符合单一性规定的审查意见时再决定是否将为满足单一性而删去的另几项发明或者实用新型提出分案申请。

在专利申请文件的起草过程中，对于单一性的考虑，大多可以在撰写正式的权利要求书之前进行判断，有时也可能在撰写过程中或基本完成权利要求的撰写时确定。此时，判断的基础是当时已掌握的现有技术文件。

此外，关于单一性而言，通俗地说，就是看不同的发明（以权利要求角度来看，就是不同的独立权利要求）之间是否存在对现有技术改进的相同或相应的技术特征，这往往与现有技术的状况密切相关。

六、权利要求撰写过程中经常出现的问题

权利要求的撰写首先需要符合权利要求撰写的常规思路，而不能写成科研论文。有些申请人（尤其是没有委托专利代理人），甚至少数专利代理人经常将权利要求撰写成科研论文的形式，例如，写入不必要的科研方案、科研推论，过于具体而没有进行必要的概括，采用不具有通用性的简写、缩写或不规范的术语行话。在严重的情况下，没有区分技术特征和非技术特征，形成的权利要求不能称为真正的权利要求，无法理解和界定保护范围。技术方案按科研论文的思路，而不是保护范围的角度，可参见后面的案例剖析提供的例子来进一步理解。

在满足初级要求的情况下，撰写权利要求还经常出现下面一些错误（其中许多方面也是在答复审查意见通知书需修改权利要求时同样需要考虑的），现就医药和生物领域中易出现的问题给出示例。

（1）权利要求的主题选择不当，例如能写成产品权利要求，却被写成方法权利要求；能够用产品的可单独生产、销售或使用的部件作为主题，都选择了产品整体作为主题；主题名称没有进行合理的上位概括（在可以概括为"容器"的情况下，而写成了具体的产品如"水杯"）。

（2）没有正确确定为技术方案带来新颖性和创造性的技术特征。

（3）独立权利要求中缺少必要技术特征，或者写入非必要技术特征。

在医药和生物领域，对于组合物而言，各组分的配比经常需要写入独立权利要求当中。作为申请撰写阶段，对于发明关键是组分的选择还是组分配比难于判断时，可以先认定组分的配比不属于必要技术特征，以便在审查过程中留有一定余地。但如果发明的关键明显在于各组分的配比的选择上，则配比关系应当作为必要技术特征写入独立权利要求当中。

【案例 2 - 1】

案情： 该申请权利要求 1 涉及"一种治疗眼病的中药组合物"，权利要求 8 涉及"一种治疗眼病的中药组合物的制备方法"，均未限定原料药的配比。

审查意见指出： 根据申请文件记载，该发明组合物作为由多种不同功效的原料药制成的药物组合物，其要解决的技术问题是提供一种治疗眼病的药物组合物，其中各味原料的用量配比是解决该发明技术问题所不可缺少的技术特征。因此权利要求 1 因缺乏必要技术特征而不符合《专利法实施细则》第二十条第二款的规定。

分析： 该发明解决的技术问题是提供一种治疗糖尿病视网膜病变的中药组合物，作为其组分的各味原料药具有不同的功效，各味原料药的用量配比不同，所得组合物的功效也会不同。因此各味原料的用量配比是解决该发明技术问题所不可缺少的技术特征。

（4）技术特征描述不当或不完整。

【案例 2 - 2】

权利要求中描述"将上述培养好的菌种按种子罐培养基 10% 的接种量接种入 500升种子罐，培养至对数生长期，种子罐所用的培养基配方为：葡萄糖 0.8%、

（NH_4）$_2SO_4$ 1%、K_2HPO_4 0.2%、$MgSO_4$ 0.05%、NaCl 0.01%、$CaCO_3$ 0.3%、酵母膏 0.02%，pH7.2～7.5"。

分析："培养基配方为：……"属于封闭式权利要求的表达方式，各组成含量之和应满足100%。而权利要求2中的培养基的各组成之和为2.38%，不足100%，因而导致技术方案不清楚，应当补充其他成分，例如上述成分是以水为溶剂，则可以增加描述"余量为水"，以使权利要求清楚，避免不必要的误解。

（5）权利要求中技术特征之间的关系未描述清楚。例如，仅罗列各部件名称，而缺少各部件间的连接配合关系。

（6）权利要求中写入含义不清楚或模糊的词语。

【案例2-3】

权利要求如下：

1. 一种用于预防和治疗奶牛子宫内膜炎的生物制剂，其特征在于该制剂包括溶葡萄球菌酶、溶菌酶、抑菌肽的重量百分比含量分别为0.001%～5%、0.1%～10%和0.01%～1%。

2. 根据权利要求1所述的生物制剂，其特征在于该制剂包括重量百分比含量分别为0.001%～5%、0.1%～10%、0.01%～1%、0.2%～60%和0.5%～50%的溶葡萄球菌酶、溶菌酶、抑菌肽、蛋白质稳定剂和渗透促进剂，以及医学上可接受的载体。

3. 根据权利要求2所述的生物制剂，其特征在于所述的蛋白质稳定剂为聚乙二醇类物质、壳聚糖、甲壳素或N-乙酰-D-氨基中的一种或一种以上；所述的渗透促进剂为乙醇、饱和或不饱和脂肪酸及其酯、表面活性剂、螯合剂中的一种或一种以上。

分析：《专利审查指南2010》第二部分第二章第3.3节规定，"被并列选择概括的概念，应含义清楚"。权利要求3中记载了"所述的蛋白质稳定剂为聚乙二醇类物质、壳聚糖、甲壳素或N-乙酰-D-氨基中的一种或一种以上"，其中所述"N-乙酰-D-氨基"与其他物质并列，但"N-乙酰-D-氨基"仅仅是对化合物取代基的描述，不属于用于完整表述一种物质的技术术语，用该词语来表征一种蛋白质稳定剂，其含义不确定。如果没有更好的表述方式，则应当写入带有该取代基的具体化合物，而直接删除可能影响权利要求的保护范围。

【案例2-4】

权利要求1：一种口腔崩解片的配制方法，其特征在于包括以下主要配制步骤：

（1）将枸橼酸他莫昔芬、微晶纤维素、羧酸甲淀粉钠、微粉硅胶、硬脂酸镁、乳糖、阿斯巴甜分别粉碎过100目筛；

（2）将枸橼酸他莫昔芬先与羧酸甲淀粉钠进行混合过筛、混匀，再和微晶纤维素混匀，再依次加入乳糖、微粉硅胶、硬脂酸镁和阿斯巴甜，混合均匀，调节片重与压力压片制得本发明枸橼酸他莫昔芬口腔崩解片。

分析：权利要求中的"本发明"指代不明确，存在歧义，应当在权利要求中予以删除。当然，权利要求中出现"本发明"并不一定导致权利要求不清楚，例如下述权利要求："一种……方法，其特征在于，本发明的方法由如下步骤组成：a.……；b.……。"由于是封闭式权利要求，从而可以排除了"本发明"覆盖其他实施方式的可能性。但从权利要求撰写角度来看，"本发明"三个字也是多余的，建议不要写入。

（7）权利要求中写入广告商业性质用语，或不会产生技术效果的说明，或对原因和理由进行了不必要的说明。

【案例2－5】

权利要求1：一种全新的制备红豆杉提取物的方法，其特征在于：为了更好地提取效果，需要选取完整的无病虫的红豆杉的根，冲洗、淋干、破碎放入三角瓶中，用浓度为85%～95%的乙醇水溶液浸提，乙醇水溶液与红豆杉根的重量比为8～15:1，浸提温度20～45℃，浸提时间90～110分钟，为了有效提高所要提取的物质如紫杉醇等在乙醇水溶液中的溶解性，在浸提过程中需数次间歇性地搅拌。

分析：上述权利要求存在多个缺陷：（1）主题名称中的"全新的"具有商业宣传性质，不应写入权利要求当中；（2）"为了更好地提取效果"属于原因上的描述，不应当写入权利要求当中；（3）虽然权利要求中的"完整的无病虫"的要求在操作上具有一定的意义，但选取完整的无病虫的红豆杉是本领域常识，不言自明，通常情况下，不必写入权利要求当中；（4）权利要求中的"三角瓶"的描述显然过于细节化，而且在大规模提取时，也不太可能使用三角瓶，因此不应当如此限定，至少可以概括为容器等；（5）权利要求中的"为了有效提高所要提取的物质如紫杉醇等在乙醇水溶液中的溶解性"也仅仅是对原因的说明和解释，也不应当写入权利要求当中，上述权利要求通常被认为是不简要的。

正确的撰写方式如下：

一种制备红豆杉提取物的方法，其特征在于：选取红豆杉的根，冲洗、淋干、破碎放入提取容器中，用浓度为85%～95%的乙醇水溶液浸提，乙醇水溶液与红豆杉根的重量比为8～15:1，浸提温度20～45℃，浸提时间90～110分钟，并在浸提过程中进行数次间歇性的搅拌。

（8）权利要求中将上下位概念并列，并列的技术方案之间存在包含关系，导致保护范围不明确。

【案例2－6】

权利要求1：镰叶芹二醇在制备治疗炎性疼痛疾病药物中的应用，所述炎性疼痛疾病是头痛、偏头痛。

分析："偏头痛"是"头痛"的下位概念，根据《专利审查指南2010》第二部分第二章第3.3.2节中的规定，"当权利要求中出现某一上位概念后面跟一个由上述用语引出的下位概念时，应当要求申请人修改"。可以在权利要求1中仅保留头痛，在从属权利要求再进一步限定所述头痛为偏头痛。例如：

1. 镰叶芹二醇在制备治疗炎性疼痛疾病药物中的应用，所述炎性疼痛疾病是头痛。

2. 如权利要求1所述的应用，所述头痛是偏头痛。

【案例2－7】

权利要求2：根据权利要求1所述组合物，其中所述酯是选自由肉桂酸酯、乙酸酯和脂肪酸酯所组成的组。

分析：脂肪酸是指羧基与脂肪烃基连接而成的一元羧酸。按烃基的性质，脂肪酸包括饱和脂肪酸，烃基中只含有单键，例如甲酸，乙酸等。因此，权利要求2中"乙酸酯"为"脂肪酸酯"的下位概念，该权利要求同时存在并列选择的上下位概念，不应当写在一个权利要求中，应当将乙酸酯作为附加技术特征撰写一项从属权利要求。

【案例2－8】

权利要求1：一种编码β－甘露聚糖酶的基因，其特征在于其核苷酸序列是下述核苷酸序列之一：

（1）序列表中 SEQ ID NO：2 所示的序列；

（2）编码序列表中 SEQ ID NO：1 所示氨基酸序列的 DNA 序列。

分析：权利要求中（2）通过编码的氨基酸序列来进行限定，其包括了（1）限定的具体序列。因此，（2）的序列与（1）的序列是包含关系，不宜作为并列选项写入同一权利要求，该缺陷虽然并非实质性缺陷，但最好写成具有从属关系的两项权利要求，例如：

1. 一种编码β－甘露聚糖酶的基因，其特征在于：其核苷酸序列编码序列表中 SEQ ID NO：1 所示氨基酸序列。

2. 如权利要求1所述的编码β－甘露聚糖酶的基因，其特征在于：其核苷酸序列是序列表中 SEQ ID NO：2 所示的序列。

（9）权利要求撰写前后描述存在冲突。

【案例2－9】

权利要求4：根据权利要求1所述的方法，其特征是：所述的磷化合物为有机化合物，其选自磷酸三烷基酯、磷酸三苯基酯或磷酸中的一种。

分析：磷酸为无机酸，即为无机化合物，本领域公知其并不属于磷的有机化合物，而权利要求1中的描述与此矛盾，因此是不清楚的。如果从技术上仍然是可行的，可以修改为两项权利要求，或者在一个权利要求中以并列方式撰写。分别可改为：

"4. 根据权利要求1所述的方法，其特征是：所述的磷化合物为有机化合物选自磷酸三烷基酯、磷酸三苯基酯。

5. 根据权利要求1所述的方法，其特征是：所述的磷化合物是磷酸。"

或者写成：

"4. 根据权利要求1所述的方法，其特征是：所述的磷化合物为有机化合物选自磷酸三烷基酯、磷酸三苯基酯，或者所述的磷化合物是磷酸。"

【案例2－10】

权利要求1如下：

1. 一种从海南山苦茶中提取海南山苦茶木脂素和鞣质的制备方法，其特征在于：

（1）海南山苦茶用甲醇、乙醇、丙醇或丙酮渗漉提取：药材与溶剂的比例为1:10～15倍，提取液低温浓缩；

（2）提取物粗分离：浓缩物用1～3倍量水溶加到吸附树脂柱上，用8～12倍量水洗，然后用10%～90%的醇类洗下木脂素和鞣质，回收醇，冷冻干燥得褐色粉末；

其中，提取溶剂是浓度为30%～95%的甲醇、乙醇、丙醇或丙酮有机溶剂；洗脱溶剂是浓度为10%～95%的甲醇或乙醇。

分析：权利要求 1 中限定"用 10% ~90% 的醇类洗下木脂素和鞣质"，之后又限定"洗脱溶剂是浓度为 10% ~95% 的甲醇或乙醇"，可以确定所述"洗脱溶剂"即指洗下木脂素和鞣质的溶剂，然而，虽然"甲醇或乙醇"属于"醇类"，但 95% 并不在"10% ~90%"的范围内，在同一权利要求中，出现对溶剂浓度的前后不同的限定，由于前面限定使用 10% ~90% 的醇类，后面的浓度范围超出这一范围，导致前后矛盾。该撰写缺陷应当根据发明的真实技术方案进行修改。

（10）权利要求与说明书中的定义相矛盾。

【案例 2 –11】

权利要求 1：一种嵌合蛋白，所述嵌合蛋白包含第一和第二多肽链，其中所述第一链包含生物活性分子和至少一部分免疫球蛋白恒定区，该部分免疫球蛋白恒定区包含 FcRn 结合位点，其中所述第二链包含至少一部分免疫球蛋白恒定区，该部分免疫球蛋白恒定区包含 FcRn 结合位点，但是不含生物活性分子或免疫球蛋白可变区。

说明书第 [0074] 段中关于"生物活性分子"的定义为：

"生物活性分子，在本文中用以指能够在生物背景中（例如在生物体、细胞或它们的体外模型中）治疗疾病或病症，或者通过发挥某种功能或作用，或通过刺激或应答某种功能、作用或反应，将某种分子局限于或靶向体内疾病或病症位点的非免疫球蛋白分子或其片段。生物活性分子可包括至少多肽、核酸、小分子（如有机或无机小分子）之一。"

分析：说明书中关于"生物活性分子"的描述中排除了免疫球蛋白分子或其片段，属于对该术语的特殊定义。权利要求 1 中关于"嵌合蛋白的第二多肽链"的表述为"包含至少一部分免疫球蛋白恒定区，该部分免疫球蛋白恒定区包含 FcRn 结合位点，但是不含生物活性分子或免疫球蛋白可变区"。由于权利要求 1 中未对"生物活性分子"进行与说明书相应的特殊定义，按照本领域对"生物活性分子"常规的理解，导致了"免疫球蛋白恒定区"也包括在被排除的"生物活性分子"范围内，使得权利要求 1 保护范围不清楚。

本案例表明有时权利要求的撰写不能单独考虑，有时还需要考虑到说明书的相关内容。

（11）权利要求采用本领域没有通用理解含义的术语进行限定。

【案例 2 –12】

1. 人源化单克隆抗体在制备动物中抑制血栓形成的药物中的用途，其特征在于所述的人源化单克隆抗体选自 SB249413、SB249415 和 SB249416。

分析：上述权利要求中的人源化单克隆抗体 SB249413、SB249415 和 SB249416 明显是发明人在科研或实验过程中进行自定义的编号，并非本领域的通用术语，单独从权利要求来看，难以理解。正确的撰写方式应当是：采用分泌所述单克隆抗体的杂交瘤保藏号进行限定，或者已知其序列的情况下，采用例如其重链和轻链的序列进行限定。

此外，权利要求的撰写中还经常出现的错误包括：

（12）权利要求中进行了重复限定，对已限定的技术特征进行重复描述。

（13）权利要求中使用了多个句号，或者附图标记没有用括号括起来，或者使用不恰当的括号。

（14）对于并列独立权利要求，采用不恰当的撰写方式，如以不恰当的假从属权利要求进行撰写。

（15）从属权利要求的技术主题与被引用的权利要求主题不一致。

（16）从属权利要求的限定部分的某些技术特征在被引用的权利要求中缺乏引用基础。

（17）从属权利要求引用关系不当或错误，没有采用择一引用的方式，或者多项引用多项错误。

（18）对该请求保护的主题没有请求保护（包括与第一项发明具有单一性而应写入该申请的发明和不具备单一性而需要分案申请的权利要求）。

（19）没有写入合适数量的从属权利要求（通常是少写了重要的或必要的从属权利要求）。

七、权利要求撰写案例分析

【案例 2－13】

本案涉及植物组织培养的发明创造，其通过具体筛选比较实验，获得了兔眼蓝莓的快繁方法。发明人自行撰写的权利要求如下：

1. 一种适宜脱毒兔眼蓝莓的高效快繁技术，其特征在于，采用外植体材料为当年生幼嫩枝，通过以下步骤获得优质脱毒苗：

（1）嫩枝摘除叶片，清洗嫩枝，嫩枝切段形成单芽茎段，然后放置在培养基中培养，完成无菌苗的获得步骤；

（2）待单芽茎段叶芽伸长后，切下叶芽转接在改良培养基中，完成丛生芽的诱导与增殖步骤，将获得的无菌苗转接到不同的增殖培养基上进行比较，丛生芽生长速度慢，从增殖率、丛生芽长势、玉米素成本方面进行综合考虑，得到最佳的改良培养基，以完成丛生芽的诱导与增殖的改良；

（3）取无菌苗植株上碧绿的叶片，按照不同的叶片切法、不同的培养方式、不同浓度的 ZT 筛选最合适的叶片，培养在改良培养基中，完成叶片再生体系的建立步骤，进行叶片不同部位对重生苗诱导的影响测试，按垂直叶片主脉方向将叶片切成二部分，叶片背面朝下接种于培养瓶内，统计重生率，进行不同暗培养时间对叶片重生苗诱导的影响测试，随着暗培养时间的延长，重生苗诱导频率呈增高趋势，不经暗培养直接在光照培养条件下或暗培养条件下的重生率，进行 ZT 浓度对诱导叶片重生苗的影响测试，测试不同浓度的 ZT 对叶片重生苗的诱导作用，以完成叶片再生体系的建立的改良；

（4）剪取苗的单芽茎段，在改良培养基中培养，从不同盐浓度、不同活性炭浓度、不同 IBA 浓度的培养基中筛选出最适宜生根培养基，完成试管苗生根培养步骤，进行盐浓度对生根的影响测试，进行单个芽苗在不同盐浓度的生根培养基中的生根诱导率存在差异比对，进行活性炭和生长素对生根的影响测试，活性炭对组培苗瓶内生根具有重要影响，当培养基中无活性炭时，插入培养基中的茎基部均先长愈伤组织然后生根，由于茎根之间维管束不通，不久茎即停止生长，叶色发红脱落，苗长势差，活性炭对生根具有促进作用，以完成试管苗的瓶内生根改良；

（5）在炼苗基质中培养，炼苗时打开培养瓶的瓶盖进行培养环境的过渡，在湿度100%的室内环境下培养，然后过渡到湿度80%、透光度70%的室外条件下，然后在逐步通风换气环境下培养，统计成活率，完成炼苗步骤，剪取2cm左右长的无菌苗新梢在生根培养基中生长，45天左右苗高长5~6cm时，生根率达95%，对生根苗移栽在5种不同基质上，统计成活率，以完成炼苗基质的优化。

分析：（1）权利要求的主题采用"技术"一词不清楚，不符合规定，按其技术内容来看，应当明确为"快繁方法"；此外，"高效"一词具有一定的宣传性质，最好不要写入，而"快繁"一词是组织培养中被认可的词语，因此是可以的。

（2）权利要求中采用了"高效""优质"等词语本身不是对技术方案的限定，有商业宣传的嫌疑，通常建议不写入权利要求当中。但具体是如何体现高效、优质，则可以在说明书的有益技术效果部分进行说明。

（3）第（2）~（4）步明显是实验方案或过程本身的描述，并没有给出发明所得到的技术方案。这些描述可以在说明书中同时结合实施例予以展示，以体现发明创造的过程而表明发明创造性的获得并非简单容易获得的，即对于支撑创造性方面有一定的作用。

（4）从整体权利要求来看，其没有给出真正涉及快繁方法的技术方案，没有写入为权利要求带来新颖性和创造性的技术特征，其中反而给出众多没有必要写入权利要求中的非技术特征内容，导致无法明确其保护范围。

（5）权利要求也写入一些原因或理由等不必要的内容，如第（2）步"丛生芽生长速度慢，从增殖率、丛生芽长势、玉米素成本方面进行综合考虑，得到最佳的改良培养基"之描述。

（6）采用了含义不明确的术语，如采用的"改良培养基"而没有说清楚是如何"改良"的。

（7）权利要求的撰写过于具体化的细节，而没有任何提炼或概括。

根据申请人提供的技术内容，从其中删除非必要的技术特征并至少可以提取如下的技术方案。注意，在实际申请过程中，撰写的权利要求还要根据发明的实质考虑适当进行概括。

1. 一种兔眼蓝莓的快繁方法，其特征在于，包括如下步骤：

（1）无菌苗获得：以田间生长的当年生嫩枝为初始外植体，摘除叶片，常规表面灭菌后，将枝条切成1~2cm长的单芽茎段接种于初代培养基上诱导侧芽萌发，获得无菌苗，其中初代培养基为：以改良的WPM为基础培养基，再添加1.0mg/L ZT + 20g/L 蔗糖 + 琼脂粉9g/L得到的培养基，pH = 5.2；

（2）将初代培养的无菌苗茎段接种于继代增殖培养基上培养，其中继代增殖培养基为：以改良WPM为基础培养基，再添加1.0mg/L ZT + 20g/L 蔗糖 + 琼脂粉9g/L培养基，pH = 5.2；

（3）取继代增殖过程中形成的无菌苗枝条离顶端第 3~6 节叶片，按垂直叶片主脉方向离叶尖 1/3 处将无菌苗叶片切成二部分，叶片两部分均背面朝下进行不定芽诱导培养，先暗培养 20 天后光照培养，其中叶片诱导不定芽培养基为：以改良 WPM 为基础培养基，再添加 1.7mg/L ZT + 20g/L 蔗糖 + 琼脂粉 9g/L 培养基，pH = 5.2；

（4）生根培养：将增殖培养形成的苗剪成高约 2.0cm 的单苗茎段接种于瓶内的生根培养基中，生根培养基为：以 1/4 改良的 WPM 为基础培养基，再添加 0.1% 活性炭 + 0.1mg/L IBA；

（5）炼苗：将瓶内生根苗提前 3 天打开瓶盖进行过渡，然后轻轻洗净根部培养基移栽入育盘中的炼苗基质即水苔藓中，保持湿度 100% 的塑料棚中培养 20 天，然后在湿度 80%、透光度 70% 的室外条件下过渡数天，再逐步通风换气，再完全揭去棚膜；

其中改良的 WPM 培养基的具体改良方法：以 Ca（NO_3）$_2$·$4H_2O$、KNO_3 代替原 WPM 培养基中的 K_2SO_4、$CaCl_2$。

第三章 发明专利申请说明书的起草

《专利法》第二十六条第三款和《专利法实施细则》第十七条、第十八条、第二十三条对说明书的要求作了明确规定，但对于专利代理人和专利申请人来说，还要考虑《专利法》第二十六条第四款对权利要求的规定所反映出来的要求是说明书应当提供支撑权利要求书的所有必要的技术内容，同时还需要对发明新颖性和创造性提供充分必要的支撑。此外，还需要考虑如何阻止他人提出选择发明的可能，以及为审查过程中修改专利申请文件提供必要的余地等。

一、对说明书的总体要求

根据《专利法》和《专利法实施细则》上述条款以及《专利审查指南 2010》相应章节的规定，对发明专利申请说明书总体上提出了三个方面的要求：说明书应当充分公开请求保护的主题，说明书应当足以支持权利要求限定的保护范围，说明书应当用词规范、语句清楚，说明书应当充分支撑发明的新颖性和创造性。下面对这三个方面要求给予具体说明。

其中需要说明的是，对于属于《专利法》第五条规定不授予专利权的范围既不能作为权利要求请求保护的主题，相关的内容当然也不应当写入说明书和说明书摘要。而对于《专利法》第二十五条中列举的不授权主题，虽然不能作为权利要求请求保护的对象，但许多情况下，其相关内容还应当在说明书中描述以满足充分公开的要求。

（一）说明书应当充分公开请求保护的主题

《专利法》第二十六条第三款规定：说明书应当对发明或者实用新型作出清楚、完整的说明，以所属技术领域的技术人员能够实现为准。从该条款文字来看，是针对说明书作出的规定，但实际上也相应于权利要求而言的，即应当基于该条款的判断标准来确定是否可以将相关技术主题作为权利要求请求保护的对象，即假设撰写了相关的技术主题，那么需要判断哪些内容才能让本领域技术人员能够实现。

1. 说明书应当清楚

说明书的内容应当清楚，是指说明书的内容应当满足主题明确、表述准确两方面的要求。

（1）主题明确：说明书应当从现有技术出发，清楚写明发明或者实用新型要求保护的主题，即说明书应当写明发明或实用新型所要解决的技术问题以及解决其技术问题采用的技术方案，并对照现有技术写明发明或者实用新型的有益效果；上述技术问题、技术方案和有益效果应当相互适应，不得出现相互矛盾或不相关联的情形。

（2）表述准确：说明书应当使用发明或者实用新型所属技术领域的技术术语，准确地表达发明或者实用新型的技术内容，使技术领域的技术人员能够清楚、正确地理解发明或者实用新型。

2. 说明书应当完整

说明书完整即要求说明书中描述或记载有关理解、实现发明或者实用新型所需的全部技术内容。即帮助理解发明或者实用新型不可缺少的内容，确定发明或者实用新型具有新颖性、创造性和实用性所需的内容，以及实现发明或者实用新型所需的内容。

需要指出的是，凡是本领域技术人员不能从现有技术中直接、唯一地得出的有关内容，均应当在说明书中进行描述。

此外，对于克服技术偏见的发明或者实用新型，说明书中还应当解释为什么说该发明或者实用新型克服了技术偏见，新的技术方案与技术偏见之间的差别以及为克服技术偏见所采用的技术手段。

3. 说明书应当达到能够实现发明的程度

说明书应当清楚地记载发明的技术方案，详细地描述实现发明的具体实施方式，完整地公开对于理解和实现发明必不可少的技术内容，达到使所属技术领域的技术人员按照说明书记载的内容，就能够实现该发明的技术方案，解决其技术问题，并且产生预期的技术效果。

以下各种情形由于缺乏解决技术问题的技术手段而被认为无法实现，从撰写的角度看，需要申请人提供相关补充说明以避免这些情形：

（1）说明书中只给出任务和/或设想，或者只表明一种愿望和/或结果，而未给出任何能够实施的技术手段；

（2）说明书中给出了技术手段，但是含混不清，根据说明书记载的内容无法具体实施；

（3）说明书中给出了技术手段，但采用该手段并不能解决发明或者实用新型所要解决的技术问题；

（4）由多个技术手段构成的技术方案，对于其中一个或某些技术手段，按照说明书记载的内容并不能实现；

（5）说明书中给出了具体的技术方案，但未给出实验证据，而该方案又必须依赖实验结果加以证实才能成立。

总体来说，为满足充分公开的要求，对说明书的描述通常可以概括为下述三个方面：为什么要做（要解决什么样的问题）、如何完成技术方案（这也是发明的核心）、如何应用（用途或效果）。这是所有领域说明书撰写的通用要求。但为了满足这种要求，不同领域却有其特殊性。

【案例 3 –1】

某发明人提交的技术交底书如下。

拟请求保护：一种组方药物，由用超临界流体萃取法或相似有机溶剂萃取法从野芙蓉中提取所得的野芙蓉金丝桃甙类酮类化合物、槲皮素类酮类化合物和野芙蓉嫩果细粉、野芙蓉油等几种成分配伍组方；以野芙蓉油的不皂化物含量不同，其配方比例为金丝桃甙类酮类化合物 20% ~60%、槲皮素类酮类化合物 30% 以下，野芙蓉油 20%

以上，野芙蓉细粉10%以下。

其核心的发明实施方式也用到了"野芙蓉金丝桃甙类酮类化合物""野芙蓉槲皮素类酮类化合物"，但没有进行详细说明具体成分或其制备方法。

分析：该技术交底书中提供一种药物，其中需要用到两种成分，即"野芙蓉金丝桃甙类酮类化合物""野芙蓉槲皮素类酮类化合物"。经核查，在现有技术如教科书或工具书中并没有记载这两个术语，在本领域不具有通常能够理解的含义，属于发明人自定义的词语。因此，如果在提交申请时，在说明书中不提供该三种物质的制备方法和/或对该两种物质作出清楚完整的解释，则导致本领域技术人员无法理解所述术语，因而不能根据其技术内容来实现发明的技术方案，因而导致说明书不符合《专利法》第二十六条第三款的规定。

对此，需要与申请人沟通，在提交专利申请时，应当补充这两个物质的制备方法。本案也说明，对于科研人员或一般的发明人而言，经常会使用一些自定义词，或者在小范围（如实验室、工厂等）约定的词语，但这类词语由于没有在本领域形成约定俗成的含义，因而在专利申请文件中应当进行明确说明，否则容易导致说明书公开不充分。

在医药和生物领域中，专利申请中许多情况需要提供必要实验证据以支持其技术方案，对生物材料进行专利程序的保藏，以满足充分公开的要求，这方面在本书第二部分还将提供更多的案例进行说明。

4. 正确处理好技术秘密与说明书充分公开的关系

在专利的实际申请过程中，申请人往往需要对某些技术秘密或技术诀窍进行保留，此时需要正确处理好技术秘密与发明充分公开之间的关系。如果说明书中不记载所述的技术秘密则导致本领域技术人员不能重复实现，则只能作出选择，要么写入专利申请文件中，要么放弃申请专利。下面通过一个案例予以说明。

【案例3-2】

某发明人提交的技术交底书如下。

一种黄芪凝集素蛋白的制备方法，包含以下步骤：①以黄芪为原料，粉碎成粗粉，添加磷酸缓冲液，搅拌下提取，离心收集上清液作为蛋白质粗提液备用；②搅拌条件下，添加硫酸铵粉末至粗提取液中，使粗提取液中硫酸铵饱和度达15%～30%，搅拌充分混合后，离心，弃去沉淀收集上清液，继续添加硫酸铵粉末至上清液达50%～70%硫酸铵饱和度，搅拌混合后，离心收集沉淀，弃去上清液，用磷酸缓冲液溶解沉淀，保存备用；③上述蛋白用磷酸缓冲液透析后，再经以下3步离子交换柱层析来进行活性蛋白的纯化。第一步离子交换层析，采用 QAE Sephadex A-25 离子交换柱，先洗出来未结合的蛋白，然后用溶于磷酸缓冲液中的 NaCl 溶液洗脱。收集具有凝集活性的组分，采用醋酸钠缓冲液充分透析后保存备用。第二步离子交换层析，采用 Econo - Pac CM 离子交换柱，对第一步得到的粗蛋白进行层析，先洗出来未结合的蛋白，然后用溶于磷酸缓冲液中的 NaCl 溶液洗脱，收集具有凝集活性的组分。第三步离子交换层析，将上一步层析所得到的收集液，经 Tris - HCl 缓冲液透析后，再过 Econo - Pac High Q 离子交换柱，先洗出未结合的蛋白，然后用溶于磷酸缓冲液中的 NaCl 溶液洗脱，收集具有凝集活性的组分，得到黄芪凝集素蛋白。

分析： 技术交底书中提供了一种黄芪凝集素蛋白的制备方法，但对于该制备方法中重要的离子交换层析步骤，却没有给出上柱、冲洗和洗脱所用的缓冲液的 pH 范围，也没有公开所采用的 NaCl 具体梯度洗脱方式，即 NaCl 的离子浓度梯度，更无从了解其相应的洗脱峰，以及在洗脱过程中对哪部分洗脱成分进行收集，哪部分洗脱成分才是目的蛋白。并且对于所要获得的黄芪凝集素蛋白与纯化相关的内在性质（如等电点、分子量等）及氨基酸序列或对其进行编码的核酸序列的情况下，本领域技术人员按照技术交底书的内容，不付出创造性劳动无法得到该发明所述的黄芪凝集素蛋白。

经与申请人沟通，其发明的关键就在于采用何种离子交换层析步骤，其想通过技术秘密予以保留。但显然，发明中的离子交换层析步骤应当在说明书中交代才能满足充分公开的要求。这种情况下，申请人需要确定是否提出专利申请。

（二）说明书应当足以支持权利要求限定的保护范围

根据《专利法》第二十六条第四款的规定，权利要求书应当以说明书为依据。但是，从撰写专利申请文件角度来看，确定了权利要求书要求专利保护的范围后，就应该要求所撰写的说明书支持权利要求书。为了满足这一要求，在撰写说明书时应当注意下述五点。

（1）针对权利要求的保护范围，提供足够多的实施例。当独立权利要求进行了概括，而不能从一个实施例中找到依据时，则应当根据情况提供两个或更多个实施例。例如，对于权利要求相对背景技术的改进涉及数值范围时，通常应当给出两端值附近（最好是两端值）的实施例，而数值范围较宽时，则还应提供至少一个中间值的实施例。

（2）在说明书中对权利要求书中的每个技术特征作出说明，对于进行了上位概括的技术特征，除给出足够数量的实施例外，必要时说明该发明或者实用新型的技术方案利用了上位概括所涉及的所有下位概念的共性，作为支持上位概括的理由。

（3）对权利要求书中的每个权利要求来说，至少在说明书中的一个具体实施方式或一个实施例中得到体现。

（4）至少在说明书中的一个具体实施方式中包含了独立权利要求中的全部必要技术特征。

（5）说明书中记载的内容与权利要求相适应，术语一致，没有矛盾。

（三）说明书应当用词规范、语句清楚

撰写的说明书，其内容应当明确，无含混不清或者前后矛盾之处，使所属技术领域的技术人员容易理解。例如，应当使用发明或者实用新型所属技术领域的技术术语等。

说明书应当使用发明或者实用新型所属技术领域的技术术语。对于自然科学名词，国家有规定的，应当采用统一的术语，国家没有规定的，可以采用约定俗成的术语。如果采用自定义词，应当给出明确的定义或者说明。并且不应当使用在本技术领域中具有基本含义的词汇来表示其本意之外的其他含义。

说明书应当使用中文,但在特定情况下,个别词语可以使用中文以外的其他文字,在说明书中第一次使用非中文技术名词时,应当用中文译文加以注释或者使用中文给予说明。说明书中使用的技术术语与符号应当前后一致。例如,具有公认含义的基因名称代码,如 IL-6 等是可以使用的,此外对于计量单位、数学符号、公式、特定意义的表示符号(如国标缩写为 GB)等可以使用非中文形式,但应当是公知或相关领域公用的规范的形式。

计量单位应当使用国家法定计量单位,可以是国际单位制计量单位,也可以是国家选定的其他计量单位,必要时可以在括号内同时标注本领域公知的其他计量单位,避免非规范的计量单位,例如旧制的重量单位"两"是应当避免的。

说明书尽可能避免使用商品名称,无法避免使用时,其后应注明其型号、规格、性能及制造单位等信息。也应当避免使用注册商标来确定物质或者产品。使用商品名称时应当注意,只有那些属于公众公知的物质名称的商品名称可以采用,例如阿司匹林、维生素 E、黄连素等,但对于还没有达到公众公知的程度则不应当使用;此外,对于自己命名的商品名称,还未上市的,也不应当使用。

(四) 说明书应当充分支撑发明的新颖性和创造性

说明书的基本功能是对专利的解释性说明,首先需要满足充分公开的要求。但从专利申请和审批过程来看,说明书的主要作用还在于充分支撑发明的新颖性和创造性,即通过说明书的描述表明或体现发明具备新颖性和创造性。在实质审查过程中,说明书对于发明的创造性而言往往是审查员考虑的重要因素。因此,对于撰写说明书同样重要的任务是表明发明的创造性。具体来说,说明书一方面需要证明独立权利要求的创造性,另一方面在有进一步改进情况下还要证明对应的从属权利要求的创造性,除非从属权利要求本身创造性仅仅依赖于独立权利要求。

从说明书的组成部分来看,各个环节都有可能影响对发明创造性的判断,即除了满足充分公开要求之外,都必须围绕支撑发明的创造性为出发点(除非发明创造性高度足够高以至于不言自明,但这种情况非常罕见)。但作为总体来看,为了较好地证明或支撑发明的创造性,通常主要从以下几个方面予以考虑。

(1) 从发明背景来看,合理定位现有技术(对专利申请文件撰写阶段而言其实就是申请人认为是现有技术的背景技术),明确其不足或缺陷(当然不能夸大),对比体现发明的贡献。

(2) 从技术方案本身来看,需要描述相关技术手段采取的缘由,从已知技术中不容易想到的角度进行考虑,最好引证必要现有技术文献。

(3) 针对性提供发明的技术效果,不能过于宏观和宽泛(例如仅仅提及提高了效率是不够的),而是相应于所采用的技术手段所获得的对应的技术效果,同时在必要的情况下要明确达到了预料不到的技术效果(往往与现有技术进行比较)。

(4) 关于技术效果方面的描述,应当始终从技术方案出发,与为技术方案带来创造性的技术特征相联系起来,比如因为采取何种技术特征,进而带来何种技术效果等。

(5) 同时配套要考虑的是提供合理的实施例及实验数据和证据,以与前面关于技术效果等优点描述相呼应。

上述考虑因素在说明书各部分的撰写章节还会特别提及。

（五）说明书撰写的其他技巧

撰写的说明书，满足上述要求仅仅是最基本的要求。但从专利保护策略考虑还需要考虑一些更深层次的因素。这里重点提及两点考虑因素。

一方面，撰写说明书时可以考虑如何避免他人在发明基础上相对容易的作出选择发明，而制约发明的实施。通常而言，这需要在说明书（或者权利要求书）中记载更多的信息，就是要在合理概括的基础上，针对发明要素的各个方面进行较详细的描述和/或举例，这可以参考一些国外专利申请文件的撰写模式。例如，对于涉及药物化合物的发明，则可以根据该化合物的特性，在化合物不同形式（盐）、与其他有效成分联用的可能性、制备的药物剂型类型以及剂型中相关辅助成分的选择等进行有一定根据的扩展说明，给出各方面的列举，这样能够在一定程度上减少他人进行选择发明的可能，因为一旦其选择要素被明确提及，通常不太可能再满足创造性的要求。

但如果发明人自身对于可能要作出选择发明的内容有所考虑，则应当适度，不能过早公开（这相当于要考虑与保留技术秘密之间的关系）。

另一方面，撰写说明书时还需要考虑在提出申请后为修改专利申请文件（主要是权利要求书）提供必要的余地或选择空间，避免修改余地过少，甚至直接缩减到实施例的情形。这一方面需要提供不同层次保护范围，以及发明各要素之间要提供必要的组合。其撰写的某些方式与第一方面具有一定重合性。

【案例3-3】

例如，某化妆品组合物中对于其赋形剂，可以在说明书中按如下方式撰写。当然这种撰写也不能毫无章法，而需要根据发明本身的性质有一定的选择性来记载，即对于预测或技术角度来看有可能作出选择发明的方面进行记载，以增加针对性，避免毫无用处的长篇大论。

本组合物可以包括本领域已知的任何化妆品赋形剂/载体。合适的赋形剂包括但不限于下列一种或更多种：植物油；酯，如棕榈酸辛酯、肉豆蔻酸异丙酯和棕榈酸异丙酯；醚，如二辛基醚和二甲基异山梨醇；醇，如乙醇和异丙醇；脂肪醇，如鲸蜡醇、硬脂醇和二十二烷醇；异链烷烃，如异辛烷、异十二烷和异十六烷；硅油，如聚二甲基硅氧烷、环状硅氧烷和聚硅氧烷；烃油，如矿物油、石蜡油、异二十碳烷和聚异丁烯；多元醇，如丙二醇、乙氧基二甘醇、甘油、丁二醇、戊二醇和己二醇；以及水，或上述的任意组合。

二、说明书各组成部分的撰写

《专利法实施细则》第十七条第一款规定了说明书各部分的撰写方式和顺序。

1. 发明名称

发明名称应当清楚简要、全面地反映出要求保护的主题和类型，即应当与请求保护的主题相适应，例如发明主题涉及产品及其制备方法，则名称中不应只涉及产品，或只涉及方法，应当包括产品和制备方法。发明名称一般不得超过25个字，特殊情况下，可以允许最多到40个字。此外，名称应当采用所属技术领域通用的技术术语，不得使用人名、地名、商标、型号或商品名称，也不得使用商业性宣传用语，例如写成"一种新颖高效的××××方法""万用骨伤油"等都是不允许的。

发明名称通常要求与权利要求的主题名称相对应，因此在确定发明名称（权利要求的主题名称）时，一般情况下需要避免将发明点要素写入。例如，发明的关键在于在感冒药中增加了某种物质而成立，此时发明名称不应当确定为"含有某物质的感冒药"（除非发明的现有技术中已含有该物质时，可以采用该名称），而直接写为"感冒药"即可。

但有时科研人员在申报科研成果时，为了体现其关键往往要求在发明名称上体现发明点。这种情况下，需要与申请人进行深入沟通，以使其理解专利申请与申报科研成果的差异，因为一旦在发明名称上体现发明点，有时对于发明的创造性成立也许是不利的。

2. 技术领域

技术领域应当是发明或者实用新型直接所属或者直接应用的具体技术领域，既不是其上位或者相邻的技术领域，也不是发明或者实用新型本身。其撰写原则基本类似于发明名称的概括，即应当体现发明或者实用新型要求保护的技术方案的主题名称和发明的类型，但是不应当写入发明或者实用新型相对于最接近的现有技术作出改进的区别技术特征。这一点同样也表明不能将发明点写进技术领域部分，如果写入进来同样可能对发明的创造性成立产生不利的影响。

【案例3-4】

发明涉及由黄连、板蓝根、金银花、苦地丁按一定重量比制备而成的中药组合的，其可用于治疗复发性口腔溃疡。

那么，技术领域可以写成：本发明属于中药领域，具体涉及一种治疗复发性口腔溃疡的中药组合物。

3. 背景技术

发明说明书的背景技术部分应当写明对发明的理解、检索、审查有用的背景技术，并且尽可能引证反映这些背景技术的文件。尤其要引证与发明专利申请最接近的现有技术文件。此外，还要客观地指出背景技术中存在的问题和缺点，但是，仅限于涉及由发明的技术方案所涉及的问题和缺点。在可能的情况下，说明存在这种问题或缺点的原因以及解决这些问题时曾经遇到的困难。这有利于体现或确定该申请的新颖性和创造性，因此背景技术不仅对于理解发明方面具有意义，对于体现发明的创造性也具有一定意义。

在撰写背景技术时，注意避免出现贬低他人或现有技术水平的语言、描述与申请关系不大或者无关的背景技术。

背景技术的描述时，还要注意：①应当尽量避免描述未被公众知晓的技术信息，对于自身掌握的非公知的与发明相关的背景知识，如果对发明的建立和创造性有用，则可以融入相关的发明内容部分。②引证的文件（非专利文件和专利文件），其公开日应当在申请日之前；特殊情况下，不得不引证在申请日之后公开的中国专利文献，则要确保其公开日在申请的公开之前公开，因为这存在一定风险，因此建议最好将相关内容直接写入申请的说明书中。③引证外文文件的，需要以所引证的文件公布或公开时的原文所使用的文字写明其出处和相关信息，必要时给出中文译文，放置在括号内。

从支撑发明的创造性角度出发，背景技术部分的描述还有些需特别注意。上面提到在背景技术部分要客观地指出背景技术中存在的问题和缺点，可能的情况下给出原因以及解决这些问题时曾经遇到的困难。该规定虽然在《专利审查指南2010》中明确提及，但在实际撰写过程中，则要从有利于发明的创造性成立角度来描述，否则反而会产生不利影响。有许多情况下，不能教条适用上述规定。下面是一些并非全面的列举，建议可以直接改到发明内容部分予以描述。

（1）如果发明的成立建立在发现现有技术的问题或缺陷时（典型的称为问题型发明），不能将现有技术存在的问题或缺陷作为背景技术或已知知识描述；

（2）如果发明是建立在对现有技术存在的问题或缺陷背后原因的探索和揭示而成立，也就是说现有技术存在的问题或缺陷虽然是已知的，但并不清楚其中的原因，此时对原因的发现可能导致发明具有创造性。这种情况下，不能将存在问题的原因等作为背景技术来描述。

（3）分析现有技术存在的问题或缺陷的过程本身对于发明的创造性具有重要意义，此时应当避免将其分析过程描述成自然而然的事，而要突出发明人对此所付出的创造性思维和处理，否则容易被误解为容易想到的。

总之，对现有技术存在的问题或缺陷的描述应仅限于本领域公知的范围之内，超出的内容都应作为发明人贡献来予以表述，并且可放在发明内容部分记载。

4. 发明内容

发明内容是说明书的重要部分，这部分不仅要从充分公开发明的角度，更需要将体现发明的创造性内容进行明确记载（可以说是要论证发明具备创造性所在，虽然这不是强制性义务，但对于审查员确认创造性时可能有帮助，有利于提高获得授权的概率）。发明内容部分通常包括以下三个方面的内容，从目前的这种操作来看，有时不利于表述体现和支撑发明创造性的相关内容，对此需要进行适当的调整。

（1）要解决的技术问题：发明或者实用新型所要解决的技术问题，是指发明或者实用新型要解决的现有技术中存在的技术问题，其不是笼统的技术问题而是具体的技术问题。发明或者实用新型专利申请记载的技术方案应当能够解决这些技术问题，即所撰写的技术问题应当与请求保护的主题相适应。不能将技术方案本身，或其中的某些特征本身写成所要解决的技术问题。存在多个要解决的技术问题时，如果不是必须要同时解决的，应当分别描述。尽可能采用正面的、简洁的语言客观地、有根据地描述发明要解决的技术问题，必要时可以结合技术效果进行说明，为体现解决的技术问题的针对性还需注意与背景技术提出的现有技术存在的问题或缺陷结合来进行说明。

如在背景技术部分所提到的，对于现有技术存在的问题或缺陷，许多情况下需要在这里进行描述和强调，再对应撰写发明所解决的技术问题。

此外，如果解决了多个相互联系的技术问题，应分别予以描述。而且对于解决多个层次的技术问题，也应当予以区分描述（相当于针对独立权利要求、从属权利要求来说，分别解决的技术问题）。

（2）技术方案：一件发明或者实用新型专利申请的核心是其在说明书中记载的技术方案，需要清楚、完整地描述发明或者实用新型解决其技术问题所采取的技术方案的技术特征。在技术方案这一部分，至少应反映包含全部必要技术特征的独立权利要求的技术方案，还可以给出包含其他附加技术特征的进一步改进的技术方案。

对于有多个独立权利要求的技术方案，可以首先描述这些独立权利要求的共同发明构思。然后，用不同的自然段分别描述各独立权利要求的技术方案。

技巧提示：上面的撰写方式相对来说比较常规。作为较高水平的专利申请文件，这部分内容不能简单地拷贝将要写入权利要求书中的技术方案，而应当在此对采取的技术手段前因后果进行有逻辑的分析和推导，并以体现发明创造性的角度为出发点，不要将其描述为现有技术公知的或自然而然的选择，即既要表明其符合技术规律，同时又要体现现有技术难以想到等，比如表明克服了技术困难或障碍、克服了技术偏见、作为发明基础的科学发现或技术发现等。即此处要描述发明成立的前提，如有新的科学发现或技术发现，及其与发明完成的因果关系进行说明，这也能够体现发明的创造性。但注意撰写方式，以避免审查员误认为这是简单运用科学原理而显而易见获得的发明。

这部分还可就发明人在发明过程所遇到的困难进行描述，以进一步凸显发明获得的不易，虽然发明过程本身有时与创造性没有必然的联系。但从常理来说，如果发明过程中遇到了许多实际困难，发明人通过创造性劳动予以克服，也能从一定程度上表明发明具备创造性。

对于拟作为附加技术特征而写成从属权利要求的技术方案，也应当对其进行说明，即该附加技术特征能否带来创造性。如果不能带来创造性，则不必过多地说明，否则应当进行充分的说明或论证。

技巧提示：为了尽量避免他人基于本发明作出选择发明和外围发明，如前对说明书的总体要求中提及的，此部分可以根据情况对发明各方面的要素进行必要的列举。例如，发明涉及某新基因，对于其表达载体而言，可以列出各种类型的宿主包括细菌、真菌、病毒等，以及其中最有可能的具体种属。

（3）有益效果：清楚、客观地写明发明或者实用新型与现有技术相比所具有的有益效果。其中，有益效果是指由构成发明或者实用新型的技术特征直接带来的，或者是由所述的技术特征必然产生的技术效果。它是确定发明是否具有"显著的进步"，实用新型是否具有"进步"的重要依据。撰写时不能只给出断言，而应具体分析得出有益效果，且不能随意扩大，或采用广告宣传式用语。

技巧提示：发明效果的记载具有非常重要的意义，其记载的合适与否不仅可能影响到专利申请能否被授权（尤其对于证明创造性时在提供预料不到的技术效果方面），也可能影响保护范围而对侵权的判定产生影响。发明的效果必定是发明的技术方案所产生的，与实现发明目的而采用的技术手段密切相关。

① 发明效果通常不构成发明的技术特征，因而权利要求中通常不应记载发明的效果。

② 不要记载不必要的发明效果，这对权利要求的解释可能不利，但应根据发明对现技术的贡献来相应地交代发明效果。如果缺乏相应的效果，则可能不利于支撑创造性等而得不到授权。

③ 不要夸大发明效果，应当客观评价和描述，否则也会产生诸如权利要求得不到说明书支持等不利后果。

④ 针对不同层次的保护范围分别描述其发明效果，而不能将其归纳成一个发明效果，针对优选方案阐明发明效果有利于在缩小保护范围时仍能提供支撑。

⑤ 针对实施例的具体效果需要记载外，同时还需对上位概念概括后的发明效果进行说明，以支持相应的上位概括的权利要求。

在记载发明效果时，必须有一定依据和提供一定的条件。虽然不排除理论上推导的发明效果，在医药及生物领域，通常还需要必要的实验证据来支持其声称的发明效果，这应根据发明的性质来确定如何提供。例如，对于数值范围限定的发明，需要提供数值限定的依据（如数据范围边界附近的数值点的实施例等）；对于医药用途的发明，在需要记载其有效性、治愈率时，则需要给出给药方法、剂量等。

尤其需要强调的是，对于那些依赖于预料不到的技术效果才能满足创造性的发明，这里对其技术效果的描述必须予以充分的重视，应当通过令人信服的方式予以说明，必要的比较分析和实验数据分析支撑等。依赖预料不到的技术效果的发明主要是组合发明、选择发明、新用途发明、要素变更发明等。

对于发明进行上位概括时，针对上位的技术方案和具体技术方案的技术效果分别进行说明。这可以避免导致整个发明被全盘否定的概率，这可以参考国外的相关专利申请文件通常的撰写方式，如写成"一方面本发明解决的技术问题是……另一方面本发明进一步解决的技术问题是……再一方面本发明还解决的技术问题是……"以就不同层次概括的技术方案给予说明，有利于为不同层次的技术方案的创造性提供针对性的支撑。

此外，对于发明内容相关的内容，最好不要采用引用其他专利文献的方式，而是直接将其内容描述在说明书中。如果确实不得不引用，则必须对引用的专利文献给出明确指示（主要是申请号），并且被引用文献应满足相关的时间要求，即引证文件是中国的一项在先申请，在该申请公开时，该引证文件已经公开，因此，在判断充分公开时可以将引证文件的内容纳入考虑范围。

下述案例，说明这种引用关系可能带来不必要的麻烦，虽然涉及的申请最终得到认可，但时间和精力造成了不必要的浪费。❶

【案例 3 - 5】

发明名称为"畜骨提取乳液饮料及其制法"的第 94115232.4 号发明专利申请。说明书中没有对该发明所用骨乳粉、骨乳酱、浓缩骨乳液的成分和制备方法作出直接的文字描述，而是指出其用申请号为 94100648.4 中的生产方法获得的。该案被实审员驳回，驳回决定中认为发明 94100648.4 的专利申请文件是在该申请的申请日之后公开

---

❶ 专利复审委员会第 1512 号复审请求审查决定。

的，在该申请的申请日及申请日之前，公众无法了解该申请所用的这些成分，无法实现该发明。

申请人提出了复审请求，最终复审委员会撤销了驳回决定，其基于第94100648.4号专利申请是申请人本人已向专利局提出的在先申请，并在说明书描述了有关的内容，说明其主观上愿意充分公开其发明创造。而且，该申请于1996年4月3日公开时，该在先申请已于1995年7月26日公开，因此，公众可以根据说明书的提示毫不费力地找到该文件并得知该"骨乳粉、骨乳酱、浓缩骨乳液"的具体成分及制备方法，从而获得实施该发明所需的必要信息。因此，该申请符合《专利法》第二十六条第三款的规定。

分析： 上述案例中，所述成分是发明完成必不可少的，如果在提出申请时能够将必要信息直接写入专利申请文件中，也就不会造成上述不必要的麻烦，而且还存在最终不能得到认可的风险。此外，对于本案这种引用，在提出申请时，也很难确保所引证的中国专利文献必定在该申请的公开日前公开，如果在该申请的公开日之后才公开，则本案的结论将不符合《专利法》第二十六条第三款的规定。

5. 附图说明

有附图的，说明书中应当有附图说明，即写明各幅附图的图名，并且对图示的内容作简要说明。对附图中的每一个附图都要进行说明，每幅图的说明要换行，并简洁地描述该图是什么。附图具体要说明的问题则可以在相应的地方（如具体实施方式部分）再行详细说明。

例如：

图1是实施例1实验结果的曲线图。

图2是实施例1所制备的化合物的紫外线吸收光谱图。

图3是实施例1所制备的质粒载体的结构图。

图4是试验例1结果的抑菌平板图。

图5是试验例1的凝胶电泳图。

对附图说明之后，可对附图标记所代表的部件进行说明。如果附图有代号、符号等，则还要对代号、符号进行说明。例如凝胶电泳图中的各泳带编号所代表的对象进行说明。

6. 具体实施方式

实现发明或者实用新型的优选的具体实施方式对于充分公开、理解和实现发明或者实用新型，支持和解释权利要求都是极为重要的。其中，需要将每一实施方式或实施例进行清楚描述；为支持权利要求，应当提供合适数量的实施例。具体实施方式的撰写在实际代理过程中是极其重要的，从某种角度来讲，它是请求保护主题的基石。

具体实施方式应当全面，达到能够充分公开发明并支持权利要求的保护范围这两方面的目的。例如，对于药物组合物而言，提供需要药物组合物的制备方法、使用方法以及效果方面的实施方式或实施例，其中如果组合物有多种配方，或者组分的配比具有一定范围，则还应当提供足够数量的实施例予以支持；又如对于新基因而言，需要提供该基因的克隆或制备方法、该基因的用途或使用效果方面的实施例，如果具有多方面的用途，则需要提供相应不同用途的实施例。

为了使发明内容部分对技术效果的描述不至于停留在断言性的结论的层面，在实施例部分应当提供充分的支撑，对于需要与现有技术比较证明效果的，应当提供对比例；对于需要证明获得预料不到的技术效果的情况，应当提供对应证明其效果的实施例，必要时进行比较分析。

7. 说明书附图

对于说明书附图，应当按规定的格式绘制。说明书附图可以使用包括计算机在内的制图工具和黑色墨水绘制，线条应当均匀清晰、足够深，不得着色和涂改，不得使用工程蓝图。

几幅附图可以绘制在一张图纸上。一幅总体图可以绘制在几张图纸上，此时要保证每一张上的图都是独立的，而且当全部图纸组合起来构成一幅完整总体图时又不互相影响其清晰程度。附图的周围不得有与图无关的框线。

附图总数在两幅以上的，应当使用阿拉伯数字顺序编号，并在编号前冠以"图"字，例如图1、图2。该编号应当标注在相应附图的正下方。

附图标记应当使用阿拉伯数字编号，并与说明书文字部分中提及的附图标记相一致。专利申请文件中表示同一组成部分的附图标记应当一致。

附图的大小及清晰度，应当保证在该图缩小到2/3时仍能清晰地分辨出图中各个细节。

附图中除了必需的词语外，不应当含有其他的注释；但对于流程图、框图，应当在其框内给出必要的文字或符号。

可能作为附图的包括化合物结构式、吸收光谱图、核磁共振图谱、新微生物形态图、载体结构图、流程图、质粒的限制酶切位点图谱。医药和生物领域中通常涉及的附图是实验数据方面的，如实验结果图（如电泳图）等。有些情况下，还会用照片作为附图，例如组织细胞形态图或结构图、显微照片、电镜照片、晶体结构图、粒子结构、微生物的形态、X光照片、色谱层析图谱、电泳图等许实验结果都需要采用照片的形式，但目前只允许黑白照片，不能使用彩色照片。

虽然附图中不应当含有不必要注释，但对于曲线图中的横坐标、纵坐标轴的说明，或其单位等可以在附图中说明；流程图中各框内的内容可以用文字说明。

8. 说明书摘要和摘要附图

说明书摘要应当写明发明或者实用新型的名称和所属技术领域，并清楚地反映所要解决的技术问题、解决该问题的技术方案的要点以及主要用途；摘要可以包含最能说明发明的化学式；但不得使用商业性宣传用语。摘要文字部分（包括标点符号）不得超过300字，不分段，并且摘要文字部分中的部件应采用对应的附图标记，并加括号。摘要附图通常应当仅有一幅。

医药和生物领域中许多情况下有说明书附图，但通常较少使用摘要附图，因为附图难以反映发明的实质内容。实际的专利申请中，往往指定了不必要的摘要附图，例如电泳图、抑菌圈图等，其实是不必要的。

9. 关于序列表

涉及氨基酸或者核苷酸序列的发明专利申请，说明书中应包括该序列表，把该序列表作为说明书的一个单独部分提交，并与说明书连续编写页码，同时还应提交符合国家知识产权局规定的记载有该序列表的光盘或软盘。

如果说明书中涉及不少于 10 个核苷酸的非支链核苷酸序列，或者是不少于 4 个氨基酸的非支链氨基酸序列则需制序列表。制作符合规定的核苷酸、氨基酸序列表的具体标准可在国家知识产权局官方网站查找规定。制作序列表的软件可采用欧洲专利局的 Patentin 软件，其可从国家知识产权局网站下载：http：//www. sipo. gov. cn/flfg/bz/patentin33. zip。

在目前电子申请的条件下，序列表制作完成后，其副本是以另外一个文件进行提交，而不需另外提交记载有该序列表的光盘或软盘。但如果纸件申请，则还需提交记载有该序列表的光盘或软盘。

10. 关于遗传资源来源披露

遗传资源来源披露表格，虽然不直接构成说明书的一部分，但是专利申请时需要考虑的因素，因此适当进行介绍。

（1）是否提交遗传资源来源披露表的不同情形根据《专利审查指南 2010》第二部分第一章第 3.2 节的规定，为了更好地理解，在此列举需要披露和不需要披露的情形。

需要披露遗传资源来源的情形举例如下：

① 从遗传资源中分离出遗传功能单位并加以分析和利用。

【案例 3 - 6】

发明涉及源自海洋原索动物文昌鱼的与抗衰老相关的铁蛋白新基因，其是通过采集青岛沙子口附近海域的成体文昌鱼，从文昌鱼成体肠中提取总 RNA 并构建 cDNA 表达文库，从文库中克隆鉴定得到了文昌鱼铁蛋白新基因及其突变体序列。

分析：该发明对遗传资源中的遗传功能单位进行了分离、分析和利用，从而完成了发明创造，因此，申请专利时需要披露文昌鱼的来源。

【案例 3 - 7】

发明涉及精神分裂症关联基因，其是以中国东北地区 255 个汉族精神分裂症患者和他们健康父母双亲组成的核心家系（Trios）的血液样品为研究对象，通过基因分型等手段确定出基因组 DNA 中的 PPARD 基因的单核苷酸多态性与精神分裂症的易感性相关联。

分析：该发明对人类遗传资源中的遗传功能单位进行了分离、分析和利用，从而完成了发明创造，因此，申请专利时需要披露该人类遗传资源（上述血液样品）的来源。

② 对遗传资源中的遗传功能单位进行基因修饰以改变遗传性状或满足工业生产的目的。

【案例 3 - 8】

发明涉及枯草芽孢杆菌突变株、选育方法和该菌在发酵法生产腺苷中的应用，其是在已保藏的枯草芽孢杆菌出发菌株的基础上经硫酸二乙酯诱变筛选获得突变株以用于生产腺苷。本申请的说明书已满足充分公开的要求。

分析：该发明对枯草芽孢杆菌出发菌株的遗传功能单位进行了处理，随后对其遗传功能加以利用，从而完成了发明创造，因此，申请专利时需要披露该出发菌株的来源。

③ 通过有性或无性繁殖产生具有特定性状的新品种、品系或株系。

【案例 3 – 9】

发明涉及一种秋海棠"Fragrance"的育种方法，该品种是通过选择秋海棠属厚壁秋海棠作母本，厚叶秋海棠作父本进行人工授粉杂交获得。

分析： 该发明通过杂交产生新性状植株，杂交过程可以看成是对杂交亲本植株所含的遗传功能单位进行了处理，产生新性状植株的过程就是对其遗传功能加以利用的过程，在此基础上完成了发明，因而申请专利时，需要披露母本和父本的来源。

【案例 3 – 10】

发明涉及一种新型海洋微生物低温碱性金属蛋白酶及产酶菌株，该菌株是从东海海域的海泥中分离得到的。

分析： 通常认为利用微生物的特定功能的同时就是对其遗传功能单位进行了分析和利用，因此从自然界中分离的具有特定功能的微生物，属于依赖于遗传资源的情形，即该发明在提出专利申请时应当披露所述微生物的来源。

不需要披露遗传资源来源的情形举例如下：

① 常规使用的宿主细胞等。

② 现有技术中已公开的基因或者 DNA 或 RNA 片段。

③ 仅用于验证发明效果的遗传资源。

④ 仅作为候选对象被筛选，继而被淘汰的遗传资源。

⑤ 发明创造的完成虽然利用了遗传资源，但并未利用其遗传功能。

（2）遗传资源来源披露表的填写。对于需要披露遗传资源来源的，需要填写相关的表格，具体可以从国家知识产权局网站上下载。

遗传资源来源披露登记表

请按照"注意事项"正确填写本表各栏	第②和第④栏未确定的由国家知识产权局填写
①发明名称	②申请号
③申请人	④申请日

⑤遗传资源名称	

⑥遗传资源的获取途径

Ⅰ　遗传资源取自：□动物　□植物　□微生物　□人

Ⅱ　获取方式：□购买　□赠送或交换　□保藏机构　□种子库（种质库）　□基因文库　□自行采集　□委托采集　□其他

⑦直接来源		⑧获取时间	___年___月
	非采集方式	⑨提供者名称（姓名）	
		⑩提供者所处国家或地区	
		⑪提供者联系方式	
	采集方式	⑫采集地（国家、省（市））	
		⑬采集者名称（姓名）	
		⑭采集者联系方式	
⑮原始来源		⑯采集名称（姓名）	
		⑰采集者联系方式	
		⑱获取时间	_____年___月
		⑲获取地点（国家、省（市））	

⑳无法说明遗传资源原始来源的理由	
㉑申请人或专利代理机构签字或者盖章 年　　月　　日	㉒国家知识产权局处理意见 年　　月　　日

100023

2010. 2

表格本身提供的填写注意事项：

1. 一个遗传资源一般应当填写一张登记表，但是，当遗传资源名称有多个，而其他所有栏目内容都相同时，可以仅填写一张登记表。

2. 本表应当使用中文填写，字迹为黑色，文字应当打字或印刷。

3. 本表第①、②、③、④栏所填内容应与该专利申请请求书中内容一致。如果本申请办理过著录项目变更手续的，应按照国家知识产权局批准变更后的内容填写。申请号未确定的由国家知识产权局填写申请号。

4. 本表中的方格供填表人选择使用，若有方格后所述情况的，应在方格内作标记。

5. 本表第⑤栏中的"遗传资源名称"为遗传资源在申请文件中的相应命名或编号。

6. 本表第⑦栏中的"采集方式"指通过自行采集或委托采集的方式获取遗传资源，其中采集地必须披露至省（市）一级。

7. 本表第⑪、⑭、⑰栏中的"联系方式"包括通信地址、互联网地址等，其中中国国内通信地址应写明省（直辖市或者自治区）、市、区、街道、门牌号码、邮政编码；外国人通信地址应写明国别、州（市、县），邮政编码。

8. 本表第⑲栏，申请人一般应将获取地点披露至省（市），如果申请人无法披露至省（市），也可以只披露至国家。但是，如果遗传资源的直接获取方式为自行采集或委托采集，则必须说明该遗传资源的原始来源，并将原始来源披露至省（市）一级。确实不知道原始来源的，必须在第⑳栏中说明理由。

9. 涉及人类遗传资源的，申请人披露其来源信息时，不得公开被采集遗传资源的个人的姓名、身份证号和详细住址。

10. 本表任一栏填不下时，可以使用附加页，注明如"续第⑤栏遗传资源名称"。

11. 本表第㉑栏，委托专利代理机构的，应当由专利代理机构加盖公章。未委托专利代理机构的，申请人为个人的应当由本人签字或者盖章；申请人为单位的应当加盖单位公章；有多个申请人的由代表人签字或者盖章。

特别提醒的填写注意事项：

1. 关于遗传资源名称，可以根据审查指南的规定来确定：例如可以是生物体本身，也可以是包括生物体的某些部分，如其器官、组织、血液、体液、细胞、基因组、基因、DNA 或者 RNA 片段等。

2. 遗传资源获取途径与名称相适应，对于"遗传资源取自"应填写包含该遗传资源的物种所属的类型。对于病毒、细菌和真菌等微生物，如果遗传资源名称中填写的是 DNA、RNA 等时，则在"遗传资源取自"选择项中选择"微生物"；当遗传资源名称填写的是病毒、细菌或真菌本身时，则在"遗传资源取自"选择项中选择宿主所属的相应种类，如果该项细菌和真菌是独立存在于自然界当中的，则仍然选择"微生物"。

3. 对于获取方式，其中"自行采集"和"委托采集"是指从自然界中采集或分离的方式，如果从已有的保藏中心或种子库等获得，则不属于"自行采集"和"委托采集"的范围，而应当选择"保藏机构"或"种子库"等。此外，"获取方式"只能选择一种。如果有多个不同的遗传资源，"获取方式"又不一致，则应当分别填写在不同表格中。

例如，申请涉及从芥菜叶中克隆新的特异性启动子 BjCHI1。此时，需要披露启动子的来源，在填写遗传资源披露登记表时，可任选以下的填写方式："遗传资源名称"为"启动子 BjCHI1"，"遗传资源取自"选择"植物"；或"遗传资源名称"为"芥菜（必要时填写具体芥菜种）"，"遗传资源取自"选择"植物"。

又如，申请涉及从原始某乙肝病毒株，经过诱变、筛选并驯化得到的减毒病毒株，申请人对最终获得的减毒病毒株进行了保藏。此时，需要披露出发病毒株的来源，而非最终所获得的病毒株。

4. 直接来源一栏的填写应与"⑥遗传资源的获取途径"中所选择的"获取方式"相一致。当且仅当"获取方式"为自行采集或委托采集时，"直接来源"一栏才填写"采集方式"栏的相关内容。

当"获取方式"为"自行采集"时，采集者应当是申请文件中的申请人或发明人之一；而联系方式则可填写任何有效的联系方式。此外，需要注意的是，"获取时间"一栏所填写的时间应当早于申请日。"获取时间"是一个时间点，应当至少填写到具体的月份（若能明确具体日期也是可以的），而不应当仅填写时间段（例如，2002~2005 年）。

5. 在无法获知其原始来源时，应当填写无法说明遗传资源原始来源的理由。正当的理由例如当从保藏机构或商业机构以购买等方式获得时，保藏机构或商业机构已无法提供其原始来源。

三、说明书撰写的常见缺陷

医药及生物技术领域的专利申请文件撰写中，其说明书撰写存在的主要问题大致包括下述一些方面：背景技术描述过于宽泛或与发明关联性不大，没有提供现有技术存在的具体问题或缺陷，采用术语不规范，经常采用含义不唯一确定的术语，使用本领域的行话或不规范的简称等，发明效果的说明不明确，没有针对性等。

其中，最主要的问题是没有提供充足的实施例，因而经常导致不能有效支持权利要求的保护范围；没有提供或没有合理提供有关实验证据以支持发明创造，尤其没有表明相关用途或使用效果，经常导致发明创造没有被充分公开，或者不能很好地支持或用于反驳不具备创造性的质疑。

下面是一些具体的例子，但说明书撰写缺陷的类型很多，难以举全。

（一）背景技术描述不到位

【案例 3-11】❶

某发明创造涉及利用不同的纳豆芽孢杆菌的突变体的原生质体融合后，筛选获得能够产较高水平的维生素 K_2 的菌株，其提供背景技术如下。

维生素 K 是一类具有叶绿醌生物活性的萘醌基团衍生物，在控制凝血方面发挥着重要作用。天然存在的有维生素 K_1 和 K_2，维生素 K_2 主要由人体的肠道细菌合成。研究表明维生素 K_2 参与合成血液凝固的多种蛋白质，在这一形成过程中，凝血酶原与磷脂形成一种聚合体，其中钙离子能够促进聚合体的合成，但在缺乏维生素 K_2 时，凝血酶原与钙离子的亲和性显著降低，凝血过程受到阻碍。

原生质体融合起源于 20 世纪 60 年代，并于 70 年代逐渐发展成为重要基因重组技术。该技术不仅能够改良菌种遗传性状、提升有用代谢产物产量，还能综合不同菌株的代谢特性，产生新的有用代谢产物，在工业生产和遗传育种上展示出美好的应用前景。实践证明，利用原生质体融合技术可以获得具有双亲优良特性的融合子，并且细菌之间的原生质体融合可以克服细菌种属之间的差异而实现基因重组。

因此，特别需要一种维生素 K_2 高产菌株，以解决上述现有技术中存在的问题。

分析：上述背景技术仅简单介绍了维生素 K_2 的作用和原生质体融合技术的优点，但并没有指出现有技术存在何种问题需要解决，而直接得出"特别需要一种维生素 K_2 高产菌株，以解决上述现有技术中存在的问题"。显然其中缺乏描述该发明拟解决的现有技术存在的缺陷，或者该发明拟要获得的现有技术所未达到的技术效果。事实上，现有技术中还缺乏有效方式来获得维生素 K_2，有人尝试通过微生物筛选来生产，但尚没有筛选到高产维生素 K_2 的菌株，因此，可以从这个角度来说明背景技术及存在的不足。

（二）术语不规范

如果不采用规范术语，即使最后认为是清楚的，也会在审查过程中带来不必要的

---

❶ 基于专利申请 201210339414.8 改编。

麻烦，至少会影响审查进程，延长审查周期，使得授权延后。下面通过案例进行说明。

【案例 3 – 12】

专利申请在古方丹药的基础上加入硼砂而形成的一种矿物类中药。该原始专利申请文件中，对中药的组分及用量描述为：水银八两、明矾八两、硝石十两至十一两、硼砂五分。

分析： 本申请中采用的"两"一方面不属于国际通用计量单位，同时，在我国该单位存在新旧制的不同。新制的两与克的换算关系为一两合 50 克，旧制为一两合 31.25 克，因此从目前来看容易导致权利要求不清楚。

提示： 对于这种情形，建议在撰写时采用国际通用计量单位，避免采用上述"两"的单位。事实上，该例的原始案件，申请人将其单位修改为克，按一两折算为 30 克，曾被认为修改不符合《专利法》第三十三条的规定。此后，经过复审和司法一、二审及再审程序，才基本认可申请人采用一两折算为 30g 的换算关系（最高人民法院裁定撤销了二审判决（2011）知行字第 54 号行政裁定），其审理时间长达近 10 年之久，可见采用规范术语的必要性和重要性。

（三）重点不突出

说明书的内容让公众了解发明对象，同时也便于审查员审查时能够更好把握发明的实质。因此，在撰写时应当体现发明构思，突出发明的关键，并且若有多层次的发明，应当要有层次的描述。

【案例 3 – 13】

某技术交底书中，发明人认为其发明涉及一种神经元特异性烯醇化酶定量检测试剂盒，试剂盒包括以下试剂组分：校准品、磁分离试剂、酶反应物、稳定增强剂以及化学发光底物。其中，认为该发明的关键包括：①对神经元特异性烯醇化酶的处理；②磁微粒试剂的使用；③使用稳定增强剂解决异嗜性抗体干扰的问题；④酶反应物的处理；⑤化学发光底物的使用。

分析： 发明人用文字概括性描述本发明的五个方面，并且五个部分之间没有主次之分。但显然这五个部分并不都是发明的改进点，这种撰写方式没有突出发明点，在这种情况下很容易被认为该发明与现有技术相比没有改进的内容，不利于审查时确立具备创造性的依据。经与发明人沟通，使用磁微粒试剂结合化学发光技术来检测烯醇化酶是现有技术，该申请与现有技术的区别在于对烯醇化酶的处理以及稳定增强剂的使用。对此，在专利申请文件中应当明确指出发明的重点在于这两部分，同时结合试验对比以及试验结果来证明发明与现有技术的区别以及所达到的技术效果，以强调该发明的创造性。

另外，在申请中经常出现对解决的技术问题描述不到位，或者没有分清主次，同样也不利于支撑发明的充分公开和创造性。

【案例 3 – 14】

某技术交底书中记载发明涉及一种神经元特异性烯醇化酶定量检测试剂盒及其制备方法与应用，对于发明目的，写道：本发明的一个目的在于针对现有技术检测神经元特异性烯醇化酶所存在的问题，提供一种新的可定量检测神经元特异性烯醇化酶的试剂盒，提高检测灵敏度及可靠性，并降低成本，延长有效性。本发明的另一目的在于提供制备神经元特异性烯醇化酶定量检测试剂盒的方法。

分析：专利申请文件与通常意义上的科技文献着重点是完全不同的。国内申请人通常采用撰写科技文献的思路来撰写专利申请文件，技术交底书中仅简单概括发明要解决的技术问题，要解决的技术问题没有分清层次。这种撰写也没有体现发明的关键技术问题，或进一步要解决的技术问题。在提交申请时，可以在专利申请文件中采用递进的方式撰写发明要解决的技术问题，例如：发明的目的是……；进一步的目的是……；更进一步的目的是……。这样可以将每一个改进点作为一个发明目的，层层递进，并且同时在说明书中对相应的发明目的具体描述采用什么样的技术手段来实现的。如此，可以支撑不同层次的发明的创造性，也便于后续可能修改专利申请文件时有明确充分的依据。

（四）技术效果描述不当

在专利申请的说明书中关于技术效果的描述，通常是在发明内容的"有益效果"部分予以体现。虽然，《专利审查指南2010》对于有益效果的定位是，其是判断发明具有显著的进步或实用新型具有进步的重要依据。但事实上，关于技术效果在支撑专利申请的创造性方面，包括表明获得了预料不到的技术效果方面发挥着更为重要的作用。因此，关于有益效果（其实是技术效果）的描述合理到位是至关重要的，有时直接关乎专利申请能否被授予专利权。

第一种情况，关于技术效果的描述经常出现的问题是，对其描述过于上位和宽泛，例如仅仅描述的是所涉及的技术领域的通用优点，而没有描述发明的具体优点。这种不具有针对性的效果、优点描述，有可能导致随后在争辩具备创造性时处于不利地位。

【案例 3-15】

某发明涉及根据黄瓜绿斑驳花叶病毒（CGMMV）核苷酸序列的高保守区设计了一对引物，以检测 CGMMV。所筛选的引物，与其他引物相比较，除了特异性好之外，还具有对不同的 CGMMV 分离物覆盖率高的特点，能有效检测到不同的 CGMMV 分离物，检测结果更加准确，且检测时不需加辅助引物，更加方便。

在提交的专利申请文件中对于技术效果的描述如下："利用本发明的引物及方法能够更加快速、更加准确、直接检测出种子中的黄瓜绿斑驳花叶病毒。"

分析：上述对于发明的有益效果的说明过于宽泛，其仅仅是通过引物采用 PCR 检测生物相对传统的方法而言所具有的一般性效果。但 PCR 技术已非常成熟，检测生物时采用 PCR 的思路非常常规（如果仅仅是设计了一对引物，并能够进行相应的检测不足以表明具备了创造性）。因此，其描述的效果不言自明，对于发明的创造性不具有有利的支撑作用。

而为了进一步支撑该发明具备创造性（前提是现有技术并没有披露相同的引物对），应根据发明的实际情况和通过实施例，进一步深入的描述所获得的技术效果。例如可以撰写成如下形式：

该发明中设计的特异性引物是根据 CGMMV 核苷酸序列的高保守区所设计，与已知的引物相比较，除了特异性好之外，具有对不同的 CGMMV 分离物覆盖率高的特点，能有效检测到不同的 CGMMV 分离物，检测结果更加准确，且检测时不需添加辅助引物，更加方便（其中如果进一步说明具体的覆盖率等则更具有说服力）。

第二种情况，对于技术效果的描述，没有进行有层次的说明。尤其是对于发明进行上位概括时，没有针对上位的技术方案和具体技术方案的技术效果分别进行说明。这往往导致整个发明被全盘否定的局面，这可以参考国外的相关专利申请的表述方式。

第三种情况，对于有益效果的描述，没有相应客观依据和实施例（如实验数据的支撑），甚至有些夸大。这种描述也不具有说服力，可能会适得其反，不利于专利申请得到审查员的认可。

（五）实验数据存在的缺陷

在医药和生物领域，许多情形下，发明创造的成立往往依赖于实验证据的支持。这种情况下，申请中提供必要充分的实验数据，不仅对于充分公开发明创造是必需的，而且对于支持权利要求的保护范围，以及支撑发明创造的创造性都是非常重要的。实验数据提供方面的缺陷多种多样，除根本未提供实验数据之外，主要还存在没有提供实验方法、实验方法不科学、实验数据不完善等。下面重点列几个实验数据有缺陷的案例进行分析。

医药和生物领域的预期性较差，理论推导往往不能代替实验数据。

【案例 3 – 16】

某发明技术交底书：

背景技术

癌症，恶性肿瘤是细胞多个基因发生变化失控的结果，一般有漫长致病过程。具体体现在，癌基因过分表达，抑癌基因失去功能。抑制癌基因的过分表达，成为癌症治疗的重要策略。

基因的表达，与 DNA 甲基化密切相关，当 DNA 富甲基化，基因就关闭，当 DNA 低甲基化，基因就开放。细胞 DNA 低甲基化，染色质不稳定性是细胞癌变早期阶段的重要一步。癌基因甲基化程度越低，癌细胞恶性程度越高。因此提高癌基因的甲基化水平，减少、关闭癌基因的过分表达，成为癌症治疗的新途径。

相比之下，植物细胞有丰富的 5 – 甲基胞嘧啶脱氧核苷酸，利用植物中 5 – 甲基胞嘧啶脱氧核苷酸补充癌症病人（食用的，或加工药物或针剂），抑制癌细胞中癌基因过分表达，成为癌症预防与治疗的重要选择。

发明内容

利用植物细胞中 5 – 甲基胞嘧啶脱氧核苷酸补充癌症病人（食用的，或加工药物或针剂），提高病人癌基因甲基化水平，抑制癌基因过分表达，抑制癌细胞染色质的不稳定性，抑制癌细胞过分增殖、扩散、转移，达到缓和病程的目的。防止正常细胞 DNA 低甲基化，可有防癌作用。

具体实施方式

利用植物细胞，制备富含 5 – 甲基胞嘧啶脱氧核苷酸的食用品或纯化制备作药物或针剂，供病人食用或注射。上述食品或药物注剂，另外按国家有关卫生标准，向有关部门报批。

分析：首先，某种物质能够影响 DNA 的甲基化，与该物质是否能够用于治疗癌症并不具有必然的联系，毕竟 DNA 甲基化只是癌症一个方面的表现。其次，现有技术的证据也没有能够表明 5 - 甲基胞嘧啶、5 - 甲基胞嘧啶脱氧核苷、5 - 甲基胞嘧啶脱氧核苷酸能够提高活体的 DNA 的甲基化水平。再次，现有技术即使表明 5 - 甲基胞嘧啶、5 - 甲基胞嘧啶脱氧核苷、5 - 甲基胞嘧啶脱氧核苷酸在体内能够降解成脱氧核苷酸，但现有技术脱氧核苷酸作为药物并不是提高 DNA 甲基化水平而可用于治疗癌症的，而是防止肿瘤治疗导致的骨抑制。总之，癌症发生机理本身十分复杂，其治疗是世界性难题，而对于 5 - 甲基胞嘧啶、5 - 甲基胞嘧啶脱氧核苷、5 - 甲基胞嘧啶脱氧核苷酸是否能够治疗癌症需要依赖一定的实验数据来支持，否则断言其能够治疗癌症是不能令人信服的。

申请人的推理仅仅是理论上的推论，从进一步研发的角度来看，不失提供了一定的研究思路和初步指导。癌症发病机理十分复杂，治疗和康复癌症非常困难，这是众所周知的世界难题。因此，该申请涉及的领域具有可预期性不强的特点，尚不能以这种没有得到任何验证的理论推论代替提供相关的实验数据。因此，若想该发明得以成立，则应当提供相关实验证据来加以证明。反过来说，如果不提供实验证据即认可是可行的，那么根据现有技术的知识，也容易推导出该发明提出的可以治疗癌症的效果，也就不太可能满足创造性的要求。

有时实验数据需一定规模并达到一定的统计意义才能排除其因素，否则认为实验数据有缺陷而不能表明发明创造已被充分公开。

【案例 3 - 17】不具有说服力的实验数据难以说明问题

本申请涉及"类风湿性关节炎的治疗"，具体是涉及 4 - (4 - 甲基哌嗪 - 1 - 基甲基) - N - [4 - 甲基 - 3 - (4 - (吡啶 - 3 - 基) 嘧啶 - 2 - 基氨基) 苯基] - 苯甲酰胺，或其可药用盐在治疗类风湿性关节炎的药物组合物中的用途。

对于所述用途，说明书给出了两个实施例，实施例 1 是针对一个特定患者单独使用上述化合物的实例，该实施例中对于式 I 化合物的治疗效果，采用的是患者主观描述的方式（"将盐 I 施用 9 天……患者报告总体状况改善"，"关节能动性改善，肿胀减轻，特别是腕关节，表明 RA 的活动度降低"，实施例 2 记载了式 I 化合物与其他三种抗类风湿性关节炎药物（环孢菌素、强的松、羟氯喹）分别组合物各针对一名特定患者给药的联合使用的药效数据。

分析：根据说明书的记载，所述化合物是一种已知化合物，该申请提出发现了该化合物可以成功治疗类风湿性关节炎，因此，要求保护该已知化合物及其与其他药物组合形成的药物组合物的制药用途。但实施例 1 基于仅针对一名特定患者的个别临床试验结果无法推测其对所有类风湿性关节炎患者均有作用，而且实施例 1 中对该患者施用式 I 化合物后的结果是以患者的主观描述形式给出的，并没有证据证明对于该患者的用药过程采取了全程监测，从而不能排除类风湿性关节炎症状缓解的其他因素。因此实施例 1 提供的数据用以证明式 I 化合物在治疗类风湿性关节炎中的效果尚不充分。

其次，根据实施例 2 的三个病例无法判断所述效果是由其他药物产生的还是两种药物联合产生的，而且实施例 2 针对的也是特定患者，由于个体差异的问题，同样无法判断三种药物组合物对于其他类似患者是否也具有疗效。因此该组合给药实验数据也不足以证明所述化合物本身具有治疗类风湿性关节炎的活性。

因此，基于目前的数据无法确信所述化合物与治疗类风湿性关节炎病症存在必然联系，因此说明书很可能存在公开不充分而不符合《专利法》第二十六条第三款的规定的缺陷，难以在审查中被接受。

对于保护主题涉及通式化合物的专利申请，说明书采用了类似于"本发明化合物的 IC_{50} 值为……"的方式记载效果实验数据。但是，表达方式的细微差别却导致结论完全不同。记载效果实验数据的措辞方式主要有以下几种类型：（1）"本发明化合物的 IC_{50} 值为……"；（2）"本发明大多数化合物的 IC_{50} 值为……"；（3）"本发明实施例的化合物的 IC_{50} 值为……"；（4）"本发明有代表性的化合物的 IC_{50} 值为……"。上述撰写方式都不可取，通常应当明确具体使用了哪一种化合物，如果想表明所有的，或其他具有说服力的化合物，则也需指明，不能宽泛描述，否则容易导致审查员提出质疑。

【案例 3 – 18】❶ 实验数据不涉及具体化合物往往导致不能认可

案情介绍：

说明书第 8 段记载：根据本发明，系提供杂环化合物与相关化合物，其具有 Ia 与 Ib 两个通式所示的结构。

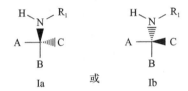

说明书第 35 段记载：根据本发明，系提供式 Ia 与式 Ib 化合物，并对通式中的基团给出了宽泛的定义。随后，第 36 段记载"于一项具体实施例中，系提供本发明之化合物，其中化合物为式 Ia 化合物"，第 37 ~ 45 段记载的是对通式中各基团的定义。

说明书第 46 段记载："于另一项具体实施例中，本发明之化合物系选自实例中所举例之化合物，例如实例 273、293、305 及 337。"

说明书第 113 段记载："本发明化合物已被证实会抑制胆固醇酯转运蛋白（CETP），在低于 100μm 之两种不同浓度下达大于 30%，优选地具有低于 5μm 之功效，更优选地具有低于 500nm 之功效。使用含有高达 96% 血浆之活体外检测，亦发现本发明化合物会在动物中抑制胆固醇酯转运活性，且抑制血浆胆固醇酯转运活性。因此，在本发明范围内之化合物会抑制 CETP 蛋白质，且期望其本身可用于治疗、预防及/或减缓各种病症之进展。"

说明书第 114 ~ 122 段描述 CETP 抑制剂可治疗的众多疾病。

说明书第 123 ~ 130 段记载了测定抑制胆固醇酯转运蛋白的具体方法，包括 CETP 检测、CETP 闪烁亲近检测、血浆胆固醇酯转运检测和活体内胆固醇酯转运活性等。

---

❶ 根据专利申请 200680043662.0 改编。

　　说明书记载的实例 1～1047 涉及 1047 个具体化合物制备和确认。权利要求书请求保护其中第 305 和第 337 实例中记载的化合物。

　　分析：说明书对于实验数据的记载仅见于说明书第 113 段。但此处的记载仅泛泛提及"本发明化合物"，并提供的是较宽范围的实验效果说明而非具体的实验数据本身。从专利申请文件撰写来看，这种对效果的描述存在严重的缺陷。首先，说明书没有提供任何具体化合物的具体实验数据用以支撑所记载的宽泛的实验效果；其次，说明书记载的实验效果也没有指明具体的化合物，因为说明书中对于"本发明化合物"具有多重范围。也就是说，说明书的这种记载有可能被认为没有充分公开了权利要求书中的技术方案，或者该技术效果在支撑发明的创造性方面处于不利地位。

　　有时申请人可能考虑将核心化合物予以隐藏，而采取相对模糊化的描述方法，但显然也要承担事实上的风险，需要慎重考虑。

第二部分

各主题专利申请文件的撰写及案例剖析

本部分对医药及生物技术领域主要的发明种类，按技术主题分别重点介绍医药生物领域专利申请中特别需要考虑的问题，如是否属于专利保护客体，以及专利申请是否具有创造性，通过对典型案例进行剖析来了解各个主题中专利申请文件的撰写方法和技巧。

需要说明的是，下述章节按各主题进行划分，其主要是根据发明的最主要方面来确定的。但事实上，一份专利申请可能会同时涉及不同的技术主题，因此在本部分列举的专利申请文件实例中也尽量体现出这一特点。

第四章　西药发明专利申请文件的撰写及案例剖析

《药品管理法》规定了药品的定义如下："药品，是指用于预防、治疗、诊断人的疾病，有目的地调节人的生理机能并规定有适应症或者功能主治、用法和用量的物质，包括中药材、中药饮片、中成药、化学原料药及其制剂、抗生素、生化药品、放射性药品、血清、疫苗、血液制品和诊断药品等。"专利法意义上的"药品"，不但包括用于预防、治疗、诊断人的疾病的药品，还包括用于预防、治疗、诊断兽的疾病的药品，即包括人用药品和兽用药品。在药品的类别上，可以分为"西药""中药""复合制剂"。"西药"主要包括药物化合物、包含药物化合物的药物组合物等。

本章就保护主题类型为产品权利要求的药物化合物和药物组合物的撰写要求和技巧进行阐述，通过案例进行说明。

一、申请前的预判

撰写前需要初步判断相关发明是否属于可授权的范围，以及初步判断符合"三性"的要求等。对于西药相关发明而言，在是否提交申请预判时最主要考虑的是否为可授权的主题。

（一）可能涉及《专利法》第五条的情形

《专利法》第五条第一款规范的对象是全部申请，包括权利要求书、说明书（包括说明书附图）和说明书摘要，因此，应当注意全部申请都不应出现违背《专利法》第五条第一款规定的内容。

对于西药领域可能因违反《专利法》第五条而导致无法获得授权的情形，主要是看西药领域的申请是否违反相关法律。例如，甲基丙胺（冰毒）或者含有冰毒的产品违反了《禁毒法》的规定，而且其本身并不具有医疗目的，因此不符合《专利法》第五条第一款的规定。又如，西布曲明会增加使用者严重心血管风险，国家食品药品监督管理总局于2010年10月30日发布了《关于停止生产销售使用西布曲明制剂及原料药的通知》已经禁止生产销售其原料药以及制剂，如果专利申请要求保护西布曲明或者添加西布曲明的组合物，将会违反上述规定，不符合《专利法》第五条第一款的规定。

此外，需要注意的是，如果某些具有医疗目的的药物本身没有违反法律，只是由于可能被滥用而违反法律的，则不应当依据《专利法》第五条第一款的规定拒绝授予专利权。此类药物包括镇痛药、精神药品、麻醉品、兴奋剂等。

（二）可能涉及《专利法》第二十五条的情形

对于西药领域发明而言，《专利法》第二十五条第一款规定的科学发现主要涉及天然物质。发现天然物质是对客观存在的物质的揭示，其属于科学发现，例如新发现的化学元素，因此不能被授予专利权。但是，如果是从自然界首次分离或提取出来的物质，其结构、性能或形态是现有技术不曾认识的，并能确切地表征，且在产业上有利用价值，则该物质本身以及取得该物质的方法可被授予专利权。此类的典型如青蒿长久以来已经被广泛认知，但是青蒿素并不为人所知，属于天然存在的物质，其被提取出来后，属于首次从自然界分离的物质，得到了表征，用于治疗疟疾，具有产业利用价值，因而可以被授予专利权。

二、专利申请文件的撰写

（一）权利要求书的撰写

撰写药物化合物和药物组合物的权利要求书时，除了应当满足专利法及其实施细则的一般性要求外，还应当注意以下问题。

1. 药物化合物权利要求书的撰写要求

1）药物化合物独立权利要求的撰写

其要求清楚、准确地表征所请求保护的药物化合物，表征药物化合物的方式包括以下几种。

（1）化合物名称或者结构式。

药物化合物可以用通用命名法命名的名称来表征，即 IUPAC 规定的命名方法，例如土霉素的 IUPAC 命名为：6－甲基－4－（二甲氨基）－3，5，6，10，12，12α－六羟基－1，11－二氧代－1，4，4α，5，5α，6，11，12α－八氢－2－并四苯甲酰胺，也可以采用通用名和常用名来表示，例如土霉素的通用名为土霉素，常用名为地霉素和氧四环素。

通常不得使用商品名称、代号、行话、土语来表征，因为这些命名的含义不清楚，不能使所属技术领域的技术人员对其有一致的理解，不能用于专利申请文件中。如果难以避免使用，则应在说明书中第一次出现该名称时注明其结构或化学名称。例如，为描述方便起见，将某一化合物 [1S－（1α，3α，4β）]－2－氨基－1，9－二氢－9－[4－羟基－3－（羟甲基）－2－亚甲基环戊基]－6H－嘌呤－6－酮命名为 BMS－200475，则在说明书第一次出现该化合物时，应记载其化学名称和所命名的代码。

很多情况中，发明不是一种化合物，而是涉及具有共同结构单元、属于同一治疗领域的一组化合物，需要描述取代基、原子间的连接方式、键的方向等，表征这样的一组化合物时，用结构式来表征更为清楚、明确。用结构式表征药物化合物需要考虑与之相关的现有技术、发明特征、所属技术领域等各个方面，然后再确定权利要求的范围。

【案例 4 - 1】

下列结构式表示的化合物：

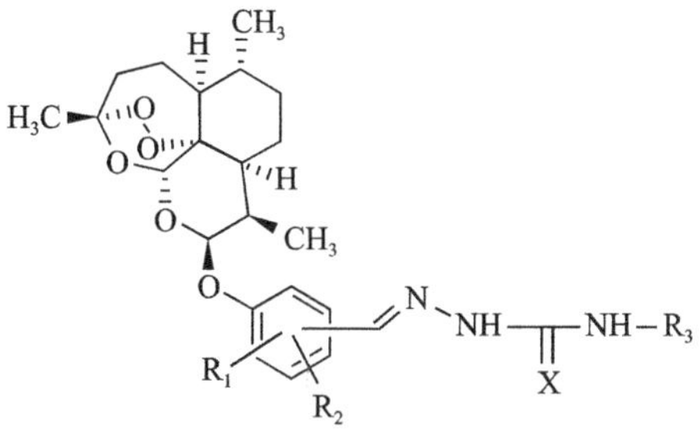

（Ⅰ）

X＝O，S；

R₁、R₂＝H 原子、卤素原子、羟基、氰基、硝基、三氟甲基、甲基、甲氧基、氨基；

R₁、R₂ 相同或者不同；

R₃＝H 原子、苯基。

说明：上例中的结构式描述了取代基、原子间的连接方式、键的方向，对结构式上的取代基 X、R₁、R₂、R₃ 进行了定义。经检索发现，上述结构式的化合物与现有技术中的化合物具有相同的母核结构，因此对于该结构式的化合物的权利要求来说，如何才能获得合适的保护范围取决于对其上取代基 X、R₁、R₂、R₃ 的合理概括，应当根据说明书记载的实施例，依据实施例具体化合物上的取代基所共有的性质例如同系列、同族、电子等排体等进行合理扩展来获得合理的保护范围。例如，根据 X 为 O，将其扩展到 S 是合理的，因为 O、S 均为氧族元素。

以上述结构式表示的权利要求属于马库什权利要求，其特点是某些技术要素是以并列选择方式表达的，这些可选择要素变换具有相似性质，被称为马库什要素。

以马库什权利要求形式来表示一组化合物时必须符合单一性的规定，要求：

① 所有可选择化合物具有共同的性能或作用。

② 所有可选择化合物具有共同的结构，该共同结构能够构成它与现有技术的区别特征，并对结构式化合物的共同性能或作用来说是必不可少的；或者在不能有共同结构的情况下，所有的可选择要素应属于发明所属领域中公认的同一化合物类别。

"公认的同一化合物类别"是指根据本领域的知识可以预期到该类的成员对于要求保护的发明来说其表现是相同的一类化合物。也就是说，每个成员都可以互相替代，而且可以预期所要达到的效果是相同的。

（2）特征参数。

如果使用名称或结构不足以清楚表征药物化合物，此时可以使用特征参数来表征。特征参数包括可确定结构的各种参数，例如熔点、溶解度、旋光度、分子量、粘度、玻璃化温度、核磁共振光谱、紫外吸收光谱、红外吸收光谱、质谱、X 射线衍射数据、特异的颜色反应及其在各种试剂中的作用等（例如特异的颜色反应、沉淀反应、对某些细胞的抑制或刺激作用等）。用一种参数表征不充分时，应使用多种参数来表征。

用特征参数表征药物化合物的权利要求的实例如下。

【案例 4 – 2】

1. 一种加波沙朵一水合物化合物，所述化合物为晶体形式，选自：

（a）晶型 I，其特征为在 2θ 值内用 CuKα 辐射的 X – 射线粉末衍射光谱在 11.5°有衍射峰，并在 18.1°、23.2°、24.9°、26.7° 和 35.1° 有衍射峰；DSC 在 114℃吸热，255℃放热；和

（b）晶型 II，其特征为在 2θ 值内用 CuKα 辐射的 X – 射线粉末衍射光谱在 25.2°有衍射峰，并在 14.0°、19.0°、21.6°、24.8°、26.7° 和 27.8°有衍射峰，在 108℃吸热，248℃放热。

【案例 4 – 3】

某申请的权利要求请求保护药物化合物，说明书记载了化合物的结构、相应的制备方法，并且记载了一部分具体化合物的制备实施例，给出了具体化合物的效果实验数据，没有给出物理化学参数。如果能够确定制备方法与化合物的对应关系，如制备方法中反应物之间反应位点是唯一的，由该方法只能获得所述目标化合物，而且具体化合物的效果实验数据也说明确实制备了这些化合物，在这种情况下，可以使用效果实验数据来表征化合物。

需要注意，使用特征参数来定义药物化合物，所述参数应当能够与已知化合物相比较，能够体现出与已知化合物的区别。如果无法进行比较，不能准确区分使用该参数定义的药物化合物与已知化合物，则该参数定义的药物化合物通常会丧失新颖性。

（3）制备方法。

在用化合物名称、结构式或特征参数不能充分表征药物化合物时，允许用制备方法来表征药物化合物。如此表征的化合物权利要求，称作"方法限定的产品权利要求"。用制备方法表征药物化合物的权利要求的案例如下。

【案例 4 – 4】

1. 一种采用如下方法制备的加波沙朵一水合物晶型 I，所述方法包括以下步骤：（a）将加波沙朵酸加成盐溶于水；（b）加入足量的碱使 pH 为 6.5；和（c）立即收集所得沉淀。

2. 一种采用如下方法制备的加波沙朵一水合物晶型 II，所述方法包括以下步骤：（a）将加波沙朵酸加成盐溶于水；（b）加入足量的碱使 pH 为 6.5；（c）将所得混合物陈化至少 12 小时；和（d）收集所得固体。

分析：加波沙朵一水合物用制备方法表征的原因在于，晶型的形成与制备方法有很直接的关系，正是因为采用上述方法获得了加波沙朵一水合物的晶型 I 和晶型 II，所采用的制备方法获得了现有技术中该化合物不存在的晶型。

【案例 4 – 5】

1. 一种由以下方法制备如式（1）所示的 2 – 溴苯甲醛缩肼基二硫代甲酸苄酯席夫碱锌配合物，其特征是，通过下列步骤实现：

（1）将 2 – 溴的苯甲醛和肼基二硫代甲酸苄酯溶解在无水乙醇溶剂中，加热回流反应，然后冷却至 0℃，用无水乙醇分别洗涤，减压过滤，得到固体化合物，将得到的固

体化合物重结晶提纯，得到 2 − 溴苯甲醛缩肼基二硫代甲酸苄酯席夫碱；

（2）将步骤 1 得到的 2 − 溴苯甲醛缩肼基二硫代甲酸苄酯席夫碱溶解在乙醇溶剂中，在搅拌下加入醋酸锌的无水乙醇溶液，搅拌反应，过滤，得清液；将清液在低温下静置数天后，析出晶体，即为 2 − 溴苯甲醛缩肼基二硫代甲酸苄酯席夫碱锌配合物；所述 2 − 溴苯甲醛缩肼基二硫代甲酸苄酯席夫碱、醋酸锌的摩尔比为 2:1。

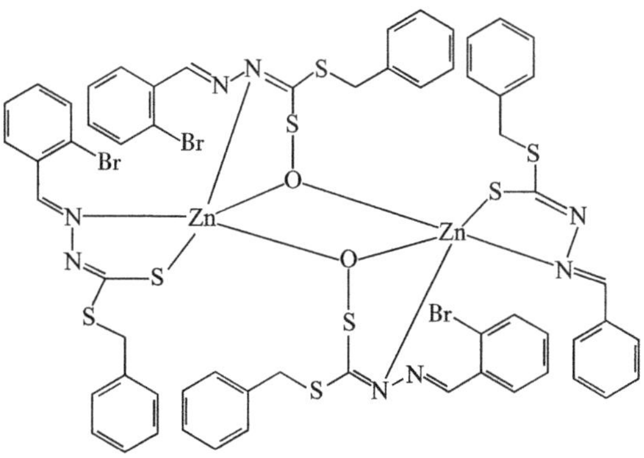

（1）

分析：采用以上方法表征 2 − 溴苯甲醛缩肼基二硫代甲酸苄酯席夫碱锌配合物的原因在于，由于采取了所使用的反应物和反应条件，使得所合成的化合物的结构和性质发生了很大变化，获得的配合物为双核，中心原子为五配位，配位的是氮、氧和硫原子，空间构型为四棱锥；而现有技术的配合物中，中心原子为四配位，配位的是氮和硫原子，空间构型为四面体，即制备方法为该化合物带来了新性能。

需要注意的是，以上表征方式是为了申请人便于撰写权利要求而提出的，只要能够准确表征药物化合物，以上表征方式可以单独使用，也可以结合使用。当一种方式不能准确完整表征药物化合物时，就应当根据需要将以上表征方式结合使用。另外，概括一个合理的保护范围是专利申请能够顺利获得授权的前提，在权利要求撰写过程中需要避免两个倾向：一种是将权利要求的内容局限于实施例，这会造成保护范围过窄，导致不必要的损失；另一种是在实施例很少的情况下，概括的权利要求范围过大，这样易于丧失新颖性，或者得不到说明书的支持。

2）药物化合物的从属权利要求

如果权利要求要求保护的是通式化合物，其从属权利要求限定特征通常是根据构效关系的预期、后期筛选的结果，对化合物进行再次选择，可以是优选或限定更小范围通式化合物，也可以是重要的具体化合物。

从属权利要求的引用关系可以从属于独立权利要求，使从属权利要求的保护范围尽可能大，也可以从属于其他权利要求，撰写出不同的组合方式。

【案例 4 − 6】

权利要求：

1. 式 I 的 [（10S）− 9，10 − 二氢青蒿素 − 10 − 氧基] 苯甲醛缩氨基（硫）脲系列物及其药学上可接受的盐：

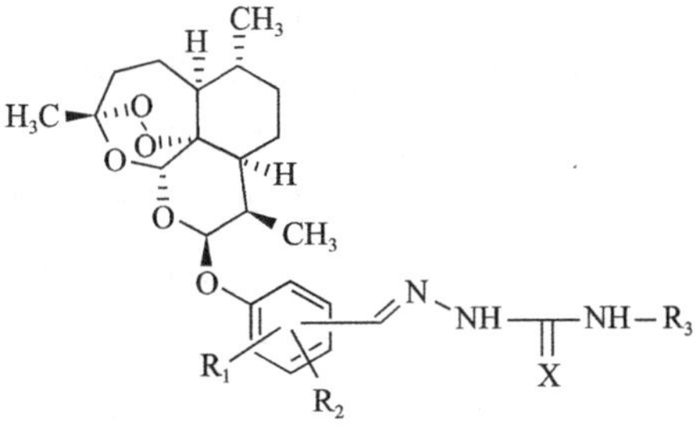

X = O，S；

R$_1$、R$_2$ = H 原子、卤素原子、羟基、氰基、硝基、三氟甲基、甲基、甲氧基、氨基；

R$_1$、R$_2$ 相同或者不同；

R$_3$ = H 原子、苯基。

2. 权利要求 1 的化合物，其中 R$_1$、R$_2$ = H 原子、卤素原子、甲基、三氟甲基、甲氧基，R$_1$、R$_2$ 可以相同，也可以不同。

3. 权利要求 1 的化合物，其中 R$_1$、R$_2$ = H 原子。

4. 权利要求 1 的化合物，其中 R$_3$ = 苯基。

5. [(10S)-9，10-二氢青蒿素-10-氧基]苯甲醛缩氨基（硫）脲系列物选自：

4-苯基-1-{4-[(10S)-9，10-二氢青蒿素-10-氧基]苯甲醛}缩氨基脲；

4-苯基-1-{4-[(10S)-9，10-二氢青蒿素-10-氧基]苯甲醛}缩氨基硫脲；

4-(2-氯苯基)-1-{4-[(10S)-9，10-二氢青蒿素-10-氧基]苯甲醛}缩氨基脲；

4-(2-氯苯基)-1-{4-[(10S)-9，10-二氢青蒿素-10-氧基]苯甲醛}缩氨基硫脲；

4-(2-氟苯基)-1-{4-[(10S)-9，10-二氢青蒿素-10-氧基]苯甲醛}缩氨基脲；

4-(2-氟苯基)-1-{4-[(10S)-9，10-二氢青蒿素-10-氧基]苯甲醛}缩氨基硫脲；

4-(2-甲基苯基)-1-{4-[(10S)-9，10-二氢青蒿素-10-氧基]苯甲醛}缩氨基脲；

4-(2-甲基苯基)-1-{4-[(10S)-9，10-二氢青蒿素-10-氧基]苯甲醛}缩氨基硫脲；

及其药学上可接受的盐。

说明：以上从属权利要求对取代基进行了进一步限定，并限定了具体的化合物。

2. 药物组合物权利要求的撰写要求

组合物是指两种或两种以上化学物质（其中至少一种物质是活性物质）按一定比例组合而成的具有特定性质和用途的物质或材料，包括药物组合物、洗涤剂、化妆品等。药物组合物是其中重要的技术领域之一，药物组合物包括以活性组分为特征的药物组合物和以制备方法为特征的药物组合物等。

撰写药物组合物发明的权利要求时，除了应当满足《专利法》及其实施细则的一般要求外，还应当注意以下问题。

1）独立权利要求的撰写

（1）独立权利要求的撰写方式。根据《专利法实施细则》第二十一条第二款的规定，发明的性质不适合将独立权利要求分为前序和特征两部分撰写的，独立权利要求可以用其他方式撰写。组合物独立权利要求一般属于这情况，可以不分成前序和特征两部分，而将所有的必要特征放在一起撰写。

【案例 4 - 7】

1. 一种药物组合物，其包含 N - (3 - 氯 - 1H - 吲哚 - 7 - 基) - 4 - 氨磺酰基苯磺酰胺或其盐和至少一种选自：（1）盐酸伊立替康三水合物；（2）丝裂霉素 C；（3）5 - 氟尿嘧啶；（4）顺铂；（5）上述（1）至（4）的盐的药物组合物。

独立权利要求中的技术特征需要使用产品本身的技术特征，例如组分名称、组分含量、组分之间的组成或选择关系来表征，以上的两个实例体现了组分之间的选择关系。无法使用产品本身技术特征进行表征的组合物，也可以通过方法来表征，例如由特定方法制备的具有特殊性能的产品。

如果发明的实质或者改进只在于组分本身，其技术问题的解决仅取决于组分的选择，而组分的含量是本领域的技术人员根据现有技术或者通过简单实验就能够确定的，则在独立权利要求中可以允许只限定组分。

【案例 4 - 8】

1. 化学稳定的药物组合物，其含有：（1）治疗有效止痛量的布洛芬或其可药用的盐；（2）治疗有效抗组胺量的丁苯哌丁醇或其可药用的盐；和（3）α - 羟基羧酸。

分析：该组合物含有与丁苯哌丁醇联合的布洛芬，只要丁苯哌丁醇存在于 α - 羟基羧酸的组合物中，就防止了其氧化成为丁苯哌丁酮，保证了组合物的稳定性。因此该组合物的实质在于组分的选择，独立权利要求可以只限定组分种类，不需要限定含量。

如果发明的实质或者改进既在组分上，又与含量有关，其技术问题的解决不仅取决于组分的选择，而且还取决于该组分特定含量的确定，则在独立权利要求中必须同时限定组分和含量，否则该权利要求就不完整，缺少必要技术特征，或者被认为不能得到说明书的支持。

【案例 4 - 9】

1. 一种抗 β - 内酰胺酶抗菌素复合物，其特征在于它由舒巴坦与氧哌嗪青霉素或头孢氨噻肟所组成，舒巴坦与氧哌嗪青霉素或头孢氨噻肟以 0.5 ~ 2:0.5 ~ 2 的比例混合制成复方制剂。

说明：该发明将舒巴坦与氧哌嗪青霉素合用以克服产 β - 内酰胺酶细菌的耐药性，保护氧哌嗪青霉素不受细菌产生的水解酶破坏，又可增强其疗效，这不仅与组分的选择有关，也与组分的含量有关，因此在限定活性组分的同时，也应当限定活性组分之间的比例。

对于药物组合物独立权利要求而言，保护范围是否适当，同样取决于技术特征是否得到了合理概括，可以根据说明书记载的组分所具有的共同的物理、化学性质、功能、效果或者结构和/或组成特征进行合理概括，以期在获得尽可能宽的保护范围同时，也能够得到说明书的支持。

【案例 4 – 10】

1. 一种药物组合物，包括美拉加群或其药用衍生物，和凝血因子 VIIa 抑制剂或其药用衍生物。

说明：该技术方案目的是使用上述两种活性成分来产生协同作用。说明书证实了美拉加群（melagatran）与凝血因子 VIIa 抑制剂中的具体化合物 N –［（3 –羧苄基）磺酰基］– D –缬氨酰 – N^1 –（4 –［氨基（亚氨基）甲基）–苄基）– L –亮氨酸酰胺（可称为化合物 1）联合用药产生了协同抗凝的效应，由于凝血因子 VIIa 抑制剂及其衍生物所涵盖的众多化合物均应具有抑制凝血因子 VIIa 的作用，因此根据说明书所证实的美拉加群与化合物 1 联合的协同抗凝的效应，可以预期其他凝血因子 VIIa 抑制剂与美拉加群联合也会产生协同抗凝效应。因此该独立权利要求对其所包括的活性组分的概括是合理的，保护范围是适当的，也能够得到说明书的支持。

（2）药物组合物权利要求的开放式和封闭式。组合物权利要求应当用组合物的组分，或者组分和含量等特征来表征。组合物权利要求分开放和封闭两种表达方式，开放式和封闭式常用的措辞如下。

① 开放式，例如"含有""包括""包含""基本含有""本质上含有""主要由……组成""主要组成为""基本上由……组成""基本组成为"等，这些都表示该组合物中还可以含有权利要求中所未指出的某些组分，即使其在含量上占较大的比例。例如，一种药物组合物，包括 melagatran 或其药用衍生物，和凝血因子 VIIa 抑制剂或其药用衍生物。

② 封闭式，例如"由……组成""组成为""余量为"等，这些都表示要求保护的组合物由所指出的组分组成，没有别的组分，但可以带有杂质，该杂质只允许以通常的含量存在。例如，一种抗 β – 内酰胺酶抗菌素复合物，其特征在于它由舒巴坦与氧哌嗪青霉素所组成，舒巴坦与氧哌嗪青霉素以 0.5～2:0.5～2 的比例混合制成复方制剂。

使用开放式或者封闭式表达方式时，必须要得到说明书的支持。例如，权利要求的组合物 A + B + C，如果说明书中实际上没有描述除此之外的组分，则不能使用开放式权利要求。

【案例 4 –11】

独立权利要求 1 为：药物组合物，包括药理学有效量的下列各组分：能够抑制中性肽链内切酶和内源性内皮缩血管肽产生系统的起双重作用的化合物达格鲁曲；和至少一种 AT$_1$ 受体拮抗剂，其选自由坎地沙坦、依普罗沙坦和氯沙坦以及其任何生理上相容的盐。

分析：除了以上活性组分之外，如果说明书并没有描述其他活性组分，因而该独立权利要求使用开放式表示是错误的，应当使用封闭式表示方式。

另外，还应当指出的是，一项组合物独立权利要求为 A + B + C，假如其下面一项权利要求为 A + B + C + D，则对于开放式的 A + B + C 权利要求而言，含 D 的这项为从属权利要求；对于封闭式的 A + B + C 权利要求而言，含 D 的这项为独立权利要求。

【案例 4 – 11 续】

分析： 独立权利要求 1 如上所述。权利要求 2 为：如权利要求 1 所述的药物组合物，其特征在于，其进一步包括乙酰水杨酸。由于独立权利要求为封闭式，包括乙酰水杨酸的从属权利要求实质为独立权利要求。

（3）药物组合物的性能或用途限定。组合物权利要求一般有三种类型，即非限定型、性能限定型以及用途限定型，组合物的性能和用途在判断创造性和实用性时很重要，因此一般应当采取性能或用途限定的形式。

例如：①一种药物组合物，包括美拉加群或其药用衍生物和凝血因子 VIIa 抑制剂或其药用衍生物；②一种磁性合金，含有 10% ~ 60%（重量）的 A 和 90% ~ 40%（重量）的 B；③用于治疗疼痛的药物组合物，所述的药物组合物联合地含有用于同时、依次或分别应用的式 I 的奥卡西平或其衍生物和 COX – 2 抑制剂（结构式略）。以上①为非限定型，②为性能限定型，③为用途限定型。

当该组合物具有两种或者多种使用性能和应用领域时，可以允许用非限定型权利要求。例如，上述①药物组合物，在说明书中叙述了它具有抗炎、镇痛、抗血小板、解热等性能，因而可用于治疗多种疾病。

如果在说明书中仅公开了组合物的一种性能或者用途，则应写成性能限定型或者用途限定型，例如上述第②、③种情形。大多数药品权利要求应当写成用途限定型。

2）从属权利要求的撰写

从属权利要求的引用的主题应当与被引用权利要求的主题名称一致，应当是产品。应当注意附加技术特征与独立权利要求的逻辑关系，附加技术特征应当落入独立权利要求的范围之内，附加技术特征是对产品的技术特征的进一步限定，例如是对组分、含量、剂型、辅料等的进一步限定。

【案例 4 – 12】

1. 一种抗癌药物组合物，其特征在于，该抗癌药物组合物中含有抗癌有效量的由琥珀酸脱氢酶抑制剂和化疗药物，及可药用载体和/或赋形剂，其中琥珀酸脱氢酶抑制剂选自琥珀酸类似物、琥珀酸同分异构体、四唑及其复合物、3 – 硝基丙酸的一种或多种。

2. 根据权利要求 1 所述的抗癌药物组合物，其特征在于，琥珀酸脱氢酶类似物包括盂基琥珀酸盐，如（1R）–（–）–盂基琥珀酸盐及（1S）–（+）–盂基琥珀酸盐。

3. 根据权利要求 1 所述的抗癌药物组合物，其特征在于该抗癌组合物中的化疗药物包括抗有丝分裂药物。

4. 根据权利要求 3 所述的抗癌药物组合物，其特征在于该抗癌组合物中的抗有丝分裂药物为砒霜类药物、紫杉碱类或大环内脂类药物。

5. 根据权利要求 4 所述的抗癌药物组合物，其特征在于，该抗癌组合物中的紫杉碱类选自紫杉醇（taxotere）、紫杉酚（paclitaxel）、紫杉碱（docetaxel）中的一种。

说明：以上从属权利要求对独立权利要求的活性组分作了进一步限定。

3. 权利要求所采用的术语

药物化合物和组合物权利要求中，不允许有含混不清的用词，例如"大约""左右""近"等表示组合物的技术特征；组合物中各组分含量百分数之和应当满足等于100%的条件；用文字或数值难以表示组合物各组分之间的特定关系的，可以允许用特性关系或者用量关系式，或者用图来定义权利要求。图的具体意义应当在说明书中加以说明。用文字定性表述来代替数字定量表示的方式，只要其意思是清楚的，且在所属技术领域是众所周知的，就可以接受，例如"含量为足以使某物料湿润""催化量的"等。

（二）说明书的撰写

说明书的撰写在实质内容上应当符合《专利法》第二十六条第三款的规定，必须在说明书中充分公开要求保护的药物化合物和药物组合物，使得所属技术领域的技术人员能够实现该发明。从撰写形式上应按照《专利法实施细则》第十七条的规定。本节目的在于依据药物化合物和药物组合物的特点，说明在其说明书发明内容和具体实施方式撰写中需要重点关注的内容。

1. 药物化合物发明

1）准确、清楚地确认和表征药物化合物

说明书应当记载药物化合物的化学名称、结构式或分子式，并且应当记载化合物的特征参数以使化合物能够清楚地确认和表征。用化学名称、结构式、特征参数和/或制备方法来清楚地确认和表征化合物的具体内容可参见上小节中的"药物化合物权利要求书的撰写要求"。

对于用结构式等表示的通式化合物，说明书应当对通式化合物中各个取代基的定义进行具体说明。因为说明书对其使用的取代基依赖其所应用的语境自有其含义，这种含义并不是广泛适用的，如果说明书不对取代基的定义进行具体说明，则不能用其清楚地解释权利要求的保护范围。例如，当取代基为低级烷基和低级烷氧基时，说明书中应对其进行具体说明，因为在化学领域对其并没有确切定义。既可以将具有$1 \sim 6$个碳原子的烷氧基和烷基称作"低级烷基和低级烷氧基"，也可以将具有$1 \sim 4$个碳原子的烷氧基和烷基称作"低级烷基和低级烷氧基"，"低级烷基和低级烷氧基"既可以包括正构基团及其同分异构体，也可以不包括正构基团及其同分异构体。因而如果说明书缺少了对低级烷基和低级烷氧基的说明，会使得权利要求的保护范围不清楚。因此在说明书中应当对通式中各个取代基如烷基、氨基、芳香基、酯基、杂环基等给予具体描述，包括所含有的碳原子数、杂原子种类和数量、连接位置、连接方式、异构体等。

另外，说明书中还应对取代基的优选的范围层次进行描述，优选的范围层次包括优选的取代基、优选取代基的组合，优选的具体的化合物等，这样使得说明书的记载更加清楚和完整，利于后续审查程序中的修改和作为陈述技术方案清楚性和说明书对权利要求方案有实质支持的依据。

【案例 4-13】

某一申请说明书中记载了如下内容：

式（1）所示的化合物或其药学上可接受的盐：

（1）

其中：X是氢、$C_1\sim C_4$ 烷基、$C_1\sim C_4$ 卤代烷基、卤原子、未被取代或被 $C_1\sim C_4$ 烷基羧基取代的 $C_1\sim C_4$ 烷氧基、$C_1\sim C_4$ 卤代烷氧基、$C_3\sim C_4$ 烯氧基、$C_2\sim C_4$ 酰基、$C_3\sim C_{10}$ 环烷基烷氧基、$C_3\sim C_{10}$ 环烷氧基、羟基、氰基或硝基；Y是氢、$C_1\sim C_4$ 烷基、卤原子、$C_1\sim C_4$ 烷氧基、$C_3\sim C_4$ 烯氧基、$C_2\sim C_4$ 酰基、氰基或硝基；n是1~5的整数；和R是氢、$C_1\sim C_4$ 烷基、$C_2\sim C_4$ 烯基、$C_3\sim C_4$ 炔基、$C_1\sim C_4$ 卤代烷基、$C_2\sim C_4$ 烷氧基烷基或苄基。

在式（1）中，优选X是 $C_1\sim C_4$ 烷基、$C_1\sim C_4$ 卤代烷基、卤原子、未被取代或被 $C_1\sim C_4$ 烷基羧基取代的 $C_1\sim C_4$ 烷氧基、$C_1\sim C_4$ 卤代烷氧基、$C_3\sim C_{10}$ 环烷基烷氧基、$C_3\sim C_{10}$ 环烷氧基、羟基、$C_3\sim C_4$ 烯氧基或硝基；Y是氢、$C_1\sim C_4$ 烷基、卤原子、$C_1\sim C_4$ 烷氧基、$C_3\sim C_4$ 烯氧基、$C_2\sim C_4$ 酰基、氰基或硝基；n是1~3的整数；和R是氢、$C_1\sim C_4$ 烷基、$C_1\sim C_4$ 卤代烷基、$C_2\sim C_4$ 烷氧基烷基或苄基。

在式（1）中，X是异丙基、三氟甲基、叔丁基、溴、氯、碘、乙基、甲氧基、乙氧基、丙氧基、苄氧基、烯丙氧基、环丙基甲氧基、环戊氧基、羟基、氟甲氧基、被乙基羧基取代的甲氧基或硝基；Y是氢、甲基、乙基、氟、氯、溴、碘、甲氧基、乙氧基、氰基或硝基；n是1~3的整数；和R是氢、甲基、乙基、丙基、丙烯基、丙炔基、$C_1\sim C_4$ 氟烷基、苄基或苄氧基。

在此术语"烷基"指的是直链或支链的具有1~4个碳原子的饱和烃基。术语"卤素"或"卤"指的是卤原子，其包括氟、氯、溴、碘和氟。术语"烷氧基"指的是 O-烷基（"烷基"的定义同上）。术语"烯基"指的是具有双键并具有2~4个碳原子的不饱和烃基。术语"炔基"指的是具有三键并具有3个或4个碳原子的不饱和烃基。术语"酰基"指的是衍生自脂肪羧酸的芳酰基，例如乙酰基、丙酰基等。术语"环烷基烷氧基"指的是具有3~10个碳原子的基团，其中烷氧基与饱和烃环相连。术语"环烷氧基"指的是具有3~10个碳原子的基团，其中氧与饱和烃环相连。术语"烯氧基"指的是具有3个或4个碳原子的基团，其中氧与具有双键的不饱和烃相连。术语"卤代烷基"指的是其中氢原子被卤原子取代的烷基（如上定义）。术语"卤代烷氧基"指的是其中氢原子被卤原子取代的烷氧基（如上定义）。

最优选实施方案中，式（1）所示化合物是 5-[3-(2-氯-苯基)-1-苯基-1H-吡唑-4-基亚甲基]-噻唑烷-2,4-二酮、5-[3-(3-硝基)-1-苯基-1H-吡唑-4-基亚甲基]-3-甲基-噻唑烷-2,4-二酮、5-[3-(3-三氟甲基)-1-苯基-1H-吡唑-4-基亚甲基]-噻唑烷-2,4-二酮、5-[3-(3-氯-4-乙氧基

－苯基）－1－苯基－1H－吡唑－4－基亚甲基]－3－甲基－噻唑烷－2，4－二酮、5－[3－（3－氯－4－丙氧基－苯基）－1－苯基－1H－吡唑－4－基亚甲基]－噻唑烷－2，4－二酮、5－[3－（3－溴－4－乙氧基－苯基）－1－苯基－1H－吡唑－4－基亚甲基]－3－甲基－噻唑烷－2，4－二酮、5－[3－（3－溴－4－丙氧基－苯基）－1－苯基－1H－吡唑－4－基亚甲基]－3－甲基－噻唑烷－2，4－二酮或其药学上可接受的盐。

分析：对上述结构式化合物的取代基，本申请说明书进行多层次的描述，对所定义的取代基逐级列举出不同层次的选择，直到具体的取代基，这样可以对所定义的上位取代基提供说明和支持，也为对权利要求请求保护的结构式化合物修改提供了基础，可以对要求进行逐级修改，而不是必须限定到很小乃至实施例的范围。

2）说明书应当清楚记载化合物的制备方法

说明书中要明确化合物的制备方法，如果有多种生产方法，则至少应当记载一种制备方法，必须具体记载原料物质、是否涉及其他物料（例如反应介质、催化剂等）、工艺步骤（例如反应、提取分离、萃取、回流等）、工艺条件（例如温度、压力、环境等）、产品的分离提纯技术（例如重结晶、色谱分离等）、制造装置（例如蒸馏设备、高压反应设备）等。如果必要，可以结合附图进行描述。

【案例4－14】

【案例4－13】中结构式1所示的化合物制备方法为：

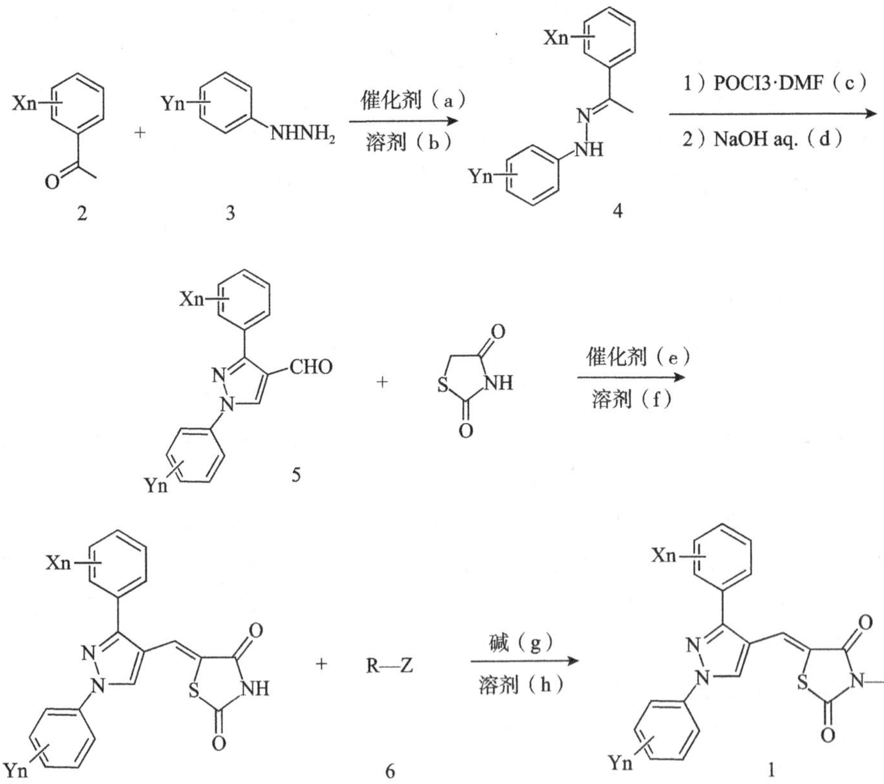

a：乙酸或苯甲酸；b：醇，例如甲醇和乙醇，水或有机溶剂；c：无水二甲基甲酰胺（DMF）/三氯氧磷（POCl$_3$），亚硫酰氯或草酰氯；d：氢氧化钠溶液；e：弱酸盐，例如乙酸盐和苯甲酸盐，或弱碱，例如吡啶、胺和苯胺；f：有机溶剂，例如苯和甲苯；g：无机碱，例如碳酸钾、碳酸钠、氢氧化钠、氢氧化钙和碳酸铯，或有机碱，例如三乙胺和吡啶；h：二甲基甲酰胺（DMF）、四氢呋喃（THF）、丙酮、水或其他有机溶剂。

首先，使式2的取代苯乙酮与式3的取代肼反应，得到式4的腙衍生物。醇例如甲醇或乙醇、水或其他有机溶剂可以在这个反应中用作溶剂。优选的是，使用醇例如甲醇或乙醇。对于催化剂，可以使用小量的弱酸如乙酸或苯甲酸。然后，使用无水二甲基甲酰胺（DMF）作为溶剂，三氯氧磷（POCl$_3$）、亚硫酰氯或草酰氯，优选三氯氧磷作为催化剂，将式4的腙衍生物转化为式5的3-芳基-吡啶基-吡唑-4-甲醛衍生物。接下来，使式5的吡唑甲醛与噻唑烷-2,4-二酮反应得到式1的化合物，其中R是H。在这个反应中可以使用苯、甲苯或其他有机溶剂。优选的是，使用苯或甲苯作为溶剂。对于催化剂，可以使用乙酸和哌啶的混合物，或可以单独使用弱酸盐例如乙酸盐和苯甲酸盐，或弱碱例如吡啶、胺和苯胺。优选的是，使用乙酸和哌啶的混合物。

产物可以与式6的盐化合物在碱存在下反应，以便得到式1的化合物，其中R不是H。在这个反应中，可以使用二甲基甲酰胺（DMF）、四氢呋喃（THF）、丙酮、水或其他有机溶剂。优选的是，使用二甲基甲酰胺（DMF）或四氢呋喃（THF）作为溶剂。至于碱，可以使用无机碱或有机碱。

说明书中应当说明原料物质的制备方法或者来源，特别是原料或中间体是新化合物时，例如以上方法中的中间体4。对于常规原料，例如以上反应中使用的乙醇、甲醇、氯仿、苯、甲苯、甘露醇等则可不必在说明书中记载其制备方法或者来源。对于制备方法所涉及的已知技术，可以概括说明，详略程度取决于所属技术领域的技术人员所熟知的常规技术。

3）说明书应当记载化合物的用途和效果

对于化合物发明来说，说明书应当完整公开化合物的用途和/或使用效果，至少要公开其一种具体用途，用于该用途时的有效量和使用方法。公开化合物的用途和/或使用效果不能仅仅是一般性的文字描述，如"本发明化合物用于治疗肿瘤""本发明化合物是钙通道抑制剂"，必须用文字和/或实验数据给予具体说明。试验数据可以为定性或定量的实验数据。实验可以是实验室试验（细胞、动物试验、基因检测等）或者临床试验，其中需要描述实验采用的具体化合物、所使用的实验方法、实验结果。

【案例4-15】

【案例4-13】中结构式1化合物的抗癌活性的实验效果，描述如下：

（1）培养癌细胞：A549、HT29和MCF-7用于测定抗癌活性。癌细胞来自美国国立癌症研究所……5%胎牛血清加强的RPMI 1640培养介质。3~4天接种一次。PBS（磷酸盐缓冲盐水）溶液……被用于分离细胞。

（2）活性测定：用SRB（磺酰罗丹明B）测定法，其发展于1989年通过NCI测定药物的体外抗癌活性。细胞用胰岛素-CDTA溶液分离并置于96孔微量培养板（Falcon）中，每孔约 2×10^3 个细胞。细胞在 CO_2 孵育器中培养 24 小时并被加入到培养板的底部……然后，用水洗涤培养板 5~6 次，以便完全除去任何残留的 TCA，并在室温下干燥……然后，使用酶标仪在 520nm 下测定吸收率。为了对化合物的抗癌效果进行定量，计算了每种情况下的细胞数，这些情况是加入药物（T_z），细胞用不含药物的培养介质培养 48 小时（C），并且细胞在含有药物的培养介质中培养 48 小时（T）。式 1 所示的 5-（1，3-二芳基-1H-吡唑-4-基亚甲基）-噻唑烷-2，4-二酮衍生物对一些癌细胞有细胞毒性，包括 A-549（非小细胞肺癌）、HT29（肝癌）和 MCF-7（乳腺癌）。

如果所属技术领域的技术人员根据现有技术能够预测到化合物的用途和/或效果，说明书当中则不必记载证明发明技术方案可以实现所述用途或效果的实验数据。例如，如果请求保护的化合物与现有技术化合物结构相近，通过理论分析或者根据现有技术，以说明书的记载为基础可以预测请求保护的化合物必然具有所述用途和/或使用效果，则可以认为化合物的用途和/或使用效果已经充分公开。

【案例 4-16】

现有技术已知具有式（Ⅰ）的埃博霉素 A（R=H）和 B（R=Me）具有稳定微管的效果，对肿瘤细胞或其他过度增殖性细胞疾病具有细胞毒活性。

申请保护的化合物为式（Ⅱ），其中 R=H 或 CH_3，通过对比结构可知，申请保护的化合物与埃博霉素母核结构相似，仅仅是对埃博霉素进行了局部结构修饰，基于二者结构的相似性，所属技术领域的技术人员可以预期申请保护的化合物也会具有稳定微管的效果，对肿瘤细胞或其他过度增殖性细胞疾病具有细胞毒活性。

需要注意的是，在创造性判断中，对于结构相近的化合物，必要时需提供对比实验数据来证明申请保护的化合物相对于现有技术的化合物具有预料不到的技术效果。

4）说明书应当记载化合物的实施例

由于化学领域属于实验性学科，在化合物发明申请中，实施例是说明书不可缺少的一部分，实施例证明了发明的重现性，对于充分公开、理解和实现发明、确定权利要求的保护范围提供了具体技术信息。实施例数量取决于权利要求技术特征中并列选择要素的概括程度和数据的取值范围的大小，范围越大所需要的实施例也就越多，需要考虑的因素包括发明的性质、发明的技术领域以及现有技术的状况。

"实施例"并不等同于"具体实施方式"，实施例是具体的一个点，其是对具体实验过程的描述，所涉及的文字描述应该是具体的概念，所涉及的数据应该是具体的数据，例如"pH6.8""压力900P"，而不能是一个范围（小范围变动除外，例如 X 射线谱衍射数据、红外吸收光谱）。当然，也不是要求在实施例中写入全部内容，一些无关内容，例如"用酒精灯加热""使用温度计测量"完全可以不用描述。

对于化合物发明来说，说明书中应当写入化合物的制备实施例，包括原料、中间体化合物（如果需要）和目的化合物，详细写明生产过程，给出化合物的名称、结构式或分子式，必要时应给出确认化合物的物理化学参数。

【案例 4 - 17】

【案例 4 - 13】中的结构式 1 化合物的制备实施例具体如下：

制备 5 - [3 - (3, 5 - 二氟 - 苯基) - 1 - 苯基 - 1H - 吡唑 - 4 - 基亚甲基] - 噻唑烷 - 2, 4 - 二酮

1. 制备 (3′, 5′ - 二氟甲氧基) 苯乙酮

将 (3′, 5′ - 二羟基) 苯乙酮 (1.00g, 6.57mmol) 溶解在 30mL 无水二甲基甲酰胺中。加入碳酸钾 (2.00g, 14.45mmol) 和碘化钾 (10.91mg, 6.57×10^{-2} mmol)，并在 80℃ 下回流 1 小时。冷却到 55～60℃ 后，缓慢逐滴加入氯二氟乙酸甲酯 (1.75mL, 16.43mmol) 并将混合物搅拌 30 分钟。在 70～80℃ 下回流 3 小时后，将混合物缓慢冷却到室温。加入乙酸乙酯 (30mL) 并用水洗涤混合物 (10mL×2 次)。有机层进一步用 2N 盐酸溶液 (10mL×3 次) 和盐水 (10mL×2 次) 洗涤。分离有机层，用无水硫酸镁干燥、过滤并在减压下浓缩。剩余物通过硅胶色谱 (正己烷/乙酸乙酯 = 10∶1) 纯化得到 1.13g (68%) 目标产物。^{1}H NMR (200MHz, CDCl$_3$) δ2.61 (s,[3]H)、6.58 (t,[2]H, J=74Hz)、7.14 (s,[1]H)、7.55 (s,[1]H)。

2. 制备 (3′, 5′ - 二氟甲氧基) 苯乙酮的苯腙

将 (3′, 5′ - 二氟甲氧基) 苯乙酮 (1.0g, 3.97mmol) 溶解在 20mL 无水乙醇中。加入苯肼 (0.39mL, 3.97mmol) 和催化剂冰醋酸 (11.00μL, 0.20mmol)，并在室温下搅拌混合物 3 小时。加入乙酸乙酯 (20mL) 并用水 (10mL×3 次) 和盐水 (10mL×2 次) 洗涤混合物。有机层用无水硫酸镁干燥、过滤并在减压下浓缩得到 1.29g (95%) 目标产物。

3. 制备 3 - (3′, 5′ - 二氟甲氧基 - 苯基) - 1 - 苯基 - 1H - 吡唑 - 4 - 甲醛

将三氯氧磷 (0.45mL, 7.02mol) 加入到 2mL 的无水二甲基甲酰胺中并在 0℃ 下搅拌混合物 1 小时。将溶解在 5mL 无水二甲基甲酰胺中的 (3′, 5′ - 二氟甲氧基) 苯乙酮的苯腙 (1.2g, 3.51mmol) 缓慢逐滴加入并在 70～80℃ 下搅拌该混合物 6 小时。用冰水冷却到 0℃ 后，缓慢逐滴加入 30% 氢氧化钠溶液将 pH 调节到 7～8。过滤得到的固体并用水洗涤 (10mL×3 次)。干燥滤出的固体得到 0.94g (70%) 目标产物。^{1}H NMR (200MHz, CDCl$_3$)：δ6.63 (t, ^{2}H, J=74Hz)、7.02 (s, ^{1}H)、7.44 (d, ^{1}H, J=7.5Hz)、7.54 (t, ^{2}H, J=7.8Hz)、7.63 (s, ^{2}H)、7.79 (d, ^{2}H, J=8.1Hz)、8.55 (s, ^{1}H)、10.06 (s, ^{1}H)。

4. 制备 5 - [3 - (3, 5 - 二氟 - 苯基) - 1 - 苯基 - 1H - 吡唑 - 4 - 基亚甲基] - 噻唑烷 - 2, 4 - 二酮

将 3 - (3, 5 - 二氟甲氧基 - 苯基) - 1 - 苯基 - 1H - 吡唑 - 4 - 羧基醛 (0.50g, 1.31mmol) 和噻唑烷 - 2, 4 - 二酮 (153.00mg, 1.31mmol) 加入到 20mL 的无水甲苯中。加入冰醋酸 (3.70μL, 6.55×10^{-2} mmol) 和哌啶 (7.80μL, 7.86×10^{-2} mmol) 作

为催化剂并回流 12 小时并且使用 Dean – Stark 捕获器（trap）除去水。冷却到室温后，搅拌 6 小时。过滤得到的固体并用二乙基醚洗涤（10mL×3 次）。干燥得到的过滤固体得到 0.56g（89%）目的产物。^{1}H NMR（200MHz，CDCl$_3$）：δ7.24（t，^{2}H，J = 74Hz）、7.37（s，^{1}H）、7.41～7.55（m，^{2}H）、7.61（t，^{2}H，J = 2.8Hz）、8.06（d，^{2}H，J = 7.2Hz）、8.79（s，^{1}H）、12.61（br，^{1}H，NH）。

除了化合物的制备实施例，说明书还应当写入目的化合物的用途或效果实施例，完整清楚地描述实验方法、实验数据获得过程以及最终的实验结果数据。例如，

【案例 4 – 15】关于结构式 1 化合物的抗癌活性的实验效果的举例。

2. 药物组合物发明

药物组合物是将两种或两种活性物质按一定比例组合而成的具有特定性质和用途的物质或材料。组合物类型包括以活性组分为特征的药物组合物和以制备方法为特征的药物组合物等。对药物组合物说明书撰写的一般性要求与对化合物的说明书撰写的要求相同，以下撰写要求主要着眼于组合物自身特点。

药物组合物以组成为特征、以性能为目的、以应用为效果。其组成特征包括组分名称、组分含量或配比，对这些基本特征应当进行清楚的描述。在说明书中还需要描述组合物的制备方法、使用方法、技术效果。

1）组分和含量

对组分名称的描述与对新化合物的名称要求相同，应当使用通用、规范的名称，不得使用非通用名称（例如俗称、代号、商品名、异名、生僻名等）。对于新物质或申请人制备的物质，应当详细说明其化学结构及其制备方法。如不可避免需要使用非通用名称，则必须给出明确的定义和出处，如为商品名，应给出生产厂家、购买途径以及技术信息。组分含量或配比。例如，一种含 ramalin 或其药物学上可接受的盐的用于预防或治疗肝纤维化或肝硬化的药物组合物，ramalin 结构式如下所示。

组分的含量是组合物的基本技术特征之一，是说明书不可缺少的技术内容。限定组分含量时，不允许有含糊不清的用词，例如"大约""左右"等，如果出现这样的词，一般应当删去。组分含量可以用"0 – X""< X"或者"X 以下"等表示。以"0 – X"表示的为选择组分，"< X"或者"X 以下"等的含义为包括 X = 0。通常不允许以"> X"表示含量范围。组分含量的表示方式通常包括百分数表示法、分数表示法、余量表示法以及其他表示方法，详述如下。

（1）百分含量表示法。以组合物的总量为 100%，写明各组分在其中所占的百分比。其中，根据总量所采用的度量单位，各组分所占比例可以是质量百分数、体积百分数或者摩尔百分数等。这是最常用的表示方法之一，其优点是能直观地反映各组分在组合物中所占的份额。

【案例 4 – 18】

1. 一种药物组合物，以单位剂量胶囊形式包括：65wt% ~85wt% 的布洛芬、8wt% ~28wt% 的乳糖、0.5wt% ~5wt% 的交联竣甲基纤维素钠、0.5wt% ~5wt% 的聚乙烯吡咯烷酮、0.25wt% ~7wt% 的十二烷基硫酸钠、0.25wt% ~5wt% 的硬脂酸镁。

使用百分含量表示法，各组分的含量范围应当符合以下条件：①某一组分的上限值＋其他组分的下限值≤100；②某一组分的下限值＋其他组分的上限值≥100。

（2）份数表示法。用各组分的重量或者体积份数表示其含量。其中，每份的标准应当一致，组合物的总量是各组分的份数之和，但不一定恰巧是 100 份，可以是任何数字。这种表示方法在某些特定的技术领域使用较多，其优点是可以方便地反映各组分间的比例关系，因而有时也直接写成各组分的比例关系来表示。

【案例 4 – 19】

1. 一种复方降压组合物，其特征在于含有美托洛尔、卡托普利、氢氯噻嗪活性组分，活性组分的重量组成配比为美托洛尔 25 ~100 份、卡托普利 25 ~100 份、氢氯噻嗪 12.5 ~25 份。活性组份最佳重量组成比例为美托洛尔:卡托普利:氢氯噻嗪 ＝2:4:1。

（3）余量表示法。以百分数表示基本组分在组合物中的含量时，由于其他组分的含量之和远远低于 100%，需要用基本组分的含量补足 100%，因而可以用"其余为……"的方式表示基本组分的含量。这种表示方式的主要优点是容易操作，不用计算基本含量的组分究竟为多少。

【案例 4 – 20】

1. 一种药物组合物，其包括以下重量配比的组分：聚六亚甲基胍 0.2% ~2%、水 0.1% ~3%、甘油余量。

（4）定性表示法。用文字定性表述来代替数字定量表示的方式，只要其意思是清楚的，且在所属技术领域是众所周知的，就可以接受，例如"治疗有效量的""催化量"等。

2）药物组合物的制备方法和使用方法

任何产品都是通过一定的方法制得的。制备方法不清楚通常是不可能实现的。因此，药物组合物发明申请的说明书中应当记载至少一种制备方法，即使该方法可能是常规的或简单的，例如组分的直接混合。应当记载实施该制备方法所用的组分、用量、工艺步骤和条件、专用设备等。例如，利用活性组分，配以适宜的辅料，按照制剂常规制备工艺，可制成片剂、颗粒剂、胶囊或丸剂等各种服用剂型。常用的辅料有淀粉、乳糖、轻丙纤维素、微晶纤维素、乙基纤维素、硬脂酸镁、滑石粉等。

另外，需要在说明书中描述组合物的使用方法、剂量大小、给药方式、给药途径等。例如，某发明组合物每天仅需服药一次，早饭时服用，便于患者坚持，从而显著提高病人服药的顺从性。

3）药物组合物的技术效果

药物组合物的用途和/或效果是发明清楚完整公开、具备创造性和获得合理保护范围的重要依据。

药物组合物的技术效果是证明发明能否实现的必要证据。如果所属技术领域的技术人员根据现有技术无法预测所述技术效果，则在说明书中应当通过实验数据来证明所述药物组合物能够实现所述效果。对于药物组合物发明实验数据的具体要求，如同对化合物的发明要求。

【案例 4-21】

涉及聚维酮碘的抗微生物活性这一技术效果。例如具体的描述如下：

检测聚维酮碘同各种抗炎甾体相组合的溶液剂对常见致病菌、酵母菌、真菌和病毒的抗微生物活性。抗微生物测定（USP）中的培养基接种法被用于进行各种浓度的聚维酮碘组合物溶液对纯眼部分离物治疗的效能实验。发现聚维酮碘从 0.03% 的浓度开始可以对微生物生长以剂量依赖性方式产生抑制作用。用 0.03% 溶液在 72 小时内进行的培养处理完全清除所有受试种类。抗微生物作用的最佳效能可以在大于 0.5% 的浓度条件下实现。大于该浓度时，甚至在直接接触而没有进一步培养的条件下，该溶液可以有效地杀死和清除所有受试菌种。例如，1% 聚维酮碘和 0.1% 地塞米松（wt%）被发现通过接触铜绿假单胞菌、奇异变形杆菌、黏质沙雷菌、金色葡萄球菌、表皮葡萄球菌、肺炎链球菌、抗青霉素金色葡萄球菌、肺炎杆菌、近平滑念珠菌、白色念珠菌和黑曲霉菌来杀死它们。该结果清楚地表明该溶液对消除微生物生长的效能。

药物组合物的技术效果是证明发明具备创造性的有力证据。有些发明的创造性要求发明的产品或方法具有预料不到的技术效果，因此只有提供了足以证明这种效果的实验数据，发明才可能具备创造性。对于含有多种活性组分的药物组合物发明来说，往往是以活性组分之间的协同作用体现其创造性的，应当在说明书中描述协同效果和能够证明这种协同效果的实验数据。而且药物组合物的技术效果是支持保护范围的依据。例如，两种化合物之间要实现协同治疗的作用，需要在一定配比范围之内如重量比为 1:0.01~100。那么在说明书中应记载 1:0.01 和 1:100 两个端点（或附近）及其若干中间比例的协同技术效果以便支持要求保护的范围。

三、撰写案例分析

（一）申请人提供的发明技术资料及初稿撰写

[（10S）-9，10-二氢青蒿素-10-氧基] 苯甲醛缩氨基
（硫）脲系列物及其制备方法和用途

技术领域

本发明属于医药技术领域，涉及一种新的青蒿素衍生物及其制备方法和应用。

背景技术

青蒿素是一种从菊科艾属植物黄花蒿的茎叶中提取出来的，含过氧基团的倍半萜内酯，青蒿素及其衍生物如二氢青蒿素、蒿甲醚、蒿乙醚、青蒿琥酯等的抗疟疾作用的疗效和特点已被肯定，但该类药物半衰期普遍较短，因而导致服药次数增多、复发率增高且已有产生耐药性的报道。目前国内外学者对青蒿素进行了大量的结构修饰工作，从中发现了多个具有较高抗疟疾活性的青蒿素衍生物，这些青蒿素的衍生物虽然在抗疟疾活性等方面优于青蒿素，但其作用机制与青蒿素相同。而研发新的作用机制的抗疟新药，才是从根本上解决耐药性问题的关键。近年来的大量研究表明青蒿素及

其衍生物除了具有很好的抗疟疾作用外，还具有抗寄生虫、抗肿瘤、抗真菌、抗病毒、增强免疫等生物活性。

发明内容

本发明的目的是提供一种［（10S）－9，10－二氢青蒿素－10－氧基］苯甲醛缩氨基（硫）脲系列物及其制备方法和用途，还提供一种其在药学上可接受的盐、溶剂化物、光学异构体或多晶型物，还提供一种以该衍生物或其在药学上可接受的盐、溶剂化物、光学异构体或多晶型物为活性成分的药物。

本发明所涉及的化合物结构式如式（Ⅰ）或其药学上可接受的盐、溶剂化物、光学异构体或多晶型物

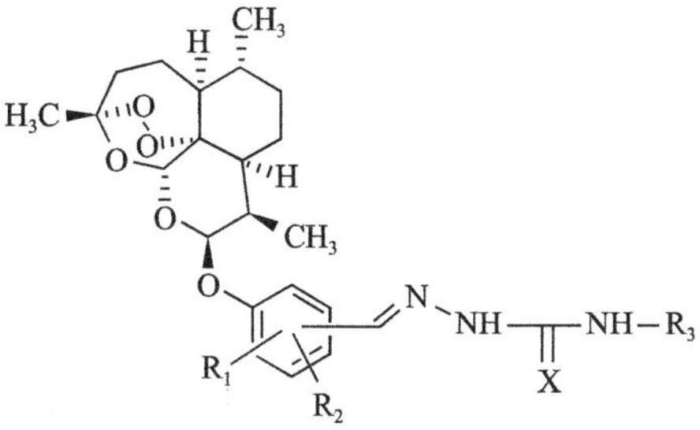

（Ⅰ）

其中，X＝O、S；

R$_1$、R$_2$＝H原子、卤素原子、羟基、氰基、硝基、三氟甲基、烷基、芳基、烷氧基、氨基及N－取代的氨基；R$_1$、R$_2$可以相同，也可以不同；

R$_3$＝H原子、烷基、芳基、含1～4个氮原子的5～6元芳杂环；

其中R$_1$、R$_2$优选H原子、卤素原子、甲基、三氟甲基、甲氧基，R$_1$、R$_2$可以相同，也可以不同。

按照本发明，在取代基的定义中：

优选的R$_1$，R$_2$为H原子、卤素原子、甲基、三氟甲基、甲氧基。

更为优选的R$_1$、R$_2$为H原子。

优选的R$_3$为H原子、芳基、含1～4个氮原子的5～6元芳杂环。

更为优选的R$_3$为H原子、芳基。

按照本发明，特别优选的上式（Ⅰ）系列物为：

4－苯基－1－{4－［（10S）－9，10－二氢青蒿素－10－氧基］苯甲醛}缩氨基脲、4－苯基－1－{4－［（10S）－9，10－二氢青蒿素－10－氧基］苯甲醛}缩氨基硫脲、4－（2－氯苯基）－1－{4－［（10S）－9，10－二氢青蒿素－10－氧基］苯甲醛}缩氨基脲、4－（2－氯苯基）－1－{4－［（10S）－9，10－二氢青蒿素－10－氧基］苯甲醛}缩氨基硫脲、4－（2－氟苯基）－1－{4－［（10S）－9，10－二氢青蒿素－10－氧基］苯甲醛}缩氨基脲、4－（2－氟苯基）－1－{4－［（10S）－9，10－二氢青蒿素－10－氧基］苯甲醛}缩氨基硫脲、4－（2－甲基苯基）－1－{4－［（10S）－9，10－二氢青蒿素－10－氧基］苯甲醛}缩氨基脲、4－（2－甲基苯基）－1－{4－［（10S）－9，10－二氢青蒿素－10－氧基］苯甲醛}缩氨基硫脲、4－（4－氯苯基）－1－{4－［（10S）－9，10－

二氢青蒿素－10－氧基〕苯甲醛｝缩氨基脲、4－（4－氯苯基）－1－｛4－〔（10S）－9，10－二氢青蒿素－10－氧基〕苯甲醛｝缩氨基硫脲、4－（4－氟苯基）－1－｛4－〔（10S）－9，10－二氢青蒿素－10－氧基〕苯甲醛｝缩氨基脲、4－（4－氟苯基）－1－｛4－〔（10S）－9，10－二氢青蒿素－10－氧基〕苯甲醛｝缩氨基硫脲、4－（4－甲基苯基）－1－｛4－〔（10S）－9，10－二氢青蒿素－10－氧基〕苯甲醛｝缩氨基脲、4－（4－甲基苯基）－1－｛4－〔（10S）－9，10－二氢青蒿素－10－氧基〕苯甲醛｝缩氨基硫脲、4－（4－甲氧基苯基）－1－｛4－〔（10S）－9，10－二氢青蒿素－10－氧基〕苯甲醛｝缩氨基脲、4－（4－甲氧基苯基）－1－｛4－〔（10S）－9，10－二氢青蒿素－10－氧基〕苯甲醛｝缩氨基硫脲、4－（2－乙基苯基）－1－｛4－〔（10S）－9，10－二氢青蒿素－10－氧基〕苯甲醛｝缩氨基脲、4－（2－乙基苯基）－1－｛4－〔（10S）－9，10－二氢青蒿素－10－氧基〕苯甲醛｝缩氨基硫脲、4－（2，3－二甲基苯基）－1－｛4－〔（10S）－9，10－二氢青蒿素－10－氧基〕苯甲醛｝缩氨基脲、4－（2，3－二甲基苯基）－1－｛4－〔（10S）－9，10－二氢青蒿素－10－氧基〕苯甲醛｝缩氨基硫脲、4－（3，4－二甲基苯基）－1－｛4－〔（10S）－9，10－二氢青蒿素－10－氧基〕苯甲醛｝缩氨基硫脲、4－（3，5－二甲基苯基）－1－｛4－〔（10S）－9，10－二氢青蒿素－10－氧基〕苯甲醛｝缩氨基硫脲、4－（3－氯－2－甲基苯基）－1－｛4－〔（10S）－9，10－二氢青蒿素－10－氧基〕苯甲醛｝缩氨基硫脲或药学上可接受的盐。

按照本发明所属技术领域的一些通常方法，本发明的上式（Ⅰ）可以与酸生成它的药学上可接受的盐，酸可以包括无机酸或有机酸，例如盐酸、氢溴酸、氢碘酸、硫酸、磷酸、甲酸、乙酸、丙酸、三氟乙酸、马来酸、酒石酸、甲磺酸、苯磺酸、对甲苯磺酸等。本发明的药物可以是衍生物本身与药学上可接受的稀释剂、辅助剂和/或载体混合的药物，也可以是以本发明衍生物或其在药学上可接受的盐、溶剂化物、光学异构体或多晶型物作为活性成为之一的组合物与药学上可接受的稀释剂、辅助剂和/或载体混合的药物。

将本发明的药物加入常规辅料，按照常规工艺，可以制成药学上可接受的各种剂型，如片剂、胶囊剂、口服液剂、锭剂、注射剂、软膏剂、颗粒剂或各种缓控释制剂等。

本发明药物的载体是药学领域中可得到的常见类型，包括：黏合剂、润滑剂、崩解剂、助溶剂、稀释剂、稳定剂、悬浮剂或基质等。药物制剂可以经口服或胃肠外方式（例如静脉内、皮下、腹膜内或局部）给药，如果某些药物在胃部条件下是不稳定的，可将其配制成肠衣片剂。

上式（Ⅰ）化合物或其在药学上可接受的盐、溶剂化物、光学异构体或多晶型物用于患者的临床剂量可以根据活性成分在体内的治疗功效和生物利用度、它们的代谢和排泄速率和患者的年龄、性别、疾病期来进行适当调整，成人的每日剂量一般应为10～500mg，优选为50～300mg。本发明所述的单位制剂是制成常用的药用剂型的计量单位，每单位制剂即片剂表述为每片、胶囊剂表述为每粒、颗粒剂表述为每袋或口服液表述为每支等。

本发明的化合物可作为活性成分用于治疗或预防疟疾、细菌或真菌感染、抗肿瘤、抗病毒等药理活性，本发明也包括给予患有或易患有此病的病人治疗有效量。

本发明的式（Ⅰ）化合物的制备：

目标化合物的合成路线描述了本发明的式（Ⅰ）化合物的制备，所有的原料都是通过这些示意图中描述的方法、通过有机化学领域普通技术人员熟知的方法制备的或者商购。本发明的全部最终化合物都是通过这些示意图中描述的方法或通过与其类似的方法制备的，这些方法是有机化学领域普通技术人员熟知的。这些示意图中应用的全部可变因数如下文的定义。

按照本发明的式（Ⅰ）化合物，在下述的目标化合物合成路线中，X = O、S；取代基 R_1、R_2 和 R_3 如前面所定义。

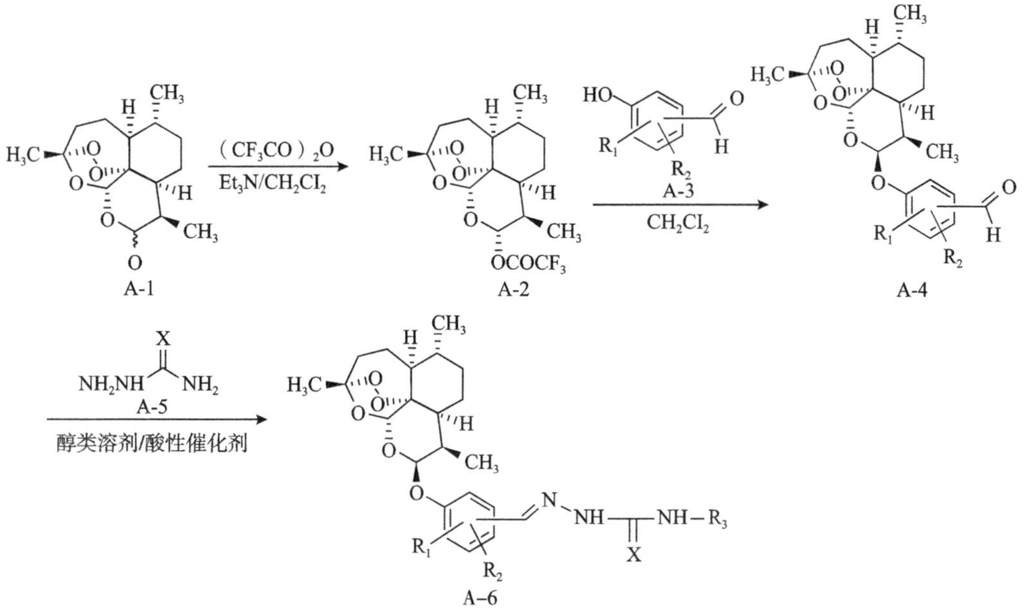

目标化合物的合成路线：

将二氢青蒿素（A-1）与 1～2 倍摩尔数的三氟乙酸酐及三乙胺在 2～5 体积份的二氯甲烷中于 0～50℃反应 5～10 小时，得 10（R）-三氟乙酰氧基-9，10-二氢青蒿素（A-2），A-2 不经分离直接与 1～2 倍摩尔数的羟基苯甲醛于 0～50℃反应 4～10 小时，经后处理及柱层析纯化粗品后得［（10S）-9，10-二氢青蒿素-10-氧基］苯甲醛（A-4）精品。取 A-4 精品 2～4 重量份与等摩尔数 R_3 取代的氨基（硫）脲类化合物（A-5）及用量为 A-4 摩尔数的 1%～20% 的酸性催化剂在 10～50 体积份的醇类溶剂中，于 20～100℃反应 2～8 小时，TLC 监测反应终点，析出固体，抽滤，用 10 体积份的无水乙醇淋洗，干燥后得［（10S）-9，10-二氢青蒿素-10-氧基］苯甲醛缩氨基（硫）脲类化合物，如需要可以醇类为溶剂进行重结晶纯化。

上述制备方法中所述的酸性催化剂包括质子酸：盐酸、硫酸、磷酸和乙酸、苯磺酸、苯甲酸等有机酸；醇类溶剂包括 C_1～C_6 醇溶剂。

上式（Ⅰ）的［（10S）-9，10-二氢青蒿素-10-氧基］苯甲醛缩氨基（硫）脲类化合物可与酸生成它的药学上可接受的盐。

本发明所述的重量份与体积份的关系是克与毫升的关系。

具体实施方式

通过如下实施例,将更好地理解本发明的化合物和它们的制备。这些实施例旨在阐述而不是限制本发明的范围。

实施例1:(10S)-9,10-二氢青蒿素-10-氧基苯甲醛的制备

在250mL反应瓶中,依次加入11.36g(40mmol)二氢青蒿素,11.08mL(40mmol)干燥的三乙胺及50mL干燥的二氯甲烷中,冷却到-5℃,搅拌下滴加11.12mL(40mmol)三氟乙酸酐与30mL干燥二氯甲烷的混合液,滴毕,于-5~0℃继续反应8小时,TLC监测反应终点,即得10(R)-三氟乙酰氧基-9,10-二氢青蒿素(A-2)的二氯甲烷溶液。在-5~0℃下,向该反应液中加入9.76g(40mmol)4-羟基苯甲醛,继续反应6h,用饱和NaHCO$_3$溶液淬灭反应,分别用饱和NaHCO$_3$溶液(50mL×5)和水(50mL×5)洗涤反应液至中性,分出有机层,以无水Na$_2$SO$_4$干燥,滤除干燥剂,减压蒸出二氯甲烷,得粗品,以柱色谱纯化(200~300目硅胶,石油醚:乙酸乙酯=8:1)得(10S)-9,10-二氢青蒿素-10-氧基苯甲醛为白色针状结晶9.5g,收率61.2%,mp:123~124℃。LC-MS(m/z):388.2[M]$^+$,^{1}H-NMR(CDCl$_3$)δ:0.97(3H,d,J=6.0Hz)、1.03(3H,d,J=7.2Hz)、1.45(3H,s)、2.34~2.44(1H,m)、2.83~2.88(1H,m)、5.44(1H,s)、5.62(1H,d,J=3.3Hz)、7.23(2H,d,J=8.7Hz)、7.84(2H,d,J=8.7Hz)、9.90(1H,s)。

实施例2:4-苯基-1-{4-[(10S)-9,10-二氢青蒿素-10-氧基]苯甲醛}缩氨基脲的制备

在100mL反应瓶中依次加入0.77g(2mmol)(10S)-9,10-二氢青蒿素-10-氧基苯甲醛,0.3g(2mmol)4-苯基氨基脲,20mL乙醇和0.1ml冰醋酸,于室温搅拌反应3小时,TLC监测反应终点,反应中逐渐析出固体,抽滤,少量乙醇淋洗,得产品为白色针状结晶0.47g,收率45.3%,LC-MS(m/z):522.2[M+H]$^+$,^{1}H-NMR(CDCl$_3$)δ:0.97(3H,d,J=5.7Hz)、1.04(3H,d,J=7.5Hz)、1.45(3H,s)、2.34~2.45(1H,m)、2.82~2.87(1H,m)、5.48(1H,s)、5.56(1H,d,J=3.3Hz)、7.16(2H,d,J=8.7Hz)、7.60(2H,d,J=8.7Hz)、7.74(1H,s)、8.13(1H,s)、8.71(1H,s)。

实施例3:4-苯基-1-{4-[(10S)-9,10-二氢青蒿素-10-氧基]苯甲醛}缩氨基硫脲的制备

在100mL反应瓶中依次加入0.77g(2mmol)(10S)-9,10-二氢青蒿素-10-氧基苯甲醛,0.33g(2mmol)4-苯基氨基硫脲,20mL乙醇和0.1mL冰醋酸,于室温搅拌反应5小时,TLC监测反应终点,反应中逐渐析出固体,抽滤,少量乙醇淋洗,得产品为浅黄色针状结晶0.42g,收率39.1%,LC-MS(m/z):538.2[M+H]$^+$,^{1}H-NMR(CDCl$_3$)δ:0.97(3H,d,J=6.0Hz)、1.03(3H,d,J=7.2Hz,)、1.44(3H,s)、2.34~2.45(1H,m)、2.82~2.87(1H,m)、5.46(1H,s)、5.57(1H,d,J=3.3Hz)、7.17(2H,d,J=8.7Hz)、7.62(2H,d,J=9.0Hz)、7.79(1H,s)、9.17(1H,s)、9.22(1H,s)。

实施例 4：4 – (2 – 氟苯基) – 1 – {4 – [(10S) – 9，10 – 二氢青蒿素 – 10 – 氧基] 苯甲醛} 缩氨基脲的制备

在 100mL 反应瓶中依次加入 0.77g（2mmol）（10S）– 9，10 – 二氢青蒿素 – 10 – 氧基苯甲醛，0.34g（2mmol）4 – (2 – 氟苯基）氨基脲，20mL 乙醇和 0.1mL 冰醋酸，于室温搅拌反应 2 小时，TLC 监测反应终点，反应中逐渐析出固体，抽滤，少量乙醇淋洗，得产品为白色粉末状晶 0.55g，收率 51.2%，LC – MS（m/z）：540.2［M + H］$^+$，^{1}H – NMR（CDCl$_3$）δ：0.97（3H，d，J = 6.0Hz$_3$）、1.04（3H，d，J = 7.5Hz）、1.45（3H，s）、2.34 ~ 2.45（1H，m）、2.81 ~ 2.86（1H，m）、5.48（1H，s）、5.56（1H，d，J = 3.3Hz）、7.16（2H，d，J = 8.7Hz）、7.61（2H，d，J = 8.7Hz）、7.77（1H，s）、8.49（1H，s）、8.98（1H，s）。

实施例 5：4 – (2 – 氟苯基) – 1 – {4 – [(10S) – 9，10 – 二氢青蒿素 – 10 – 氧基] 苯甲醛} 缩氨基硫脲的制备

在 100mL 反应瓶中依次加入 0.77g（2mmol）（10S）– 9，10 – 二氢青蒿素 – 10 – 氧基苯甲醛，0.37g（2mmol）4 – (2 – 氟苯基）氨基硫脲，20mL 乙醇和 0.1mL 冰醋酸，于室温搅拌反应 2 小时，TLC 监测反应终点，反应中逐渐析出固体，抽滤，少量乙醇淋洗，得产品为浅黄色针状结晶 0.48g，收率 43%，LC – MS（m/z）：556.2［M + H］$^+$，^{1}H – NMR（CDCl$_3$）δ：0.97（3H，d，J = 6.0Hz）、1.03（3H，d，J = 7.2Hz）、1.45（3H，s）、2.34 ~ 2.44（1H，m）、2.82 ~ 2.87（1H，m）、5.47（1H，s）、5.57（1H，d，J = 3.0Hz）、7.16（2H，d，J = 8.7Hz）、7.63（2H，d，J = 9.0Hz）、7.84（1H，s）、9.37（1H，s）、9.53（1H，s）。

实施例 6：4 – (2 – 甲基苯基) – 1 – {4 – [(10S) – 9，10 – 二氢青蒿素 – 10 – 氧基] 苯甲醛} 缩氨基脲的制备

在 100mL 反应瓶中依次加入 0.77g（2mmol）（10S）– 9，10 – 二氢青蒿素 – 10 – 氧基苯甲醛，0.33g（2mmol）4 – (2 – 甲基苯基）氨基脲，25mL 乙醇和 0.1mL 冰醋酸，于室温搅拌反应 3 小时，TLC 监测反应终点，反应中逐渐析出固体，抽滤，少量乙醇淋洗，得产品为类白色结晶 0.57g，收率 53.6%，LC – MS（m/z）：536.3［M + H］$^+$，^{1}H – NMR（CDCl$_3$）δ：0.97（3H，d，J = 5.7Hz）、1.03（3H，d，J = 7.5Hz）、1.45（3H，s）、2.38（3H，s）、2.81 ~ 2.86（1H，m）、5.48（1H，s）、5.55（1H，d，J = 3.3Hz）、7.16（2H，d，J = 8.7Hz）、7.58（2H，d，J = 9.0Hz）、7.77（1H，s）、8.17（1H，s）、9.01（1H，s）。

实施例 7：4 – (2 – 甲基苯基) – 1 – {4 – [(10S) – 9，10 – 二氢青蒿素 – 10 – 氧基] 苯甲醛} 缩氨基硫脲的制备

（注：限于本书篇幅，后续实施例省略，下同。但提交正式专利申请文件时不要省略。）

实施例 8：4 – (4 – 氯苯基) – 1 – {4 – [(10S) – 9，10 – 二氢青蒿素 – 10 – 氧基] 苯甲醛} 缩氨基脲的制备

（略）

实施例 9：4 – (4 – 氯苯基) – 1 – {4 – [(10S) – 9，10 – 二氢青蒿素 – 10 – 氧基] 苯甲醛} 缩氨基硫脲的制备

（略）

实施例 10：4 – （4 – 甲氧基苯基） – 1 – {4 – [（10S) – 9, 10 – 二氢青蒿素 – 10 – 氧基] 苯甲醛} 缩氨基脲的制备

（略）

实施例 11：4 – （4 – 甲氧基苯基） – 1 – {4 – [（10S) – 9, 10 – 二氢青蒿素 – 10 – 氧基] 苯甲醛} 缩氨基硫脲的制备

（略）

实施例 12：4 – （2 – 乙基苯基） – 1 – {4 – [（10S) – 9, 10 – 二氢青蒿素 – 10 – 氧基] 苯甲醛} 缩氨基脲的制备

（略）

实施例 13：4 – （2 – 乙基苯基） – 1 – {4 – [（10S) – 9, 10 – 二氢青蒿素 – 10 – 氧基] 苯甲醛} 缩氨基硫脲的制备

（略）

实施例 14：4 – （2, 3 – 二甲基苯基） – 1 – {4 – [（10S) – 9, 10 – 二氢青蒿素 – 10 – 氧基] 苯甲醛} 缩氨基脲的制备

（略）

实施例 15：4 – （2, 3 – 二甲基苯基） – 1 – {4 – [（10S) – 9, 10 – 二氢青蒿素 – 10 – 氧基] 苯甲醛} 缩氨基硫脲的制备

（略）

实施例 16：4 – （2, 4 – 二甲基苯基） – 1 – {4 – [（10S) – 9, 10 – 二氢青蒿素 – 10 – 氧基] 苯甲醛} 缩氨基脲的制备

（略）

实施例 17：4 – （2, 4 – 二甲基苯基） – 1 – {4 – [（10S) – 9, 10 – 二氢青蒿素 – 10 – 氧基] 苯甲醛} 缩氨基硫脲的制备

（略）

实施例 18：4 – （3, 5 – 二甲基苯基） – 1 – {4 – [（10S) – 9, 10 – 二氢青蒿素 – 10 – 氧基] 苯甲醛} 缩氨基脲的制备

（略）

实施例 19：4 – （3, 5 – 二甲基苯基） – 1 – {4 – [（10S) – 9, 10 – 二氢青蒿素 – 10 – 氧基] 苯甲醛} 缩氨基硫脲的制备

（略）

实施例 20：4 – （3 – 氯 –2 – 甲基苯基） – 1 – {4 – [（10S) – 9, 10 – 二氢青蒿素 – 10 – 氧基] 苯甲醛} 缩氨基脲的制备

（略）

实验例 21：4 – （3 – 氯 –2 – 甲基苯基） – 1 – {4 – [（10S) – 9, 10 – 二氢青蒿素 – 10 – 氧基] 苯甲醛} 缩氨基硫脲的制备

（略）

实验例 22：4 – （2 – 硝基苯基） – 1 – {4 – [（10S) – 9, 10 – 二氢青蒿素 – 10 – 氧基] 苯甲醛} 缩氨基脲的制备

（略）

实验例 23：4 - 苄基 - 1 - {4 - [(10S) - 9，10 - 二氢青蒿素 - 10 - 氧基] 苯甲醛} 缩氨基硫脲的制备

（略）

实施例 24：片剂的制备

（略）

实施例 25：胶囊剂的制备

取 4 - (2 - 氯苯基) - 1 - {4 - [(10S) - 9，10 - 二氢青蒿素 - 10 - 氧基] 苯甲醛} 缩氨基硫脲的精品 10g，加入常规辅料，按照常规工艺制成胶囊 1000 粒，每粒含有 4 - (2 - 氯苯基) - 1 - {4 - [(10S) - 9，10 - 二氢青蒿素 - 10 - 氧基] 苯甲醛} 缩氨基硫脲 10mg。

下面给出化合物的生物活性方面的应用实例。

实施例 1：化合物对鼠疟模型的减虫率活性实验

实验动物：KM 小鼠由上海斯莱克实验动物有限公司提供，体重 20 ± 2g。

种源：P. berghei ANKA。

实验方法：采用 Peters "4 天抑制试验法"，设实验对照组，接种原虫后连续给药 4 天，第 5 天取血涂片，观察并按下述公式计算原虫抑制率。

$$减虫率 = \frac{对照组原虫寄生率 - 给药组原虫寄生率}{给药组原虫寄生率} \times 100\%$$

部分化合物的测定结果见表 1。

表 1 化合物对鼠疟模型的减虫率活性实验结果

化合物				剂量（mg/kg×4d）	减虫率（%）
X	R_1	R_2	R_3		
S	H	H	$-C_6H_5$	75×4	<90
S	H	H	$2-CH_3C_6H_4$	70×4	<90
S	H	H	$4-CH_3C_6H_4$	50×4	99.6
S	H	H	$2,3-diCH_3-C_6H_3$	15×4	<90
S	H	H	$2,4-diCH_3-C_6H_3$	75×4	99.5
S	H	H	$2,5-diCH_3-C_6H_3$	15×4	<90
S	H	H	$2-FC_6H_4$	75×4	99.5
O	H	H	$2-NO_2C_6H_4$	75×4	99.5
S	H	H	$3-CI-2-CH_3-C_6H_3$	75×4	99.6

实施例 2：化合物体外肿瘤细胞（Hela）生长抑制试验

细胞株：人体宫颈癌 Hela 细胞株有沈阳药科大学药理教研室保存。培养液使用 DMEM（美国 Gibco 公司），其中加入 100U/mL 青霉素、50U/mL 庆大霉素、10% 胎牛血清。细胞于培养液中在 37℃、饱和湿度、5% CO_2 培养箱中常规培养。

实验方法：采用台盼蓝染色试验法，将一定密度（5×10^4 个/mL）的细胞悬液接种于 24 孔培养板，2mL/孔，加入不同浓度药物共同孵育 72h 于显微镜下计数。各孔细胞总数与对照孔细胞总数的比值即为该浓度条件下的细胞生长抑制率，并求半数抑制浓度（IC_{50} 值）。部分化合物的测定结果见表 2。

表 2　部分化合物的体外抑制 Hela 细胞的活性测试结果

化合物				$IC_{50}/\mu M/L$
X	R_1	R_2	R_3	
S	H	H	$-C_6H_5$	0.054
S	H	H	$4-ClC_6H_4$	0.021
S	H	H	$4-CH_3OC_6H_4$	0.04
S	H	H	$3,4-diCH_3-C_6H_3$	0.022
S	H	H	$2,4-diCH_3-C_6H_3$	0.025
S	H	H	$4-FC_6H_4$	0.025
S	H	H	$2-C_2H_5C_6H_4$	0.039
S	H	H	$3-Cl-2-CH_3-C_6H_3$	0.032

（二）初步分析和撰写的权利要求

依据申请人提供的技术资料，该发明涉及一种新的青蒿素衍生物，同时还涉及所述化合物的制备方法、制药用途、含有所述化合物的药物组合物。因此，针对该发明可以考虑的保护主题可以包括：

（1）化合物。

（2）化合物的制备方法。

（3）化合物的制药用途。

（4）以该化合物为有效成分的药物组合物。

（5）药物组合物的制备方法。

（6）用于制造该化合物的中间体。

结合前述章节对权利要求撰写的介绍，对于每一种保护的主题，既要关注权利要求的撰写以获得尽可能大的保护范围，也要注意说明书的记载应当足以公开要保护的技术方案并支持这些技术方案。由于该发明的关键在于提供了一种新的青蒿素衍生物，因此确定主要的保护主题为化合物，同时兼顾化合物的制药用途以及含有该化合物的组合物。

对于化合物产品权利要求来说，概括出合适的保护范围非常重要。权利要求范围太大，可能会因得不到说明书支持而无法获得授权；范围太小，则无法充分保护发明的技术方案。对于该化合物的保护范围的设定应当结合发明人所做的实施例的情况来概括。该发明给出了较多的实施例，R_1、R_2、R_3 有多种可选项，所以可以根据技术材料已经给出的 R_1、R_2、R_3 多种选项考虑较大的保护范围。对于化合物的确认，该发明的技术材料已经给出了 ^1H-NMR（$CDCl_3$）、$LC-MS$ 数据，关于化合物的制备方法提供了相应的技术方案和实施例，对于化合物的技术效果记载了相应的实验例，因而可以认为该技术材料已经满足了对于化合物充分公开的要求。对于药物组合物，该技术材料进行了相应的描述并提供了相应的制备实例关于化合物的制药用途,公开了相应的用途并在实验例中提供了相应的实验数据。因而可以认为该技术材料已经满足了对于化合物、药物组合物以及制药用途充分公开的要求。

在该技术材料基础上,初步撰写的权利要求书如下:

1. 式（Ⅰ）的［(10S)-9,10-二氢青蒿素-10-氧基］苯甲醛缩氨基（硫）脲系列物及其药学上可接受的盐、溶剂化物、光学异构体或多晶型物:

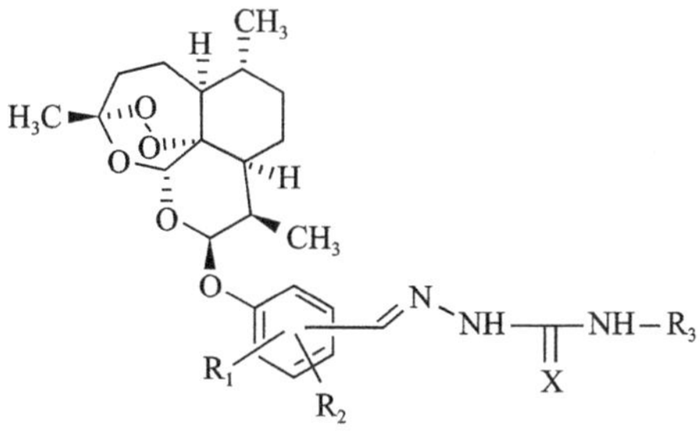

（Ⅰ）

$X = O$、S;

R_1、R_2 = H 原子、卤素原子、羟基、氰基、硝基、三氟甲基、烷基、芳基、烷氧基、氨基及 N-取代的氨基;R_1、R_2 相同或者不同;

R_3 = H 原子、烷基、芳基、含 1~4 个氮原子的 5~6 元芳杂环。

2. 权利要求 1 的化合物,其中 R_1、R_2 = H 原子、卤素原子、甲基、三氟甲基、甲氧基,R_1、R_2 相同或者不同。

3. 权利要求 1 的化合物,其中 R_1、R_2 = H 原子、卤素原子、甲基、三氟甲基、甲氧基。

4. 权利要求 1 的化合物,其中 R_1、R_2 = H 原子。

5. 权利要求 1 的化合物,其中为 R_3 = H 原子、芳基、含 1~4 个氮原子的 5~6 元芳杂环。

6. 权利要求 1 的化合物,R_3 = H 原子、芳基。

7. 权利要求 1 的化合物,其中 R_3 = 芳基。

8. 优选的式（Ⅰ）的［(10S)-9,10-二氢青蒿素-10-氧基］苯甲醛缩氨基（硫）脲系列物选自:

4-苯基-1-{4-［(10S)-9,10-二氢青蒿素-10-氧基］苯甲醛}缩氨基脲;

4-苯基-1-{4-［(10S)-9,10-二氢青蒿素-10-氧基］苯甲醛}缩氨基硫脲;

4-(2-氯苯基)-1-{4-［(10S)-9,10-二氢青蒿素-10-氧基］苯甲醛}缩氨基脲;

4-(2-氯苯基)-1-{4-［(10S)-9,10-二氢青蒿素-10-氧基］苯甲醛}缩氨基硫脲;

4-(2-氟苯基)-1-{4-［(10S)-9,10-二氢青蒿素-10-氧基］苯甲醛}缩氨基脲;

4 - (2 - 氟苯基) - 1 - {4 - [(10S) - 9, 10 - 二氢青蒿素 - 10 - 氧基] 苯甲醛} 缩氨基硫脲;

4 - (2 - 甲基苯基) - 1 - {4 - [(10S) - 9, 10 - 二氢青蒿素 - 10 - 氧基] 苯甲醛} 缩氨基脲;

4 - (2 - 甲基苯基) - 1 - {4 - [(10S) - 9, 10 - 二氢青蒿素 - 10 - 氧基] 苯甲醛} 缩氨基硫脲;

4 - (4 - 氯苯基) - 1 - {4 - [(10S) - 9, 10 - 二氢青蒿素 - 10 - 氧基] 苯甲醛} 缩氨基脲;

4 - (4 - 氯苯基) - 1 - {4 - [(10S) - 9, 10 - 二氢青蒿素 - 10 - 氧基] 苯甲醛} 缩氨基硫脲;

4 - (4 - 氟苯基) - 1 - {4 - [(10S) - 9, 10 - 二氢青蒿素 - 10 - 氧基] 苯甲醛} 缩氨基脲;

4 - (4 - 氟苯基) - 1 - {4 - [(10S) - 9, 10 - 二氢青蒿素 - 10 - 氧基] 苯甲醛} 缩氨基硫脲;

4 - (4 - 甲基苯基) - 1 - {4 - [(10S) - 9, 10 - 二氢青蒿素 - 10 - 氧基] 苯甲醛} 缩氨基脲;

4 - (4 - 甲基苯基) - 1 - {4 - [(10S) - 9, 10 - 二氢青蒿素 - 10 - 氧基] 苯甲醛} 缩氨基硫脲;

4 - (4 - 甲氧基苯基) - 1 - {4 - [(10S) - 9, 10 - 二氢青蒿素 - 10 - 氧基] 苯甲醛} 缩氨基脲;

4 - (4 - 甲氧基苯基) - 1 - {4 - [(10S) - 9, 10 - 二氢青蒿素 - 10 - 氧基] 苯甲醛} 缩氨基硫脲;

4 - (2 - 乙基苯基) - 1 - {4 - [(10S) - 9, 10 - 二氢青蒿素 - 10 - 氧基] 苯甲醛} 缩氨基脲;

4 - (2 - 乙基苯基) - 1 - {4 - [(10S) - 9, 10 - 二氢青蒿素 - 10 - 氧基] 苯甲醛} 缩氨基硫脲;

4 - (2, 3 - 二甲基苯基) - 1 - {4 - [(10S) - 9, 10 - 二氢青蒿素 - 10 - 氧基] 苯甲醛} 缩氨基脲;

4 - (2, 3 - 二甲基苯基) - 1 - {4 - [(10S) - 9, 10 - 二氢青蒿素 - 10 - 氧基] 苯甲醛} 缩氨基硫脲;

4 - (3, 4 - 二甲基苯基) - 1 - {4 - [(10S) - 9, 10 - 二氢青蒿素 - 10 - 氧基] 苯甲醛} 缩氨基硫脲;

4 - (3, 5 - 二甲基苯基) - 1 - {4 - [(10S) - 9, 10 - 二氢青蒿素 - 10 - 氧基] 苯甲醛} 缩氨基硫脲;

4 - (3 - 氯 - 2 - 甲基苯基) - 1 - {4 - [(10S) - 9, 10 - 二氢青蒿素 - 10 - 氧基] 苯甲醛} 缩氨基硫脲;

及其药学上可接受的盐、溶剂化物、光学异构体或多晶型物。

9. 一种药用组合物,包含权利要求 1~8 中任何一项的化合物以及其药学上可接受的盐、溶剂化物、光学异构体或多晶型物。

10. 权利要求 1~8 中任何一项的化合物及其盐、溶剂化物、光学异构体或多晶型物作为活性成分在制备用于治疗和/或预防疟疾的药物的应用。

11. 权利要求 1~8 中任何一项的化合物及其盐、溶剂化物、光学异构体或多晶型物作为活性成分在制备用于治疗肿瘤疾病的药物应用。

（三）现有技术检索

经过检索，找到一份相关的现有技术文献，其公开了一种可用于治疗癌症的青蒿素类化合物，并具体公开了一个化合物（10S）－O－{4－[3－（4－氯代苯基）－2－（E）－丙烯酰基] 苯基} 二氢青蒿素，其苯基上取代基可以为 H、卤素，硝基等其具体结构如下所示：

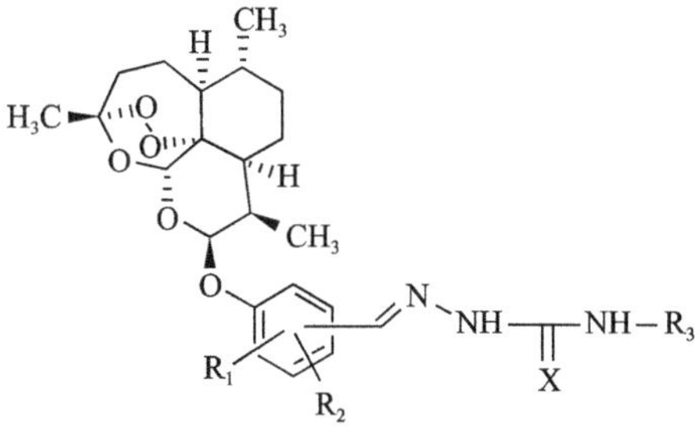

该发明的式（Ⅰ）化合物

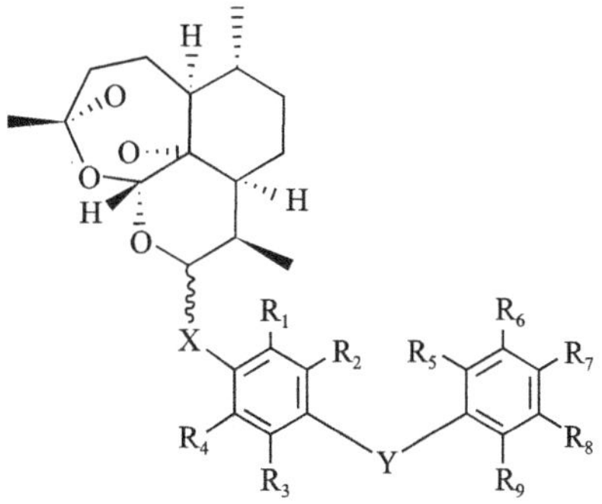

现有技术通式化合物

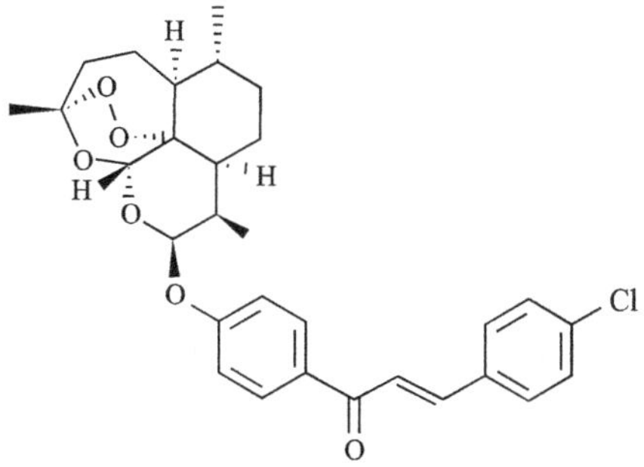

现有技术具体化合物

（四）权利要求分析

经比较，该发明的化合物与现有技术的化合物结构式中青蒿素部分、侧链与青蒿素母环的连接方式相同。但是对于侧链，现有技术的具体化合物是典型的查尔酮衍生物；该发明的化合物是缩氨基（硫）脲衍生物，该类化合物具有"双齿"结构（结构中的＝N—N—C ＝O（S）—NH—）。因此，二者结构存在明显不同，导致制备方法、发挥生物活性的方式及类别不同，不能认为该发明的化合物通过对于取代基团的常规选择和替换即可获得。

另外，根据发明的技术材料的记载，其所记载用以支持权利要求 1、5~7 中限定的"烷基""芳基""烷氧基"具体实例只有甲基、乙基、苯基、甲氧基，由于实例较少，这四个具体基团并不能支持"烷基""芳基""烷氧基"这样含义广泛的上位概念。另外，权利要求 1、5 中的"N - 取代的氨基"和"含 1～4 个氮原子的 5～6 元芳杂环"在说明书中并无相应的实例记载，所以说明书也无法对这两种上位概念提供实质性支持。

基于上述分析，形成了修改后的权利要求书。对于说明书，其撰写相对来说已经比较完善，因此不再重复。

（五）修改后的权利要求书

1. 式（Ⅰ）的［（10S）- 9，10 - 二氢青蒿素 - 10 - 氧基］苯甲醛缩氨基（硫）脲系列化合物及其药学上可接受的盐：

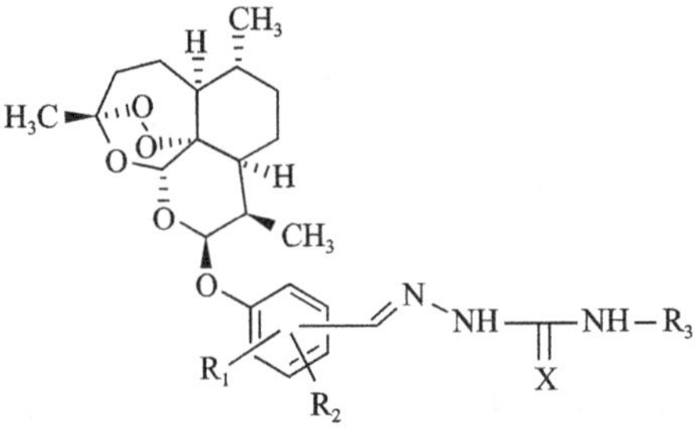

（Ⅰ）

X = O、S；

R_1、R_2 = H 原子、卤素原子、羟基、氰基、硝基、三氟甲基、甲基、乙基、苯基、甲氧基、氨基；R_1、R_2 相同或者不同；

R_3 = H 原子、甲基、苯基。

2. 权利要求 1 所述的化合物，其中 R_1、R_2 = H 原子、卤素原子、甲基、三氟甲基、甲氧基，R_1、R_2 相同或者不同。

3. 权利要求 1 所述的化合物，其中 R_1、R_2 = H 原子、卤素原子、甲基、三氟甲基、甲氧基。

4. 权利要求 1 所述的化合物，其中 R_1、R_2 = H 原子。

5. 权利要求 1 所述的化合物，其中为 R_3 = H 原子、苯基。

6. 权利要求 1 所述的化合物，R_3 = H 原子、苯基。

7. 权利要求 1 所述的化合物，其中 R_3 = 苯基。

8. 权利要求 1 所述的化合物，其特征在于，其是：

4 - 苯基 - 1 - {4 - [（10S）- 9，10 - 二氢青蒿素 - 10 - 氧基］苯甲醛} 缩氨基脲；

4 - 苯基 - 1 - {4 - [（10S）- 9，10 - 二氢青蒿素 - 10 - 氧基］苯甲醛} 缩氨基硫脲；

4 - （2 - 氯苯基）- 1 - {4 - [（10S）- 9，10 - 二氢青蒿素 - 10 - 氧基］苯甲醛} 缩氨基脲；

4 - （2 - 氯苯基）- 1 - {4 - [（10S）- 9，10 - 二氢青蒿素 - 10 - 氧基］苯甲醛} 缩氨基硫脲；

4－(2－氟苯基)－1－{4－[(10S)－9，10－二氢青蒿素－10－氧基]苯甲醛}缩氨基脲；

4－(2－氟苯基)－1－{4－[(10S)－9，10－二氢青蒿素－10－氧基]苯甲醛}缩氨基硫脲；

4－(2－甲基苯基)－1－{4－[(10S)－9，10－二氢青蒿素－10－氧基]苯甲醛}缩氨基脲；

4－(2－甲基苯基)－1－{4－[(10S)－9，10－二氢青蒿素－10－氧基]苯甲醛}缩氨基硫脲；

4－(4－氯苯基)－1－{4－[(10S)－9，10－二氢青蒿素－10－氧基]苯甲醛}缩氨基脲；

4－(4－氯苯基)－1－{4－[(10S)－9，10－二氢青蒿素－10－氧基]苯甲醛}缩氨基硫脲；

4－(4－氟苯基)－1－{4－[(10S)－9，10－二氢青蒿素－10－氧基]苯甲醛}缩氨基脲；

4－(4－氟苯基)－1－{4－[(10S)－9，10－二氢青蒿素－10－氧基]苯甲醛}缩氨基硫脲；

4－(4－甲基苯基)－1－{4－[(10S)－9，10－二氢青蒿素－10－氧基]苯甲醛}缩氨基脲；

4－(4－甲基苯基)－1－{4－[(10S)－9，10－二氢青蒿素－10－氧基]苯甲醛}缩氨基硫脲；

4－(4－甲氧基苯基)－1－{4－[(10S)－9，10－二氢青蒿素－10－氧基]苯甲醛}缩氨基脲；

4－(4－甲氧基苯基)－1－{4－[(10S)－9，10－二氢青蒿素－10－氧基]苯甲醛}缩氨基硫脲；

4－(2－乙基苯基)－1－{4－[(10S)－9，10－二氢青蒿素－10－氧基]苯甲醛}缩氨基脲；

4－(2－乙基苯基)－1－{4－[(10S)－9，10－二氢青蒿素－10－氧基]苯甲醛}缩氨基硫脲；

4－(2，3－二甲基苯基)－1－{4－[(10S)－9，10－二氢青蒿素－10－氧基]苯甲醛}缩氨基脲；

4－(2，3－二甲基苯基)－1－{4－[(10S)－9，10－二氢青蒿素－10－氧基]苯甲醛}缩氨基硫脲；

4－(3，4－二甲基苯基)－1－{4－[(10S)－9，10－二氢青蒿素－10－氧基]苯甲醛}缩氨基硫脲；

4－(3，5－二甲基苯基)－1－{4－[(10S)－9，10－二氢青蒿素－10－氧基]苯甲醛}缩氨基硫脲；或

4－(3－氯－2－甲基苯基)－1－{4－[(10S)－9，10－二氢青蒿素－10－氧基]苯甲醛}缩氨基硫脲；

或上述化合物的药学上可接受的盐。

9. 一种药用组合物，包含权利要求 1～8 任何一项的化合物以及其药学上可接受的盐。

10. 权利要求 1～8 任何一项的化合物药学上可接受的盐作为活性成分在制备用于治疗和/或预防疟疾的药物中的应用。

11. 权利要求 1～8 任何一项的化合物药学上可接受的盐作为活性成分在制备用于治疗各类肿瘤疾病的药物中的应用。

第五章　药物制剂发明专利申请文件的撰写及案例剖析

药物制剂，简称制剂，是按一定质量标准将药物制成适合临床用药要求的，并规定有适应症、用法和用量的物质。任何一种原料药，在临床应用之前都必须制成适合于医疗用途的、与一定给药途径相适应的给药形式，该形式即药物剂型，简称药剂。例如，片剂、胶囊剂、软膏剂、栓剂等属于常用的剂型。一种药物可以制成多种剂型，药理作用相同但给药途径不同可能产生不同的疗效。对于药物制剂而言，药物的理化性质和应用途径决定着剂型的选择，所以必须根据药物性质和应用途径选择合适的辅料和剂型。辅料多种多样，而在药物制剂中，一种辅料通常具有多种功能，例如淀粉既可以作为崩解剂，又可以作为黏合剂，其用量变化可能会导致其功能的变化。剂型改进通常包括导致给药途径发生变化，如口服与静脉注射、口服与外用药、口服与滴丸；以及给药途径相同而剂型不同，如注射液与冻干粉针剂、片剂与软胶囊等。

涉及药物制剂的发明专利，有新辅料相关发明，如新辅料产品、辅料的制备方法、辅料的制剂用途以及具体药物制剂；也涉及新制剂的发明主题，如制剂辅料为特征的新制剂产品、制剂辅料的制备方法、特定药物的新制剂产品和其制备方法。鉴于药物制剂领域专利申请也存在自己的特色，例如常见特征包括结构和/或组成限定、功能和/或效果限定、制备方法限定、参数限定等。因此，下面根据药物制剂领域的特点来介绍其发明专利申请文件撰写并给出相关案例。

一、申请前的预判

在接到技术交底书后，需初步判断药物制剂发明能否提出专利申请，以确定进行后续工作即动手撰写专利申请文件。对于药物制剂相关发明而言，需要侧重考虑的是充分公开和创造性。

（一）充分公开

《专利法》第二十六条第三款规定，说明书应当对发明作出清楚、完整的说明，以所属技术领域的技术人员能够实现为准。在判断说明书是否充分公开时，通常需要考虑技术交底书中提供的内容，并结合相关的现有技术水平综合考虑。

对于涉及药剂的发明，判断药物制剂是否充分公开，主要需要从两个方面考虑：第一，药物制剂产品能否制备得到；第二，药物制剂产品的效果能否实现。下面从这两个方面结合案例进行分析。

1. 药物制剂产品能否制备得到

在考虑药物制剂产品能否制备得到时，除需要考虑技术交底书中相应的内容以外，还可以结合与之相关的现有技术水平。

【案例 5 –1】

发明概要： 技术交底书中记载了一种 Alda – 1 口服自微乳制剂及其制备方法，由以下重量份的组分制成：0.1 ~ 2 份的 Alda – 1、15 ~ 45 份的油相、35 ~ 55 份的表面活性剂 Stead – 1241、35 ~ 55 份的助表面活性剂 Mater – 37234。制备方法为先将所述重量份的油相，表面活性剂 Stead – 1241 和助表面活性剂 Mater – 37234 搅拌，混合均匀，形成空白自微乳，再向上述空白自微乳中加入所述重量份的 Alda – 1 后，搅拌，混合均匀，即得 Alda – 1 口服自微乳制剂。本发明采用自微乳纳米技术显著提高了 Alda – 1 的溶解度和口服生物利用度，且制备方法简单，成本低。同时，避免了 DMSO 等有机溶剂的使用，便于进一步促进 Alda – 1 向临床应用转化，增加其长期应用的安全性。

现有技术： 口服自微乳制剂属于自乳化药物传递系统（Self – Emulsifying Drug Delivery System，SEDDS）是由油相、非离子表面活性剂和助表面活性剂组成的固体或液体制剂，其基本特征是可在胃肠道内或环境温度适宜（通常指体温37℃）及温和搅拌的条件下，自发乳化形成粒径在 100 ~ 500nm 的乳剂。现有技术中均未记载表面活性剂和助表面活性剂 Stead – 1241、Mater – 37234 的相关信息。

分析： 技术交底书仅记载了表面活性剂 Stead – 1241 和助表面活性剂 Mater – 37234，但是本领域技术人员根据现有技术无法确定 Stead – 1241、Mater – 37234 为何种表面活性剂和助表面活性剂。而这两种物质对于技术方案是必要特征，是实现发明目的不可缺少的。因此，基于目前的技术交底书，尚不能使本领域技术人员实现该发明的技术方案，即还未满足充分公开的要求，不宜提出专利申请。需要补充表面活性剂 Stead – 1241 和助表面活性剂 Mater – 37234 制备方法或来源后，再行提出专利申请。

提示： 在专利申请实践中，许多企业申请人在进行项目研发时，为确保项目信息不泄露，采取将关键的发明点进行隐藏，例如采用代号来指代项目研发中所采用的辅料。但是在申请专利时，未考虑到专利申请对公开充分的要求，仍采用代号来表示一些关键辅料。这就容易导致说明书未满足充分公开的要求的情况发生。

2. 药物制剂产品的效果能否实现

目的在于提供具有某种特性（例如稳定性、生物利用度）的剂型时，如根据现有技术或者作用机理不能得出实现具有该特性的剂型，则需提供证明该特性的实验数据。

【案例 5 –2】

发明概要： 技术交底书记载的发明目的是制备一种提高药物 Z 稳定性的胶囊，其包含药物 Z 与生理可接受赋形剂，其中胶囊是选自明胶、纤维素衍生物、淀粉。说明书记载了该胶囊通过以下手段解决药物 Z 的稳定性问题：（1）胶囊材料选自明胶等材料并强调在装填时应预干燥至所要求的水分含量；（2）活性成分 A 的含量；（3）赋形剂的组成。但是，技术交底书中并没有记载稳定性实验数据。

现有技术： 测定制剂稳定性试验一般包括自然存放和化学动力学试验。对于胶囊制剂，其稳定性的影响因素比较复杂，辅料（赋形剂）与药物颗粒的粒径及它们之间的吸附程度都会对稳定性产生影响。

分析： 本发明的目的就是要解决稳定性问题。本领域技术人员根据现有技术，不能预见具有（1）~（3）特征的胶囊制剂必然具有所述的稳定药物 Z 的效果。但是说明书没有提供稳定性实验证据，本领域技术人员无法确信所述胶囊可以实现发明目的。对于必须依赖实验结果加以证实才能成立的技术方案，说明书中需要提供该类实验结果。但目前技术交底书中没有提供该类实验结果，若直接提出专利申请，则有可能导致说明书不能满足充分公开的要求。此时，需要建议申请人补充相关的实验结果后，再行提出专利申请。如果申请人仅仅是事先推测的，但实验结果不能表明增加了药物的稳定性，则不能提出专利申请。

（二）创造性

在判断药物制剂领域发明的创造性时，通常采用"三步法"判断发明相对于现有技术是否显而易见（是否具有突出的实质性特点）。在药物制剂领域，也可通过发明取得的预料不到的技术效果来判断发明的创造性。最接近现有技术的确定：在采用"三步法"进行判断时，首先需要确定最接近的现有技术。由于药物制剂的发明往往同时涉及药物和制剂两方面，因此在最接近的现有技术的选择上，需要考虑这两方面的因素和发明所解决的技术问题的联系。

下面根据发明与最接近的现有技术的区别特征分几种情况分别进行讨论。

1. 区别在于辅料或载体

1）增加辅料

在发明与现有技术的区别仅在于制剂中增加了一些常规辅料，在判断创造性时，要综合考虑这些辅料在该制剂中所起的作用是否与其在现有技术中的已知作用相同、解决的技术问题是否相同以及与制剂中其他成分之间组合所达到的效果是否可预见。

【案例 5 – 3】

发明概要：技术交底书描述了本发明的目的在于：（1）提高质子泵拮抗剂的稳定性；（2）提高所述片剂的崩解速度。对此提供的技术方案是：一种用于质子泵拮抗剂的片剂，其特征在于碳酸钠作为碱性赋形剂，微晶纤维素、羧甲基淀粉钠和硬脂酸镁作为赋形剂。

现有技术：对比文件1公开了一种奥美拉唑的快速崩解悬浮片，含羧甲基淀粉钠、微晶纤维素、硬脂酸镁（实施例1）。对比文件2公开了一种口服药物制剂，其中含奥美拉唑和碱性化合物。并教导了碱性化合物是为了提高贮存的稳定性而加入的。

分析：对比文件1所解决的技术问题是快速崩解，是该发明所描述的技术问题之一，而且与该发明共同的技术特征最多，因而选择其作为最接近的现有技术。该发明与对比文件1比较，区别在于还含碳酸钠作为碱性赋形剂。相对于对比文件1所解决的技术问题是提高质子泵拮抗剂的稳定性。然而针对质子泵拮抗剂稳定性问题，对比文件2公开了用碱性化合物提高质子泵拮抗剂稳定性的技术方案，即对比文件2给出了用碱性化合物提高质子泵拮抗剂稳定性的启示，因此可想到采用最常用的碳酸钠。因而将两份对比文件结合得到该发明所述的技术方案对本领域技术人员而言是显而易见的，因而该发明不宜提出专利申请。

2）替换辅料

以已知性能更优的辅料替换现有技术制剂中的辅料，本领域技术人员可以预见替换后在某一方面性能更优，因而，这类替换发明通常不具备创造性。然而，在某些情况下，类似辅料之间的替换在整体上使发明取得了预料不到的效果，则发明具备创造性。

【案例 5-4】

发明概要：技术交底书描述了本发明要解决的技术问题是提高脂质体的稳定性，并给出了稳定性试验的结果，提供了紫杉醇脂质体的急毒性试验和抗肿瘤试验的数据。其提供的技术方案是：一种稳定的脂质体组合物，成膜脂质包含氢化饱和磷脂、胆固醇以及胆固醇硫酸酯，活性物质（抗肿瘤剂如紫杉醇）包裹在脂质体中。

现有技术：对比文件 1 公开了抗肿瘤的脂质体组合物，其中脂质体的脂质由磷脂酰胆碱、胆固醇和胆固醇硫酸酯构成，抗肿瘤剂具体是紫杉醇包封在脂质体中。对比文件 2 描述了改进脂质体稳定性的方法，其中包括用饱和磷脂代替不饱和磷脂来制备不易氧化的脂质体。

分析：该发明与对比文件 1 比较，区别在于用氢化饱和磷脂代替对比文件 1 脂质体中的磷脂酰胆碱。相对于对比文件 1 所解决的技术问题是改进脂质体的稳定性。而对比文件 2 给出了用饱和磷脂代替不饱和磷脂改进脂质体稳定性的启示。因而将对比文件 1 和对比文件 2 结合得到该发明对本领域技术人员而言是显而易见的，因此不宜提出专利申请。

【案例 5-5】

发明概要：技术交底书表明本发明的目的是减少布洛芬余味烧灼感的制剂制备方法，具体是向布洛芬中加入富马酸，可以通过酸化唾液以足以维持布洛芬的质子化形式减少其余味烧灼感。对于选择富马酸的理由，技术交底书指出：柠檬酸比富马酸更容易溶解，会很快产生不能接受的酸味。实施例中给出了两个受试者评价富马酸减轻 100mg 布洛芬烧灼感的程度的试验和数据，并对富马酸的用量进行了分析，得出 50%～150% 用量为最佳。因而相关的技术方案为：一种减少布洛芬余味烧灼感的制剂制备方法，在镇痛有效量的布洛芬中，混入布洛芬重量为基础的 50%～150% 重量的富马酸；其中所述富马酸和布洛芬在不存在水胶体下混合。

现有技术：对比文件 1 公开了一种通过将布洛芬制备成相应的泡腾剂以减少苦味并减少灼烧感的方法，在该方法中制备的药物组合物中包含布洛芬 200～800mg，柠檬酸 0.450～1.800g 和碳酸氢钠，其含量与该申请的重量范围（50%～150%）存在交叉。对比文件 1 的物质中不存在水胶体。对比文件 2 描述了用水胶体和富马酸包衣物包封布洛芬，水胶体将难溶的布洛芬和易溶的富马酸连接。

分析：该申请的技术方案与对比文件 1 公开的技术方案的区别特征有：（1）该申请权利要求 1 使用的是富马酸而非柠檬酸；（2）对比文件 1 中未公开富马酸，从而未公开以活性成分布洛芬为基础计算的富马酸的含量。首先，虽然富马酸、柠檬酸等均属于该领域经常使用的一类药学上可接受的有机酸，对比文件 2 也证明了富马酸在布洛芬药物组合物中已有应用；然而，该申请相对对比文件 1 而言，并非仅是富马酸和柠檬酸的简单替换，而是整个技术方案的改变。对比文件 1 是通过将柠檬酸和碳酸氢钠联用制成泡腾剂以减少布洛芬的苦味并减少灼烧感，柠檬酸作为酸源和二氧化碳源的碳酸氢钠搭配使用制成泡腾制剂，而该申请中是加入富马酸通过酸化唾液以维持布洛芬的质子化形式来减少其余味烧灼感。因此，对比文件1中没有给出可以将柠檬酸用富马酸替换的技术启示。其次，对比文件2公开的是用水胶体和富马酸包衣物包封布洛芬，水胶体将难溶的布洛芬和易溶的富马酸连接；而本申请中不存在水胶体，且富马酸和布洛芬是混合的而并非包衣，因此，对比文件2未给出在不存在水胶体的情况下将富马酸和布洛芬直接混合，从而得到本发明。因此该发明具备创造性，可以提出专利申请。

3）改变剂型

在药物制剂领域中，存在大量改剂型发明。所谓改剂型，是指通过辅料种类和用量以及加工工艺的变化，将一种药物制剂由一种剂型变为另一种剂型。对于这种发明而言，由于活性成分不变，其与现有技术的区别通常仍然是辅料选择方面的区别。如果是简单的剂型改变，改变后的剂型所具有的技术效果是剂型本身所具有的，如为了提高稳定性简单地将注射剂改为冷冻干燥产品等，这样的剂型改变不具备创造性。但是，如果通过辅料的选择给改变后的剂型带来了预料不到的效果，如通过使用特定辅料而预料不到地提高了活性成分的生物利用度、稳定性等，则该发明可能具备创造性。此外，如果剂型改变带来了给药途径的变化，如现有技术为片剂，要求保护的技术方案为气雾剂，则技术方案是否显而易见要根据具体情况具体判断。对于缓控释制剂而言，由于辅料变化对缓控释结果影响的不可预期性较高，通过辅料的选择获得具有特定缓控释效果的制剂时具备创造性的概率通常较高。

如果发明所要解决的技术问题仅仅是提供一种具体药物的剂型，制备中采用的是该剂型的常规技术手段（指选取的辅料是该剂型使用的常用辅料，制备步骤也是该剂型制备的常规步骤），并且在没有证明得到的产品有预料不到的效果的情况下，则发明不具备创造性。如果发明解决的技术问题是通过剂型的已知性能来解决的，则现有技术通常存在用该剂型来解决所述的技术问题的教导。例如，胶囊可掩盖药物的不良臭味和减少药物的刺激性，将片剂改为胶囊来掩盖药物的苦味属于现有技术教导的解决方案。这时候须进一步考察在现有技术水平下获得该剂型是否需要克服某种技术困难。比如，该剂型的制备中是否存在技术困难，如果其制备采用的是所述剂型的常规技术手段，则通常表明不存在困难。

如果发明解决的技术问题是通过剂型的已知性能来解决的，并且按照常规的技术手段制备，该剂型不存在任何技术困难，则这类发明通常不具备创造性，除非获得了预料不到的技术效果。例如，发明为了提高活性成分的生物利用度，将现有技术中的某种中药片剂改成滴丸，使用聚乙二醇作为滴丸的基质。由于公知滴丸的生物利用度通常高于片剂，滴丸是中药领域常用的剂型，用聚乙二醇作基质制备滴丸又属于本领域常规技术手段，因而在现有技术的基础上结合本领域的公知常识将该中药片剂改成滴丸对本领域技术人员而言是显而易见的。

2. 区别在于活性成分

1）替换活性成分

对这类发明主要从两个方面考虑：①替换前后的活性成分是否因为理化性质相似（如难溶、不稳定等）而产生了相同的技术问题。②发明是否采用了与现有技术相同或相似的技术手段来解决制剂中的该技术问题。

【案例 5 – 6】

发明概要： 技术交底书描述了发明要解决的技术问题是提高质子泵拮抗剂的稳定性。对此提供的技术方案是：含质子泵拮抗剂索雷普兰（soraprazan）的制剂，其中含有碱性赋形剂。

现有技术： 对比文件公开了一种口服药物制剂，其中含奥美拉唑和碱性化合物，并描述了其中的碱性化合物是为了防止质子泵拮抗剂奥美拉唑在酸性条件下分解，提高贮存的稳定性。本领域已知质子泵拮抗剂索雷普兰与奥美拉唑的结构和理化性质相似。

分析： 鉴于结构相似的索雷普兰与奥美拉唑都存在在酸性条件下不稳定的问题。在对比文件教导了用碱性化合物来提高酸不稳定的质子泵拮抗剂奥美拉唑的稳定性的情况下，根据对比文件的启示，用碱性赋形剂来提高质子泵拮抗剂索雷普兰的稳定性对本领域技术人员而言是显而易见的。因此该发明不具备创造性。

2）对活性成分进行具体选择

制剂领域通常存在大量如下发明：现有技术提供了一种普遍适用（对其中的药物活性成分无特别限制）的药物制剂，所要保护的发明将该药物制剂的技术方案运用到一种特定的药物获得一种具体的药物制剂。这类发明只是将一种普遍适用的方案运用到一种特定的药物上。如果按照普遍适用的方案获得该具体的药物制剂并不存在技术困难，则这类选择发明通常不具备创造性。

【案例 5 – 7】

发明概要： 技术交底书提供的发明，涉及如下方案：一种对乙酰氨基酚缓释包衣颗粒，其特征在于缓释包衣材料由一种或几种高分子材料组成，其中高分子材料包括水不溶性高分子材料和亲水性高分子材料。

现有技术： 对比文件公开了一种缓释颗粒，其中颗粒的含药芯料用水不溶性高分子材料和亲水性高分子材料的混合包衣材料。其中的药物并无特别限制，所列举的药物包括退热药、止痛药、消炎药、甾体抗炎药、抗溃疡药、抗生素……

分析： 该发明与对比文件比较，区别在于将活性成分具体限定为对乙酰氨基酚。由于对比文件的缓释颗粒对其中的药物并无特别限制，因而是一种普遍适用的技术方案。根据对比文件的启示，具体选择一种活性成分对乙酰氨基酚将其制成缓释颗粒对本领域技术人员而言是显而易见的，因此该发明不具备创造性。

3. 区别在于活性成分的存在形式

传统制剂仅仅局限于辅料的选择、制备工艺的改进，随着药物制剂研发的不断深入，药剂工作者发现药物本身的存在形式如粒度、晶型等也会对药物制剂的特性如稳定性、溶出、压缩成形性等性能产生不同程度的影响。如果发明通过采用活性成分的特定存在形式解决了特定的技术问题，获得更好的效果，则具备创造性。但采取的形式仅仅是简单的选择活性成分的存在形式，在没有获得预料不到的技术效果的情况下，是不具备创造性的。

4. 区别在于结构

现代药物制剂的设计愈加复杂，许多药物制剂的发明不仅涉及辅料的选择，而且还会涉及结构的改变。下面分结构替换和增加结构两种情况进行讨论。

1）结构替换

如果仅仅是药物局部的常规物理结构的替换，替换前后二者所起的作用、功能相同，并且本领域技术人员可以预见替换后得到的制剂能达到相同的技术效果，则这种替换通常不具备创造性。

【案例 5 – 8】

发明概要： 技术交底书描述了本发明所要解决的技术问题是使口服治疗系统的活性物质以恒定速率释放。对应提供的技术方案是：一种口服治疗系统，其特征为含有活性成分的核完全被不溶于水性液体的非渗透性聚合物膜包裹，膜表面有一个或多个人工孔，所述人工孔具有一定的尺寸和形状。

现有技术： 对比文件 1 为一种膜包衣剂型，其包括活性成分的芯核以及胶乳聚合物膜的包衣层，其中的包衣层上有划线切口。其目的是提供一种缓释或控释的剂型。

分析： 该发明与对比文件 1 比较，区别仅在于该发明的治疗系统以人工孔替换了对比文件 1 中的划线切口。相对于对比文件 1 所解决的技术问题是提供一种替代的控释治疗系统。在包衣膜上的人工孔又是一种常规的结构，并且其与对比文件 1 中的划线切口的作用完全相同，都是在包衣膜表明产生可供芯核物质出入的通道。在对比文件 1 公开了可在不溶性包衣膜上通过划线产生切口，供芯核药物出入的条件下，本领域技术人员易于想到在包衣膜上制造其他的可供芯核药物出入的通道；而在膜上打孔则是本领域技术人员最易想到的手段。因此这样的一种替换方式是显而易见的。

2）增加结构

对这类发明主要从以下几个方面考虑：

（1）增加的结构是否是常规结构，所起的作用、功能在现有技术中是否已知。

（2）现有技术中是否存在将不同结构结合的启示。

（3）将不同结构结合是否存在技术障碍。

（4）将不同结构结合是否产生了优异效果。

【案例 5 – 9】

发明概要： 技术交底书描述了发明要解决的技术问题是使药物长时间在胃和小肠上段释放。包含所述药物和基质的包衣是为了控制前期释药，达到速释。提供的技术方案大致为：一种构成口服药物受控输送系统的药物组合物，它包含至少一种药物、糖、产气组分，所述的产气组分是至少一种热稳定性组分和至少一种热不稳定性组分的组合，其中，药物组合物还具有包含所述药物和基质的包衣，以使所述的组合物呈现出两相释放。

现有技术： 对比文件 1 为一种药物组合物，该药物组合物包含至少一种药物、糖、产气组分，其中产气组分是至少一种热稳定组分和至少一种热不稳定组分的组合。对比文件 1 解决的技术问题是以控制的速率释放药物，增加药物在胃肠道上部的吸收。

对比文件 2 为一种制备盐酸地尔硫卓控释片的方法，该方法包括下列步骤：（1）制备含盐酸地尔硫卓活性成分的缓释片芯；（2）在缓释片芯上包制控释薄膜；（3）最后包制含盐酸地尔活性成分的速释层。对比文件 2 解决的技术问题是：速释层用于控制前期释药。

分析：该发明与对比文件 1 比较，区别在于该发明的口服药物受控输送系统还具有包含所述药物和基质的包衣。相对于对比文件 1 所解决的技术问题是补偿延迟释放期较慢的吸收。对比文件 2 公开了一种盐酸地尔硫卓控释片，其中包括在缓释片芯上包制控释薄膜和包制含盐酸地尔硫卓活性成分的速释层。可见对比文件 2 给出了在控释制剂的基础上增加含药物的速释包衣以补偿延迟释放期较慢的吸收的启示。因而将对比文件 1 和对比文件 2 结合得到该发明是显而易见的。

二、专利申请文件的撰写

（一）说明书的撰写

除遵守通用的撰写规定外，下面主要就药物制剂领域的发明申请说明书撰写的特殊之处予以说明。

1. 关于技术领域部分的撰写

技术领域应当是发明直接所属或者直接应用的具体技术领域，而不是上位的或者相邻的技术领域，也不是发明本身。

【案例 5 – 10】

发明涉及一种维生素 C 泡腾片，特征在于选用了 PEG4000 作为润滑剂。

涉及技术领域的撰写，经常会有以下几种错误写法：

例 1：涉及一种维生素 C 泡腾片，其润滑剂为 PEG4000。

分析：将技术领域写成了发明本身，强调了具体的辅料。

例 2：本发明涉及一种维生素 C 的口服制剂。

分析：将技术领域写成了过于上位的技术领域。

下面是正确写法：

本发明涉及一种维生素 C 泡腾片。

2. 关于有益效果的描述

有益的效果是指由技术方案直接带来的或者由所述技术方案必然产生的技术效果。描述所述发明优于相关现有技术的有益效果是有利的，因为这些有益效果将被考虑作为支持创造性成立的因素。因此，申请人应清楚、客观地写明发明与现有技术相比所具有的有益效果。

药剂专利申请属于化学领域，多数需要借助实验数据来说明，在引用实验数据说明有益效果时，应给出必要的实验条件和方法。在药物制剂的专利申请有益效果的撰写具体方式包括分析结构特点、理论说明、实验数据证明等方式，以及上述方式的结合。须注意不得只断言其有益效果，最好通过与现有技术进行比较得出。

3. 具体实施方式的撰写

1）对实施例的撰写要求

对于药物制剂发明，经常遇到发明相对于背景技术的改进涉及数值范围，通常应给出两端值附近（最好是两端值）的实施例，当数值范围较大时，还应当给至少一个中间值的实施例。

【案例 5 – 11】

发明涉及一种缓控释制剂的制备方法，其发明点涉及制备过程中某一步骤在特定的温度范围内来实现，其中该步骤的温度拟为 50 ~ 90℃。

如果本领域看来这是一个相对窄的范围，则最好提供 50℃附近和 90℃附近各一个实施例。如果本领域来看该温度范围相对较宽，则最好提供 50℃附近和 90℃附近各一个实施例外，还需提供数值范围中间附近的至少一个实施例如 70℃。

2）对实验数据的撰写要求

实验数据应当记载：

（1）实验所采用的具体化合物：不能写成"本发明任意一种化合物""本发明化合物"等。

（2）实验方法：说明书中效果实验应当记载具体的实验步骤和条件。

（3）实验结果：可以是定性实验结果或定量实验结果结合，不能仅仅是断言。

（4）证明实验结果与声称的用途和/或效果具有明确的对应关系。

（二）权利要求书的撰写

1. 正确确定必要技术特征和附加技术特征

独立权利要求的目的是为了构建保护范围最宽、整体反映发明构思的技术方案。独立权利要求应当包含从整体上反映发明的技术方案，记载解决技术问题的必要技术特征。

独立权利要求应写明该剂型的必要技术特征，如核心药物、必需的辅剂、组成比例、保存状态等，具体因不同的剂型而异。但在独立权利要求中不宜限定过于具体，适当上位化以尽可能地扩大保护范围。

【案例 5 – 12】

发明概要：技术交底书表明其提供的给药系统是单次呼吸触发式的，并指出为了实现这一点，特定的要求是：在正常的生理吸气气流速度范围内，患者的呼吸足以吹散容器内所含的干粉，使之成为可吸入的颗粒，弥散的颗粒通过患者的呼吸高效渗透并沉积在患者的气道和/或肺部深处。而上述效果的实现需要使用具有一定粒度配比的微粉化药剂颗粒，即需要符合以下要求才能满足所需递送要求：（1）粒径小于 6.8 微米的颗粒的细粒至少占所述微粉化药剂颗粒的 75%；（2）粒径小于 4.0 微米的颗粒的细粒至少占所述微粉化药剂颗粒的 50%。具体采用的药剂为微粉化的妥布霉素、载体甘氨酸组成，二者的重量比例为 0.01 ~ 10:1。

分析：由于该发明的发明点在于所述肺部给药的系统是单次呼吸触发式的高效递送颗粒，这一特性决定了该发明颗粒的粒径特征是该肺部给药颗粒所必需的技术特征，因此，独立权利要求中应当增加能够体现颗粒粒径的特征：（1）和（2）。在该申请中由于延迟释放的技术效果是由所采用的包衣材料带来的，而与核心药物并无直接关系，因此药物与包衣材料等辅剂的组成比例并不是必要技术特征，而包衣材料本身与延迟释放的技术效果直接关联，因此应看作是必要技术特征写入独立权利要求中，并且需要在说明书中对包衣材料加以详细明确的限定。

进而，形成如下权利要求：

1. 一种以单次呼吸触发的步骤进行肺部给药的系统，其含有药剂的颗粒；所述药剂包括：微粉化的妥布霉素、载体，其特征在于：所述药剂的颗粒符合以下要求：（1）粒径小于6.8微米的颗粒的细粒至少占所述微粉化药剂颗粒的75%；（2）粒径小于4.0微米的颗粒的细粒至少占所述微粉化药剂颗粒的50%。

2. 如权利要求1所述的以单次呼吸触发的步骤进行肺部给药的系统，其特征在于所述药剂为微粉化的妥布霉素。

3. 如权利要求2所述的以单次呼吸触发的步骤进行肺部给药的系统，其特征在于所述载体甘氨酸。

4. 如权利要求3所述的以单次呼吸触发的步骤进行肺部给药的系统，其特征在于所述妥布霉素和载体甘氨酸的重量比例为0.01~10:1。

在撰写权利要求书时层次要明确，层层递进，逐渐缩小保护范围，确保独立权利要求不能获得授权时，有机会逐步缩小保护范围，而不是被迫直接缩小到具体实施例。在药物制剂领域，通常在从属权利要求中可以对必需的辅剂、组成比例等技术特征作进一步的限定，对独立权利要求的技术方案逐步缩小保护范围，以便在答复可能涉及新颖性和创造性的审查意见以及无效宣告等程序中留有余地。

2. 权利要求应表述清楚、简明

权利要求表述未能清楚、简明的情形，在药物制剂领域典型的有：

（1）主题不清楚，例如，采用技术、配方、组合、药物组合物及其制备方法等表述方式，使得审查员无法确定其类型究竟是产品还是方法，从而导致权利要求的主题不清。

（2）技术特征的表述不清楚，例如，出现大约、左右、上下、等等、不规范英文缩写、不必要的括号等。

（3）组分含量限定不清楚。组分含量可以用"0~X""＜X"或"X以下"等表示，用"0~X"表示的为选择组分，"＜X"或"X以下"表示包含"X＝0"。通常不允许以"＞X"表示含量范围。

此外，对于制剂处方中各组分含量百分数之和应当等于100%，几个组分含量范围应当符合以下条件：某一组分的上限值＋其他组分的下限值≤100%；某一组分的下限值＋其他组分的上限值≥100%。

【案例5－13】

一种红霉素片，由下述组分组成：

红霉素2%~5%

淀粉60%~80%

硬脂酸镁20%~25%

【案例5－14】

一种红霉素片，由下述组分组成：

红霉素2%~5%

淀粉70%~75%

硬脂酸镁20%~25%

所述【案例 5 – 12】中淀粉的含量限定为 60% ~ 80%，但当淀粉含量取下限值 60%，这时红霉素和硬脂酸镁分别取上限值 5% 和 25%，总处方之和为 90% < 100%，所述【案例 5 – 12】的撰写不成立；同样，当【案例 5 – 12】中淀粉含量取上限值 80%，这时红霉素和硬脂酸镁分别取下限值 2% 和 20%，总处方之和为 102% > 100%，所述【案例 5 – 12】也不成立。因此，【案例 5 – 12】的撰写组分含量限定不清楚。

所述【案例 5 – 13】中各组分含量的限定符合某一组分的上限值 + 其他组分的下限值 ≤100%，某一组分的下限值 + 其他组分的上限值 ≥100% 的要求。因此【案例 5 – 13】组分含量限定是清楚的。

3. 避免将权利要求撰写成不授予专利权的主题

《专利法》第二十五条第一款第（三）项规定，疾病的诊断和治疗方法不能被授予专利权。典型治疗方法式权利要求如：一种获得镇痛作用的方法，包括给人或动物施用药物 A、使用化合物/组合物 A 治疗人或动物中某病的方法、化合物/组合物 A 作为药物（治疗辅剂、麻醉剂）的应用等。

【案例 5 – 15】

一种紫杉醇注射剂用于在癌症治疗中的应用。

一种给患者施用甲硝唑口腔制剂能以缓解疼痛并缩短病程的方法。

一种将选择性 COX – 2 抑制剂药物靶向给药到患者的疼痛和/或发炎部位的方法，所述方法包括将选择性 COX – 2 抑制剂局部给药到所述患者皮肤。

分析：上述案例以有生命的人或动物体为施用对象，其中涉及发病机理、治疗机理、给药途径、诊断方法等，但其直接目的为预防或治疗疾病。因此，上述主题属于疾病的诊断和治疗方法，属于不授权范畴，在可能的情况下可以修改成制药用途式的权利要求。

4. 权利要求的范围要概括合理

申请人应当在合理的范围内对权利要求进行概括。权利要求范围概括失当的典型情形有两种：其一，概括的保护范围过大，使用了过于上位的上位概念、功能性限定的技术特征，导致其保护范围中包含了现有技术从而不具备《专利法》第二十二条所规定的新颖性和创造性，或导致概括范围缺乏足够的具体实施方式的支持从而不符合《专利法》第二十六条第四款所规定的应当以说明书为依据的要求。其二，所概括的保护范围过小，这一种情形常见于科研人员自己撰写的专利申请文件中，保留着撰写科技论文时不厌其详的习惯，将权利要求的保护范围仅限制在其具体实施例的程度上，而并不作任何合理的概括，从而损失了其可能获得的更大合法权益。

当然权利要求的概括，重要的是与说明书的撰写相配合。权利要求得到说明书支持主要是基于对权利要求概括得是否恰当的判断，除充分考虑说明书公开的内容外，还需考虑与之相关的现有技术水平，并且不应仅限于具体实施方式部分的内容。

在将说明书记载的内容扩展到权利要求的上位概念时，如果本领域技术人员根据说明书公开的内容并结合其掌握的本领域普通技术知识，能够合理地预期该上位概念所概括的所有实施方式都能解决所要解决的技术问题，并获得基本相同的技术效果，则上述概括是允许的。但如果公知常识或现有技术以及说明书自身公开的内容，尤其是发明中阐述的原理或机制、发明目的、技术效果和/或文中的逻辑关系等，表明该权利要求的概括包含申请人推测的内容，而其效果又难于预先确定和评价或有证据表明某些内容不能实现发明目的，则该权利要求得不到说明书的支持。制剂领域常见的概括形式包括以下几种。

1）制剂形式的概括

当专利申请文件中只记载了某些特定剂型的制剂技术方案，而由该特定剂型上位概括出的请求保护的剂型不是均能解决该发明的技术问题，则要求保护的发明得不到说明书的支持。

对于本领域技术人员而言，药物剂型通常与给药途径相适应。例如：眼黏膜给药途径通常对应着液体、半固体形式的剂型；液体制剂通常对应着口服、皮肤、鼻腔、直肠等多种给药途径，而且也不排除注射给药；经口腔及消化道给药通常与各种口服制剂，如含片、口腔贴膜、舌下片、混悬液、口服液等密切对应；经呼吸道施用的产品，通常对应于喷雾剂、气雾剂、粉雾剂、吸入用微粒制剂等，而自然排除了片剂、硬膏剂、糊剂、丸剂等剂型。因此，如果产品仅适用于特定的给药途径或者发明点为给药途径变化时，通常应当在权利要求中限定给药途径。

【案例 5-16】

权利要求：一种原位形成的凝胶，由药物 a 和聚合物 x、y、z 组成。

发明概要：说明书的记载表明，申请人并未制备出这种凝胶。实际上，本发明提供了一种由药物 a 和聚合物 x、y、z 组成的液体制剂，该制剂在进入体内例如阴道时，借助体液在原位形成了凝胶。这表明，体外并不存在凝胶这样形式的产品。

分析：由于该发明提供的液体制剂在常规环境下不是凝胶形式，只有在体液作用下才形成凝胶，因此，由药物 a 和聚合物 x、y、z 组成的制剂不是凝胶，权利要求得不到说明书支持。应要求申请人将其明确限定为一种能在人体内原位形成凝胶的液体制剂，由药物 a 和聚合物 x、y、z 组成。

2）制剂的结构、制剂内部各组分的状态

药物制剂是一类特殊的药用组合物，其内部结构、各组分的状态以及各组分之间的关系，在不同程度上直接影响着制剂的质量与工艺条件确定，也可能直接影响药物的释放与吸收。

例如，固体药物的粉体学性质（粒子密度、粒度、比表面积、孔隙率、润湿性、压缩性等）直接影响着片剂的质量；药物和/或药用辅料在制剂中的存在形式，例如晶型或无定形态，溶解或混悬、乳化或包封或者不同粒度等，均可直接影响药效与药物生物利用度。因此，当请求保护的技术方案仅适用于特定结构、形态的产品，而且其结构、形态上的变化有可能使产品丧失其原有性能时，则要注意所述结构、形态与发明所解决的技术问题以及采用技术手段之间的关系。相应地，对于药剂的制备方法，也应考虑发明所涉及的制备步骤的顺序是否是特定的。

【案例 5-17】

权利要求：一种降低药物突释的双层片剂，包括活性成分 C、速释层、阻滞层，其中速释层中的药用辅料选自……，和阻滞层中的药用辅料选自……。

发明概要： 发明涉及一种双层片，外层为含有少量药物的阻滞层（或缓释层），内层为含有药物的速释层，片剂进入胃部后，该外层在避免药物突释的同时缓慢释放出少量药物而发挥作用；待片剂进入肠道后，速释层迅速释放大部分药物，达到治疗目的。

现有技术： 降低药物突释的常规方法，是采用阻滞层包衣技术，但是阻滞层通常不含药。另外，现有技术中的双层片，一般是内层为缓释层，外层为速释层，从而实现先迅速释放、然后平稳控制血药浓度的目的。

分析： 考虑该发明的目的以及现有技术水平，有理由认为该发明技术效果与特定排布的双层结构以及各层的具体组成密切相关。因此，应要求申请人合理、清楚地限定保护范围。例如：①药物所在的具体位置；②速释层与阻滞层的空间关系，即内层与外层的关系；③速释层与阻滞层内的药物含量不同。例如，如此表述的技术方案是被允许的："一种降低药物突释的双层包衣的片剂，其中：内层是含有占药物总重75%～90%的活性成分C的速释层；外层为含有余量活性成分C的阻滞层，和所述速释层中的药用辅料选自……，和阻滞层中的药用辅料选自……"

3）辅料与辅料的组合关系的概括

药用辅料与药物剂型紧密相连，也可以说没有辅料就没有制剂。药用辅料对于制剂的形式以及制剂的性能等，都有非常显著的作用。

需要注意的是，当一项发明涉及已知材料的新用途时，应考虑所述效果的获得与该材料的理化状态、应用方式、用量等因素是否有关。另外，对于以活性成分本身或活性成分的组合为发明点的技术方案，如果申请人在说明书中对含有所述活性成分的制剂进行了概括性说明，例如采用常规辅料、常规制剂技术即可制得，则通常应视该药物已知给药途径的常规剂型得到了说明书的支持。

当确认发明点是制剂/剂型而非活性成分（组合）时，一般情况下可以不对活性成分的用量加以具体限定。

【案例5-18】

权利要求： 一种固体纳米微粒药物组合物，其中包括药物C和β-环糊精类。

发明概要： 发明基于经β-环糊精聚合物X包合而形成的纳米微粒药物具有肿瘤靶向性，并且因为免疫细胞对这种聚合环糊精纳米微粒不吸收，从而避免了免疫反应的发生。所述产品还具有缓释效果。说明书仅给出了特定的β-环糊精聚合物X能实现发明目的的证据。

分析： 本申请实质上涉及β-环糊精聚合物的应用。首先，鉴于说明书仅给出了有限的β-环糊精聚合物X及其特定衍生物可实现发明目的的证据，在现有技术没有教导β-环糊精包合物具有肿瘤靶向性、避免免疫细胞吸收、缓释的效果的情况下，即使已知β-环糊精聚合物可以保持环糊精的包合、缓释、稳定性等特性，但是由于环糊精的分子构型较为特殊，其聚合物的聚合度、空腔大小、羟基数量、聚合方法等因素均对性能有不同程度的影响。即β-环糊精聚合物属于构效关系密切的技术领域，由结构推知其性能/活性的可预测性比较低，因此，上述含有β-环糊精类的技术方案得不到说明书的支持。申请人应将 β－环糊精类明确限定为 β－环糊精聚合物 X 及其衍生物，并对衍生物的形式/种类作出准确定义。当申请人试图将 β－环糊精聚合物 X 上位概括为 β－环糊精类时，应当有足够的理论支持（例如选择的标准和依据）和适量并合适实施例支持。

4）功能、效果或用途限定的概括

在采用功能性限定，尤其是采用纯功能性限定时，权利要求的保护范围相对宽泛。在药物制剂领域，用剂型能达到的效果来对产品进行限定的做法十分常见，而在这种情况下，说明书往往仅给出了能实现发明目的的有限产品实例，在审查过程中可能被质疑权利要求书是否得到说明书支持，而要求将权利要求限定到合理范围。下面结合案例对功能性限定的权利要求是否能得到说明书的支持进行说明。

【案例 5－19】

权利要求：一种可分散片剂，由药物 x、崩解剂、稀释剂、润滑剂、甜味剂和着色剂组成，所述崩解剂使所述片剂在 1.5 分钟内于 19～21℃ 的水中形成小于 710 微米的均匀分散体。

发明概要：针对药物 x 的胶囊剂吞咽困难或者其口服液味道不佳等缺陷，申请人提出了可分散片这一解决方案。说明书中证实，采用某些崩解剂可以获得本发明所述分散更快的分散片。

现有技术：可分散片剂的基本要求：为固体形式，其必须在 3 分钟内溶于 19～21℃ 的水中并均匀分散在水中，所形成的分散物必须能通过为 710 微米的筛。

分析：根据说明书的描述，崩解剂对发明目的的实现具有重要影响。申请人试图使用所述崩解剂使……均匀分散体对崩解剂的种类进行限定，而该描述实质上是技术方案所要达到的技术效果。因此，该权利要求特征部分是采用了功能性描述（即崩解剂）和效果性描述（即使……均匀分散体）来进行联合限定。其中崩解剂涵盖了大量性质不同的物质，但是现有技术中并没有明确教导何种崩解剂特定地适于药物 x、并具有该发明所要求的崩解和分散效果。而且，说明书的描述仅能证明有限种类的崩解剂可以实现发明目的。在这种情况下，本领域技术人员难以预测哪种具体的崩解剂可以获得符合该发明要求的分散片，即该权利要求得不到说明书的支持。

在药物制剂领域，由于发明的可预期性不高，功能限定涵盖的大范围往往会使权利要求存在得不到说明书支持的缺陷，在实际的撰写中应注意避免以下几种情况。

第一，权利要求中限定的功能是以说明书中记载的特定方式完成的，而本领域的技术人员不能确定此功能还可以采用说明书中未提到的其他替代方式来完成。这种采用覆盖了其他替代方式的权利要求将得不到说明书的支持。

第二，虽然说明书中以含糊或者泛泛罗列的方式描述了其他的可替代方式（如功能性限定），但是对本领域的技术人员来说，并不清楚这些替代方式是什么或者具体如何应用这些替代方式。这种权利要求中的功能性限定也得不到说明书的支持。

第三，当本领域的技术人员有理由怀疑权利要求中的功能性限定所包含的一种或几种方式不能解决发明所要解决的技术问题，不能达到相同的技术效果，这种权利要求也得不到说明书的支持。

第四，当申请人采用"功能性限定 + 效果限定"来对权利要求进行限定，鉴于本领域技术人员不能预测采用该类限定的权利要求的范围内的所有技术方案均可以实现发明目的和/或具有所述效果，因此权利要求中由于包含了申请人推测的其效果又难于预先确定和评价的内容，权利要求仍然得不到说明书的支持。

三、撰写案例分析

（一）案例剖析

申请人套用专利申请的格式撰写了如下技术原始素材，相当于技术交底书。下面在分析申请人套用的撰写中存在的问题的基础上，给出推荐的撰写方式。

1. 技术资料

本发明的目的是提供一种药物组合物，它以轻质液体石蜡和滑石粉的混合物作为硫酸氢氯吡格雷片的润滑剂，能够实现硫酸氢氯吡格雷片的工业化生产，解决硫酸氢氯吡格雷片有关物质升高、稳定性下降和片剂溶出度降低等问题，使其更有效地发挥治疗作用。

本发明提供的药物组合物包括 100 重量份的硫酸氢氯吡格雷和 5~100 重量份的轻质液体石蜡与滑石粉的混合物。轻质液体石蜡与滑石粉的混合物中轻质液体石蜡与滑石粉的比例为 1:5~1:40。本发明中对硫酸氢氯吡格雷的晶型没有限定，所述硫酸氢氯吡格雷可以是晶型Ⅰ或晶型Ⅱ。每一片硫酸氢氯吡格雷片中所含氯吡格雷的重量没有限定，它可以是临床上氯吡格雷的常用剂量范围。在优选实施例中，每一片硫酸氢氯吡格雷片中所含氯吡格雷的重量为 25mg 和 75mg。所述含硫酸氢氯吡格雷的组合物的制备方法，采用常规的片剂制备方法均可实现，包括湿法制粒压片方法、干法制粒压片方法或粉末直接压片方法。

在本发明的优选实施例中，所述含有硫酸氢氯吡格雷的组合物包括：

实施例 1：

100 重量份的硫酸氢氯吡格雷；536.36 重量份的乳糖；30.30 重量份的滑石粉；1.52 重量份的液体石蜡。

实施例 2：

100 重量份的硫酸氢氯吡格雷；1000 重量份的乳糖；36.36 重量份的低取代羟丙基纤维素；96.97 重量份的滑石粉；2.42 重量份的液体石蜡。

实施例 3：

100 重量份的硫酸氢氯吡格雷；132.65 重量份的乳糖；10.20 重量份的低取代羟丙基纤维素；12.24 重量份的滑石粉；0.82 重量份的液体石蜡。

实施例 4：

100 重量份的硫酸氢氯吡格雷；100 重量份的乳糖；5.10 重量份的滑石粉；0.61 重量份的液体石蜡。

2. 申请人撰写的权利要求书

"1. 一种含硫酸氢氯吡格雷的口服固体制剂。

2. 如权利要求 1 所述含硫酸氢氯吡格雷的组合物，其特征在于包括 100 重量份的硫酸氢氯吡格雷和 1~800 重量份的液体石蜡与滑石粉的混合物，其中液体石蜡与滑石粉的混合物中液体石蜡与滑石粉的比例为 0.1:8~0.5:400。

3. 如权利要求 1 所述含硫酸氢氯吡格雷的组合物，其特征在于，它包括：

100 重量份的硫酸氢氯吡格雷；536.36 重量份的乳糖；30.30 重量份的滑石粉；1.52 重量份的液体石蜡。

4. 权利要求 1~3 任一项所述含硫酸氢氯吡格雷的组合物的制备方法，其特征在于所述制备方法能提升硫酸氢氯吡格雷的稳定性。"

3. 案例分析

下面对申请人的技术交底书及撰写的权利要求的缺陷进行分析。

（1）技术交底书未提供有效的实验数据。该申请所要解决的技术问题是：硫酸氢氯吡格雷片有关物质升高、稳定性下降和片剂溶出度降低。因此，应当提供该申请技术方案中硫酸氢氯吡格雷片的有关物质浓度、稳定性和溶出度等实验数据，来证明该申请技术方案确实能解决所述技术问题，并能达到相应的技术效果。这一点需要让申请人补充提供。

进一步地，为更有力地证明该申请的创造性，可采用将该申请的具体实施例与对照实施例（采用市面上现有的硫酸氢氯吡格雷片）进行对照实验。

（2）申请人撰写的权利要求分析：

① 权利要求 1 请求保护的范围过于宽泛。权利要求 1 请求保护一种含硫酸氢氯吡格雷的口服固体制剂。首先，从该申请的技术方案可知，其解决技术问题是基于"以轻质液体石蜡和滑石粉的混合物作为硫酸氢氯吡格雷片的润滑剂"。权利要求 1 保护范围过于宽泛，从撰写的角度来看，这种写法是没有以说明书为依据的情形。但从审查角度来看，由于硫酸氢氯吡格雷是已知药物，则"含硫酸氢氯吡格雷的口服固体制剂"很可能不具备新颖性或创造性。

② 从属权利要求 2 包含的技术特征过多，导致权利要求保护范围从权利要求 1 的宽范围剧变得过窄。同时包含硫酸氢氯吡格雷的重量份、液体石蜡与滑石粉的混合物、以及混合物中液体石蜡与滑石粉的重量比例，所述混合物中液体石蜡与滑石粉的重量比例可置于下一级的从属权利要求中。

③ 从属权利要求 2 中所述混合物中液体石蜡与滑石粉的重量比例得不到说明书的支持。该申请技术方案仅记载轻质液体石蜡与滑石粉的比例为 1:5~1:40，具体实施例中轻质液体石蜡与滑石粉的比例仅是记载了 0.61:5.1~1.52:30.3。

④ 从属权利要求主题与被引用权利要求主题不一致。从属权利要求 2~4 的主题为"含硫酸氢氯吡格雷的组合物"，权利要求 1 的主题为"含硫酸氢氯吡格雷的口服固体制剂"。

⑤ 权利要求书仅将优选的实施例 1 列入权利要求中，没有将相关的方面给予全面的请求保护。例如，技术交底书中的优选实施例 2~4 均可写成从属权利要求，以备不时之用。

⑥ 权利要求 4 中"能提升硫酸氢氯吡格雷的稳定性"属于功能性限定。本领域技术人员无法明确其具体限定的内容。并且说明书中也仅是泛泛提及硫酸氢氯吡格雷片

采用常规的片剂制备方法均可实现，包括湿法制粒压片方法、干法制粒压片方法或粉末直接压片方法。

基于上述分析，可以撰写出更符合要求的专利申请文件。

（二）供参考的专利申请文件

说 明 书 摘 要

本发明涉及一种口服给药，含硫酸氢氯吡格雷的固体组合物，它包括100重量份的硫酸氢氯吡格雷和5~100重量份的液体石蜡与滑石粉的混合物。本发明的组合物既能够实现硫酸氢氯吡格雷片的工业化生产，又能够解决片剂有关物质升高和溶出度下降的问题。

权 利 要 求

1. 一种含硫酸氢氯吡格雷的口服固体制剂，其特征在于，它包括硫酸氢氯吡格雷和液体石蜡与滑石粉的混合物。

2. 如权利要求1所述的含硫酸氢氯吡格雷的口服固体制剂，其中液体石蜡与滑石粉的混合物中液体石蜡与滑石粉的比例为1:5~1:40。

3. 如权利要求1所述的含硫酸氢氯吡格雷的口服固体制剂，其特征在于液体石蜡与滑石粉的混合物中液体石蜡与滑石粉的比例为1:8~1:20。

4. 如权利要求1所述的含硫酸氢氯吡格雷的口服固体制剂，其特征在于，它包括：100重量份的硫酸氢氯吡格雷；536.36重量份的乳糖；30.30重量份的滑石粉；1.52重量份的液体石蜡。

5. 如权利要求1所述的含硫酸氢氯吡格雷的口服固体制剂，其特征在于，它包括：100重量份的硫酸氢氯吡格雷；132.65重量份的乳糖；10.20重量份的低取代羟丙基纤维素；12.24重量份的滑石粉；0.82重量份的液体石蜡。

6. 如权利要求1所述的含硫酸氢氯吡格雷的口服固体制剂，其特征在于，它包括：100重量份的硫酸氢氯吡格雷；100重量份的乳糖；5.10重量份的滑石粉；0.61重量份的液体石蜡。

7. 如权利要求1所述的含硫酸氢氯吡格雷的口服固体制剂，其特征在于，它包括：100重量份的硫酸氢氯吡格雷；1000重量份的乳糖；36.36重量份的低取代羟丙基纤维素；96.97重量份的滑石粉；2.42重量份的液体石蜡。

8. 权利要求1~7任一项所述含硫酸氢氯吡格雷的口服固体制剂的制备方法，其特征在于所述制备方法是湿法制粒压片方法、干法制粒压片方法或粉末直接压片方法。

说 明 书

一种含硫酸氢氯吡格雷的口服固体制剂

技术领域

本发明属于医药领域，具体涉及一种含硫酸氢氯吡格雷的口服固体制剂。

背景技术

美国专利US4847265公开了硫酸氢氯吡格雷为一种血小板聚集抑制剂。硫酸氢氯吡格雷化学名为S（＋）－2－（2－氯苯基）－2－（4，5，6，7－四氢噻吩［3，2－c］并吡啶－5）乙酸甲酯硫酸氢盐，临床适用于有过近期发作的中风、心肌梗死和确诊外周动脉疾病的患者，可减少动脉粥样硬化性事件的发生。

目前硫酸氢氯吡格雷的临床剂型包括以商品名Plavix上市的口服片剂（规格为75mg氯吡格雷/片）和以商品名"泰嘉"上市的片剂（规格为25mg氯吡格雷/片）。根据Plavix的标签所示，Plavix片为薄膜包衣片，每片含有98mg硫酸氢氯吡格雷，相当于75mg氯吡格雷。片芯除了硫酸氢氯吡格雷外，还包括乳糖、微晶纤维素、预胶化淀粉、氢化植物油和聚乙二醇6000。其中的乳糖和预胶化淀粉一般用作填充剂和粘合剂，微晶纤维素作为填充剂和崩解剂，氢化植物油和聚乙二醇6000用作为润滑剂。

硫酸氢氯吡格雷及其片剂生产存在的两个主要问题是：（1）硫酸氢氯吡格雷的稳定性较差、不耐热、稳定性试验有关物质如杂质升高明显；（2）硫酸氢氯吡格雷片剂在生产过程中易粘冲。

在片剂的处方中通常需要加入适宜的润滑剂以防止片剂在生产过程中产生粘冲，保证生产过程的顺利进行。最常用的润滑剂是硬脂酸镁，美国专利US4847265的实施例1和2表明了硬脂酸镁作为润滑剂的应用。但是，Plavix片并未使用硬脂酸镁作为润滑剂，而是使用了氢化植物油和聚乙二醇6000来作为润滑剂。EP1310245B1也公开了一种以硬脂酸锌，硬脂酸和硬脂富马酸钠作为润滑剂的硫酸氢氯吡格雷片。

WO2007008445公开了一种硫酸氢氯吡格雷与预胶化淀粉的组合物，以提高硫酸氢氯吡格雷的稳定性。然而，研究结果表明，使用其公开的润滑剂或预胶化淀粉在工业化生产条件下并不能达到有效地提高硫酸氢氯吡格雷稳定性的效果，或者产业化过程会遇到明显的粘冲问题。另外，上述氢化植物油、硬脂酸锌、硬脂富马酸钠在我国尚无药用标准，存在临床安全隐患。

以商品名为泰嘉上市的硫酸氢氯吡格雷片每片含氯吡格雷25mg，由深圳信立泰药业股份有限公司生产，该公司申请的专利"氯吡格雷硫酸盐的固体制剂及其制备方法"公开了一种加入甘油棕榈酸硬脂酸脂与微粉硅胶来增加硫酸氢氯吡格雷片稳定性的方法。泰嘉片的储藏要求严格，其药品说明书中要求"不超过20℃保存"。稳定性研究表明，采用该技术制备的硫酸氢氯吡格雷片在经过加速试验或40℃及以上温度的贮存时，溶出度会出现显著下降。另外，该专利使用的甘油棕榈酸硬脂酸脂在国内无药用标准。

发明内容

经过大量的研究，我们发现，采用中国药典中收载的滑石粉与轻质液体石蜡组成的混合物作为润滑剂来生产硫酸氢氯吡格雷片，既能保证加工过程的顺利完成，又能保证硫酸氢氯吡格雷的稳定性和片剂的溶出度，因此采用此技术制备的硫酸氢氯吡格雷片剂贮存温度无须要求在20℃以下，可以采取室温保存。

因而，本发明的目的是提供一种药物组合物，它以轻质液体石蜡和滑石粉的混合物作为硫酸氢氯吡格雷片的润滑剂，能够实现硫酸氢氯吡格雷片的工业化生产，解决硫酸氢氯吡格雷片有关物质升高，稳定性下降和片剂溶出度降低等问题，使其更有效地发挥治疗作用。

本发明提供的药物组合物包括100重量份的硫酸氢氯吡格雷和5～100重量份的轻质液体石蜡与滑石粉的混合物。

本发明中，轻质液体石蜡与滑石粉的混合物中轻质液体石蜡与滑石粉的比例为1:5～1:40。

在本发明中，对硫酸氢氯吡格雷的晶型没有限定，所述硫酸氢氯吡格雷可以是晶型Ⅰ或晶型Ⅱ。

在本发明中，每一片硫酸氢氯吡格雷片中所含氯吡格雷的重量没有限定，它可以是临床上氯吡格雷的常用剂量范围。在本发明的一个优选实施例中，每一片硫酸氢氯吡格雷片中所含氯吡格雷的重量为25mg。在本发明的另一个优选实施例中，每一片硫酸氢氯吡格雷片中所含氯吡格雷的重量为75mg。

在本发明的一个优选实施例中，所述组合物还包括100～1000重量份的药学上可接受的添加剂，所述添加剂选自药学上可接受的填充剂、药学上可接受的黏合剂、药学上可接受的崩解剂中的一种或几种。

在本发明的另一个优选实施例中，所述含有硫酸氢氯吡格雷的组合物包括：

100重量份的硫酸氢氯吡格雷；536.36重量份的乳糖；30.30重量份的滑石粉；1.52重量份的液体石蜡。

在本发明的另一个优选实施例中，所述含有硫酸氢氯吡格雷的组合物包括：

100重量份的硫酸氢氯吡格雷；1000重量份的乳糖；36.36重量份的低取代羟丙基纤维素；96.97重量份的滑石粉；2.42重量份的液体石蜡。

在本发明的另一个优选实施例中，所述含有硫酸氢氯吡格雷的组合物包括：

100重量份的硫酸氢氯吡格雷；132.65重量份的乳糖；10.20重量份的低取代羟丙基纤维素；12.24重量份的滑石粉；0.82重量份的液体石蜡。

在本发明的另一个优选实施例中，所述含有硫酸氢氯吡格雷的组合物包括：

100重量份的硫酸氢氯吡格雷；100重量份的乳糖；5.10重量份的滑石粉；0.61重量份的液体石蜡。

所述含硫酸氢氯吡格雷的组合物的制备方法，采用常规的片剂制备方法均可实现，包括湿法制粒压片方法、干法制粒压片方法或粉末直接压片方法。

本发明有益效果表现在：所述组合物在实现硫酸氢氯吡格雷片工业化生产的同时，既能够实现硫酸氢氯吡格雷片的工业化生产，又解决了有关物质如杂质的升高、稳定性下降和片剂溶出度的下降等问题，使其更安全有效地发挥治疗作用。具体参见后面实施例和对比实施例的比较数据。

具体实施方式

本发明一方面提供了一种含硫酸氢氯吡格雷的组合物，它包括：

100 重量份的硫酸氢氯吡格雷；

5～100 重量份的轻质液体石蜡与滑石粉的混合物。

在本发明的一个优选实施例中，所述组合物包括 100 重量份的硫酸氢氯吡格雷和 10～50 重量份的轻质液体石蜡与滑石粉的混合物。

轻质液体石蜡和滑石粉均已作为药用辅料、润滑剂收载于 2010 年版中国药典。

在本发明中，对于轻质液体石蜡的类型并没有任何限制，它可以是本领域中常规的药用轻质液体石蜡。

在本发明中，对于滑石粉的类型并没有任何限制，它可以是本领域中常规的药用滑石粉。

在本发明中，轻质液体石蜡与滑石粉的混合物中轻质液体石蜡与滑石粉的比例为 1:5～1:40。在本发明的一个优选实例中，轻质液体石蜡与滑石粉的混合物中轻质液体石蜡与滑石粉的比例为 1:8～1:20。

在本发明中，所用的硫酸氢氯吡格雷可以是市售的硫酸氢氯吡格雷。

在本发明中，对硫酸氢氯吡格雷的晶型没有限定，所述硫酸氢氯吡格雷可以是晶型Ⅰ或晶型Ⅱ。

在本发明中，每一片硫酸氢氯吡格雷片中所含氯吡格雷的重量没有限定，它可以是临床上氯吡格雷的常用剂量范围。在本发明的一个优选实施例中，每一片硫酸氢氯吡格雷片中所含氯吡格雷的重量为 25mg。在本发明的另一个优选实施例中，每一片硫酸氢氯吡格雷片中所含氯吡格雷的重量为 75mg。

在本发明的组合物中，还包括其他药学上可接受的添加剂。对于所述添加剂的类型并没有具体限制，可以是本领域中常规的添加剂，具体是选自药学上可接受的填充剂、药学上可接受的黏合剂、药学上可接受的崩解剂中的一种或几种。在本发明中，对于其他添加剂的用量并没有任何限制。在本发明的一个优选实施例中，所述添加剂含量为 100～1000 重量份，以 100 重量份硫酸氢氯吡格雷计。

在本发明中，对于药学上可接受的填充剂的类型并没有任何限制，它可以是本领域中常用的填充剂。在本发明的一个优选实施例中，所述填充剂选自乳糖。在本发明中，对于填充剂的用量并没有任何限制，它可以是本领域中的常规用量。在本发明的一个优选实施例中，所述填充剂的用量为 100～1000 重量份，优选为 120～800 重量份，更优选为 150～600 重量份，以 100 重量份硫酸氢氯吡格雷计。

在本发明中，对于药学上可接受的黏合剂的类型并没有任何限制，它可以是本领域中常用的黏合剂。在本发明的一个优选实施例中，所述黏合剂选自 1% 羟丙甲纤维素溶液（用 50% 乙醇溶解）和 50% 乙醇。

在本发明中，对于药学上可接受的崩解剂的类型并没有任何限制，它可以是本领域中常用的崩解剂。在本发明的一个优选实施例中，所述崩解剂选自低取代羟丙基纤维素。在本发明中，对于崩解剂的用量并没有任何限制，它可以是本领域中的常规用量。在本发明的一个优选实施例中，所述崩解剂的用量为 3~100 重量份，优选为 10~80 重量份，以 100 重量份硫酸氢氯吡格雷计。

在本发明中，所用术语"药学上可接受的添加剂"是指药学上可接受的加强制剂特性的添加剂。此类添加剂是本领域技术人员所熟知的，包括填充剂、黏合剂、崩解剂。其中填充剂为乳糖，黏合剂为羟丙甲纤维素溶液，崩解剂为低取代羟丙基纤维素。

实施例

下面通过具体的实施例进一步描述本发明，但并非是限制本发明的范围。

测定方法

先将相关的测定方法描述如下。

1. 25mg 规格的硫酸氢氯吡格雷片溶出度测定方法

按照溶出度测定法（中国药典 2000 年版二部附录 XC 第三法），以盐酸溶液（0.9→1000）150mL 为溶剂，转速为每分钟 75 转，依法操作，经 30 分钟时，取溶液 20mL，滤过。按照分光光度法（中国药典 2000 年版二部附录 IVA），在 270nm 的波长处测定吸收度；另精密称取硫酸氢氯吡格雷对照品适量，用上述溶剂溶解并定量稀释制成每 1mL 中约含 0.2mg 的溶液，同法测定吸收度，计算出每片的溶出量。

2. 75mg 规格的硫酸氢氯吡格雷片溶出度测定方法

按照溶出度测定法（中国药典 2000 年版二部附录 XC 第二法）试验，以 pH2.0 缓冲液（取氯化钾 6.57g，加水适量溶解，加 0.1mol/L 盐酸溶液 119.0mL，再加水稀释至 1000mL）1000mL 为溶剂，转速为每分钟 50 转，依法操作，经 30 分钟时，取溶液适量滤过，精密量取续滤液 3.0mL 置 10mL 量瓶中加 pH2.0 缓冲液稀释至刻度，摇匀；另取硫酸氢氯吡格雷对照品适量，精密称定，加上述溶剂溶解并稀释制成每 1mL 中约含氯吡格雷 20μg 的溶液。取上述两种溶液，按照分光光度法（中国药典 2000 年版二部附录 IVA），在 240nm 的波长处分别测定吸收度，计算出每片的溶出量。

3. 有关物质测定方法

按照高效液相色谱法测定（中国药典 2005 年版二部附录 VD）。

色谱条件 UltronES-OVM（150mm×4.6mm，5μm）色谱柱；以磷酸盐缓冲液：乙腈（80:20）为流动相（磷酸盐缓冲液：精密称取约 1.36g 磷酸二氢钾置 1000mL 容量瓶，加 500mLHPLC 级水，超声使内容物溶解，用水定容至刻度，混匀）；检测波长为 220nm；柱温为 25℃。

硫酸氢氯吡格雷对照品溶液精密称取约 25mg 硫酸氢氯吡格雷对照品置 50mL 容量瓶，加约 5mL 甲醇，超声使其溶解，用流动相定容至刻度。移取 5.0mL 上述溶液置 50mL 容量瓶，用流动相定容至刻度。移取 1.0mL 上述溶液置 100mL 容量瓶，用流动相定容至刻度。即为硫酸氢氯吡格雷对照品溶液。

杂质对照品储备溶液精密称取约 10mg 氯吡格雷有关物质 A（化学名：(+)-S-(o-氯苯基)-6，7-二氢噻吩[3，2-c]吡啶-5（4H-醋酸））对照品置 100mL 容量瓶，加约 5mL 甲醇，超声使其溶解，用甲醇定容至刻度，混匀，即为 0.1mg/mL

氯吡格雷有关物质 A 对照品储备溶液。同法制备氯吡格雷有关物质 B［化学名：甲基（±）－（o－氯苯基）－4，5－二氢噻吩［2，3－c］吡啶－6（7H）－醋酸盐，硫酸氢盐］和氯吡格雷有关物质 C（化学名：甲基（－）－（R）－（o－氯苯基）－6，7－二氢噻吩［3，2－c］吡啶－5（4H）－醋酸盐，硫酸氢盐）对照品储备溶液。

杂质对照品混合溶液移取 1.0mL 氯吡格雷有关物质 A 储备溶液、3.0mL 氯吡格雷有关物质 B 储备溶液和 5.0mL 氯吡格雷有关物质 C 储备溶液置 100mL 容量瓶，用流动相定容至刻度，混匀，即为杂质对照品混合溶液。

供试品溶液取本品 10 片，研细，精密称取细粉适量（约相当于氯吡格雷37.5mg），置 100mL 量瓶中，加流动相振摇使硫酸氢氯吡格雷溶解，再加流动相稀释至刻度，滤过，取续滤液作为供试品溶液。

测定法精密量取杂质对照品混合溶液及供试品溶液各 20μL 注入液相色谱仪，记录色谱图，按外标法以峰面积计算有关物质 A、B、C，单个未知杂质和总杂质含量。

实施例 1：硫酸氢氯吡格雷片剂 1 配方

制剂每片中各组分的含量（mg）：

硫酸氢氯吡格雷 33（相当于氯吡格雷 25mg）；乳糖 177；滑石粉 10；轻质液体石蜡 0.5；1% 羟丙甲纤维素（用 50% 乙醇配制）适量。

制备方法：将硫酸氢氯吡格雷（晶型 I）与乳糖混合均匀，加入 1% 羟丙甲纤维素制备成湿颗粒，50℃烘干颗粒。加入轻质液体石蜡与滑石粉的混合物，混合均匀后压制成片剂。

实施例 2：硫酸氢氯吡格雷片剂 2 配方

制剂每片中各组分的含量（mg）：

硫酸氢氯吡格雷 33（相当于氯吡格雷 25mg）；乳糖 330；低取代羟丙基纤维素 12；滑石粉 32；轻质液体石蜡 0.8。

制备方法：将各物料混合均匀后直接压制成片剂。

实施例 3：硫酸氢氯吡格雷片剂 3 配方

制剂每片中各组分的含量（mg）：

硫酸氢氯吡格雷 98（相当于氯吡格雷 75mg）；乳糖 130；低取代羟丙基纤维素 10；滑石粉 12；轻质液体石蜡 0.8；1% 羟丙甲纤维素（用 50% 乙醇配制）适量。

制备方法：将硫酸氢氯吡格雷（晶型Ⅰ）与乳糖混合均匀，再加入低取代羟丙基纤维素混匀；加入 1% 羟丙甲纤维素溶液，采用湿法制粒，50℃烘干颗粒；加入轻质液体石蜡与滑石粉的混合物，混合均匀后压制成片剂。

实施例 4：硫酸氢氯吡格雷片剂 4 配方

制剂每片中各组分的含量（mg）：

硫酸氢氯吡格雷 98（相当于氯吡格雷 75mg）；乳糖 98；滑石粉 5；轻质液体石蜡 0.6；50% 乙醇适量。

制备方法：将硫酸氢氯吡格雷（晶型Ⅱ）与乳糖混合均匀，加入 50% 乙醇制备成湿颗粒，50℃烘干颗粒。加入轻质液体石蜡与滑石粉的混合物，混合均匀后压制成片剂。

对比实施例

用与实施例 1 和实施例 3 相同的方法制备对比实施例 1~2，不同点仅在于将轻质液体石蜡与滑石粉的混合物替换成其他润滑剂，处方组成见表 1。以市售泰嘉片对比实施例 3。以市售 Plavix 为对比实施例 4。分别在 60℃ 放置 10 天后，测定其 30 分钟时的溶出度和有关物质，结果见表 2 和表 3。

表 1　对比实施例 1~2 的组成

	对比实施例 1	对比实施例 2
	每片中各组分的含量/mg	每片中各组分的含量/mg
硫酸氢氯吡格雷（晶型 1）	33	98
乳糖	177	130
低取代羟丙基纤维素	0	10
硬脂酸镁	2	0
硬脂富马酸钠	0	5
1% 羟丙甲纤维素（用 50% 乙醇配制）	适量	适量

表 2　实施例 1~4 和对比实施例 1~4 经 60℃（或 40℃）放置 10 天前后的样品在 30 分钟时的溶出度

对比实施例	实施例 1	实施例 2	实施例 3	实施例 4	对比实施例 1	对比实施例 2	对比实施例 3（Plavix）	对比实施例 4（泰嘉片）
放置前的溶出度（%）	96.03	96.21	97.3	96.17	95.23	101.03	99.72	98.01
放置后的溶出度（%）	93.78	92.43	92.46	93.65	91.71	84.26	33.23	76.65（40℃10 天）

表 3　实施例 1~4 和对比实施例 1~4 经 60℃ 放置 10 天前后的样品有关物质测定结果

项目		实施例 1	实施例 2	实施例 3	实施例 4	对比实施例 1	对比实施例 2	对比实施例 3（Plavix）	对比实施例 4（泰嘉片）
放样前	杂质 A（%）	0.17	0.09	0.09	0.13	0.06	0.16	0.04	0.02
	杂质 B（%）	0.05	0.11	0.11	0.13	0.22	0.03	0.07	0.05
	杂质 C（%）	0.84	0.94	0.94	0.86	0.51	0.89	0.25	0.08
	最大单个杂质（%）	0.09	0.06	0.06	0.05	0.09	0.31	0.07	0.07
	总杂质（%）	1.25	1.24	1.24	1.31	1.27	2.11	0.55	0.58
放样后	杂质 A（%）	0.12	0.13	0.13	0.14	0.16	0.37	0.21	0.07
	杂质 B（%）	0.05	0.08	0.08	0.06	0.19	0.07	0.11	0.04
	杂质 C（%）	1.07	1.03	1.01	1.03	10.48	4.57	0.41	0.19
	最大单个杂质（%）	0.09	0.09	0.08	0.12	0.18	0.56	0.48	0.71
	总杂质（%）	1.35	1.32	1.38	1.41	11.38	7.7	1.78	1.74

从表2可以看出，以轻质液体石蜡与滑石粉作为润滑剂的实施例1~4经过高温放置后均具有良好的溶出度，溶出度无明显变化，而对比实施例4（市售泰嘉片）40℃10天时溶出度已下降至76.65%，对比实施例3（Plavix）60℃10天时溶出度下降至33.23%。

从表3可以看出，以轻质液体石蜡与滑石粉作为润滑剂的实施例1~4经过高温放置后有关物质无明显变化，以硬脂酸镁或硬脂富马酸钠为润滑剂的对比实施例1和对比实施例2的杂质C和单个未知杂质和总有关物质也明显地增加。尽管对比实施例3和4的初始有关物质相对较低，但经过60℃放置后，有关物质均出现了显著升高，单个未知杂质的量从0.07%分别升高至0.48%和0.71%，总杂质从0.6%以下升高至1.7%以上。

从上述溶出度及有关物质试验结果可知，本发明的组合物有效地提高了硫酸氢氯吡格雷片的稳定性，同时解决了硫酸氢氯吡格雷片溶出度下降的问题。

（三）案例点评

（1）说明书的撰写比较规范，技术领域较为准确，背景技术引用专利文献介绍相关现有技术的发展现状，说明了硫酸氢氯吡格雷的不稳定性的问题。突出了本申请技术方案的发明点，即在于解决硫酸氢氯吡格雷片有关物质（杂质）的升高，稳定性下降和片剂溶出度降低的问题。

（2）在推荐的专利申请文件中，说明书提供的实验数据有针对性，将发明的技术方案与现有技术进行了比较，并且有针对性地选择实验及结果能支持技术方案所要达到的效果，即"提高了硫酸氢氯吡格雷片的稳定性"和"解决了硫酸氢氯吡格雷溶出度下降问题"，溶出度测定结果证明本申请的实施例优于现有技术，而杂质测定也有力支持了本申请能提高稳定性的效果。如此也使相关效果不仅仅是定性的说明，而且还有具体数据的支撑，有利于表明该发明的创造性。

（3）权利要求保护范围层次由大到小，全方位请求保护。其独立权利要求的概括较为合理，同时从属权利要求针对优选的实施例进行了保护。

基于上述理由，上述专利申请文件推荐作为撰写的范例，可在相关制剂发明的专利申请文件撰写时参考。

第六章　中药发明专利申请文件的撰写及案例剖析

目前，全世界约有3/4的人口使用植物药或其提取物治疗疾病。传统中医药越来越多地受到人们的关注。传统中药是指以天然动物、植物、矿物为原料，在传统医药理论指导下组方，采用传统工艺或非传统工艺制成的药物。它除了狭义的中药外，还包括苗药、藏药、蒙药、彝药等传统药物。现代中药是指将天然动物、植物、矿物为原料，在传统医药理论指导下组方，采用非传统工艺制成。天然药物是指将天然动物、植物、矿物为原料，在现代医药理论指导下组方，采用非传统工艺制成，其适应症用现代医学术语表达。

中药领域的产品发明通常都是涉及天然药物的制备，属于结构成分不能够完全明确的产品。在中药领域，产品发明通常都是使用原料加方法表征，对于发明点在于方剂组成，而制备方法为常规方法的产品发明，其制备方法的限定仅用"由……制成"的形式表述，本领域通常将这一类发明称为中药组合物。对于发明点在于采用特定提取方法从中药原料中获得特定成分的产品发明，其限定的制备方法就在于提取方法，本领域将这一类发明称为中药提取物。对于发明点在于将现有的方剂制备成新的剂型，制剂成型工艺和辅料选择是发明点的产品发明，其限定的制备方法就在于相应的制剂成型工艺和辅料选择，本领域将这一类发明称为中药制剂。中药领域的方法发明分成两种情形。一种是与产品相关的制备方法，如中药组合物的制备方法、中药提取物的提取方法、中药制剂的制备方法和中药的炮制方法，其中前三者常与产品发明出现在一份申请中，并且采用引用产品的形式撰写。另一种是方法发明为中药制药用途，相对于西药的制药用途，其存在一定特殊性，中药的制药用途既可能涉及中医的病名，也可能涉及中医证候，还可能涉及中医治则，其限定的范围较为上位，如"一种××组合物在制备补中益气的药物中的应用"，这种限定方式涵盖的疾病种类范围相对较大，这就是中药制药用途的特点。

中药也是中国的长项，其专利申请有其自身的一些特点和特殊之处，因此本章介绍中药专利申请文件的特点、撰写知识及技巧。

一、申请前的预判

（一）专利保护客体判断

在中药领域，有时需要判断欲申请的主题是否属于专利保护的客体。

对于未经人工处理的天然状态的中药材及其药用部位：未经人工处理的天然状态的动物、植物或矿物等中药材，以及道地药材和中药材的药用部位都是天然存在的物质，属于科学发现，而非专利法意义上的发明创造。因此，如果申请人请求保护某中药材，则被认为属于《专利法》第二十五条第一款第（一）项所规定的不授予专利权的客体范畴，例如遂宁川白芷、木香的叶。如果请求保护的药用部位具有可繁殖性，则还被认为属于《专利法》第二十五条第一款第（四）项规定的动植物品种的范畴。

中医的四诊方法即望、闻、问、切，属于疾病的诊断方法。以治疗为目的的针灸、麻醉、推拿、按摩、刮痧、气功、催眠、药浴、保健等方法均属于疾病的治疗方法。因此，它们均属于《专利法》第二十五条第一款第（三）项所规定的不授予专利权的客体范畴，不能以其提出专利申请。

非治疗目的的针灸、麻醉方法（为外科手术辅助方法）属于外科手术方法，不具备实用性，不能被授予专利权。

（二）创造性预判

在中药的创造性判断中，技术效果非常重要。下面的各种情形，多数情况下都依赖于获得预料不到的技术效果。

1. 中药复方

（1）对于中药复方较为常见，如果中药复方产品是基于对现有技术中已知组合物的某种原料的改进，而制备方法属于公知技术，只要这种改进相对于原有技术产生了显著疗效，通常具备创造性。如果中药复方产品是基于减少现有技术中已知组合物的原料组成，同理，只要这种改变能产生相同或更好的效果，并且能提高原材料的利用效率，则具备创造性。如果中药复方产品是以原料处方中各组分之间的相互配比为特征，只要这种特殊的配比改变，使得形成的新产品产生了意外的突出效果或新的医疗用途，认为产品具备创造性。如果中药复方按一种全新的配方组成，这种全新的中药自然也就具备创造性。❶

（2）除非发明产生了预料不到的技术效果（如毒副作用降低、疗效显著提高等），否则以下组合发明不具备创造性：① 请求保护的中药产品是将现有技术公开的某些味药组分简单地叠加在一起，所达到的技术效果也只是各组合部分效果的总和；② 请求保护的中药产品是根据现有技术记载的某些配伍启示进行组合而得到的，其所达到的技术效果也是可以预期的。

（3）复方药味数目加减：如果动物药效学实验对比观测数据或临床对比数据证实这种改变使中药复方的治疗效果发生了很大的改变，产生新的功效，或没有产生新的医疗用途，但显著增强了医疗效果，且是本技术领域的普通技术人员不常见的预测，则认为具备创造性。

增加药味数的例子：在传统名药六味地黄丸的原配方的基础上增加了当归、丹参，在原滋阴补肾的功效的基础上，产生了补血活血、促进血液循环的作用，用于治疗或预防肾虚、血虚患者、亚健康者、中老年人和糖尿病人因贫血症与血瘀症引发的许多相关疾病。

减少药味数目的例子：一种治疗肝胆结石的药物，其特征在于由下述原料组成：柴胡、茵陈、石韦、金钱草、鸡内金。其是在现有技术的基础上减少了两味原料郁金

---

❶ 肖诗鹰，刘铜华. 中药知识产权保护和申报技术指南［M］. 北京：中国医药科技出版社，2005：48 – 51.

和大黄而得到。如果有证据如临床试验数据证明该药物与现有技术所述的药物相比具有更好的治疗肝胆结石的效果，且两者之间有显著性差异，则认为具备创造性。

（4）改良方：改良方通常是指删减了有毒药材或选择替代药材的复方，例如原组方中用的是生药材（如生大黄、生白芍、生山楂），现改成使用其炮制品（如酒大黄、炒白芍、焦山楂）。对于改进后的复方，如果有药效学实验对比观测数据或者临床疗效对比资料，能够证明新方剂的产品与现有产品相比产生了某种预料不到的效果，则具备创造性。这种预料不到的效果例如产生了某种新用途，或者疗效显著提高，或者毒副作用的降低，也或者成本的明显降低等。

改良方的例子：新六味地黄丸以地骨皮替代泽泻，而地骨皮具有泽泻在六味地黄丸中的泻肾火的作用，既保持了现有六味地黄丸滋阴补肾的作用，又避免了因使用泽泻而引发的许多不良反应，有利于进一步提高药物的安全性。此种发明具备创造性。

涉及中药配方的发明，如果是用相同性质的中药进行替换，通常不具备创造性。

【案例 6 - 1】

发明的方案： 一种治疗口腔炎症的中药制剂，其特征在于，各中药原料的重量份数为：天冬 25 份、麦冬 25 份、玄参 25 份、甘草 12.5 份、山银花 30 份。

现有技术的对比文件公开了一种治疗口腔炎症的中药制剂，其中各中药原料的重量份数为：天冬 25 份、麦冬 25 份、玄参 25 份、甘草 12.5 份、金银花 30 份。

分析： 发明的技术方案与现有技术公开的技术方案对比发现，两者都涉及由五味中药组成的治疗口腔炎症的中药制剂，都包含天冬 25 份、麦冬 25 份、玄参 25 份和甘草 12.5 份，即所包含的五味中药中有四味中药的种类和重量份数完全相同，而且第五味中药的重量份数都是 30 份，两者的区别仅在于发明第五味中药是山银花，而现有技术中采用的是金银花。

但由于现有技术中已知金银花和山银花作为两种药味，其性味、归经、功能与主治完全相同，两者都具有清热解毒，凉散风热的功能，都可以用于痈肿疔疮、喉痹、丹毒、热毒血痢、风热感冒、温热发病的治疗。对于本领域技术人员而言，口腔炎症属于痈肿疔疮范围内的具体病症，因此，基于山银花和金银花的性味、归经、功能主治相同，并且山银花用于痈肿疔疮治疗的主治功效与现有技术中用于治疗口腔炎症的用途也非常相似，很容易想到采用山银花替换现有技术中的金银花，这种替换是显而易见的。因而，上述发明不具备创造性，不适于提出专利申请。

（5）药味不变、改变药味用量比例：在现有配方的基础上，保持药味不变、通过改变各组成药味用量比例所发生的变化即中医实践上的所谓方不变而法变，其可引起方中配伍关系和主治范围的变化。

对于这种以原料组方中各药味的用量为特征的中药产品发明，如果能证明新的用量配比使该组方制成的产品产生了新的医疗作用或带来了显著的无法预料的效果，则可以认定其创造性。通常需要提供可信的动物药效学实验，如对比观测数据或者临床疗效对比数据。

（6）分合加减：是指将原有的两个或几个复方分解或合并，再加味或减味而形成一种新的处方药。如果存在证明这种分合加减组合产生了新的治疗作用、产生了协同增效的作用或者降低了毒副作用的药效实验或临床试验结果或新的医疗用途的研究数据，则能够认可创造性。

2. 复方的制备方法

对已知复方产品的制备方法，在生产过程中如果采用了不同于现有技术的提取、分离工艺、炮制工艺或其他制剂工艺，如果与现有技术相比产生了意外的突出效果，如可以大大提高原料的利用效率或者有效缩短生产周期等，那么这种方法具备创造性。对于提取、分离、炮制或其他制剂工艺来说，可以是某一过程方法的改进，也可以是多步骤的改进。

3. 中药提取物

对于仅以提取方法特征表征且所有组分均不清楚的提取物，通常都是采用常规提取方法获得，如果所得提取物的功效仅同于提取原料植物本身的已知功效，则这种提取物通常不具备创造性；对于提取用原料本身功效不清楚的提取物，如果现有技术没有使用该原料获得过提取物，则获得了该原料的提取物并且证明该提取物具有某种用途，则所述提取物具备创造性；如果现有技术已知某一（类）化合物具有某种作用，且现有技术中已知某种（类）植物中含有该（类）化合物，那么从该植物中获得的含有该（类）化合物的提取物，如果没有产生预料不到的技术效果，则该提取物通常不具备创造性。

对于有效单体制成的产品发明的创造性，特别说明如下：

（1）从中药和天然药物筛选发现的单体化合物是过去从未报道过的物质，属于原创型的发明，通常具备创造性。例如，青蒿素、丹参酮、关附甲素等首次被发现为基础的发明。

（2）从中药原料中提取获得的有效单体是已知化合物，如果该有效单体制成的药品具有新的医药用途，则相应制药用途发明具备创造性。

【案例 6 – 2】

从植物中提取获得的淫羊藿素，经体外实验观察其对人脐静脉内皮细胞增殖及迁移的影响和体内实验观察其对鸡胚纸毛尿囊膜血管生成的影响，证实淫羊藿素可有效抗血管生成，且该作用不是通过细胞毒性实现的。则淫羊藿素在制备抗血管生成的药物中的用途，具备创造性。

4. 中药制剂

中药制剂同西药制剂的不同之处在于，除了制剂本身的技术，如制剂工艺、辅料的筛选等技术之外，还包括活性成分、活性部位的提取、制备等技术。中药的制剂工艺多种多样，剂型达 40 多种，但常规的制剂工艺和剂型都是现有技术，各种剂型的转换也都能从相似的中药品种或教科书中得到技术启示。因此，中药剂型通常需要制剂工艺的限定才能满足创造性的要求。

（1）当中药制剂与现有技术公开的技术方案相比，区别在于中药活性成分提取方法的不同。如果在提取活性成分的过程中采用了新方法，该方法显著地影响了活性成分的结构或组成，则该制剂通常具备创造性。

（2）对已知产品的剂型改进，无论给药途径有无变化，只要是在剂型改进过程中解决了制剂的技术问题，或者在剂型改进过程中采用了新辅料而取得了预料不到的技术效果等，则这种剂型改进具备创造性。

（3）涉及药物剂型改进的发明在药物制剂领域中，存在大量的改剂型发明。所谓改剂型，是指通过辅料种类和用量以及加工工艺的变化，将一种药物制剂由一种剂型变为另一种剂型。就这种发明而言，由于活性成分通常不变，其与现有技术的区别通常是辅料的选择。对于本领域的技术人员而言，剂型的转换和辅料的选择似乎是常规选择，从而该发明具有显而易见性，但具有这种常规选择的技术方案可能会产生预料不到的效果，从而使其具备创造性。但这种预料不到的效果必须依赖于实验的证实。因此对于涉及剂型改进的发明而言，实验数据的重要性不言而喻。当发明涉及普通剂型之间的转变，如果发明的药物制剂与现有技术的技术方案相比，区别仅在于剂型的改变，其优于现有技术的效果是该类剂型本身固有的，且本领域技术人员制备该制剂没有技术困难，则该药物制剂是显而易见的，不具备创造性。

5. 中药相关方法

对于已知中药产品而言，不论是技术参数的改变，还是工艺步骤的改进和创新，如果这种工艺方法攻克了人们希望解决却一直没有解决的技术难题，或者是克服了某种技术偏见，或者是提高了产品的产量、质量、治疗效果，获得了突出的意外的效果，又或者是降低了毒性，那么这种方法具备创造性。

【案例 6 – 3】

现有技术中记载的穿心莲的提取，一般采用乙醇提取法或水提取法，用乙醇提取成本太高，而用水提取所得产品疗效差，且给药剂量大。发明人发现将穿心莲用占穿心莲重 16 % 的碳酸钠加水进行提取，反而提取率高，大大降低了成本，解决了现有工艺的技术问题，具备制造性。

【案例 6 – 4】

一种从珍珠母贝中提取珍珠液的方法，其发明点在于将现有技术中的"砂轮、人工打磨、盐酸水解"工艺改进为"用醋酸作剥离剂、硫酸水解"，并提高了产率，则所述发明具备创造性。❶

（三）关于确定合案申请还是分案申请（单一性）

关于单一性，通常来说还是相对容易判断。因此下面仅简单介绍一下。

（1）对于单味中药多种用途的发明，如果中药是已知的，所治疗的疾病又不是同类，一般不能被认定为具有单一性。

【案例 6 – 5】

发明包括黄花倒水莲在制备梅尼埃病药物中的应用、在制备活血化瘀药物中的应用、黄花倒水莲在制备免疫药物中的应用，以及在制备抗炎药物中的应用。由于黄花倒水莲是已知的，因此上述各项医药应用之间不具备单一性，需要分别申请。

（2）在中药复方类发明中，多个复方的相同特定技术特征是指包括组分及其用量的基础方，如果该基础方具备新颖性，在基础方的基础上增加其他药味，只要增加药

---

❶ 杨帆. 中药发明专利"三性"审查标准研究［D］. 成都：成都中医药大学，2012.

味后整个组方功效（注意不是治疗疾病的用途）没有发生变化，就具有单一性。一般在中药复方类发明中没有相应的技术特征。尤其要注意，不能简单以治疗的疾病相同或相似而认定其具有相同的发明构思。

【案例 6-6】

发明人提供了下述三项发明：

第一项，一种龟河鳖甲丸，其由下列按重量份的原料粉碎制备而成：五味子 10～20 份、杜仲 10～20 份、肉苁蓉 10～20 份、牛膝 10～20 份、紫河车 10～30 份、鳖甲 10～30 份、当归 10～20 份、黄柏 10～30 份、龟板 10～30 份、生地黄 10～20 份、锁阳 10～20 份、熟地黄 10～20 份、枸杞子 10～20 份、甘草 2～10 份。

第二项，一种龟河鳖甲丸，其由下列按重量份的原料粉碎制备而成：五味子 10～20 份、杜仲 10～20 份、肉苁蓉 10～20 份、牛膝 10～20 份、紫河车 10～30 份、鳖甲 10～30 份、当归 10～20 份、黄柏 10～30 份、龟板 10～30 份、生地黄 10～20 份、锁阳 10～20 份、熟地黄 10～20 份、枸杞子 10～20 份、甘草 2～10 份、黄芪 30～70 份、阿胶 10～30 份、狗肾 10～30 份。

第三项，一种龟河鳖甲丸，其由下列按重量份的原料粉碎制备而成：五味子 10～20 份、杜仲 10～20 份、肉苁蓉 10～20 份、牛膝 10～20 份、紫河车 10～30 份、鳖甲 10～30 份、当归 10～20 份、黄柏 10～30 份、龟板 10～30 份、生地黄 10～20 份、锁阳 10～20 份、熟地黄 10～20 份、枸杞子 10～20 份、甘草 2～10 份、紫苏子 10～50 份、莱菔子 10～20 份、香附 10～20 份、黄连 2～10 份、郁金 5～20 份。

相同的药味	加入药味	功　效	针对病症
第一项发明的所有药味		滋肾生津、平肝熄风、强筋健骨、补精壮阳	治疗类风湿症以及男性不育症
第二项发明的所有药味	黄芪（大剂量）、阿胶、狗肾	补中益气、滋阴补血	治疗气衰血虚之症、主要用于治疗多种妇科疾病
第三项发明的所有药味	紫苏子（大剂量）、莱菔子、香附、黄连、郁金	下气、消痰、清热泻火	治疗咳嗽痰喘、肺结核、支气管炎等呼吸道疾病

分析： 上述三项发明的方案虽然都包含第一项发明所述的组合，但由于第二项和第三项发明中其他药味的大剂量加入，导致组合物组方功效改变。组方立意即"总的发明构思"发生了根本性变化，因而不存在对现有技术产生贡献的相同或相应的"特定技术特征"。因此，这三项发明缺乏单一性，需分案申请。

（3）对于中药新产品和其制备方法（质量控制方法）的发明，可以看作具有相应的特定技术特征，因为制备方法（质量控制方法）的技术特征是相应于中药产品的技术特征而存在的，应当认为它们之间具有单一性。但是如果中药产品是已知的，那么该产品的制备方法与其质量控制方法之间就不具有相同或相应的技术特征，二者之间没有单一性。

二、专利申请文件的撰写

(一) 说明书的撰写

在中药领域，因为涉及原料的基源，一般来说，需要在说明书中写明动植物来源（中文名称和拉丁学名）、产地、用药部位等进行必要的说明，进而陈述其功能、主治等与发明相关的技术信息。此外，由于国内中药相关发明，其临床试验通常难以完备进行，现实的专利申请对药效方面的记载多有不妥之处，因此本书对药效提供方面作重点介绍。

1. 中药材名称的充分公开

中药材是决定中药产品药效的主要因素，因此对于中药专利申请，说明书中应当清楚、完整地公开其中药材原料的信息，并且使用规范的中药材名称。中药领域中，中药名称会涉及正名、药材名、别名、商品名、炮制品名、地方名、处方名等。中药的规范名称一般理解为中药的正名，而除了中药的正名以外，其他名称均称为异名。

中药的品种繁多，常用的中药近千种，在长期的使用过程中，中药名称常有变化，且许多药材的产地、使用习惯和方言称呼不同，很多地区仍保留有其地区性的习用名称，加之我国中医在历史上流派诸多，医务人员师承不同，常存在同名异物或异物同名现象。

专利申请文件中存在的中药异名一般有以下情况：

（1）音同：由发音相同（或相近）造成的错误，可能是采用拼音输入法引起的错误，如将覆盆子写成复盆子、菟丝子写成兔丝子、蜂蜜写成蜂密、石韦写成石苇等。形近：字形相近造成的药名错误，可能是采用字形输入法引起的错误，如将枸杞子写成构杞子、薄荷写成蒲荷、藁本写成蒿本、儿茶写成几茶、瓜蒌写成瓜蒌、茵陈写成菌陈等。

（2）简化：将中药名称中的字随意简化，如厚朴写成厚卜、山楂写成山查、芒硝写成亡硝、白矾写成白凡、玳瑁写成代冒等。缩写：海螵蛸写成海蛸、桑螵蛸写成桑蛸、法半夏写成法下、金银花写成双花等。合并：有些中医工作者为了省力，将两味或两味以上的中药名称合并在一起简称，如苍白术、赤白芍、乳没药、羌独活、杏苡仁、知贝母、柴前胡、苏桔梗、荆防风、防风己等。

（3）产地名：中医工作者为了使用特定产地产出的药材，会在药物名称前注明其产地，如川椒、川乌、浙贝母、云苓、怀牛膝等。

（4）原植物名：如金钟茵陈来源于植物阴行草，茵陈来源于植物茵陈蒿，天南星来源于植物狗爪半夏，陈皮来源于植物橘。申请人直接将药物的原植物名写入申请，很有可能造成混淆，如泽兰应为唇形科植物毛叶地瓜儿苗的干燥全草，菊科有一种植物泽兰，该植物泽兰在本领域中经常被人误当作临床上使用的药物泽兰使用。

（5）炮制名：大多数中药都有炮制品的名称，如熟地黄、炙甘草、法半夏、醋甘遂等。

中药材正名以《药典》记载的名称为准，而别名、俗称、地方土名等"中药材异名"则属于不规范的中药材名称，撰写专利申请文件时尽量避免，即使必须使用也应当注明其规范的中药材名称。在《药典》没有记载的情况下，可以参考《中药大辞典》或肖培根主编的《中药志》等辞书。

此外，还要尽量避免将中药材名称写错，通常由于字形相近，或谐音字，或者不规范的简写等造成错误。例如，经常出错的字形相近的中药材名称错误：榄子应为栀子、黄苓应为黄芩、构杞子应为枸杞子、罂栗壳应为罂粟壳、连翘应为连翘、蒲荷应为薄荷、淅贝母应为浙贝母、茯荃应为茯苓等。经常由于谐音造成错误的中药材名称：复盆子应为覆盆子、射香应为麝香、蟾苏应为蟾酥、旋复花应为旋覆花、贯仲应为贯众、板兰根应为板蓝根、穿心连应为穿心莲、莲子芯应为莲子心、淫羊霍应为淫羊藿、乌稍蛇应为乌梢蛇、霍香应为藿香、牛夕应牛膝等。

虽然在现实中，专利申请文件中采用了不规范的中药材名称，或对中药材名称写错，仍然有可能通过修改得以更正，但往往造成不必要的麻烦，例如延长审查程序，严重的情况则导致说明书公开不充分，而进行修改却不符合《专利法》第三十三条的规定，最终导致专利申请得不到授权。因此，对于中药专利申请，必须注意采用规范的中药材名称来描述，提交申请时对中药名称进行核实。

撰写专利申请文件时，下述情况应当予以注意：

（1）中药材异名对应于多种功效不同的正名，注意在使用该异名时，应当同时指出其正名，以便能够确定是哪种中药材。

【案例6-7】

技术交底书中提到：一种治疗胃癌的中成药，并用到作为原料药之一的中药材"人字草"。

分析：根据《中药大辞典》中的记载，"人字草"可以是中药材正名"丁癸草""鸡眼草"或"金钱草"的异名。其中"丁癸草"性味甘凉，具有"清热、解毒、去瘀"的功效；"鸡眼草"性味甘辛平，具有"凉血、消肿、健脾利湿"的功效；"金钱草"性味辛温，具有"祛风除湿、理气止痛、止血、散瘀"的功效。由于这三种药材的性味和功效各异，这种情况下直接采用"人字草"，则不能明确具体指代上述哪一种药材，因此应当与申请人沟通明确具体采用的是哪一种中药，以避免"人字草"指代不清楚的问题，如果以人字草提交专利申请，很可能被认为公开不充分。

【案例6-8】

技术交底书中涉及一种治疗风寒痹证的药物，其包含……天龙15～60重量份。同时，仅说明"天龙"具有"辛温，走窜伤阴之弊"的特性。

分析：根据《中药大辞典》的记载，"天龙"同为"蜈蚣"和"壁虎"这两种中药材的异名，其中蜈蚣的性味为"辛温"，而壁虎的性味为"咸寒"。根据对其性能的说明即"天龙"具有"辛温，走窜伤阴之弊"的特性可以确定所述"天龙"指代的药材为"蜈蚣"。因此，在提交的专利申请中建议同时明确该"天龙"为蜈蚣，以避免在审查时出现不必要的麻烦。

（2）中药材异名对应于多种功效相同或相近的正名，如果该异名所代表的多种药材都能实现发明的技术方案，则在说明书中最好明确该异名所代表的不同药材的正名。

【案例 6 - 9】

技术交底书涉及一种治疗软组织损伤的药物，其包含……田七 10 ~ 30 重量份。但技术交底书中没有描述该药物的原料药之一"田七"的药材基源和功效。

分析： 根据《中药大辞典》的记载，"田七"同为中药材正名"三七"和"峨参"的异名。由于"峨参"和"三七"都具有"治跌打伤吐血"的功用，它们在治疗软组织损伤的组方中可起到相同的作用。此时，建议与申请人或发明人沟通，确认田七对应的三七和峨参是否都能实现发明的技术方案，如果可行则应当建议明确田七既可代表三七，也可代表峨参。如果经确认仅有其中一种能够实现发明的技术方案，则应当明确具体是哪一种药材，而不能直接使用田七。

（3）避免使用不具有通用含义或通常理解的俗称。

【案例 6 - 10】❶

技术交底书表明发明为了糖尿病人的病情得到有效控制，辅助糖尿病人的康复作用，提供了一种木耳茶，其组方由主料和辅料配制而成；主料为：木耳、灵芝、灵芝孢子粉、冬虫夏草、桑黄和小白菇；辅料为：小白花、小黄花、小紫花、山楂、黄芪和百合。所获得的技术效果是：对木耳茶进行科学分析、研究并通过中国糖尿病防治工程组委会数百人的临床试验结果，对糖尿病的康复作用明显。

分析： 技术交底书中的"小白花""小黄花"和"小紫花"似乎都不是所属技术领域公知的材料名称。经与申请人沟通，申请人表明小白花、小黄花、小紫花是其当地俗称，分别对应椴树花、黄盏菊、紫茉莉花，而且在当地民间非常流传的称呼。对此应当与申请人明确，这种情况下，还是应当将正规名称写在专利申请文件中，不能因为其是当地称呼而采用俗称，否则提交申请时也可能认为没有清楚描述所述原料而导致不可挽回的损失。

2. 技术问题和技术效果的描述

发明内容部分对解决的技术问题的描述，可以针对技术问题的理论依据，例如传统中医药理论、现代中医药理论等，传统中医药理论不仅需要解决君臣佐使的阐述工作（方解），而且最好还需要阐明在该理论指导下的进行技术构思的难点或者优势，难点的阐述在于突出技术性、优势的阐述在于获得较大的保护范围，使该技术构思足以支撑较大的保护范围。

有益的技术效果：该部分有益的技术效果是对构成发明直接带来的技术效果的阐述，该有益的技术效果可以不只是一个，但需要得到后面具体实施方式的支持，或者是从技术构思的理论角度能够合理预见的效果，只是断言性的效果将难以支撑发明的创造性。

在这部分还需进一步表明其创新性。如果是传统的技术创新，不仅需要强调传统技术的技术性，例如炮制技术、组方技术、制剂技术，还需要关注现代科学技术视角下的技术性。因为中医药领域最大的特点就是缺少对物质基础的描述，更多是从哲学理论角度阐其技术性，如果继续以中国思维来阐述专利申请，会在其技术性的描述上

---

❶ 根据专利申请 201010148846.1 改编。

力不从心。如果是现代科学技术理论下的技术创新性，需要从各种原料的有效成分和药理作用入手具体分析，而大部分的中草药原料都有明确的成分标准、药理研究及已知的临床功效数据，创新的技术性在于从药效部位、化学结构、现代药理、药效等多水平阐述其技术构思提出的创新性，而不是仅仅依据临床的疗效结论。

对于中药组合物而言，重点关注组合物的组合技术以及与其技术效果之间的关系，组合技术可能是因为君臣佐使的组合，如何确定君臣佐使，所述君臣佐使的确定与技术效果之间的关联性，如果不这么组合为什么就不好，并且通过技术效果反映出来。如果组合技术不是君臣佐使的传统技术，则可以说明各个原料或者部分原料之间组合的技术性，包括例如组合搭配与技术效果之间的关联性、如何起效、如何显效等。

3. 具体实施方式的撰写

中药领域专利申请文件的具体实施方式，主要分为两部分：一是具体的制备实施例；二是必要的技术效果实施例。

对于具体的实施例，撰写的数量主要依据技术构思下所产生的不同层次的保护范围情况，实施例的设计需要体现对不同保护范围技术方案的支持。

对于技术效果的实施例：在中药领域，大多数申请目前还是主要依靠临床应用效果，而非现代科学技术的阐述，大多是基于实验结果结论性的意见，没有对其技术效果产生的原因的阐述，即多数技术效果的阐述未体现其创造性的劳动。

对于中药发明，说明书中应当记载具体医药用途或药理作用，并记载包括定性或定量实验数据的药效实验。药效实验数据包括实验室实验或临床试验的数据。通常难以在未提供实验效果数据的情况下来满足《专利法》规定的充分公开发明的要求，或者表明达到创造性高度的要求。因此，中药发明应当以提供药效实验数据作为一般情形，只有在极特殊情况下才可以不提供实验数据。

而提供的实验数据也应有一定的要求，对药物疗效的描述不能仅仅为结论性的实验结果，例如不仅要给出治病的有效率，还应描述实验方法如使用的药物及剂量、实验过程、诊断标准、疗效的判断标准等，同时实验数据不能仅仅给出少数个案的效果，应当达到能够确认其效果的程度。这对于没有系统的临床试验的情况下，提供病例个案的情况下，尤其需要比较完整［如"典型案例剖析"之（一）］。对于有系统临床试验的数据的记载方式，可参见"典型案例剖析"之二。

【案例 6－11】

具体实施方式中未明确采用的具体药物

技术交底书中给出的药物组方为"小野芝麻 1～14 份，西洋参 1～16 份，百部 1～15 份，北沙参 1～18 份，黄芩 1～15 份，白芨 1～13 份，瓜蒌皮 1～14 份，百合 2～16 份，麦冬 2～17 份，浙贝母 1～13 份，鱼腥草 3～20 份，半枝莲 1～18 份，蛇舌草 3～21 份"，其用于治疗肺结核。并给出了 12 种成分不同、各成分配比取值范围也不同的中药组合物。

但具体实施方式中，仅笼统地指出采用"本发明药物"进行实验的，但并未明示所述实验数据采用的是哪一种中药组合物。同时，提供的 20 例典型治疗病例，病例 1～3、5、12～14、18～20 中所采用的药物为"理肺清胶囊"，而病例 4、6～9、16、

17 所采用的药物为"肺丹王",也没有说明"理肺清胶囊"和"肺丹王"的具体成分。

分析: 在起草专利申请文件时,需要与申请人沟通,明确进行实验的具体药物是哪一种中药组合物,同时对"理肺清胶囊"和"肺丹王"的具体成分进行明确,以满足说明书对发明作出清楚完整的说明的要求。否则,在专利审查过程中有可能被认为公开不充分。

(二)权利要求的撰写

1. 开放式或封闭式的选择

中药组合物专利申请文件的权利要求撰写难点主要涉及权利要求的开放式还是封闭式的选择,开放式和封闭式权利要求的区分尤其在化学领域比较常见。

(1)中药组合物权利要求如果采用封闭式,可以通过"原料由……组成""由……组成的原料制成"或"原料组成或组分为……"的表征方式。这种方式表示只有权利要求中指明的组分或原料,没有别的组分或原料(但可以含有杂质),这些组分或原料为必要组分,属于实现发明目的的必要技术特征。

【案例6-12】

权利要求: 一种治疗慢性肾功能衰竭的注射液,其特征在于它是由下述用量配比的原料的水提液制成的注射液:大黄70~150份、丹参60~120份、黄芪150~280份、红花80~250份。

这个权利要求只覆盖了大黄、丹参、黄芪、红花四种原料组分,如果加入其他原料如当归、川芎等则不在其范围内。当然,它可以含有通常含量的杂质,这里的杂质是指原料或组分本身所带有的杂质。由上可见,封闭式权利要求的保护范围较窄,因而需满足的条件也较低,只要以说明书为依据、能够实现发明目的并具备新颖性和创造性即可。

中药复方是根据中医的配伍理论而形成的,由于中药复方中的各原料药物之间存在君、臣、佐、使的相互作用关系,原料中的每味药材都会影响整体的药效,也就是说,原料组分不同和/或其含量不同的药物所具有的功效都可能不同,因此,对于中药复方改变应慎重。

(2)中药组合物权利要求如果采用开放式,可以用"含有""包括""包含""基本含有""主要由……组成""主要组成为"等方式表征,其意义在于该组合物中还可以含有权利要求中未指出的某些组分,即使其在含量上占较大的比例。

在中药组合物权利要求中,要想写成开放式的组合物权利要求,说明书的撰写一方面应当要体现出基础的组合物,另一方面也要在基础组合物上撰写出足够的附加组分,以形成对开放式权利要求的支持。而目前的申请,大多数的贡献只在于提供了权利要求所述的一种组合,此时容易导致得不到说明书的支持。

【案例6-13】

权利要求: 一种治疗扁平疣的药物,其特征在于包括下列成分:苍术5~9份,马齿苋5~30份,苦参3~15份,细辛1~6份,陈皮1~6份,蜂房1~9份,蛇床子1~12份,白芷1~9份,鸦胆子仁1~40份,血竭粉1~20份,生石灰粉1~30份。

这属于开放式的权利要求,但说明书中却只记载了独立权利要求所述的11种成分，并没有指出该组合物还包含除权利要求所述成分之外的其他成分，在这种情况下，该权利要求很可能就得不到说明书的支持，修改时不得不采用封闭式权利要求的形式。

由于开放式权利要求的保护范围较宽，因而要满足的条件也较高。开放式组分可以是活性组分也可以是非活性组分，但这些未写入的组分不能改变权利要求限定的组合物基本性质和功能。如果增加的组分导致组合物成为完全不同性质的组合物，则不在该开放式权利要求的保护范围之内。

【案例 6 – 14】

权利要求：1. 一种治疗烧伤的药物，其特征在于：原料包括人工麝香 50 ~ 80 份、冰片 60 ~ 95 份、虎杖 90 ~ 120 份、紫草 180 ~ 220 份、黄连 180 ~ 200 份、黄蜡 100 ~ 150 份、麻油 300 ~ 350 份，它是由上述原料制成的膏剂。

2. 根据权利要求 1 所述的药物，其特征在于：原料还包括血竭 50 ~ 100 份、红花 60 ~ 90 份。

2. 两种主题的权利要求的撰写

1）中药提取物

中药提取物通常包括两大类：第一类提取物属于结构明确的化合物，其权利要求要求保护的可能是具体的化合物，也可能是马库什通式结构的化合物。对于该部分的撰写请参见相关章节。第二类提取物包含有不明成分，通常不可能仅用结构或组成特征对产品进行表征。其既不属于化合物也不属于组合物，应属于《专利审查指南 2010》中规定的"仅用结构和/或组成不能够清楚描述的化学产品"，通常需要借助于方法特征来限定（包括单纯采用原料特征加以限定，或使用原料、工艺步骤和/或工艺条件特征来限定）。但是，在有些情况下，天然产物提取物中所含的物质可以通过例如色谱技术等加以鉴定，并且其含量也可以得到确认，在这种情况下，提取物产品权利要求可以在部分采用结构和/或组成表征的基础上进一步用方法特征和/或物理化学参数表征的方式撰写。

中药提取物的权利要求撰写形式通常包括下述几种。

（1）一种×提取物，由下述方法制得（各组分及含量均不清楚，其中既包括涉及工艺的方法特征又包括涉及物质的原料方法特征）。

（2）一种×提取物，由下述方法制得，并且指明部分有效成分（例如具体单体化合物或者多种有效成分的总称，诸如总苷、总黄酮等），但未给出其含量（此类权利要求既包括涉及工艺的方法特征又包括涉及产品的组分和/或含量特征）。

（3）一种×提取物，其包含×% ~ ×% 的一种或多种具体有效成分或者多种有效成分的总称（例如总苷、总黄酮等）（此类权利要求包含的方法特征仅涉及原料特征）。

（4）一种×提取物，其由以下方法制得，其中所得提取物中包含×% ~ ×% 的有效成分 A（此类权利要求中既包含组分和含量限定，又有包括原料、工艺条件等方法特征限定）。

重视有效单体成分的保护，但中药有效单体成分往往不多。对中药单体有效成分的保护应该参照化合物的保护原则，以化学结构通式的方式的保护，即采用马库什权利要求的保护规则，在说明书中提供充足的结构鉴定及药理实验数据，以获得更宽的合理的保护范围。

对于中药有效部位,权利要求的撰写至少可以分为三类:

(1) 对于化学成分不明确的有效部位,通常采用提取方法或产品理化参数的技术特征去限定有效部位,然而,对提取方法或理化参数的描述往往是比较复杂的,技术特征很多,故保护范围小。申请人可以在提出首次申请后且在先专利未公开之前,将主要成分研究清楚并再次提出系列专利申请。

(2) 采用有效部位的含量来限定权利要求。例如,一种柴胡茎叶总黄酮提取物,其特征在于,柴胡茎叶总黄酮含量在 50% ~80%。

(3) 采用有效成分或指标成分的比例限定权利要求。例如,一种柴胡茎叶总黄酮提取物,其特征在于,所含的槲皮素、山奈酚和异鼠李素组成质量比为 10 ~17:8 ~14:1。

2) 中药复方

中药复方是传统中医药的精髓所在,专利申请量较大。权利要求中不仅要限定各味中药组成,还要限定其用量范围。对中药复方的保护,应该重点保护其核心处方,即能够实现其复方功效最基本的处方。

【案例 6 – 15】

某发明,包括全部组分的方案为:"一种治疗乳腺增生病的药物,包括艾叶 150 ~300g、淫羊藿 80 ~120g、柴胡 80 ~120g、川楝子 80 ~120g、天门冬 80 ~120g 和土贝母 100 ~160g。"

分析:如果核心处方为淫羊藿、柴胡、川楝子和土贝母,则保护层级关系应该为:权利要求 1 采用开放式撰写方式,改写为:"一种治疗乳腺增生病的药物,包括重量份的淫羊藿 80 ~120 份、柴胡 80 ~120 份、川楝子 80 ~120 份、土贝母 100 ~160 份",以请求保护核心处方。然后,从属权利要求 2 撰写为"如权利要求 1 的药物,还包括艾叶 150 ~300 份和/或天门冬 80 ~120 份"。其次还应考虑从属权利要求限定添加其他药用或非药用的物质,以及剂型等。●

3. 权利要求如何概括

在中药领域,权利要求中通常应当限定各原料药及其用量配比。产品中各原料药的用量配比是决定该产品的功效或作用的关键因素。权利要求中没有描述各原料药之间的用量配比或者各原料药的用量数值范围过宽时,存在各原料药按任意的或多种不同的用量配比进行组合的多种可能性。这样就会导致产品中各原料药之间的君臣佐使组方结构发生实质性的变化,从而使组合后的产品在功效或作用上有实质性不同。对此需要进行合理的概括,同时提供尽可能合理数量的实施例以支持权利要求的概括范围。

注意在撰写权利要求时,独立权利要求中不要写入非必要技术特征,同时要进行合理的上位概括。

● 赵良,闫家福,何瑜,刘会英. 浅谈如何合理地扩大中药专利申请的保护范围 [J]. 中国中药杂志,2013,38 (3):449 –452.

【案例 6 – 16】

某发明的实际操作的实施例是：降血脂口服液，由原料为山楂、……葛根，加水制成口服液（其中有重量配比）。为获得更宽并且合理的保护范围，可从以下几点进行分析：

其一，溶剂水在该发明中并非解决技术问题必要技术特征。

其二，各原料的配比应当采取一定的合理范围，对此需要提供必要数量的实施例以支撑所概括的配比范围。对于中药各原料中比较明确各原料的君臣佐使的关系，则在对数值进行扩大概括是仍然要遵守扩大后的数值仍然满足这种关系（见后续例子）。

其三，如果这些原料本身构成创新性的方案，则应从技术角度分析是否可以制成非口服液的形式。如果可以，则权利要求的主题可以写成一种降血脂组合物，如果进一步发现其功效不仅具有降血脂的功效，还具有其他功效，则可以直接写成一种组合物。

通过上述分析进行概括后，例如独立权利要求 1 写成：一种组合物，其原料配比为山楂 2～4 份、……葛根 2～4 份。其他因素如具体的配比数值点，组合物的具体形式（如口服注解）写成从属权利要求。同时，还可以根据情况撰写相应的制药用途权利要求等。

下面是两个合理概括的案例。

【案例 6 – 17】数值的概括

技术交底书表明提供治疗失眠的药物组合物，作出发明的基础在于，失眠与心脾肝肾之阴血不足、脑髓失养关系密切，其病理变化的核心是以阳盛阴衰、阴阳失交为主。因而本发明提出以益气养阴、宁心安神为治法。发明的核心组方原则是，君药为人参、麦冬，益气健脾，益胃生津；臣药为酸枣仁、柏子仁，养心补肾，安神宁志；佐药为远志，补血活血，养血安神；使药为五味子，敛肺止汗，生津滋肾。其中，提供了人参 15 份、麦冬 14 份、酸枣仁 9 份、柏子仁 9 份、远志 8 份、五味子 6 份为原料制成的药物组合物的例子，并提供了其具有治疗失眠作用的临床试验数据。

权利要求概括思路分析：作为专利申请，仅以技术交底书中提供原料具体数值点值配比制的药作为保护对象，显然不能有效地保护发明创造，需要进行适当的概括。概括的总体思路是，对具体数值点值进行适度的扩展，扩展的程度不能改变该发明中药的基本配伍原则。与核心配方相比，仍然要保持其中君药的用量大于臣药，臣药的用量大于佐药，佐药的用量大于使药，以使得可以预期仍然能够实现治疗失眠的技术效果。例如，可以形成如下权利要求：

1. 一种治疗失眠的药物组合物，其特征在于它是由下列重量份的原料药制成：人参 13～17 份、麦冬 12～16 份、酸枣仁 7～11 份、柏子仁 7～11 份、远志 6～10 份、五味子 4～8 份。

2. 如权利要求 1 所述的治疗失眠的药物组合物，其特征在于它是由下列重量份的原料药制成：人参 14～16 份、麦冬 13～15 份、酸枣仁 8～10 份、柏子仁 8～10 份、远志 7～9 份、五味子 5～7 份。

3. 如权利要求 1 所述的治疗失眠的药物组合物，其特征在于它是由下列重量份的原料药制成：人参 15 份、麦冬 14 份、酸枣仁 9 份、柏子仁 9 份、远志 8 份、五味子 6 份。

【案例 6–18】用途的概括

在技术交底书中，发明人认为其发明主要针对灰指甲的治疗。其中提供了包括苦参、黄连、蛇床子、红花、鸦胆子、大蒜制成的中药组合物，通过体外实验数据表明，该中药组合物对常见皮肤浅表真菌，如絮状表皮癣菌、白色念珠菌、酵母样菌有较强的抗菌作用，有效抑菌浓度较低。同时，提供了基于 60 例灰指甲患者的临床试验数据，表明其能有效治疗灰指甲。

权利要求概括思路分析：本领域技术人员根据现有技术的记载可知，真菌性皮肤病通常也是由皮肤浅表真菌引起的，如脚气、手癣等，通常抑制皮肤浅表真菌的生长、繁殖，就能有效治疗真菌性皮肤病，而本发明已经证明了所述中药组合物对常见皮肤浅表真菌，如絮状表皮癣菌、白色念珠菌、酵母样菌有较强的抗菌作用，且有效抑菌浓度较低。可见，虽然，发明人目前仅提供了治疗灰指甲的临床试验数据，但基于现有知识，通过抑制皮肤浅表真菌感染能够预期所述中药组合物，可以有效治疗灰指甲和灰指甲外的其他真菌性皮肤病。因而，在撰写权利要求时，应当适当概括所述中药的适应症范围，即将其概括为"真菌性皮肤病"，而将具体的疾病灰指甲作为从属权利要求来对待。当然，从更全面和稳妥保护发明创造性的目的出发，此时还可以与发明人沟通提供其他具体能够治疗的疾病（与灰指甲一样并列对待），并提供适当的证据（不一定是临床数据，因其提供相对较困难和耗时）。但基于目前的资料，至少可以将权利要求概括如下：

1. 一种外用治疗真菌性皮肤病的中药组合物，其特征在于由如下重量份的原料药制成：苦参、黄连、蛇床子、红花、鸦胆子、大蒜。（注意：根据情况还要限定各组分的具体配比范围；且主题中不应限定灰指甲）

2. 权利要求 1 所述的中药组合物在制备外用治疗真菌性皮肤病的药物中的应用。

3. 如权利要求 2 所述的应用，其特征在于：所述真菌性皮肤病是灰指甲。

（注意：如果能够提供更多的数据，则还可以就此撰写其他明确的疾病名称作为从属权利要求）

三、撰写案例分析

（一）个别病例作为临床试验数据的案例

对于中药，许多药效实验，难以采用体外实验进行说明，而通过临床试验数据更具有直接的说明力。但在实现中存在难以完成或进行系统临床试验的情况，因而在申请专利时就不能提供系统临床的试验数据。但有时也可以提供个别病例来证明所述药物的治疗效果。本案例是针对确实无法提供系统的临床试验数据的情况下，提供个别病例作为临床试验数据。当然这种撰写存在一定的风险，如果有合适系统的临床试验数据，则应当提供系统临床试验数据，而不要仅仅提供个别病例的临床试验。

1. 案情介绍

该发明涉及共有数十种中药原料的中药组合物。发明人交代该发明药物针对脑溢血的治疗非常有效，各种原料药相互协调在一起能够最大限度发挥药效，可有效提高患者机体的自我协调能力，显著改善脏腑功能和临床自觉症状，此外还具有无毒副作用的优点。提供的具体实施方式中（称为实施例一），其原料药及重量比如下：

石菖蒲 50 份、苏合香 50 份、蟾酥 10 份、冰片 10 份、樟脑 10 份、熟地黄 50 份、何首乌 50 份、石斛 50 份、玉竹 50 份、鳖甲 30 份、龟板 30 份、枳实 50 份、木香 50 份、陈皮 50 份、香附 50 份、川楝子 50 份、乌药 50 份、郁金 20 份、姜黄 30 份、桃仁 20 份、红花 20 份、丹参 30 份、砂仁 30 份、厚朴 50 份、苍术 30 份、石膏 50 份、知母 30 份、芦根 50 份、天花粉 50 份、葛根 50 份、淡竹叶 50 份、栀子 50 份、夏枯草 30 份、谷精草 30 份、黄芩 50 份、黄柏 50 份、龙胆 20 份、秦皮 30 份、苦参 30 份、生地黄 50 份、玄参 30 份、牡丹皮 30 份、赤芍 30 份、金银花 30 份、公英 30 份、地丁 30 份、连翘 20 份、大黄 50 份、芦荟 30 份、郁李仁 30 份、地骨皮 100 份、泽泻 30 份、桂枝 50 份、川芎 30 份、茯苓 50 份。

2. 案例分析

针对该发明的中药组合物的药理作用（即"治疗脑溢血"），但发明人不能提供其辨证论治的理论基础和组方遣药的方解分析。而且从所要保护的中药组合物看，所用 55 种药材功效分散，有的化痰开窍、有的芳香避秽、有的滋阴补肾、有的活血化淤、有的清热解毒、有的健脾利湿、有的辛温解表等，使得本领域技术人员无法判断该中药组合物的君、臣、佐、使基本配伍关系，无法依据中医理论预测其整体功效，也就无法从中药组合物功效出发预测其与治疗脑溢血之间的关系。另外，在现有技术中没有相同或相似的组方，因此申请专利时，说明书中应当记载足以证明中药组合物治疗脑溢血效果的定性或定量实验数据。

但由于发明人并不具备进行系统临床试验的条件，因而无法提供此类临床试验数据，但拥有其自身治疗的病例。因而退而求其次，在说明书应当提供这类实验数据。对此，提供信息应包括下述几个方面：①所用的具体药物；②给药对象；③疾病的标准；④给药方式或使用方法；⑤疗效判断依据。这些方面进行全面记载，以便能够足以证明所请求保护的中药组合物能够实现治疗脑溢血的效果。

下面给出这种临床试验记载的实例，虽然这种方式仍然存在一定的风险。

治疗实施例

用法用量：采用实施例一所制备的药剂，其用法与用量如下：（1）胶囊剂：每天三次，每次服 2～5 粒，每粒含药量 0.4 克，温水送服。（2）片剂：每天三次，每次 2～4 片，每片含药量 0.5 克，温水送服。（3）丸剂：每天三次，每次 5 克，温水送服。（4）颗粒剂：每天三次。每次 5 克，温水送服。

疗程：一个月为一疗程，共治疗 6 疗程。

疗效评价标准：

治愈：体征完全改善，患者无任何不良感觉，神志清晰，心情舒畅，精神焕发。

显效：体征显著改善，患者基本无不良感觉，神志清晰，心情舒畅，精神很好。

有效：体征明显改变，偶感稍有不适，但能接受，神志清晰，心情较好，精力比较充沛。

无效：体征无任何改变，症状如前，神志昏沉，心情抑郁，精神萎靡不振。

典型病例：

（1）张某某，男，65岁，农民。

脑溢血，出血量多，其瘀血流窜致额部皮下呈紫色，部分瘀血流入胃中再吐出来，故疼痛如刺，坐卧不安，须人扶坐，并用手不断按摩头额等处，左边上下肢不遂，腰腿酸软，言语謇涩，大便不通已12日，故胸热常说胡话，脉弦数。服用本发明中药组合物7日后，便已通，疼痛缓解，继服本发明中药组合物15日，头部瘀血逐渐减少，头痛亦减，不需护理按摩，言语恢复，情绪渐稳，继服本发明中药组合物1个月，头痛继续好转，烦躁大减，食欲增，精神渐振，继服本发明中药组合物2个月，头部瘀血消失，患者言语流畅，疼痛未作，肢体活动自如，生活正常。

（2）赵某，女，58岁，退休职工。

因患脑溢血3个多月，卧床不能翻身，不能活动，经诊治，病人面色苍白，说话无力，右下肢麻木，右手麻木，右臂疼痛，心烦，心乱，夜间发作，右下肢肌力减退，右臂运动无力，右手无力，手指活动受限，上腹饱满感，不思饮食，头晕，尿频，舌淡红，苔薄白。服用本发明中药组合物7日后，手指较前灵活，右肢麻木疼痛缓解，可翻身，继服本发明中药组合物1个月，有人搀扶可下床稍事活动，手指灵活，上腹饱满感消失，心烦、心乱趋定，继服本发明中药组合物2个月，烦躁大减，食欲增加，精神渐振，继服本发明中药组合物2个月，已不借助任何东西，自己能够步行。

（二）临床系统试验的撰写案例[1]

1. 案例点评

由于在药效效果数据方面，如果能够提供系统的、达到有统计意义的临床试验数据，则对于药物的效果具有直接的证明作用，这是比较推荐的做法。下面通过一个例子来表明其撰写方式。

1）记载证明药效实验数据的必要性

对于本案例而言，发明拟要保护中药组合物的医疗用途（即"治疗中风急性期"）。从所要保护的中药组合物的组方结构来看，其以番泻叶、虎杖为君药，通腑泻下，活血祛瘀化痰解毒；人工牛黄熄风豁痰、开窍醒神为臣药；天竺黄化痰熄风，瓜蒌仁润肠除痰，共为佐使药。从该组合物的治则看，使壅滞之痰邪得以迅速清泄，以纠正气血之逆乱，气血得以输布，痹通络活；腑气得通，浊气下降，不能上冲，扰乱神明，达到"通腑醒神"的目的。

虽然，该组合物所用药材番泻叶和虎杖的功效和其治疗原则"通腑气"是相适应的，同时中风急性期根据病位和病情轻重，会出现痰热阻滞、风痰上扰、腑气不通的证机，也就是说疾病的种类和中医辨证也是基本一致的。但是，通常情况下，中医认为中风是一种标实本虚之病，腑气不通往往是痰热内阻所致，所以需要通腑、凉血、

---

[1]　根据专利申请201010125585.1改编。

泄热、熄风、化痰并用。所以，以破气泻下为主的通腑，特别是使用番泻叶这种泻下利水药是否能实现治疗中风急性期的效果事先不能明确确定。也就是说，本申请所用的治则与中医对中风急性期的辨证并不完全适应。而且，经对比分析，在现有技术中没有检索到相同或相似的组方（见下述说明书表1）。因此，说明书中应当记载足以证明中药组合物治疗中风急性期效果的定性或定量实验数据。

2）药效实验数据记载的方式

根据该发明情况，发明人进行了相对完善的临床试验，可以较为完善和规范地记载临床药效数据，具体如下。

（1）明确观察的药物：指明采用该发明中的具体药物，说明书中明确"实施例1制备的药物"等。

（2）明确受试对象和样品数：说明书中进行了明确的交代，即按简单随机对照方法分为两组（即治疗组和对照组），每组不少于30例。

（3）明确疾病诊断标准：说明书中给出涉及的疾病的诊断标准，如参照1987年世界卫生组织（WHO）制定的高血压诊断标准，1986年中华医学会第二届全国脑血管病学术会议制订的《脑出血诊断要点》，全部以影像学检查CT或MR确诊；中风病诊断标准参照1994年国家中医药管理局医政司颁发的《中医内科急症治疗规范》"中风病急症诊疗规范"中的诊断标准。

说明书中明确试验纳入的病例均符合西医诊断标准，中医辨证属中风中脏腑阳闭证或阴闭证，年龄在80岁以下；病程$t < 7d$；出血部位在基底节区，出血量$V < 30mL$，据王忠诚主编的《脑血管病及其外科治疗》，意识状态分级属Ⅱ、Ⅲ、Ⅳ级者，不伴有心、肝、肾等器官的严重并发症。

（4）明确给药方式或使用方法：说明书对此有清楚的记载，即以实施例1的药物4粒口服或鼻饲，或实施例1的药物的药液200mL直肠滴注，如大便次数大于4~6次/日者，剂量减半，以此调整用量，以保证腑气通畅（每日大便1~3次）为度，连用7天。

（5）给出疗效判断及结果：对此说明书有完善的记载。

① 患者经治疗后，治疗组意识清醒时间平均为4.94天，对照组意识清醒时间平均为6.9天，经统计学处理，两组间有显著性差异（$P < 0.05$）。表明TF208能促使神志清醒，两组清醒时间经t检验有显著性差异：$P < 0.05$。

② 两组治疗前Glasgow – Pittsburgh昏迷评分值无差异（$P > 0.05$），治疗后第8天按Glasgow – Pittsburgh昏迷评分量表评分，则治疗组分值提高大于灌胃组，经统计学处理有极显著性差异（$P < 0.01$）。说明TF208可明显改善患者的昏迷程度。

③ 治疗组总显效为54.84%，总有效率为80.65%，而对照组总显效为43.33%，总有效率为66.67%，经统计学处理有显著性差异，治疗组疗效优于对照组，两组资料经X2检验$P < 0.05$；表明两组疗效有显著性差异。

因此，说明书记载的系统临床试验资料足以证明所要保护的中药组合物能实现治疗中风急性期的技术效果，同时还提供了毒理实验结果，其记载的方式比较完善和规范。

3）说明书记载了相关的背景技术药方，并进行了有效的比较分析，有利于突出该

发明的创造性

4) 对该发明的各味中药给出了明确的来源，以避免可能产生的争议

5) 从权利要求的撰写来看，既包括中药组合物权项，又包括其制备方法权项，并且进行了合理的概括

因此，该案例有值得借鉴之处。

2. 供参考的专利申请文件❶

说　明　书　摘　要

本发明公开了一种治疗中风急性期的中药组合物，该中药组合物由以下原料药组成：番泻叶、虎杖、人工牛黄粉、天竺黄、瓜蒌仁。本发明提供的中药组合物具有通腑醒神之功效，适用于中风急性期中脏腑、痰邪积滞、腑气不通之证，为中风中脏腑之阳闭证或阴闭证之痰邪积滞、腑气不通而设。本发明中药组合物治疗中风急性期患者能够提高临床疗效，降低病死率，改善患者的生活质量；临床应用安全无副作用。

权　利　要　求　书

1. 一种治疗中风急性期的中药组合物，其特征在于：该中药组合物由以下配比的原料药组成：番泻叶 1~10 份、虎杖 3~100 份、人工牛黄粉 1~10 份、天竺黄 3~30 份、瓜蒌仁 3~100 份。

2. 根据权利要求 1 所述的治疗中风急性期的中药组合物，其特征在于：该中药组合物由以下重量份的原料药组成：番泻叶 2~8 份、虎杖 5~50 份、人工牛黄粉 1~3 份、天竺黄 5~15 份、瓜蒌仁 6~30 份。

3. 根据权利要求 2 所述的治疗中风急性期的中药组合物，其特征在于：该中药组合物由以下重量份的原料药组成：番泻叶 3 份、虎杖 10 份、人工牛黄粉 1.5 份、天竺黄 6 份、瓜蒌仁 9 份。

4. 一种权利要求 1~3 任一项所述的治疗中风急性期的中药组合物的制备方法，其特征在于：包括以下步骤：

(1) 取虎杖、天竺黄、瓜蒌仁加水煎煮，过滤，室温置冷，加入乙醇使含醇量达 60%~75%，搅匀，静置，过滤，滤液回收乙醇后浓缩至稠浸膏；

(2) 取番泻叶快速洗净，烘干磨粉过 80~120 目筛，消毒备用；

(3) 将人工牛黄粉和步骤 (2) 得到的番泻叶加入步骤 (1) 得到的稠浸膏中，搅匀，过滤灭菌；

(4) 任选地，加入辅料进一步制成成品制剂。

5. 根据权利要求 4 所述的治疗中风急性期的中药组合物的制备方法，其特征在于：所述步骤 (1) 中煎煮为煎煮 2~3 次，每次 0.5~1.5 小时。

---

❶ 根据专利申请 201010125585.1 改编。

6. 根据权利要求 5 所述的治疗中风急性期的中药组合物的制备方法，其特征在于：所述步骤（1）煎煮 3 次，第一次为 1 小时，第二次为 45 分钟，第三次为 45 分钟。

7. 根据权利要求 4～6 任一项所述的治疗中风急性期的中药组合物的制备方法，其特征在于：所述制成的成品制剂是片剂、粉剂、胶囊剂或颗粒剂。

8. 根据权利要求 7 所述的治疗中风急性期的中药组合物的制备方法，其特征在于：所述制成的成品制剂为胶囊剂。

说　明　书

一种治疗中风急性期的中药组合物及其制备方法

技术领域

本发明属于中药领域，具体地说，涉及一种治疗中风急性期的中药组合物，及其该中药组合物的制备方法。

背景技术

中风病其发病率、致残率、病死率、复发率都很高，严重危害人类生命和健康。历经数千年的临床实践，中医在本病的预防、治疗和康复方面积累了丰富的经验，有确切的疗效和独特的优势。

意识障碍是中风病危急临床症状，临床以脑出血为多见，对中风急性期意识障碍病人应积极采取措施，促进神志清醒，有利于降低病死率。临床对中风昏迷的治疗，血肿清除术和脱水降颅压药为临床的首选，对脑水肿内科治疗常用的高渗性脱水剂如甘露醇等，临床中大量广泛被使用，其副作用和不良反应也得到重视。大量的临床资料表明，中风急性期意识障碍的患者大多具有大便秘结，腹胀、口臭等阳明腑实证，为通腑法的运用提供了客观依据。临床观察均证实阳明腑实是中风神昏出现较多的证候，从而为通腑法治疗该病提供了有力的证据。

申锦林等（中国中医急症，1998，7（4）：151）报道采用自拟"冰黄液"（黄连、大黄、牛黄、石菖蒲、冰片，没有说明每味药所用的剂量）直肠滴注加西药常规治疗 21 例急性脑出血患者，并与 20 例西医治疗患者比较，结果表明治疗组意识障碍改善的平均时间为 28h，对照组 32h，治疗组总有效率为 85.71%，对照组为 65.6%。

余恒才等（中西医结合实用临床急救，1999，6（1）：33）报道运用自拟"通腑醒脑液"（郁金、丹参、三七、大黄、水蛭、天麻、钩藤、茯苓、石菖蒲、生山楂、益母草）结合临床证型变化随证加减，直肠滴注治疗高血压性脑出血 32 例，结果 32 例中基本痊愈 13 例（40.6%），显著进步 16 例（50%），进步 2 例（6.3%），总有效率为 96.9%，患者意识障碍改善时间平均 24h。

郝玉红等（河南中医，2003，23（9）：23-24）报道采用具有通腑泻浊、活血化瘀作用的小承气通腑胶囊（大黄、胆南星、瓜蒌、枳实、丹参等）治疗急性块血性中风 130 例，基本痊愈 34 例，显著进步 56 例，进步 27 例，无变化 9 例，恶化 4 例，有效率 90.0%。

杨清荣等（陕西中医，2000，21（2）：50）报道采用通腑泻下汤（瓜蒌、胆南星、生大黄、芒硝、枳实、丹参）治疗中风（中脏腑）急性期40例，总有效率97.5%。

张守荣等（安徽中医临床杂志，1996，8（5）：206）报道采用自拟方治疗中风急性期腑实证，取得了较好疗效。方中共用9味药：大黄（后下）10～15g、元明粉（冲）6～10g、胆星9g、天竺黄15g、全蝎6g、僵蚕5g、勾藤（后下）20g、石菖蒲9g、生地15g。

王静宁等（江西中医药，1995，26（5）：12）报道用通腑化瘀法治疗中风急性期实证50例临床观察，临床上取得满意疗效。方中共用12味药：生大黄（后下）12g～20g，芒硝（冲）、枳壳、制南星各10g，菖蒲10g～15g，瓜蒌15g～20g，丹参20g，川芎、桃仁、赤芍、当归各12g，生甘草10g。

蓝恭洲等（上海中医药杂志，1996（4）：10）报道通腑清热法治疗急性脑卒中120例，临床上取得明显疗效。方选白虎承气汤，共5味药：生石膏30g、知母10g、甘草6g、大黄10g、芒硝10g。

目前对中风病急性期特别是急危重症患者的救治仍是一个薄弱环节，缺少有效的制剂和手段，研制起效迅速、安全有效的新药，以适应临床救治需要仍是抢救中风急性期昏迷患者的当务之急。

发明内容

本发明的目的在于提供一种用于治疗中风急性期的新的中药组合物。

为实现上述目的，本发明采取了以下的技术方案：

一种治疗中风急性期的中药组合物，该中药组合物由以下原料药组成：番泻叶、虎杖、人工牛黄粉、天竺黄、瓜蒌仁。

优选地，该中药组合物由以下重量份的原料药组成：番泻叶1～10份、虎杖3～100份、人工牛黄粉1～10份、天竺黄3～30份、瓜蒌仁3～100份。

更优选地，该中药组合物由以下重量份的原料药组成：番泻叶2～8份、虎杖5～50份、人工牛黄粉1～3份、天竺黄5～15份、瓜蒌仁6～30份。

更优选地，该中药组合物由以下重量份的原料药组成：番泻叶3份、虎杖10份、人工牛黄粉1.5份、天竺黄6份、瓜蒌仁9份。

本发明的另一目的，是提供上述中药组合物的制备方法。

一种治疗中风急性期的中药组合物的制备方法，包括以下步骤：

（1）取虎杖、天竺黄、瓜蒌仁加水煎煮2～3次，每次0.5～1.5小时，过滤，合并三次滤液，室温置冷，加入95%乙醇使含醇量达60%～75%，搅匀，静置，过滤，滤液回收乙醇后浓缩至稠浸膏；

（2）取番泻叶快速洗净，烘干磨粉过80～120目筛，消毒备用；

（3）将人工牛黄粉和步骤（2）得到的番泻叶加入步骤（1）得到的稠浸膏中，搅匀，过滤灭菌即得。

优选地，所述步骤（1）中煎煮3次，第一次为1小时，第二次为45分钟，第三次为45分钟。

本发明的中药组合物，可加入常规辅料（淀粉、植物油等），按常规方法制成临床上可接受的片剂、粉剂、胶囊剂或颗粒剂；优选为胶囊剂。

中风病急性期多以标实为主，由风火、痰、瘀内结所致腑气不通在中风病机变化中占重要地位。通腑泄浊是中风病急性期的基础治法之一，本发明中药组合物即是针对了中风病急性期患者多伴有腑气不通之证而设，以番泻叶、虎杖为君药，通腑泻下，活血祛瘀化痰解毒；人工牛黄熄风豁痰、开窍醒神为臣药；天竺黄化痰熄风，瓜蒌仁润肠除痰，共为佐使药。诸药合用，使壅滞之痰邪得以迅速清泄，以纠正气血之逆乱，气血得以输布，痹通络活；腑气得通，浊气下降，不能上冲，扰乱神明，达到"通腑醒神"的目的。

用于本发明中药组合物的药材如下：

番泻叶：为豆科植物狭叶番泻树 Cassia angμstifolia Vahl. 的干燥小叶。虎杖：为蓼科植物虎杖 Polygonμm cμspidatμm Sieb. et Zμcc. 的干燥根茎和根。人工牛黄粉：例如可以采用武汉第二生物化学制药厂生产。瓜蒌仁：为葫芦科植物栝蒌 Trichosanthes kirilowii Maxim. 的干燥成熟种子。天竺黄：为禾本科植物青皮竹 Bambμsa textilis Meclμre 茎秆内的分泌液的干燥块状物。

与现有技术中公开的中成药不同，本发明是一个全新的中成药配方。本发明原料组分与现有技术的比较详见表1。

表1　本发明中药组合物组成与现有技术中成药组成比较

中药名称	本发明	冰黄液	通腑醒脑液	小承气通腑胶囊	通腑泻下汤	张氏自拟方	白虎承气汤
番泻叶	**						
虎杖	**						
人工牛黄	**	**					
天竺黄	**					**	
瓜蒌仁	**			**	**		
大黄		**	**	**	**	**	**
石菖蒲			**			**	
冰片							
丹参		**	**			**	
天麻			**				
芒硝				**	**		**
未公布中药		**		**	**		**
总计药味	5	>5	11	>5	6	9	5
中药比例的公布	有	无	无	无	无	有	有

注：** 表示处方中含有此药，空格者表示处方中无此药。

剂型

本发明中药组合物可为口服剂型或注射剂型。口服剂型包括粉剂、液体、胶囊或片剂。此外，本发明中药组合物还可包括药用载体。

本发明中药组合物的剂型包括注射剂、口服液、片剂、丸剂、胶囊剂、栓剂、乳剂、悬液等。

本发明中药组合物中除了包括有效的药物成分之外，还应包括制剂学上允许使用的载体如赋形剂和辅料，这些载体的作用是有助于将有效成分加工成制剂，并且运载有效成分到体内作用部位。

本发明中药组合物可以以药物制剂的形式应用，例如以固体、半固体或液体形式的药物制剂应用，这些形式的药物制剂含有本发明中药组合物作为有效成分，还混合有有机或无机的赋形剂和辅料，适用于体外、肠道和胃肠外用药。例如，该有效成分可以与常用无毒的药用赋形剂复合，制成片剂、药丸、胶囊、栓剂、溶液、乳剂、悬液以及任何可以使用的剂型。本发明的赋形剂或辅料包括滑石、水、葡萄糖、乳糖、阿拉伯胶、明胶、甘露醇、淀粉、三硅酸镁、玉米淀粉、角蛋白、胶体硅、马铃薯淀粉以及任何可制备固体、半固体或液体形态制剂的载体。另外，辅助、稳定、增稠、着色、矫味等助剂也可使用。

为制备本发明中药组合物如片剂或胶囊，本发明中药组合物与药物载体混合，该载体为常用的制片剂组分，如玉米淀粉、磷酸二钙、蔗糖、山梨醇、滑石、脂肪酸、硬脂酸镁、树胶和其他药用稀释剂，或复方含有基本均匀的本发明中药组合物或其无毒药用盐的混合物。基本均匀的处方前复方是指有效成分在该复方中均匀的分散，这样，该复方可以随时分成相等有效单位剂量的剂型，如片剂、丸剂和胶囊。这种固体处方前复方被分成单位剂量的上述剂型，含有有效量的本发明复方，优选胶囊。

含有本发明中药组合物的片剂或丸剂可以包衣或复合，以提供达到延长药效作用的剂型。例如，该片剂或丸剂可以包括内剂量组分和外剂量组分，后者把前者完全包覆。这两组分可以用肠溶层分隔，该肠溶层用于阻止在胃中分解和允许该内组分不受影响地进入十二指肠或延缓释放。多种药材可用作这类肠溶层或包衣，包括多种聚合酸或聚合酸的混合物，如虫胶、十六烷醇和醋酸纤维素。

本发明中药组合物亦可以制成液体制剂，如口服液或注射剂，包括水溶液、合适味道的糖浆、水或油混悬剂、带味道的乳剂（含有食用油如棉籽油、芝麻油、椰子油、花生油和其他赋形剂）。水混悬液的辅料或赋形剂包括合成自然树胶，如西黄芪胶、阿拉伯橡胶、藻酸盐、葡萄聚糖、羧甲基纤维素钠（CMC），甲基纤维素、聚烯吡酮（PVP）、白明胶。

口服的液体制剂的剂型有溶液、糖浆或混悬液，也可以将其干燥制成固体，在服用之前用水或者其他赋形剂溶解再当作液体剂型使用。这些液体制剂的制备方法中，药剂学上允许使用的附加剂包括分散媒如山梨醇、氢化食用油、甲基纤维素；还包括防腐剂如甲基或丙基 P－酚；乳化剂如卵磷脂、阿拉伯橡胶；非水溶性的赋形剂如杏仁油、油脂、乙基乙醇；人工色素或甜味剂。

本发明中药组合物的口腔用药的剂型通常是片剂和菱形片。

本发明中药组合物可以制成胃肠外剂型，如用常规导管技术或输液使用注射剂。注射剂可用加防腐剂的单位剂量的安培玻璃瓶或其他多剂量的容器包装。本发明中药组合物可使用水或油性的赋形剂做成混悬液、溶液和乳剂，赋形剂包括分散媒、稳定剂和/或悬浮剂。另外，复方中的有效成分还可做成干粉，干粉在服用前被合适的赋形剂（如无菌注射用水）重新溶解。本发明中药组合物合适的胃肠道外剂型包括该活性化合物的水溶液，该活性化合物为水溶性，如水溶性盐。该活性化合物的混悬液可以以合适的油性注射用混悬液给药。合适的亲脂溶液或赋形剂包括脂肪油如芝麻油、合成脂肪酸酯如油酸乙酯和甘油三酯。制备水溶性注射用混悬液需要助悬剂来增加分散介质的黏度，如羧甲基纤维素钠、山梨醇和/或葡萄聚糖。混悬液中还可以包括稳定剂。脂质体可以包绕在药物分子的外面帮助药物进入细胞内。

给药途径

根据本发明，用于系统给药的药物配方可以按肠道用药、非肠道用药和局部用药进行配制。实际上，所有三种类型的配方可以同时使用，以达到该有效成分的系统给药。给药途径包括胃肠外途径，如皮下、静脉、肌肉注射，腹腔内给药，黏膜给药；胃肠道给药包括口服及灌肠等途径。

剂量

给药的剂量应根据病人的年龄、体重、健康状况、疗程、个体差异及剂型和给药途径的不同而定。本领域的技术人员可以根据个体需要，决定每一组分有效用量的最佳范围。

本发明中药组合物，根据临床的实际情况，可以单独使用或联合使用，也可以与其他治疗药物或诊断剂联合使用。在一些优选的方案中，本发明的中药组合物可以与其他化合物共同服用，这些其他化合物，根据常规治疗实践，常用于治疗这些疾病。

本发明提供治疗中风急性期的一些方法，这些方法是给待治哺乳动物服用治疗有效量的该中药组合物。这种治疗可以在脑血管疾病发生起72小时内进行。这些方法优选用于治疗患有急性脑出血、缺血性中风或出血性中风疾病属腑实证的哺乳动物。本发明的这些方法，更优选用于治疗被诊断患有脑出血、局灶缺血性中风或出血性中风属腑实证的人类患者。

本发明的方法还包括用生活质量的标准来评价哺乳动物病情的改善情况。这些指数包括回到独立生活的能力、回到工作的能力和神经功能缺损积分的减少。另外，本发明的方法还包括用病死率来评价哺乳动物病情的改善情况。

本发明中药组合物，通常是用在哺乳动物体内使用，如人类、绵羊、马、骆驼、猪、狗、猫、大鼠或小鼠等，也可在体外应用。

与现有技术相比，本发明具有以下有益效果：

本发明提供的中药组合物具有通腑醒神之功效，适用于中风急性期中脏腑、痰邪积滞、腑气不通之证，为中风中脏腑之阳闭证或阴闭证之痰邪积滞、腑气不通而设。动物试验表明，本发明中药组合物可以明显改善脑出血后大鼠神经体征和粪便干结、烦躁、鼻分泌物多、喉中痰鸣等痰热腑实证表现，并能够改善脑毛细血管通透性及减轻脑水肿，促进血肿吸收，减轻脑组织受压，改善微循环和脑组织供血供氧而达到保护脑组织、改善神经功能的目的。临床研究显示，本发明中药组合物治疗中风急性期患者能够提高临床疗效，降低病死率，改善患者的生活质量；本发明中药组合物治疗中风急性期神志不清属痰热腑实者可尽快促使神志清醒，减轻昏迷的程度。临床应用安全无副作用。

具体实施方式

实施例1~4 本发明中药组合物的制备

原料成分（kg）		实施例1：胶囊剂	实施例2：片剂	实施例3：颗粒剂	实施例4：口服液
	番泻叶	3	1	9.6	8
	虎杖	10	3	96	50
	天竺黄	6	3	27.6	15
	瓜蒌仁	9	3	86.4	29
	人工牛黄粉	1.5	1	9.4	2.7
制备步骤		1. 取番泻叶快速洗净（忌浸泡），烘干（60℃）磨粉过100目筛，消毒备用； 2. 取虎杖、天竺黄、瓜蒌仁洗净后切碎，以适量常水浸泡半小时后煎煮三次（沸后1h，45min、45min），过滤，合并三次滤液，浓缩到8万毫升，室温置冷，加入95%乙醇使含醇量达60%，搅匀，静置24h，过滤，滤液回收乙醇至尽，浓缩到12000毫升得浸膏			
制备剂型		3. 于浸膏中加入番泻叶和人工牛黄粉，搅匀制软材，制粒，过12目筛，55~60℃烘干，粉碎，装胶囊，每粒装0.4g	3. 于浸膏中加入番泻叶和人工牛黄粉，加入常规片剂辅料，按常规方法制备成片剂	3. 于浸膏中加入番泻叶和人工牛黄粉，加入常规颗粒剂辅料，按常规方法制备成颗粒剂	3. 于浸膏中加入番泻叶和人工牛黄粉，加入常规口服液辅料，按常规方法制备成口服液

试验例1：药理学试验

1. 材料与方法

1.1 实验动物

普通级SD大鼠240只，体重200~250g，雌雄各半。

1.2 药物

实施例1的药物，由广东省中医院制剂室生产，0.4g/粒；将实施例1的药物的内容物6.0g溶于200mL蒸馏水，pH 7.8，200mL/瓶，制得药液；实验时大鼠用药量按人与大鼠体表面积比值换算法求得（1.0g/kg·日）（口服给药时将药液配成浓度为0.1g/mL，每只大鼠200g体重每次给药2mL，1次/日；灌肠时浓度为0.1g/mL，每次给药2mL，1次/日）。

1.3 脑出血大鼠模型建立

大鼠用10%水合氯醛腹腔注射麻醉（3.0mL/kg体重）后参照任泽光报道的造模法制备，将麻醉后的大鼠俯卧位固定于脑立体定位仪上，剃毛，常规消毒，头皮下正中切口约0.8cm，暴露颅骨，于颅骨背侧前囟后0.2mm，中线向右旁开2.9mm处颅骨表面用牙钻钻孔，将固定在立体定向仪上的微量注射器（针头直径约0.7mm）垂直插入脑组织，深度为5mm（此处为尾状核部位），用自动推进器向右侧尾状核推入含0.5μ/μL胶原酶Ⅶ（TypeⅦ，每μL含1μ，美国sigma公司生产）和7μ/μL肝素（市售）的生理盐水1.2μL，退针后缝合头皮，通过破坏尾壳核内的血管基底膜，造成脑实质出血。

1.4 分组与给药

将240只大鼠随机分为三批进行实验，每批大鼠随机分为四组，每组20只，雌雄各半。

（1）假手术组：以1.2μL生理盐水代替胶原酶注入右侧尾壳核，术后6小时灌服蒸馏水2mL，每日一次，同时以自己设计的大鼠灌肠法，按2mL/200g·次的量用注射器缓慢注入蒸馏水，勿使漏出，保留20分钟，每日一次。

（2）模型对照组：脑出血模型建立6小时后灌服蒸馏水2mL，日一次，直肠推注蒸馏水2mL/200g·次，勿使漏出，保留20分钟，每日一次。

（3）灌胃组：脑出血模型建立后6小时，按1.0g/kg的量将实施例1的药物溶于蒸馏水中灌服，每次2mL每日一次，直肠注入蒸馏水2mL/200g·次，勿使漏出，保留20分钟，每日一次。

（4）实施例1的药物的药液直肠给药组：脑出血模型建立后6小时灌服蒸馏水2mL，每日一次，直肠注入药液2mL/200g·次，每日一次，勿使漏出，保留20分钟（注意：采用自行设计的灌肠方法给大鼠用药，确保药物在肠道保留20分钟以上，推注时勿使药液外漏）。

2. 结果

2.1 模型大鼠进行神经症状评分

治疗3天、5天后，灌胃组、直肠给药组与模型组神经功能评分无差异$P > 0.05$；治疗7天后，灌胃组、直肠给药组与模型组神经功能评分有显著性差异$P < 0.05$；而以直肠给药组神经功能评分改善为优。说明药液直肠给药治疗7天后可显著改善大鼠神经功能缺损症状（见表2）。

表2 大鼠神经功能缺损积分的变化（$x \pm s$）

组别	第3天（n=10）	第5天（n=10）	第7天（n=10）
假手术组	0	0	0
模型对照组	2.79±1.14	2.70±1.10	2.66±1.13
直肠给药组	2.76±1.08	2.68±1.06	2.57±1.16**
灌胃给药组	2.77±1.11	2.69±1.12	2.60±1.01*

注：*与同时段模型对照组比较$P < 0.05$，**与同时段模型对照组比较$P < 0.01$。

2.2 血肿变化

肉眼观察模型组大鼠，术后第3天见手术侧肿胀，血肿明显，出血直径约4~5mm，说明造模成功；第5天血肿有所吸收；第7天仍可见小的血肿。假手术组大鼠脑组织无变化。直肠给药组、灌胃组与模型组相比，各时段血肿均有所减小。

2.3 对脑出血大鼠脑系数的影响

假手术组大鼠脑系数各天无明显变化，模型对照组脑系数较假手术组显著升高（$P < 0.01$），尤以第5天显著。药液灌胃与直肠给药治疗均可使脑系数显著下降，而以直肠给药组为优（见表3）。

表3　药液对脑出血大鼠脑系数的影响（%；x±s）

组别	第3天（n＝10）	第5天（n＝10）	第7天（n＝10）
假手术组	0.755±0.0084	0.750±0.0019	0.753±0.0022
模型对照组	0.824±0.005○	0.844±0.0050○○	0.842±0.020○○
直肠给药组	0.777±0.0030**	0.772±0.0020**	0.769±0.0017**
灌胃给药组	0.784±0.0034**	0.781±0.0019**	0.779±0.0021**

注：* 与同时段模型对照组比较 P＜0.05，** 与同时段模型对照组比较 P＜0.01；
　　○ 与同时段假手术组比较 P＜0.05，○○ 与同时段假手术组比较 P＜0.01。

2.4　对脑出血大鼠脑组织含水量的影响

假手术组大鼠脑组织含水量各天无明显变化，模型对照组脑组织含水量第3天即有升高，第5天达高峰，第7天仍较假手术组显著高（P＜0.01）。药液灌肠治疗后，脑组织含水量较模型对照组明显下降（P＜0.01），较灌胃组疗效好（见表4）。

表4　药液对脑出血大鼠脑组织含水量的影响（%；x±s）

组别	第3天（n＝10）	第5天（n＝10）	第7天（n＝10）
假手术组	78.79±0.82	78.96±0.13	78.87±0.13
模型对照组	79.73±0.36○	81.26±0.24○○	80.76±0.71○○
直肠给药组	79.09±0.22**	79.59±0.27*	79.05±0.17**
灌胃给药组	79.15±0.25**	79.69±0.25*	79.14±0.19**

注：* 与同时段模型对照组比较 P＜0.05，** 与同时段模型对照组比较 P＜0.01；
　　○ 与同时段假手术组比较 P＜0.05，○○ 与同时段假手术组比较 P＜0.01。

2.5　对脑出血大鼠脑组织 EB 含量的影响

假手术组大鼠脑组织 EB 含量各时间点无明显变化，模型对照组脑组织 EB 含量第3天达高峰，第5、7天渐下降，但仍较假手术组显著增高（P＜0.01）。药液灌肠治疗能显著降低脑组织 EB 含量，改善脑血管通透性，疗效较灌胃治疗好（见表5）。

表5　药液对脑出血大鼠出血侧脑组织 EB 含量的影响（μg/g；x±s）

组别	第3天	第5天	第7天
假手术组	2.56±0.22	2.66±0.19	2.64±0.23
模型对照组	14.23±0.18○○	7.41±0.25○○	7.34±0.17○○
直肠给药组	5.43±0.24**	5.28±0.27**	3.95±0.24**
灌胃给药组	5.86±0.18**	5.67±0.16**	4.06±0.24**

注：* 与同时段模型对照组比较 P＜0.05，** 与同时段模型对照组比较 P＜0.01；
　　○ 与同时段假手术组比较 P＜0.05，○○ 与同时段假手术组比较 P＜0.01。

试验例2：毒理学研究

1. 用小鼠进行急性毒性试验

实施例1的药物的 LD_{50} 为 223.92±20.89 克/千克。该剂量比给人用的剂量大134

倍。结果小鼠无 1 只死亡。

2. 用 SD 大鼠进行长期毒性试验

将实施例 1 的药物以 83.5 克/千克·天的口服剂量给药于 SD 大鼠 3 个月。该剂量比给人用的剂量大 50 倍。发现本发明的中药组合物是安全的。在啮齿动物的急性和长期毒性试验中，未发现本发明的中药组合物有明显的毒性和副作用。

试验例 3：临床试验

1. 病例选择

参照 1987 年 WHO 制定的高血压诊断标准，1986 年中华医学会第二届全国脑血管病学术会议制订的《脑出血诊断要点》，全部以影像学检查 CT 或 MR 确诊；中风病诊断标准参照 1994 年国家中医药管理局医政司颁发的《中医内科急症治疗规范》"中风病急症诊疗规范"中的诊断标准。本研究纳入的病例均符合西医诊断标准，中医辨证属中风中脏腑阳闭证或阴闭证，年龄在 80 岁以下；病程 t < 7d；出血部位在基底节区，出血量 V < 30mL，据王忠诚主编的《脑血管病及其外科治疗》，意识状态分级属 II、III、IV 级者，不伴有心、肝、肾等器官的严重并发症。

2. 治疗前可比性检测

治疗前两组的性别、年龄、病程、出血量、GCS 评分、意识状态、脑疝发生、中线结构偏移、血肿破入脑室、出血 CT 分型、手术方式、中医辨证分型以及体温、脉搏、呼吸、血压、舌象、脉象、中医症状等比较，均无显著性差异（P > 0.05）。提示治疗前两组基线一致、具有可比性。

3. 治疗方案

病例分组：按简单随机对照方法分为两组（即治疗组和对照组），每组不少于 30 例。

3.1 对照组

基础治疗：病人入院保持安静，绝对卧床；保持呼吸道通畅，清除口腔异物，给予吸痰，低流量给氧，头部冷敷；酌情静滴甘露醇、速尿、地塞米松等脱水降颅压；控制血压；营养脑细胞，维持水、电解质平衡；有感染者及时应用抗生素；伴消化道出血者予以 H2 拮抗剂及止血剂等。根据病情辨证使用中成药、中药，所用中成药、中药不可含与本发明中药组合物作用相同或相仿的药物。

外科手术治疗：根据患者病情选择手术方式。

西药治疗：根据病情使用 20% 甘露醇 125mL，静脉滴注，每隔 6 ~ 12h 1 次，逐渐停减；ATP 60mg，辅酶 A 100μg，加入 5% 葡萄糖 500mL（糖尿病患者改为生理盐水）静滴，1 次/日，连用 28 日。

3.2 治疗组

基础治疗：同上。

外科手术治疗：根据患者病情选择手术方式。

在基础治疗上，以实施例 1 的药物 4 粒口服或鼻饲，或实施例 1 的药物的药液 200mL 直肠滴注，如大便次数大于 4 ~ 6 次/日者，剂量减半，依此调整用量，以保证腑气通畅（每日大便 1 ~ 3 次）为度，连用 7 天。

4. 结果

全部患者在治疗后血、尿、粪常规及心、肝、肾功能检查未出现明显异常变化，治疗过程中无一例出现不良反应。患者经治疗后，治疗组意识清醒时间平均为4.94天，对照组意识清醒时间平均为6.9天，经统计学处理，两组间有显著性差异（$P < 0.05$）。表明TF208能促使神志清醒，两组清醒时间经 t 检验有显著性差异：$P < 0.05$（见表6）。

表6 两组患者意识清醒时间比较

组别	例数	清醒时间（天）
治疗组	31	4.94 ± 2.25
对照组	30	6.90 ± 2.53

治疗前及治疗后第8日的 Glasgow – Pittsburgh 昏迷评分比较。两组治疗前 Glasgow – Pittsburgh 昏迷评分值无差异（$P > 0.05$），治疗后第8天按 Glasgow – Pittsburgh 昏迷评分量表评分，则治疗组分值提高大于灌胃组，经统计学处理有极显著性差异（$P < 0.01$）。说明TF208可明显改善患者的昏迷程度（见表7）。

表7 两组患者治疗前及治疗后第8日的 Glasgow – Pittsburgh 昏迷评分

组别	治疗前昏迷评分	治疗后昏迷评分
治疗组（n = 31）	21.38 ± 5.90	29.39 ± 2.28 ** ○○
对照组（n = 30）	21.26 ± 5.78	26.60 ± 2.67 ○○

注：** 与对照组比较 $P < 0.01$，○○ 与本组治疗前比较 $P < 0.01$。

两组治疗后28天临床疗效比较。治疗组总显效为54.84%，总有效率为80.65%，而对照组总显效为43.33%，总有效率为66.67%，经统计学处理有显著性差异，治疗组疗效优于对照组，两组资料经 $X2$ 检验 $P < 0.05$；表明两组疗效有显著性差异（见表8）。

表8 两组治疗后28天临床疗效〔例（%）〕

组别	基本痊愈	显著进步	进步	无变化	恶化或死亡	总显效	总有效
治疗（n = 31）	7（22.58）	10（32.26）	8（25.81）	4（12.90）	2（6.45）	17（54.84）	25（80.65）
对照（n = 30）	5（16.67）	8（26.67）	7（23.33）	7（23.33）	3（10.00）	13（43.33）	20（66.67）

试验例1~3结果说明，本发明的中药组合物可以明显改善脑出血后大鼠神经体征和粪便干结、烦躁、鼻分泌物多、喉中痰鸣等痰热腑实证表现，临床研究显示，本发明中药组合物治疗中风急性期患者能够提高临床疗效，降低病死率，改善患者的生活质量；临床应用安全无副作用。

第七章 医药用途发明专利申请文件的撰写及案例剖析

在医药化学领域，经常会遇到将化学物质如化合物、动物植物材料如中药用于治疗疾病的相关发明。医药用途发明，是指基于包括已知产品或新产品的活性，而能够用于治疗或预防人体或动物体的特定疾病。对于新产品的医药用途发明，通常需要先就产品作为权利要求的主题，同时将医药用途方面作为请求保护的主题。对于已知产品的医药用途发明，由于产品本身已不具备新颖性而只能申请一项医药用途发明专利。

虽然医药用途发明本身不属于一个技术领域，但其专利申请文件的撰写有其自身需要考虑的特殊问题，因此本书对医药用途发明单独进行说明。

一、申请前的预判

（一）医药用途发明的新颖性和创造性预判

对医药用途权利要求的新颖性和创造性预判以确定是否提交专利申请。对于具备新颖性和创造性的新产品，通常其医药用途也就具备了新颖性和创造性，在此不再赘述。

下面重点针对已知产品的医药用途发明进行说明。对于已知产品，有以下几个通常规则。

（1）如果发明的制药用途已被现有技术公开了其原理而实际上以不同表述方式间接地公开了，则不具备新颖性。或者如果发明的制药用途可基于现有技术能够容易推导出来，则不具备新颖性或创造性。例如，发明的医药用途是基于现有技术已知的该物质的药理活性而成立的，如果所述药理活性与医药用途的适应症一一对应，则该医药用途发明没有新颖性，不宜申请专利。

【案例 7 – 1】

发明涉及某化合物在制备抗疟药中的用途。但现有技术中也表明该化合物具有对抗疟原虫的活性，由于疟疾必定是由疟原虫引起的，那么抗疟就是对抗疟原虫的活性的必然结果，因而该发明也不具备新颖性，不应提出专利申请。除非，在药物剂型等其他方面进行改进而获得预料不到的技术效果，则可以针对其申请专利，但在申请中也不应请求该物质本身的医药用途权利要求。

【案例 7 – 2】

现有技术中公开了某化合物可以治疗支气管扩张，则针对该化合物作为哮喘制剂的制药用途发明也就不具备新颖性。

（2）如果现有技术公开了更具体概念的适应症，则发明涉及所述药物的更上位医药用途也就不具备新颖性。例如，现有技术已知某化合物可以作为抗精神病的药物，则发明涉及该化合物作为作用于中枢神经系统的药物的医药用途不具备新颖性。

（3）如果发明仅仅是对现有技术药物的作用机理的发现或揭示，则不能被认定为具备新颖性。

【案例 7 – 3】

现有技术已知某化合物作为抗细菌的药物的用途，如果发现揭示该化合物是作用于细菌细胞膜形成抑制而实现的，那么针对该化合物在制备细菌细胞膜形成抑制剂的药物中应用这一医药用途不具备新颖性，因为其实质还是抗细菌的医药用途。

（4）当已知某物质具有的活性或作用，且已知具有该活性或作用的物质可治疗相关的适应症时，则该物质制备治疗该适应症的医药用途发明不具备创造性，不宜提专利申请。

【案例 7 – 4】

发明涉及某化合物在制备治疗高血压的药物中的用途。但现有技术中已知该化合物具有血管扩张的性能。由于基于血管扩张这一性能，本领域技术人员能够容易推知其具有降血压的作用，因此该发明也就不具备创造性，不应提出专利申请。

（5）当从现有技术中已知某物质具有的活性或作用，但并不清楚具有该活性或作用的物质可治疗相关的适应症，则涉及该物质针对相关适应症的医药用途发明可能具备创造性。

【案例 7 – 5】

现有技术记载某化合物可用作组胺受体拮抗剂，发明涉及该化合物用于制备治疗过敏性哮喘的药物的用途。根据现有技术记载，机体内组胺水平过高除可能诱发过敏性哮喘外，还可能导致多种其他疾病，如过敏性鼻炎、荨麻疹、接触性皮炎、肠炎等；而诱发过敏性哮喘的原因还可能是体内速激肽或 P 物质等的过度反应，因此可以认为上述医药用途发明具备新颖性和创造性，可以提出专利申请。

【案例 7 – 6】

某发明涉及 1，3 – 羟基 – 2 –（羟甲基）– 2 – 甲基丙酸的雷帕霉素 42 酯（即 CCI – 779）在制备用于治疗哺乳动物中的难治性肿瘤的药物中的用途，其中所述的难治性肿瘤选自乳腺癌、肺的神经内分泌肿瘤、头和颈癌。那么下述根据现有技术状况的不同假设，其创造性结论不同。

（1）现有技术直接揭示 CCI – 779 可以治疗具体种类的难治性癌症。在这种情况下发明无疑不具备新颖性。

（2）现有技术揭示了 CCI – 779 治疗难治性癌症的机理，但没有直接提示 CCI – 779 可以治疗具体的难治性癌症类型。在这种情况下，如果没有相反证据表明上述机理不适用于某种具体的癌症，那么针对这种具体癌症的制药用途发明通常也不具备创造性。

（3）现有技术揭示了 CCI – 779 治疗癌症的机理（但未明确该机理必定适用于难治性癌症）并证实它可以治疗众多不同类型的癌症（但未公开可以治疗难治性癌症）。在这种情况下，本领域技术人员可以预期只要癌细胞受到上述机理调控，就可以想到采用 CCI – 779 来尝试治疗该癌症，而不论该癌症是否处于难治性阶段，除非有证据表明上述机理在难治性癌症中并不适用。

（4）如果现有技术中没有公开 CCI-779 治疗癌症的机理，同时也没有公开 CCI-779 可以治疗某难治性癌症，那么本领域技术人员就无法获得利用 CCI-779 来治疗这种难治性癌症的足够技术启示，在这种情况下发明就具备创造性。

（6）值得注意的是，根据《专利审查指南 2010》第二部分第十章第 5.4 节的规定，对于涉及已知化学产品的医药用途发明的新颖性审查应考虑的因素之一："给药对象、给药方式、途径、用量及时间间隔等与使用有关的特征是否对制药过程具有限定作用。仅仅体现在用药过程中的区别特征不能使该用途具有新颖性。"❶ 因此，对于医药用途发明，有些发明关键在于给药剂量、给药次数、给药时间、给药时间间隔等。对此，我国目前认为这些特征与医生对治疗方案的选择有关，与药物和其制剂本身以及其制备方法均没有必然的联系，这些特征仅仅体现在用药过程之中，对制药过程不具有限定作用，从而对制药用途权利要求的保护范围没有限定作用。此时，如果药物的相关适应症是已知，那么这种医药用途发明不能区别于现有技术公开的已知用途而不具备新颖性。❷ 同样，这些特征对医药用途的制药用途权利要求的创造性而言，也不能给予支持，即在创造性判断中不被考虑。

通常能直接对制药过程起到限定作用的是原料、制备步骤和工艺条件、药物产品形态或成分以及设备等。对于仅涉及药物使用方法的特征，如药物的给药剂量、时间间隔等，如果这些特征与制药方法之间并不存在直接关联，其实质上属于在实施制药方法并获得药物后，将药物施用于人体或动物体的具体用药方法，与制药方法没有直接、必然的关联性。

关于药品的说明书、标签和包装的撰写和印刷等药品出厂包装前的工序是否为制药用途型权利要求带来新颖性和创造性，目前尚存在一定争议，曾有不同的法院判决给出不同的结论。对此，在专利代理实践中，若涉及这类发明时，通常建议先提出专利申请，以待后续审查来确定。

【案例 7-7】

根据技术交底书，发明涉及潜霉素在治疗细菌感染的疾病，为了不产生毒副作用，而对其给药剂量和给药时间进行了研究，形成了下述发明方案：潜霉素在制备用于治疗患者细菌感染的药物中的用途，其中用于所述治疗的剂量是 3~75mg/kg 的潜霉素，其中重复给予所述的剂量，其中所述的剂量间隔是每隔 24 小时一次至每 48 小时一次。

分析： 现有技术中已知潜霉素可用于制备治疗细菌感染的药物，包括治疗轻度和深度革兰氏阳性菌感染。上述发明由于发明的关键在于给药剂量和给药时间及间隔，属于用药行为，不是制药用途的技术特征。因此，上述医药用途发明不具备新颖性。

某些情况下，例如给药剂量对制药过程没有影响，但单位剂量则对制药过程有影响，因而也许可以采用单位剂量来限定制药用途权利要求（但满足创造性的要求却有

---

❶ 中华人民共和国国家知识产权局. 专利审查指南 2010 [M]. 北京：知识产权出版社，2010：284.

❷ 最高人民法院（2012）知行字第 75 号行政裁定书。

较大难度)。

(7) 目前对于给药对象(针对的目标患者群)的不同,是否能够构成不同的医药用途还不是特别明确,但如果不同的给药对象导致能够构成不同于现有技术的新适症即新的医药用途,也可考虑作为限定特征写入制药用途权利要求,有可能被认为具有限定作用。当然,上述撰写在具有限定作用的前提下,需要进一步考虑是否能为权利要求带来创造性,以决定是否作为申请的主题提出专利申请。

当然上述审查规则也可能随着时间的迁移而发生变化,需要及时了解最新的审查政策,如果国家知识产权局一旦认可这些特征对于医药用途具有限定作用,则相关的发明也便可以提出专利申请(例如北京市高级人民法院行政判决书(2008)高行终字第 00378 号就曾认为上述用药特征具有限定作用)。

(8) 通过组合两种以上药物成分配制的药物,如为了解决对于本领域公知的问题(例如增加药效,或者减少副作用)联用两种以上药物成分的最优化是本领域技术人员运用普通创造性能力的体现;药物联用仅仅是简单的叠加,即各自发挥原有作用而没有相互协作等,则相关医药用途发明通常不具备创造性。但由两种以上药物成分的组合,产生了不寻常的治疗效果时,如在功能上相互支持而产生新的技术效果,或产生了协同作用而优于单独每种药的总和,则该组合物的医药用途发明可能被认为具备创造性。

【案例 7 −8】

发明涉及将化合物 A 和化合物 B 联合制成抗癌药的医药用途。具体药理学实验表明两者产生了协同抗癌效果性能。现有技术表明化合物 A 和化合物 B 分别具有抗癌效果为公知的,但是在现有技术的任何文献中都没有公开联合使用化合物 A 和化合物 B 的抗癌试剂。而且,也不可能预测出通过联合使用上述两种化合物而获得的协同抗癌效果性能。则这种联用的医药用途具备创造性。

(9) 对于已知药物化合物,具有对映异构体的情况,如果化合物仅有一个手性中心,其异构体仅有两种,通常而言发现其中一种异构体具有更好的效果,尚不能被认可具备创造性。当然,如果其效果特别好,则可先提出专利申请(留待国家知识产权局实质审查来确定)。但如果有多个手性中心,则相应的异构体将较多,如果发现某种特定的异构体具有特别的效果,则很可能具备创造性。

(二) 医药用途发明的单一性

关于医药用途发明的单一性,针对某一具体的适应症,通常不需要考虑单一性的问题。但发明针对多种不同适应症时,可能需要考虑单一性以确定是合案还是分案申请。如果活性化合物是具备新颖性和创造性的化合物,则该活性化合物的多种医药用途,无论它们的发病和/或作用机理之间是否相互关联,该发明都具有单一性,该新化合物是它们相互关联的特定技术特征。如果化合物 A 不是新化合物的情况下,医药用途发明申请包含了两种或两种以上适应症和/或药理活性机理形式表述的用途,而所述适应症和/或药理活性之间存在相互关联的发病机理,即彼此之间存在相同或相应的特定技术特征,则请求保护的用途权利要求之间具有单一性;反之,请求保护的用途权利要求之间缺乏单一性。下面通过一个例子进行说明。

【案例 7 - 9】

1. 茶色素在制备预防和/或治疗痛风的药物的应用。
2. 茶色素在制备防治高尿酸血症的药物中的应用。
3. 茶色素在制备治疗脉管炎的药物中的应用。
4. 茶色素在制备治疗病毒性心肌炎的药物中的应用。

分析：茶色素是已知化合物，由于痛风的临床表征之一是血液中尿酸含量升高，因此权利要求 1 和 2 请求保护的应用之间存在共同关联的机理，二者具有单一性；但痛风或高尿酸血症的发病机理与脉管炎或病毒性心肌炎无关，因此权利要求 1 和 2，与 3 或 4 之间缺乏单一性，权利要求 3 与 4 之间也不具有单一性，理想情况下，需要分成三份专利申请提出。

二、专利申请文件的撰写

(一) 医药用途发明的说明书撰写

在说明书撰写方面，医药用途发明要求在说明书中记载所涉及的物质或产品对相关适应症的实验数据，如果通过其实验室活性实验能够预期其治疗或预防相关适应症疾病的用途时，则只需记载实验室实验数据也可以。但更稳妥起见，最好能够提供相关动物模型或临床试验数据，具体如何提供这类数据，可参见本书其他相关章节（如本部分第四章至第六章）。

如果对所述适应症或划分为多种不同类型时，而且不同类型的治疗或预防在现有技术中存在差异，如果申请时想要保护所有类型的该适应症，则在说明书中应当提供针对适应症的不同类型分别给出证明其有效果的实验数据。

【案例 7 - 10】

当技术交底书表明某化合物对乙型肝炎有效的实验数据，但并没有对其他肝炎有效的实验结果时，则申请时只能要求保护该化合物用于制备治疗乙型肝炎的药物的用途，而不能上位概括到对肝炎的医药用途。即如果发明人发现所述物质仅针对其中一种类型有效，则撰写权利要求时则限于该种类型的适应症。

此外，对于适应症的划分要合理，例如对于治疗感冒而言，如果发明人发现某物质能够对某些细菌性感冒具有效果，则应当合理概括到该物质作为抗菌药的医药用途，但显然还不能概括到仅仅作为感冒药的医药用途，因为尚不能表明该物质对病毒等其他因素导致的感冒也有效。

当采用药理活性表述医药用途时，说明书中应记载活性物质的相关生物学实验数据或对与所述药理活性有关的一种（在作用机理与适应症是一一对应的情况下）或多种（在机理与适应症不是一一对应的情况下）适应症的疗效，则可以请求保护以该作用机理表述的医药用途权利要求，否则应限制在特定的适应症。

【案例 7 - 11】

技术交底书发明表明，某物质 A 可以治疗乳腺癌，并有充分的实验数据。但没有表明该物质可以治疗其他癌症。经与发明人沟通也无法提供，则由于癌症种类非常之多，形成原因和表症也存在差异，治疗的方式方法也存在差异，因此基于此权利要求的则仅能针对该物质治疗乳腺癌提出保护范围，而不能上位概括到治疗癌症，或扩展到治疗其他癌症如结肠癌、白血病等。

有些情况的发明是基于某物质的药理活性而获得相关的疾病治疗或预防结果，则有可能以作用机理限定医药用途。但基于目前国家知识产权局的实践，对此类专利申请把握相对严格，对此说明书中需要充分记载能证明该药理活性的相关生物学实验数据，同时最好能够提供治疗该作用机理的代表性适应症具有效果的证据或实验数据。下面通过一个实例来说明。

【案例 7-12】

技术交底书中描述了断联木脂素类化合物 peperomine E 可以抑制血管生成的作用，提供了能够证明化合物具备该作用机理的实验数据。许多现有技术文献都证明抑制血管生成与癌症、肿瘤等疾病之间具有较为明确的对应关系。因此，能够预测本发明化合物可以通过抑制血管生成来治疗某些相关疾病，例如癌症、肿瘤。对此，提出专利申请时可以采用作用机理来进行限定，例如写成：断联木脂素类化合物 peperomine E 在制备抑制血管生成的药物中的应用。

当然，提出申请时，除在说明书中记载所述化合物与机理（抑制血管生成）之间的对应关系外，在说明书中最好还能够提供以下内容，获得更稳妥或获得更稳定的专利权。一方面，需要通过现有技术的引证来表明抑制血管生成是研究较为成熟的致病机理之一，与癌症、肿瘤等适应症相关，以表明通过抑制血管生成来治疗某些相关疾病，例如癌症、肿瘤；另一方面，若有可能，最好提供直接使用化合物治疗某具体的适应症的实验数据，如针对某一具体癌症具有效果（若能找到比较可能具有实际应用的那种适应症更妥）。另外，还就抑制血管生成的机理所对应的适应症尽量全面列出。权利要求的撰写除作用机理限定外，还可就明确具体的适应症撰写从属的医药用途权利要求。这样，在后续可能的情况下（例如国家知识产权局认为不能得到说明书的支持或权利要求不清楚等），也可以退而请求针对某具体适应症的医药用途。

（二）医药用途发明的权利要求撰写

由于根据《专利法》第二十五条的规定，对于疾病的诊断和治疗方法不授予专利权，因此医药用途发明的权利要求不能直接撰写成某化合物用于治疗某疾病等形式，而需要撰写成制药用途的形式。因而，医药用途发明不能写成治疗某疾病的形式，以阿司匹林为例，则不能写成：阿司匹林用于治疗心血管病的应用等。

从产品是否第一次用于医药用途的角度来看，产品的医药用途又可分为第一次医药用途发明和第二次医药用途发明。所谓第一次医药用途发明，是发现某产品第一次用于预防、治疗或诊断疾病的用途，而第二次医药用途是指某产品之前可用于预防、治疗或诊断某疾病，之后发现还可预防、治疗或诊断另外的疾病的发明。

对于医药用途权利要求，尤其第二次或更多次医药用途只能撰写成制药用途权利要求，例如："阿司匹林在制备治疗心血管病的药物中的应用。"这种形式最为常用，但其他可接受形式包括：阿司匹林用于制备治疗心血管病的药物；阿司匹林作为治疗心血管病的药物中活性成分的应用。

对于第一次医药用途发明，还可以写成下述形式：一种包括某产品作为活性成分制成的药物组合物。但这种撰写形式上是产品权利要求，其保护范围与前面的制药用途权利要求没有实质区别。

对于制药用途权利要求，其可以进行概括的方面主要是物质本身、适应症两个方面可以进行概括。此外，还可就药物的剂型等方面作为从属权利要求的附加技术特征来撰写。

下面例子就是通过机理来进行限定的，而对于具体适应症，以及其他方面则可以撰写成从属权利要求。

【案例 7 - 13】

技术交底书中提供了断联木脂类化合物 peperomine E 具备抑制血管生成这一作用机理的实验数据，同时提供了针对几种具体的适应症如银屑病、关节炎、动脉粥样硬化的病变组织的血管抑制效果，并提供相关的治疗效果数据。而且现有技术文献都证明抑制血管生成与癌症、肿瘤等疾病之间具有较为明确的对应关系。此时，独立权利要求 1 可以将治疗的疾病概括为"抑制血管生成"，但为了避免专利审批过程认定概括不能得到说明书的支持（尤其是如果不提供针对具体适应症的效果，则不被认可的可能性进一步增大），将针对具体适应症撰写成从属权利要求。

下面是一份权利要求的撰写示例：

1. 化合物 peperomine E 在制备抑制血管生成药物中的应用。

2. 根据权利要求 1 所述的应用，其特征在于，所述的抑制血管生成的药物剂型为胶囊剂、片剂、口服制剂、微囊制剂、注射剂、栓剂、喷雾剂或软膏剂。

3. 根据权利要求 1 所述的应用，其特征在于，所述的抑制血管生成药物为抑制银屑病病变组织血管新生的药物。

4. 根据权利要求 1 所述的应用，其特征在于，所述的抑制血管生成药物为抑制关节炎病变组织的血管新生的药物。

5. 根据权利要求 1 所述的应用，其特征在于，所述的抑制血管生成药物为抑制动脉粥样硬化病变处血管新生的药物。

此外，两种药物联用的权利要求的撰写根据不同情况可以采取不同的撰写方式。

对于两种不同的药物联用需要将其在制备过程混合在一起，直接撰写包括有效成分药物的组合药物。

【案例 7 - 14】

一种抗癌药，其特征在于，其包括化合物 A 和化合物 B 作为有效成分。这里的前提是化合物 A 和化合物 B 分别都是抗癌药，而发明将这两种抗癌药混合在一起形成药物。其主题名称也可以明确为复方制剂。

但还有些药物联用是两种或以上的药物仍然单独制备成药物，在使用时需要配合使用，或者在使用时才予以混合，或者不同时间间隔分别服用，如果撰写药物的服用方法，显然属于治疗方法的范畴。此时，可以采取药盒（或者试剂盒、制品）、制备方法的权利要求或者采取类似制药用途权利要求的撰写形式。但要注意，在撰写药盒或制品的权利要求中，对于药物的使用说明不作为技术特征予以考虑。

【案例 7-15】

发明人研究了配体与放射性药物联合用于骨肿瘤治疗，但需要在使用时才予以混合，则可以写如下形式的权利要求：

1. 一种用于骨肿瘤治疗的放射性药物药盒的制备方法，其特征在于：是将配体或其药用盐制备成药盒，配体与放射性核素溶液分别存放，使用时再将放射性核素的溶液加入药盒，与药盒中的配体或其药用盐反应，形成放射性的络合物制剂。

【案例 7-16】

发明人研究发现核糖核酸酶和青蒿素或其衍生物联合使用抗肿瘤，无论体内还是体外，都可以产生明显的协同效应。具体用的是豹蛙卵核糖核酸酶和双氢青蒿素，并且豹蛙卵核糖核酸酶必须先于双氢青蒿素 1 小时使用。此时，可以撰写如下药盒权利要求：

1. 一种抗肿瘤药盒，其特征在于，所述药盒包括：含有青蒿素或青蒿素衍生物的制剂；含有核糖核酸酶的制剂。

或者写成：

1. 一种抗肿瘤用制品，包括包含以下独立包装的制剂的容器：含有青蒿素或青蒿素衍生物的制剂；含有核糖核酸酶的制剂。

【案例 7-17】

发明人发现抗 HER2 抗体（曲妥单抗）和抗 VEGF 抗体（贝伐单抗）联合用于治疗患者中的特征在于 HER2 受体蛋白过量表达的乳腺癌疾病有较好的效果，则可以写成如下权利要求形式：

1. 治疗有效量的抗 HER2 抗体和抗 VEGF 抗体用于制备治疗患者中的特征在于 HER2 受体蛋白过量表达的乳腺癌疾病的试剂盒中的应用，其中所述抗 VEGF 抗体是贝伐单抗，其中所述抗 HER2 抗体是曲妥单抗。

此外，下述撰写方式被认为没有体现联合用药。

"1. 一种 CD40 抗体在制备用于治疗肿瘤的药物组合物中的应用，其特征在于，所述治疗还包括施用激活 CTL 的肽。"

上述权利要求中的"所述治疗还包括施用激活 CTL 的肽"体现在联合用药时的给药方式，没有对 CD40 抗体的制药过程本身产生影响，因而不能作为体现其新颖性和创造性的特征考虑。

对于医药用途的制药用途权利要求，通常撰写的权利要求数量不多，但仍然有概括和撰写相关从属权利要求的必要，例如本章最后提供的案例。

三、撰写案例分析

（一）案例推荐理由

下面提供一个相对完善的医药用途发明专利申请的权利要求书和说明书。在此先对该专利申请文件中反映的重点方面进行说明，便于撰写相关专利申请文件时作参照。

（1）说明书中明确了医药用途所涉及的化合物，即达非那新，并给出具体的化学分子式。

（2）提供所涉及的医药用途的验证，即说明书中的临床试验1和2。其中，给出具体试验的方法，并且提供了可信的试验结果数据。

（3）在保护范围和层次来看，首先，将化合物达非那新进行了适当的概括，即包括其可药用衍生物，但由于衍生物存在不能被认可的风险，因此进一步针对达非那新的具体衍生物进行了说明，如限定为可药用盐、酸加成盐以及更具体的氢溴酸盐。其次，针对治疗对象即适应症也进行了概括，即膀胱过动症的患者尿急，同时进一步明确更下位的适应症（湿膀胱过动症和干膀胱过动症）。最后，针对医药用途中的剂型也作了进一步说明，即缓释骨架片作为优选方式。

因此，该专利申请文件在说明书撰写上较为全面完善，同时对于保护范围的设计也算合理，可以在类似的申请中予以借鉴。

（二）供参考的专利申请文件❶

权 利 要 求 书

1. 达非那新或其可药用衍生物在制备用于减轻患有膀胱过动症的患者尿急的药物中的用途。

2. 权利要求1所述的用途，其中达非那新是可药用盐的形式。

3. 权利要求2所述的用途，其中达非那新是可药用的酸加成盐形式。

4. 权利要求3所述的用途，其中达非那新是其氢溴酸盐形式。

5. 权利要求1~3任意一项所述的用途，其中待治疗的患者患有湿膀胱过动症。

6. 权利要求1~3任意一项所述的用途，其中待治疗的患者患有干膀胱过动症。

7. 权利要求1~3任意一项所述的用途，其中达非那新或其可药用衍生物以适合于在患者的胃肠道下段释放至少10%达非那新或其可药用衍生物的剂型施用。

8. 权利要求7所述的用途，其中剂型是缓释骨架片。

说 明 书

达非那新及其盐的用途

技术领域

本发明属于医药领域，具体涉及达非那新和其可药用衍生物的医药用途。

背景技术

达非那新是$(S)-2-\{1-[2-(2,3-二氢苯并呋喃-5-基）乙基]-3-吡咯烷基\}-2,2-二苯基-乙酰胺，公开于欧洲专利0388054的实施例1B和8中。在其中被称为$3-(S)-(-)-(1-氨基甲酰基-1,1-二苯基甲基)-1-[2-(2,3-二氢-苯并呋喃-5-基）乙基]吡咯烷。据称它可以治疗肠易激综合征，其具有以下

---

❶ 依据专利申请02824936.4改编。

结构：

膀胱过动症（Overactive Bladder，OAB）的症状包括尿频和尿急，伴有或不伴有无局部病理学或系统病症的尿失禁。尿急在草拟的 ICS 术语报告（国际抗尿失禁协会术语报告；草案 6，2001 年 8 月 15 日）中被描述为难以控制的突然的强烈的排尿愿望。

最近，术语湿 OAB（OAB Wet）和干 OAB（OAB Dry）已被建议分别用于描述伴有或不伴有尿失禁的 OAB 患者。湿 OAB 和干 OAB 在男性和女性中的总患病数相似，在美国患病率为 16.6%（Stewart 等人，2001 年 7 月于法国巴黎举行的第二届国际尿失禁评议会上提交的摘要）。直到最近，人们一直认为 OAB 的主要症状是尿失禁。但是，随着新术语的出现，对于大量没有尿失禁的患病者（即干 OAB 患者）这显然没有意义。因此，Liberman 等人的近期研究［在具有膀胱过动症症状的成年人中与健康相关的生活质量：以美国社区为基础的调查结果；Urology57（6），1044－1050，2001］调查了所有 OAB 症状对人生活质量的影响。该研究证明：与对照相比较，患有无任何明显失尿的 OAB 的人生活质量受影响。另外，与对照相比较，单有尿急的人生活质量也受到影响。

因此，现在认为尿急是 OAB 的首要症状，但迄今为止尚未在临床研究中以定量方式对其进行评价。

发明内容

本发明人发现达非那新和其可药用衍生物可用于减轻患有膀胱过动症的患者的尿急。该发现令人惊讶，因为无法预测已知用于治疗尿失禁（即不自愿地且经常是不自主地漏出尿液）的化合物能减轻尿急感（即突然的强烈的排尿愿望）。更令人惊讶的是达非那新和其可药用衍生物能减轻没有尿失禁的患者（即干 OAB 患者）的尿急感。

因此，根据本发明，提供了达非那新或其可药用衍生物在制备用于减轻患有膀胱过动症（OAB）的患者尿急的药物中的用途。

达非那新的可药用衍生物包括溶剂合物和盐，特别是酸加成盐，如氢溴酸盐。

待治疗的患者可以患有湿膀胱过动症（湿 OAB）或干膀胱过动症（干 OAB）。

达非那新或其可药用衍生物可以单独施用或以任何方便的药物形式施用，包括欧洲专利 388054 中所提及的那些形式。但优选口服施用。在本适应症中，对于体重 70kg 的人，达非那新或其可药用衍生物中活性达非那新部分的适宜剂量为每天 3.75～40mg，例如每天 7.5～30mg。所述剂量可以以 3 个分剂量或以单一的控释制剂施用。

但是，优选达非那新或其可药用衍生物以适合于在患者的胃肠道下段释放至少 10% 达非那新或其可药用衍生物的剂型施用。所述剂型在美国专利 6106864（其教导在此引入作为参考）中述及。优选的所述剂型是缓释骨架片（具体可参见美国专利 6106864 的实施例 3）。

本发明还提供了用于减轻患有膀胱过动症的患者尿急的达非那新或其可药用衍生物。

基于本发明，将达非那新或其可药用衍生物施用于需要所述治疗的患者可以减轻患有膀胱过动症的患者尿急。临床试验表明，达非那新（7.5～30mg）剂量在降低OAB对象的尿急发作次数和尿急的总体严重性方面的效应显著大于安慰剂所产生的效应（参见表1和表2）；达非那新和安慰剂对有尿急和尿频的患者的警告时间的作用比较中，本发明人的研究表明达非那新与安慰剂的中位数之差为4.3分钟（参见表3）。因此，实验结果表明达非那新使患有膀胱过动症的患者的尿急症状临床上显著减轻，具有明显的技术效果。

具体实施方式

用以下实施例阐述本发明。

实施例：膀胱过动症对象的尿急临床试验

使用了两种新方法评价尿急。第一种方法用于大规模临床试验，第二种方法用于临床实验室研究。

在这两项试验中，达非那新均以其氢溴酸盐形式施用。其剂型为美国专利6106864，特别是实施例3中所述的那种缓释骨架片。该片剂每天施用一次（o.d.）（注：本案例原文如此，但需要说明的是，为稳妥起见，这里最好详细介绍缓释骨架片的制备实施例）。

临床试验1

在本试验中，湿OAB患者在日志中记录每天的每次尿急发作以及每天尿急的总体严重性。使用其中定位点为轻度和重度的视觉模拟量表（Visual Analogue Scale，VAS）记录尿急的严重性。

在多中心试验中，在诊断为膀胱过动症的对象中评价达非那新（为氢溴酸盐；7.5mg、15mg和30mg活性部分，o.d.）和安慰剂，并在基线和研究结束时（12周治疗）用VAS评估尿急症状。

108名患者（14名男性、94名女性）接受7.5mg；107名患者（15名男性、92名女性）接受15mg；114名患者（16名男性、98名女性）接受30mg；108名患者（18名男性、90名女性）接受安慰剂。

结果

达非那新（7.5～30mg）剂量相关性地降低临床研究中OAB对象所经历的尿急发作次数和尿急的总体严重性。其效应显著大于安慰剂所产生的效应。数据列于以下的表1和表2中。

表1　达非那新和安慰剂对OAB患者的尿急频率和严重性的作用

尿急发作次数/天	安慰剂	达非那新氢溴酸盐剂量		
		7.5mg	15mg	30mg
基线	8.1	8.5	8.6	8.4
与基线相比的中位数变化	-1.2	-1.8	-2.3*	-3.0***

续表

尿急发作次数/天	安慰剂	达非那新氢溴酸盐剂量		
		7.5mg	15mg	30mg
与基线相比的中位数百分比变化	−15.7	−29.2	−26.9	−33.1
尿急严重性/天				
基线	53.5	53.2	56.2	53.5
与基线相比的中位数变化	−3.9	−7.0	−7.0*	−9.4*
与基线相比的中位数百分比变化	−8.0	−14.2	−11.6	−19.9

注：$*P<0.05$，$**P<0.01$，$***P<0.001$。

表2　经安慰剂校正的达非那新对 OAB 患者尿急频率 & 严重性的作用

尿急发作次数/天	7.5mg	15mg	30mg
基线	8.5	8.6	8.4
与安慰剂的中位数之差	−0.5	−1.1*	−1.4***
尿急严重性/天	7.5mg	15mg	30mg
基线	53.2	56.2	53.5
与安慰剂的中位数之差	−2.5	−3.8*	−5.5*

注：$*P<0.05$，$**P<0.01$，$***P<0.001$。

临床试验2

本试验使用了新方法测定尿急首次出现和需要排尿之间的时间，其被称为"警告时间"。使用了改进的秒表，要求所述对象在强烈愿望出现时按下按钮，且当他们感觉需要排尿时按下第二个按钮。

在具有尿急症状的对象中评价达非那新（为氢溴酸盐；30mg o.d.）和安慰剂。所述对象是湿 OAB 和干 OAB 患病者的混合体。在基线和治疗2周后用改进的秒表估算"警告时间"。

36 名患者（29 名女性、7 名男性）接受达非那新；36 名患者（22 名女性、14 名男性）接受安慰剂。

结果

与用安慰剂治疗的对象相比较，用达非那新治疗有尿急的对象使警告时间显著延长。数据列于表3中。可见，与安慰剂的中位数之差为4.3分钟，并且湿 OAB 和干 OAB 对象均对治疗有反应。

表3　达非那新和安慰剂对有尿急和尿频的患者的警告时间的作用

警告时间（分钟）	达非那新	安慰剂
基线（中位数）	4.7	9.4
2周（中位数）	8.4**	4.1

注：$*P<0.05$，$**P<0.01$，$***P<0.001$。

第八章　化妆品发明专利申请文件的撰写及案例剖析

我国《化妆品卫生监督条例》中定义化妆品为："以涂擦、喷洒或者其他类似的方法，散布于人体表面任何部位（皮肤、毛发、指甲、口唇等），以达到清洁、消除不良气味、护肤、美容和修饰目的的日用化学工业产品。"对于用于治疗的、具有药效活性的制品被称之为"特殊用途化妆品，"如用于育发、染发、烫发、脱发、美乳、健美、除臭、祛斑、防晒等目的的化妆品。

化妆品的产品以复合配方为主，多为外用剂型，产品效果评价通常以感官评价为主要评价方式。化妆品专利申请主要涉及有关原料或制剂本身的产品发明，有关美容方法、原料制备以及制剂制备的方法发明，此外还包括用作美容、原料、制剂的用途发明。

化妆品的专利申请大多涉及组合物，对组分的描述通常采用上位概念，例如表面活性剂、乳化剂、增稠剂、染发剂等。上位概念涉及一类物质的集合，在该领域还有部分用参数、功能、用途限定的原料组分，撰写时如何清楚限定并合理概括具有一定的典型性。此外，随着公众对原料安全性要求的不断提高，化妆品产品中含有的禁用组分、限用物质也是撰写中需要注意的问题。下面针对化妆品领域的典型性问题予以介绍，并通过案例进行说明。

一、申请前的预判

撰写前需要初步判断相关发明是否属于可授权的范围，以及初步判断符合"三性"的要求等。对于化妆品相关发明而言，在预判是否需要提交专利申请时最主要考虑的是，是否为可授权的主题。

（一）可能涉及《专利法》第五条的情形

化妆品因多采用涂抹、清洗等施用方式，与人类身体密切接触，会对身体健康产生影响，因此卫生部于 2007 年 1 月颁布并实施了《化妆品卫生规范》（可参见网址http：//www. moh. gov. cn/publicfiles/business/htmlfiles/mohwsjdj/s3595/200804/16770. htm ）。该规范中公布了在化妆品中禁用的化学物质达 1208 种，禁用的中药植物（包括其提取物及制品）78 种；还公布了化妆品中的限用物质 73 种、限用防腐剂 56 种、限用防晒剂 28 种、限用着色剂 156 种以及在化妆品组分中暂时允许使用的染发剂 93 种。

《专利法》第五条规定，对违反国家法律、社会公德或者妨害公共利益的发明创造，不授予专利权。在申请的预判中要注意方案中是否出现上述规范中列举的禁用或限用组分，如果使用了禁用组分或限用物质的量超出规定范围，将可能涉及违反《专利法》第五条的情形。对于限用物质的量超出规定范围，要将限用物质控制在合理的范围内，必要时需要补充本领域中足够的安全性实验数据证明产品或方法的安全性。

此外，随着化妆品行业的发展，禁用组分、限用物质也会不断更替，要及时更新最近的技术信息，最大限度地保护发明创造。

【案例 8 - 1】

某发明涉及一种多功能洗发香波，以重量份计，由以下物质构成：二氧化硒：1 ~ 2 份，脂肪醇聚氧乙烯醚硫酸铵：2 ~ 5 份，柠檬酸：0.01 ~ 0.08 份，薄荷醇：0.05 ~ 0.1 份，……（其他组分省略）。申请人的技术交底书中未提供任何安全性方面的数据。

分析：二氧化硒是《化妆品卫生规范》中规定的化妆品禁用成分，其具有毒性、强刺激性，与皮肤接触会造成皮炎和皮肤灼伤，发明的洗发产品中含有二氧化硒成分，会对人体造成伤害。在申请人未对该产品进行安全性实验的前提下，如提出专利申请，将被认为妨害公共利益，不符合《专利法》第五条的规定。如果需要提出专利申请，最好建议申请人替换禁用的物质，使用其他不违反《化妆品卫生规范》的物质。

（二）可能涉及《专利法》第二十五条的情形

在请求保护的有关美容方法、原料制备以及制剂制备方法型权利要求中，比较特殊的是涉及美容方法的申请。化妆品领域的美容方法通过包括单纯的美容方法，以及包含治疗手段的美容方法。单纯的美容方法是指不介入人体或不产生创伤的美容方法，以美化皮肤、毛发、指甲、牙齿外部等为目的，不包括创伤性或介入性的处置过程。例如，通过遮盖调整肤色的方法、染发的方法、毛发定型的方法。单纯的美容方法不属于治疗方法，可以被授予专利权。

在《专利审查指南2010》第二部分第一章第 4.3.2.1 节指出：以治疗为目的的整容、肢体拉伸、减肥、增高的美容方法因属于疾病的治疗方法而不能被授权。以治疗为目的的针灸、麻醉、推拿、按摩、刮痧、气功、催眠、药浴、空气浴、阳光浴、森林浴和护理方法属于疾病的治疗方法，因而属于不授予专利权的主题。区分美容方法和疾病的治疗方法的关键在于判断其实际上是否是通过防治疾病来达到美容目的，如果是，则属于疾病的治疗方法。以此为原则可以较为明确地进行判断。对于涉及是否属于疾病的诊断和治疗方法的美容方法，在此列举几例，以期协助判断是否有必要提出专利申请或撰写相关的权利要求。

【案例 8 - 2】

技术交底书提供了一种涉及牙齿增白的方法，其特征在于使用化合物 A。

分析：牙齿的增白方法从字面上看属于一种美容方法，但实际上达到牙齿增白效果的手段主要有两种，其一是通过在牙齿表面涂刷白色颜料使其变白，其二是通过去除牙齿表面的牙斑或牙石，对龋齿等口腔疾病进行治疗以实现牙齿增白的目的，针对这两种不同的情况所作出的判断也截然不同，以第一种手段使牙齿增白的方法属于美容方法，是可以被授予专利权的。虽然第二种手段具有改善牙齿外观的美容作用，但由于去除牙斑的方法必然具有防治牙石和口腔疾病的作用，因此仍属于疾病的治疗方法而不能被授予专利权的情况。

对于通过防治疾病来达到美容目的的方法，单纯形式上的改写，例如"一种……美容方法""一种……的非疾病治疗方法"，其实质上仍然属于疾病的治疗方法，是不能授予专利权的。对于涉及这类方法的权利要求的修改，可以借鉴的修改方式包括例如用途式权利要求，如可以写成"一种……组合物在制备治疗抗龋齿的……产品中的用途"。

【案例 8 - 3】

技术交底书披露了发明人发现特定的植物提取物具有抑制由微生物引起的载体蛋白质的脱脂蛋白 D 的分解作用，从而抑制产生不良臭味。

现有技术中指出，引起腋臭的主要原因：臭味分子之一的 3 - 甲基 - 2 - 己酸（3M2H）与载体蛋白质的脱脂蛋白 D（Apolipoprotein D）结合，通过汗腺分泌到皮肤表面，存在于皮肤表面的皮肤常在菌分解载体蛋白质并使臭味分子游离，产生不良的臭味。

申请人草拟的权利要求如下：

1. 银杏、黄柏或它们的提取物在用于抑制载体蛋白质的脱脂蛋白 D 分解中的非治疗目的用途。

2. 如权利要求 1 所述的用途，通过抑制载体蛋白质的脱脂蛋白 D 的分解从而抑制体臭。

3. 如权利要求 1 所述的用途，通过抑制载体蛋白质的脱脂蛋白 D 的分解从而抑制汗臭。

4. 一种非治疗目的的体臭抑制方法，其特征在于，在皮肤上涂敷银杏、黄柏或它们的提取物，从而抑制载体蛋白质的脱脂蛋白 D 的分解。

分析：从形式上看，权利要求 1 ~ 4 的技术方案符合《专利法》第二十五条的规定；从技术内容上分析，本申请因通过在皮肤上涂覆提取物，抑制已经被排出体外的载体蛋白质的脱脂蛋白 D 的分解，从而达到抑制臭味的效果，其属于不介入人体也不对人体产生创伤，属于在皮肤外部可为人们所视的部位局部实施的、非治疗目的的身体除臭方法，因此权利要求 1 ~ 4 的技术方案符合《专利审查指南 2010》中对单纯的美容方法的定义，不属于疾病的治疗方法，可以作为专利申请权利要求的主题。

【案例 8 - 4】

发明涉及环丙甲羟二羟吗啡酮在改善身体皮肤外观中的应用，其方法为反复施用有效剂量的环丙甲羟二羟吗啡酮以减少食欲直到产生美容性减肥。已知环丙甲羟二羟吗啡酮属于一种鸦片拮抗剂，是一种高效药物。而且申请人认为所用到的化学物质环丙甲羟二羟吗啡酮既具有美容性减肥的美容效果也具有预防肥胖症的治疗效果。因而拟提出如下技术方案：环丙甲羟二羟吗啡酮在改善身体皮肤外观中的应用，其特征在于反复施用有效剂量的环丙甲羟二羟吗啡酮以减少食欲直到产生美容性减肥。

分析：从用途权利要求限定来看，对于没有肥胖症的人反复服用合适剂量的环丙甲羟二羟吗啡酮直到产生美容性减肥，从理性和客观的角度来看都没有涉及预防肥胖症。上述技术方案的限定方式使得权利要求仅包括非治疗目的的应用，不属于不授予专利权的主题。因此，权利要求要求保护它的非治疗目的的应用，不能因为具有其他用途而使所述主题具有治疗属性。如果那些额外的、潜在的治疗效果可以与非治疗目的应用明确区分，且不包括在权利要求范围内，则权利要求的主题属于可以授予专利权的主题。

【案例8-5】

发明涉及一种已知物质噻吩甲酰噻吩甲基过氧化物（thenoyl peroxide）的两种用途，一方面可以治疗痤疮，另一方面可以用于处理粉刺。

分析： 本领域已知治疗痤疮属于疾病的治疗方法，这不存在争议。但对于处理粉刺而言，本申请是用该物质处理粉刺后，将粉刺转化为开口状态，以便其中粉刺物质能够排出，因而有利于皮肤清洗，这种处理属于非医疗的身体清洁，不属于治疗方法。在权利要求的撰写时，应当明确为美容目的，则写成："噻吩甲酰噻吩甲基过氧化物作为美容产品的用途。"虽然噻吩甲酰噻吩甲基过氧化物本质上既具有治疗痤疮作用，又具有美容作用，并且在实现美容用途时也可能偶尔顺带产生治疗效果（但并不必然），因而认为这两种用途可以明确区分开来。而且，权利要求的表述限定在"美容产品的用途"，也足以确定其仅针对美容用途，而将治疗用途排除在外。因此，上述权利要求的限定在仅获得美容效果（即非治疗性的）范围内。

综上所述，要注意以下问题：（1）与疾病的诊断和治疗方法相关的权利要求主题可否授予专利权，有时单独从表面文字难以得出结论，应当结合相关现有技术以及发明内容的信息来判断。（2）对于某种物质既具有非治疗用途，也具有治疗用途，则主要看两者能否区分开来，如不能区分开（即在实现非治疗用途时必然实现治疗用途），则不管权利要求如何撰写（包括在权利要求中增加"非治疗目的"限定），其用途都不能免除不授予专利权的范围。如果能够区分，则权利要求中应通过明确限定以排除治疗目的的用途部分（有些情况可以通过引入具体放弃即增加"非治疗目的"的限定），则可以获得授权。

（三）可能涉及《专利法》第二十二条第四款的情形

《专利法》第二十二条第四款规定，实用性是指发明或者实用新型申请的主题必须能够在产业上制造或者使用，并且能够产生积极效果。在化妆品领域，涉及实用性的难点主要集中在是否含有外科手术方法的美容方法的判断，含有外科手术方法的美容方法中的外科手术方法是指"使用器械对有生命的人体或动物体实施的剖开、切除、缝合、纹刺等创伤性或介入性治疗或处置的方法"。

根据《专利审查指南2010》第二部分第五章第3.2.4节的规定，这种非治疗目的的外科手术方法由于是以有生命的人或动物为实施对象，无法在产业上使用，因此不具备实用性，所以含有外科手术方法的美容方法，不管外科手术是否具有治疗作用，都不具有实用性。下面进行举例说明。

【案例8-6】

某项技术交底书中记载了一种一次性无疤痕去纹眉的美容方法，该方法包括对眉毛处局部麻醉，用激光刀头对准纹眉部分，根据皮纹方向去除纹眉。希望保护该一次性无疤痕去纹眉的美容方法。

分析： 该方法中包括了对人体眉毛处皮肤进行局部麻醉和用激光头刀对纹眉部分皮肤进行处置的步骤，这些手段属于外科手术的方法，虽然其是以非治疗目的的外科手术方法，但这种非治疗目的的外科手术方法由于是以有生命的人或动物为实施对象，无法在产业上使用，因此可能不具备实用性。

【案例 8 - 7】

某发明涉及一种新的染发剂，但同时希望对其使用方法进行保护，拟提出如下的权利要求：一种用于人头发染色的美容方法，其特征在于，往头发上施用含有能够使毛发染色的所述染发剂。

分析：根据公知常识，头发染色美容方法对所属技术领域的技术人员来说，是能够重复实施的技术方案，往头发上施用含有能够使毛发染色的染发剂即可将头发染成染发剂给出的颜色，因而具有再现性。属于可以在美容院实施的非治疗目的、非外科手术的美容方法，因而认为可以在产业上使用，具备实用性，属于可以申请专利的主题。

（四）新颖性和创造性的预判

提交专利申请时，应当对发明的新颖性和创造性进行一定的预判，以排除明显不具备新颖性或创造性的发明。对于化妆品发明的新颖性和创造性的判断大多数情况下与对通常的化学领域发明的判断思路相同。

下面就一些笔者认为有必要强调的方面，再简要说明一下。

（1）对化妆品发明往往会涉及采用性能、参数、用途或制备方法特征对产品进行限定的情况下，此时如果这些特征没有使产品具有区别于现有技术中已知产品的结构和/或组成，则不具备新颖性。

【案例 8 - 8】

发明涉及一种由 A、B 和 C 三种液体组分组成的按摩膏，其具有减肥的功效。如果将发明撰写成如下形式：一种具有减肥功效的按摩膏，其特征在于，由 A、B 和 C 组成。而现有技术已知由 A、B 和 C 组成的一种组合物。从组成和结构来看，发明的按摩膏与现有技术中的组合物没有区别，即具有减肥功效的用途限定没有带来区别，此时将其作为权利要求不具备新颖性。

对此可采取下述措施，一方面，看发明是否增加与减肥功效相关的按摩膏中有不同的成分，以区别于现有技术的组合物；另一方面，可以考虑采用类似于制药用途的权利要求的形式来撰写，以克服新颖性的缺陷，例如：由 A、B 和 C 组成的组合物在制备具有减肥功效的按摩膏中的应用等。

（2）化妆品领域主要涉及的是组合物，因此在创造性的预判中主要考虑各组分之间的关系，例如是否存在协同作用而在相溶性、稳定性、应用效果方面产生协同作用。通常而言，只要能够从某一个角度来证明获得了预料不到的技术效果，则相关发明具备创造性。对于化妆品发明而言，要证明获得预料不到的技术效果，多数是通过实验证实或实验数据来表明的。

（3）如果在现有技术的化妆品产品的基础上，仅仅是加入已知功能的功能组分，如常规抗氧化剂、柔软剂、杀菌剂、保湿剂等，且已知的其本身固有的功能与在发明的技术方案中的功能相同，即各组分简单叠加，所达到的技术效果只是各组分效果的总和，则发明不具备创造性，不宜提出专利申请。但基于对现有技术的认识，加入该功能组分会产生与基础成分之间发生反应或者发生配伍困难等问题，而发明通过某种技术手段解决了所述技术问题，则发明具备创造性。

（4）对于多功能的化妆品洗涤剂产品来说，如果发明选择多类不同的功能性添加剂，这些添加剂仍然仅仅是效果的叠加，则发明不具备创造性。但如果根据每类功能性添加剂进行选择，而使产品具有多功能的特点的同时，彼此之间具有协同增效的作用，则发明满足创造性的要求。

（5）如果在现有技术的化妆品产品的基础上，加入现有技术未公开的，并且本身具备创造性的功能组分，因而为化妆品产品带来的特定功能或产生的技术效果，则发明通常具备创造性。

（6）如果在现有技术的化妆品产品的基础上，省去已知功能的组分，如果仍然能够达到现有技术的产品的效果，则发明具备创造性，反之相应的功能效果也消失，则发明不具备创造性。

【案例8-9】

某技术交底书记载了一种化妆品组合物，其含有a、b和c，其中c是一种中药组分。该发明的技术构思就在于将中药c加入到化妆品组合物中。该化妆品组合物加入中药c组分后，具有杀菌功效。

分析：如果所述中药组分c是已知的，且其具有杀菌功效也是已知的，即其功能是其本身所固有的，本领域技术人员根据这种中药组分的特点，可以进行有目的性的尝试，而其加入到化妆品产品中所达到的效果仍然是发挥其杀菌的功效，是可以预期的。此时发明不满足创造性的规定。

【案例8-10】

某技术交底书记载了以花椰菜为原料制得的提取物、压榨物、粗粉或浸出物在制备用于防止头皮屑的产生、防止脱发和促进毛发再生的药物、保健品或化妆品中的用途，证明了花椰菜提取物对脱发、头皮屑等症状具有缓解作用。

经检索，现有技术中（称对比文件1）公开了一种用于改善皮肤衰老效应的局部组合物，如用于皮肤的美容组合物，该组合物包括足以抑制arNOX的有效量的naractin（水杨酸盐或其衍生物），所述naractin有效减少所述衰老效应，该美容组合物可以进一步包括作为天然来源的arNOX抑制剂的植物提取物，植物提取物包括花椰菜提取物。所述arNOX抑制组合物可以以任何便捷的方式给药，如膏剂、乳液、洗液、凝胶、悬浮液；肥皂、洗发水或防晒剂。所述改善的衰老效应包括细纹、皱纹、色素沉着、脱水、失去弹性、血管瘤、干燥、瘙痒、毛细血管扩张、光化性紫癜、脂溢性角化病、缺乏水化、胶原蛋白减少或光化性角化病。

分析：将该发明与对比文件1相比，对比文件1公开了植物提取物作为arNOX抑制剂在制备改善皮肤衰老效应的局部组合物中的用途，二者的区别在于：发明具体"以花椰菜为原料制得的提取物、压榨物、粗粉或浸出物"为活性物质，将用途明确为"防止头皮屑的产生""防止脱发""促进毛发再生"。基于此，该发明实际解决的技术问题是提供了一种具体来源的植物提取物针对特定病症的制药用途。虽然根据对比文件1，本领域技术人员容易选择花椰菜的压榨物或粗粉或浸出物来提供花椰菜的有效成分。但是，对比文件1所记载的改善的衰老效应均不涉及该发明的"防止头皮屑的产生""防止脱发""促进毛发再生"，而且，没有证据表明改善皮肤衰老与"防止头皮屑的产生""防止脱发""促进毛发再生"存在必然联系，也不是本领域的公知常识。因此，该发明的技术方案相对于对比文件1是非显而易见的，具备创造性，可以提出专利申请。但需要在说明书中明确证明花椰菜提取物对脱发、头皮屑等症状具有缓解作用。

二、专利申请文件的撰写

（一）说明书的撰写

1. 关于技术领域部分的撰写

技术领域是指所述发明所属或直接应用的技术领域，可按国际分类表确定，不要写成了过于上位的技术领域，也不能将技术领域写成发明本身，要体现发明的主题名称和类型，不应包括区别技术特征。

【案例 8－11】

某发明涉及一种防晒剂的耐光化妆品组合物，其中使用了二苯甲酰甲烷防晒剂。

涉及技术领域的撰写，经常会有以下几种错误写法。

例1：本发明涉及一种含有二苯甲酰甲烷的具有耐光性的防晒剂化妆品组合物。

分析：将技术领域写成了发明本身。

例2：本发明涉及一种化妆品组合物。

分析：将技术领域写成了过于上位的技术领域。

正确写法可以是下述方式：

本发明涉及包含防晒剂的耐光化妆品组合物。

2. 背景技术部分的撰写

描述申请人所知的与本申请最接近的现有技术，最好引证有关文献，并客观地指出背景技术中存在的问题和缺点，以便引出本申请所要解决的技术问题。在撰写时，需要概括归纳与本申请相关的技术内容，并客观地指出其存在与本申请相关联的技术问题。当引用了出版物时，要披露的完整的可查询的信息，以便公众和审查员进行检索获取；注意不要出现贬低现有技术的语言。

3. 发明内容的撰写

首先概括的技术问题要准确，不能过于笼统，或者与技术方案不对应。说明书中要记载具体实施的技术手段，不能仅为纯功能性描述或不完整方案，导致本领域技术人员无法实施。如果发明构思在于产品产生了新的功能，或者克服了技术偏见，现有技术没有该产品能够产生所述功能或效果的任何依据，则必须在说明书中记载本领域足以信服的充足实验数据并给出判断实验结果的标准及最终结果。

化妆品领域发明专利申请涉及组合物较多，组合物中组分以商品名称、商标或者产品型号、代号的形式出现时，要充分查找相关证据，重点考察这些组分是否会因为信息披露不全导致说明书公开不充分。

说明书中出现商品名称要注意：

（1）商品名称所代表的产品结构或者组成应当是确定的或者大体确定的，功能是明确唯一的。此时不需要给出具体的生产厂家和商品型号等条件，也认为是能满足充分公开的要求。如果所采用的商品名称是以外文形式出现，例如"Teflon"，由于该商品名表示的含义对于公众来说，已经公知，代表化学名称聚四氟乙烯的物质。因此，直接使用该外文，也认为满足充分公开要求。

（2）许多商品名称所代表的产品结构或组成是不确定的，功能不是明确唯一的。对于某些商品名称，产品的结构或组成不是普遍确定的，不同的生产厂家，产品的结构或组成有差异，并且其功能也有所差异。使用不同生产厂家和不同型号的产品，在发明产品中的效果也是不同的，在这种情况下，需要给出具体的生产厂家和型号等，这样才认为满足了充分公开的要求。

【案例8-12】

某案权利要求

1. 一种洗手液组合物，其含有A、B和C，其中C是一种中药组分。

2. 一种杀灭SARS病毒的洗手液组合物，其含有A、B和C，其中C是一种中药组分。

说明书内容：中药C具有杀菌效果，该洗手液组合物加入中药组分C后，有杀灭SARS病毒效果。但是没有记载该洗手液组合物杀灭SARS病毒的相关实验数据。

分析：对于权利要求1的技术方案来说，如果本领域技术人员从现有技术的角度判断，中药杀菌剂与洗手液组分配伍不存在困难，且从中药杀菌剂组成来看，其确实具有杀菌功效，则一般不需要实验数据来验证其杀菌效果即可达到充分公开的要求。当有证据证明中药杀菌剂与该洗手液其他成分配伍时存在不相溶、难相溶等困难，需要从现有技术的角度出发，根据本申请说明书的记载判断技术方案中是否加入了其他添加剂或采取其他措施解决了这个问题。如果没有解决这个问题，则要求有实验数据加以证实。

对于权利要求2的技术方案来说，中药C只是已知具有杀菌功效，但并不知晓其是否具有杀灭SARS病毒效果时，则必须要在说明书中记载实验数据来验证其是否具有杀灭SARS病毒效果，否则该部分技术方案将涉及说明书尚未充分公开的情形。

化妆品领域涉及的专利申请大多为组合物，对于这类专利申请在撰写时特别需要注意组合物中所加入的组分之间互为一个整体，撰写时应充分体现其与现有技术之间的区别，清楚地记载组合物各组分之间出现的配伍性、相溶性、稳定性等技术难题所采取的解决手段，必要时要记载组合物各组分之间是否存在协同增效作用，以便突出地体现发明的创造性。

4. 实施例的撰写

为满足充分公开发明创造的要求，涉及化妆品的相关发明应当提供必要的实施例。实施例通常包括产品或组合物的具体组成及制备方法，通常实施例中会记载多个并列的实施方案，例如油状产品、膏状产品、水性产品的多种形式化妆品组合物，此外还要记载产品具有宣称效果的验证实验，如感官性实验等。有时还可以记载与现有技术相比具备创造性的实验数据等。

（二）权利要求书的撰写

1. 撰写的基本思路

化妆品领域的权利要求书的撰写需遵循通常的撰写思路外，特别需要注意包含性能、参数、用途、制备方法等特征的产品权利要求，如果通过检索发现，与现有技术相比，性能、参数、用途或制备方法等特征限定的产品与现有技术的产品在结构和/或组成上没有产生区别，则权利要求将不具备新颖性。当难以判断性能、参数、用途或制备方法等特征是否使产品具有区别于对比文件产品的结构和/或组成时，该权利要求容易被判断为不具备新颖性。因此要注意在说明书相应部分补充其他的内容，特别是记载能够与现有技术不同的内容、证据或理由，以便在审查中被推定为权利要求不具备新颖性时，可以通过增加权利要求的特征，限定合理的范围，使得申请获得专利权。

【案例 8 – 13】

某案权利要求：一种具有减肥功能的按摩膏，其组成为 A + B + C。

现有技术：一种组合物，组成为 A + B + C。

分析：与现有技术中记载的组合物相比，产品的组成是相同的，虽然权利要求中限定该产品具有减肥和按摩用途，但该用途限定对该产品的组成没有带来区别特征，该产品事实上已经被现有技术公开，该权利要求将可能不具备《专利法》第二十二条第二款规定的新颖性，撰写时要注意与现有技术加以区分，例如增加组合物之间的含量范围或重量比，或者加入其他的组分等，给后续申请和审查留有足够修改的空间，以便最大限度地获得专利权的保护。

【案例 8 – 14】❶

某案的权利要求 1 为：一种无水防汗凝胶 – 固体棒状组合物，其包含：

A）0.5% ~60% 重量的颗粒状防汗活性物质；

B）1% ~15% 重量的固体非聚合物胶凝剂，其基本上不含有机聚合物胶凝剂、二亚苄基、无机增稠剂、正酰基氨基酸衍生物或其组合；

C）10% ~80% 重量的含有改性的硅氧烷液体载体的无水液体载体，所述硅氧烷液体载体选自聚烷基硅氧烷、聚烷芳基硅氧烷、聚酯硅氧烷、聚醚硅氧烷共聚物、聚氟代硅氧烷、聚氨基硅氧烷及其组合；其中组合物的可见残留物指数为 11 ~30 L – 值，产品硬度为 500 ~5000 克·力，弹性模量（G'）与黏性模量（G"）的比值为 0.1 ~100。

通过检索现有技术发现有一种固体棒状凝胶组合物，包含 1% 羟基氯化铝（颗粒状防汗活性物质）、5% 的 12 – 羟基硬脂酸（固体非聚合物胶凝剂）、50% 聚二甲基硅氧烷，无水。

分析：权利要求 1 中的组合物除了对组分名称及其用量进行限定之外，还通过残留物指数、产品硬度以及由弹性模量与黏性模量比值来定义的流变学分布来表征，本领域技术人员无法依据所记载的参数对由该参数表征的产品与现有技术中公开的产品进行比较，从而不能确定采用该参数表征的产品与现有技术产品相区别，所以该权利要求一般会被判断为不具备新颖性。此时，可以通过限定组分的含量、选取物质的种

---

❶ 依据专利申请 97181485.6 改编。

类达到与现有技术的产品相区分，使得其满足新颖性的相关规定，同时注意要在说明书中记载申请相对于现有技术具备创造性的相应理由，必要时可以通过在说明书中记载比较的数据或实施例予以证明。

2. 如何获得合理的保护范围

在对权利要求进行概括时，可以根据说明书记载的物质所具有的共同物理、化学性质、功能、效果或者结构和/或组成特征进行合理概括，以在获得尽可能宽的保护范围同时，也能够得到说明书的支持。

【案例 8 – 15】

某发明涉及一种个人护理组合物，其技术构思在于用下式（I）核心结构的 4 – 取代间苯二酚衍生物来稳定以下不饱和萜类化合物：月桂烯、罗勒烯、β – 法呢烯、二氢月桂烯醇、香叶醇、橙花醇、芳樟醇、月桂烯醇、薰衣草醇，并证明了 4 – 乙基间苯二酚、4 – 丁基间苯二酚、4 – 己基间苯二酚和 4 – 环己基间苯二酚 4 种 4 – 取代间苯二酚衍生物对所述萜类化合物具有稳定作用。

分析： 由于 4 – 乙基间苯二酚、4 – 丁基间苯二酚、4 – 己基间苯二酚和 4 – 环己基间苯二酚化合物中取代基 R_3 可为乙基、丁基、己基和环己基。因而可以针对通式（I）的取代基进行合理的概括，如 R_3 可概括为 $C_1 \sim C_{12}$ 烷基。由于乙基、丁基、己基和环己基与 $C_1 \sim C_{12}$ 烷基或 5～8 元环烷基，仅是碳原子数的差别，属于同系物，由乙基、丁基、己基和环己基可预见 R_3 为 $C_1 \sim C_{12}$ 烷基或 5～8 元环烷基的间苯二酚衍生物的性质，因而可预见到其对所述萜类化合物具有稳定作用，这样的概括是合理的，通过合理的概括获得了合理宽的保护范围。

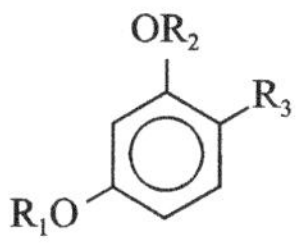

（I）

【案例 8 – 16】

某技术交底书中记载该方案的技术构思在于选取酰基化氨基酸类物质与过氧化氢组合产生增强消毒作用。具体证明了辛酰基谷氨酸二钠、十一烯酰基水解小麦蛋白钾、月桂酰基谷氨酸钠与过氧化氢的组合产生了相对于单独使用过氧化氢，具有提高的消毒能力。根据其技术构思及现有技术将权利要求概括为：

权利要求 1 为：一种用于皮肤消毒的组合物，所述组合物包含浓度为 0.1%～10%（w/w）的过氧化氢以及在 0.1%～20%（w/w）范围内的含有具有 6～20 个碳原子的酰基基团的 N – 酰基化氨基酸，或其盐，其中，当所述组合物包含油相和水相时，所述组合物不包含浓度为 20% 的自乳化基质，其中，所述 N – 酰基化氨基酸是 N – 酰基化谷氨酸。

分析： 辛酰基谷氨酸二钠是酰基为 8 个碳原子的酰基化谷氨酸、月桂酰基谷氨酸钠是谷氨酸酰基为 12 个碳原子的酰基化谷氨酸，十一烯酰基水解小麦蛋白钾的酰基化的氨基酸仍然是以谷氨酸为主，是酰基为 11 个碳原子的酰基化谷氨酸，根据现有技术可知，具有 6～20 个碳原子酰基基团的 N – 酰基化谷氨酸中的 3 种物质均能够实现与过氧化氢组合时，产生相对于单独使用过氧化氢，具有提高的消毒能力。而就酰基化谷氨酸来讲，其为常见的具有抑菌性的一类N-酰基化谷氨酸系多功能表面活性剂。酰基基团碳原子个数取决于与谷氨酸反应的脂肪酸中碳原子的个数，对于所形成的表面活性剂来讲，通常不会因为反应的脂肪酸不同而在活性上产生较大差异。因此，本领域技术人员可以预见具有6~20个碳原子酰基基团的N-酰基化谷氨酸应具有与辛酰基谷氨酸二钠、十一烯酰基水解小麦蛋白钾、月桂酰基谷氨酸钠相类似的活性。因此，由下位术语辛酰基谷氨酸二钠、十一烯酰基水解小麦蛋白钾、月桂酰基谷氨酸钠概括出上位术语"具有6~20个碳原子的酰基基团的N-酰基化氨基酸"是合理的，通过合理的概括扩大了保护范围。

三、撰写案例分析

（一）申请人提供的技术资料简介

已经报道了用于预防和/或保护皮肤免受紫外线有害影响的多种化妆制品。在化妆品领域中也报道了许多能够吸收有害UV-A射线的有机防晒剂，其中特别有利的有机防晒剂是二苯甲酰甲烷及其衍生物。已知二苯甲酰甲烷及其衍生物对紫外辐射相对敏感，且它们在日光作用下迅速分解，尤其是对UVB防晒剂甲氧基肉桂酸及其衍生物存在下加速。因此，需要包含尤其在对甲氧基肉桂酸或其衍生物存在下稳定化的二苯甲酰甲烷或其衍生物的化妆品组合物。

本发明通过掺入脂肪醇乙氧基化物和聚烷撑二醇的组合，可以使包含二苯甲酰甲烷或其衍生物和对甲氧基肉桂酸或其衍生物的化妆品组合物稳定化。技术资料对组合物中的二苯甲酰甲烷或其衍生物和甲氧基肉桂酸或其衍生物的用量进行研究，同时还发现增加C_8~C_{18}脂肪醇乙氧基化物和聚烷撑二醇后，该组合物显示出更稳定的性质。

（二）检索到的现有技术

US5985251描述了遮光化妆品，其中通过掺入0.5重量%~12重量%的3,3-二苯基丙烯酸酯衍生物或亚苄基樟脑衍生物来稳定包含二苯甲酰甲烷衍生物和对甲氧基肉桂酸衍生物的组合物。可以容易地看出，该制剂必须含有额外的二苯基丙烯酸酯类UV-B防晒剂以稳定UV-A防晒剂，该UV-B防晒剂大部分仅用以稳定该UV-A防晒剂而非提供防护——这是其主要作用。掺入额外防晒剂也增加了该制剂的成本。

（三）撰写分析

在撰写前要根据技术内容明确：

（1）发明人想要保护的主题和主要技术内容是什么？与现有技术的区别是什么？

（2）根据现有技术内容，能否对发明人确定要求保护的技术方案的新颖性和创造性进行初步判断？

（3）通过对技术内容的阅读，哪些内容需要与发明人作进一步沟通，哪些内容需要请发明人作出进一步清楚的说明？为提出专利申请，还需要和建议发明人补充哪些技术内容？

（4）对该发明创造形成的初步设想是怎样，可以提出哪些主题的保护？

在撰写技术背景时，要了解与发明相关的基础知识，如通过教科书、工具书获得理论知识，通过研究论文、在先专利等收集行业知识，了解行业发展的需要及趋势。要根据背景技术恰当地分析出存在的技术问题，寻找待解决的技术问题并引发出发明为解决技术问题所采用的技术手段，通过一定的实验数据验证所述技术手段可以达到所述技术效果，从而完成说明书的内容。

就本案来说，在皮肤防晒产品市场，普通公众的兴趣逐步提高，研发人员需要寻求更宽谱来对紫外线造成的伤害进行保护。现有技术中已经有防晒活性物二苯甲酰基甲烷化合物提供宽谱 UV 保护的报道。但目前存在的问题是二苯甲酰基甲烷化合物缺乏光稳定性，防晒产品难以配制。因此需要解决的技术问题是需要改善二苯甲酰基甲烷化合物光稳定性并提供宽谱紫外线防护的防晒产品。申请人采取将（a）二苯甲酰基甲烷化合物与（b）2－乙基己基－对甲氧基肉桂酸酯结合，并使其中（b）与（a）的摩尔比为 0.15:1 ~ 1:1，从而达到了具有优良的光稳定性和宽谱紫外线效率的效果，探索出改善光稳定性的方法，提供光稳定性并具有宽谱紫外线防护效果的组合物。

在撰写权利要求时，首先确定可以保护的权利要求的类型，如组合物类产品权利要求，制备方法、用途型的方法权利要求。就本案来说，其发明目的在于提供一种改善二苯甲酰基甲烷化合物光稳定性并提供宽谱紫外线防护的防晒产品。因此对于组合物权利要求撰写是撰写的核心部分，组合物中通常会记载组分的组成及含量，可以得到说明书支持为标准，适当地概括组分含量的范围。在从属权利要求中对于组分组成、含量、分子量、含量比例、进一步加入辅料的选取等内容进行从大到小的逐级概括，以得到层次分明的权利要求的保护范围。同时可以要求制备该组合物的制备方法以及该组合物的应用。

需要说明的是，跨国日化公司，如宝洁公司、欧莱雅公司通常会在说明书中记载组合物可以包括本领域已知的任何化妆品赋形剂/载体。用大量的篇幅记载化妆品领域惯常的存在形式（如膏霜、软膏、乳状液、洗液、油和面膜、香膏、凝胶、摩丝、唇膏或发用凝胶、发乳）以及相应的常用辅料，这样的记载虽然对于申请的进一步限定起到的作用有限，但是此种做法作为一种防御性保护，一定程度上可以提高其他申请人涉足该技术领域的门槛，因此，申请人可以根据自身需求及技术方案的可行性选取适当的内容记载在说明书中。

（四）供参考的专利申请文件

权 利 要 求 书

1. 耐光化妆品组合物，包含：

a）0.1 重量% ~10 重量% 的二苯甲酰甲烷或其衍生物；

b）0.1 重量% ~10 重量% 的对甲氧基肉桂酸或其衍生物。

其中所述组合物包含 0.5 重量% ~8 重量% 的 C_8 ~ C_{18} 脂肪醇乙氧基化物和 0.5 重量% ~8 重量% 的聚烷撑二醇。

2. 如权利要求 1 所述的耐光化妆品组合物，其中所述二苯甲酰甲烷或其衍生物占 0.1 重量% ~5 重量%。

3. 如权利要求 1 所述的耐光化妆品组合物，其中所述对甲氧基肉桂酸或其衍生物占 0.1 重量% ~5 重量%。

4. 如权利要求 3 所述的耐光化妆品组合物，其中所述对甲氧基肉桂酸或其衍生物占 0.1 重量% ~2 重量%。

5. 如权利要求 1 或 2 所述的耐光化妆品组合物，其中所述二苯甲酰甲烷衍生物选自 4－叔丁基－4′－甲氧基二苯甲酰甲烷、2－甲基二苯甲酰甲烷、4－甲基－二苯甲酰乙烷、4－异丙基二苯甲酰甲烷、4－叔丁基二苯甲酰甲烷、2,4－二甲基二苯甲酰甲烷、2,5－二甲基二苯甲酰甲烷、4,4′－二异丙基－二苯甲酰甲烷、2－甲基－5－异丙基－4′－甲氧基二苯甲酰甲烷、2－甲基－5－叔丁基－4′－甲氧基二苯甲酰甲烷、2,4－二甲基－4′－甲氧基二苯甲酰甲烷或 2,6－二甲基－4－叔丁基－4′－甲氧基二苯甲酰甲烷。

6. 如权利要求 5 所述的耐光化妆品组合物，其中所述二苯甲酰甲烷衍生物是 4－叔丁基－4′－甲氧基二苯甲酰甲烷。

7. 如权利要求 3 或 4 所述的耐光化妆品组合物，其中所述对甲氧基肉桂酸衍生物选自 2－乙基己基－4－甲氧基肉桂酸酯、对甲氧基肉桂酸铵、对甲氧基肉桂酸钠、对甲氧基肉桂酸钾或对甲氧基肉桂酸的伯胺、仲胺或叔胺的盐。

8. 如权利要求 7 所述的耐光化妆品组合物，其中所述对甲氧基肉桂酸衍生物是 2－乙基己基－对甲氧基肉桂酸酯。

9. 如权利要求 1 所述的耐光化妆品组合物，其中所述 C_8 ~ C_{18} 脂肪醇乙氧基化物占 0.5 重量% ~4 重量%。

10. 如权利要求 1 所述的耐光化妆品组合物，其中所述聚烷撑二醇占所述组合物的 0.5 重量% ~4 重量%。

11. 如权利要求 1 所述的耐光化妆品组合物，其中所述聚烷撑二醇选自聚乙二醇、聚丙二醇或聚丁二醇。

12. 如权利要求 11 所述的耐光化妆品组合物，其中所述聚乙二醇的分子量为 200 ~ 100000 道尔顿。

13. 如权利要求 12 所述的耐光化妆品组合物，其中所述聚乙二醇的分子量为 200 ~ 10000 道尔顿。

说 明 书

耐光化妆品组合物

技术领域

本发明涉及包含防晒剂的耐光化妆品组合物，更特别涉及包含二苯甲酰甲烷防晒剂的化妆品组合物。

背景技术

已知波长在320~400纳米的UV-A射线造成皮肤晒黑、局部刺激、晒伤和黑色素瘤。同样已知的是，波长在280~320纳米的UV-B辐射除了造成各种其他短期和长期损伤，如皮肤的光老化、干燥、深皱纹形成、斑驳色素沉着和弹性组织与胶原分解外，也促进人表皮晒黑。因此，最好保护皮肤免受紫外线的有害影响。

已经报道了用于预防和/或保护皮肤免受紫外线有害影响的多种化妆制品。在化妆品领域中也报道了许多能够吸收有害UV-A射线的有机防晒剂，其中特别有利的有机防晒剂是二苯甲酰甲烷及其衍生物。这是因为它们表现出高的本征吸收能力。另外，对甲氧基肉桂酸及其衍生物也被广泛使用，因为它们是高度有效的UV-B防晒剂。为了在整个UV辐射范围内提供保护，化妆品组合物必须含有UV-A和UV-B防晒剂。

已知二苯甲酰甲烷及其衍生物对紫外辐射相对敏感，且在日光作用下迅速分解。该分解在UV-B防晒剂，尤其是在对甲氧基肉桂酸及其衍生物存在下加速。由于在UV-B防晒剂，尤其是在对甲氧基肉桂酸及其衍生物存在下二苯甲酰甲烷及其衍生物的光化学不稳定性，不能保证在长期日照过程中的持续保护。因此要求使用者以规律和频繁的时间间隔反复涂施以保持对UV射线的有效防护。

另外，同样已知的是，由化妆品防晒剂组合物提供的保护经过一段时间降低，通常在自涂施起1小时后，该保护几乎可忽略不计。二苯甲酰甲烷及其衍生物的稳定化因此变得重要，以便使用者完全利用其效能并且不必频繁涂施。

已经报道了多种使化妆品制剂中的二苯甲酰甲烷及其衍生物稳定化的方法，包括使用稳定剂，如增稠共聚物、两亲型共聚物和微粉化的不溶性有机UV防晒剂。

在备选方法中，US 5985251描述了遮光化妆品，其中通过掺入0.5重量%~12重量%的3,3-二苯基丙烯酸酯衍生物或亚苄基樟脑衍生物来稳定包含二苯甲酰甲烷衍生物和对甲氧基肉桂酸衍生物的组合物。可以容易地看出，该制剂必须含有额外的二苯基丙烯酸酯类UV-B防晒剂以稳定UV-A防晒剂，该UV-B防晒剂大部分仅止于用以稳定该UV-A防晒剂而非提供防护——这是其主要作用。掺入额外防晒剂也增加了该制剂的成本。

因此，需要包含尤其在对甲氧基肉桂酸或其衍生物存在下稳定化的二苯甲酰甲烷或其衍生物的化妆品组合物，其中基本不需要专用聚合物和/或额外防晒剂稳定剂。特别合适的是用化妆品中常规使用的成分稳定化的化妆品组合物，由此降低配制复杂性并显著降低成本。

发明内容

本发明人惊讶地发现,通过掺入脂肪醇乙氧基化物和聚烷撑二醇的组合,可以使包含二苯甲酰甲烷或其衍生物和对甲氧基肉桂酸或其衍生物的化妆品组合物稳定化。

因此本发明的目的是至少消除现有技术的一些缺陷,并提供具有防晒剂的耐光化妆品组合物。

本发明的另一目的是提供包含二苯甲酰甲烷防晒剂的耐光组合物,其中采用常规使用的成分实现稳定化。根据一个方面,本发明涉及耐光化妆品组合物,包含:

(a) 0.1 重量% ~10 重量%的二苯甲酰甲烷或其衍生物;

(b) 0.1 重量% ~10 重量%的对甲氧基肉桂酸或其衍生物,其中所述组合物包含 0.5 重量% ~8 重量%的 C_8 ~ C_{18} 脂肪醇乙氧基化物和 0.5 重量% ~8 重量%的聚烷撑二醇。

二苯甲酰甲烷或其衍生物优选占该组合物的 0.1 重量% ~5 重量%,更优选 0.1 重量% ~2 重量%。

对甲氧基肉桂酸或其衍生物同样优选占该组合物的 0.1 重量% ~5 重量%,更优选 0.1 重量% ~2 重量%。

根据最优选的方面,该二苯甲酰甲烷衍生物是 4 - 叔丁基 - 4′ - 甲氧基二苯甲酰甲烷,对甲氧基肉桂酸衍生物是 2 - 乙基 - 己基 - 对甲氧基肉桂酸酯。

脂肪醇乙氧基化物优选占该组合物的 0.5 重量% ~4 重量%。

根据优选方面,聚烷撑二醇占 0.5 重量% ~4 重量%。

根据优选方面,聚乙二醇的分子量为 200 ~100000 道尔顿,更优选 200 ~10000 道尔顿。

本文所用的术语"化妆品组合物"意在描述用于局部施用到人皮肤上的组合物,包括保留(leave - on)和用后洗去(wash - off)产品。本文所用的术语"皮肤"包括在脸、颈、胸、背、臂、手、腿和头皮上的皮肤。

在对本发明的优选方式,以及其他特征、方面和优点进行更详细的说明。

优选的二苯甲酰甲烷衍生物选自 4 - 叔丁基 - 4′ - 甲氧基二苯甲酰甲烷、2 - 甲基二苯甲酰甲烷、4 - 甲基 - 二苯甲酰 - 乙烷、4 - 异丙基二苯甲酰 - 甲烷、4 - 叔丁基二苯甲酰甲烷、2,4 - 二甲基二苯甲酰甲烷、2,5 - 二甲基二苯甲酰甲烷、4,4′ - 二异丙基 - 二苯甲酰甲烷、2 - 甲基 - 5 - 异丙基 - 4′ - 甲氧基二苯甲酰甲烷、2 - 甲基 - 5 - 叔丁基 - 4′ - 甲氧基 - 二苯甲酰甲烷、2,4 - 二甲基 - 4′ - 甲氧基二苯甲酰甲烷或 2,6 - 二甲基 - 4 - 叔丁基 - 4′ - 甲氧基 - 二苯甲酰甲烷。最优选的二苯甲酰甲烷衍生物是 4 - 叔丁基 - 4′ - 甲氧基二苯甲酰甲烷。

优选的对甲氧基肉桂酸衍生物选自 2 - 乙基 - 己基 - 对甲氧基肉桂酸酯、对甲氧基肉桂酸铵、对甲氧基肉桂酸钠、对甲氧基肉桂酸钾或对甲氧基肉桂酸的伯胺、仲胺或叔胺的盐,其更优选为 2 - 乙基 - 己基 - 对甲氧基肉桂酸酯。

脂肪醇乙氧基化物(也称为乙氧基化脂肪醇)具有通式:$R - O - (CH_2 - CH_2 - O)_n H$

其中 R 是具有 10~24 个碳原子的饱和或不饱和的、直链或支链的烃基链，且 n 是 8~50 的整数。

脂肪醇乙氧基化物是环氧乙烷加成到伯醇上的产物。该乙氧基化物通过已知方法制造，且基本上是混合物。根据其生产方法，它们可以具有常规的宽同系物分布或窄同系物分布。乙氧基化程度（编写 EO，指加成上的环氧乙烷单元数）表现出高斯分布，高斯曲线的最大值在此被称为平均乙氧基化程度"n"。

优选的是环氧乙烷加成到下列醇上的产物及其混合物：己醇、辛醇、2-乙基己醇、癸醇、月桂醇、异十三烷醇、十四烷醇、十六烷醇、棕榈油醇、硬脂醇、异硬脂醇、油醇、反油醇、petroselinyl 醇、亚油醇、亚麻醇、elaeostearyl 醇、花生醇、二十碳烯醇、二十二烷醇、瓢儿菜醇和 brassidyl 醇。乙氧基化脂肪醇的代表性实例是环氧乙烷与月桂醇的加成产物，特别是含有 9~50 个氧乙烯化基团的那些（CTFA 名称 Laureth-9 至 Laureth-50）；环氧乙烷与二十二烷醇的加成产物，特别是含有 9~50 个氧乙烯化基团的那些（CTFA 名称 Beheneth-9 至 Beheneth-50）；环氧乙烷与鲸蜡/硬脂醇（鲸蜡醇与硬脂醇的混合物）的加成产物，特别是含有 9~30 个氧乙烯化基团的那些（CTFA 名称 Ceteareth-9 至 Ceteareth-30）；环氧乙烷与鲸蜡醇的加成产物，特别是含有 9~30 个氧乙烯化基团的那些（CTFA 名称 Ceteth-9 至 Ceteth-30）；环氧乙烷与硬脂醇的加成产物，特别是含有 9~30 个氧乙烯化基团的那些（CTFA 名称 Steareth-9 至 Steareth-30）；环氧乙烷与异硬脂醇的加成产物，特别是含有 9~50 个氧乙烯化基团的那些（CTFA 名称 Isosteareth-9 至 Isosteareth-50）；及其混合物。

更优选的醇乙氧基化物是环氧乙烷加成到具有 8~18 个碳原子的脂肪醇上的产物，即 $C_8 \sim C_{18}$ 脂肪醇乙氧基化物，并且在高度优选的方面中，其为具有 12 个碳原子的月桂醇。其以 Brij® 35（laureth-35，具有 35 个 EO 单元的月桂醇）为名出售。

合适的聚烷撑二醇选自聚乙二醇、聚丙二醇或聚丁二醇，其优选为聚乙二醇。

本组合物可以包括本领域已知的任何化妆品赋形剂/载体。合适的赋形剂包括但不限于下列一种或更多种：植物油；酯，如棕榈酸辛酯、肉豆蔻酸异丙酯和棕榈酸异丙酯；醚，如二辛基醚和二甲基异山梨醇；醇，如乙醇和异丙醇；脂肪醇，如鲸蜡醇、硬脂醇和二十二烷醇；异链烷烃，如异辛烷、异十二烷和异十六烷；硅油，如聚二甲基硅氧烷、环状硅氧烷和聚硅氧烷；烃油，如矿物油、石蜡油、异二十碳烷和聚异丁烯；多元醇，如丙二醇、乙氧基二甘醇、甘油、丁二醇、戊二醇和己二醇；以及水或上述的任意组合。也可以包括具有 10~30 个碳原子的脂肪酸作为本发明的组合物的化妆品可用载体。此类的实例是壬酸、月桂酸、肉豆蔻酸、棕榈酸、硬脂酸、异硬脂酸、羟基硬脂酸、油酸、亚油酸、蓖麻油酸、花生酸、山嵛酸和芥酸。

多元醇型湿润剂也可用作本发明的组合物中的化妆品可用载体。该湿润剂有助于提高润肤剂的效力、降低皮肤干燥并改善皮肤感觉。典型的多元醇包括丙三醇、聚烷撑二醇，更优选为亚烷基多元醇及它们的衍生物，包括丙二醇、二丙二醇、聚丙二醇、聚乙二醇及其衍生物、山梨糖醇、羟丙基山梨糖醇、己二醇、1,3-丁二醇、1,2,6-己三醇、乙氧基化甘油、丙氧基化甘油及其混合物。湿润剂的量可以在该组合物的 0.5%~30%，优选 1 重量%~15 重量% 的任何值。

本组合物中化妆品可用赋形剂的量可以根据产品形式而显著改变，但通常为组合物总重量的大约 20 重量%~大约 70 重量%，优选大约 20 重量%~大约 40 重量%。该化妆品可用赋形剂在该组合物中充当稀释剂、分散剂或载体，以便在将该组合物涂施到皮肤上时促进防晒剂的分布。

本组合物在呈乳状液形式时可以在不脱离本发明范围的情况下任选具有一种或更多种附加乳化剂，其优选选自失水山梨糖醇酯聚二甲基硅氧烷共聚醇；聚甘油基-3-二异硬脂酸酯，如失水山梨糖醇单油酸酯和失水山梨糖醇单硬脂酸酯；甘油酯，如单硬脂酸甘油酯和单油酸甘油酯；聚氧乙烯酚，如聚氧乙烯辛基酚和聚氧乙烯壬基酚；聚氧乙烯醚，如聚氧乙烯鲸蜡基醚和聚氧乙烯硬脂基醚；聚氧乙烯甘醇酯；聚氧乙烯失水山梨糖醇酯；聚二甲基硅氧烷共聚醇；聚甘油基-3-二异硬脂酸酯；或其任何组合。油或油状材料可以与乳化剂一起存在以提供油包水乳状液或水包油乳状液，这在很大程度上取决于所用乳化剂的平均亲水-亲脂平衡（HLB）。优选的阴离子型表面活性剂包括皂、烷基醚硫酸盐和磺酸盐、烷基硫酸盐和磺酸盐、烷基苯磺酸盐、磺基琥珀酸烷基酯盐和磺基琥珀酸二烷基酯、$C_9 \sim C_{20}$ 酰基羟乙基磺酸盐、酰基谷氨酸盐、$C_8 \sim C_{20}$ 烷基醚磷酸盐及其组合。通常，该附加乳化剂可以占该组合物总重量的 1 重量%~大约 12 重量%。如果存在水，其量可以为所述组合物的 5%~75%，优选 20%~70%，最好为 40%~70%。

除水外，相对挥发性溶剂也可以在本发明的组合物中充当载体。最优选的是一元 $C_1 \sim C_3$ 链烷醇。这些包括乙醇和异丙醇。

优选的膏霜基料是例如蜂蜡、鲸蜡醇、硬脂酸、甘油、丙二醇、丙二醇单硬脂酸酯、聚氧乙烯鲸蜡基醚和类似物。优选的洗液基料包括例如油醇、乙醇、丙二醇、甘油、月桂基醚、失水山梨糖醇单月桂酸酯和类似物。

当本发明的组合物为成膜的皮肤敷膜或面膜形式时，其可以包含本领域已知的成膜剂。这些包括丙烯酸酯共聚物、丙烯酸酯/甲基丙烯酸 $C_{12} \sim C_{22}$ 烷基酯共聚物、丙烯酸酯/辛基丙烯酰胺共聚物、丙烯酸酯/VA 共聚物、氨基封端的聚二甲基硅氧烷、AMP/丙烯酸酯共聚物、山嵛基蜂蜡、山嵛基/异硬脂酰基、蜂蜡、丁基化 PVP、PVM/MA 共聚物的丁基酯、钙/钠 PVM/MA 共聚物、聚二甲基硅氧烷、聚二甲基硅氧烷共聚醇、聚二甲基硅氧烷/巯丙基聚甲基硅氧烷共聚物、聚二甲基硅氧烷丙基乙二胺山嵛酸酯、聚二甲基硅烷醇乙基纤维素（dimethiconolethylcellulose）、乙烯/丙烯酸共聚物、乙烯/MA 共聚物、乙烯/VA 共聚物、氟代 $C_2 \sim C_8$ 烷基聚二甲基硅氧烷、己二醇蜂蜡、$C_{30} \sim C_{38}$ 烯烃/马来酸异丙酯/MA 共聚物、氢化苯乙烯/丁二烯共聚物、羟乙基乙基纤维素、异丁烯/MA 共聚物、月桂基聚甲基硅氧烷共聚醇、甲基丙烯酸甲酯交联聚合物、甲基丙烯酰基乙基甜菜碱/丙烯酸酯共聚物、微晶蜡、硝基纤维素、十八碳烯/MA 共聚物、十八碳烯/马来酸酐共聚物、辛基丙烯酰胺/丙烯酸酯/丁基氨基乙基甲基丙烯酸酯共聚物、氧化聚乙烯、全氟聚甲基异丙基醚、聚丙烯酸、聚乙烯、聚甲基丙烯酸甲酯、聚丙烯、聚季铵盐-10、聚季铵盐-11、聚季铵盐-28、聚季铵盐-4、PVM/MA 癸二烯交联聚合物、PVM/MA 共聚物、PVP、PVP/癸共聚物、PVP/二十碳烯共聚物、PVP/十六碳烯共聚物、PVP/MA 共聚物、PVP/VA 共聚物、二氧化硅、二甲基甲硅烷基化二氧化硅、丙烯酸钠/乙烯醇共聚物、硬脂氧基聚二甲基硅氧烷、硬脂氧基三甲基硅烷、硬脂醇、硬脂基乙烯基醚/MA 共聚物、苯乙烯/DVB 共聚物、苯乙烯/MA 共聚物、四甲基四苯基三硅氧烷、三十烷基三甲基五苯基三硅氧烷、三甲基甲硅烷氧基硅酸酯、VA/巴豆酸酯共聚物、VA/巴豆酸酯/丙酸乙烯酯共聚物、VA/马来酸丁酯/丙烯酸异冰片酯共聚物、乙烯基己内酰胺/PVP/甲基丙烯酸二甲基氨基乙基酯共聚物和乙烯基聚二甲基硅氧烷。

成膜剂优选以该组合物总重量的大约 0.5 重量%～大约 5 重量%，更优选大约 1 重量%～大约 5 重量%的量存在。更优选地，该成膜剂以该组合物总重量的大约 3 重量%的量存在。

本发明组合物任选可包括一种或更多种选自螯合剂、植物提取物、着色剂、脱色剂、润肤剂、角质剥离剂（exfollients）、香料、湿润剂、保湿剂、防腐剂、护肤剂、皮肤渗透促进剂、稳定剂、增稠剂、黏度改性剂、维生素、抗老化剂、去皱剂、皮肤增白剂、抗痤疮剂和皮脂减轻剂或其任意组合的成分。这些的实例包括 α-羟基酸和酯、β-羟基酸和酯、多羟基酸和酯、曲酸和酯、阿魏酸和阿魏酸酯衍生物、香草酸和酯、双酸（如癸二酸和 azoleic 酸）和酯、视黄醇、视黄醛、视黄基酯、氢醌、叔丁基氢醌、桑树提取物、甘草提取物和间苯二酚衍生物，如 4-取代间苯二酚衍生物，以及附加防晒剂，如 UV 扩散剂，其中的典型是涂布或未涂布的金属氧化物的通常在 5～100 纳米，优选 10～50 纳米的细分散的二氧化钛和氧化锌，例如二氧化钛的纳米颜料（无定形的或以金红石和/或锐钛矿形式结晶的）、氧化铁的纳米颜料、氧化锌的纳米颜料、氧化锆的纳米颜料或氧化铈的纳米颜料，它们都是本身公知的光防护剂，通过物理遮蔽（反射和/或散射）UV 射线起作用。此外，标准涂布剂是氧化铝和/或硬脂酸铝。本发明的组合物还可以含有皮肤人工晒黑和/或增褐剂（自晒黑剂），例如二羟基丙酮（DHA）。

在不脱离本发明范围的情况下，也可以使用增稠剂作为本发明的组合物的化妆品可用载体的一部分。典型的增稠剂包括交联丙烯酸酯（例如 Carbopol 982）、疏水改性丙烯酸酯（例如 Carbopol 1382）、纤维素衍生物和天然树胶。可用的纤维素衍生物包括羧甲基纤维素钠、羟丙基甲基纤维素、羟丙基纤维素、羟乙基纤维素、乙基纤维素和羟甲基纤维素。适于本发明的天然树胶包括瓜耳胶、黄原胶、菌核（sclerotium）、角叉菜胶、果胶和这些树胶的组合。增稠剂的量可以为 0.0001 重量%～5 重量%，通常为 0.001 重量%～1 重量%，最好为 0.01 重量%～0.5 重量%。

本发明的化妆品组合物还可任选含有起泡表面活性剂。"起泡表面活性剂"是指与水混合并机械搅拌时生成泡沫或皂泡（lather）的表面活性剂。该起泡表面活性剂优选是温和的，意味着其必须提供足够的清洁或去垢作用，但不会过度使皮肤干燥，还要满足上述起泡标准。本发明的化妆品组合物可以以大约 0.01 重量%～大约重量 50% 的浓度含有起泡表面活性剂。这通常在用后洗去的产品，如洗面奶中需要。

除基本成分外，本发明的化妆品组合物还可以含有一种或更多种不同于前述防晒剂的附加防晒剂，其是水溶性的、脂溶性的或不溶于常用化妆品溶剂的。这些防晒剂可以合适地选自水杨酸衍生物、亚苄基樟脑衍生物、三嗪衍生物、二苯甲酮衍生物、

[β]，[β]′－二苯基丙烯酸酯衍生物、苯基－苯并咪唑衍生物、邻氨基苯甲酸衍生物、咪唑啉衍生物、亚甲基双（羟苯基－苯并三唑）衍生物、对氨基苯甲酸衍生物、防晒烃基聚合物和防晒硅氧烷衍生物。

优选的有机 UV－防晒剂选自下列化合物：水杨酸乙基己酯、氰双苯丙烯酸辛酯（Octocrylene）、苯基苯并咪唑磺酸、对苯二亚甲基二樟脑磺酸、2，4，6－三（4′－氨基亚苄基丙二酸二异丁酯）－均三嗪、乙基己基三嗪酮、二乙基己基丁酰胺基三嗪酮、亚甲基双（苯并三唑基）四甲基丁基－酚、甲酚曲唑三硅氧烷及其混合物。

本发明适用的化妆品的具体制剂包括膏霜、软膏、乳状液、洗液、油和面膜、香膏、凝胶、摩丝、唇膏（stick）或发用凝胶（hair－gels）、发乳等。乳状液可以是无水的、油包水、水包油、硅氧烷包水（water－in－silicone）或复合型乳状液。在护发的情况下，合适的配方是洗发香波、护发素、洗液、凝胶、乳状液、分散体、定型剂（lacquer）等。

本发明的化妆品组合物可以配制成具有 4000～10000mPas 黏度的洗液、具有 10000～20000mPas 黏度的流体膏霜（fluid cream）或具有 20000～100000mPas 或更高黏度的膏霜，均在 25℃下测得。

本发明的组合物主要用作局部施用到人皮肤上以及保护暴露肌肤免受过度日照的有害作用的个人护理产品。在使用中，将少量该组合物，例如 0.1～5 毫升，从合适的容器或涂施器中涂施到皮肤的暴露区域上，如果需要，随后用手或手指或合适器材将其涂遍皮肤。

具体实施方式

为了进一步阐述本发明及其优点，给出下列具体实施例，应理解的是，它们仅用作示例，绝不是限制性的。在接下来的所述实施例中，除非另行指明，所有份数和百分数按重量给出。

实施例 1

根据本发明使用脂肪醇乙氧基化物和聚乙二醇的组合使二苯甲酰甲烷衍生物稳定化的证明。按照表 1 中给出的配方制备各种化妆品膏霜组合物。

表 1

成分/%wt	对照物	形式 1	形式 2	形式 3	形式 4	形式 5
硬脂酸	18	18	18	18	18	18
氢氧化钾	0.67	0.67	0.67	0.67	0.67	0.67
鲸蜡醇	0.53	0.53	0.53	0.53	0.53	0.53
肉豆蔻酸异丙酯	0.75	0.75	0.75	0.75	0.75	0.75
聚二甲基硅氧烷 200	0.5	0.5	0.5	0.5	0.5	0.5
烟酰胺	1	1	1	1	1	1
Parsol 1789	0.8	0.8	0.8	0.8	0.8	0.8
Parsol MCX	0.75	0.75	0.75	0.75	0.75	0.75
Brij－35	—	—	4	4	—	—

续表

成分/%wt	对照物	形式1	形式2	形式3	形式4	形式5
Tween 80	—	—	—	—	4	—
Span 80	—	—	—	—	—	4
聚乙二醇200	—	4	—	4	4	4
水和其他次要成分配至	100	100	100	100	100	100

注：Tween 80：聚氧乙烯失水山梨糖醇单油酸酯（Uniquema）。

Span 80：失水山梨糖醇单油酸酯（Uniquema）。

Brij – 35：聚氧乙烯月桂基醚（Uniquema）。

Parsol 1789：4 – 叔丁基 – 4′ – 甲氧基二苯甲酰甲烷（Merck）。

Parsol MCX：甲氧基肉桂酸 2 – 乙基己酯（Merck）。

加工：

（1）将称量过的水、氢氧化钾、EDTA、p – casitose 和甘油装在 100 毫升烧杯（容器 A）中。

（2）将称量过的肉豆蔻酸异丙酯、聚二甲基硅氧烷 200、Parsol 1789、Parsol MCX、对羟基苯甲酸丙酯、对羟基苯甲酸甲酯、鲸蜡醇和苯氧乙醇装在另一烧杯（容器 B）中。

（3）硬脂酸在单独容器中加热至 70℃以熔融。

（4）在 70℃下熔融容器 B 中的内容物。

（5）将容器 B 在以低剪切速率（500 ~ 700rpm）连续均化下加热至 75℃。

（6）达到 70℃后，将熔融的硬脂酸缓慢并在连续搅拌下添加到容器 A 中。

（7）在搅拌 1 ~ 2 分钟后，加入 Brij 35/Tween 80/Span 80，接着在上述旋转的混合物中加入 PEG200，随后加入 TiO_2。

（8）将容器 B 的熔融物质加入其中。

（9）将均化的剪切速率提高至 1000 ~ 1200rpm，并持续 5 分钟。

（10）此后使该热混合物在低速连续搅拌（500 ~ 700rpm）下，在室温下冷却。

（11）在 60℃下，加入烟酰胺。

（12）使混合物冷却至室温。

试验方法：

下列试验方法用于测定本发明组合物中二苯甲酰甲烷防晒剂的稳定性，并用于下述所有对比例。

（1）取干净的载玻片并记录其重量（A）。

（2）在大约 2 平方厘米上涂施并铺开大约 10 毫克膏霜。

（3）带有膏霜的载玻片的重量记录为（B）。

（4）B 减 A 得出涂施膏霜的重量（C）。

（5）对于各个受试制剂，重复上述过程六次。

（6）这些载玻片同时在日光下暴露各种时间间隔：分别为 0 分钟、15 分钟、30 分钟和 60 分钟。

（7）暴露在日光下之后，在甲醇中萃取该膏霜，并将体积补足为25毫升。

（8）在 UV 分光光度计上记录各样品的 UV 吸光度。

（9）通过将 λ 最大值（即357纳米，其为二苯甲酰甲烷的 λ 最大值）下的吸光度除以膏霜重量（C），计算每单位重量样品的吸光度。

（10）如下计算作为样品稳定性指标的残留吸光度百分数：

残留吸光度百分数 = ［An/A0×100］，其中 A0 是 0 分钟样品的"每单位重量的吸光度"，An 是第 n 分钟样品的"每单位重量的吸光度"。实施例 1 中进行的实验的结果概括在表 2 中。要注意的是，在载玻片接受日照时阳光强度被发现为 $20 \sim 40 \text{mW/cm}^2$ 不等，并在不同天数进行实验。因此，对于在整个时期进行的相同/类似试验（例如，使用对照样品的试验），% 吸光度的绝对值在该表中不同。

表2

日照时间/分钟	通过上面给出的程序测量时，曝光后残留的 Parsol 1789 的%吸光度			
	对照物	形式1	形式2	形式3
0（T_0）	100	100	100	100
15（T_{15}）	79	91	78	97
30（T_{30}）	68	91	69	93
45（T_{45}）	60	80	60	91
60（T_{60}）	42	69	57	88

表2表明，由吸光度值可以明显看出，在含有 PEG 200 和 Brij - 35 的制剂中，在涂施 1 小时后可以提供明显更高的二苯甲酰甲烷防晒剂活性。

实施例 2

研究聚乙二醇与其他表面活性剂的组合对二苯甲酰甲烷防晒剂的稳定性的作用，及其与本发明的聚乙二醇与 Brij 35 的组合的比较。结果概括在表 3 中。

表3

日照时间/分钟	通过上面给出的程序测量时，曝光后残留的 Parsol 1789 的%吸光度			
	对照物	形式4	形式5	形式3
0（T_0）	100	100	100	100
15（T_{15}）	66	73	96	97
30（T_{30}）	66	71	78	94
45（T_{45}）	47	63	78	85
60（T_{60}）	40	64	75	83

由此可以容易地看出，与聚乙二醇和其他表面活性剂/乳化剂的组合相比，聚乙二醇与脂肪醇乙氧基化物的组合产生更好的稳定性。

实施例 3

本发明人也已经测定改变聚乙二醇的分子量对二苯甲酰甲烷稳定性的作用。该实验的结果概括在表 4 中。

表4

日照时间/分钟	通过上面给出的程序测量时,曝光后残留的 Parsol 1789 的%吸光度				
	对照物	形式3	用 4% PEG6000 代替 4% PEG200 的形式3	用 4% PEG20000 代替 4% PEG200 的形式3	用 4% PEG100000 代替 4% PEG200 的形式3
0（T_0）	100	100	100	100	100
15（T_{15}）	74	86	91	86	96
30（T_{30}）	57	81	87	80	81
45（T_{45}）	50	78	78	68	76
60（T_{60}）	47	72	71	70	72

表4表明,对于各种聚乙二醇分子量,甚至在涂施1小时后仍有超过70%的二苯甲酰甲烷衍生物可供使用。这证明,在不脱离本发明范围的情况下,可以使用从200～100000的任何 PEG 分子量。

实施例4

在另一组试验中,在化妆品膏霜中研究两个等级的脂肪醇乙氧基化物（Brij）对二苯甲酰甲烷防晒剂稳定性的作用,其结果概括在表5中。

表5

日照时间/分钟	通过上面给出的程序测量时,曝光后残留的 Parsol 1789 的%吸光度			
	对照物	形式1	形式3	用 4% Brij 56 代替 4% Brij 35 的形式3
0（T_0）	100	100	100	98
15（T_{15}）	81	81	99	84
30（T_{30}）	70	69	95	78
45（T_{45}）	45	68	84	74
60（T_{60}）	43	59	83	74

注：Brij 56 是聚乙二醇十六烷基醚或聚氧乙烯 10 鲸蜡基醚（CAS 号 9004 - 95 - 9）（Uniquema 或 Sigma - Aldrich）。

由此,可以容易地看出,不同等级的脂肪醇乙氧基化物在该组合物中为该二苯甲酰甲烷防晒剂提供高程度的稳定性。

实施例5

在化妆品洗液的情况下研究二苯甲酰甲烷衍生物的稳定性,以便在不同载体/赋形剂中测试本发明,在表6中给出配方的细节。下面还给出加工细节,结果概括在表7中。

加工：

（1）将 EDTA 二钠添加到水中,并混合直到溶解。

（2）将 Carbopol Ultrez（TM）分散在水中,并低速混合。

（3）将 B 部分的成分添加到水中。

（4）将 C 部分的成分添加到水中,并在适度加热后混合。混合 TiO_2 直到其分散。

（5）将合并的 A、B 和 C 部分加热至 65℃。

（6）将 D 部分的成分加热至 65℃，并混合直到所有固体溶解。

（7）随后将该 D 部分添加到合并的 A、B 和 C 部分中。在温度为 65℃时，加入 E 部分的成分。

（8）在适度搅拌下混合该乳状液，直至温度达到 40℃。其随后冷却至室温，并原样用于分析。

表 6

成分/%	对照洗液	洗液 A	洗液 B	洗液 C
A 部分水	84	84	84	84
B 部队 Brij 35	—	4.00	—	4.00
Peg－200	—	—	4.00	4.00
C 部分二氧化钛	1.00	1.00	1.00	1.00
D 部分肉豆蔻酸异丙酯	0.75	0.75	0.75	0.75
聚二甲基硅氧烷 DC	0.50	0.50	0.50	0.50
200 硬脂酸	2.00	2.00	2.00	2.00
鲸蜡醇	0.53	0.53	0.53	0.53
Parsol 1789	0.80	0.80	0.80	0.80
Parsol MCX	0.75	0.75	0.75	0.75
E 部分三乙醇胺（99%）	0.50	0.50	0.50	0.50
与其他次要成分的总和	100	100	100	100

表 7

日照时间/分钟	通过上面给出的程序测量时，曝光后残留的 Parsol 1789 的%吸光度			
	对照洗液	洗液 A	洗液 B	洗液 C
0（T_0）	100	100	100	100
15（T_{15}）	81	96	81	86
30（T_{30}）	70	91	69	78
45（T_{45}）	46	70	68	75
60（T_{60}）	43	68	59	76

因此可以容易地看出，本发明的聚乙二醇与脂肪醇乙氧基化物的组合甚至在洗液化妆品组合物中也使该二苯甲酰甲烷衍生物稳定化。

由此从前述描述和实施例中可以看出，本发明提供了包含稳定防晒剂的组合物。本发明还提供了包含稳定化的二苯甲酰甲烷防晒剂的组合物，其中使用化妆品组合物中常规使用的成分实现该稳定化。

第九章 食品、保健品发明专利
申请文件的撰写及案例剖析

食品、保健品领域专利申请包括产品本身、食品添加剂、食品辅料、食品调味料等，以及相关方法或用途发明创造。食品与保健食品的区别在于：保健食品含有一定量的功效成分（生理活性物质），能调节人体的机能，具有特定的功能（食品的第三功能）；而一般食品不强调特定功能。另外，保健食品一般有特定的食用范围（特定人群），而一般食品无特定的食用范围。由于食品、保健品领域的发明专利申请文件的撰写有其自身的特点和特殊性，因此单独成章予以介绍。

一、申请前的预判

在食品、保健品领域，专利申请文件起草的准备阶段，需要重点考虑相关主题是否属于可授权的主题，以及是否具备创造性。下面列举一些需要重点考虑的情形。

（一）关于专利保护客体和实用性

在食品、保健品领域，存在一些需要判断是否属于专利保护客体或者实用性的情形。

保健方法、某物质在保健食品中的用途、某物质作为保健食品中的应用等主题包括有保健字样，通常认为属于专利法意义上的治疗方法，因为包括预防疾病为目的的情况。而对于例如提高人体免疫力的方法、调节人体肠胃功能的方法、某物质免疫性食品中的应用等，如果没有与疾病直接联系起来，制备的产品也不是药物的形式，而仅仅是保健食品的范围，则可以提出专利申请。例如，涉及控制人体体重的方法，如果针对的是肥胖，则不能作为专利申请提出，而如果仅是为了日常控制人体体重，而并不针对肥胖等预防疾病的目的，则可以作为专利申请提出。

菜单、菜肴配方等不能作专利申请的主题。烹调方法中有许多情况下可能存在不具备实用性的问题。如烹调方法中包含人为控制的随机因素，需要厨师的个人技巧，则相关方法不具备实用性。但如果所述方法不依赖于随机因素，能够根据描述而重复实施，则具备实用性。值得说明的是，关于烹调方法的实用性问题，随着技术的进步而发生着变化，因此在申请时如果不是明显不具备实用性的情形，则可以先提出专利申请为妥，以免影响申请人利益。

其中，如果烹调方法的发明点在于火力大小包括"小火""文火""中火""武火""旺火""大火""猛火""冲火""飞火""慢火"等，则通常认为这些技术手段不能重复实施，依赖于烹调者对火力掌握的个人技巧，因而相关发明不具备实用性，不宜提出专利申请。但如果这些技术手段并非发明的关键，则通常认为不会导致发明不具备实用性，可以提出专利申请，例如涉及保健食品中对中药材的炮制过程，也经常会用到上述火力的描述，但由于其并非以其为发明关键点，因而不会导致发明不具备实用性。

（二）关于《专利法》第五条

在食品、保健品领域专利申请的准备阶段，特别要注意食品安全相关问题。根据世界卫生组织的定义，食品安全是"食物中有毒、有害物质对人体健康影响的公共卫生问题"。食品安全要求食品对人体健康造成急性或慢性损害的所有危险都不存在，这是一个绝对概念。因此，食品的发明中不应当存在安全性的问题和隐患。通常情况下，食品所用的原料、助剂和食品添加剂都应当是符合国家卫生行政部门及相关部门规定的物质。其中最重要的是《食品安全法》以及配套的《食品添加剂使用卫生标准》《食品营养强化剂使用卫生标准》《食品中可能违法添加的非食用物质和易滥用的食品添加剂品种名单》等。除涉及食品安全的国家法律和标准外，食品安全的监管部门如国家质检总局、原卫生部等，还针对食品安全问题出台了相关的文件，如《卫生部关于进一步规范保健食品原料管理的通知》《食品中可能违法添加的非食用物质名单》《饲料和饲料添加剂管理条例》《禁止在饲料和动物饮用水中使用的药物品种目录》《饲料药物添加剂使用规范》等。这些文件规定了一些食品、保健食品和饲料中禁止使用的物质名单。如果相关发明创造中添加了这些不允许的物质，将不能被授权。

例如，我国《食品添加剂使用卫生标准》和《食品营养强化剂使用卫生标准》中对允许使用的食品添加剂及其用量标准有所规定，原卫生部还规定和公布有《可用于保健食品的中草药名单》和《保健食品禁用物品名单》，国家质检总局等食品安全监管部门对食品中禁止使用、禁止检出的物品清单也有明文规定。因此，对食品的发明专利申请，虽然在说明书中对食品原料和添加剂的毒性和安全性实验没有苛刻要求，但是应当表明按照符合国家标准使用允许使用的物质，不使用国家禁用的物质。

【案例9-1】

发明创造涉及拉面面粉专用改良剂，由20%~50%硬脂酰乳酸钙、10%~20%复合磷酸盐、6%~12%异抗坏血酸钠、1.5%~3%偶氮甲酰氨、1%~2%溴酸钾、0.5%~3%二氧化硅和余量的变性淀粉组成。

分析：该权利要求涉及一种面粉专用改良剂，其中使用的原料中包括"溴酸钾"，该物质在《食品中可能违法添加的非食用物质名单》之列，因此在最终的产品中有毒有害。因而不能提出专利申请，也不能被授予专利权。

【案例9-2】

发明创造涉及一种采用一氧化碳氨水溶液对鱼肉、畜肉和禽肉的发色方法，该方法是将新鲜鱼肉、畜肉和禽肉经过前处理后，再用一氧化碳氨水溶液浸泡发色、清洗，以获得色泽鲜艳的发色鱼肉、畜肉和禽肉制品。

分析：由于2011年4月19日发布的《食品中可能违法添加的非食用物质和易滥用的食品添加剂品种名单》中明确规定，一氧化碳在金枪鱼、三文鱼中属于违法添加的非食用物质。而一氧化碳在鱼肉制品中的残留会导致食用存在安全隐患，无法保障公众身体健康和生命安全。因此，根据《专利法》第五条第一款的规定，上述发明创造不能申请专利，在现实中也不能使用。

（三）关于创造性

食品相关发明的新颖性和创造性的不同情形非常多，在此将主要的情形说明一下。

全新的食品一般具备创造性，如首次发明的香肠等。但这种情形越来越少，更多的是改进型食品或改进的方法发明。通常在了解所知道的现有技术的基础上，可以按照创造性判断的"三步法"进行预判，重点也是根据采用措施所解决的技术问题或达到的技术效果方面考虑。

（1）如果发明的食品与现有技术食品相近，则必须具备预料不到的技术效果才能满足创造性的要求。

（2）食品领域中组合物发明较常见，则各组分组合在一起时在化学或物理上发生互作，产生的技术效果优于单独每一组分叠加之和，则具备创造性，如果仅仅发挥各自的作用，组合后是各组分作用的叠加，则发明不具备创造性。

（3）食品领域中还较常遇到用途发明，如果发现已知物质的新的性能，并产生了一定的技术效果，且该性能并不能从物质本身的结构、组成、理化性质容易推导出来，则所述用途发明具备创造性。

（4）食品领域中也经常涉及制备方法发明，如果发明由于使用了新原料或新工艺，或者对现有工艺步骤和条件进行改进而使其方法获得了显著的技术效果，或获得的产物产生了事先不能预期的优良特性，则发明具备创造性。

下面列举几个例子进行说明。

【案例 9 - 3】

发明为了改善茶奶的口味，提高口感，而将茶多酚与纯鲜牛奶配合制成茶奶，其中茶多酚以质量百分比为 4% ~6% 的水溶液与牛奶混合，两者的体积比为 1:9 ~10。而现有技术有文献提出茶多酚可以添加到各种乳制品如牛奶中，可消除异味又可防止乳制品中油脂类物质的氧化变质，并明显改善乳制品的风味，建议的添加量一般为 0.01% ~0.05%。

分析：由于现有技术中已明确公开了茶多酚可以添加到牛奶中以改善口感，本发明引入茶多酚的目的也是为了这一目的，只不过添加量要比现有技术高，但茶多酚添加量增加，在没有产生任何意想不到的效果的情况下，发明不具备创造性，不适合提出专利申请。

【案例 9 - 4】

发明人基于之前饺子即做即食，不适于现代快节奏的生活，因此提出将按传统制备的饺子经速冻处理，以便能够较长时间的储藏。在吃的时候，直接解冻煮熟可食。

由于制作饺子的过程本身没有创新，同时速冻技术又是一种极常用的保藏食品的方法，因此现有技术存在技术启示，所述发明不具备创造性。

但申请人进一步发现这种速冻饺子，经速冻后再食用，在口感等方面比新鲜饺子相差甚远。经过筛选在制作饺子的过程中添加某种食品添加剂，如此在速冻之后仍然能够保持饺子的风味和口感。

现有技术并没有任何将该食品添加剂加到饺子中，而使速冻饺子风味能够保持的启示，因此进一步改进的速冻饺子的发明具备创造性。

【案例 9 – 5】

发明人在研究茶叶类似产品的过程中，发现将人参叶按传统茶叶加工工艺，制备成人参叶茶。服用后，具有较好的功效，如促进睡眠等。经了解，现有技术尚没有人参叶沏水饮用等。初步可以认为发明创造具备创造性。

但如果了解到已有文献记载，将人参叶晒干后可沏水饮用，并也提到有一定保健功效，那么发明创造不具备创造性，无须提出专利申请。

对于保健食品而言，如果发明创造仅是将已知功效的材料组合在一起，各自原料起到各自的作用，通常不具备创造性。但各有效成分产生了协同作用，获得了意外的效果，或者两种成分常规混用会产生相斥作用，如导致生物率降低或口感等降低，此时通过进一步的技术措施而得以解决，则发明通常具备创造性。

【案例 9 – 6】

已知将钙源如碳酸钙或氢氧化钙直接添加到果汁饮料中，导致饮料的感官特性和口感变差；同时果汁中的酸性物质也会影响钙的溶解导致钙的吸收率降低。发明人对此进行研究，发现如果钙以柠檬酸苹果酸钙复合物的形式存在于果汁中，则钙能够在果汁中的溶解度增加，同时饮料感官特性也明显改善，则该发明具备创造性。

【案例 9 – 7】

已知铁和钙同时存在于食品中，钙会抑制铁的生物利用率，而不能达到同时增加铁和钙的目的。发明人经过研究发现，如果钙以柠檬酸钙的形式，铁以蔗糖苹果酸铁复合物的形式同时添加到食品中，则钙和铁之间不再产生抵消作用，因而钙和铁能够顺利被人体吸收。上述发明创造具备创造性。

【案例 9 – 8】

已知大蒜具有保健作用，但大蒜榨汁具有较强的刺激性辛辣味，因而使得大蒜难以应用于保健饮料中。但发明人经配伍实验，发现将大蒜汁与枸杞汁混合，大蒜的特有异味被摒掉，而且并不影响原有的功效，则发明具备创造性，可以提出专利申请。

二、专利申请文件的撰写

（一）说明书的撰写

说明书的撰写除遵守通常的专利申请撰写规定外，尤其注意食品、保健品的作用效果，如改善的味觉、嗅觉，则需要满足特定的要求，如可以通过物理、化学的理论解释确认发明的作用效果的主观效果时要提供该效果的根据，或者提供必要调查试验，如对于改善味觉的食品发明，则应当提供调查试验表明味觉确实被改善的试验数据。

下面就食品、保健品专利申请的说明书撰写中特别需要注意的方面进行说明。

1. 用词必须清楚

因为食品领域中有许多非常常规的名词术语，在日常交流中有许多食俗语言、方言土语、行话，这些词语有时仅在特定地域为人所知，技术含义难以准确界定，甚至缺少任何的正规文字记载。因此，在说明书中应当采用含义明确的术语。对于具有不同的含义的术语，尽量避免使用，例如称为"水芝"的物质，其既是苦瓜的异名，也是莲子的异名，此时最好明确是苦瓜还是莲子，如果采用了水芝则也应当说明是哪种物质。另外，地瓜一词在不同的地方有不同的含义，尽量避免使用，而采用常规的具有通用确切含义的术语。

此外，尽量避免行话或口话化的术语，如不用土豆而用马铃薯等。如果采用术语不能确保具有公认的确切含义，则应当进行澄清性说明，例如对原料而言，可以对其属性、性状、功能或获得的方法等进行具体的描述，甚至可以通过引用现有技术如教材或给出拉丁文学名。对于属于操作方面的术语，在不能确保明确的情况下，应当详细介绍其如何具体操作、产生何种结果等。

食品用到原料较多，有许多在市场上出售而具有商品名的情况。但在撰写专利申请文件时，尽量避免在专利申请文件中涉及技术方案的描述中出现商品名称，特别是在技术效果与该商品的性质密切的情况下，有时尽管某商品可能是公知的，但其配方在不同时期并不是固定不变的，导致对其理解或确切含义存在歧义。因此，只有在所用的商标或商品名在本领域中已有明确的固定含义，才可以采用。

【案例 9 – 9】

"鹰粟粉"，尽管原指鹰牌玉米淀粉，但因为在多篇文章中提到了其准确的含义：即以玉米为原料的高级淀粉，则可以出现在专利申请文件中的技术方案中描述采用。但若能对其进行明确则更妥。

【案例 9 – 10】

龟甲万酱油又可分为龟甲万天然酿造酱油、龟甲万天然鲜润酱油、龟甲万加铁红醇酱油等，它们各自的配方不同，因此不具有确切含义。因此，最好在专利申请文件中予以避免。即使必须要采用，则应当对其含义进行适当的说明。

2. 提供确实可信的技术效果

食品领域，对于效果的说明是其重点，更是难点。该领域对于效果的描述往往容易以断言性、声称式的方式描述。例如，说明书中有"本发明方法显著延长食品的保质期"的描述，但没有给出具体的延长效果，显然这并不是最好的撰写方式，也会导致在争辩该发明具备创造性时没有确切依据。因此，应当记载针对发明解决的技术问题，由其技术方案带来的具体的效果，最好是通过科学、可信的解释进行说明，必要时借助合理实验方案得到的实验数据予以说明，甚至需要给出对比实验数据加以证明。下面是几种情形的说明方式。

（1）涉及食品口感或风味等感官性能改善的发明：如果发明的目的在于改善食品的味觉或嗅觉，其效果通常可以采用以下方式加以说明。

① 依据物理的或化学的原理性解释加以确认。

【案例 9 – 11】

一种用离子交换法处理甜菜糖液使之脱盐除去糖液中的钾盐，同时加入钙盐以增强甜菜糖甜度的方法。该发明的甜菜糖液中被除去的钾盐部分被钙盐补足，使得甜菜糖的灰分组与蔗糖的灰分组成相似，故其甜度与蔗糖相同。该化学方法的解释即是甜菜糖甜度所以得到增强这一感官效果的依据。

② 用感官评定实验结果说明。应采用本技术领域规范的或得到行业认可的感官评

定实验方法进行测定。在实施例中，应当在评定实验中给出必要的实验条件、实验方法、评定标准等，并且应当采用具有统计学意义的实验结果来说明有益效果。

（2）涉及延长食品保藏期的发明，则应当给出在具体的保藏条件下所得到的结果，并给出对照实验结果。

（3）涉及保健品的发明：如果对技术方案产生的效果是所属技术领域的技术人员可以通过发明所采用的原料确定或者能够根据现有技术推断的，则充分提供能够确定或推断的理由。如果对技术效果的描述不能通过发明所采用的原料和根据现有技术的推测得到，或者被认为是产生新的功能，或者是被认为克服了存在的技术偏见，即发明所述的功能或效果在普通技术知识和现有技术中没有任何依据时，则说明书中必须给出可信的证据来证实其所述的效果。对于具有特定功能的保健食品，由于其是以调节特定机体功能或者针对特定人群的具有预防性或辅助治疗性的功能或效果，通常情况下，应当在说明书中给出可信的证据加以证明。

其中，可信的证据，通常是指提供能够证明其所述功能或效果的实验数据，或者提供在现有技术的基础上能够推导其所述功能或效果的机理说明。理论上讲，只要是能够足以证明保健食品功能或效果、可信的实验及其数据或机理性推导都是可以采用的。"可信的证据"例如可以采取下述方法：原卫生部公布的相关功效学的评价实验方法及获得的结果；组方理论或辨证论治理论；可供验证及评估的客观测量指标；足以证明其疗效的相当例证；或具有统计学意义的有效率等。其中，原卫生部公布的保健食品功效学的评价实验方法是保健食品、特别是具有特定功能的饮食品发明专利申请说明书中推荐使用的实验方法。

通常而言，对于食品，不需要实验数据证明其用途和/或效果，因为一般是可以根据其原料、组成等推断的，但如果不提供切实的效果数据或证据，则在审查过程被质疑创造性时难以支撑其创造性；但对于保健食品，由于涉及"特定功能"，是需要在说明书中给出详细的包括实验方法、诊断标准和疗效判断标准等的实验数据，以证明其功能，这一点比食品的要求更为严格一些。对此，有必要简要说明一下药品和保健食品的异同。药品是治疗疾病的物质；保健食品的本质仍然是食品，虽有调节人体某种机能的作用，但它不是人类赖以治疗疾病的物质。对于生理机能正常的人来说，保健食品是一种营养补充剂；对于生理机能异常的人来说，保健食品可以调节生理功能、强化免疫系统。但是，两者都必须通过动物或人群实验，证实有明显、稳定的功效作用。因此，在对于给出了所治疗的疾病的名称或者能够达到的"特定效果"的保健食品，其说明书中所提供的药效实验的要求，最好按照药品相关发明的说明书中撰写要求来提供。

3. 对于食品发明，要特别注意食品安全相关问题

在撰写专利申请文件时是需要提供相关的必要性说明，消除食品安全问题的疑问。虽然在说明书中对食品原料和添加剂的毒性和安全性实验没有苛刻要求，但是应当表明按照符合国家标准使用允许使用的物质，不使用国家禁用的物质。

如果所用的原料或者作为食品添加剂用的某些成分或用量超出国家卫生行政部门及相关部门所规定的标准范围，或者所采用的食品添加剂或原料明显具有毒性时，应当提供有关毒性和安全性的实验表明其不具有毒性和不存在安全性问题和隐患。

【案例 9 – 12】

一项发明涉及一种淀粉脂肪模拟物的制备方法，其中在淀粉中添加了硫酸二甲醋作为凝胶化剂，使产品外观与动物脂肪相似，以其替代猪肉灌肠中的脂肪。然而，硫酸二甲醋是一种非食品用的工业剧毒溶剂，这种情况下则不能提出发明专利申请。

食品的安全性可以通过提供合理、可信的证据来验证，所说的证据通常应当是对食品的安全性毒理学进行评价实验，例如可以按照国家卫生行政部门颁布的食品安全性毒理学评价程序和方法来进行。当然，专利申请要求提供实验及其数据的目的主要是为说明和澄清安全性问题，因此进行安全毒理性实验时需提供必要的检验步骤和具有统计学意义的数据。

【案例 9 – 13】❶

申请人的技术交底书中提供的发明：

利用工业木糖废渣原料是木糖渣、糠醛渣、秸秆或麦草纤维废弃物进行固体发酵生产食醋的方法，以含 $59 \sim 61$ 重量份的纤维素、$28 \sim 30$ 重量份的木质素、$6 \sim 8$ 重量份水分的工业木糖废渣为原料，按如下步骤进行：

① 将工业木糖废渣原料加入蒸汽爆破机，在 $2 \sim 3$ MPa 条件下，预处理 $90 \sim 150$ s；

② 取 a 步骤经预处理的工业木糖废渣原料加水润料混匀后使用；

③ 按照每克工业木糖废渣原料取 $500 \sim 1500$ 单位纤维素酶和按照工业木糖废渣原料重量的 $0.1\% \sim 1\%$ 取高温活性干酵母加入第②步骤的原料中，混匀，培养 $1 \sim 2$ 天，当酒精度在 $0.5\% \sim 2\%$ 时，再按照工业木糖废渣原料重量的 $0.5\% \sim 2\%$ 加入耐高温醋酸菌，混匀，控制温度为 $30 \sim 50$℃，发酵 $10 \sim 15$ 天，然后脱水，得食醋产品。

对于上述申请人提供的发明，由于食醋是直接被人体食用的，而利用的原料是工业木糖废渣原料，而常规的木糖渣含有残留的硫酸等有害物质，故比较明显的是需要提供这种生产食醋的食品安全性。在上述提交的资料中，没有说明对工业木糖废渣的提纯或高温处理等步骤，其他环节也没有能够体现使食醋安全的操作步骤，因此似乎难以达到食品级原料的要求。因此，对于上述交底材料，应当补充所生产食醋过程使之达到食品安全级的措施，最好还提供例如最终产品符合国家食醋卫生标准（GB 2719—2003）指标要求和食品安全性验证，否则不能提出专利申请，即按目前的技术交底材料的内容提交专利申请，可能被认为违反《专利法》第五条规定。

对于食品相关的发明而言，其创造性的体现特别重要，因此对上述第 2 点涉及的技术效果方面，一方面在说明书中需要提供可信的充分的技术效果证据，另一方面尽可能将优异效果或特别的效果进行突显，例如提供必要的对照实施例或对比数据等，这在体现创造性以及在答复国家知识产权局认为不具备创造性时的争辩中特别重要。

（二）权利要求书的撰写

食品领域的权利要求书的撰写，也要遵守一般的权利要求撰写规则和原则。下面

---

❶ 依据专利申请 201210158052.2 改编。

针对几种典型的食品产品和方法权利要求的撰写形式进行介绍。

权利要求的撰写方面,对于食品产品,尽可能用所包括的物质组成、形态、结构、组合或这些特征的组合的特征来进行限定,如尚不能清楚限定,可以采用制备方法的形式进行限定。在食品领域,更多情况下采用制备方法进行限定更易于判断与已知食品的异同。

1. 用终产品组分及其含量来限定食品产品权利要求

用这种方式来进行限定的条件是可以用食品的终产品组分清楚地定义,其权利要求的撰写方式类似于组合物。这类产品常见于乳制品、食用油、配制品等。

如某发明是通常几种物质进行简单混合制备得到适用于早产儿的奶制品,发明的关键在于脂类和糖类组分的选择和配比。因为其用于混配的原料就是终产品的组分,则可按下述例子中的方式来撰写。

【案例 9 – 14】

1. 一种适于早产儿的奶制品,以 100 重量份计算,其含有以下物质:

脂类 21~27 份;蛋白质 13~16 份,其中至少 50%(重量)为可溶性蛋白质;

碳水化合物 52~53 份;矿物盐 1.5~2 份;以及水 1~3 份,

其特征在于:所述的脂类由 45%~55%(重量)乳脂、9%~15%(重量)植物油和 35%~45%(重量)中等链长的甘油三酸酯组成,其中亚油酸占脂肪酸的 8%~13%(重量),所述的碳水化合物是 50%~75%(重量)的乳糖和余量为葡萄糖的混合物。

2. 用方法特征来限定食品产品权利要求

对于食品而言,大多数情况下需要用制备方法特征来进行限定,通常称为方法表征的产品权利要求。许多食品由于其加工时所用原料本身就是成分难以明确确定的物质,如复杂成分的天然混合物,同时在制备食品的加工过程中也可能发生不可预知的化学、生化等变化而使终产品的成分和含量难以清楚地确定。即使通过仪器测定出终产品的组成和含量,但对于食品来说,其不仅仅是所测定成分的简单混合,而由其特定的制备加工方法,如焙烤、熏制、浸泡等而获得特定的口味、质地和结构等,因此许多情况下,用食品的组成、含量或者加上理化参数等限定仍然不能清楚地限定所述产品,则必须用制备方法进行限定。基于上述原因,可主要分成下述两种情况。

一种情况是,虽然食品的终产品中的组成成分是可以得知的,但该产品的特性如口味、质地或微观结构等由特定的方法决定的,以终产品的组成成分进行限定不足以清楚表征所述食品,因而制备方法应当作为必要技术特征限定在权利要求当中。此时,需要将方法中的关键的特征进行表征,如原料、制备步骤和参数特征等。

【案例 9 – 15】❶

发明的技术方案为:养肝降脂果丹食品,其特征在于经如下方法制备:按照重量

---

❶ 参见专利申请 200610012802.X。

份先取枸杞 5~7 份、凉粉草 5~15 份、葛根 5~20 份、菊花 5~15 份、金银花 2~10 份、甘草 1~10 份为原料，加入水煎煮，加水量为原料重量的 8~10 倍，滤液浓缩至 60~70℃时密度为 1.2~1.49/mL 的浸膏；然后加入去籽去皮的山楂 3~15 份，再加入山梨醇 45~55 份混合均匀，加温至 100~120℃，煮 20~30 分钟；最后刮片、干燥、揭皮、包装。

由于上述的制备方法对终产品有必然的影响，因此如果权利要求仅写成如下所述是不够的：

1. 养肝降脂果丹食品，其特征在于它是由下述重量份的成分组成：枸杞 5~75 份、凉粉草 5~15 份、葛根 5~20 份、菊花 5~15 份、金银花 2~10 份、甘草 1~10 份、山楂 3~15 份。

另外一种情况是，终产品的成分复杂而难以清楚地限定，则必须用方法来进行表征的产品。

【案例 9–16】

1. 一种多汁的含油脂的模拟香肠，其由下述制备步骤得到：

（1）按重量份，制备含 20~32 份水、3~8 份蛋白胨、0.5~4 份酪氨酸盐和 0~2.5 份植物蛋白提取物的蛋白黏合剂浆料；

（2）向该浆料中加入 3~15 重量份的植物油；

（3）剧烈搅拌，形成蛋白–油乳液；

（4）按重量份，制备含 30~40 份熟化面筋、1~14 份组织化植物蛋白和 0~4 份水的组织化蛋白混合物；

（5）将蛋白–油乳液与组织化蛋白混合物相互混合；

（6）向合并后的混合物中加入 3~15 重量份的植物油；

（7）将得到的混合物做成所需的形状，加热成形，得到稳定的形状。

此外，有时虽然终产品的组成难以具体确定，但由于原料相对确定且仅仅是通过常规制备方法得到，其关键在于原料和/或配比的选择，发明改进之处不在于制备方法。则可以仅仅以原料为特征来进行限定，例如下述例子。

【案例 9–17】❶

1. 一种中药型保健食品，其特征在于，它是以下述重量配比的原料按常规制剂工艺制备成的保健胶囊：人参 35~45 份、鹿茸 36~45 份、淫羊藿 32~40 份、肉苁蓉 32~40 份、何首乌 40~50 份、柴胡 40~45 份、茯苓 32~40 份、甘草 31~38 份。

但如果是将原料简单混合在一起，不经过任何处理，其原料的限定就是终产品的组分及其含量，此时则形同于组合物，则可以写成一种食品组合物，用终产品组分及其含量来限定即可。

3. 用参数特征来限定食品产品权利要求

对于终产品，仅用组分不能清楚限定的情况下，有时还需要增加一些相关参数来进行限定。

---

❶ 参见专利申请 200610012757.8。

【案例 9 – 18】

一种可灌入管内的不含防腐剂且无须杀菌即可存放的沙司,其基料为黄油、蛋黄、液体乳脂部分和增味剂,其特征在于:该沙司制备物的 pH 为 5.6 ~ 5.8,水分活度为 0.8 ~ 0.9,并含有经磷脂酶改性的蛋黄。

注意在采用参数进行限定时,所用的参数的技术含义应当是清楚明确的,如果采用比较特殊的参数,则应在说明书中进行相应的说明和描述。对于参数测量方法是本领域中通用的测量方法,则说明书中可以不记载测量方法,但如果采用的测量方法不是标准或通用的测量方法,则说明书中应当予以详细记载,如参数测量的条件,使用的设备等。

在权利要求中是否需要明确限定测量方法,则需要视情况而定。下述情况中,在权利要求中不必限定具体的测量方法步骤,例如:如果参数的测量是现有技术中唯一的一种方法,是现有技术中通用的一种特定方法;或者现有技术中虽然有多种不同的测量方法,但在允许的误差范围内,这些方法都能得到相同的结果等。

4. 用结构特征来限定食品产品权利要求

有时食品发明可能涉及食品的结构、形状上的变化,则可以采用结构特征予以限定。

【案例 9 – 19】

1. 一种深冷汉堡包,有一个由下部面团限定的圆饼形肉部分和酱汁,其特征在于:圆饼形肉部分有一个用来容纳酱汁的凹槽。

需要注意的是,如果食品的结构形状仅仅是为了美观,而不是为了解决现有技术存在的技术问题,则可能对于其产品的新颖性或创造性不具有支撑作用,因而不应就此提出专利申请(除非可以作为外观设计专利申请)。

5. 食品的制备方法和用途权利要求

对于已知食品,则只能提出制备方法权利要求。而对于食品的用途发明,权利要求中需要记载特定的用途,但要注意避免前面提及属于不可授权的主题如治疗方法的情形。

例如,食品的制备方法权利要求撰写形式:

【案例 9 – 20】❶

1. 黑木耳保健食品的制备方法,其步骤为:

(1) 取干燥的黑木耳进行超微粉碎;

(2) 将粉碎好的黑木耳放入 80 ~ 100℃水中煮 1 ~ 1.5 小时;

(3) 所得的水煮液进行干燥、粉碎,得黑木耳粉;

(4) 取 85 ~ 90 重量份黑木耳粉与食品辅助成分混合得到黑木耳保健食品。

6. 其他

对于食品而言,经常在权利要求中限定较多的原料,此时需要特别注意各原料之间的关系应当予以明确。

---

❶ 参见专利申请 200610020249.4。

【案例 9-21】

1. 一种减肥茶，由茶叶、泽泻、决明子、荷叶或番泻叶、玫瑰花、茉莉花制成。

分析： 上述权利要求中的"或"并没有将原料之间的关系表述清楚，不能明确是荷叶和番泻叶二者选其一，还是荷叶、番泻叶、玫瑰花、茉莉花四者中选其一，抑或是茶叶、泽泻、决明子、荷叶制成与番泻叶、玫瑰花、茉莉花制成的两种并列方式，因此存在歧义。

权利要求中最好不要出现，"以……为宜"等类似措辞，因为这并不是撰写权利要求限定保护范围的表述方式（但在说明书中可以这样表述）。例如，权利要求中的"以浸过药面2~3厘米为宜"的描述，应当直接写成"浸过药面2~3厘米"。

对于化合物或纯化学物质等作为食品添加剂或辅料等，其化合物或化学物质本身的撰写与一般的化合物或化学物质相同，但需要在用途或应用方面撰写权利要求，其撰写原则应考虑上述提到的相关因素。

三、撰写案例分析

（一）案例推荐理由

下面的撰写实例涉及的是一种用作甜味剂的化合物天冬氨酸衍生物。推荐该专利申请文件的理由如下。

该发明首先涉及的是天冬氨酸衍生物如式（Ⅰ）所示，基于所掌握的现有技术，其是一种新的二肽，因此本申请首先要求保护的是该化合物本身。其次由于该化合物用作甜味剂，因此再撰写了作为甜味剂用途的权利要求。此外，针对该化合物甜味剂的最佳用途的结果即粉末饮料，撰写了粉末饮料的权利要求。其中，由于该粉末饮料柠檬酸、香料及麦芽酚与本发明的天冬氨酸衍生物构成，因而采用了终产品的组分来进行限定。如果有必要，可以进一步地将其优选的配比作为从属权利要求来撰写（但如果用技术秘密进行保护更好，则从此角度考虑也可以暂时不予公开）。

从说明书的充分公开的角度来看，说明书中记载较为全面合理：

一方面，要明确交代该发明的天冬氨酸衍生物结构特征（结构）及其制备方法，并说明反应原理；其中，本申请中由于结构式和反应原理明确，因此在获得所述化合物并不需要提供化合物确认数据，但对于大多数新化合物来说，如果不能做到这一点，则应当对制备方法获得的产品进行确认，如光谱数据等。

另一方面，对所述化合物作为甜味剂应用方面结合实施例进行详细的披露，包括其甜味效果，包括甜度测定和口感测试（与现有技术进行比较突显技术效果以支撑诸如创造性是非常必要的）。

另外，作为食品添加剂，需要证明其安全性，因此说明书中还提供了急毒性试验。

总之，从说明书来看，虽然篇幅不长，但对发明创造公开得比较全面和合理，对于一般食品领域的专利申请有较好的借鉴意义。

（二）供参考的专利申请文件❶

权 利 要 求 书

1. 一种天冬氨酸衍生物，其具有下述通式（Ⅰ）所示分子结构：

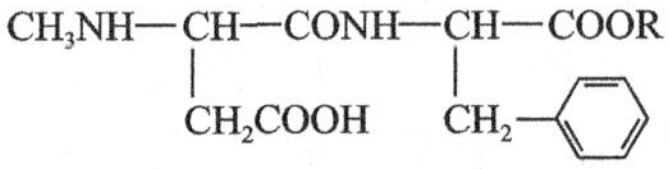

$$CH_3NH—CH—CONH—CH—COOR$$

（Ⅰ）

其中 R 表碳原子数为 1~7 的烷基。

2. 如权利要求 1 所述的天冬氨酸衍生物，其特征在于：R 为甲基。

3. 如权利要求 1 或 2 所述的天冬氨酸衍生物作为甜味剂的用途。

4. 一种粉末饮料，其特征在于：含有柠檬酸、香料、麦芽酚与权利要求 1 或 2 所述的天冬氨酸衍生物。

5. 如权利要求 4 所述的粉末饮料，其特征在于：柠檬酸:香料:麦芽酚:权利要求 1 或 2 所述的天冬氨酸衍生物重量配比为 3~8:2~6:50~80:2~5。

说 明 书

天冬氨酸衍生物及其制备方法，和作为甜味剂的用途

技术领域

本发明属于食品添加剂领域，具体涉及食品甜味剂。

背景技术

食品是影响人体体质或健康的重要因素，甜食尤其如此。近年研究表明，糖尿病和心脏病的最大原因在于人体对糖的过量摄取。为了减少糖类物质的摄入量，使用合成甜味剂或替代品成为研究热点（参见 JP××××××A）。但是作为食品添加剂，安全性研究是非常重要的，期望能够发明安全、味道好的新的合成甜味剂，减少糖类物质的摄入量至关重要，具有重要的实际意义。

发明内容

针对现有技术的需求，本发明提供一种全新可作甜味剂的天冬胺酸衍生物，因而可以制备成新甜味剂。

本发明的天冬氨酸衍生物是一种二肽，其具有下述通式（Ⅰ）的结构式：

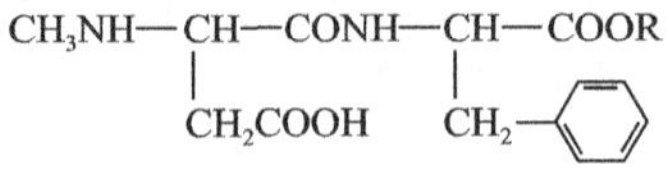

$$CH_3NH—CH—CONH—CH—COOR$$

（Ⅰ）

---

❶ 根据《化学和生物技术专利申请文件的撰写与阅读》一书中给出的例子，稍有修改。

其中，R 为碳原子数为 1~7 的烷基。

对应地，本发明提供制备上述通式（Ⅰ）的天冬氨酸衍生物的方法，先用 N−甲基−L−天冬氨酸与碳酰氯反应，再将得到的 N−甲基−L−天冬氨酸的 N−羧基脱水物与下述结构式（Ⅱ）所示的氨基酸酯反应即可到式（Ⅰ）的化合物。

$$NH_2-CH-COOR$$
$$|$$
$$CH_2-\bigcirc \quad （Ⅱ）$$

上述化合物中，优选的是 N−甲基−L−天冬氨酸−L−苯丙氨酸甲酯（MAPM）、N−甲基−L−天冬氨酸−L−苯丙氨酸乙酯（MAPE）、N−甲基−L−天冬氨酸−L−苯丙氨酸庚酯（MAPH）。

进一步地，本发明甜味剂适合作为糖类的替代品，特别对于糖尿病患者或降低砂糖等高热量甜味剂的人们非常有用。还提供通式（Ⅰ）化合物作为甜味剂的用途。本发明的甜味剂可用于食品、调味品，食物添加剂如香料，色素等，以及药品中。具体例如果汁、乳制品、咖啡、点心等。优选地，将所述化合物用于饮料中作为甜味剂，更优选为粉末饮料。

本发明的通式（Ⅰ）的化合物，其甜味是普通糖水溶液甜味的 100~150 倍，其效果非常明显。同时，采用发明制备方法，可以获得高纯度的目的产物，而公知的方法使天冬氨酸与氨基酯反应，在其反应时以 Pd 作为催化剂加氢分解得到的产物，其纯度只为 40%，而本发明的制备方法可以达到 70% 的高纯度。

具体实施方式

下面通过实施例进一步阐明本发明，但不构成对本发明范围的限制。

实施例 1：化合物制备例

将 133 重量份 N−甲基−L−天冬氨酸悬浮于 1300 容量份的无水四氢呋喃中，并将此悬浮液加温至 40℃，一直搅拌到天冬氨酸溶解为止，在此混合液中迅速通过碳酰氯，反应温度提高至 50℃，立即在此溶液中通入干燥氮气以去除碳酰氯和氯化氢，并把溶液冷却至 −10℃。

将 179 重量份 L−苯丙氨酸甲醋和 101 份三乙胺溶解于 1800 容量份的干燥四氢呋喃中，将此液放置于 0℃ 以下，一边搅拌一边滴入 N−甲基−L−天冬氨酸的 N−羧基脱水物。在室温搅拌 1 小时，加完 N−甲基−L−天冬氨酸的 N−羧基脱水物后，加入 63 份醋酸，真空去溶剂。在残留物中加入 3 升水和 1.5 升乙醇使其慢慢溶解。再加入 1.5 升乙醇。本溶液在 5℃ 保存过夜。过滤精制沉淀物，用 50% 的乙醇冲洗，得到 N−甲基−L−天冬氨酰−L−苯丙氨酸甲醋化合物，其特征是在大约 1900℃ 和 2450~2470℃ 有两个熔点，纯度为 68%，收率为 80%。

实施例 2：制备含本发明甜味剂的咖啡

在热咖啡中加入本发明的 N−甲基−L−天冬氨酸−L−苯丙氨酸甲酯（MAPM），使溶液中二肽的含量达到 0.015 重量%。同样，与加入砂糖而带有甜味的咖啡溶液比较得知，要使两者溶液甜度相同，砂糖浓度需达到 4 重量%。

这一结果表明，式（Ⅰ）所示的二肽化合物的甜度是对照咖啡溶液中砂糖甜度的

170 倍。

实施例 3：制备含本发明甜味剂的粉末饮料

将柠檬酸 0.05 份、合成草莓香料 0.04 份、MAPM 0.033 份及粉末麦芽酚 0.609 份混合制成混合粉末。用纯净水将该粉末溶解至 100mL，在室温下评价该饮料，对照饮料是用砂糖 9 份及葡萄糖 0.87 份取代二肽成分，其余成分同前。比较这两种饮料，发现它们甜度相同。结果提示，式（Ⅰ）所示化合物（MAPM）的甜度是砂糖甜度的 170 倍。另外，用本发明甜味剂制造粉末饮料时 MAPM 与柠檬酸配伍最佳。

试验例 1：甜度测定

将本发明式（Ⅰ）所示化合物稀释相当程度后可出现酷似砂糖的甜味。

甜度测定方法是：由 25 名甜度检查员测定与砂糖等价浓度的本发明化合物。即把待测样品配成不同浓度，分别与各浓度的砂糖溶液进行比较：判断样品的甜度，并用 Profit 法对所得到的资料进行分析，测定出与样品甜度相同的砂糖的浓度。结果如表 1 所示，其反映了本发明甜味剂的甜度测试结果。从结果中看到，MAPM 水溶液的甜度大约是砂糖水溶液的 100 ~ 150 倍，MPAE、PAPH 水溶液的甜度是砂糖水溶液的 × × ~ × × 倍。❶

表 1　与砂糖甜度相同时本发明化合物的浓度

MAPM （g/10mL $\times 10^{-3}$）	MPAE （g/10mL $\times 10^{-3}$）	MAPH （g/10mL $\times 10^{-3}$）	溶液类型	换算成砂糖甜度 （g/100mL）
1.10	*	*	水溶液	2
2.50	*	*	水溶液	4
1.25	*	*	红茶	2
2.50	*	*	红茶	4

试验例 2：味觉调查

采用相当于砂糖浓度为 4 重量% 时甜味剂的本发明的口感味觉效果，参加味觉调查的人数 30 人，分别给出满意、苦味、后味。根据 Friedman 测定进行计算，结果如表 2 所示，其中可以看到，本发明甜味剂的口感并没有被感觉到与砂糖有明显差异。

表 2　相当于砂糖浓度为 4 重量% 时甜味剂的口感调查结果（%）

结果	满意	苦味	后味
砂糖	6.0	0.5	0.4
MAPM	*	*	*
MAPE	5.3	0.8	0.8
MAPH	*	*	*

试验例 3：急毒性试验

以小鼠和大鼠为对象，分别将本发明三种化合物进行急性和毒性试验，试验方法

---

❶ 本书笔者认为星号处应当进行测定，并在说明书中进行记载，这样说明书更加完善。

按照常规方法进行，相关 LD_{50} 结果如表 3 所示。

表 3　相当于砂糖浓度为 4 重量% 时甜味剂的口感调查结果

结果	动物类型	施用方法	LD_{50}（mg/kg）
MAPM	小鼠	P. O	62000
	大鼠	P. O	53000
MAPE	小鼠	P. O	58000
	大鼠	P. O	*
MAPH	小鼠	P. O	*
	大鼠	P. O	*

从表 3 所示结果可知，本发明的甜味剂作为食品甜味剂是安全的，能够添加入食品中，代替砂糖等糖类物质来提供人们甜味的口感需求。

第十章　微生物发明专利申请文件的撰写及案例剖析

在生物领域中，与微生物相关的发明类型主要包括新微生物发明、已知微生物突变体发明、利用微生物发酵（包括其培养方法）相关的发明、微生物应用相关发明。《专利法》中的微生物主要涉及细菌、真菌、放线菌、病毒、原生动物、藻类等的相关发明。

涉及微生物的发明申请量较大，具有本身的特殊性（如涉及微生物材料是否需要保藏等），因而其专利申请文件的撰写具有鲜明的特点，下面结合案例进行介绍。

一、申请前的预判

撰写前需要初步判断相关发明是否属于可授权的范围，以及初步判断符合"三性"的要求。对于微生物相关发明而言，最主要考虑的是充分公开、实用性和创造性。

（一）充分公开

涉及微生物的发明，最主要需要考虑的是所依赖的微生物材料是否是公众可以获得的，因而确定是否需要保藏；其次还要具备一定的用途。

对于生物材料是否需要进行专利程序的保藏的问题，可参见《专利审查指南 2010》第二部分第十章相关章节。此处，对一些重点结合案例予以说明。其中，国内用于专利程序两个保藏机构是中国典型培养物保藏中心（CCTCC）和中国普通微生物菌种保藏中心（CGMCC）。而从 2016 年 1 月 1 日起广东省微生物菌种保藏中心也作为用于专利程序的生物材料保藏单位。至于中国林业微生物保藏管理中心、中国医学细菌保藏管理中心、中国工业微生物菌种保藏管理中心等不属于国家知识产权局认可的用于专利程序的保藏机构。

如果微生物相关发明所依赖的微生物材料是由申请人本人筛选到的、申请人自己实验室保存的、其他实验室或人员赠送的或非专利程序的保藏机构保存的，通常需要按照专利程序进行保藏。

此外，《专利审查指南 2010》中规定对于非专利文献中公开的生物材料，应当在说明书中注明文献的出处，并说明公众获得该生物材料的途径，并且还需提供保证从申请日起 20 年内向公众发放生物材料的证明，此时不必进行保藏。但是如果相关证明难以提交，为保险起见，建议按专利程序进行保藏更稳妥。

但是对于所用的微生物仅仅是为了验证实验效果的，则可以不进行专利程序的保藏。

【案例 10 - 1】

发明涉及一种维生素 K_2 高产菌株 BJ，其特征在于，它由纳豆芽孢杆菌 BS - 5 的突变体 BS-53 原生质体与纳豆芽孢杆菌 CICC10262 原生质体融合后筛选获得。

在一个实施例中，所述突变体 BS-53 是由纳豆芽孢杆菌 BS-5 菌株经过紫外和亚硝基弧复合诱变获得。所述纳豆芽孢杆菌 BS-5 菌株是合肥工业大学食品学院微生物实验室提供的，所述纳豆芽孢杆菌 CICC10262 由中国工业微生物菌种保藏管理中心提供。

纳豆芽孢杆菌 BS-5 菌株是一种从自然界中分离的可以产 MK 的革兰氏枯草芽孢杆菌，但是产量比较低；纳豆芽孢杆菌 CICC10262 是一种 MK 产量低但生长速度快的菌株；纳豆芽孢杆菌 BS-53 是纳豆芽孢杆菌 BS-5 菌株诱变处理后维生素 K_2 产量高但生长速度慢的菌株。

在本发明中，突变体 BS-53 原生质体与纳豆芽孢杆菌 CICC10262 原生质体之间的融合是采用电融合方式。

分析：用于制备该菌株的纳豆芽孢杆菌 BS-5 的突变体 BS-53 是通过诱变获得的，不能重复该方法获得突变体 BS-53；且其来源的纳豆芽孢杆菌 BS-5 是单位拥有的对公众不公开发放的生物材料。而纳豆芽孢杆菌 CICC10262 是由非专利程序的保藏机构保藏并对公众不公开发放的生物材料。因此，纳豆芽孢杆菌 BS-5、纳豆芽孢杆菌 BS-53、纳豆芽孢杆菌 CICC10262 都是完成本发明必须使用的生物材料，而公众不能得到。如果需要提出专利申请，应当建议申请人按照《专利法实施细则》第二十四条的规定进行保藏。

（二）实用性

微生物相关发明主要有两种类型的发明不具备实用性：

（1）由自然界筛选特定微生物的方法，由于其受到客观条件的限制，具有很大的随机性，大多数情况下是不能重现的，因而一般不具备实用性。

（2）通过物理、化学方法进行人工诱变生产新微生物的方法，其主要依赖于微生物在诱变条件下所产生的随机突变。所述随机突变实际上是 DNA 复制过程中的一个或者几个碱基的变异导致的，而由于碱基变化是随机的，即使清楚记载了诱变条件，也很难通过重复诱变条件而得到完全相同的结果。因此，这种方法绝大多数情况下也不具备实用性。

【案例 10-2】❶

技术交底书认为提供一种选育方法简单、成本较低、选育周期短的诱变微藻生产二十二碳六烯酸的方法，具体包括以下步骤：

（1）化学诱变：选择隐甲藻作为出发藻种，按照常规方法经过斜面培养，接种子瓶在 25℃ 培养室培养，把培养 3 天左右的种液中的微藻用人造海水溶液稀释，稀释度控制在 100 倍以内；将稀释所得到的微藻悬浮液按照特定 10:1 的体积比与浓度为 0.1~0.3g/L 亚硝基胍溶液混合，在 25~30℃ 处理 20~30 分钟；然后在离心机中离心 5 分钟，去掉上清液，再加入人造海水；

（2）离子束诱变：把经上述处理过的藻液均匀涂布在无菌空白培养基上，加 20%~

---

❶ 根据专利申请 201110138270.5 改编。

30%甘油保护，用无菌风风干，再将涂布有微藻的平板放置入离子注入机靶室内进行离子注入；靶室内的真空度大概在 $1 \times 10^{-2} \sim 1 \times 10^{-3}$ 托；以 N^+ 为注入离子，离子注入能量为 $5 \sim 10kev$，注入剂量为 $2.5 \times 10^{14} \sim 5 \times 10^{14} N^+/cm^2$；

（3）离子注入完成后，使用固体培养基进行单藻筛选，以摇瓶培养的二十二碳六烯酸产率为标准，以高出对照组 10% ~20% 的摇瓶中挑选高产藻种，反复多次进行离子注入诱变和选育，筛选获得二十二碳六烯酸产率大于2g/L的高产藻种。

技术交底书还对诱变获得的一株高产藻种验证了其二十二碳六烯酸的产率。

分析： 从科研的角度讲，只要反复进行实验，理论上还是有可能获得二十二碳六烯酸产率大于2g/L的高产藻种。但从《专利法》的角度来看，该发明的方法包括了亚硝基胍进行化学诱变、离子束诱变步骤，其属于通过物理、化学方法进行的人工诱变产生新的（二十二碳六烯酸具有更高产率）微生物的方法。其中的突变由于碱基变化是随机的，即使清楚记载了诱变条件，也很难通过重复诱变条件而得到完全相同的结果。即使按其条件进行重复诱变，并不能必然会突变产生具有二十二碳六烯酸更高产率这一特征的新隐甲藻，也不能保证重复诱变方法就必然筛选到具有所述特征的突变的隐甲藻。实用性要求所述方法具备再现性，不得依赖于任何随机因素，即使实际获得了一株所述特性的菌株也属于随机的，具有偶然性，并不能表明所述方法具有再现性。因此，技术交底书中提供的诱变方法发明由于不具备实用性而不宜提出专利申请。

但目前的审查实践中，对于从具有特定性质的样品中分离筛选具有一定性能的微生物（而非特定的某株微生物），则有可能具备实用性。下述是一个具备实用性的例子。

【案例10-3】❶

技术交底书提供的脱氮细菌的筛选方法，具体筛选实例如下：

（1）富集培养：从中国石化镇海炼油厂污水处理厂好氧曝气池内取一定量的活性污泥，接入好氧反应器中，在温度为25℃、pH 为7.5、DO（溶解氧）2.5mg/L 条件下，采用逐渐提高基质氨氮浓度的方式进行富集，污水的初始氨氮浓度为100mg/L、COD浓度为150mg/L，培养过程中当氨氮浓度低于10mg/L 时，补加氮源，使氨氮浓度比上一次提高100mg/L，直到提高到1000mg/L。然后取一定量富集污泥接入兼氧反应器中，在温度为25℃、pH 7.5、DO 0.1mg/L 条件下进行异养菌体的培养，培养液中的COD浓度为1800mg/L，氨氮浓度为800mg/L。培养至氨氮浓度低于150mg/L。

（2）筛选纯化：取步骤（1）中得到的一定量的泥水混合物稀释不同的倍数后涂布于固体培养基平板中培养，培养液中硝酸盐氮浓度为100mg/L，还含有少量的 Fe^{2+}、Mg^{2+}、K^+、Ca^{2+} 等金属离子以及磷酸根离子等，30℃恒温静置培养，以丁二酸钠为碳源，按照碳氮质量比10:1配置，以溴百里芬兰做指示剂进行分离和纯化。培养2~3天后，选取变蓝色的单菌落再稀释不同的倍数后涂布于氨氮浓度为100mg/L的固体平板进行复选，重复上述操作3次后取纯化菌株。

（3）生长能力驯化：从固体平板上用接菌环挑取部分菌落接入装有一定量培养液

---

❶ 参见专利申请201010510855.0。

的反应器中培养，培养液中初始氮源浓度为100mg/L，分别加入一定量的琥珀酸钠和甲醇作为碳源，初始碳源浓度（以COD计）为1200mg/L，两种碳源按照质量比10:1、5:1、1:1和单纯以甲醇为碳源对筛选出的菌株进行梯度驯化。7～9天后获得去除碳氮比为3:1～20:1的菌株。培养条件为：温度25℃，pH 7.5，DO（溶解氧）小于2mg/L。

（4）脱氮能力驯化：将步骤（3）获得的菌悬液按照一定的接种量接入含有150mL培养液的500mL摇瓶中，以纱布封口置溶解氧浓度控制为5.0mg/L的空气振动器中进行梯度驯化。初始培养液中总氮浓度为100mg/L。当总氮去除率达到90%以上时，取一定量的菌悬液接种到浓度提高100mg/L的新鲜培养液中，重复操作直到培养液中总氮浓度提高到600mg/L。培养过程中，以甲醇为碳源，碳氮质量比为15:1，温度为25℃；pH为7.5，驯化一定时间后即可获得总氮去除率达到90%以上的异养硝化菌。

申请人认为其发明的关键在于：首先采用好氧脱氨氮活性污泥进行富集培养，以获得在好氧、低碳源的环境中能够生存的菌群，利用含COD的废水对富集污泥进行培养以获在低浓度溶解氧条件下具有脱氮功能的异养硝化菌，然后采用不同碳源的污水在不同溶氧条件下进行对环境的耐受性驯化，最终获得在复杂环境下能够生存、在适宜条件下即可高效处理同时含有氨氮和COD污水的异养硝化细菌。

分析：本发明的目的并不是筛选某一株特定的脱氮细菌，而是筛选具有脱氮性能的细菌。同时，其发明的改进之处在于具体采取的筛选步骤，而且理论和实际上，只要被筛选的样品中含有脱氮细菌，则必然能够筛选分离出具有脱氮性能的细菌。因此，本发明方法具备实用性。值得注意的是，在审查实践中，审查员往往也会提出不具备实用性的审查意见，此时需要给出合理理由以使审查员信服而撤回不具备实用性的观点（从另一个角度讲，即使该类筛选方法是否具备实用性存在争议，但在申请阶段还是应当作出提出专利申请的决定，以待审查结果而定）。

（三）创造性

根据《专利审查指南2010》的规定，通常对于微生物主题的创造性，可以基于下述思路进行初步判断。若明显不符合创造性的要求，则建议不必提出专利申请。

（1）如果发明涉及一种分离的微生物新的种，则应当具备创造性。但需要注意：①所述新的种，应当指的是微生物分类的基本单元即种（species）；②是不是新的种并不需要通过微生物分类委员会的认定才予认可，而是根据发明获得的微生物的特征描述，结合已知的分类知识进行判断即可。

（2）发明涉及与现有技术同属同种的微生物，只有获得了预料不到的技术效果，才能满足创造性。更具体的判断思路：若现有技术已公开了获得所发明微生物的分离方法相同或类似的菌株分离方法，并获得了特性相同或类似的菌株，则认为发明的微生物不具备创造性。

（3）经过突变的菌株，所获得的性能相比于现有技术并没有获得更好的效果，则不具备创造性。但如果获得了预料不到的技术效果，则具备创造性。

（4）非新种的新菌株的创造性主要依赖于是否获得了预料不到的技术效果：当发明的菌株与现有技术菌株具有相同类的技术效果时，如果发明的菌株相比对比文件菌株在技术效果上有显著的程度上的提高，例如产量明显增加，则具备创造性，如果发明的菌株相比对比文件菌株在技术效果程度上相当，则不具备创造性；当发明的菌株相比对比文件菌株显示了不同类技术效果时：如果发明的菌株利用的是同一菌种具有的共同性质或相同原理，可以预料或推知得到，则不具备创造性；如果本发明菌株利用的是该菌株区别于同菌种其他菌株的特性，即获得了不能预料的新特性和用途，则具备创造性。

（5）对于利用微生物的发明，包括微生物的用途发明，如果利用的是微生物已知种，并且利用其已知性能，则相关的发明不具备创造性；但如果获得了不能预测的优异效果，则该发明具备创造性；如果发现了已知微生物的新的用途，其现有技术没有教导，则相关发明具备创造性；微生物的发酵培养方法的发明，如果所利用的培养基或者培养工艺或参数的利用不能从现有技术获得教导或者获得了预料不到的技术效果，则相关发明具备创造性；利用具备创造性的微生物的发明，也就具备创造性。

下面是一些具体实例，以供在提出专利申请的预判中参考。

【案例 10 – 4】❶

案情： 发明涉及一种分离的克雷伯氏菌（Klebsiella sp.）Strain S1，分离自中国人的人体肠道内容物，并且对其进行菌种鉴定，包括形态鉴定、生化鉴定、16S rRNA 测序分析，将其与克雷伯氏菌属 11 株已知菌种比较发现，同样的培养条件下，只有发明的 Strain S1 的培养液中转化产生了 SECO，其余 11 株已知克雷伯菌属细菌均没有任何转化产物。而与 Strain S1 基因匹配度最好且亲缘关系最近的 Klebsiella pneumoniae MGH78578（P5），虽然在 16S rRNA 序列上与 Strain S1 有极大的相似度，但是转化亚麻子粕的活性却不同。Strain S1 与本属其他菌种相比，应该存在某种（或几种）特定的功能基因的不同，从而具有转化亚麻子粕产生 SECO 的能力。通过以上鉴定结果，确认 Strain S1 为来自克雷伯氏菌属（Klebsiella sp.）的新种菌株。

分析： 现有技术中没有该发明所述菌株性能相近的菌株。因此，发明发现了一种克雷伯氏菌属的新种菌株，其技术效果在相近菌种或菌株中未见公开，因此满足创造性的要求，可以提出专利申请。但需要对该菌株进行专利程序的保藏以符合充分公开的要求。

【案例 10 – 5】❷

案情： 发明创造涉及从泡菜中分离，并经硫酸二乙酯诱变、紫外诱变后筛选获得的细菌 lp15 – 2 – 1，通过菌落形态观察、生化鉴定、16S rRNA 测序等，表明为乳酸菌属的植物乳杆菌。该菌株能将游离亚油酸转化为共扼亚油酸，最大转化率为 21.32%。对该菌进行专利程序的保藏，获得保藏号为 CGMCC NO.3782，拟提出专利申请。

现有技术： 对比文件 1 公开了一株菌株 CCTCC No. M206033，从生牛乳、泡菜汁液、新疆牧民自制酸奶中分离得到的，经鉴定确认为植物乳杆菌，该菌株并未经诱变育种，对比文件 1 也公开了相关鉴定结果，其也可以将游离亚油酸转化为共扼亚油酸

---

❶ 参见专利申请 200910089714.3。

❷ 参见专利申请 201010251108.X。

（与上述发明的菌株的功能相同），最大转化率为28.7%。

分析：对比文件1公开的菌株虽然与发明创造的菌株来源不同，但是分类学特征相同，将游离亚油酸转化为共轭亚油酸的功能相同，属于同属同种不同菌株，两者在分类学特征上没有实质性区别。且发明的菌株在转化游离亚油酸为共轭亚油酸的效果上，比对比文件1还要低一些，即也没有产生预料不到的技术效果。因此，发明的菌株不具备创造性，基于目前的信息不宜提出专利申请。

二、专利申请文件的撰写

（一）说明书的撰写

1. 关于技术领域部分的撰写

技术领域是指所述发明所属或直接应用的技术领域，与发明在分类表中可能分入的最低位置有关。下面通过一个案例来说明。

【案例10−6】

某发明人新分离得到的能够产生香味物质的枯草芽孢杆菌，发明人自定义编号即枯草芽孢杆菌 ChangXiang 1 号，并在申请前进行了菌种保藏，保藏号为 CGMCC No. 1234。

对该发明，其技术领域的撰写，经常会有以下几种错误写法：

例1：本发明涉及一种产生香味物质的枯草芽孢杆菌 ChangXiang 1 号。

分析：将技术领域写成了发明本身，而且还采用了自定义编号。

例2：本发明涉及一种产生香味物质的枯草芽孢杆菌，保藏号为 CGMCC No. 1234。

分析：将技术领域写成了用保藏表示的发明本身。

例3：本发明涉及一种产生香味物质的细菌。

分析：将技术领域写成了过于上位的技术领域。

正确写法可以是下述方式：

本发明涉及一种产生香味物质的枯草芽孢杆菌。

2. 背景技术部分的撰写

描述申请人所知的与本申请最接近的现有技术，最好引证有关文献，并客观地指出背景技术中存在的问题和缺点，以便引出本申请所要解决的技术问题。在撰写时，需要概括归纳与本申请相关的技术内容，并客观地指出其存在与本申请相关联的技术问题。

3. 微生物的描述

对于已知的微生物，应交代获得的途径，例如通过商业机构，公众可以购买得到的微生物应该注明商品名称、生产单位以及该微生物的购买途径等。对于新分离的微生物或者公众不能获得的微生物，则有必要进行保藏。

微生物发明为满足充分公开，说明书中应当提供的内容注意以下几点。

1）微生物的获得

对于涉及已知微生物的，应当提供公众可以获得的途径，例如商购途径应当提供购买的渠道，必要时提供公众可以购买得到该微生物的证据；对已在国家知识产权局承认的用于专利程序的保藏机构保藏过，并且已在我国专利公布或授权专利中提及，则应当指明相关专利文献，描述必要的保藏信息；对于在非专利文献中公开的微生物，应当在说明书中注明文献的出处，说明公众获得该微生物的途径，并提供相关单位保证从申请日起 20 年内向公众发放微生物的证明。

对于涉及新微生物或公众不可获得的微生物时，应当提供如何制备所述微生物的方法，以本领域普通技术人员能够重复制备为准（如 DNA 重组技术获得），对于不能重复获得微生物的方法如诱变、不可重复的筛选等方法获得的微生物，则应当提交专利程序认可的保藏。对于新微生物的制备或获得方法，通常在实施例部分予以记载（具体见实施例的撰写部分的介绍）。这种情况下，微生物的制备方法通常不能作为权利要求来撰写。

对于通过基因重组等方法获得的新的微生物，通常有可能可以重复再现，可以请求保护微生物本身和其获得方法，不需要进行生物材料保藏（仅在针对特定的某株微生物要求保护时，才有必要进行保藏）。

2）微生物的生物学特性

对于已知的微生物，通常不必特别交代其生物学特性，而只需给出微生物名称和拉丁文分类名称，除非发明涉及利用该微生物的特定特性，则应当提供作为支撑发明基础的相关特性。对于针对已知微生物进行突变获得的微生物，重点应当交代突变后微生物所产生的新的或改进特性及功能。

对于新的微生物而言，应当详细记载其生物学特性，以达到能够确认其分类和应用的目的。

微生物特征的描述主要包括：形态学特征、培养特性、生理特性和代谢特征或功能特征等。对已知种中的新菌株，除交代与现有微生物种属共同的特性外，还需重点描述与现有微生物的区别如新的特性；对于获得微生物新的种，应当记载其分类学性质，并说明能够作为新种的理由，描述与属内已知种的异同，并提供新种的判断标准，并写明作为判断基准的有关文献。

这部分内容可以在发明内容部分，也可以通过实施例部分予以记载。详细记载方式见实施例的撰写部分。

3）微生物名称的描述

微生物的名称应该采用科学命名，包括中文名和拉丁名。对于已知的公众能够获得的微生物提供本领域认可的通用名称，通常应当提供其分类学名称即"属名 + 种名 + 菌株可能的名称"。属名和种名是采用国际标准命名法命名的通用名称，通常采用中文名，其后跟随拉丁名。

对于已知的公众不能获得的微生物，以及新的微生物应当提交保藏。在说明书第一次提及该微生物时，除描述该微生物的分类命名中文名，并用括号注明其拉丁文学名，同时还应当写明保藏日期、保藏单位的全称及简称和保藏编号，必要时可以给出申请人自定义的菌株编号。通常可以采用下述方式：中文分类种名（拉丁文学名）菌株名称 + 保藏单位全称（保藏单位简称）+ 保藏编号。例如：产气肠杆菌（*Enterobacter aerogenes*）W5 中国典型培养物保藏中心（CCTCC）No. M206049。对于还没有明确鉴定到种的菌株，则通常采用下述方式描述：中文分类属名（拉丁文学名）+ 保藏单位全称（保藏单位简称）+ 保藏编号。

同时，还应当将该微生物样品的保藏日期、保藏单位的全称及简称和保藏编号作为说明书的一部分集中写在相当于附图说明的位置。而在说明书其他位置可以用该保藏单位的简称以及保藏编号代表所保藏的微生物，如采用"金黄色葡萄球菌 CCTCC8605"进行描述。

4）微生物有益效果的描述

为满足充分公开发明创造，同时也为满足创造性的要求，应当在说明书中提供必要的实验证据证实该微生物的用途和使用效果。对于从自然界获得的新微生物，如果与其分类学特征与已知种的分类学特征具有实质区别，则应当提供其有一定的产业上的用途；如果其分类学特征与已知种的分类学特征没有实质区别，则此时应当提供充分的实验证据表明所述微生物具有预料不到的技术效果。例如，可以通过对比实验等方式来表明。

对于通过突变获得的突变株，则也应当提供充分的实验证据表明比原始菌株具有更优良的功能特征或用途。对于基因工程菌，则提供可以检测到相关外源基因的表达产物的实验证据。

为了充分说明有益效果，通常应当说明必要的具体效果，而不只是泛泛提及。

【案例 10-7】

专利申请文件中记载如下技术效果：本发明的维生素 K_2 高产菌株，与现有技术相比，以纳豆芽孢杆菌 BS-5 为出发菌株，经过紫外和亚硝基弧的复合诱变处理，筛选得到突变株 BS-53，突变株 BS-53 与维生素 K_2 产量低但生长速度快的纳豆芽孢杆菌 CICC10262 进行原生质体融合，通过平板筛选获得融合子，融合子经过发酵性能实验筛选获得；具有双亲优良特性，即同时具有 MK 高产和生长速度快的双重功效，为实现 MK 高产提供了有效措施，具有重要的科学意义和应用价值，实现本发明的目的。

分析：有益效果描述了发明本身，同时对有益效果描述过于宽泛而不具体，在提出不具备创造性时难以提供强有力的说服力。正确的做法是通过合理的实验如对比实验，以提供融合后的菌株相对于融合前的菌株在各方面，尤其是维生素产量特性方面的具体比较，给出令人信服的事实以说明有益效果，即具体的高产程度等。有时这种比较可以证明获得了预料不到的技术效果。

4. 实施例的撰写

为满足充分公开发明创造的要求，涉及微生物相关发明应当提供必要的实施例。对于新微生物首先需要撰写制备微生物的方法。

（1）从自然界中筛选出来的新微生物，例如从某地的土壤样品、从特定的植物体内、从特定病人的体液或粪便中分离得到等。此时，应当写明取样的地点或病体情况、样品来源、筛选分离的具体方法、步骤和参数，包括采用的培养基成分、培养条件及分离过程等。需要注意的是，对于从特定环境中分离的新微生物，由于该微生物在特定环境中存在具有偶然性，即使完全按照所述步骤操作也难以分离出所述微生物，通常应当要进行专利程序的保藏。

（2）用物理和化学方法对已知微生物进行诱变获得的新微生物。在这种情况下，要写明已知微生物的名称、来源和公众获得该微生物的途径，该已知微生物的诱变条件和过程，筛选的具体步骤，培养所用的各种具体培养基的组成、培养条件及新微生物的分离和鉴定。例如，通过辐射或用化学试剂处理已知的微生物获得的具有某特定性质的新微生物。需要指出的是，由于这种突变是基于反复实验的随机突变，是从不定向的突变中偶然得到的微生物，所以通常也应当进行专利程序的保藏。

（3）用传代培养方法使已知微生物进行自发突变获得的新微生物。如将已知的病原菌或病毒经过多次传代产生的自然突变的变异减毒株。这种情况，除了描述清楚起始的已知微生物外，还要描述清楚传代所用的宿主及其生长条件、传代的方法和过程以及新微生物的分离和鉴定特征。注意，这种突变由于是在特定环境中发生的自发突变，是从不定向的突变中偶然得到的微生物，所以一般应当进行专利程序的保藏。

对于新微生物，在实施例部分对其特征进行描述（有时也会在发明内容部分重述），这是非常重要的部分。分离出新的微生物后，接着应当记载新微生物的鉴定特征或理化特性，其目的是：一方面清楚描述所述微生物的特性，另一方面更要显示该微生物与现有微生物的区别，以证明获得了一种新的微生物。对于新的微生物菌株，在说明书中必须详细记载该菌株的特征以及与其同种类已知菌株的区别点；对于新种，必须详细记载其分类学特性，必要时附显微镜或电镜照片展示，写明作为新种的理由，即写明与同属内其他类似种的异同，并给出判断基准的有关文献，并尽量按相应的国际命名规则进行命名。

（4）此外，还需提供微生物用途或效果方面的实施例，如果在描述其性能或特性已较详细反映了其用途，则不必另行提交用途方面的实施例。但通常情况下，都需要有专门的实施例来表明微生物的用途，例如提供微生物发酵生产化学物质的用途，是应交代如何培养微生物，发酵生产的工艺条件，以及生产化学物质的产量或产率等效果。对于某些用途或效果，还可以提交相关的附图，例如生物防治中有益微生物对有害微生物抑制作用，可以提供室内抑菌平板实验的平板抑菌效果图，以及田间植株的照片等进行反映。

通常对于微生物新种或新的菌株，通常应当记载必要的详细微生物性质，并且为了体现与已知微生物的差别，还需特别说明。《化学和生物技术专利申请文件时撰写与阅读》一书中比较全面给出了主要微生物种类通常需要记载的内容。当然也并不是所有专利申请都要按所述要求全面记载，而应根据情况有重点地进行记载，但以能够清楚界定所发明的微生物，并体现与现有微生物的区别为标准。

（二）权利要求书的撰写

（1）涉及微生物本身的发明，其权利要求最主要的形式采用中文属名或种名（拉丁文名称）菌株名，以及保藏单位的简称，以及保藏编号来表示。

例如：产气肠杆菌（*Enterobacter aerogenes*）WS　CCTCC No. M206049。

或者也可以写成：

一种产气肠杆菌（*Enterobacter aerogenes*）WS，其特征在于，其保藏号为CCTCC No. M206049。

这种权利要求通常不必写入具体的保藏日期和保藏单位全称。当然如果写入，则不能写错，也是能够被允许的。

对于微生物本身的发明，其权利要求除保护微生物本身外，其要根据发明的特点，撰写配套的相关权利要求：最重要的是相关的用途权利要求，例如用于防治植物病害、发酵生产某种物质等。有时也可以采用方法权利要求来进行撰写，例如利用所述微生物发酵生产某种物质的方法。根据微生物的用途，还可以撰写其发酵产物的权利要求，或相关的制剂权利要求，例如防治某植物病害的生物制剂等。

【案例 10 – 8】❶

发明人分离到一株特定的植物乳酸菌，其可用于预防改善和/或预防代谢综合征，则可以写成类似于下述的权利要求：

1. 一种植物乳酸杆菌（*Lactobacillus plantarum*），其保藏编号为 FERM BP – 11262。

2. 一种根据权利要求 1 所述的植物乳酸杆菌在制备用于改善和/或预防代谢综合征的医药组合物中的应用。

3. 一种根据权利要求 1 所述的植物乳酸杆菌在制备用于改善和/或预防代谢综合征的食品中的应用。

4. 一种包含权利要求 1 所述的植物乳酸杆菌的培养物或其加工物。

5. 一种医药组合物，含有权利要求 1 所述的植物乳酸杆菌、权利要求 4 所述的培养物或其加工物。

6. 一种食品组合物，含有权利要求 1 所述的植物乳酸杆菌、权利要求 4 所述的培养物或其加工物。

（2）对于利用微生物的发明，通常涉及利用微生物制造物质方法的发明、利用微生物处理物质的方法和微生物的用途发明等。这类发明的权利要求书，首先需要在权利要求中明确记载所用到的微生物，如果利用某一类微生物的发明，则应当根据发明的本质（对应提供相关实施例或理论说明等），以写明所用到微生物的属名，微生物的种名，或具有某种相同性质微生物；如果利用的是某特定菌株，则应当写明该菌株名称，例如通过保藏编号进行限定，或是公知或可商业购买得到的微生物，则应写明确菌株名称（说明书中要披露生物材料获得途径）。

【案例 10 – 9】

发明涉及利用致金色假单胞菌 FERM P – 6067 的纯培养物用于防治稻苗立枯细菌病、稻颖枯细菌病等，则可以生物农药作为请求保护的主题，如写成：

1. 一种生物农药，其特征在于，其包括载体和作为活性成分的致金色假单胞菌 FERM P – 6067 的生物纯培养物。

（3）对于用不同微生物配制含多种微生物的制剂的发明，通常需要明确到具体的种，但如果能够表明同一属的细菌或真菌同样能够适用，则可以采用属来进行限定。同时，还需撰写其优选的配比关系的从属权利要求。相关的用途比较重要的话，还需撰写利用所述制剂的用途权利要求。

（4）对于获得微生物的方法相关的发明，类似于制备方法权利要求来撰写。但微生物的制备方法要特别注意是否符合实用性的要求，对于不能重复再现的获得方法不

---

❶ 参见专利申请 201180037354.8。

能作为权利要求来撰写。

在撰写微生物方法发明权利要求时，要考虑到所用到的微生物特性，如果利用的并非某一特定菌株的特性，而是相关微生物属的特性，则应当可以概括到属（或科）的层次。如果概括多个不同属，那么还应当提供不同属的实施例来予以支持。

【案例 10－10】 ❶

发明涉及将式（Ⅰ）化合物还原得到式（Ⅳ）化合物的方法，其中利用了能够立体选择性还原酮基的微生物。在提出专利申请时，需要考虑以下几点：首先，如果现有技术已知哪些是能够立体选择性还原酮基的微生物，则在说明书中进行说明的情况下，独立权利要求可以通过这种功能说明的微生物进行限定；其次，为进一步提供优选方案，同时也能够在独立权利要求不能认可时作为退路，则在说明书中提供相关微生物属应用于所述方法的具体实施例（适当多提供不同属的实例以支持对应属的微生物）的基础上，再将其作为附加技术特征撰写从属权利要求。发明中提供涉及隐球菌属（*Cryptococcus*）、假丝酵母属（*Candida*）、网孢菌属（*Filobasidium*）、*Ogataea* 属、西洋蓍霉属（*Yarrowia*）、红酵母属（*Rhodotorula*）和三角酵母属（*Trigonqpsis*）用于所述方法的具体实例，则从微生物这一方面撰写的权利要求如下：

1. 一种还原由式（Ⅰ）代表的化合物制备下式（Ⅳ）的化合物的方法；

其中 R 表示氢原子或烷基，该方法采用能立体选择性还原酮基的微生物和/或其细胞制品。

2. 如权利要求 1 所述的方法，其特征在于：其中所述微生物选自：隐球菌属（*Cryptococcus*）、假丝酵母属（*Candida*）、网孢菌属（*Filobasidium*）、*Ogataea* 属、西洋蓍霉属（*Yarrowia*）、红酵母属（*Rhodotorula*）和三角酵母属（*Trigonqpsis*）。

如果说明书中公开了足够多的同种的菌株，则权利要求的保护范围可以限定到此菌株所在的种；如果说明书中公开了足够多的同属不同种的菌株，则权利要求的保护范围可以限定到此菌株所在的属；如果说明书中公开了少数几个同属但不同种的微生物，但是此属可分为几十个种，范围很大，此时要慎重考虑，一般情况下不能扩大到属。因为本领域技术人员根据公开的少数几个种，难以预先确定和评价此属内其他种完成发明的效果。

（5）对于突变微生物，若是得到某一具体菌株，通常需要进行专利程序的保藏，并通过保藏号进行限定。但如果发明表明可以获得一类具有某种特性的突变微生物，则可以通过相关特性的限定来表述。

---

❶ 参见专利申请 02807852.7。

【案例 10 – 11】

发明通过化学诱变方法得到了某株失去孢子形成能力的桥石短小芽孢杆菌突变株，而且进一步通过验证确定该突变株中的 *hos* 基因（核苷酸序列如 SEQ ID NO：1 所示）失活，并且表明该基因失活将导致桥石短小芽孢杆菌失去形成孢子的能力。此时，可以撰写下述权利要求，但同时可以选择获得最佳效果的突变株予以专利程序的生物保藏，以作为从属权利要求来撰写。

1. 一种桥石短小芽孢杆菌，其特征在于：其不能形成孢子，且其与孢子形成相关的基因 *hos* 失活，所述基因具有 SEQ ID NO：1 的碱基序列。

2. 如权利要求 1 所述的桥石短小芽孢杆菌，其特征在于：其保藏号为×××××××。

三、撰写案例分析

（一）实例一：案例剖析

1. 技术资料

申请人按照专利申请文件的格式套用撰写了如下技术原始素材，相当于技术交底书。下面经过对申请人套用的撰写中存在的问题进行分析的基础上，给出推荐的撰写方式。

权 利 要 求 书

1. 一株分泌溶藻物质的产气肠杆菌，其特征是该产气肠杆菌为产气肠杆菌 W5，生化鉴定结果见表 1。

2. 权利要求 1 所述的一株分泌溶藻物质的产气肠杆菌的筛选方法其特征是通过将自然水样浓缩至原来的 $\frac{1}{100} \sim \frac{1}{10}$ 倍进行溶藻实验分离得到。

3. 根据权利要求 2 所述的一株分泌溶藻物质的产气肠杆菌的筛选方法，其特征是方法步骤为：

步骤 1. 将自然水样接种到添加柠檬酸钠的液体基础培养基中富集培养，然后用培养物按 1:1 比例接种到蓝藻中进行感染实验，筛选使被感染的藻黄化的水样，其具有溶藻特性，然后将该水样倒平板挑单菌落进行平板划线纯化，对纯化的菌株利用添加柠檬酸钠的液体基础培养基扩大培养后重新感染该敏感蓝藻，验证其溶藻特性；

步骤 2. 利用上述添加柠檬酸三钠的基础培养基发酵步骤 1 筛选出微生物，发酵条件是：

（1）灭菌参数为 121℃，20 ~ 30 分钟；

（2）发酵参数为：pH 5.8 ~ 7.0，DO 70 ~ 90，发酵温度 34 ~ 39℃，搅拌速度 70 ~ 130 转/分钟，发酵时间 16 ~ 48 小时，发酵过程中不需要补料以及调节 pH；

（3）发酵产物经喷雾干燥获得干粉制剂；

所述的蓝藻是淡水蓝藻，包括：野生微囊藻、铜绿微囊藻 7820、铜绿微囊藻 7806、铜绿微囊藻 DS、水华鱼腥藻、聚球藻、颤藻、织线藻和席藻；

所述的添加柠檬酸钠的基础培养基配方为：$NaNO_3$ 150 毫克、$K_2HPO_4 \cdot 3H_2O$ 4 毫克、$MgSO_4 \cdot 7H_2O$ 5 毫克、$CaCl_2 \cdot 2H_2O$ 3.6 毫克、乙二胺四醋酸二钠盐 0.1 毫克、Na_2CO_3 2 毫克、柠檬酸 0.6 毫克、柠檬酸铁铵 0.6 毫克、柠檬酸三钠 50 毫克、A5 溶液 0.1 毫升、蒸馏水 100 毫升；其中 A5 溶液配方为：H_3BO_3 286 毫克、$MnCl_2 \cdot 4H_2O$ 181 毫克、$ZnSO_4 \cdot 7H_2O$ 22.2 毫克、$CuSO_4 \cdot 5H_2O$ 7.4 毫克、MoO_3 1.5 毫克、蒸馏水 100 毫升。

4. 根据权利要求 3 所述的一株分泌溶藻物质的产气肠杆菌的筛选方法，其特征是所述的发酵条件为：灭菌参数为 121℃，20 分钟；发酵参数为 pH 6.0，DO 80，发酵温度 37℃，搅拌速度 100 转/分钟，发酵时间 24 小时。

5. 根据权利要求 3 所述的一株分泌溶藻物质的产气肠杆菌的筛选方法，其特征是所述的发酵产物喷雾干燥条件为进口温度 198～210℃，出口温度 65～79℃。

6. 根据权利要求 5 所述的一株分泌溶藻物质的产气肠杆菌的筛选方法，其特征是发酵产物喷雾干燥条件为进口温度 200℃，出口温度 73℃。

7. 权利要求 1 所述的一株分泌溶藻物质的产气肠杆菌在蓝藻水华控制中的应用，其特征是溶藻物质的使用剂量为 2～200ppm。

8. 根据权利要求 7 所述的一株分泌溶藻物质的产气肠杆菌在蓝藻水华控制中的应用，其特征是溶藻物质的使用剂量为 20ppm。

说 明 书

分泌溶藻物质的产气肠杆菌及其在蓝藻水华控制中的应用

技术领域

本发明涉及微生物领域，具体涉及分泌溶藻物质的产气肠杆菌及其在蓝藻水华控制中的应用。

背景技术

当前治理水华一般采用物理、化学和工程的办法，工程与物理方法如絮凝法除藻、臭氧杀藻、机械除藻、紫外光照除藻等；化学法如硫酸铜、二氧化氯、次氯酸盐等杀藻剂等。工程与物理法往往成本很高、设备复杂、操作难度高，并不能彻底杀死藻细胞，如经常使用的絮凝法还存在二次污染的问题；化学杀藻方法对水生动物毒性大，并易造成有毒物质残留。尽管消耗了大量的财力和物力，甚至冒着破坏环境的危险，但是效果并不理想。国外很早就注意并开展生物防治水华的研究，国内也有少数几家单位开展了溶藻细菌的研究，但是大多停留在一般问题的描述上，微生物防治水华还基本上停留在实验室研究阶段，离实际应用还有一定的距离。

发明内容

为了克服物理、化学和工程办法控制水华中存在的高成本、高难度、高污染和毒物残留等问题，本发明提供一种分泌溶藻物质的微生物和利用该微生物控制蓝藻水华的应用技术。该技术不但能有效控制蓝藻水华，而且成本低、操作简单、无污染、对环境不构成危害。

本发明的技术方案是：从不同天然水体中取水样，通过两种路线分离不同溶藻方式的溶藻细菌。实验中用到的供试藻种主要是淡水蓝藻，包括：野生微囊藻、铜绿微囊藻7820、铜绿微囊藻7806、铜绿微囊藻DS、水华鱼腥藻、聚球藻、颤藻、织线藻、席藻等淡水常见蓝藻。分离路线之一为分离直接溶藻的细菌：将水样浓缩至原来的 $\frac{1}{100}\sim\frac{1}{10}$ 倍直接接种到培养的各种蓝藻中进行感染实验。对有感染症状（外观为培养物黄化）的培养物进行挑取单个溶藻斑平板划线法纯化。将纯化的微生物扩大培养并重复感染培养的蓝藻，验证其溶藻效果；分离路线之二为分离通过分泌物质溶藻的细菌，通过此法从自然水体得到一株细菌，证明该株细菌为分泌具有高效溶藻活性的物质。该细菌经生化鉴定为产气肠杆菌W5（*Enterobacter aerogenes* W5）。其生化鉴定结果见表1。本菌种保藏日期为2006年5月19日，保藏编号为：CCTCC No. M206049。分类命名为：产气肠杆菌W5（*Enterobacter aerogenes* W5），保藏单位名称为中国典型培养物保藏中心，地址为中国武汉市武汉大学，邮编430072。

所述的一株分泌溶藻物质的产气肠杆菌的筛选方法，是通过将自然水样浓缩至原来的 $\frac{1}{100}\sim\frac{1}{10}$ 倍进行溶藻实验分离得到。

所述的一株分泌溶藻物质的产气肠杆菌的筛选方法有如下步骤。

步骤1. 将自然水样接种到添加柠檬酸钠的液体基础培养基中富集培养，然后用培养物按1:1比例接种到培养的蓝藻中进行感染实验，筛选具有溶藻特性（即使被感染的藻黄化）的水样，然后将该水样倒平板挑单菌落进行平板划线纯化，对纯化的菌株利用添加柠檬酸钠的液体基础培养基扩大培养后重新感染该敏感蓝藻，验证其溶藻特性。

步骤2. 利用添加柠檬酸钠的基础培养基发酵步骤1筛选出微生物，发酵条件是：

① 灭菌参数为121℃，20~30分钟；

② 发酵参数为：pH 5.8~7.0，DO 70~90，发酵温度34~39℃，搅拌速度70~130转/分钟，发酵时间16~48小时；发酵培养基使用上述添加柠檬酸钠的基础培养基，发酵过程中不需要补料以及调节pH；

③ 发酵产物经喷雾干燥获得白色干粉制剂；

所述的蓝藻是淡水蓝藻，包括：野生微囊藻、铜绿微囊藻7820、铜绿微囊藻7806、铜绿微囊藻DS、水华鱼腥藻、聚球藻、颤藻、织线藻和席藻；

所述的添加柠檬酸钠的基础培养基配方为：$NaNO_3$ 150毫克、$K_2HPO_4 \cdot 3H_2O$ 4毫克、$MgSO_4 \cdot 7H_2O$ 5毫克、$CaCl_2 \cdot 2H_2O$ 3.6毫克、乙二胺四醋酸二钠盐0.1毫克、Na_2CO_3 2毫克、柠檬酸0.6毫克、柠檬酸铁铵0.6毫克、柠檬酸三钠50毫克、A5溶液0.1毫升、蒸馏水100毫升；其中A5溶液配方为：H_3BO_3 286毫克、$MnCl_2 \cdot 4H_2O$ 181毫克、$ZnSO_4 \cdot 7H_2O$ 22.2毫克、$CuSO_4 \cdot 5H_2O$ 7.4毫克、MoO_3 1.5毫克、蒸馏水100毫升。

　　所述的发酵更佳条件为：灭菌参数为 121℃，20 分钟；发酵参数为 pH 6.0，DO 80，发酵温度 37.0℃，搅拌速度 100 转/分钟，发酵时间 24 小时。

　　所述的发酵产物喷雾干燥条件为进口温度 198～210℃，出口温度 68～79℃。发酵产物喷雾干燥更佳条件为进口温度 200℃，出口温度 73℃。

　　该白色粉末制剂含高效杀藻物质，在 2～200ppm 浓度下能有效控制蓝藻水华。

　　本分泌溶藻物质的产气肠杆菌对白色粉末制剂进行了大鼠经口和斑马鱼急性毒性试验。大鼠经口急性毒性试验参照 GB 15670—1995，采用 Hom's 方法设立灌胃剂量，受试最大剂量为 3000 毫克/千克，经 14 天观察没有大鼠死亡，表明该干粉对大鼠经口的 LD_{50} 大于 3000 毫克/千克，属低毒；斑马鱼急性毒性试验参照国家环保总局 1991 年 9 月 14 日颁布的《物质对淡水鱼（斑马鱼）急性毒性测定方法》完成，其 LD_{50} 大于 5000ppm。证明其对水生生物属低毒和无毒作用（见表1）。

表1　产气肠杆菌 W5 生化鉴定结果

检测项目	结果	检测项目	结果
革兰氏染色	－	硝酸盐还原	＋
细胞形状	短杆状	D－半乳糖	＋
细胞直径＞1.0μm	－	麦芽糖	＋
形成内生孢子	－	龙胆二糖	＋
产色素	－	D－蜜二糖	＋
运动	＋	α－甲基－D－葡萄糖苷	＋
鞭毛	＋	D－棉籽糖	＋
接触酶	＋	松二糖	＋
氧化酶	－	D－乳糖	＋
吲哚	－	蔗糖	＋
V－P	＋	D－海藻糖	＋
甲基红	－	D－山梨醇	＋
硫化氢	－	木糖醇	－
葡萄糖产酸	＋	乙酸	＋/－
葡萄糖产气	＋	α－羟基丁酸	－
淀粉水解	－	β－羟基丁酸	＋
明胶水解	－	丙酮酸甲基	＋
D－葡萄糖	＋	琥珀酸甲基	＋
N－乙酰－D－葡萄糖胺	＋	丙二酸	－
L－阿拉伯糖	＋	琥珀酸	＋
D－甘露醇	＋	甘油	＋
D－甘露糖	＋	尿素	＋
吐温80	＋	m－肌醇	＋
D－阿拉伯醇	－	L－乌氨酸	＋
D－纤维二糖	＋	L－苯丙氨酸	＋
D－果糖	＋	柠檬酸	＋
D－葡萄糖酸	＋		

本发明的有益效果是：所筛选得到的产气肠杆菌溶藻活性高而稳定，其发酵液经121℃处理后在2～12的pH范围内的溶藻活性仍很稳定，能有效杀灭水华蓝藻，而且利用该产气肠杆菌控制蓝藻水华成本低，其小试产品成本为66.2元/500克，用户试用表明每立方水体成本约0.22元。批量生产后成本应会大幅降低。操作简单、无污染、对环境不构成危害，可使用于湖泊、水库等富营养化水域蓝藻水华控制，同时也可作为农业养殖水体和城市公园水体、景观水体等中的一种新型杀灭有害藻类的技术。

具体实施方式

发酵培养试验：首先按1%接种量将该产气肠杆菌接种到上述的添加柠檬酸钠的液体基础培养基中，在37℃下培养，每2小时测一次OD_{650}，绘制生长曲线，确定发酵时间。发酵设备为50L的BIO6000A微生物发酵系统，由上海理工大学高机生物工程有限公司生产，灭菌参数为121℃，20～30分钟，发酵参数为pH 5.8～7.0，DO 70～90，发酵温度34～39℃，搅拌速度70～130转/分钟，发酵时间16～48小时，发酵培养基为上述的添加柠檬酸钠的基础培养基。发酵液在进口温度200℃，出口温度73℃条件下喷雾干燥，得于菌的干粉制剂。

应用实例：2004年9月在华中师范大学水资源与水环境研究中心实验基地进行了干粉控制微囊藻水华的试验。试验在几个3米×4米×0.5米的水泥池中进行，使用浓度设置200ppm、20ppm、2ppm几个梯度。结果表明200ppm在2天时间就有效控制了水华，20ppm浓度组则在5天时间内有效控制了水华，而2ppm在15天时间内才有效控制住水华。

此外，2005年5～6月还在武汉市洪山区洪山乡板桥村的3口各约300平方米的池塘中进行了水华微囊藻的控制实验。每池使用干粉剂量约为500克，有效控制了水华的爆发，而相邻的未使用干粉的几口池塘则爆发了微囊藻水华。

2. 案例分析

下面对申请人撰写的申请文件的缺陷进行分析。

（1）技术领域的撰写：描述了发明本身，因此是不适合的。发明的技术领域不应当是发明本身，而目前的撰写包括了发明本身，即关于菌种的保藏信息，其应当加入到发明内容部分。

（2）背景技术交代过于简略，没有针对性。

（3）保藏信息记载的位置不对，应当记载于说明书相当于附图说明部分的位置。

（4）提供的实验数据基本完善，但技术方案与权利要求对应，存在如下缺陷（以权利要求书进行说明）：

① 权利要求1请求保护的菌株实际上是产气肠杆菌 W5 这一特定菌株，但由于"W5"属于申请人的自行命名代码，仅用该代码不足以清楚限定所述菌株，而应参见《专利审查指南2010》第二部分第十章第9.3.2节（1）的规定来进行撰写。例如，撰写成：一株分泌溶藻物质的产气肠杆菌（*Enterobacter aerogenes*）W5，其保藏编号为：CCTCC No. M206049。

② 权利要求1中引用了表格，这通常不被允许。而且表1中的特征属于所述特定菌株 W5 的固有特性，对所述微生物的保护范围没有实质影响。这些特征在说明书中有

清楚描述即可，权利要求中如此限定反而导致权利要求也简明。从撰写的角度来看，权利要求 1 中引用的表格也应当予以删除。

③ 权利要求 2~6 是制备权利要求 1 所述的产气肠杆菌 W5 的方法，限定的步骤是从自然界中筛选分离得到。但由于权利要求 1 所述的是特定菌株，而从自然界中筛选分离过程中受客观条件的限制，具有很大的随机性，不能保证重复获得权利要求 1 限定的特定菌株，因而不能重现，故这种撰写方式被认为不具备实用性。

④ 权利要求 7 和 8 请求保护的是所述菌在蓝藻水华控制中的应用，其中提到"溶藻物质的使用剂量"，但是权利要求 1 中并没有提到所述菌产生了什么样的"溶藻物质"，而且本领域技术人员也不清楚从该菌如何得到所谓的溶藻物质，因此，权利要求 7 和 8 是不清楚的。

⑤ 从深层次来看，申请的说明书中没有提供如何制备所述溶藻物质，因而通过溶藻物质使用剂量来限定蓝藻水华控制的应用是没有充分公开的。如果对于该溶藻物质的提取或制备需要特定的方法，而且提取的溶藻物质比直接使用菌体或菌粉在效果上具有优势，因而可能构成另一项发明，则在本申请中不必提及。留待研究清楚后另行提出专利申请。因此，说明书中涉及的溶藻物质的用量的描述及实施例在本申请中应当可以删除，并不影响本申请涉及的微生物及其应用的充分公开。

⑥ 权利要求书没有将相关的方面给予全面的请求保护，例如应用中的优选方式即干粉等，这些均可写成从属权利要求，以备不时之用。

基于上述分析，可以撰写出更符合要求的专利申请文件。

3. 供参考的专利申请文件

权 利 要 求 书

1. 一株分泌溶藻物质的产气肠杆菌（*Enterobacter aerogenes*）W5，其保藏编号为：CCTCC No. M206049。

2. 根据权利要求 1 所述的分泌溶藻物质的产气肠杆菌在水华控制中的应用。

3. 根据权利要求 2 所述的应用，其特征在于：所述水华是蓝藻水华。

4. 如权利要求 2 或 3 所述的应用，其使用所述产气肠杆菌的干粉施于水域中以控制水华，所述产气肠杆菌的干粉，是对将其进行发酵获得发酵液，经喷雾干燥获得干粉菌剂。

5. 一种用于控制水华的菌剂，其特征在于，将如权利要求 1 所述的产气肠杆菌进行发酵获得发酵液，经喷雾干燥获得干粉菌剂。

说 明 书

分泌溶藻物质的产气肠杆菌及其在蓝藻水华控制中的应用

技术领域

本发明涉及微生物领域，具体涉及产气肠杆菌及其控制水华的应用。

背景技术

当前治理水华一般采用物理、化学和工程的办法，工程与物理方法如絮凝法除藻、臭氧杀藻、机械除藻、紫外光照除藻等；化学法如硫酸铜、二氧化氯、次氯酸盐等杀藻剂等。工程与物理法往往成本很高、设备复杂、操作难度高，并不能彻底杀死藻细胞，如经常使用的絮凝法还存在二次污染的问题；化学杀藻方法对水生动物毒性大，并易造成有毒物质残留。尽管消耗了大量的财力和物力，甚至冒着破坏环境的危险，但是效果并不理想。

国内外虽然已注意并开展生物防治水华的研究，但是大多停留在一般问题的描述上，微生物防治水华还基本上停留在实验室研究阶段，离实际应用还有一定的距离，实际应用的还比较少。例如，陈建等研究报道，通过投加筛选和培养有效微生物菌群（EM菌），对控制蓝藻水华污染形成的效果进行了研究（陈建，等. 利用有效微生物菌群控制蓝藻水华研究［J］. 环境工程学报，2010，4（1）：101-104.）。但还需要寻找有效的能够实际应用的溶藻菌种，在此基础上才能获得有效的治理蓝藻污染的目的。

发明内容

为了克服物理、化学和工程办法控制水华中存在的高成本、高难度、高污染和毒物残留等问题，本发明提供一种分泌溶藻物质的微生物，和利用该微生物控制蓝藻水华的应用技术。该技术不但能有效控制蓝藻水华，而且成本低、操作简单、无污染、对环境不构成危害。

本发明人从自然水体得到一株细菌，证明该株细菌为分泌具有高效溶藻活性的物质。该细菌经生化鉴定为产气肠杆菌（*Enterobacter aerogenes*）W5。其生化鉴定结果见表1，该菌株构成本发明的第一方面。

由于该株细菌为分泌具有高效溶藻活性的物质，能够用于控制水华，特别是蓝藻水华。这构成本发明第二方面。其中优选的是，在使用时采取其干粉形式，即将所述的产气肠杆菌进行发酵获得发酵液，经喷雾干燥获得干粉。

同时，本发明第三方面是提供用于控制水华的菌剂，其特征在于，将所述的产气肠杆菌进行发酵获得发酵液，经喷雾干燥获得干粉菌剂。

本发明的有益效果是：所筛选得到的产气肠杆菌溶藻活性高而稳定，其发酵液经121℃处理后在2~12的pH范围内的溶藻活性仍很稳定，能有效杀灭水华蓝藻，而且利用该产气肠杆菌控制蓝藻水华成本低，其小试产品成本为66.2元/500克，用户试用表明每立方水体成本约0.22元。批量生产后成本应还会大幅降低。操作简单、无污染、对环境不构成危害，可使用于湖泊、水库等富营养化水域蓝藻水华控制，同时也可作为农业养殖水体和城市公园水体、景观水体等中的一种新型杀灭有害藻类的技术。

本发明的菌种保藏日期为 2006 年 5 月 19 日，保藏编号为：CCTCC No. M206049。分类命名为：产气肠杆菌（*Enterobacter aerogenes*）W5，保藏单位名称为中国典型培养物保藏中心，地址为中国武汉市武汉大学，邮编 430072。

具体实施方式

实施例 1：产气肠杆菌的筛选和鉴定

本发明所述的分泌溶藻物质的产气肠杆菌的筛选方法有如下步骤。

步骤 1. 将自然水样接种到添加柠檬酸钠的液体基础培养基中富集培养，然后用培养物按 1:1 比例接种到培养的蓝藻中进行感染实验，筛选具有溶藻特性（即使被感染的藻黄化）的水样，然后将该水样倒平板挑单菌落进行平板划线纯化，对纯化的菌株利用添加柠檬酸钠的液体基础培养基扩大培养后重新感染该敏感蓝藻，验证其溶藻特性。

步骤 2. 利用添加柠檬酸钠的基础培养基发酵步骤 1 筛选出微生物，发酵条件是：

灭菌参数为 121℃，20 分钟；发酵参数为 pH 6.0，DO 80，发酵温度 37.0℃，搅拌速度 100 转/分钟，发酵时间 24 小时；

发酵产物经喷雾干燥获得白色干粉制剂，即在进口温度 198～210℃，出口温度 68～79℃。发酵产物喷雾干燥更佳条件为进口温度 200℃，出口温度 73℃，得到产气肠杆菌对白色粉末制剂。

所述的蓝藻是淡水蓝藻，包括：野生微囊藻、铜绿微囊藻 7820、铜绿微囊藻 7806、铜绿微囊藻 DS、水华鱼腥藻、聚球藻、颤藻、织线藻和席藻；

所述的添加柠檬酸钠的基础培养基配方为：$NaNO_3$ 150 毫克、$K_2HPO_4 \cdot 3H_2O$ 4 毫克、$MgSO_4 \cdot 7H_2O$ 5 毫克、$CaCl_2 \cdot 2H_2O$ 3.6 毫克、乙二胺四醋酸二钠盐 0.1 毫克、Na_2CO_3 2 毫克、柠檬酸 0.6 毫克、柠檬酸铁铵 0.6 毫克、柠檬酸三钠 50 毫克、A5 溶液 0.1 毫升、蒸馏水 100 毫升；其中 A5 溶液配方为：H_3BO_3 286 毫克、$MnCl_2 \cdot 4H_2O$ 181 毫克、$ZnSO_4 \cdot 7H_2O$ 22.2 毫克、$CuSO_4 \cdot 5H_2O$ 7.4 毫克、MoO_3 1.5 毫克、蒸馏水 100 毫升。

通过上述分离路线从自然水体中得到一株编号 W5 的细菌，证明该株细菌为分泌具有高效溶藻活性的物质。

实施例 2：产气肠杆菌的鉴定

对上述获得的细菌进行生化鉴定，其表明为产气肠杆菌（*Enterobacter aerogenes*）W5。其生化鉴定结果见表 1。

表1　产气肠杆菌 W5 生化鉴定结果

检测项目	结果	检测项目	结果
革兰氏染色	−	硝酸盐还原	+
细胞形状	短杆状	D − 半乳糖	+
细胞直径 > 1.0μm		麦芽糖	+
形成内生孢子	−	龙胆二糖	+
产色素	−	D − 蜜二糖	+
运动	+	α − 甲基 − D − 葡萄糖苷	+
鞭毛	+	D − 棉籽糖	+
接触酶	+	松二糖	+
氧化酶		D − 乳糖	+
吲哚	−	蔗糖	+
V − P	+	D − 海藻糖	+
甲基红		D − 山梨醇	+
硫化氢	−	木糖醇	−
葡萄糖产酸	+	乙酸	+ / −
葡萄糖产气	+	α − 羟基丁酸	
淀粉水解	−	β − 羟基丁酸	+
明胶水解	−	丙酮酸甲基	+
D − 葡萄糖	+	琥珀酸甲基	+
N − 乙酰 − D − 葡萄糖胺	+	丙二酸	−
L − 阿拉伯糖	+	琥珀酸	+
D − 甘露醇	+	甘油	+
D − 甘露糖	+	尿素	−
吐温 80	+	m − 肌醇	+
D − 阿拉伯醇		L − 乌氨酸	−
D − 纤维二糖	+	L − 苯丙氨酸	−
D − 果糖	+	柠檬酸	+
D − 葡萄糖酸	+		

实施例3：制备实施例

首先按1%接种量将该产气肠杆菌接种到上述的添加柠檬酸钠的液体基础培养基中，在37℃下培养，每2小时测一次 OD_{650}，绘制生长曲线，确定发酵时间。发酵设备为50L 的 BIO6000A 微生物发酵系统，由上海理工大学高机生物工程有限公司生产，灭菌参数为121℃，20~30分钟，发酵参数为 pH 5.8~7.0，DO 70~90，发酵温度 34~

39℃，搅拌速度70~130转/分钟，发酵时间16~48小时，发酵培养基为实施例1中所述的添加柠檬酸钠的基础培养基。发酵液在进口温度200℃，出口温度73℃条件下喷雾干燥，得到白色干粉制剂。

实施例4：安全性实验

对上述白色干粉末进行了大鼠经口和斑马鱼急性毒性试验。大鼠经口急性毒性试验参照GB 15670—1995，采用Hom's方法设立灌胃剂量，受试最大剂量为3000毫克/千克，经14天观察没有大鼠死亡，表明该干粉对大鼠经口的LD_{50}大于3000毫克/千克，属低毒；斑马鱼急性毒性试验参照国家环保总局1991年9月14日颁布的《物质对淡水鱼（斑马鱼）急性毒性测定方法》完成，其LD_{50}大于5000ppm。证明其对水生生物属低毒和无毒作用。

应用实例1

2004年9月在华中师范大学水资源与水环境研究中心某实验基地进行了干粉控制微囊藻水华的试验。试验在几个3米×4米×0.5米的水泥池中进行，使用浓度设置200ppm、20ppm、2ppm干粉三个梯度。结果表明200ppm浓度干组粉在2天时间就有效控制了水华，20ppm浓度干粉组则在5天时间内有效控制了水华，而2ppm浓度干粉组在15天时间内有效控制住水华。

应用实例2

2005年5~6月在武汉市洪山区洪山乡某村的3口各约300平方米的池塘中进行了水华微囊藻的控制实验。每池使用干粉剂量约为500克，有效控制了水华的爆发，而相邻的未使用干粉的几口池塘则爆发了微囊藻水华。

（二）实例二：推荐案例

1. 案例推荐理由

（1）对请求保护的菌株，进行了合理概括而用相关特征即基因*cg2624*被剔除而能生成高产量的L-谷氨酸进行限定，而没有直接限定到采用保藏号的特定菌株即CGM-CC No. 11345和No. 11346。

（2）对剔除的两个基因，先仅限定剔除基因*cg2624*，从属再限定基因*cg2624*和*cg2115*被剔除。

（3）全方位请求保护，包括撰写了相关的用途即L-谷氨酸的制备方法权利要求和制备突变株的方法，其概括均较为上位合理。

（4）说明书的撰写也比较完备。背景技术描述简洁得体，引出现有技术存在的问题。提供了完整的实施例，包括突变的原始菌株、突变的具体过程，以及突变株的技术效果（并与原始菌株进行了比较），一方面充分公开发明创造，另一方面也充分支撑权利要求的保护范围和创造性等。

基于上述理由，上述专利申请文件推荐作为撰写的范例，可在撰写相关微生物发明的专利申请文件时参考。

2. 推荐的专利申请文件❶

权 利 要 求 书

1. 一种谷氨酸棒状杆菌 (*Corynebacterium glutamicum*) CGMCC No. 11074 的突变株，其中基因 *cg2624* 被剔除，该突变株生成高产量的 L–谷氨酸。

2. 根据权利要求 1 所述的突变株，该突变株是保藏号为 CGMCC No. 11345 的谷氨酸棒状杆菌。

3. 一种谷氨酸棒状杆菌 CGMCC No. 11074 的突变株，其中基因 *cg2624* 和 *cg2115* 被剔除，该突变株生成高产量的 L–谷氨酸。

4. 根据权利要求 3 所述的突变株，该突变株是保藏号为 CGMCC No. 11346 的谷氨酸棒状杆菌。

5. 根据权利要求 3 所述的突变株，该突变株对氯霉素具有抗性。

6. 一种制备具有提高丙三醇利用率及高产量 L–谷氨酸的突变株的方法，包括剔除谷氨酸棒状杆菌 CGMCC No. 11074 的基因 *cg2624* 和/或 *cg2115*。

7. 一种高产量 L–谷氨酸的制备方法，该方法通过培育权利要求 1~5 中任一权利要求所述的突变株来实现。

说 明 书

高产谷氨酸的微生物及其制备谷氨酸的方法

技术领域

本发明涉及一种高产谷氨酸的微生物及其制备 L–谷氨酸的方法，尤其是一种谷氨酸棒状杆菌 (*Corynebacterium glutamicum*) CGMCC No. 11074 的突变株，以及利用该突变株制成 L–谷氨酸的制备方法，其中该突变株对卡那霉素和/或氯霉素具有抗性，并能高产 L–谷氨酸。

背景技术

L–谷氨酸是一种典型的发酵制成的氨基酸。全世界每年 L–谷氨酸的产量估计超过 100 万吨，可以和化工业中常用的化合物相比。L–谷氨酸已广泛用于药品、食物、动物饲料及其他产品中。

L–谷氨酸一般由发酵制成，主要是利用属于短杆菌属 (*Brevibacterium*)、棒状杆菌属 (*Corynebacterium*) 或微杆菌属 (*Microbacterium*)，或者是它们的突变株的称为生产 L–谷氨酸的棒状杆菌 ("氨基酸发酵"，Gakkai Shuppan 中心，195~215 页，1986 年)。利用其他菌株发酵制成 L–谷氨酸，包括利用属于芽孢杆菌属 (*Bacillus*)、链霉

---

❶ 依据专利申请 200780038068.7 改编。

菌属（*Streptomyces*）或青霉菌属（*Penicillium*）（美国专利号 3220929）的微生物；属于假单胞菌属（*Pseudomonas*）、节杆菌属（*Arthrobacter*）、沙雷氏菌属（*Serratia*）或念珠菌属（*Candida*）的微生物（美国专利号 3563857）；一种微生物，比如属于芽孢杆菌属、假单胞菌属、沙雷氏菌属或产气杆菌属（*Aerobacter aerogenes*）（现在称为产气肠杆菌属（*Enterobacter aerogenes*））的一种细菌（经过审查的日本专利申请号 32 – 9393 (1957)），以及大肠杆菌（*Escherichia coli*）的突变株（日本专利未审公开号 5 – 244970 (1993)）。

人们已研究，通过改变培养基组成以及发展抗性菌株来改善 L – 谷氨酸的生产力。例如，研制出一种对 β – 氟代丙酮酸具有抗性的菌株，用来增加丙酮酸的供应，该菌株用作生成谷氨酸代谢途径中的中间物。上述方法大大改善了 L – 谷氨酸的生产力。然而，为了应对未来增长的需求量，需要发展出一种低成本、高效率的生产 L – 谷氨酸的方法。

发明内容

上述现有技术中的问题，本发明人对一种高产量生产 L – 谷氨酸的菌株的进行了大量充分的研究。研究显示，和具有生成 L – 谷氨酸能力的母株相比，即便用较低的生物量，当剔除基因 *cg2624* 和 *cg2115*（即它们不表现显型）时，剔除后的突变体增加了丙三醇的利用率，并产生较高浓度的 L – 谷氨酸。

本发明要解决的技术问题是提供一种可生成高产量的 L – 谷氨酸的谷氨酸棒状杆菌的突变株，制备该突变株的方法，以及利用该突变株生成高产量的 L – 谷氨酸的方法。

一方面，本发明提供一种谷氨酸棒状杆菌 CGMCC No. 11074 的突变株，该突变株可生成高产量的 L – 谷氨酸。

谷氨酸棒状杆菌 CGMCC No. 11074 是一种 L – 谷氨酸生产菌株，在制备本发明前，通过诱变剂如 UV 辐射、N – 甲基 – N' – 硝基 – N – 亚硝基胍（NTG）处理母株谷氨酸棒状杆菌 KFCC 10656，以获得谷氨酸棒状杆菌 CGMCC No. 11074，且该 CGMCC No. 11074 能够在含有 β – 氟代丙酮酸的培养基上生长。谷氨酸棒状杆菌 CGMCC No. 11074 在中国专利号为 CN××××× 有披露，这里引用作为本文的参考。

本发明中的谷氨酸棒状杆菌 CGMCC No. 11074 的突变株通过剔除基因 *cg2624* 和/或 *cg2115* 得到，使它们不在谷氨酸棒状杆菌 CGMCC No. 11074 中表现显型。本发明利用丙三醇作为碳源，当该碳源更为有效地利用时，可以提高谷氨酸生产率，且除了谷氨酸合成外，降低了反应中的新陈代谢。为将丙三醇利用到谷氨酸棒状杆菌 CGMCC No. 11074 中，用 NTG 处理谷氨酸棒状杆菌 CGMCC No. 11074，涂抹到含有丙三醇的培养基上。在出现的菌落中，选择服从母株 DNA 排列分析的快速生长的菌落种群。和母株相比，该选出的单一菌落中基因 *cg2624* 和 *cg2115* 表现显型的程度降低至原来的 1/2。本发明认为，如果 CGMCC No. 11074 菌株发生突变，不表现出基因 *cg2624* 和 *cg2115*，那么该菌株能够利用丙三醇作为碳源，这样改善了丙三醇的利用，并提高了谷氨酸的生产力。这种假设经由实验得以证实。因而，一方面，本发明提供了一种谷氨酸棒状杆菌 CGMCC No. 11074 的突变株 KCCM – 10784P，其中，基因 *cg2624* 不显性。同样地，另一方面，本发明提供了一种谷氨酸棒状杆菌 CGMCC No. 11074 的突变株 KCCM –

10785P，其中基因 *cg2624* 和 *cg2115* 均不显性。突变株 KCCM – 10785P（IBT03）进一步具有氯霉素抗性基因。

另一方面，本发明提供了一种制备突变株 IBT02 和 IBT03 的方法。

优选方案中，从母株 CGMCC No. 11074 中剔除基因 *cg2624* 和/或 *cg2115*，制备出突变株，该突变株可生成谷氨酸。因而，本发明详细介绍了一种用于剔除基因 *cg2624* 和/或 *cg2115* 的载体。

这里所说的术语"载体"，其定义公众周知。"载体"指的是一种可包括基因的染色体外的元素，不参加细胞中心的新陈代谢，且常为环状双链 DNA。该元素可以是线状的或环状的，单链或双链的 DNA 或 RNA，其包括自我复制序列，基因组整合序列，或噬菌体核苷酸序列。一般来说，该载体包括引导基因转移和转录的相适合的序列们，可选择的基因标识，以及引导自我复制或染色体整合的序列。适合的载体含有5'端和3'端，其中该5'端包括基因转移起始位点，该3'端用于控制该基因的转移终点。

该"合适的调节序列"指的是能够控制多核苷酸（编码序列）的转移和转录的序列。这样的调节序列包括核糖体结合序列（RBS），启动子以及终止子。可以使用任何能够启动由载体运载的基因转移的启动子。该终止子可以来源于较佳宿主细胞的各种基因或不需要。

优选方案中，该载体包括多核苷酸，该多核苷酸编译了谷氨酸棒状杆菌中基因 *cg2624* 和/或 *cg2115* 的一部分，以将基因 *cg2624* 和/或 *cg2115* 剔除出。在较佳实施例中，含有基因 *cg2624* 部分序列的多核苷酸具有序列 SEQ ID NO：1，含有基因 *cg2115* 部分序列的多核苷酸具有序列 SEQ ID NO：2。然而，很显然，对于熟知该项技术的人而言，用于剔除的基因 *cg2624* 和/或 *cg2115* 的部分序列不限于上述序列，并且该部分序列包括含有该基因某部分序列的任何多核苷酸，只要它们通过同源重组，能够剔除转变菌株的基因组中的基因 *cg2624* 和/或 *cg2115*。

除了基因 *cg2624* 和/或 *cg2115* 的部分序列，可使用该基因的完整序列。本案中，通过置换，该完整序列可部分改变，以剔除出基因 *cg2624* 和/或 *cg2115*，导致缺少正常转换生产的产物。这样的剔除基因可使用一种熟知该项技术的人了解的方法制备。

本发明的一个实施例中，构建了一种用于剔除基因 *cg2624* 的载体，并包括由 SEQ ID NO：1 表示的多核苷酸。该载体叫作"pCJ200"。本发明的一个实施例中，也构建了一种用于剔除基因 *cg2115* 的载体，并包括由 SEQ ID NO：2 和 3 表示的多核苷酸。SEQ ID NO：3 是一种编译氯霉素抗性基因的核苷酸序列。含有 SEQ ID NO：2 和 3 的多核苷酸的剔除载体叫作"pCJ201"。

当容纳基因 *cg2624* 和/或 *cg2115* 的部分多核苷酸的载体转变为棒状杆菌种时，由该载体运载的多核苷酸通过同源重组整合成宿主染色体，从而剔除宿主染色体上的基因 *cg2624* 和/或 *cg2115*。由于该载体具有一个 pUC 起点，仅在大肠杆菌中起作用，不能在棒状杆菌中复制，并且仅当整合成宿主染色体时才能够复制。相应地，本发明中的载体可以使用来稳定地整合该载体本身，或把该载体运载的外源基因整合到棒状杆菌种微生物的染色体中。

这样，当该 pCJ200 引入菌株时，染色体基因 *cg2624* 被剔除。当该 pCJ201 引入菌株时，染色体基因 *cg2624* 和 *cg2115* 在该菌株中不起作用。也就是说，它们被剔除了。该转换的突变株不显性出基因 mRNA。通过这种方式，获得 IBT02 菌株（其中基因 *cg2624* 被破坏）以及 IBT03 菌株（其中基因 *cg2624* 和 *cg2115* 都被破坏）。和母株相比，该突变株的 OD 值和谷氨酸生产力分别降低和提高了约 20% 和 37%（见本发明的举例）。

另一方面，本发明提供了一种通过培育该突变株生产 L-谷氨酸的方法。详细地说，该方法包括将作为母株的谷氨酸棒状杆菌 CGMCC No. 11074 中的基因 *cg2624* 和/或 *cg2115* 剔除。如上所述，剔除的基因 *cg2624* 和/或 *cg2115* 通过将一种包含该基因部分序列的载体引入谷氨酸棒状杆菌 CGMCC No. 11074 来获得，通过同源重组将基因 *cg2624* 的部分序列和/或 *cg2115* 的部分序列整合到 CGMCC No. 11074 菌株，防止该基因的显性。通过在合适的培养基上培育先前制备出的突变株来获得 L-谷氨酸。

本发明的一个详细实施例中，包含基因 *cg2624* 部分序列的该载体（pCJ200）转换成棒状杆菌，从而获得 IBT02 菌株，其中基因 *cg2624* 被破坏。包含氯霉素抗性基因和基因 *cg2115* 部分序列的该载体（pCJ201）转换成 IBT02 菌株，从而获得 IBT03 菌株，其中基因 *cg2624* 和 *cg2115* 都被破坏。这样获得的 CGMCC No. 11074 突变株：IBT02 和 IBT03，和母株 CGMCC No. 11074（表 1）相比，生成谷氨酸的生产力增加。

有益效果：根据本发明，基因 *cg2624*/*cg2115* 剔除的突变株生成谷氨酸的产量高于母株。因此，当控制棒状杆菌种的微生物的生物量时，这样的基因控制对提高代谢物的数量是有益的。

其中，突变株 IBT02 和 IBT03 于 2006 年 9 月 28 日保藏于中国普通微生物菌种保藏中心（CGMCC），保藏号为 CGMCC No. 11345 和 CGMCC No. 11346。

附图说明

图 1 是用于分裂棒状杆菌中基因 *cg2624* 的 pCJ200 载体的裂解图。

图 2 是用于分裂棒状杆菌中基因 *cg2115* 的 pCJ201 载体的裂解图。

图 3 是聚合酶链式反应样品的琼脂糖凝胶电泳的照片，说明 pCJ200 载体整合到棒状杆菌染色体中。

图 4 是聚合酶链式反应样品的琼脂糖凝胶电泳的照片，说明 pCJ201 载体整合到棒状杆菌染色体中。

具体实施方式

通过下面的实施例，以便更好地理解本发明。但本发明并不限于具体实施方式描述的内容。

实施例 1：用于选择缺少基因 *cg2624* 和 *cg2115* 的菌株的诱变

为了利用丙三醇到母株谷氨酸棒状杆菌 CGMCC No. 11074，该母株用 NTG 处理，并涂抹到培养基上，该培养基包含丙三醇，具体成分是 10g/L 丙三醇、5g/L 硫酸铵、2g/L 尿素、1g/L 磷酸二氢钾、2g/L 磷酸氢二钾、0.4g/L 硫酸镁、0.5g/L 氯化钠、200μg/L 维生素 H、3mg/L 硫胺、1mg/L 泛酸、5mg/L NCA、以及 1ml/L 微量元素（10mg/L 氯化钙、270mg/L 硫酸铜、1g/L 氯化铁、10mg/L 二氯化锰、40mg/L 钼酸铵、90mg/L 硼砂、10mg/L 硫酸锌）。在出现的菌落中，选择其中最快速生长的菌落种群，称为"IBT01"。该 IBT01 菌株服从母株 DNA 排列分析。和母株相比，该 IBT01 菌株中基因 *cg2624* 和 *cg2115* 表现显型的程度降低至原来的 1/2。

实施例 2：基因 *cg2624* 的克隆

谷氨酸棒状杆菌的基因 *cg2624* 的核苷酸序列通过在 NCBI (www. ncbi. nlm. nih. gov) 搜索核苷酸数据库获得，并用来设计具有 SEQ ID NO：6 和 SEQ ID NO：7 核苷酸序列的寡核苷酸引物。

基因组 DNA 从谷氨酸棒状杆菌中提取。利用基因组 DNA 作为一模板来实现聚合酶链式反应，该模板带有具有 SEQ ID NO：6 和 SEQ ID NO：7 核苷酸序列的寡核苷酸引物，以放大基因 *cg2624* 的部分核苷酸序列（SEQ ID NO：1）。

利用 TOPO TA 克隆试剂盒（美国 Invitrogen），基因 *cg2624* 放大的部分核苷酸序列被克隆到 pCR2. 1 – TOPO（TOPO TA 克隆试剂盒中的载体），从而构成 pCR2. 1 – TOPO – cg2624（pCJ200）。

实施例 3：基因 *cg2115* 的克隆

谷氨酸棒状杆菌的基因 *cg2115* 的核苷酸序列通过在 NCBI (www. ncbi. nlm. nih. gov) 搜索核苷酸数据库获得，并用来设计具有 SEQ ID NO：8 和 SEQ ID NO：9 核苷酸序列的寡核苷酸引物。基因组 DNA 从谷氨酸棒状杆菌中提取。利用基因组 DNA 作为模板来实现聚合酶链式反应，该模板带有具有 SEQ ID NO：8 和 SEQ ID NO：9 核苷酸序列的寡核苷酸引物，以放大基因 *cg2115* 的部分核苷酸序列（SEQ ID NO：2）。

利用 TOPO TA 克隆试剂盒（美国 Invitrogen），基因 *cg2115* 放大的部分核苷酸序列被克隆到 pCR2. 1 – TOPO（TOPO TA 克隆试剂盒中的载体），从而构成 pCR2. 1 – TOPO – cg2115。

然后，氯霉素抗性基因的核苷酸序列通过在 NCBI (www. ncbi. nlm. nih. gov) 搜索核苷酸数据库获得，并用来设计具有 SEQ ID NO：10 和 SEQ ID NO：11 核苷酸序列的寡核苷酸引物。利用 pACYC – duet 载体 DNA 作为模板来实现聚合酶链式反应，该模板带有具有 SEQ ID NO：10 和 SEQ ID NO：11 核苷酸序列的寡核苷酸引物，以放大基因 *cg2115* 的氯霉素抗性基因（*cmr*）。

该放大的氯霉素抗性基因（*cmr*）嵌入到 pGEM – T 载体内（Promega），从而获得 pGEM – T – cmr。该 pCR2. 1 – TOPO – cg2115 载体消化 *Nsi*I 和 *Sac*I 来去除基因 *cg2115* 的部分序列，该载体被净化并和预先消化 *Nsi*I 和 *Sac*I 的 pGEM – T – cmr 载体相连，从而形成 pGEM – T – cmr – cg2115（pCJ201）。

实施例 4：带有 pCR2. 1 – Topo – cg2624 的棒状杆菌的转录

在 30℃ 下，把谷氨酸棒状杆菌 CGMCC No. 11074 在 No. 2 培养基（10g/L 多聚蛋白胨、5g/L 酵母抽提物、5g/L 硫酸铵、1.5g/L 尿素、4g/L 磷酸二氢钾、8g/L 磷酸氢二钾、0.5g/L 硫酸镁、100μg/L 维生素 H、1mg/L 硫胺、2mg/L 泛酸、2mg/L NCA、20g/L 葡萄糖）上培育 12 小时。此后，形成的培养菌植入 No. 2 EPO 培养基（No. 2 培养基加上 4g/L 异烟肼、25g/L 甘氨酸、1g/L 吐温 80），直到培养菌溶液 OD 值达到 0.3，然后在 30℃ 下培育，直到培养菌溶液 OD 值达到 1.0。接着，该培养菌在冰上搁置 10 分钟，以 1500×g 离心 5 分钟。该细胞团块用 50mL 预冷的 10% 丙三醇清洗 4 次，悬浮于 0.5mL 的 10% 丙三醇内。100μL 的细胞悬浮被转移到 1.5mL 的微量离心管内。

实施例 1 中制备的该 pCJ200 载体添加到该活性细胞内，并转移到在冰上的 2mm 的电击管内。电穿孔在 1.5kV，25μF 以及 600Ω 下实现。紧接着电穿孔后，1mLBHIS 培养基（37g/L 脑心浸液、91g/L 山梨糖醇）添加到该电击管内。该电击管置于 46℃ 下 6 分钟，然后在冰上冷却。接着，该细胞涂抹到活性的增加了 25μg/mL 卡那霉素的 BHIS 培养基（10g/L 肉汁、10g/L 多聚蛋白胨、5g/L 酵母抽提物、5g/L 氯化钠、18.5g/L 脑心浸液、91g/L 山梨糖醇、20g/L 琼脂）上。

实施例 5：将 pCJ200 载体整合到棒状杆菌染色体中的测定

基因组 DNA 从实施例 4 中制备的棒状杆菌转换株分离出。利用该基因组 DNA 作为模板来实现聚合酶链式反应，该模板具有对拥有 SEQ ID NO：6 和 SEQ ID NO：7（M13F 和 M13R）核苷酸序列的寡核苷酸引物，以决定该 pCJ200 载体是否整合到宿主染色体中。聚合酶链式反应产物被电泳。观察到对应 pCJ200 载体的谱带，确定该载体被整合到宿主染色体中。

图 3 是琼脂糖凝胶电泳的照片，说明基因组 DNA 从和 pCJ200 载体转变的棒状杆菌细胞分离出，利用该基因组 DNA 作为模板，该模板带有一对具有 SEQ ID NO：6 和 SEQ ID NO：7（M13F 和 M13R）核苷酸序列的寡核苷酸引物。如图 3 所示，所有五个选择的复制品（1～5）均被发现其染色体内含有 pCJ200 载体。通过同源重组破坏基因 *cg2624* 的转换株叫作"IBT02"。

实施例 6：带有 pCJ201 的棒状杆菌的转换

实施例 5 中制备的该转换株"IBT02"，进一步和 pCJ201 载体转换。该 IBT02 菌株根据实施例 4 中同样的程序进行转换，并涂抹到补充了 7μg/mL 氯霉素的活性 BHIS 培养基上。

实施例 7：将 pCJ201 载体整合到棒状杆菌染色体中的测定

基因组 DNA 从实施例 6 中制备的棒状杆菌转换株分离出。利用该基因组 DNA 作为模板来实现聚合酶链式反应，该模板带有一对具有 SEQ ID NO：12 和 SEQ ID NO：13 核苷酸序列的寡核苷酸引物，以决定该 pCJ201 载体是否整合到宿主染色体中。聚合酶链式反应产物被电泳。SEQ ID NO：12 和 SEQ ID NO：13 的寡核苷酸具有 pGEM－T 载体的部分序列。

图 4 是琼脂糖凝胶电泳的照片，说明基因组 DNA 从和 pCJ201 载体转变的棒状杆菌细胞分离出，利用该基因组 DNA 作为模板，该模板带有一对具有 SEQ ID NO：12 和 SEQ ID NO：13 核苷酸序列的寡核苷酸引物。如图 4 所示，所有三个选择的复制品（1～3）均被发现其染色体内含有 pCJ201 载体。基因 *cg2624* 和 *cg2115* 均被破坏的转换株叫做"IBT03"。

实施例 8：该突变株谷氨酸生产力的测定

实施例 1、5 和 6 中分别制备的该 IBT01、IBT02、IBT03 以及母株谷氨酸棒状杆菌 CGMCC No.11074 均用来测定谷氨酸生产力。该测试在一细颈瓶内进行。在 30℃ 下，经过 12 小时，每个菌株都在活动盘（10g/L 肉汁、5g/L 酵母抽提物、10g/L 多聚蛋白胨、5g/L 氯化钠、20g/L 琼脂）上生长。每个菌株的一个循环在一含有 40mL 长颈瓶滴定度培养基（3% 葡萄糖、1% 糖蜜、0.04% 硫酸镁、0.1% 磷酸氢二钾、0.3% 硫酸铵、

0.001%硫酸铁、0.001%硫酸锰、500μg/L 维生素 H、2mg/L 盐酸硫胺、0.1%尿素、pH 为 7.1）的 250mL 的长颈瓶内培养，并在 30℃下，生长 40 小时。该培养菌用来测定谷氨酸生产力。如表 1 所示，和母株相比，该 IBT01 菌株的 OD 值降低，谷氨酸产量增加。和母株相比，该 IBT02 和 IBT03 菌株降低的 OD 值和谷氨酸产量分别上升了 20%和 37%。这些结果说明，和母株相比，该 IBT02 和 IBT03 突变株产生较高产量的 L-谷氨酸。

表 1 谷氨酸生产力

菌　　株	24 小时	40 小时		
	OD	GA（g/L）	OD	GA（g/L）
CGMCC No. 11074	18.8	10.2	20.8	11.5
IBT01	12.2	9.1	15.4	11.9
IBT02	12.2	9.5	13.5	13.7
IBT03	5.8	8.4	8.1	15.8

序列表

（略）

说明书附图

（略）

第十一章 基因工程发明专利申请文件的撰写及案例剖析

随着生物技术的迅猛发展，涉及基因的发明从 20 世纪末至 21 世纪初开始大量涌现。由于蛋白质为基因所编码，因此相应地，单独涉及蛋白质的发明数量减少，涉及蛋白质的发明往往与发现新基因相关联，或者检测到新蛋白质或酶后，通过反向遗传学技术获得相关编码基因。

涉及基因相关的发明主要包括发现新的基因、已知序列的改进（突变，包括改造、截短、缺失、定点突变等）、融合序列、基因的用途等。此类发明，通常还会涉及含有该基因的蛋白质、载体、宿主细胞等附属发明。当然除编码蛋白质的基因外，还有一些诸如启动子序列、调控序列等并不一定编码蛋白的序列相关发明。此外，还可能涉及基因载体本身改进等的相关发明。如果涉及相关质粒、载体等需要保藏的情形，则参照微生物发明章节中关于生物材料保藏的相关内容。

这些发明具有一定的共性，专利代理人在接到技术交底书或发明人、申请人自行处理时，首先需要考虑发明是否充分公开，包括序列是否明确，功能是否明确及是否有实际用途；其次需要考虑是否满足新颖性、创造性要求。这两关通过之后，即可以确定提出专利申请。下面针对专利申请文件撰写应当包括的内容，通过实例进行介绍。

一、申请前的预判

关于涉及基因相关发明在提交专利申请前的预判主要看是否具备新颖性和创造性。由于新颖性相对容易判断，其主要看所述基因是否被现有技术公开，尤其是序列完全相同的情况。其中较为通用的方法是在 GenBank、EMBL 和 DDBJ 等专业的序列数据库中通过序列对比以确定所发明的基因序列被作为基因而公开，其中对于在基因组中的序列，而没有被明确注释具有功能的基因，通常具备新颖性，而在申请阶段应当作出提出专利申请的决定。

下面重点通过判断思路和实例说明是否具备创造性的预判。

（一）创造性的预判

根据《专利审查指南 2010》第二部分第十章第 9.4.2.1 节（1）的规定，根据实践，对基因创造性的判断思路总结如下。

（1）如果蛋白质具备新颖性及创造性，那么编码蛋白质的基因发明具备创造性。

（2）如果蛋白质是已知的，但其氨基酸序列未知，如果所属技术领域的技术人员在申请时能容易的确定该氨基酸序列，则对于编码该蛋白质的基因的发明不具备创造性。但是，如果该基因具有特定的碱基序列，并且与编码蛋白质的其他碱基序列相比，该基因产生了本领域技术人员不能预测的有利效果，则该基因发明具备创造性。

（3）如果蛋白质的氨基酸序列是已知的，编码蛋白质的基因的发明不具备创造性。但是，如果该基因具有特定的碱基序列，并且与编码蛋白质的其他碱基序列相比，该基因产生了本领域技术人员不能预料的有益效果，则该基因的发明具备创造性。

（4）如果结构基因是已知的，来自和已知的结构基因同种的并且和已知的结构基因具有相同的性质和机能、天然存在的变异体（等位基因变异体等）的结构基因的发明不具备创造性。但是，如果发明的结构基因与已知的结构基因相比，产生了本领域技术人员不能预料的有益效果，则该基因的发明具备创造性。

因而，与已知蛋白或基因来源物种相同且同源性很高并具有相同的功能，通常不具备创造性；如果来自不同物种，如果容易想到在涉及的物种中去克隆其基因，则通常也不具备创造性，如果不容易想到或克隆存在困难等，则具备创造性。

（5）从自然界分离的、部分序列已知的全长基因通常不具备创造性；如果获得的全长序列相对于预期的功能具有预料不到的效果，或者在分离时通过常规方法并不能成功而需要克服技术难题或采取特别的措施才能成功，则该全长基因具备创造性。

因而，对于已知蛋白或基因的功能片段，如获得预料不到的更好效果，则具备创造性。包含已知氨基酸或基因片段的更长的蛋白质或基因，如果能够表明两端增加的氨基酸或碱基的延长带来预料不到的效果，则满足创造性的要求；如果其所增加的氨基酸或碱基并不对功能产生实质影响，则不符合创造性的要求。

（6）对于从自然界分离且全长序列未知的基因，如果通过同源性方法等常规手段能够分离获得，则应当认为不具备创造性，即使申请人采用其他方法克隆得到也不能使其具备创造性，除非申请人证明通过常规方法不能克隆得到。具体判断是否是常规方法可以获得时，应当考虑"成功的合理预期"对创造性的影响，例如新基因与已知同源基因在结构上的较大差异导致难以合理预期其被分离，或者存在其他因素如结构特异性、配体未知等导致该新基因难以通过常规方法分离，即不存在"成功的合理预期"时，该基因具备创造性；此外，当该新基因或其编码的蛋白质具有预料不到的技术效果时，应当认可其创造性。

（7）对于基因组序列如人类和水稻等已公开的情况下，如果通过基因注释已明确其为何种功能的基因，发明仅仅是验证该注释基因及其功能，则通常不能符合新颖性和创造性的要求。但如果通过研究表明注释存在错误，如编码序列延长或缩短，或者研究表明其功能与注释的基因功能不相同，则相关基因或者其用途有可能具备创造性。

（8）对基因进行突变的创造性的判断而言，首先其基本出发点是，对已知基因进行突变以获得更好效果，或进行密码子优化以提高表达量等都是本领域技术人员公知的追求目标，因此对基因突变或密码子进行优化如果是随意的，则不具备创造性。通常只有当通过突变或密码子优化后获得了预料不到的技术效果时，才能表明发明具备创造性。

（9）对于重组载体和重组宿主细胞而言，如果其包含有具备新颖性和创造性的基因，则自然具备新颖性和创造性；但其中含有的是已知基因时，通常没有创造性，但如果由它们的特定的结合构建的重组载体获得预料不到的技术效果，如表达的蛋白质量特别高等，则具备创造性。

（二）不同情形下创造性的判断实例

1. 克隆的新基因与预测的不同

随着包括人、水稻等许多生物的全基因组序列测序的完成，在 GenBank 数据库等存在众多基因注释，即通过计算机预测基因组中某一段核苷酸片段系一种基因，有的注释还预测标注其功能，有的则未提及功能。

因此，如果新克隆的基因与基因注释的完全相同，通常认为基因本身不具备新颖性；但如果注释基因没有标注功能，通过研究发现新克隆的基因的功能用途，且此前不容易预测，则基因本身不具备新颖性，但其功能用途则可能具备创造性。

此外，如果新克隆的基因与基因注释存在一定差异，如果不能从现有技术容易预见，则该新克隆的基因具备新颖性和创造性。

【案例 11 - 1】

某申请涉及水稻的一个新基因。发明人成功克隆了 *Xa23* 基因，该基因是广谱抗病基因。同时，通过实验证明表明 *Xa23* 基因在烟草等双子叶植物中表达，也可以导致双子叶植物细胞发生过敏性坏死（HR），如果用其他诱导性启动子控制 *Xa23* 基因的表达，就可用于其他植物的病害防治。

经检索，GenBank Sequence ID：ABA94457.1 公开了计算机预测的 *LOC_ Os11g37620*。该发明的 *Xa23* 基因及其编码蛋白与所预测的 *LOC_ Os11g37620* 比对如下。

（1）基因组 DNA 序列比对（- - -表示缺失）

LOC_Os11g37620：ATGGAGAATTCAGGTAAGTTGCGATCAATATTTAAACACATATGTTTTTGGACTAATTAT

　　　　Xa23：- -

LOC_Os11g37620：TTTGGTGTACTGTAGTAGGAAAAAAAGAATATATGCTTTTGGACTAATTTTTTTTGGTGT

　　　　Xa23：- -

LOC_Os11g37620：ACTGTAGTAGGAAAAAAAGAAGGGGAGGAGGAAGGGGGAGAAGAGGGAGGAGGTATTGCA

　　　　Xa23：- -

LOC_Os11g37620：TATTGGGGGGAGGGGAATGCGGGGTGATCGCTTGGCGCGCATTAGCAGTCCCCCCTTCCC

　　　　Xa23：- -

LOC_Os11g37620：TTCCGCTATTTCAAAGTATCCGTCTTCCTCCCTGTCCACATGAGCTAAACGCTTCCTCTT

　　　　Xa23：- -

LOC_Os11g37620：CCTGAGTCAAAGTCTTCCCTATATTACTACTTTGTATTATAGCTGGGTTCACTATGTTG

　　　　Xa23：- -

LOC_Os11g37620：CATCATCTCACAGCTAACCCGAACATCACTAACATCGCAATATTCTCCTTCCGCGCCCTT

　　　　Xa23：- -

LOC_Os11g37620：CACATCAGCTACTTCCACCACCTCCCATGTTTCAAAGGTAAATTCGTCGTGGTGGTGAGA

　　　　Xa23：- -

LOC_Os11g37620：TTATGCCTTCCTTCCGCCTCACTAACATCAGCTACTATAAAAGCCCTTCCTTGTTGCATC

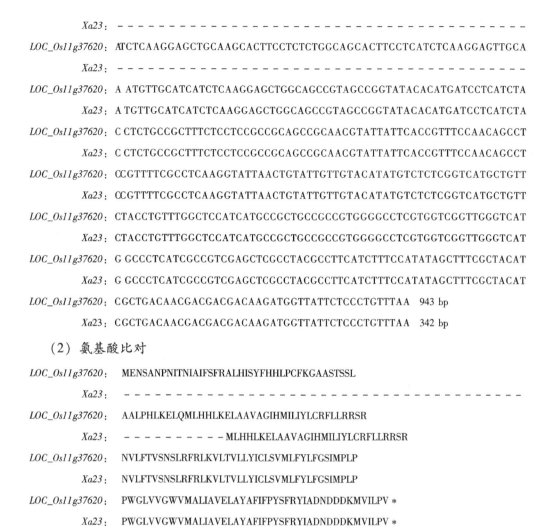

```
       Xa23：  - - - - - - - - - - - - - - - - - - - - - - - - - - - - - - - - - - - - - - - - - - - -
LOC_Os11g37620： ATCTCAAGGAGCTGCAAGCACTTCCTCTCTGGCAGCACTTCCTCATCTCAAGGAGTTGCA
       Xa23：  - - - - - - - - - - - - - - - - - - - - - - - - - - - - - - - - - - - - - - - - - - - -
LOC_Os11g37620： A ATGTTGCATCATCTCAAGGAGCTGGCAGCCGTAGCCGGTATACACATGATCCTCATCTA
       Xa23： A TGTTGCATCATCTCAAGGAGCTGGCAGCCGTAGCCGGTATACACATGATCCTCATCTA
LOC_Os11g37620： C CTCTGCCGCTTTCTCCTCCGCCGCAGCCGCAACGTATTATTCACCGTTTCCAACAGCCT
       Xa23： C CTCTGCCGCTTTCTCCTCCGCCGCAGCCGCAACGTATTATTCACCGTTTCCAACAGCCT
LOC_Os11g37620： CCGTTTTCGCCTCAAGGTATTAACTGTATTGTTGTACATATGTCTCTCGGTCATGCTGTT
       Xa23： CCGTTTTCGCCTCAAGGTATTAACTGTATTGTTGTACATATGTCTCTCGGTCATGCTGTT
LOC_Os11g37620： CTACCTGTTTGGCTCCATCATGCCGCTGCCGCCGTGGGGCCTCGTGGTCGGTTGGGTCAT
       Xa23： CTACCTGTTTGGCTCCATCATGCCGCTGCCGCCGTGGGGCCTCGTGGTCGGTTGGGTCAT
LOC_Os11g37620： G GCCCTCATCGCCGTCGAGCTCGCCTACGCCTTCATCTTTCCATATAGCTTTCGCTACAT
       Xa23： G GCCCTCATCGCCGTCGAGCTCGCCTACGCCTTCATCTTTCCATATAGCTTTCGCTACAT
LOC_Os11g37620： CGCTGACAACGACGACGACAAGATGGTTATTCTCCCTGTTTAA  943 bp
       Xa23： CGCTGACAACGACGACGACAAGATGGTTATTCTCCCTGTTTAA  342 bp
```

（2）氨基酸比对

```
LOC_Os11g37620：  MENSANPNITNIAIFSFRALHISYFHHLPCFKGAASTSSL
       Xa23：  - - - - - - - - - - - - - - - - - - - - - - - - - - - - - - - - - - - - - - - - - - - -
LOC_Os11g37620：  AALPHLKELQMLHHLKELAAVAGIHMILIYLCRFLLRRSR
       Xa23：  - - - - - - - - - - MLHHLKELAAVAGIHMILIYLCRFLLRRSR
LOC_Os11g37620：  NVLFTVSNSLRFRLKVLTVLLYICLSVMLFYLFGSIMPLP
       Xa23：  NVLFTVSNSLRFRLKVLTVLLYICLSVMLFYLFGSIMPLP
LOC_Os11g37620：  PWGLVVGWVMALIAVELAYAFIFPYSFRYIADNDDDKMVILPV *
       Xa23：  PWGLVVGWVMALIAVELAYAFIFPYSFRYIADNDDDKMVILPV *
```

经比较可知，预测基因 *LOC_Os11g37620* 有 2 个内含子（Intron），其 CDS 跨越基因组 492 个核苷酸，编码一个 163 氨基酸的假定蛋白（推断的，未经实验验证）；而该发明的 *Xa23* 基因不带任何内含子，其 CDS 仅跨越基因组 342 个核苷酸，编码一个 113 氨基酸的蛋白。因此，内含子的剪接导致预测基因 *LOC_Os11g37620* 在编码形式上与本申请要求保护的 *Xa23* 基因序列不同。因此，可以表明该发明克隆的 *Xa23* 基因具备新颖性和创造性，建议提出专利申请。

2. 能够通过常规同源性方法分离的新基因

对于全长序列未知的新基因，根据已知相关基因的序列，如果通过常规的同源性方法可以分离到，则不具备创造性。其中，物种来源是需要考虑的因素。由于基于同源性克隆新基因的思路和方法已经十分成熟，并且来自相同物种或近缘物种的同源基因较之来自其他物种的同源基因在结构上往往相似之处更多、同源性更高已是本领域的共识，因此想到从相同物种或近缘物种中利用同源性方法分离全长序列未知的基因是本领域技术人员容易想到的。对于其他来源的物种，如果现有技术给出了其中可能存在同源基因的启示，那么物种来源这一因素将不足以赋予该同源基因创造性。

【案例 11 - 2】

来源于沙冬青的焦磷酸酶基因，在现有技术未证实众多远源物种中都存在此类焦磷酸酶的情况下，仅在现有技术中来源于盐芥的焦磷酸酶基因的基础上是难以获得启示，而从沙冬青中获得相同性质和功能的焦磷酸酶基因的。但是，当现有技术已知众多远源物种中都有具有高度序列保守性的焦磷酸酶基因存在的情况下，本领域技术人员则有动机到沙冬青中分离焦磷酸酶基因。

因此，物种来源作为评判基因是否具备创造性的因素之一，但并不必然成为决定性因素，原因在于，虽然在大多情况下不同物种的同源基因与同一物种中的同源基因相比序列结构差异更大、更难获得，但是也存在来自不同物种的新基因与已知同源基因的结构非常接近的情形，在存在从该物种分离同源基因的启示的情形下，本领域技术人员利用常规的同源性分离方法就能够获得该基因，并不需要付出创造性劳动。同时，同源性高低也是考虑的因素，但同源性高低不是决定是否有创造性的单独考虑的因素，最重要的考虑因素仍然是根据已知知识判断，所述新基因是否能够通过常规方法分离筛选得到。因为通过常规方法能够分离得到的新基因，其序列与已知基因的同源性也许并不一定非常高。以下通过国内外收集的几个案例对上述思路进行阐析。

【案例 11 - 3】[1]**来自同属同种的同源基因**

发明通过对水稻稻瘟病抗性基因 *Pik - p* 的克隆，揭示了其基因和氨基酸序列以及该基因功能的验证过程和效果。拟就相关基因和编码的蛋白质申请专利。

现有技术：对比文件 1 公开了一种水稻粳稻抗病蛋白 Pikm - TS 及其编码基因的序列，与发明获得的蛋白的氨基酸序列同一性为 99.7%。本申请基因与对比文件 1 的基因来源于水稻的不同品系。

分析：发明的基因与对比文件 1 所公开的基因均来自水稻，属于同一物种，尽管两者的基因名称不同，但是同源性高达 99.7%，并且具有相同的性质和功能，可以预见发明的基因是对比文件 1 公开基因的同源基因，而且并没有获得预料不到的技术效果，因此该新基因不具备创造性。

【案例 11 - 4】[2]**来自同属不同种的同源基因**

发明涉及从枳中分离的基因 *PtrMAPK*，并测定其基因序列以及该基因功能的验证过程和效果，拟就分离自枳的具有抗旱功能的基因 *PtrMAPK*（其核苷酸序列如序列表 SEQ ID NO：1 的第 73 ~ 1200bp）提出专利申请。

现有技术：对比文件 1 公开了来源于与枳同属的橙中的 *MAPK* 基因，其与本申请序列有 99% 的同源性，并且与本申请的基因的功能相同。

分析：橙和枳同属于柑橘属，生活中很常见，它们的果实被广泛食用、药用或者用作精油提取原料。另外，通过同源性比对可以发现本申请的 *PtrMAPK* 与对比文件 1 的 *MAPK* 具有 99% 的同源性，二者编码的氨基酸序列也具有 99% 的同一性。因此，

---

[1] 参见专利申请 200910236466.0。
[2] 参见专利申请 201010596044.7。

为了解决提供一种新的 *MAPK* 基因的技术问题，本领域技术人员有动机先从与橙同属的常见物种枳中去克隆 *MAPK* 基因，并且基于物种之间较近的亲缘关系，可以预期能够从枳中克隆出获得性质和功能相同的 *MAPK* 基因。因此，该发明很可能不具备创造性。

【案例 11-5】❶ 来自不同物种但通过常规的方法分离获得的基因

发明涉及编码在信号转导通路中与小 GTP 酶及其下游作用因子都相互作用的 POSH 样癌蛋白的核苷酸，包括 SEQ ID NO：1 所示的序列（即 *POSHL1* 基因）。

现有技术公开了来自鼠的 POSH 蛋白，其有一个编码 892 个氨基酸的蛋白质的全长开放阅读框，其核酸和氨基酸序列在 GenBank 的登录号为 AF030131。

分析：现有技术公开了与小 GTP 酶及其下游作用因子相互作用的蛋白，只不过与发明涉及的蛋白来源于不同的物种，即鼠和人。由于 BLAST 软件已经可以广泛获得，并且为本领域技术人员所熟知，使用 BLAST 工具来发现已知核酸和多肽序列的同源物属于常规操作。由于大部分基因在其结构域具有保守区，并且可以用蛋白序列寻找基因。因此可以想象，使用 POSH 蛋白的全长序列及其特定结构域进行搜索会获得更多可靠的结果。本领域技术人员会用现有技术中鉴定的 AF030131 的全长蛋白序列和单个的功能域在人类数据库中搜索。一旦获得用鼠序列进行 BLAST 所得到的结果，本领域技术人员会用产生的人类序列作为起始序列在人类数据库中重新 BLAST，以发现相关的基因。通过上述工作会发现位于 5 号染色体上的序列，从而发现 *POSHL1* 基因。这种情况下即使采用不同的方法来发现人 *POSHL1* 基因并不能使请求保护的序列具备创造性，因为请求保护的基因与发现的方法不具必然联系。

由此可见，对于基因或多肽家族的新成员，不属于同属同种的物种，如果它们可以通过常规的 BLAST 方法分离出来，那么即使申请人用于分离该新成员的方法不是常规的，该新成员也不具备创造性。但是从专利申请的角度，如果没有特别明显证据启示本领域技术人员去进行这种基因获取，则可以先提出专利申请，待国家知识产权局实质审查意见再作最终定夺。

3. 由特殊因素导致其难以通过常规方法分离的基因

在考虑物种来源的同时，还应当考虑新基因与该基因家族的其他基因在结构上的差异导致其被分离获得时的困难，或者是否存在其他导致该新基因难以通过常规方法分离获得的因素。对于基于各种原因而难以通过常规方法搜索鉴定出来的基因或者蛋白质，通常具备创造性。如果一种基因或者蛋白质难以通过常规方法搜索鉴定出来，需要克服技术困难，那么想到一种非常规的方法，并克服尝试过程中遇到的诸多困难而成功获得基因或蛋白质就足以使其具备创造性。

【案例 11-6】❷ 　结构特异性导致其难以通过常规方法分离的基因具备创造性

发明涉及编码成熟 IL-174 多肽的序列的多核苷酸，所述成熟 IL-174 多肽具有 SEQ ID NO：14 所示序列。

---

❶　该案例来自英国，案例号为 BL O/170/05，专利申请 GB0201819.0。

❷　该案例来自欧洲专利局，决定号为 T1165/06。

现有技术公开了 IL-17 细胞因子家族第一个成员 IL-17 的氨基酸序列，而且提供了 IL-20 和另外两个家族新成员 IL-21 和 IL-22 的氨基酸序列。且已发现了这四个家族成员之间的 7 个保守结构域。相对于现有技术而言，该发明实际上是分离到 IL-17 细胞因子家族的另一条多肽编码核苷酸序列。

分析： 现有技术已经描述了从鼠和人细胞中分离了若干 IL-17 家族的成员这一事实以及细胞因子的医学相关性，本领域技术人员不仅可能而且会尝试着去分离 IL-17 家族的更多成员。

考虑到所述现有技术关于 IL-17 细胞因子家族已知成员之间同源性结构域的教导，本领域的技术人员会想到该家族的其他未知成员也会具有非常相似的结构域，并且会相应地设计其筛选策略。但是，通过将所述现有技术披露的同源性结构域与 IL-174 的氨基酸序列中的相应的结构域相比较，明显可见，尽管 IL-174 多肽表现出可以将其归为 IL-17 家族的特征，尤其是半胱氨酸残基的特征性间距，却与所述现有技术中描述的特定结构域的氨基酸序列存在重要的区别，IL-174 中甚至缺少其中一些结构域。这一事实不被本领域技术人员所知晓，也不能被预见，只是在发明人鉴定出 IL-174 的序列后才被揭晓，因而在现有技术提供的结构域信息的基础上所设计的筛选策略不能容易"筛出" IL-174 序列。因此，该发明具备创造性。

4. 由部分已知序列获得的全长基因

审查实践中还存在现有技术公开了部分序列，专利申请请求保护全长基因的情况。现有技术已经公开某基因的部分序列，并基于现有技术已知基因结构和功能之间的关系，标注了该部分序列含有具有某功能的一个或几个功能结构域，则基于现有技术可以预测该部分序列具有某功能，而本领域技术人员基于该部分序列，通过现有技术中常规的 PCR 方法，可以在相同物种中获得全长或完整基因，并对其功能进行验证。由于现有技术已经提示了其可能具备的功能，基于现有基因功能验证方法，确认该基因具有现有技术已标引的功能对于本领域技术人员而言是显而易见的。除非该全长基因的获得需要克服通常难以预料的技术困难，或者全长基因相对于标引的功能具有预料不到的效果，否则该全长基因不具备创造性。

【案例 11-7】❶ 基于部分已知序列而克隆到全长基因

发明人从少动鞘氨醇单胞菌（*Sphingomonas sp.*）中克隆分离到番茄红素羟化酶基因（*crtY*），核苷酸序列如 SEQ ID NO：1 所示。

其是在现有技术少动鞘氨醇单胞菌 ATCC31461 菌株中获得的 *crtY* 基因的部分序列基础上获得 *crtY* 完整基因序列，共 1158bp。同时，对该基因的功能进行验证的过程，测定了 *crtY* 基因缺失的少动鞘氨醇单胞菌菌株的产胶能力。

现有技术： 对比文件 1 是 GenBank 中的序列信息，公开了来源于少动鞘氨醇单胞菌 ATCC31461 的番茄红素 β 羟化酶的部分序列，其中明确指出其序列的第 1-634 位核苷酸序列是编码番茄红素 β 羟化酶的部分序列（与本申请的 SEQ ID NO：1 所示序列的第 1~634 位完全对应）。

---

❶ 参见专利申请 201110184745.4。

分析：该发明实际解决的技术问题是在现有技术部分序列基础上克隆其完整序列，并对基因的功能进行验证。由于基因的部分片段已经被公开，且来源明确，功能已经有所预期，在此情况下，本领域技术人员有动机从相同来源获得该基因的完整序列。由于 PCR 技术和基因功能验证手段的成熟，以部分序列为基础获得完整基因并对基因功能进行验证对于本领域技术人员而言是显而易见的。因此，该基因不具备创造性。

但如果在研究过程中，需要克服特定的困难，或按常规思路难以克隆到全长序列等，则可能具备创造性，那么建议提出专利申请。

5. 由全长基因获得其中部分片段

对于已知的完整的全长基因进行研究，分离或克隆其中部分片段（即截短的基因）的情形，第一，需要考虑本领域技术人员是否能够得知或容易预期该片段具有功能，例如属于保守结构域等；第二，还需判断是否获得了预料不到的技术效果，例如其功能或效果超出本领域技术人员的预期。

【案例 11 - 8】❶ 结构域明确而对完整基因截短时不具备创造性

发明涉及一种作为药物的包含膜辅助蛋白（MCP）的分离的可溶性多肽，其中所述 MCP 缺失跨膜结构域而仅具有全长氨基酸序列的第 1 ~ 251 位氨基酸。

现有技术：对比文件 1 公开了全长 MCP cDNA 的克隆与测序。对比文件 1 教导了 MCP 的全长和 MCP 跨膜疏水区的特定位置。MCP 被认为是防止自身细胞被补体破坏的重要膜蛋白。补体系统的控制被描述为对防止自身组织的破坏至关重要，并且因为其广泛的组织分布和辅因子活性，MCP 被认为是防止自身细胞被补体破坏的重要膜蛋白。

分析：由于药物制备领域中的技术人员公知，药物组合物可通过使用缺少疏水区（如蛋白的跨膜区，其将天然蛋白锚定于细胞膜上）的可溶性蛋白以一种更为便捷的方式制备，并且对比文件 1 公开了 MCP 的全长和 MCP 跨膜疏水区的特定位置，因此虽然不能排除缺失这一区域的截取的蛋白质将失去全部或部分原始生物学活性，然而当试图解决上述问题时，本领域技术人员能够试图通过缺失其跨膜疏水区使 MCP 可溶化。因此发明不具备创造性，在无其他特殊效果时不宜提出专利申请。

6. 具有预料不到的技术效果的基因

根据我国《专利审查指南 2010》第二部分第十章第 9.4.2.1 节的相关规定可知，无论蛋白质的氨基酸序列是否已知，只要编码该蛋白质的基因具备新颖性，并且该基因具有特定的碱基序列，而且与其他编码所述蛋白质的、具有不同碱基序列的基因相比，具有本领域技术人员预料不到的效果，则该基因的发明具备创造性。即使一种新基因的获得并不需要本领域技术人员付出创造性劳动，但只要该新基因的结构特点使其具有预料不到的技术效果，那么该新基因通常也具备创造性。

【案例 11 - 9】❷ 具备预料不到技术效果的基因

发明人以人血细胞核酸为模板，依赖天然基因库大量克隆正常人体中 FGF - 21 基因，建立天然人 FGF - 21 样本库，通过高通量的筛选方法，筛选得到一个 FGF - 21 的

---

❶ 该案例来自欧洲专利局，决定号为 T 0889/02，EP90911526.3。

❷ 参见专利申请 201010261030.X。

天然突变体，并测定其具体的核苷酸序列。动物学试验结果表明，该FGF-21的天然突变体能够更加有效降低动物体内的血糖水平，在降低血糖水平方面还具有较野生型FGF-21起效快、药效持续时间长等优点。

最接近的现有技术仅公开了来源于人的野生型FGF-21。

分析： 筛选获得的天然突变体，由于突变的随机性及蛋白功能的复杂性，往往存在功能的不确定性。而天然突变体较之人为改造的突变体具有一些天然的优点，例如，本申请中FGF-21的天然突变体是从正常人体内筛选获得的，避免了人为突变体可能的副作用，如活性缺失、致癌、免疫耐受等，利于后继药物开发。由于突变体序列已不同于野生型序列，具备新颖性，并且实验也验证了突变体较之野生型具有起效快、药效持续时间长的优点，因此该发明具备创造性，建议提出专利申请。

7. 人工改造的基因

突变体是基因或蛋白质专利申请的一种常见类型。遗传学对突变体的解释为"所有突变都是DNA结构中碱基所发生的改变，突变体是指有机体的表型特征中有一种（或多种）与野生型个体的该特征有所不同的遗传状态"，也即有意义的突变通常带来了有机体表型特征的改变，而这也是专利审查过程中判断突变体是否取得了显著的进步和预料不到的技术效果的标准之一。

对于人工突变基因的创造性判断，可以参考《专利审查指南2010》第二部分第十章第9.4.2.1节（1）中的下述规定："如果某蛋白质的氨基酸序列是已知的，则编码该蛋白质的基因的发明不具有创造性。但是，如果该基因具有特定的碱基序列，而且与其他编码所述蛋白质的、具有不同碱基序列的基因相比，具有本领域技术人员预料不到的效果，则该基因的发明具有创造性。"以实践为基础，归纳得到以下对人工突变的基因的创造性判断思路。

1）对已知基因的简单突变

由于人为获得突变基因的方法已经十分成熟，因此，对已知基因或其编码的多肽进行简单的或非保守区域的置换、增加或删除（包括末端的截短），从技术方案操作的角度来看，对于本领域技术人员而言是显而易见的；而从其效果来看，对已知基因进行人为突变的常规动机是获得效果更好的突变体，体现在更加稳定、功能更加突出、活性进一步提高等方面，而经历简单而常规的突变操作，获得功能与已知基因相同或是变劣的基因是非常容易实现的，突变基因仅仅是已知基因的常规突变体，相对于已知基因，并未作出创造性的贡献，此时发明不具备创造性。

尽管对已知基因的突变是本领域技术人员的常规操作，但是，对于突变后的基因具有何种效果是需要经过试验的实际验证才能确定的。除了上述相对于已知基因未获得功能或效果上的改进的情况外，还存在大量相对于已知基因产生不同的或更好的功能或效果的突变体。对于此类突变体，则可以从突变的方法和效果的可预期性是否存在启示两方面来考虑其创造性。如果现有技术对相同基因的突变位点、突变方式和选择方法都已经给予比较明确的启示，并且对于其功能的定向筛选也给予一定的提示，本领域技术人员只需要依照相同的方法对现有技术基因进行突变，并筛选具有目的效果的基因，并不需要付出创造性的劳动，那么该突变体基因不具备创造性。如果现有技术对突变位点和突变方式给予启示或未给予启示，但是最终获得的突变体获得了预料不到的效果，则可以认可这样的突变体的创造性。

【案例10-10】● **在保守结构域进行突变后功能减退的变劣突变体**

权利要求1： 葡萄病程相关蛋白PR10-1水解RNA与抑菌活性的方法，其特征在于：根据中国野生葡萄病程相关蛋白PR10-1基因480bp开放阅读框构建突变体K55N、E149G、Y151H，将所述基因及其突变体K55N、E149G、Y151H 4个基因，分别插入原核表达载体pGEX-4T-1中……

现有技术： 对比文件1公开了一种葡萄病程相关蛋白PR10-1水解RNA与抑菌活性的方法……并公开了PR10蛋白中一段富含甘氨酸的loop结构（GXGGXGXXK）是高度保守的，在磷酸结合激酶和核苷酸结合蛋白中被称为P-loop，该结构是PR10蛋白发挥RNA酶活性时的核苷酸结合位点。在PR10蛋白序列中，P-loop序列为GeGGpG-tiK，位于第47位至第55位氨基酸处。

权利要求1相对于对比文件1的区别为：对比文件1没有公开PR10-1蛋白的突变位点，构建突变体融合蛋白以及检测RNA酶与抑菌活性的方法。

对比文件2公开了PR10家族在P-loop结构域（G47-K55）和E97、E149和Y151氨基酸残基位点对于RNA酶活性高度保守。

分析： 本案例属于变劣突变体的典型案例。在对比文件2已经公开了PR10-1的RNA酶活性高度保守结构域为G47-K55、E97、E149和Y151的基础上，本领域技术人员有动机针对对比文件1公开的PR10氨基酸序列与PR10家族的氨基酸序列进行比对，找到与对比文件2公开的相互对应的RNA酶活高度保守氨基酸位点以及P-loop结构域，借助本领域常规的点突变试验手段，通过有限的试验确定PR10蛋白RNA酶活性的重要氨基酸位点以及突变后的氨基酸残基，并进一步去检测突变体VpPR10蛋白其自身抑菌活性的改变。试验结果也表明，PR10-1与Y151H对烟草赤星病菌的抑制效果比突变体K55N及E149G融合蛋白显著得多，这显然是由于K55及E149中与RNA酶活性有关的保守氨基酸残基被突变使其RNA酶活性被降低所致，这样的结果是可以预见的，因此发明不具备创造性。

因此，如果突变仅发生在蛋白的保守结构域，那么突变后蛋白功能的缺失或减弱通常是可预期的，并且对基因进行突变获得改变的性能是常规的做法，因此如果获得的效果是变劣，则发明不具备创造性。

2）对已知基因的密码子优化

自1966年全部64个三联体密码子被破译以来，围绕遗传密码子的研究成为生物技术领域研究的热点之一。对目的基因进行密码子改造，使它的密码子是外源表达宿主的高频密码子，也就是通常所说的密码子优化，已经成为本领域最常用且起到关键作用的方法之一。目前，常用的外源表达系统有大肠杆菌表达系统、酵母表达系统、哺乳动物细胞表达系统等。获得密码子优化序列也已经可以通过多种设计软件来实现，例如Gene Design、Optimizer（西班牙）、Synthetic Gene Designer、DNAWorks（美国）

● 参见专利申请201010582600.5。

等。另外，还有多个较有名的网站，如 http：//www.jcat.de/（德国）、http：//www.kazusa.or.jp/codon/（日本）等，提供在线免费的密码子优化服务。

但由于软件设计（如算法）的不同，导致不同软件优化结果也存在不同，因此，基于软件或其他工具设计获得的密码子优化序列的效果，通常需要通过实验加以证实。这意味着对于密码子优化序列，其是否能够实现特定的表达效果，例如表达量或活性的提高，存在一定的不可预期性。

目前，涉及密码子优化基因的专利申请数量和授权比率都呈逐年上升趋势。总结这些申请的审查过程可以发现，如果专利申请文件中提供了优化后蛋白表达量或表达活性提高等表达方面的技术效果，而现有技术类似的优化方式（例如，基于相同或类似野生基因，优化的位点、数量或者使用的优化软件、方法等）又没有明确启示的情况下，审查员通常会认可发明的创造性。

对于密码子优化申请的创造性判断思路，主要集中在以下几个方面：

（1）通常可以根据现有技术已知的表达系统优化方法进行优化，且为了提高外源基因在宿主中的表达效率，是本领域技术人员的普遍追求，即使对于明确限定序列信息的大肠杆菌密码子优化基因，不能仅凭其对野生基因进行了密码子优化，就直接认定具备创造性。通常来说，为表明其创造性，则应当提出理由或证据，以证明对于特定优化序列的优化位点、偏爱密码子的选择和组合，申请人使用了一些从现有技术无法获得启示的方法或思路，例如，新优化区域选择、软件预测结果的人工调整、选择了一种新预测软件或新预测方法等。

（2）技术效果的认定更为重要。在慎重衡量启示的基础上，涉及密码子优化的专利申请，通常来说更需要关注的是技术效果，例如申请人提供的表达量、活力等实验数据。如何把握技术效果是否预料不到，是判断是否具备创造性的关键之一，也是争议焦点之一。对于技术效果的分析，通常从分析申请提供的技术效果到底证明了什么，也就是说判断技术效果是否体现在表达能力或活力提高或改进等方面考虑。综上所述，获得特定密码子优化序列的启示和技术效果的预期性与否是创造性有无的焦点，需慎重分析技术内容，不能因为现有技术没有或提供了一种选择，而简单地认定创造性，必须考虑是否获得了预料不到的技术效果，整体判断创造性。

【案例 11 –11】❶ 密码子优化获得预料不到的效果
案情：

权利要求 1：大肠杆菌密码子优化的萤火虫荧光素酶基因，序列如 SEQ ID NO：1 所示。

说明书提供了如酶表达量和活力的技术效果数据，其中每升发酵菌液可获得 2.06mg 的萤火虫荧光素酶，该纯化的萤火虫荧光素酶蛋白的比活为 2.2×10^{10}RLU/mg。

现有技术：对比文件 1 公开了野生的萤火虫荧光素酶基因。对比文件 2 公开了一种在大肠杆菌中重组表达的海肾荧光素酶基因，还公开在编码蛋白质序列不变的前提下，可以根据宿主进行偏好密码子选择，以提高重组蛋白的表达。

---

❶ 参见专利申请 200710119282.7。

分析： 权利要求请求保护的序列在对比文件 1 萤火虫荧光素酶基因的多个位点，将大肠杆菌稀有密码子 CGG、ATA、GGA、AGA、CGA，替换为偏爱密码子 CGT、ATC、GGT、CGC、CGT，这种替换是本领域公知常识。并且如对比文件 2 的现有技术也已经给出了通过密码子优化，提高荧光素酶基因外源表达的技术启示。但是，由于本申请提供了酶表达量和活力有所提高的技术效果数据，表明密码子优化的萤火虫荧光素酶的重组表达量和活力，相对于野生型显著提高。这种效果的提高是基于现有技术无法预期到的，因此不能武断地认为效果是可预期的，即本申请的创造性可以接受。

对于密码子优化类的申请，即使优化方式，例如优化位点、选择的偏爱密码子，只要申请提供了足够的效果数据，表明获得了预料不到的效果等，则通常认为具备创造性。

【案例 11 - 12】❶ 密码子优化未获得预料不到的效果

案情：

权利要求 1：来源于极端嗜热菌的、根据大肠杆菌密码子优化得到的耐高温 *GUS* 基因，序列如 SEQ ID NO：1 所示。

说明书通过实验证实该密码子优化得到的 GUS 酶，是耐高温性的，其中所述酶在 80℃处理 30min 后，仍有 100% 活性；在 85℃处理 30min 后，活性有所下降，但仍可达到 89%。

现有技术： 对比文件 1 公开了野生 GUS 酶基因序列。对比文件 2 记载了该野生 GUS 酶是耐高温性的。

分析： 为了获得更好的表达效果，根据宿主菌的偏好密码子优化要表达的基因是本领域的公知常识。以大肠杆菌为宿主菌的密码子优化技术已经是本领域非常成熟的技术，大肠杆菌的密码子使用频率表在很多网站上都能查到，还有很多网站提供密码子优化的技术，甚至可以直接利用网站提供的软件进行密码子优化，随后仅需要对软件推荐的几个较佳序列进行验证即可。并且，更主要的是，本申请没有提供涉及酶表达量或活力的具体实验数据，而且本申请证明的优化后的酶具有耐高温性，是如对比文件 2 的现有技术已公开野生酶即具备耐高温性，即本申请只证明了优化酶可以表达，由于优化没有改变蛋白结构，因此该效果可以预期，本申请的创造性不能接受。

由于对大肠杆菌进行密码子优化的方式方法已经较为成熟，因此优化后序列的技术效果通常是创造性评价的关注点，因此如果申请仅仅证明优化后序列能表达，或者具备一些已知的蛋白活性，则通常认为申请取得的效果是可以预料到的。

（三）关于单一性

从专利申请的角度，如果对单一性存在较大疑问，则可以先合案申请，再根据国家知识产权局是否提出单一性意见而确定是否分案。但对于明显不具备单一性的情况，还应当进行分案申请，以便能够缩短获得授权的时间。

---

❶　参见专利申请 200910200677.9。

【案例 11 –13】来源于同一母体序列的多个突变体

1. 一种胰岛淀粉样多肽衍生物，其为在第 17 位具有 His 的人胰岛淀粉样多肽类似物，其中所述衍生物选自：

N – α – [(S) – 4 – 羧基 – 4 – (19 – 羧基十九烷酰基氨基) 丁酰基] – [Arg1，His17] – 普兰林肽、

N – α – [(S) – 4 – 羧基 – 4 – (19 – 羧基十九烷酰基氨基) 丁酰基] – [His17] – 普兰林肽、

N – α – [(S) – 4 – 羧基 – 4 – (19 – 羧基十九烷酰基氨基) 丁酰基] – [His1，His17] – 普兰林肽、

N – α – [(S) – 4 – 羧基 – 4 – (17 – 羧基十七烷酰基氨基) 丁酰基] – His – [His1，His17] – 普兰林肽、

……。

分析： 该案权利要求请求保护一种胰岛淀粉样多肽衍生物，包括基于多条氨基酸序列，所述序列都源于对一条现有技术已披露的母体序列（普兰林肽的结构式：Lys – Cys – Asn – Thr – Ala – Thr – Cys – Ala – Thr – Gln – Arg – Leu – Ala – Asn – Phe – Leu – Val – His – Ser – Ser – Asn – Asn – Phe – Gly – Ala – IIe – Leu – Ser – Ser – Thr – Asn – Vla – Gly – Ser – Asn – Thr – Tyr） 的多个位点进行突变、取代或缺失得到。从该案实验证据来看，上述序列的第 17 位 His 突变可改善多肽的稳定性和药动学活性，即权利要求 1 中的多个序列具有共同的相比于母体序列更优的稳定性和药动学活性。

由于所述多个序列都含有共同的 17 位 His 突变的不连续序列，该不连续序列与更优的多肽稳定性及药动学活性密切相关，且未被现有技术公开。因此，所述含有共同的 17 位 His 突变的不连续序列承载了相同的对现有技术作出贡献的遗传信息，可以认为上述多个序列具备单一性。

关于突变序列的单一性，对于某一基因或蛋白，对其中的某个或某些位点进行突变以获得更好的效果或性能，如同时得到多个突变体，其间是否存在单一性的问题有一定的模糊性。通常而言，如果现有技术还没有教导对该基因或蛋白进行突变，则获得的多个突变体可以合并提出专利申请；但如果现有技术中已存在该基因或蛋白的突变体，若发明的突变体与现有技术的突变体改善的效果性质不同，则所述多个突变体仍然可以合案申请；但如果突变体的效果与现有技术的属于同一个方面，则多个突变之间可能不具备单一性，应当通过不同的申请提出。当然，从申请的角度也可以先合案申请，待收到审查意见后确定是否分案，以免除提交申请时的纠结。

二、专利申请文件的撰写

根据《专利审查指南 2010》的规定和要求，涉及产品的发明，为了满足充分公开的要求，说明书都应当包括下列内容：产品的确认、产品的制备以及产品的用途。当发明涉及新的 DNA 分子（基因）、多肽（蛋白质）、载体（重组载体）的发明时，其技术方案的撰写也需要满足这三方面的要求。

（一）说明书的撰写

1. 涉及 DNA 分子（基因）的发明

首先，对于这类发明，其说明书的撰写主要涉及 DNA 分子（基因）的名称、结构、制备方法、应用等方面。如果是结构基因，通常引用该基因编码的产物来表示，也可以以本领域内通用的名称表示。对于其他的 DNA 分子如尚未知其表达产物的名称，或是具有某种特定用途的 DNA 分子，可以按照申请人的意愿决定其名称。说明书应该清楚地描述该 DNA 分子（基因）的详细结构，最合适的方式是以碱基序列表示，此外，应该记载该 DNA 分子（基因）的大小、分子类型及来源等，目前均可以经由克隆获得基因片段后，通过测序来获得碱基序列。

其次，说明书应该描述该 DNA 分子（基因）的制备过程，至少应该描述一种具体的制备方式，其中应具体描述其起源或来源、制备的工艺步骤和条件、收集和纯化的步骤、鉴定方法等。从实验的角度和实施例记载的顺序来看，通常先记载基因的制备方法，后通过测序获得基因的结构即碱基序列。

最后，对于这类发明，特别需要注意的是应在说明书中描述该 DNA 分子（基因）具有的功能或用途，并且说明书必须提供证实所述 DNA 分子具有所述功能或用途的相关生物学实验。

在说明书中通常不能仅仅以发明的基因与现有技术某功能基因具有同源性而认定发明的基因也具有相关的用途。这种方式很可能导致两种可能：如果同源性较低或同源比较尚不能明确表明发明的基因也具有现有技术的基因相同的功能或用途，则可能导致说明书公开不充分；但如果同源性较高或容易确定具有与现有技术的基因相同的功能或用途，则有可能被认为不具备创造性。因此，最好提供发明的基因的具体功能或用途，所谓具体就是要有一定的实验数据、实验证据等的支持，并且能够与现有技术的基因进行比较（如证明具有预料不到的技术效果等）。

下列两种情况属于不满足《专利法》第二十六条第三款的规定：（1）说明书仅仅描述了某一基因的碱基序列，但没有描述其功能或用途，也没有证据显示其具有某一功能或用途。（2）说明书描述了某一基因的碱基序列，并且也描述了其功能或用途，但是提供的生物学实验不足以证实所述的功能或用途。

例如，某一发明涉及一种用于治疗肝炎疾病的多肽，技术交底书描述了该多肽的结构及制备过程，但是疗效实施例中仅提供了所述药物组合物对肝炎疾病的治愈率为 80% 的定性描述，没有提供具体的实验数据，这种情况下提出专利申请也将处于不利境地，被认为没有充分公开产品的用途而不满足《专利法》第二十六条第三款的规定。

目前由于基因技术的发展，许多蛋白的发明其实都是从发现基因开始的。同时，对于基因本身的发明，由于基因的不同种类，其为满足上述要求，验证其功能或用途的方式也就不同。例如，对于某启动子，则应将与编码基因可操作的连接进行表达以验证其具有启动子活性。由于大部分情况下，对于基因都编码功能蛋白的基因，验证其功能或用途，就应先将其进行表达获得相应的蛋白，然后再验证蛋白的功能，如此也就验证了基因的功能等。

其中，对于编码蛋白的名称、结构的描述可与基因的描述要求相似，通过具有的功能来证实基因具有的用途下列情况不能认为所述 DNA 的功能或用途是明确的。

（1）对于结构基因，仅仅提供其作为探针的用途，这种"用途"不能被认为该结构基因具有"功能"，说明书应当清楚地显示该结构基因编码的蛋白质的功能。

（2）申请人仅仅证实某基因编码的蛋白质的表达量与某疾病有关，因而推测该蛋白质可用于制备治疗所述疾病的药物，进一步认为该基因具有特定的用途，这种推理难以令人信服，因为这种表达量的变化和该疾病的关系不一定是"直接对应"的，不能够仅仅依表达量上的差异就推测可将该蛋白质或编码该蛋白质的基因用于治疗所述疾病。因此，对于 DNA 分子，在说明书中描述和证实其功能或用途，获得专利权的必要条件，而且申请人应该在基本上明确该基因的功能后再提出申请。

2. 涉及载体（重组载体）的发明

对于 DNA 重组技术中使用的载体或制备重组载体的原始载体是新筛选的或未曾在现有技术中公开，如通过私人惠赠方式等情况，则必须在说明书中描述该载体的 DNA 序列结构，并且至少描述一种该载体的制备方法如从其来源分离纯化的过程，鉴定方法以及作为载体的用途等，或以显示内切酶位点的物理图谱来表示。此时为了方便，申请人可以将载体提交到国家知识产权局认可的保藏单位进行保藏。

对于重组载体，一般不采用描述整个 DNA 序列的方式，因为通常重组载体是从已知的载体制备的，因此只要具体详细地描述制备过程，包括起始载体、制备重组载体的方法步骤，其中所用的内切酶或连接酶，处理条件等，最好提供构建重组载体的过程示意图，以更易于理解。

【案例 11 - 14】

pVHN 表达载体的构建：用 *BamH* Ⅰ和 *Xba* Ⅰ消化 pKSHN，回收 *HN* 基因。用 *BamH* Ⅰ消化 pVAX1，回收 pVAX1 片段。将 *HN* 基因插入到 *BamH* Ⅰ和 *Xba* Ⅰ之间，构建过程如图 1 所示。

如果出发载体 pVAX1 不是已知的，还需要交代它的来源或制备方法，而 *HN* 基因也应是已知的或 pKSHN 中具有 *HN* 基因是已知并能够为公众获得，如果不是已知的也需另外交代它的制备方法。

3. 涉及转化体及其制备方法的发明

制备转化体的方法应描述导入的基因或重组载体、宿主（微生物、植物或动物）、将基因和重组载体导入宿主的方法、选择性收集转化体的方法或鉴定方法等。此类发明使用的基因分为新基因和已知基因，对于新基因的描述，参见前述"DNA 分子（基因）本身的发明"部分。对于其结构和特性或功能已经在现有技术中公开的基因，此时在说明书中可以直接引用现有技术所使用的名称，记载公开该基因的文献，这样不必给出具体的基因序列；重组载体的制备过程的描述参见前面"涉及载体（重组载体）的发明"部分；说明书应详细描述将基因和重组载体导入宿主的方法，其详细的程度应该包括完整的实验步骤，导入的操作工艺，试剂或材料的具体成分和使用量，具体的操作条件如就离心操作而言应该注明离心的时间和速率、温度等，使本领域技术人员按照所描述的内容，能够重复，获得同样的结果。对于宿主的描述应该用标准命名的名称，但也可以用现有技术中已经使用的通用名称，例如 COS - 7 细胞、CHO 细胞等。通常情况下，宿主细胞是现有技术中已经公开的，因此只要说明其来源即可。但有时，所述细胞是本发明制备的，或他人赠送的等而不能为公众所获得，则应当按专利程序在国家知识产权局认可的保藏单位进行保藏。

值得提醒的是，这类专利申请的说明书还应该包括一个重要组成部分，即"对外源基因在转化体中的表达进行检测"的试验及结果，以证实达到了发明目的，缺少该部分内容都被认为该发明没有完成，具体地说有下列几种情况。

（1）对于转基因动物或植物的制备，需要提供检测获得的新动物或植物是否稳定地携带了外源基因的实施例。

【案例 11-15】

对于将编码特定的生长激素基因转化到牛的细胞并且将转化细胞繁殖为牛，外源基因表达后在牛乳腺中产生该生长激素的发明，则可以直接在其牛奶中检测是否含有该生长激素即能证明。例如，对于将编码赖氨酸的基因转化到水稻细胞，将转化细胞繁殖成完整的水稻植株的发明，应该提供转化的水稻植株比普通的水稻植株产生的赖氨酸含量高的具体实施方式，以证明确实得到了携带编码赖氨酸的基因的水稻。如果发明目的是获得携带外源基因的完整的动物体或植物体则在说明书中必须提供将转化细胞生长为动物体或植物体的详细过程的实施方式。

（2）对于制备需要的物质的发明，还应该提供用转化体生产目的产物的技术方案，如发酵方法的实施方式。对于生产已知产品的新方法，如果现有技术中尚没有采用基因工程技术制备该产品，则应该提供"具体实施方式"证明该发明所获得的产物与现有技术生产的产物相比，具有同样的效果。如果是对基因工程技术制备某一种产品的方法进行改进，如使用了特定的载体，则应该提供"具体实施方式"或"实施例"证明该方法改进后带来的突出效果，例如表达量增加、生产时间缩短等。

4. 关于 DNA 的结构

通常采用序列表的形式予以披露，其具体形式请见中华人民共和国行业标准 2001 年 11 月 1 日发布的 ZC0003—2001。该标准可从国家知识产权局网址上下载。在此不再重复。

（二）权利要求撰写的常规形式

对于要求保护的 DNA 序列即核苷酸序列的权利要求通常采取以下方式来进行限定。

（1）直接采用其核苷酸序列，或引用序列表中的序列号，及其简并序列来进行限定；特殊情况还可以引用附图中的序列来进行限定。在采用序列限定时，根据目前国家知识产权局的要求，通常不允许采用包含某序列的撰写形式，因此尽量写成"由××××组成"等形式，但采用前者表述应该在审查员不接受时通常可以修改成后者的表述形式。因此，在申请时根据情况也可以采用包含、含有的表达方式（后面还将进一步说明）。

（2）结构基因可采用其编码的蛋白质的氨基酸序列来进行限定，例如一种 DNA 分子，其编码由 SEQ ID NO：1 所示的氨基酸序列组成的××××功能的蛋白质。

仅仅采用序列来限定在审查实践中虽然也有时被接受，在撰写时通常应当明确所述 DNA 分子的功能，尤其对于结构基因、细胞因子等，可以写成一种纤维素酶编码基因或一种结瘤因子基因等。除不编码蛋白的基因外，通常克隆到的基因，同时还需请求保护其所编码的产物。

对于基因组中的基因与编码加工的成熟基因不同时，还可以分别予以请求保护，例如"一种×××基因，其为基因组序列所构成"，同时还应撰写一项"一种××××基因，其为 cDNA 序列"等。

（3）以基因的功能、理化特性、起源或来源、制备方法等进行限定，但这种情况十分罕见，通常难以得到审查员的认可，只有在没有其他的限定方式的情况下才可采用。

（4）根据《专利审查指南 2010》第二部分第十章的规定，对于基因或蛋白序列在特殊情况下还可以采用在基础序列的基础上的"取代、缺失或增加一个或多个氨基酸"的衍生蛋白或"取代、缺失或增加一个或多个核苷酸"的衍生基因；以及通过杂交条件等来进行限定，但根据国家知识产权局的审查实践，通常难以满足相关条件而不被允许。对于以序列同一性、一致性或同源性等的限定，通常也非常严格。从专利申请的角度，对于获得全新的基因或蛋白，不妨在原始专利申请文件中，尝试采用上述方式进行限定，待审查意见的观点来确定是否坚持。下面一个案例有可能得到认可。

【案例 11-16】

1. 一种具有漂白活性的分离的多肽，其特征在于：其根据 SEQ ID NO：1 所示序列或其功能等价物，所述功能等价物与 SEQ ID NO：1 具有至少 99% 的同一性，并且来自 *Marasmius scorodinius*。

分析：该权利要求采用"结构 + 功能 + 来源"进行了限定，其中发明人对 SEQ ID NO：1 所示多肽克隆分离自 *Marasmius scorodinius* 微生物种，并且提供了与 SEQ ID NO：1 仅具有 63% 的同一性的多肽也具有漂白活性。虽然国家知识产权局目前并不必然接受这种撰写形式，但从申请专利的角度可以参考借鉴，在申请人可以尝试提供足够的信息（例如，提供一定同一性的与其具有相同活性其他多肽），并采用适当方式限定同一性扩大的范围，例如该例中通过进一步限定来源以进一步缩小保护范围。

在另一个案例中，曾得到复审委员会的认可。

【案例 11-17】

1. 一种具有葡糖淀粉酶活性的分离的酶，与 SEQ ID NO：7 中所示全长序列之间同源的程度至少为 99%，并且具有由等电聚焦测定的低于 3.5 的等电点，所述酶来源于丝状真菌 *Talaromyces emersonii*。

2. 如权利要求 1 所述的酶，其中所述真菌是 *Talaromyces emersonii* CBS 793.97。

分析：在该真实案例中，说明书中证实了来源 *Talaromyces emersonii* CBS 793.97 的酶（如 SEQ ID NO：7）具有葡糖淀粉酶活性，基于本领域普通知识，通常认为同一种菌中某种具体功能的活性基因在基因组层次上一般仅具有一种序列，或者与其具有同源性极高的变体序列也会具有所述功能，因而认为上述权利要求可以得到说明书的支持而认可。虽然，从实际来看，这种权利要求仍然存在争议，但在申请时应当先写入权利要求当中，在审查中不能被接受时再予删除，这也是一种可取的方法。

（5）对于基因载体的权利要求可以通过以下方式进行限定：直接以核苷酸序列进行限定，但载体通常包含较大数目的碱基对，因此这种方式目前越来越少见；通过载体的制备方法来进行限定；以载体的酶解图谱、分子量、碱基对数量、载体的功能或特征等进行描述。还可以通过将含有所述载体的宿主或其本身进行生物材料保藏，权利要求采用保藏号进行限定。

（6）对于新基因，通常还配套撰写包含该基因的载体、重组细胞以及相关的用途权利要求。

下面给出一个相对完善和全面的例子，当然并非所有涉及基因的发明专利申请都要写成这种全面的形式，并且还有各种变化的撰写形式。

【案例 11 – 18】

1. 一种木聚糖酶，其特征在于，其氨基酸序列如 SEQ ID NO：1 所示。

2. 一种木聚糖酶基因，其特征在于，编码权利要求 1 所述的木聚糖酶。

3. 如权利要求 2 所述的木聚糖酶基因，其特征在于，其碱基序列如 SEQ ID NO：2 所示。

4. 包含权利要求 2 或 3 所述木聚糖酶基因的重组载体。

5. 根据权利要求 4 所述的重组载体，其特征在于，所述载体为农杆菌表达载体、或适于毕赤酵母表达的载体。

6. 包含权利要求 2 或 3 所述木聚糖酶基因的重组菌株。

7. 如权利要求 6 所述的重组菌株，其特征在于，所述菌株为毕赤酵母。

8. 一种表达木聚糖酶的方法，其特征在于，包括以下步骤：

（1）用权利要求 6 或 7 所述的重组载体转化适于其表达的菌株，获得重组表达菌株；

（2）将重组菌株进行发酵，诱导重组木聚糖酶的表达；以及

（3）在发酵结束后，回收并纯化所表达的木聚糖酶。

其中权利要求 8 有时写成如"权利要求 2 或 3 所述的木聚糖酶基因在制备木聚糖酶中的用途"也可以接受。

（7）涉及与基因相关的发明类型非常之多，例如包括 RNA 干扰、基因表达方式、重组载体的构建等。如果涉及某已知基因序列，在说明书中没有明确给出序列而是引用基因数据库（如 GenBank 数据库）的登录号来进行限定，此时需要确保引用该登录号的序列版本号是确定或唯一的，以避免所指序列不清楚的问题。

基于 RNA 干扰技术目前比较热门，因此下面给出一个该类发明的权利要求示例。

【案例 11 – 19】●

1. 双链核糖核酸，其用于在细胞内抑制人 HD 基因的表达，其中所述双链核糖核酸包含至少 2 个彼此互补的序列，并且其中有义链对应于第一序列，反义链对应于第二序列，其中：

● 参见专利申请 200680046400.X。

① 所述第一序列是 SEQ ID NO：792 的序列和所述第二序列是 SEQ ID NO：793 的序列；

② 所述第一序列是 SEQ ID NO：880 的序列和所述第二序列是 SEQ ID NO：881 的序列；或

③ 所述第一序列是 SEQ ID NO：886 的序列和所述第二序列是 SEQ ID NO：887 的序列。

2. 权利要求 1 所述的双链核糖核酸，其中所述双链核糖核酸包含至少一个修饰的核苷酸。

3. 权利要求 2 所述的双链核糖核酸，其中所述修饰的核苷酸选自下组：2'－O－甲基修饰的核苷酸、含有 5'－硫代磷酸酯基的核苷酸、与胆甾醇的衍生物或十二烷酸双癸酰胺基连接的末端核苷酸、2'－脱氧－2'－氟修饰的核苷酸、2'－脱氧修饰的核苷酸、锁定的核苷酸、脱碱基核苷酸、2'－氨基修饰的核苷酸、2'－烷基修饰的核苷酸、吗啉代核苷酸、氨基磷酸酯和含有非天然碱基的核苷酸。

4. 一种重组载体，其用于在细胞内抑制所述 HD 基因的表达，所述载体包含可操作地连接至核苷酸序列的调控序列，所述核苷酸序列编码双链核糖核酸，其中所述双链核糖核酸为权利要求 1~3 任一项所述的双链核糖核酸。

5. 一种转化细胞，其包括权利要求 1~3 任一项所述的双链核糖核酸，或者包含权利要求 4 所述的重组载体。

6. 一种药用组合物，其用于在生物体内抑制所述 HD 基因的表达，所述药用组合物包含双链核糖核酸和药用可接受载体，其中所述双链核糖核酸为权利要求 1~3 任一项所述的双链核糖核酸。

7. 一种双链核糖核酸在制备用于治疗、预防或控制亨廷顿病的药物中的用途，其中所述双链核糖核酸为权利要求 1~3 任一项所述的双链核糖核酸。

三、撰写案例分析[1]

（一）案例推荐理由

本案例虽然是基于发明了一种新的木聚糖酶菌株，从其中克隆到一种木聚糖酶基因，经 BLAST 比对表明其一种新基因，因而完成相关基因的发明创造。

从该案例可以参考其权利要求保护的主题（包括菌株本身、分离的基因及编码的酶以及基因相关载体、宿主菌及生产所述酶的方法和应用）。从说明书来看，可以了解对菌株、基因等发明创造需要公开的内容和方式。首先作为获得的特定菌株，为满足充分公开的要求而需要对所述菌株进行专利程序的保藏；对于获得的新基因，还包括基因的制备过程、结构（核苷酸序列）以及活性验证。其中，对于酶活性的相关性质交代翔实和充分，有利于在被质疑创造性时的争辩。

在此作为实例，可以借鉴不同技术主题的权利要求的撰写，也可以了解生物技术领域不同主题间存在的交叉情况。

---

[1] 依据专利申请 20101056227.4 改编。

（二）供参考的专利申请文件

说 明 书 摘 要

本发明涉及产木聚糖酶的菌株（*Escherichia coli*），和从该菌株中得到的一种新型木聚糖酶及其基因。所述菌株的保藏编号是 CGMCC No. 4234，所产生的木聚糖酶，其氨基酸序列如 SEQ ID NO：1 所示，编码基因的序列如 SEQ ID NO：2 所示。所述木聚糖酶的最适温度为 60℃，最适 pH 为 5.0，在酸性范围内具有良好的 pH 稳定性和抗蛋白酶的能力。本发明还提供了该木聚糖酶的基因表达方法，其表达量可达到 100000U/mL 以上，其固体酶制剂具有良好的稳定性，可广泛地用于饲料、石油化工、酿酒工业。

权 利 要 求

1. 一种产木聚糖酶的大肠杆菌（*Escherichia coli*），其保藏号为：CGMCC No. 4234。

2. 一种木聚糖酶，其特征在于，其氨基酸序列如 SEQ ID NO：1 所示。

3. 一种木聚糖酶基因，其特征在于，编码权利要求 2 所述的木聚糖酶。

4. 如权利要求 3 所述的木聚糖酶基因，其特征在于，其核苷酸序列如 SEQ ID NO：2 所示。

5. 包含权利要求 3 或 4 所述木聚糖酶基因的重组载体。

6. 根据权利要求 5 所述的重组载体，其特征在于，所述载体是毕赤酵母表达载体。

7. 如权利要求 6 所述的重组载体，其特征在于，所述载体的制作方法如下，将氨基酸序列如 SEQ ID NO：1 所示的木聚糖酶的编码基因插入到质粒 pPICzalphaA 上的 *EcoR* Ⅰ和 *Not* Ⅰ限制性酶切位点之间，使该核苷酸序列位于 AOX1 启动子的下游并受其调控，得到重组酵母表达质粒。

8. 包含权利要求 3 或 4 所述木聚糖酶基因的重组菌株。

9. 一种表达木聚糖酶的方法，其特征在于，包括以下步骤：

（1）用权利要求 6 或 7 所述的重组载体转化毕赤酵母细胞，得重组菌株；

（2）重组菌株在发酵罐中进行发酵，诱导重组木聚糖酶的表达；以及

（3）发酵结束后，回收并纯化所表达的木聚糖酶。

10. 权利要求 2 所述的木聚糖酶在降解木聚糖中的应用。

说 明 书

一种木聚糖酶、其编码基因及其表达和应用

技术领域

本发明首先涉及微生物领域，具体涉及木聚糖酶产生菌；其次涉及基因工程领域，

具体涉及一种木聚糖酶、其编码基因及其表达和应用。

背景技术

木聚糖是植物细胞壁的主要成分之一，广泛存在于常用植物性饲料原料（玉米、小麦、菜粕和棉粕）中，属于非淀粉多糖（Non‑Starch Polysaccharides，NSP），是饲料中的主要抗营养因子之一。通常根据溶解性可分为水溶性木聚糖和不溶性木聚糖。大量研究证实可溶性木聚糖可增加小肠内容物黏度，从而阻碍营养物质与消化酶结合及营养物质在小肠黏膜上的消化吸收，而且黏度的增加会抑制内源消化酶的活性，降低食糜的通过速度，降低动物采食量，增加胃肠代谢和内源损失。此外，植物原料中不溶性木聚糖包裹淀粉、蛋白质等营养物质，阻止营养物质与消化酶的接触，降低营养物质的消化率。因此，消除木聚糖的抗营养作用对进一步提高饲料资源利用率、拓宽饲料资源和提高养殖经济效益具有重要意义。

木聚糖酶是能专一性将木聚糖降解为小分子的还原糖的一组酶的总称。木聚糖酶破坏木聚糖分子中的共价交联及通过氢键形成的连接区，使木聚糖的水溶性大大下降，从而降低对肠道的负作用。木聚糖酶应用于饲料中通过降解木聚糖抗营养因子，可提高饲料营养价值以及动物对饲料的利用率，从而降低了饲料成本，减少饲料浪费；另外还减少了动物排泄物造成的污染等。因此，木聚糖酶作为一种环保添加剂，在发展绿色环保型畜牧养殖业中具有十分重要的意义和价值。

随着规模化养殖的发展，使充分利用非常规饲料资源成为畜牧业长期、持续和健康发展的关键。我国长期以玉米为主要能量饲料原料的现状造成玉米供应日趋紧张，因此必须充分地开发利用资源丰富的麦类、谷物和糠麸。但其中都存在抗营养因子——木聚糖，限制了其在饲料中的大量应用。随着生物技术的发展，饲用酶制剂和微生物制剂的产量得到了快速增长，质量也有了显著提高，酶制剂可以提高饲料利用率、促进动物生长、改善生态环境和防治动物疾病，避免了由于添加抗生素、激素和高铜等物质所产生的负面影响。我国饲料行业，在配合饲料中除一般玉米‑豆粕型日粮，实际上更多的情况是在玉米‑豆粕型日粮基础上可能加入10%～40%的大麦或小麦、次粉、麦麸、统糠、棉粕等非常规饲用原料，这使得木聚糖酶在饲料工业中占有重要地位。

对木聚糖酶的研究早在20世纪60年代就已开始，已经从不同来源的微生物中分离到大量的不同类型、不同性质的木聚糖酶。筛选到更多的符合工业化生产的木聚糖酶基因是木聚糖酶更好的产业化的方法之一。目前，国内外木聚糖酶的研究及生产主要为霉菌，也有采用毕赤酵母的报道，其基因来源主要也是真菌类，如黑曲霉、米曲霉等。而大肠杆菌来源的木聚糖酶的功能研究及生产应用目前还未有报道。

发明内容

本发明目的是获得更优效果的木聚糖酶基因，而从自然环境中筛选、分离得到能够适用于饲料工业化生产的木聚糖酶产生菌，并从中克隆木聚糖酶基因，表达获得木聚糖酶。

本发明第一方面是提供一种产木聚糖酶的大肠杆菌（*Escherichia coli*），其保藏号为：CGMCC No.4234。所述菌株是本发明人从自然环境中筛选到的一种天然菌株。

本发明第二方面是提供从所述菌株中分离到的木聚糖酶基因，其编码的氨基酸序列如 SEQ ID NO：1 所示，优选该基因的序列如 SEQ ID NO：2 所示。其中，本发明通过构建 DNA 文库的方法从所述菌株中分离得到上述木聚糖酶基因 V–XYL，该基因全长 717bp，根据该基因推导出的氨基酸序列在 GenBank 中进行 BLAST 比对，结果表明其氨基酸序列与来源于产琥珀酸丝状杆菌（*Fibrobacter succinogenes*）及单中心真菌（*Neocallimastix patriciarum*）表达的木聚糖酶具有较高的一致性，说明该木聚糖酶 V–XYL 是一种新的木聚糖酶。

相应地，本发明提供包含上述木聚糖酶基因的重组载体、重组菌株以及表达上述木聚糖酶的方法。本发明提供了包含上述木聚糖酶基因 V–XYL 的重组载体，优选为 pPICzaA–V–XYL。将本发明的木聚糖酶基因插入到表达载体合适的限制性酶切位点之间，使其核苷酸序列可操作的与表达调控序列相连接。作为本发明的一个优选的实施方案，其是毕赤酵母表达载体，具体是将本发明的木聚糖酶基因插入到质粒 pPICzalphaA 上的 *EcoR* Ⅰ 和 *Not* Ⅰ 限制性酶切位点之间，使该核苷酸序列位于 AOX1 启动子的下游并受其调控，得到重组酵母表达质粒 pPICzαA–V–XYL；本发明还提供了包含上述木聚糖酶基因 V–XYL 的重组菌株，优选重组菌株是毕赤酵母菌株 X33；本发明还提供了一种高效表达上述木聚糖酶 V–XYL 的方法，包括以下步骤：（1）用上述重组载体转化毕赤酵母细胞，得重组菌株；（2）重组菌株在发酵罐中进行发酵，诱导重组木聚糖酶的表达；以及（3）发酵结束后，回收并纯化所表达的木聚糖酶 V–XYL。利用本发明的方法高效表达上述的重组木聚糖酶，可达到 100000U/mL 的发酵水平。本发明还提供了上述木聚糖酶 V–XYL 在饲料添加剂、石油化工、酿酒等工业中的应用。

本发明第三方面是提供一种来源于上述大肠杆菌的木聚糖酶，其氨基酸序列如 SEQ ID NO：1 所示。该基因编码 237 个氨基酸，N 端没有信号肽序列，其理论分子量为 26.2kDa，该木聚糖酶的最适温度为 60℃，在 60℃ 下处理 60 分钟，酶活性维持在 60% 以上，在 70℃ 下处理 10 分钟，酶活性还能维持在 50% 以上，最适 pH 为 5.0，在 pH 为 3.0~7.0 的条件下处理 4 个小时，酶活性均维持在 85% 以上。用人工胃液和肠液处理 90 分钟，酶活性均维持在 80% 以上，说明该酶具有良好的抗蛋白酶的能力。因此，本发明的木聚糖酶可应用于饲料添加剂中，抵抗动物肠胃中蛋白酶的降解，同时有效降低胃肠道食糜的黏度，消除或降低因黏度增加而引起的抗营养作用，促进动物对于饲料的利用率。而将该木聚糖酶制备成为固体酶制剂，在室温条件下保存 12 个月，酶活性维持在 90% 以上，说明该酶制剂具有良好的稳定性，因而在饲料、石油化工、酿酒等工业中具有较大的应用潜力。

附图说明

图 1 重组木聚糖酶 V–XYL 的最适反应 pH。

图 2 重组木聚糖酶 V–XYL 的 pH 稳定性。

图 3 重组木聚糖酶 V–XYL 的最适反应温度。

图 4 重组木聚糖酶 V–XYL 的热稳定性。

图 5 重组木聚糖酶 V–XYL 的抗蛋白酶降解能力。

图 6 重组木聚糖酶 V–XYL 固体酶粉在室温条件下贮存的稳定性。

图 7 重组木聚糖酶 V－XYL 抗胃肠中蛋白酶降解能力的测定。

图 8 重组木聚糖酶 V－XYL 在室温条件下的贮存稳定性能的测定。

本发明从自然环境中筛选到一种天然菌株，属于大肠埃希氏菌 EC080510，该菌株于 2010 年 10 月 20 日保存于中国微生物菌种保藏管理委员会普通微生物中心（保藏中心地址：北京市朝阳区北辰西路 1 号院 3 号中国科学院微生物研究所，邮编：100101），其保藏编号是：CGMCC No. 4234。

具体实施方式

以下实施例中未作具体说明的分子生物学实验方法，均参照《分子克隆实验指南》（第三版，J. 萨姆布鲁克著）一书中所列的具体方法进行，或者按照试剂盒和产品说明书进行；所述试剂和生物材料，如无特殊说明，均可从商业途径获得。

实验材料和试剂：

（1）菌株与载体：大肠杆菌菌株 Top10、毕赤酵母 X33、载体 pPICzalphaA 购自 Invitrogen 公司。

（2）酶与试剂盒：基因组 DNA 提取试剂盒，质粒 DNA 提取试剂盒，胶回收试剂盒，PCR 纯化试剂盒购自上海生工公司。基因文库构建试剂盒 Lamda Zap Ⅱ 购自 Stratagene 公司。限制性内切酶购自 Fermentas 公司。

（3）反应底物：Azo－xylan 购自 Megazyme 公司。

实施例 1：产木聚糖酶大肠杆菌的分离、培养

将来源于内蒙古某养牛场的牛瘤胃内容物经富集培养后（富集培养基：$(NH_4)_2SO_4$ 5g/L、KH_2PO_4 1g/L、$MgSO_4 \cdot 7H_2O$ 0.5g/L、$FeSO_4 \cdot 7H_2O$ 0.01g/L、$CaCl_2$ 0.2g/L、玉米芯粉 0.5%、麸皮 0.5%，pH4），按常规稀释后涂布于产酶培养基（$(NH_4)_2SO_4$ 5g/L、KH_2PO_4 1g/L、$MgSO_4 \cdot 7H_2O$ 0.5g/L、$FeSO_4 \cdot 7H_2O$ 0.01g/L、$CaCl_2$ 0.2g/L、木聚糖 1%、琼脂糖 1.5%，pH4）平板上，30℃培养 5~6 天，挑取产生透明圈菌落在产酶培养基平板划线分离，经过 3 轮重复划线分离，使菌株纯化。通过此方法筛选到表达木聚糖酶的菌株，经鉴定为大肠杆菌（Escherichia coli），该菌株的保藏编号为：CGMCC No. 4234。

实施例 2：木聚糖酶基因 V－XYL 的克隆

木聚糖酶基因 V－XYL 的克隆采用构建基因组文库的方法，首先提取大肠杆菌的基因组，按照基因文库构建试剂盒 Lamda Zap Ⅱ 的说明书构建大肠杆菌的基因组文库。

具体方法是，培养上述筛选获得的产木聚糖酶大肠杆菌菌株，提取其基因组 DNA。获得的大肠杆菌基因组 DNA 和噬菌体载体 Lambda Zap Ⅱ 通过限制性内切酶 EcoR Ⅰ 酶切后，过夜连接。经过体外包装，转染大肠杆菌受体菌 XL1－Blue MRF' 后铺平板，37℃过夜培养。

鉴定构建得到基因文库滴度确保每个平板上获得密集的相对独立的噬菌斑。用含 1% azo－xylan、1.5%琼脂糖的产酶培养基平板平铺到噬菌斑平板上层。37℃培养，4 小时及过夜培养后观察透明圈。

挑取产生透明圈最大的噬菌体，按照单噬菌斑 Excision 方法获得含有木聚糖酶基因的质粒 pBluescipt SK，提取质粒 DNA 进行序列测定。

测序结果表明获得克隆 DNA 插入片段含有木聚糖酶基因完整的开放阅读框。该木聚糖酶基因 V−XYL，全长 717bp，编码 237 个氨基酸，其氨基酸序列通过 BLAST 比对，与来源于产琥珀酸丝状杆菌及单中心真菌的木聚糖酶具有较高的一致性，最高一致性为 76%，表明该蛋白为一种新型木聚糖酶。

实施例 3：包含木聚糖酶基因 V−XYL 的毕赤酵母工程菌的构建

根据基因序列设计带有 *EcoR* I 和 *Not* I 酶切位点的引物 VXYL−eco 和 VXYL−not，将木聚糖酶基因 V−XYL 插入到质粒 pPICzalphaA 上的 *EcoR* I 和 *Not* I 限制性酶切位点之间，使该核苷酸序列位于 AOX1 启动子的下游并受其调控，得到重组酵母表达质粒 pPICzαA−V−XYL。

VXYL−eco：5'AGCTGAATTCATGGTAAGTCGACATCT3'；

VXYL−not：5'TGGTGCGGCCGCCTAAGAAGTTTTAATCCTTCT3'。

重组酵母表达质粒 pPICzαA−V−XYL 用 SacI 进行线性化，线性化后的重组载体电击转化毕赤酵母 X33，得到毕赤酵母重组菌株 X33/V−XYL。

将上述重组菌株接种于 BMGY 培养液中，30℃ 250rpm 振荡培养 48h 后，离心收集菌体。然后于 150mL BMMY 培养基重悬，30℃ 250rpm 振荡培养。诱导表达 72h 后，每天添加 0.5% 的甲醇，离心收集上清，同时，按木聚糖酶检测方法测定上清液中木聚糖酶的活力。

通过检测重组菌株在摇瓶中的发酵酶活，测定到其在摇瓶水平的木聚糖酶的表达量达到 666U/mL，而采用 GE 蛋白纯化系统（型号：AKTA PRIMEPLUS）对酶液进行纯化，获得高纯度木聚糖酶，经检测，该木聚糖酶的比活为 8345U/mg。

实施例 4：木聚糖酶重组菌株的表达

在发酵罐上进行上述木聚糖酶重组菌株的发酵，发酵使用的培养基为 BSM 培养基。

BSM 培养基配方如下：磷酸 26.7mL/L、硫酸钾 18.2g/L、硫酸镁 14.9g/L、氢氧化钾 4.13g/L、甘油 40g/L、微量元素（PTM1）4.4mL/L、消泡剂少量。

PTM1（微量盐溶液）：硫酸铜 0.6%、碘化钾 0.018%、一水硫酸锰 0.3%、二水钼酸钠 0.02%、硼酸 0.002%、六水氯化钴 0.05%、氯化锌 2%、七水硫酸铁 6.5%、浓硫酸 0.5%、生物素 0.02%。

发酵生产工艺：pH 4.8、温度 30℃、搅拌速率 100～500rpm、通风量 1.0～1.8（V/V）、溶氧 DO 控制在 20% 以上。

整个发酵过程可分为 3 个阶段：第一阶段为菌体培养阶段，按 5%～10% 比例接入种子，培养 24～30 小时，以补完甘油为标志；第二阶段为饥饿阶段，当甘油补完之后，不流加任何碳源，当溶氧上升至 80% 以上即表明该阶段结束，为期约 30～60min；第三阶段为诱导表达阶段，流加诱导培养基，并且保持溶氧在 20% 以上，培养时间在 150～180 小时。发酵结束后，发酵液可通过陶瓷膜或超滤膜处理后获得粗酶液。

通过测定不同时间发酵液中的木聚糖酶活力及菌体量，可得发酵进程曲线，如图 1 和图 2 所示。由发酵结果可以看出，重组菌株最终的发酵能力最高可达到 117293U/mL，大大高于目前的报道水平。

实施例 5：重组木聚糖酶的活性分析

1. 酶活单位的定义

在 37℃、pH 为 5.5 的条件下，每分钟从浓度为 5mg/mL 的木聚糖溶液中释放 1μmol 还原糖所需要的酶量即为一个酶活力单位。

2. 测定方法

吸取经适当的木聚糖底物，37℃平衡 10min，加入到比色管中，再加入经 37℃平衡的等量的纯化的重组木聚糖酶液，混匀，于 37℃精确保温反应 30min。反应结束后，加入适量的 DNS 试剂，混匀以终止酶解反应。然后沸水浴加热 5min，用自来水冷却至室温，加水定容至规定体积，混匀后以标准空白样为空白对照，在 540nm 处测定吸光值 A_E。

酶活计算公式：

$$X = \frac{\left[(A_E - A_B) \times K + Co \right]}{M \times t} \times N \times 1000$$

式中：X 为试样稀释液中木聚糖酶活力（U/mL）；A_E 为酶反应液中的吸光度；A_B 为酶空白样的吸光度；K 为标准曲线的斜率；Co 为标准曲线的截距；M 为木糖的摩尔质量（150.2g/mol）；t 为酶解反应时间（min）；N 为试样的稀释倍数；1000 为转化因子，$1mmol = 1000\mu mol$。

实施例 6：重组木聚糖酶 V – XYL 的性质测定

1. 重组木聚糖酶 V – XYL 的最适 pH 和 pH 稳定性的测定

将纯化的重组木聚糖酶 V – XYL 在不同的 pH 下进行酶促反应以测定其最适 pH。底物木聚糖用不同 pH 的缓冲液配置，在 37℃下进行木聚糖酶活力测定。结果为如图 3 所示，表明重组酶 V – XYL 的最适 pH 为 5.0。

将纯化的重组木聚糖酶 V – XYL 于上述各种不同 pH 的缓冲液中 37℃处理 4 小时，再在 pH 5.0 缓冲液体系 37℃下测定酶活性，以研究酶的 pH 耐性。结果如图 4 所示，表明木聚糖酶在 pH 3.0 ~ 7.0 均很稳定，在此 pH 范围内处理 4 小时后剩余酶活性在 85% 以上，这说明此酶在酸性范围内具有较好的 pH 稳定性。

2. 重组木聚糖酶 V – XYL 的最适温度及热稳定性的测定

木聚糖酶的最适温度的测定为在 pH5.0 缓冲液体系及不同温度下进行酶促反应。结果如图 5 所示，表明其最适温度为 60℃。

热稳定性测定为将纯化的重组木聚糖酶在不同温度下处理不同时间，再在 37℃下进行酶活性测定。结果如图 6 所示，表明木聚糖酶 V – XYL 在 60℃温度下具有很好的稳定性，处理 1 小时后还有 60% 以上的相对活性，在 70℃下温育 10min，能保持 50% 以上的相对活性。

3. 不同金属离子化学试剂对重组木聚糖酶 V – XYL 酶活影响的测定

在酶促反应体系中加入不同浓度的不同金属离子及化学试剂，研究其对重组木聚糖酶活性的影响，各种物质终浓度为 1mmol/L。在 37℃、pH5.0 条件下测定酶活性。结果如下表所示。

1mM 金属离子	相对酶活/%	1mM 金属离子	相对酶活/%
Cu^{2+}	71.48	Mg^{2+}	128.87
Fe^{2+}	85.20	Na^+	72.97
Fe^{3+}	91.60	Li^+	84.60
EDTA	95.37	Ag^+	—
Ca^{2+}	99.67	Co^{2+}	107
Hg^{2+}	—	Zn^{2+}	86.45

上表表明，在离子和化学试剂的浓度为 1mmol 时，Mg^{2+} 可以明显促进重组木聚糖酶的活性，Cu^{2+}、Fe^{2+}、Na^+、Li^+、Zn^{2+} 对重组木聚糖酶的活性有轻微的抑制作用，其他离子和化学试剂对重组木聚糖酶的活力没有明显的影响。

4. 重组木聚糖酶 V-XYL 抗胃肠中蛋白酶降解能力的测定

将纯化后的重组木聚糖酶 V-XYL 在人工胃液和人工肠液中处理不同时间（人工胃液组成：NaCl 2 克、胃蛋白酶 3.2 克、36.5% 浓盐酸 7mL、加水至 1000mL，pH1.3；人工肠液组成：磷酸二氢钾 0.029M、KCl 0.02M、牛磺胆酸钠 5mM、磷酯酸胆碱 1.5mM、pH 6.8，然后取处理后的酶液在 pH5.0 及 37℃条件下测定酶活性。实验结果如图 7 所示，表明木聚糖酶 V-XYL 用人工胃液和人工肠液中处理 90min 后，还有 80% 以上的相对活性，说明其具有良好的抗蛋白酶降解的能力。

5. 固体酶制剂在室温条件下的贮存稳定性能的测定

重组木聚糖酶 V-XYL 经工业化的加工制成固体酶制剂，在室温条件下贮存 12 个月，每个月取一次样品测定酶活性，测定结果如图 8 所示，结果表明该木聚糖酶在室温条件下贮存 12 个月，酶活力基本上没有损失，还有 90% 以上的剩余活力，说明其具有良好的稳定性。

序列表

<110>（申请人名称）

<120>一种新型木聚糖酶 V-XYL 及其高效表达的方法和应用

<160>2

<210>1

<211>237

<212>PRT

<213>大肠杆菌（Escherichia coli）

<400>1

```
MVSRHLCSSR DLTSFKVTGN KVGTIGGVGY ELDMGSLNSA TFYSDGSFSC TFQNAGDYLC    60
RSGLSFDSTK TPSQRILKIS FRGLVKQNSS NVGYSYVGVY GWTRSPLVEY YIVDNWLSPF   120
```

PPGDGFEGSK HGSFTIDGAQ YTVYENNSRT VCYDGDTTFN QYFSIRQQAR ACVYQPLIVF 180

FDQWEKLGMT MGKLHEAKVL GEAGNVNGGA SGTADFPYAK VYIDDIRSQV IRRIKTS 237

<210> 2

<211> 717

<212> DNA

<213> 大肠杆菌 (Escherichia coli)

<400> 2

atggtaagtc gacatctatg ttcaagtaga gatctcacgt ctttcaaggt aaccggcaac 60

aaggttggaa ctattggtgg tgttggttac gaattagata tgggtagcta gttgaacagt 120

gctactttct attctgatgg ttccttctca tgtactttcc aaaatgctgg ggattactta 180

tgtcgtagtg gtctttcttt cgatagtact aagaccccat ctcagcgtat actgaaaatt 240

agtttcagag gtcttgtcaa acaaaatagt tccaatgttg gttattccta tgttggtgtt 300

tacggttgga ctagaagtcc acttgtcgaa tactacattg tcgataattg gcttagtcca 360

ttcccaccag gtgacggatt tgaaggtagt aagcatggtt ctttcactat tgatggtgct 420

caatacactg tttatgaaaa caactctcgt actgtctgct atgatggtga taccaccttc 480

aatcaatact ttagtattcg tcaacaagct cgtgcatgcg tttatcaacc attgattgtg 540

ttctttgatc aatgggaaaa gcttggtatg actatgggta aattacatga agccaaggtt 600

ttaggtgaag ccggtaacgt taacggtggt gccagtggta ccgctgattt cccatacgca 660

aaggtttaca ttgacgacat aagaagtcag gtcatcagaa ggattaaaac ttcttag 717

说 明 书 附 图

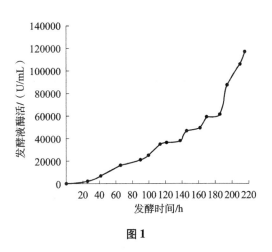

图1

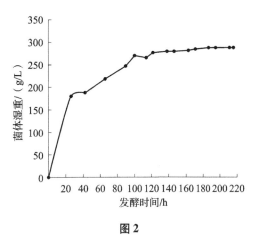

图2

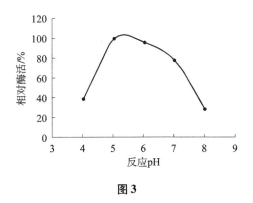

图3

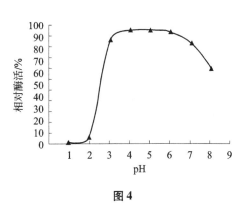

图4

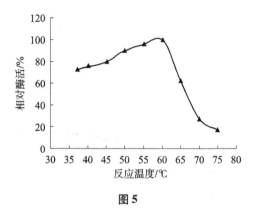

图 5

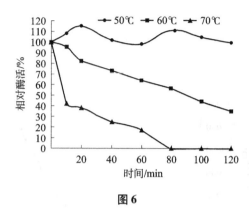

图 6

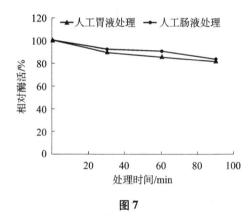

图 7

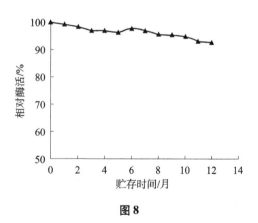

图 8

第十二章 引物和分子标记相关发明 专利申请文件的撰写及案例剖析

在核酸化学中，引物是一段短的单链 RNA 或 DNA 片段，可结合在核酸链上与之互补的区域，其功能是作为核苷酸聚合作用的起始点，核酸聚合酶可由其 3' 端开始合成新的核酸链。体外人工设计的引物被广泛用于 PCR、测序和探针合成等，在基因克隆、载体构建、物种鉴定、定量测定等诸多方面。随着生物技术的迅速发展，其中引物、探针的设计越来越成熟化，通过引物进行 PCR 等以扩增基因、定性或定量检测目标生物或目标基因/蛋白等也越来越成为生物技术领域的一大发明类型。

检测方法相当繁多，有对微生物存在的定性或定量检测，有对微生物种类的定性或定量检测，有对广义分子标记的定性或定量检测，还有对狭义分子标记的定性或定量检测。由于对人体或动物体内的分子标记的测定往往涉及疾病诊断方法，通常应当写成类似于下述类型的权利要求：某分子标记在制备诊断某种疾病的试剂中的用途。随生物芯片技术的发展，涉及分子标记的，往往也以基因芯片的形式出现。

国内涉及引物和分子标记相关发明申请量近年来也增长迅猛，因此有必要对该主题的专利申请需要考虑的因素以及专利申请的撰写技巧进行介绍（其中简要提及生物芯片）。

一、申请前的预判

（一）引物类申请

通常而言，引物是用于检测某种基因或分子标记或者扩增某基因。而引物的新颖性则相对容易判断，只要看是否与现有技术相同的序列的引物即可。进而，引物相关发明重点考虑的因素是否具备创造性，尤其是引物在现有技术中没有被披露的情况下。

引物的设计方法和软件目前已非常成熟，通常认为通过常规方式设计获得的引物，如果没有获得预料不到的技术效果，则不具备创造性。如果申请人或专利代理人发现引物相关发明属于这种情况，则应当建议不必提出专利申请。几种涉及创造性的判断如下。

（1）对于简单扩增目标基因的引物而言，在扩增对象相对确定的情况下，设计引物是常规的思路，在没有获得预料不到的技术效果的情况下不具备创造性。如果申请人能够证明所述引物获得了意料不到的更高的灵敏度、更高的扩增效率等技术效果，或者在引物设计过程中具有特别考虑并获得特别效果，则具备创造性。

（2）对于检测不同物种的简单引物，如果根据检测对象基因在各物种的区别和共性能够简单设计得到的，则通常不具备创造性。如果能够证明其在检测方面获得了预料不到的技术效果，如检测对象的范围和区分的灵敏度等明显优越，则也可以认为具备创造性。

（3）对于复杂引物如 LAMP 引物，如通过常规设计可以得到而没有获得预料不到的技术效果，则不具备创造性。例如，可以采用常规的设计软件（如互联网上的免费软件）所获得的较为优选的引物（比如软件推荐的前几组引物等），通常认为不具备创造性。

下面通过几个实例进行说明。

【案例 12 – 1】❶　用常规软件设计的引物

案情： 申请人提供的技术交底书中的发明涉及一种对烟草普通花叶病毒病进行环介导等温扩增（Loop – mediated Isothermal Amplification，LAMP）检测的方法。其是通过 LAMP 引物设计软件 Primer Explorer：http：//primerexplorer. jp/elamp4. 0. 0/，将烟草普通花叶病毒检测基因（在 GenBank Accession No. AE000512 中提供）拷入软件，以默认参数设计获得两组 LAMP 引物，其中一组引物序列如下：

上游引物 1：5'–GCACCACGTGTGATTACGGACATTTTGACCTCTGGTCCTGCAACT–3'；

下游引物 1：5'–AAGGGTTGTGTCTTGGATCGCGTTTTTTACGTGCCTGCGGATGT–3'；

上游引物 2：5'–CGAGAGCTCTTCTGGTTTGG–3'；

下游引物 2：5'–GATTCGAACCCCTCGCTTTA–3'。

申请人通过上述引物用于烟草普通花叶病毒环介导等温扩增检测方法。

分析： 为了检测烟草普通花叶病毒，根据烟草普通花叶病毒检测基因设计 LAMP 检测引物是本领域的常规技术，所采用的 LAMP 引物设计软件比较常见，将已知的烟草普通花叶病毒检测基因拷入软件，以默认参数设计获得为数不多的引物组合，仅需要对软件推荐的几个较佳序列进行验证即可，其技术效果都是预料之中的。因此这种常规方法获得的引物及其检测方法通常不能满足创造性的要求，不宜作为专利申请提出。但如果涉及引物的发明在设计上具有特殊之处，获得了特别的效果如检测对象的区分更精细、灵敏度具体的提高等，则可能满足创造性的要求，对此需要在申请文件中提供对应证明材料。

【案例 12 – 2】❷　设计的引物获得特别的效果

案情： 本发明建立抗 Bt 小菜蛾的 SCAR 分子标记，提供抗 Bt 小菜蛾的特异性标记引物，以及利用该引物对小菜蛾进行有关 Bt 抗性的早期快速检测方法。该引物采用 AFLP 标记从 Eaaa/Mcta 连锁群里获得抗 Bt 小菜蛾的特异性 DNA 片段，将该片段克隆测序，以得到的 DNA 序列为基础，所设计的特异引物，以该引物对小菜蛾抗 Bt 种群进行 PCR 扩增，可获得 283bp 大小的特异性片段。其上游引物核苷酸序列如 SEQ ID NO：1 所示，其下游引物核苷酸序列如 SEQ ID NO：2 所示。拟请求保护这对用于检测抗 Bt 小菜蛾的引物对。

现有技术： 对比文件 1 公开了一种区分小菜蛾的抗 Bt 品系和 Bt 敏感品系的 AFLP，

---

❶　参见专利申请 200910229910. 6。

❷　参见专利申请 201010252507. 8。

是以小菜蛾的抗 Bt 品系 NO - QA 和 Bt 敏感品系 LAB - PS 作为样本进行分析，得到 207 个 AFLP 在小菜蛾的抗 Bt 品系和 Bt 敏感品系之间存在多态性，可作为 DNA 标记，其中之一为引物 Eaa 和 Mcta 得到的标记 EaaMcta（即本申请的 AFLP 标记），对该标记进行了测序并设计了一对引物，使用该引物对 NO - QA 和 LAB - PS 品系进行扩增可得到不同的 PCR 产物。该发明的引用与对比文件 1 相比在引物序列完全不同。

分析： 本领域技术人员为了更方便地检测抗 Bt 小菜蛾，以对比文件 1 公开的 AFLP 标记 EaaMcta 为基础，结合现有技术中已知的 SCAR 引物设计原则，能够得到一系列 SCAR 引物，而且设计 SCAR 引物的原理、原则以及方法均为本领域所熟知，因而权利要求 1 的引物对表面上看只是其中的常规设计。

但对比文件 1 提到的只是一个抗 Cry1Ac 种群和一个敏感种群，也是在这种情形下获得的相应的引物。而本申请得到关于抗 Bt 小菜蛾的鉴定引物，是以两种抗 Cry1Ac 小菜蛾种群和抗 Bt 种群小菜蛾，以及敏感种群小菜蛾为实验材料开展的，不仅针对小菜蛾的抗 Cry1Ac 毒素特性，还针对小菜蛾抗 Bt 特性。该实验中得到抗性标记片段与对比文件中片段序列不同，而本申请针对的是发明人发现的小菜蛾抗 Bt 及 Cry1Ac 毒素特性区分的关键部位，即敏感种群与抗性种群在序列上有差异的区域，作为本申请中设定 SCAR 引物的位置。这一点在对比文件 1 中及其发表的片段中并没有任何体现或教导。

在对比文件 1 中报道的序列片段及方法，要利用其提到的引物对小菜蛾抗性和敏感种群同时扩增条带，分析条带大小及序列才能实现准确区分。而该发明中获得的特异性引物，可以直接区分鉴定该小菜蛾是否具有抗性，这是对比文件 1 所不能实现的。因而，该发明具备创造性，可以提出专利申请。

（二）分子标记类申请

分子标记技术大致分为：①基于分子杂交的分子标记，如 RFLP、Minisatellite DNA；②基于 PCR 技术的分子标记，如 RAPD、STS、SSR 和 SCAR 等；③基于限制性酶切和 PCR 技术的 DNA 标记，如 AFLP；④基于 DNA 芯片技术的分子标记技术，如 SNP；⑤基于 EST 数据库发展的分子标记技术等。广义的分子标记还包括一切可遗传的并可检测的 DNA 序列或者蛋白质。这些分子标记被广泛地应用于基因组作图和基因定位研究、基于图谱的基因克隆、物种亲缘关系和系统分类等。1980 年，Bostein 等成功地将 RFLP 技术用于镰刀型贫血症的诊断分析，开创了基因诊断的先河。

（1）对于主题名称为单核苷酸多态性位点、单核苷酸多态性等，其仅仅是科技术语表述方式，其既不是方法，也不是产品，因而不属于《专利法》第二条第二款规定的发明定义，应当予以避免，而应当写成"单核苷酸多肽性分子标记"。

（2）对于分子标记主题名称合适的情况下，本身通常属于专利保护客体的范畴，但分子标记的用途往往体现在遗传育种、疾病诊断治疗、治疗效果预测、患病风险度预测等的检测用途。因而，对应的利用分子标记的用途即方法有可能属于《专利法》第二十五条规定的疾病的诊断和治疗方法，在撰写专利申请文件时应当予以避免。这涉及对专利申请文件撰写的要求，具体参见专利申请文件撰写中的案例。

（3）分子标记主要也是 DNA，但其不同于一般编码蛋白的基因，创造性的体现也存在明显差异。分子标记的创造性体现在是否存在动机去寻找所述分子标记、获得的分子标记所达到的技术效果（例如作为检测用途的效果）、获得该分子标记的难易程度（或是否存在技术障碍）等。

【案例 12 – 3】

发明涉及 *MPZ11* 基因的 rs3767444 多态性位点的核酸，具体在 2000bp 的序列（SEQ ID NO：1）中第 1001 位为 C。发明因而提供下述技术方案：*MPZ11* 基因的 rs3767444 多态性位点的核酸，其中具有 SEQ ID NO：1 所示的序列，且第 1001 位为 C。现有技术中已经公开 *MPZ11* 基因的多态性位点 rs3767444 的相关信息，其中列出了长度为约 600bp 负载所述多态性位点 rs3767444 的核酸，其作为诊断精神分裂易感性的标记物。

分析：虽然现有技术中所公开的核酸长度短于发明中的核酸，但核酸的长度变化并没有产生任何特别的技术效果，仍然只是作为诊断精神分裂症易感性的标记物。由于现有技术中包含相同多态性位点的长度短的核酸同样能够实现上述功能，即功能的实现仅在于核酸上存在多态性位点 rs3767444，该功能与核酸序列的长短没有什么关系。因而该发明明显不具备创造性，不宜提出专利申请。

（4）提出申请前应当完成相关发明（为满足《专利法》规定的关于充分公开发明创造要求）。对于分子标记而言，在提出专利申请时应当已经能够明确所述多态性位点或分子标记，其应当能够明确其确实具有相关的用途，通常而言就是要将多肽性位点或分子标记所代表的基因型与表型（如是否患病、患病风险度、物种类别）存在可鉴别的关联性，应通过必要的实验数据和分析予以说明，而不能仅仅是推测。

如果发现了某基因型，但尚没有与相关的表型建立确切的联系，此时申请专利还不成熟，应当进一步研究该基因型确实与某表型存在关联而能够实际应用，然后再提出专利申请。

【案例 12 – 4】❶

某发明想要获得用于检测肝脏疾病的生物标记分子。其研究过程是，首先获得一组来源于肝癌患者和正常人血清的全样本自身抗体，分别将其填充入管柱中制得含有正常人抗体或患者抗体的管柱；然后将来源于培养型疾病细胞的抗原萃取液先后通过结合有正常人抗体和患者抗体的管柱，从而去除细胞株中的非专一性抗原，筛选出一组能与所述自身抗体结合的自身抗原（其核苷酸序列如 SEQ ID NO：1~24 所示，即所获得的分子标记）。接着，通过质谱分析所述自身抗原蛋白的种类，进一步使用免疫分析方法对自身抗原中的部分抗原对正常人、肝硬化患者和肝癌患者的血清样本中的自身抗体进行检测。最终，统计学结果表明所获得的自身抗原相对应的自身抗体在肝硬化患者和肝癌患者中的表达量相比正常人，有显著的表达量的增加。

分析：虽然该发明验证了所述分子标记在正常人和患者血清中存在差异表达，但是蛋白的表达差异仅说明蛋白在转录水平上的不一致，并没有直接证据表明这种动态变化和某一生物功能过程的相关性，且正常人体内的自身抗体的存在与含量尚存在着差异。同时，因为没有证明这些自身抗原不存在于其他正常个体或者患有其他疾病的

---

❶ 参见专利申请 200410016596。

患者中，由此无法明确得出所述的抗原组合必然与肝脏疾病相对应的结论、无法确认说明书所述的自身抗原及其对应抗体用于诊断肝脏疾病的技术效果。

因此，该发明按目前的状况，还不能提出专利申请，还需要进一步研究，对其中的分子标记作进一步分析，以找到或确认有令人信服的能够检测肝脏疾病的分子标记，再行提出专利申请。

对于建立基因型与表型之间的关联需要何种证据或证明形式，请参见后续关于专利申请文件的撰写部分。

（三）生物芯片类申请

生物芯片是我国重点发展的高新技术领域之一。从技术分布看，分子的选用、点样仪的选用、样品 mRNA 的抽提、mRNA 的逆转录、PCR 和探针的荧光标记、杂交条件和洗涤条件的选择、数据分析装置、载片、扫描仪、生物芯片平台、检测方法、流射方法、分析方法等有可能产生专利申请。但本书重点关注涉及芯片上具体探针的相关发明，因为芯片本身的结构、扫描方法、加样方法、算法相关或与具体探针无关的发明而主要并不涉及生物领域本身。

对于生物芯片领域，最主要的应用是检测，因此需要考虑提出权利要求主题要避免落于《专利法》规定的疾病的诊断方法范围，其中采用芯片进行检测的方法，芯片的使用方法均有可能落入疾病的诊断方法范畴。

对于生物芯片领域的创造性预判，尚没有特别成型的判断思路，因此主要还是基于《专利审查指南 2010》规定的创造性判断的思路来进行。

二、专利申请文件的撰写

（一）引物类申请
1. 说明书的撰写

涉及引物的专利申请，通常都是对引物本身的序列请求保护，如前所述，通常的引物难以满足创造性的要求，因此需要在说明书中提供必要的支撑其具备创造性的相关内容。

说明书中对于背景技术主要描述发明所涉及的问题的现状及存在的主要问题，例如对于作为检测用的引物而言，重点介绍目前的检测手段及其不足，尤其是前人采用引物进行检测的缺点。

发明内容部分重点介绍针对所要保护的引物进行详细介绍，适当介绍引物设计、获得的考虑因素以及所克服的现有技术的难题等，同时对于引物的所获得的效果需要重点进行说明，并且应当有理有据而不仅仅是空洞的描述，例如仅仅提及通常引物所具备的特点是不够的。这些内容的介绍，结合具体实施方式的具体记载或证据以便能够充分支持引物发明的创造性。

具体实施方式部分，可以包括以下几部分内容：引物的设计由来（包括方法），例如通过基因的 ITS 区域比对，再经筛选得到；引物应用或用途实施例，给出必要的实验结果数据，必要时还可以给出有用的对比例或者对照，以显出其效果等。

此外，涉及引物的发明，通常还会涉及相关序列表对发明中涉及的序列以序列表的形式体现，但对于现有技术已知的序列可以不必在序列表中记载，但在说明书文字部分需要对其进行说明，以确保能够确认，例如 GenBank 上序列的不同版本之间存在差异的情况，要明确所采用的序列。

2. 权利要求的撰写

对于涉及引物发明的权利要求的撰写，其最基本的是引物本身，但为了扩大其保护范围等考虑因素，可以在得到支持的情况下，撰写引物的一些变体，例如两端增加诸如组氨酸标记等其他有用的修饰形式。

除此之外，还可撰写相关试剂盒，如用于检测用的试剂盒。最后还可以包括相关用途或方法权利要求，如作为检测用的引物，可以撰写检测方法类权利要求（但需要考虑不应当撰写属于人或动物的治疗或诊断方法的权利要求）。下面是涉及引物的典型的权利要求书撰写案例。

【案例 12 - 5】❶

1. 一种如 SEQ ID NO：1 所示的寡核苷酸引物，其中所述引物与具有 SEQ ID NO：2 序列的寡核苷酸引物结合能够扩增 ECRR1 基因的区域。❷

2. 一种如 SEQ ID NO：2 所示的寡核苷酸引物，其中所述引物与具有 SEQ ID NO：1 序列的寡核苷酸引物结合能够扩增 ECRR1 基因的区域。

3. 一种测定 ERCC1 基因表达的引物对，其特征在于：所述引物对由 SEQ ID NO：1 和 SEQ ID NO：2 所示序列的引物组成。

4. 一种检测 ERCC1 基因表达的试剂盒，其特征在于：所述试剂盒含有一对引物对，所述寡核苷酸引物对由 SEQ ID NO：1 和 SEQ ID NO：2 所示序列的引物组成。

5. 由 SEQ ID NO：1 和 SEQ ID NO：2 所示序列组成的引物对在制备用于确定基于铂的化疗方案的试剂中的用途。

6. 根据权利要求 5 所述的用途，其中所述确定基于铂的化疗方案包括：

（1）从肿瘤样品分离 mRNA；

（2）使用所述引物对扩增 mRNA；

（3）测定扩增样品中的 ERCC1 mRNA 的量；

（4）比较步骤（3）的 ERCC1 mRNA 的量与内部对照基因的 mRNA 量；并且

（5）基于扩增样品中 ERCC1 mRNA 的量和 ERCC1 基因表达的预定阈水平确定基于铂的化疗方案。

7. 根据权利要求 6 所述的用途，其中所述肿瘤样品是非小细胞肺癌（NSCLC）肿瘤样品。

（二）分子标记类申请

1. 说明书的撰写

对于有关多态性和分子标记的发明类型来说，要达到能够实现发明的目的，通常认为说明书中的记载应当达到：

---

❶ 参见专利申请 01822442.3。

❷ 权利要求 1 和 2 这种概括有利于扩大保护范围，但在审查实践中也许会被审查员提出质疑。

（1）公开特定的多态性位点或分子标记，即基因型。

（2）在分子标记和生物性状之间，即基因型和表型之间建立特定的联系。

对于第（1）方面即具体公开特定的多态性位点和分子标记，目的是为了明确具体的序列结构和分子位点，以便本领域技术人员能够明确对该分子标记本身加以辨别和确认。这一点通常来说容易满足。

重点是第（2）方面，基因型和表型建立确切的联系实际是用于证明分子标记作为化学产品的用途和使用效果的实验数据。其证明方式根据不同的分子标记或多态性要求有所不同。但此类实验数据基本上可以分为两类：

（1）用功能性分析建立关联性。

（2）在各基因型和各表型之间建立统计学上的关联性。

对于第（1）种功能性分析，可以从分子、细胞和体内实验水平从基因的功能水平对基因型进行分析，且在功能分析能够直接得出基因型和表型之间建立确切关联。此时，在说明书中需要记载相关功能分析，并给出能够得出基因型和表型之间关联的分析说明。

对于第（2）种实验数据，虽然不同的分子标记要求有所不同，但说明书中记载的实验数据应当达到能够确认基因型和表型之间的关联程度。

其中，若分子标记代表一种概率的情况时，主要涉及患病风险度预测，疾病易感性预测，治疗效果评估等，则应当提供具有统计意义的实验数据；若分子标记必然代表某种情况时，主要涉及育种和特定的品种鉴定，比如携带某分子标记即确定属于某一植物品种，这种情况应当提供能够证明非此即彼的一一对应的数据，样本数应当达到一定的合理量。

下面通过一个数据比较规范的案例予以说明。

【案例 12－6】

发明人系统筛查了 *PLUNC* 基因的 SNP，继而考察了 *PLUNC* 基因的多态性位点 C－2128T 与鼻咽癌易感性的相关性。通过基于医院的病例对照研究，进行了大量的临床和实验室实验和大样本的统计分析，判明携带 *PLUNC* 的 －2128C/C 基因型或携带由此该位点组成的 －2128C 单倍型的个体对鼻咽癌有更高的易感性。因此发明人鉴定了鼻咽癌的一种新的易感基因及易感基因型和单倍型。对于该发明，在提出专利申请时，说明书中应当提供得出该结论的实验数据。比如提供如下表的由 C－2128T 位点的单倍型在 239 例鼻咽癌患者和 286 例健康对照个体中的分布频率如下表所示。

多态性		鼻咽癌患者健康对照			N
		n＝239	n＝286	OR（95% CI）	
C－2128T 基因型	T/T	120（50.2%）	160（56.9%）	1.0	……
	T/C	50（20.9%）	81（28.8%）	0.9（0.6～1.4）	0.468
	C/C	69（28.9%）	40（14.2%）	2.8（1.7～4.9）	0.0006
等位基因	T	290（60.7%）	401（71.4%）	1.0	……
	C	188（39.3%）	161（28.6%）	1.7（1.3～2.2）	0.0009

上述数据首先达到了合理量的样本数，即患者和对照样本分别为 239 例和 286 例；同时，给出患者和对照的基因型分布频率，并给出统计学结果。从上表中可以看出，C/C 基因型的个体患鼻咽癌的概率是 T/T 基因型个体的 2.8 倍（95% 置信区间为 1.7 ~ 4.9），并具有统计学显著性，即 $P = 0.0006$。

2. 权利要求的撰写

（1）对于权利要求的主题，如前所述，需注意采用合适的名称。例如，主题名称不能写成"单核苷酸多态性位点""单核苷酸多态性"等，而应当写成"单核苷酸多肽性分子标记"。

（2）撰写时还要避免权利要求落于《专利法》第二十五条规定的疾病的诊断和治疗方法的范畴。

【案例 12 - 7】

权利要求 1：一种检测 hsa - mir - 146a 分子的单核苷酸多态性的方法，其特征在于：它包括以下步骤：（1）确定在 has - mir - 146a 分子前体上存在的单核苷酸多态位点 rs2910164，即 SEQ ID NO：1 第 460 位的核苷酸；（2）采用聚合酶链式反应，特异性扩增包含 has - mir - 146a 前体序列的基因组 DNA 片段；（3）用限制性酶切片段长度多态性（RFLP）方法对扩增得到的包含有 has - mir - 146a 前体的 DNA 片段中的多态性位点进行基因分型。

分析：该权利要求中虽然没有限定所检测的对象，也没有明确指出确定 has - mir - 146a 分子前体上存在的单核苷酸多态位点的过程与疾病诊断相关，即没有出现"诊断"等描述，但基于现有技术可知检测所述单核苷酸多态性的目的是预诊原发性肝癌，而且依据检测得到的基因分型可直接判断患原发性肝癌的易感性，即依据检测结果能够直接得到疾病的诊断结果或健康状况相关信息，因此该权利要求落于属于疾病的诊断方法。这种权利要求不应写入权利要求书中，但可以基于分子标记本身，以及相关试剂盒作为请求保护的对象。

【案例 12 - 8】

某申请的权利要求书草稿如下：

1. 一种过氧化氢酶基因保护性单体型，其特征在于，由过氧化氢酶基因标签单核苷酸多态性位点：rs208679、rs10836233、rs2300182、rs769217、rs7104301 和 rs7949972 组成，该保护性单体型在所述位点的单核苷酸分别为：G、G、T、G、G、T。

2. 一种过氧化氢酶基因危险性单体型，其特征在于，由过氧化氢酶基因标签单核苷酸多态性位点：rs208679，rs10836233、rs2300182、rs769217、rs7104301 和 rs7949972 组成，该危险性单体型在所述位点的单核苷酸分别为：A、G、T、C、A、C。

3. 一种检测过氧化氢酶基因保护性单体型或过氧化氢酶基因危险性单体型的方法，其特征在于，该方法包括检测过氧化氢酶基因的标签单核苷酸多态性位点：rs208679、rs10836233、rs2300182、rs769217、rs7104301 和 rs7949972。

4. 一种体外检测噪音性耳聋相关基因的方法，其特征在于，该方法包括检测 *CAT* 基因的标签单核苷酸多态性位点：rs208679、rs10836233、rs2300182、rs769217、rs7104301 和 rs7949972。

5. 一种体外预测待测个体患噪音性耳聋危险性的方法，其特征在于，该方法包括体外检测来自待测个体的样品中过氧化氢酶基因的标签单核苷酸多态性位点：rs208679、rs10836233、rs2300182、rs769217、rs7104301 和 rs7949972，其中携带上述位点的单体型 A、G、T、C、A、C 的个体患噪音性耳聋的危险性比携带单体型 A、G、A、T、A、T；A、A、T、T、A、C；G、G、T、C、A、C 或 A、G、T、C、G、T 的个体患噪音性耳聋的危险性显著升高。

6. 一种检测过氧化氢酶基因的标签单核苷酸多态性位点的试剂盒，其特征在于，该试剂盒含有：

（1）扩增 rs208679，rs10836233，rs2300182，rs769217，rs7104301 和 rs7949972 的引物；

（2）PCR 扩增酶及相应的缓冲液；

（3）检测 rs208679，rs10836233，rs2300182，rs769217，rs7104301 和 rs7949972 位点的试剂。

7. 根据权利要求 6 所述的试剂盒，其特征在于，所述引物如 SEQ ID NO：1～12 所示。

8. 权利要求 6 或 7 所述的试剂盒在检测个体患噪音性耳聋危险性中的应用。

分析：上述权利要求中，权利要求 3 要求保护"一种检测过氧化氢酶基因保护性单体型或过氧化氢酶基因危险性单体型的方法"；权利要求 4 要求保护"一种体外检测噪音性耳聋相关基因的方法"；权利要求 5 要求保护"体外预测待测个体患噪音性耳聋危险性的方法"；权利要求 8 要求保护"权利要求 6 或 7 所述的试剂盒在检测个体患噪音性耳聋危险性中的应用"。由于直接用于诊断样本主体疾病的方法，属于《专利法》第二十五条第一款第（三）项所述的疾病的诊断方法的范围，因此不能被允许，不应当作为权利要求撰写。

（3）分子标记的权利要求撰写方式主要两种方式。

一种是通过序列结构进行限定，但在限定时应明确分子标记的本质所在。以 SNP 分子标记为例，当写成："一种×××SNP 分子标记，其核苷酸序列如 SEQ ID NO：1 所示"。如果 SEQ ID NO：1 是一条唯一的序列，则没有明确所述多肽性是位于该序列中的哪个位点，因而这种撰写方式被认为不清楚。

对于 SNP 分子标记，通常可以采用下述方式来撰写：

① 一种×××SNP 分子标记，其核苷酸序列为 SEQ ID NO：1 或 SEQ ID NO：2。

注意，此处的 SEQ ID NO：1 和 SEQ ID NO：2 的差别仅在于 SNP 位点处的碱基不同，其余序列完全一致。

② 一种×××SNP 分子标记，其核苷酸序列为 SEQ ID NO：1，且其中第 N 位的碱基是 X 或 Y。

此外，对于分子标记，常常与引物对结合来撰写权利要求。

（三）生物芯片类申请

从目前的实践来看，生物芯片类申请最容易出现的错误是说明书公开的信息不够充分。其中，主要涉及两个方面：对于涉及芯片固定的探针需要披露具体序列而没有披露；对于芯片的应用效果没有披露，由于没有验证其是否可以用于所声称的用途而导致公开不充分等，这通常很好理解，与其他技术主题发明的要求大同小异。

此外，在撰写权利要求时，还需要注意权利要求要得到说明书的支持，如果涉及具体序列的，功能性限定往往导致不能被接受。

【案例 12 - 9】

某发明涉及基因芯片以诊断 SARS 病毒感染。其中权利要求如下：

1. 一种 SARS 冠状病毒诊断基因芯片，其特征在于该芯片确定了 12 个 SARS 冠状病毒特异的 DNA 片段作为检测位点，利用 12 对 PCR 引物制备探针 DNA，另外利用位于探针位点外侧序列的 12 对 PCR 引物作为检测引物，通过 PCR 扩增待检测样本 cDNA，标记后与芯片杂交，根据杂交信号判断样本中是否有 SARS 冠状病毒。

分析：由于上述权利要求中没有限定 PCR 引物序列，也没有限定探针序列，因此不能得到说明书的支持。值得说明的是，如果说明书中也没有具体公开 PCR 引物和探针的具体序列，则会导致专利申请公开不充分。而为了满足符合《专利法》第二十六条第三款的规定，说明书中还需具体描述如何应用所述芯片，以及应用的具体效果。因此，对于该发明，在说明书中应当记载 PCR 引物和探针的具体序列，且需要在权利要求中对此进行限定，以符合《专利法》第二十六条第四款的规定。如写成下述形式：

1. 一种 SARS 冠状病毒诊断基因芯片，其特征在于：该芯片包括以 SEQ ID NO：1 ~ 12 所示的 SARS 冠状病毒特异 cDNA 片段作为检测位点对应的 12 对检测引物对和 12 个探针对 DNA。

2. 如权利要求 1 所述的 SARS 冠状病毒诊断基因芯片，其特征在于，所述探针是利用 PCR 引物 25 和 26、引物 27 和 25、引物 29 和 30、引物 31 和 32、引物 33 和 34、引物 35 和 36、引物 37 和 38、引物 39 和 40、引物 41 和 42、引物 43 和 44、引物 45 和 46 及引物 47 和 48 制备对应的 12 个探针 DNA。

3. 如权利要求 1 所述的 SARS 冠状病毒诊断基因芯片，其特征在于，所述检测引物对是利用位于探针位点外测序列的 PCR 引物 1 和 2、引物 3 和 4、引物 5 和 6、引物 7 和 8、引物 9 和 10、引物 11 和 12、引物 13 和 14、引物 15 和 16、引物 17 和 18、引物 19 和 20、引物 21 和 22 及引物 23 和 24 作为检测引物。

此外，权利要求的撰写也要避免落于疾病的诊断方法范畴。如【案例 12 - 9】所示，对于基因芯片的应用，则不能写成这种权利要求：如权利要求 1 所述的基因芯片在检测 SARS 冠状病毒的应用。因为这种撰写包括了以活的人或动物为对象，获得疾病诊断结果为目的的情形。但可以写成，诸如"所述芯片在制备检测 SARS 冠状病毒的试剂盒中的应用"等类似形式，以避免落入疾病的诊断方法的范畴。

三、撰写案例分析

（一）案例推荐理由

下面通过发明名称为"一种用于检测抗 Bt 小菜蛾的引物及其应用"作为具体实例来展示涉及引物的发明专利申请的撰写。

本案例涉及的是典型引物发明创造，对其撰写说明以下几点，以便在撰写引物相关发明专利申请时提供思路，提高获得授权的可能性。

首先，从说明书的撰写来看，对背景技术交代比较清楚，明确地指出了现有技术存在的不足。

其次，对发明的技术方案、技术效果交代比较清楚，尤其对于技术效果的交代非常必要。因为设计通常的引物已在本领域非常成熟，此时要表明发明具备创造性，其中一个重要的方面是表明获得了预料不到的技术效果，本案例的技术效果描述基本体现了其特别的效果，以便在后续被审查员质疑创造性时，能够有充分的依据进行反驳。这是本案例的关键之处。

最后，权利要求撰写的主题比较全面，当然重点是引物本身，同时还就相关的试剂盒及检测抗 Bt 小菜蛾的方法也请求了保护。

（二）供参考的专利申请文件❶

说 明 书 摘 要

本发明公开了一种用于检测抗 Bt 小菜蛾的特异性标记引物，以及利用该引物对小菜蛾进行有关 Bt 抗性的早期检测的方法。所述引物序列为：上游引物：5' – GAGA-CATAAGATTCAGATTCCAGT – 3'，早期检测下游引物：5' – CACACCCACCATATA-GAA – 3'。采用本发明方法可快速、大批量地早期检测小菜蛾。

权 利 要 求 书

1. 一种用于检测抗 Bt 小菜蛾的引物对，其上游引物核苷酸序列如 SEQ ID NO：1 所示，其下游引物核苷酸序列如 SEQ ID NO：2 所示。

2. 一种检测抗 Bt 小菜蛾的试剂盒，其特征在于：包含权利要求 1 所述的引物对。

3. 根据权利要求 2 所述的试剂盒，其特征在于：还包含 PCR 缓冲液、dNTP、$MgCl_2$、TaqDNA 聚合酶和 ddH_2O。

4. 一种用权利要求 1 所述的引物对检测抗 Bt 小菜蛾的方法，其特征在于：提取待测小菜蛾群的基因组 DNA 作为模板，以权利要求 1 所述的引物对作为扩增引物，进行 PCR 扩增，对扩增产物进行检测，若出现 283bp 的 DNA 条带，则待测小菜蛾群对 Bt 具有抗性。

5. 根据权利要求 4 所述的方法，其特征在于：从待测小菜蛾群中随机选取 10 ~ 50 头小菜蛾，提取其基因组 DNA 作为模板。

6. 根据权利要求 4 所述的方法，其特征在于：所述 PCR 扩增为降落 PCR 扩增反应。

7. 根据权利要求 6 所述的方法，其特征在于：所述降落 PCR 扩增反应条件如下：

94℃预变性 5 分钟后；94℃变性 30 秒，70℃退火 30 秒，每个循环降 0.5℃，72℃

---

❶ 根据专利申请 01822442.3 改编。

延伸 1 分钟, 共 30 个循环; 94℃再变性 30 秒, 55℃再退火 30 秒, 72℃再延伸 1 分钟, 共 10 个循环; 最后于 72℃补平 7 分钟, 终止温度为 8℃。

说 明 书

一种用于检测抗 Bt 小菜蛾的引物及其应用

技术领域

本发明生物检测领域, 具体涉及生物的分子检测, 更具体涉及一种抗 Bt 小菜蛾的特异性检测引物, 以及利用该引物对小菜蛾进行 Bt 抗性的检测方法。

背景技术

小菜蛾 [Plutella xylostella (L.)] 是十字花科蔬菜主要害虫, 寄主多达 40 种以上, 已成为世界范围内蔬菜的重要害虫。小菜蛾主要以幼虫在十字花科蔬菜的整个生长期危害叶片, 大大降低了蔬菜的产量和质量, 严重发生时减产超过 90%, 甚至绝产。

苏云金芽孢杆菌 (Bacillus thuringiensis, Bt) 是一种在芽孢形成期间产生杀虫晶体蛋白的革兰氏阳性细菌, 在小菜蛾防治中发挥重要作用。编码 Bt 杀虫蛋白的基因也被转入到了多种重要的粮棉作物中。尽管 Bt 使用了很长时间, 并且实验室筛选发现许多昆虫可对 Bt 产生抗药性, 但至今田间只发现小菜蛾对 Bt 产生了抗药性 (Tabashnik et al., 2003; Heckel et al., 2004; Sarfraz, 2004; Sarfraz and Keddie, 2005), 而且其抗性有发展的势头。例如, 冯夏等 (1996) 报道深圳、东莞地区等供港菜区小菜蛾对 Bt 的抗药性为 17.2 ~ 30.2 倍。李建洪等 (1998) 通过对深圳、东莞和广州菜区的田间小菜蛾种群检测, 发现小菜蛾对苏云金芽孢杆菌标准品 Cs3ab - 1991 的抗药性倍数分别为 8.9 倍、6.5 倍、2.1 倍。小菜蛾抗药性的上升导致了农业生产中杀虫剂施用量的加大, 而这些过量的杀虫剂不但对其他生物造成危害, 同时也大量地杀死了小菜蛾的天敌。因此为了更有效地使用 Bt 生物农药防治小菜蛾, 建立一种简便、快速、可靠的抗 Bt 小菜蛾检测技术尤为迫切。

昆虫抗药性的监测技术目前主要有: 生物测定技术、生化检测技术、分子标记技术等。

生物测定技术: 杀虫剂生物测定 (bioassay of insecticides), 又称毒力测定, 但存在一些缺点: (1) 方法比较烦琐, 操作起来比较复杂; (2) 标准性不强, 从虫源、饲养到测定难以做到真正的标准化; (3) 传统的方法从 LD - p 线求出的 LD_{50} 和 LD_{90} 值的重复性和精确性较低; (4) 传统的生物测定方法对供试昆虫测得的抗性水平往往具有滞后性。

生化检测技术: 用于昆虫抗药性研究的生化测定方法主要包括两种, 一种是应用模式底物检测不经处理的昆虫匀浆中酶的活性, 另一种是应用特异性酶抗体检测导致抗药性的酶的活性。

分子标记技术: 具有稳定性高、受环境条件影响小、信息含量高、不同层次和类群之间广泛可比等优越性。近年来分子标记技术在昆虫抗药性的研究中也得到了应用。

综合文献报道，主要进行了以下方面的研究：一是应用分子标记技术对抗性昆虫品系抗性基因突变进行了分子检测；二是对抗性昆虫品系进行了遗传分化分析和寻找与抗性有关的分子标记。

对于昆虫的抗药性，人们仍缺少有效的办法。唯一可行的是通过采取积极的抗性治理对策，尽可能地延缓抗性产生的速度。而这种积极有效的抗性治理策略需依赖于快速、灵敏、准确的抗性监测技术。分子生物学技术的快速发展，特别是分子标记技术的建立与成熟，为发展简便、快速、准确的小菜蛾抗性检测技术提供了有效手段。一些基于 PCR 的分子标记技术如 RAPD、AFLP 已经用于小菜蛾抗性相关基因的寻找上，但这些标记并未直接用于小菜蛾抗性检测。毫无疑问，小菜蛾早期抗药性高通量分子检测与诊断技术的开发将为其抗性治理措施的评价以及抗药性风险预警提供技术手段，在减少害虫危害损失、减少农药对环境的污染、保障蔬菜产品的质量和保障人民身体健康等方面具有重要的意义。

发明内容

本发明目的是建立抗 Bt 小菜蛾的 SCAR 分子标记，提供抗 Bt 小菜蛾的特异性标记引物，以及利用该引物对小菜蛾进行有关 Bt 抗性的早期快速检测方法，该方法具有检测时间短、所需人力少、所需样品量少、检测样品量大、准确性高等特点。

本发明提供的技术方案是：一种用于检测抗 Bt 小菜蛾的引物对，其上游引物核苷酸序列如 SEQ ID NO：1 所述，即：5' – GAGACATAAGATTCAGATTCCAGT – 3'；其下游引物核苷酸序列如 SEQ ID NO：2 所述，即：5' – CACACCCACCATATAGAA –3'。

该引物对是采用 PCR 技术，经过大量筛选试验，采用 AFLP 标记从 Eaaa/Mcta 连锁群里获得抗 Bt 小菜蛾的特异性 DNA 片段，将该片段克隆测序，根据得到的 DNA 序列，所设计的特异引物以该引物对小菜蛾抗 Bt 种群进行 PCR 扩增，可获得 283bp 大小的特异性片段。

本发明还提供一种检测抗 Bt 小菜蛾的试剂盒，其包含上述的引物对。进一步地，试剂盒还包括 PCR 缓冲液、dNTP、$MgCl_2$、TaqDNA 聚合酶和 ddH_2O。

本发明还提供一种用所述的引物对检测抗 Bt 小菜蛾的方法，该方法是：提取待测小菜蛾群的基因组 DNA 作为模板，以上述的引物对作为扩增引物，进行 PCR 扩增，对扩增产物进行检测，若出现 283bp 的 DNA 条带，则待测小菜蛾群对 Bt 具有抗性。

上述方法中，从待测小菜蛾群中随机选取 10～50 头小菜蛾，提取其基因组 DNA 作为模板。

上述方法中，PCR 扩增采用降落 PCR 扩增，其反应条件如下：

94℃预变性 5 分钟后；94℃ 变性 30 秒，70℃ 退火 30 秒（每个循环降 0.5℃），72℃延伸 1 分钟，共 30 个循环；94℃再变性 30 秒，55℃再退火 30 秒，72℃再延伸 1 分钟，共 10 个循环；最后于 72℃补伸 7 分钟，终止温度为 8℃。

本发明还提供一种利用所述引物对检测抗 Bt 小菜蛾的 PCR 反应体系，其包括：

PCR 缓冲液终浓度为 1×；dNTP1.0 mmol/L；$MgCl_2$2.5 mmol/L；TaqDNA 聚合酶 2.5U；

上、下游引物各 1.0μm；模板 DNA60ng；余量为 H_2O。

PCR 缓冲液终浓度为 1×，是指 PCR 缓冲液中各组分在反应体系中的浓度与 1× PCR 缓冲液相同，通常选用体积为反应体系体积 1/10 的 10× PCR 缓冲液备用。10× PCR 缓冲液成分为：100 mM Tris – HCl（pH 8.5）、500 mM KCl、25 mM MgCl$_2$ 和 1.0% Triton – X 100，溶剂为 ddH$_2$O。

具体地，本发明所述对抗 Bt 小菜蛾进行检测的方法如下：

（1）从待测小菜蛾群中随机选取 10～50 头小菜蛾幼虫，提取其基因组 DNA。

（2）以步骤（1）提取到的基因组 DNA 作为模板，以所述分子特异性标记引物作为扩增引物，进行 PCR 扩增。

（3）取步骤（2）扩增产物 5.0 μL，与 1.0 μL 6× 上样缓冲液混匀，点样于 1.0% 的琼脂糖凝胶中，于 1× TAB 缓冲液中、在 5V/cm 电压下电泳，电泳结束后于自动凝胶成像系统上照相，若电泳结果出现 283bp 的 DNA 条带，则待测小菜蛾群为对 Bt 具有一定抗性的种群。

采用本发明方法，可快速、大批量地早期检测待测小菜蛾。本发明检测方法与常规生测检测方法相比，具有检测时间短、所需人力少、所需样品量少、检测样品量大、准确性高等特点。本发明检测时间只要 10 小时左右，每检测一个种群只需要 10～50 头小菜蛾，且不必考虑小菜蛾的龄期，只需一个人就可以完成对几个甚至十几个种群的检测；而传统生测的方法则至少需要 3 天，若不能一次性采集足够的同龄期的小菜蛾幼虫，则需经过至少一代（约两周时间）的饲养再进行测定，且每检测一个种群至少同时需要 200～300 头二三龄幼虫，检测一个种群就需多人协作才能完成。

附图说明

图 1 为对小菜蛾 *cry1Ac* 抗性种群（DBM1Ac – R）和汰选 2 种群（T$_2$ – R）进行 PCR 扩增的结果；M 为 DNA 分子量标准；编号 1～11 代表小菜蛾 *cry1Ac* 抗性种群 DBM1Ac – R 的个体，编号 12～22 代表汰选 2 种群 T$_2$ – R 的个体。

图 2 为对上海汰种群（SH – R）进行 PCR 扩增的结果；M 为 DNA 分子量标准。

图 3 为对小菜蛾 *cry1Ac* 敏感种群（DBM1Ac – S）进行 PCR 扩增的结果；M 为 DNA 分子量标准。CK 是对小菜蛾 *cry1Ac* 抗性种群（DBM1Ac – R）进行 PCR 扩增的结果。

具体实施方式

下面通过具体实施方式的详细描述来进一步阐明本发明，但并不是对本发明的限制，仅作示例说明。

实施例 1：用于检测小菜蛾抗 Bt 特性的特异 PCR 引物序列设计

（1）序列获得：利用 AFLP 对小菜蛾 Cry1Ac 抗性种群（DBM1Ac – R）、汰选 2 种群（T$_2$ – R）和上海汰种群（SH – R）进行多态性分析发现：引物组合 Eaaa/Mcta（E 表示 *EcoR* I 引物，aaa 表示选择性碱基；M 表示 *Mse* I 引物，cta 表示选择性碱基）在对 BtCry1Ac 具有抗性的小菜蛾 Cry1Ac 抗性种群（DBM1Ac – R）、对 BtCry1Ac 据有抗性的汰选 2 种群（T$_2$ – R）和对 Bt 具有抗性的上海汰种群（SH – R）中，扩增出一条共有的特异条带，而在对 BtCry1Ac 敏感的小菜蛾 Cry1Ac 敏感种群（DBM1Ac – S）中则没有此特异条带。对此条带进行回收连接载体，并进行测序，得到序列。

（2）方法：通过 Primer5 软件对得到的特异序列设计引物。

(3) 引物设计原则：两引物中 G + C 碱基对的百分比尽量相似；引物内部避免具有明显的二级结构；两引物之间不应有互补序列，避免形成"引物二聚体"；引物与靶 DNA 片段的配对须精确、严格，尤其 3'末端；特异引物应具有一定的退火温度（不低于 50℃）和一定的长度（不少于 20 个 bp）。

(4) 结果：根据以上得到的特异序列设计引物，引物序列为：

上游引物序列如 SEQ ID NO：1 所述，即：5' – GAGACATAAGATTCAGATTCCAGT – 3'；

下游引物序列如 SEQ ID NO：2 所述，即：5' – CACACCCACCATATAGAA – 3'。

实施例 2：PCR 引物序列用于检测小菜蛾抗 Bt 特性

1. 材料

(1) 小菜蛾 cry1Ac 抗性种群（DBM1Ac – R）：室内以转 cry1Ac 基因甘蓝选育约 300 代，之后以 Cry1Ac 毒素蛋白继代选育。

(2) 汰选 2 种群（T_2 – R）：田间采集小菜蛾，在室内用 Bt 毒素 Cry1Ac 蛋白浸叶汰选 70 代。

(3) 上海汰选种群（SH – R）：在上海田间，采集小菜蛾，在实验室用 Bt 制剂浸叶进行抗性选育 60 代。

(4) 小菜蛾 cry1Ac 敏感种群（DBM1Ac – S）：室内用干净无虫的甘蓝苗饲养多年，期间从未施用过任何杀虫剂。

上述 4 个小菜蛾种群在室内进行隔离饲养，将蛹放入成虫饲养笼中（R = 10cm，L = 40cm），笼四周以 80 目的纱网包围，成虫羽化后，笼内挂浸过 10% 蜂蜜糖水的脱脂棉球一个，为成虫补充营养，让其在甘蓝苗上产卵，卵孵化后再转入新鲜的甘蓝苗上饲养。饲养温度是 25 ± 1℃，相对湿度为 60% ~ 70%，光周期为光照:黑暗 = 16h:8h。

2. 方法

(1) 小菜蛾基因组 DNA 的提取。挑选老熟幼虫各 10 ~ 50 头，用 70% NaCl 清洗；将洗净的单头幼虫加入含有 200μL 细胞核裂解液（其中裂解液 190.5μL，25mM EDTA 9.5μL）的 1.5 mL 离心管中，预热 5 分钟，充分匀浆，再加入 5μL 蛋白酶 K，在 55℃ 水浴下过夜，裂解细胞；冷却至室温，加入 RNaseA 1μL，颠倒混匀后 37℃ 温育 50 分钟，去除 RNA，冷却 5 分钟至室温；在裂解物中加入 200μL 蛋白沉淀液后，在涡旋振荡器上高速连续振荡混匀 25 秒；再冰浴 5 分钟；将混合物在 13000rpm 下离心 5 分钟，取上清到一新的 1.5mL 离心管中，加入等体积的异丙醇，轻柔颠倒 30 次混匀或直到出现絮状白色 DNA 沉淀；再次，13000rpm 离心 5 分钟，弃上清，留沉淀；加入 1mL 70% 乙醇后，颠倒漂洗 DNA 沉淀，12000rpm 离心 2 分钟，弃上清；加入 1mL 无水乙醇，颠倒漂洗 DNA 沉淀，12000rpm 离心 2 分钟，弃上清；倒置后在吸水纸上轻敲几下以控干残留乙醇；晾干后，加入 40μL DNA 溶解液重新水化溶解 DNA 沉淀，轻弹管壁混匀，在 65℃ 水浴 1 小时，中间不时轻弹管壁助溶。提取的基因组 DNA 先用 1.0% 琼脂糖凝胶电泳定性检测，再用 DNA/RNA 紫外分光光度计定量检测。DNA 提取物于 – 20℃ 存储备用。

(2) 设计特异 PCR 扩增引物，引物对的序列为上游引物序列如 SEQ ID NO：1 所述和下游引物序列如 SEQ ID NO：2 所述。

（3）SCAR 分子标记的 PCR 扩增：10 × PCR 缓冲液 2.0μL、10.0mmol/L dNTP 2.0μL、25.0 mmol/L MgCl₂ 2.0μL、5.0U/μL TaqDNA 聚合酶 0.5μL、10.0μM 上、下游引物各 1.0μL，20.0ng/μL 模板 DNA 3.0μL，ddH₂O 补足至 20μL。反应条件如下：94℃预变性 5 分钟后；94℃变性 30 秒，70℃退火 30 秒（每个循环降 0.5℃），72℃延伸 1 分钟，共 30 个循环；94℃再变性 30 秒，55℃再退火 30 秒，72℃再延伸 1 分钟，共 10 个循环；最后于 72℃补平 7 分钟，终止温度为 8℃。

（4）电泳检测：取步骤（3）扩增产物 5.0μL，与 1.0μL6 × 上样缓冲液混匀，点样与 1.0% 的琼脂糖凝胶中，于 1 × TAB 缓冲液中、在 5V/cm 电压下电泳，电泳结束后于自动凝胶成像系统上照相。

按照上述方法，分别对多种小菜蛾（图 1 编号 1~11 代表小菜蛾 cry1Ac 抗性种群 DBM1Ac－R 的个体，编号 12~22 代表汰选 2 种群 T₂－R 的个体；图 2 编号 1~10 代表上海汰种群 SH－R 的个体）进行检测，以小菜蛾 cry1Ac 敏感种群 DBM1Ac－S（图 3 编号 1~10 代表小菜蛾 cry1Ac 敏感种群 DBM1Ac－S 的个体）为阴性对照，电泳结果见图 1、图 2、图 3，其中，图 1 编号 1~22 和图 2 编号 1~10 为小菜蛾抗 Bt 种群，扩增出分子量为 283bp 的特殊 DNA 条带，其余编号为敏感种群，未见有 283bp 的 DNA 条带。

核苷酸序列表

<110>（申请人名称）

<120> 一种用于检测抗 Bt 小菜蛾的引物序列及其应用

<160> 2

<210> 1

<211> 24

<212> DNA

<213> 人工序列

<220>

<223> 人工序列的描述：人工合成的序列

<400> 1

GAGACATAAG ATTCAGATTC CAGT   24

<210> 2

<211> 18

<212> DNA

<213> 人工序列

<220>

<223> 人工序列的描述：人工合成的序列

<400> 2

CACACCCACC ATATAGAA   18

说 明 书 附 图

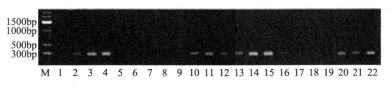

图1

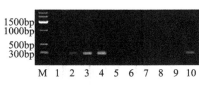

图2

图3

第十三章 蛋白质工程发明专利 申请文件的撰写及案例剖析

蛋白质工程领域涉及多种类型的发明，短肽、蛋白质、抗体、融合蛋白和蛋白质晶体虽然都是肽类化合物，但是它们在结构上以及发明应用场景上差异很大，呈现的发明主题门类多种多样。

蛋白质可以从名称、序列、数据库登记号、化学结构、功能等多种角度来描述。短肽是蛋白质工程领域中很常见的主题，只有一部分的短肽拥有明确的类型名称，比如胸腺肽、胰高血糖素样肽、LHRH、短杆菌肽。蛋白质工程领域中涉及多种主题类型的方法权利要求，例如肽的制备方法、蛋白质纯化方法、检测方法、利用酶或微生物的生物合成方法。这类方法权利要求的一个共同特点在于存在许多公知性的步骤特征或参数特征。

需要说明的是，随着分子生物学的发展，尤其基因工程的进展，许多蛋白质本身的发明往往从其编码基因来阐述，而直接发明蛋白质本身的情况越发少见了，因此涉及这种类型的发明参见第十一章。蛋白质中的抗体或蛋白疫苗有其自身的特殊性，因此，将在本书第十四章中予以介绍。因此，本章重点对立体结构尤其是晶体相关发明进行介绍。

一、申请前的预判

（一）通常的蛋白质工程相关发明

此处是指除蛋白质立体结构相关发明外的蛋白质工程发明，并且主要针对创造性的预判提供思路。

对于来源于同一物种，与现有技术已知蛋白质同源性很高并且具有相同功能的蛋白质不具备创造性。来源不同的蛋白质，如果现有技术有动机按常规方法来获得则不具备创造性，如果没有动机或教导去获得，即使同源性很高，也可能具备创造性。

目前生物信息学比较发达，对于已知蛋白质，可以预测其功能片段，因此按常规方法能够预测得到的已知蛋白质的功能片段，不具备创造性。但如果获得的功能片段与预测的不同，或者获得了预料不到的好效果，则具备创造性。

对于现有技术已知的蛋白质，如对其进行常规的改造，例如仅添加通用标签（如组氨酸标签）、信号肽序列，则通常不具备创造性。

如果将已知的蛋白质进行组合获得融合蛋白，如果仍然发挥各自原来的作用，则不具备创造性，如果获得了新的特性，或预料不到的技术效果，则具备创造性。

对已知蛋白质进行突变后的突变体的创造性，以及从克隆基因而获得的蛋白质的发明,参见第十一章。

(二)蛋白质晶体相关发明

蛋白质立体结构相关发明,又以蛋白质晶体为典型。因此,对晶体相关发明作重点介绍。

1. 关于专利保护客体

对于蛋白质立体结构相关发明中,对于蛋白质立体结构数据,包括立体结构的计算机模型、数据序列及存储立体结构数据序列的计算机可读介质(如光盘、软盘、U盘等),由于其仅仅是信息的记录,因而不属于专利法意义的发明客体。

此外,药效团也不属于可授权的客体。

下述撰写的主题都涉及智力活动的规则和方法而不能授予专利权的情形:

(1)包含由产生某蛋白质的立体结构的图×所示某蛋白质的原子坐标的数据序列,该立体结构是根据蛋白质模型化进行计算而得到的。

(2)一种包含如图×所列的某蛋白质的原子坐标的数据排列。

(3)由包含下述方法识别的化合物的名称和结构的数据编码的数据库。

(4)一种由如图×所示的某蛋白质的原子坐标编码的计算机可读存储介质。

(5)某蛋白质的结构模型,所述模型包含具体体现该蛋白质结构的数据组。

(6)由图×所列的原子坐标产生的某蛋白质的计算机模型。

(7)具有由公式×定义的分子内原子空间排列的药效团。

2. 关于新颖性

如果仅是发现了现有技术的蛋白质的立体结构,那么即使用所述立体结构来限定所述蛋白质也不具备新颖性,不能作为专利申请提出。

对于蛋白质晶体,如果通过特定的方法制备得到已知蛋白质的特定晶体,且发现具有该晶体特有的特性,则该晶体通常具备新颖性和创造性。

当对比文件公开了一种固态化合物,即使没有提供晶体表征参数,但公开了其制备方法(有时还公开了熔点等参数),如果其化学结构与发明的晶体化学结构相同,此时发明的晶体有可能不具备新颖性。此时,应当进一步通过适合途径来验证发明的晶体与现有技术是否存在区别。

当发明涉及一个化合物为某选择性的化合物晶型,如果能够表明存在不同性能或效果的证据,如提高了生物活性、更有利的物理性能等,这样的发明的晶体具备新颖性。

当所申请的化合物为一个全新的化合物时,那么获得该新化合物的晶体也就具备新颖性。

3. 关于创造性

(1)如果发明的晶体仅仅是与现有技术有关的具有相同用途的相同化合物,只不过是提供了另一种方法制备的晶体,而无有益效果和预料不到的技术效果,则这样的晶体是不具备创造性的。

(2)如果发明的晶体物理形式获得了性能的改善,如生物利用度、溶解度、化学物理稳定性、密度或流动性等导致更好的技术效果;或者能够表明现有的固体状态由于存在某种缺陷点如形状或吸湿性而难于制成制剂，或者固体针状结晶因带很多静电，从而显得非常黏稠、流动性差等，而发明的晶体恰好能够克服这些缺陷，则发明的晶体获得了预料不到的技术效果，应当具备创造性。

（3）在某些情况下，常规途径的手段不足以发现已知活性化合物的任何其他晶体，发明提供一种新的晶体作为一种可供选择的方案可能是有创造性的。此时，应当提出专利申请，待审查员检索结果和审查意见来确定有无创造性。

4. 关于单一性

（1）如果化合物本身具备新颖性和创造性，则要求保护的不同形式聚集态和（或）多种晶体之间由于具有相同或相应的特定技术特征"化合物"而满足单一性要求。

（2）如果化合物本身是已知的，如现有技术已经公开了"非晶状"的该化合物（油状物或无定型固体）或公开了该化合物的一种或多种晶体，或者化合物本身是新的但不具备创造性，那么这时多种晶体之间通常不具有单一性。此时应该分别加以申请。

【案例 13 - 1】❶

发明人针对已知的蛋白质研发了两种完全不同的晶体，即晶型Ⅰ或晶型Ⅱ。由于该蛋白质本身是已知的，因而基于它的两种不同的晶体Ⅰ和Ⅱ之间也就不具有单一性，需要分别加以申请。但如果两种晶体有某些关键特征相同，也可以先合案申请。

（3）由于《专利法》允许一件申请中有多项独立权利要求，所以当所申请的活性化合物很难确定是否是新的化合物且又有多个晶型时，可以先写出彼此独立的多个权利要求，根据实质审查意见通知书来最终确定是否分案。

二、专利申请文件的撰写

（一）蛋白质晶体相关发明说明书的撰写

对于蛋白质晶体申请文件的撰写，在说明书应当记载对晶体的确认、制备方法以及其用途和/或使用效果。

（1）蛋白质晶体的确认：第一，需要明确所涉及蛋白质的名称，或仅通过名称尚不能确定所述蛋白质或不能得知其结构式的情况下需要公开其结构式，例如以其氨基酸序列或编码的结构基因的碱基序列）。第二，还需要公开表征蛋白质晶体的特征：蛋白质晶体的晶胞参数（a、b、c、α、β、γ）和空间群、蛋白质晶体带参数的晶胞堆积图、晶体 XRPD 图或者固相 NMR 图（或数据）。

（2）蛋白质晶体的制备：说明书中应当记载制备蛋白质晶体所使用的原料、结晶方法和条件以及必要时所采用的专用设备等，并给出至少一个制备实施例以说明上述具体操作条件。

（3）蛋白质晶体的用途和/或使用效果：说明书应当定性或定量描述该蛋白质晶体的至少一种用途和/或使用效果，通常需要记载足以证明该晶体能够实现所述用途和/或使用效果的定性或定量实验数据。其中蛋白质晶体的用途主要体现在晶体本身的生物活性或性能，或者获得相关的蛋白质立体结构信息，以用于蛋白质的活性位点，进

---

❶ 依据专利申请 200910119632.9 改编。

而利用活性位点设计活性药物或筛选活性物质。

对蛋白质晶体的制备方法发明，参照上述蛋白质晶体的制备进行公开，但同时还需要对所获得的晶体进行确认（即使是已知的晶体）。

（二）蛋白质晶体相关发明权利要求的撰写

1. 蛋白质晶体的常见的权利要求撰写方式

蛋白质晶体发明包括晶体本身，及其制备方法或用途相关权利要求。其中，制备方法和用途权利要求的撰写相对来说没有太多的特别之处，但对于蛋白质晶体本身，其有特定的表述方式，常见的权利要求撰写方式主要有三种。

1）用晶胞参数和空间群进行定义

【案例 13-2】

一种某蛋白质晶体，其晶体空间群为：P21，具有 a = 61.38 Å、b = 126.27 Å、c = 81.27 Å、β = 107.41°的晶胞参数。

【案例 13-3】

1. 蛋白质 CPT-2 的晶体，其中所述蛋白质具有 SEQ ID NO：2 所示的氨基酸序列，并且所述晶体的晶胞参数为 a = b = 67.6 Å，c = 307.3 Å；α = β = γ = 90°，并且晶体为 P43212 对称。

2）用带参数的晶胞堆积图进行定义

【案例 13-4】

某蛋白质晶体，所述晶体的结构具有如图 1 中列出的原子坐标（x，y，z）±（1.0，1.0，1.0）确定的三维结构。

3）用晶体 X 射线粉末衍射（XRPD）数据或固相核磁共振（NMR）数据进行定义

【案例 13-5】

一种罗昔非班晶体，其具有如图 1 所示的 X-射线粉末衍射图。

2. 权利要求撰写其他注意事项

权利要求中的限定对于晶体新颖性具有重要作用。因此，在撰写专利申请文件时就需要注意以下几个方面。

（1）在提交的专利申请文件中必须明确表征并且详细地公开此晶体的晶体特征与已知晶体的区别特征在哪里，必要的红外图谱、固相核磁共振光谱（NMR）等数据应限定在权利要求中。申请中定义的参数应达到能与现有技术进行对比，表明存在区别的程度。

（2）权利要求中明确所要求保护的晶体数据要与所掌握的现有技术中的晶体数据存在较大的差异或具有明显超出了误差范围的数据存在。需要说明的是，在说明书中应当说明参数的测量条件，但这些条件不一定必须要写入权利要求中。通常认为，如果对比文件公开的晶体和请求保护的晶体的晶胞参数之间的误差在1%以内则认为属于误差范围之内，那么发明请求保护的晶体不具备新颖性。

（3）当所申请的化合物为一个全新的化合物时，为了获得更全面的保护，此时可以将所研发出的一种或多种新化合物的晶体在一个申请中同时加以保护，这样的申请也具备新颖性。

（4）当需要保护的晶体存在有多晶型现象时，如果权利要求中仅记载了 X 射线衍射数据的一个或少数几个衍射峰，则不能说明由这一个或几个峰表征的结晶就是申请人实际制备得到的结晶，可能还包括了该申请中没有公开的申请人未制备得到的其他形式的结晶，这种权利要求被认定为得不到说明书的支持。

【案例 13 - 6】❶

发明人针对某蛋白质的晶体进行了研究，对其进行 X 射线衍射数据分析，获得反射平面的 8 个数据。则选择其中部分数据撰写独立权利要求是不完整的，被认为不能得到说明书的支持，而应当将反射平面的 8 个数据全部限定在独立权利要求 1 中，甚至需要用具有附图中所示的 X 射线衍射图进行限定。

对于晶体化合物，正确或更稳妥的撰写方式是在权利要求中同时记载：化合物的化学名称和结构式；晶体的下述特征之一：晶体晶胞参数（a、b、c、α、β、γ）和空间群；晶体 XRPD 图与数据；固相 NMR 图与数据等。晶体权利要求一般只能请求保护申请人在说明书中公开的实际制备得到的化合物晶型。

为了稳妥起见，申请人在申请晶体化合物专利时，在权利要求中应当记载与说明书中的 X 衍射数据描述相一致的晶体晶胞参数和空间群、晶体 XRPD 和（或）固相 NMR 参数。同时，在权利要求书中尽可能地限定光谱数据，通常可以写成：具有图 1 所示的 Y 结晶粉末的 X 射线衍射图；具有说明书附图 2 所示的差示扫描量热分析图；具有说明书附图 3 所示的红外光谱图特征等，以合理限定要求保护的晶体的范围。❷

三、撰写案例分析❸

（一）案例推荐理由

本案例涉及一种修饰突变后的软骨素合酶及其编码基因，同时对其晶体进行了研究，作为专利申请文件具有一定的代表性。

第一，专利申请涉及对基因或多肽进行修饰突变，说明书为给出为修饰突变的方法及获得的结果验证。

第二，对蛋白多肽的晶体进行了研究，共给出三种晶体，测定了必要的晶格参数。由于制备晶体出发多肽具备新颖性和创造性，因此这三项涉及晶体的发明也就具备单一性。对于制备晶体的方法相较而言，没有太大的意义，而最终的晶体产品具有更有力的保护性质，因此以晶体作为主题予以保护已较充分。同时，对于晶体的权利要求的撰写和说明书所需公开的内容具有示例作用。

第三，对修饰突变的多肽制备方法和应用也请求予以保护，以获得对发明创造的全面保护。

本案例也代表了生物领域发明较常见形式，即多项发明往往相互交织，可以从多

---

❶ 参见专利申请 200780036503.2。

❷ 赵健，张馨文，朱红星. 晶体药物专利申请的技巧及注意事项［J］. 现代药物与临床，2012，27（4）：418 - 422.

❸ 参见专利申请 20078002194.7。

个方面对发明创造请求予以保护，以获得全方位的专利保护，因此该专利申请具有参考价值。

（二）供参考的专利申请文件

权 利 要 求 书

1. 由 SEQ ID NO：2 的氨基酸序列组成的软骨素合酶。

2. 编码由 SEQ ID NO：2 的氨基酸序列组成的软骨素合酶的编码基因。

3. 如权利要求 2 所述的编码基因，其特征在于：由 SEQ ID NO：1 的核苷酸序列组成的软骨素合酶基因。

4. 生产根据权利要求 1 所述的软骨素合酶的方法，其包括至少下面的步骤：

（1）从至少一种根据权利要求 2 或 3 的基因表达多肽的步骤；和

（2）收集步骤（1）中表达的多肽的步骤。

5. 根据权利要求 1 所述的软骨素合酶的晶体，其是片状晶体，且显示出下面的晶体数据：

晶系：单斜晶系；布喇菲晶格：简单单斜晶格；空间群：P21；

品格常数：$a = 83.5$ Å、$b = 232.0$ Å、$c = 86.0$ Å、$\beta = 105.5°$。

6. 根据权利要求 1 所述的软骨素合酶的晶体，其是八面体晶体，且显示出下面的晶体数据：

晶系：四方晶系；布喇菲晶格：简单四方晶格；空间群：P4；

晶格常数：$a = 336$ Å、$b = 336$ Å、$c = 100$ Å。

7. 生产软骨素的方法，其包括在根据权利要求 1 所述的软骨素合酶存在下将糖受体底物、D - 葡萄糖醛酸供体和 N - 乙酰 - D - 半乳糖胺供体发生反应的步骤。

说 明 书

经修饰的软骨素合酶多肽及其晶体

技术领域

本发明属于蛋白质工程领域，具体涉及经修饰的软骨素合酶多肽、编码该多肽的核酸、生产该多肽的方法、该多肽的晶体。

背景技术

现有技术文件 1（JP 2003 - 199583 A）公开了来自大肠杆菌（*Escherichia coli*）K4 菌株的硫酸软骨素合酶和编码该合酶的 DNA。现有技术文件 2（JP 2005 - 65565 A）公开了在 K4CP 的某个区域具有一个或几个氨基酸替代的经修饰的酶，其中 K4CP 是指来自大肠杆菌 K4 菌株（血清型 O5：K4（L）：H4，ATCC 23502）的软骨素合酶。现有技术文件 3（JP 10 - 262660 A）公开了来自普通变形菌（*Proteus vulgaris*）的新的硫酸软骨素裂合酶及其晶体。

这些现有技术文件的任一个都没有公开和暗示修饰 K4CP 以增加从它的 DNA 的表达水平、增强酶活性和促进结晶的想法。

发明内容

本发明的目的是提供：软骨素合酶多肽，其可以以高水平从核酸表达，具有高酶促活性，并且可以被结晶；编码该多肽的核酸；生产该多肽的方法；该多肽的晶体。

本发明人通过广泛研究，得到了在 K4CP 的特定区域具有缺失的多肽和编码该多肽的核酸。本发明人已惊奇地发现使用该多肽作为软骨素合酶可以显著增加它的核酸表达的效率并且可以显著增强酶促活性，并且由于该多肽分子是稳定的，其可以被容易地结晶，从而完成本发明。

本发明提供了下面的（A）或（B）代表的多肽：

（A）由 SEQ ID NO：2 的氨基酸序列组成的多肽；或（B）由包括一个或几个氨基酸的缺失、替代或添加的 SEQ ID NO：2 的氨基酸序列组成并且具有软骨素合酶活性的多肽。❶

所述多肽（A）是 K4CP 多肽，其中来自 N - 末端的 57 个氨基酸缺失，并且该多肽的氨基酸序列在 SEQ ID NO：2 中显示。生产该多肽的方法没有具体限制，只要可以得到具有该序列的多肽。例如，通过肽合成技术，或者通过用蛋白酶如胰蛋白酶从 N - 末端除去 57 个氨基酸残基，或者使用编码该多肽的核酸通过基因工程技术，可以生产所述多肽。更具体的实例在下面的实施例 1 和 2 中显示。

所述多肽具有高软骨素合酶活性并且可以容易地结晶。

本发明的多肽可以用于软骨素合成（软骨素糖链的延长反应），其通过将所述多肽与糖供体底物（UDP - GalAc 和 UDP - GluUA）和糖受体底物（软骨素寡糖）接触用于所述合成来实现。此外，本发明的多肽可以用作生产如下述的本发明晶体的材料。其中，GalNAc 为 N - 乙酰 - D - 半乳糖胺、GlcUA 为 D - 葡萄糖醛酸、UDP 为尿苷 5' - 二磷酸。

本发明提供了编码上述（A）或（B）代表的多肽的核酸。

作为本发明的核酸，在下面（a）或（b）中描述的核酸可以作为示例：

（a）由 SEQ ID NO：1 的核苷酸序列组成的 DNA；或

（b）DNA，其在严格条件下与由与 DNA（a）互补的核苷酸序列组成的 DNA 杂交并且具有软骨素合酶活性。

本发明提供了生产本发明的多肽的方法，其包括至少下面的步骤（1）和（2）。

（1）从至少一种本发明的核酸表达多肽的步骤；和

（2）收集步骤（1）中表达的多肽的步骤。

---

❶ 鉴于目前专利审查实践难以接受所述多肽（B）的形式，因此下述涉及相关内容省略。但从专利申请的角度，在申请文件中记载这些内容是可取的，因为随着审查实践的变化，也许审查的标准也会发生变化，从而使其得到认可。

从本发明的核酸表达多肽的方法可采用现有技术已知的办法。例如，可以按下述方法从本发明的核酸表达多肽：将本发明的核酸插入到合适表达载体中；将该载体导入合适的宿主中以制备转化体，并生长转化体。表达载体和宿主没有具体限制并且可以合适地选自本领域技术人员已知的载体和宿主。其特定实例在下面的实施例中显示。如本文所用的术语"生长"不仅包括增殖用作转化体的细胞或微生物，而且包括已经整合了作为转化体的细胞的动物、昆虫等的生长。本领域技术人员可依赖于待用的宿主类型适当选择生长条件。

本领域技术人员可依赖于步骤（1）中多肽的表达方法适当选择收集所述多肽的方法。

例如，当通过将本发明的核酸插入表达载体，将载体导入宿主如大肠杆菌并培养宿主，使得本发明的多肽被表达并分泌于培养基（液体培养基的上清液）中时，可以收获培养基而不经进一步处理而用作本发明的多肽。

此外，当多肽作为在细胞质中分泌的可溶形式或作为不溶（膜结合的）形式表达时，可以通过处理程序提取表达的多肽，如：使用氮空化装置的方法；通过细胞裂解提取，如匀浆、玻璃珠磨方法、超声破裂方法、渗透压震扰方法或者冻融方法；表面活性剂提取；或者这些方法的组合。任选地，可以收获提取物而不经进一步处理而用作本发明的多肽。

本发明的生产方法可以还包括另一步骤。

例如，可以在步骤（2）后进行纯化本发明的多肽的步骤。纯化可以是部分纯化或完全纯化，并且本领域技术人员依赖于本发明的多肽的目的等可以适当选择纯化方法。

纯化方法，例如用硫酸铵、硫酸钠等盐析、离心、透析、超滤、吸附层析、离子交换层析、疏水层析、反相层析、凝胶过滤、凝胶渗透层析、亲和层析、电泳和其组合。

本发明的多肽可以作为与其他蛋白或肽如谷胱甘肽 S - 转移酶（GST）或聚组氨酸的融合蛋白表达，以便能使用所述蛋白或肽的亲和柱纯化该肽。此种融合蛋白也可以包括在本发明的多肽中。

本发明提供了本发明多肽的晶体。

本发明的晶体可以为片状晶体（下文中称作"本发明的晶体1"）。具体地，示例可以为显示出下面的晶体数据的晶体：

晶系：单斜晶系；布喇菲晶格：简单单斜晶格；空间群：P21；晶格常数：a = 83.5 Å、b = 232.0 Å、c = 86.0 Å、β = 105.5°。

此外，本发明的晶体也可以为八面体晶体（下文中称作"本发明的晶体2"）。更具体地，示例可以为显示出下面的晶体数据的晶体：

晶系：四方晶系；布喇菲晶格：简单四方晶格；空间群：P4；晶格常数：a = 336 Å、b = 336 Å、c = 100 Å。

生产晶体的方法可以适当地选自本领域技术人员已知的用于多肽结晶的技术。

通过向含有本发明的多肽的溶液中加入终浓度为约15%的聚乙二醇并让溶液在室

温静置可以制备本发明的晶体 1。

通过向含有本发明的多肽的溶液中加入终浓度为约 4M 的甲酸钠并让溶液在室温静置可以生产本发明的晶体 2。本发明的晶体可以以极高纯度提供本发明的多肽。例如，可以将本发明的晶体再溶解在水性溶剂中并用作本发明的多肽用于软骨素合成等。

本发明还提供生产软骨素的方法，其包括在本发明的多肽存在下，将糖受体底物、D - 葡萄糖醛酸供体和 N - 乙酰 - D - 半乳糖胺供体反应。

生产本发明的软骨素的方法包括将糖受体底物、D - 葡糖醛酸供体（GlcUA）及 N - 乙酰 - D - 半乳糖胺供体（GalNAc）在本发明多肽存在下反应的步骤。

一方面，GlcUA 供体优选为核苷二磷酸 - GlcUA，且尤其优选 UDP - GlcUA。另一方面，GalNAc 供体优选为核苷二磷酸 - GalNAc，尤其优选 UDP - GalNAc。

糖受体底物优选为软骨素，且尤其优选软骨素寡糖，如软骨素四糖和软骨素六糖。例如，通过上述反应生产软骨素并通过柱层析纯化所得的软骨素可以得到纯化的软骨素。

发明生产软骨素的方法可以获得不同范围分子量的软骨素，如可以生产具有高达数十万或更高分量的软骨素。

本发明的多肽可以用于有效和廉价地生产软骨素等。与野生型 K4CP 相比，所述多肽可以非常有效地从核酸表达得到，并且它具有高于野生型 K4CP 的酶促活性，并且可以容易地被结晶。尽管通过各种方法尝试了 SEQ ID NO：4（其中没有从 N - 末端除去 57 个氨基酸残基）的 K4CP 的结晶，但是没有得到 K4CP 晶体。

此外，通过使用本发明的多肽可以有效生产具有较高分子量的软骨素。本发明的生产方法可以用于有效生产本发明的多肽。而本发明的晶体可以以极高纯度提供本发明的多肽。

附图说明

图 1 是显示用胰蛋白酶处理的 K4CP 的 SDS - PAGE 的照片。其中，"M""-"和"+"分别代表分子量标记、胰蛋白酶未处理的溶液和胰蛋白处理的溶液。

图 2 是显示 ΔN57K4CP 的凝胶过滤层析级分的 SDS - PAGE 的照片。其中，"M"代表分子量标记。

图 3 是显示本发明的晶体 1 的光学显微镜图像的照片。

图 4 是显示本发明的晶体 2 的光学显微镜图像的照片。

图 5 是显示用 ΔN57K4CP 合成的软骨素的洗脱模式的曲线图。

具体实施方式

下面通过结合实施例详细描述本发明。

实施例 1：通过野生型 K4CP 的胰蛋白酶处理生产本发明的多肽（ΔN57K4CP）

将具有 SEQ ID NO：3（编码野生型 K4CP）的核苷酸序列的 DNA 插入到作为表达载体的 pGEX4T3（Amersham Biosciences 生产；核苷酸序列如 SEQ ID NO：5 所示中的 *Bam*HI 位点（SEQ ID NO：5 中的核苷酸第 930～935 位）和 *Eco*RI 位点（SEQ ID NO：5 的核苷酸第 938～943 位）之间。通过现有技术文件 1 中描述的方法制备具有 SEQ ID NO：3 的核苷酸序列的 DNA（现有技术文件 1 的实施例 2 中"插入片段"对应于具有

SEQ ID NO：3 的核苷酸序列的 DNA）。

以与现有技术文件 1 的实施例 2 中所述相同的方法将该 DNA 用于转化大肠杆菌 Top10F'（Invitrogen），并且表达多肽。

pGEX4T3 表达的多肽是以与 GST 的融合蛋白的形式，并且使用谷胱甘肽琼脂糖（Sepharose）4B（GE Healthcare Biosciences）将表达的多肽进行亲和纯化。

用凝血酶处理纯化的多肽以除去 GST。通过向 13μg 多肽加入 1 单位凝血酶并在 4℃过夜温育混合物进行凝血酶处理。

凝血酶处理后，进行凝胶过滤（Sephacryl – S200；Amersham Biosciences 生产），从而得到不含 GST 的 K4CP（氨基酸序列如 SEQ ID NO：4 所示）。

用终浓度 10ng/mL 的胰蛋白酶在 20℃下处理所得的产物 15 分钟。将未处理和处理的溶液进行 SDS – PAGE（12.5% 凝胶）；并用考马斯亮蓝对凝胶染色。结果在图 1 中显示。

如图 1 所示，在胰蛋白酶处理的溶液的情况中，检测到由胰蛋白酶处理生产的具有稍小的分子量的带（图 1 中实心三角形标记）。作为分析具有较小分子量的带的 N – 末端氨基酸序列的结果，发现该带对应于 K4CP 分子，其中来自 N – 末端的 57 个氨基酸残基已经缺失。因此，发现该带是具有 SEQ ID NO：2 的氨基酸序列的多肽。该多肽称作"ΔN57K4CP"。

实施例 2：通过基因工程技术生产本发明的多肽（ΔN57K4CP）

将 SEQ ID NO：1 所示核苷酸序列（编码 ΔN57K4CP）的 DNA 插入到上述表达载体 pGEX4T3 中的 *BamH*I 位点（SEQ ID NO：5 中的核苷酸第 930～935 位）和 *Eco*RI 位点（SEQ ID NO：5 中的核苷酸第 938～943 位）之间。通过 PCR（聚合酶链反应）制备 SEQ ID NO：1 所示的核苷酸序列的 DNA。

将 DNA 导入大肠杆菌 Top10F'（Invitrogen）中，并在 30℃下在补加了终浓度为 100μg/ml 的氨苄青霉素钠的 2×YT 培养基中培养细菌。当培养基中的细菌细胞的浓度（OD_{600}：600nm 下的吸光度）达到 0.6～1 时，向培养基中加入终浓度为 0.1mM 的 IPTG（异丙基 – β – D（–）– 硫代吡喃型半乳糖苷），接着在 30℃过夜培养。培养完成后，用谷胱甘肽琼脂糖（Sepharose）4B（GE Healthcare Biosciences）将细胞匀浆的上清液进行亲和层析。

用凝血酶处理纯化的多肽以除去 GST。以与实施例 1 相同的方法用凝血酶处理。

凝血酶处理后，以与实施例 1 相同的方法进行凝胶过滤，从而得到不含有 GST 的 ΔN57K4CP（由 SEQ ID NO：2 所示的氨基酸序列）。将凝胶过滤得到的洗脱的级分（7 个级分）以与实施例中相同的方法进行 SDS – PAGE，且用考马斯亮蓝染色凝胶。结果在图 2 中显示。

图 2 表明通过基因工程技术可以生产 ΔN57K4CP。发现在该实施例中表达的 ΔN57K4CP 的表达水平为实施例 1 中表达的 K4CP 表达水平的约 10 倍。

实施例 3：酶促活性的测量

测量在实施例 2 中生产的 ΔN57K4CP 和通过现有技术文件 1 的实施例 2 中描述的方法生产的 K4CP（通过将含有 His – 标记的肽与具有 SEQ ID NO：4 的氨基酸序列的多

肽的 N – 末端结构域融合得到）的软骨素合酶活性。测量方法如下。

将反应溶液（50μL）在 30℃温育 30 分钟，该反应溶液含有要测量其酶促活性的多肽（2.0μg）、50mM Tris – HCl（pH 7.2）、20mM $MnCl_2$、0.15M NaCl、软骨素己糖（0.1 nmol；Seikagaku Corporation）、UDP – $[^3H]$ GalNAc（0.1μCi，3nmol）和 UDP – GlcUA（3nmol）。温育后，在 100℃加热反应溶液 1 分钟以终止酶促反应。之后，将溶液应用到 Superdex Peptide HR10/30 柱（GE Healthcare Biosciences），并使用 0.2M NaCl 作为洗脱剂进行凝胶过滤层析。收集含有软骨素己糖或者更大分子的级分，并使用闪烁计数器测量酶促反应掺入的 $[^3H]$ GalNAc 的放射性。

结果发现 ΔN57K4CP 的软骨素合酶活性为 K4CP 的 2.06 倍。

实施例 4：本发明的晶体 1 的制备

制备含有浓度为 20mg/mL（溶剂组成：50mM Tris – HCl（pH 8.0）、500mM NaCl、10mM UDP 和 5mM $MnCl_2$）的实施例 2 中得到的 ΔN57K4CP 的溶液，并向该溶液中加入终浓度分别为 15% 和 0.2M 的聚乙二醇（PEG3350；Hampton Research）和 NaCl，并让整个溶液在室温静置。结果，生产了 ΔN57K4CP 的晶体。该晶体的光学显微镜图像在图 3 中显示。如图 3 所示，晶体是片状晶体。为该晶体进行 X 射线晶体学分析以获得下述晶体数据。晶系：单斜晶系；布喇菲晶格：简单单斜晶格；空间群：P21；晶格常数：a = 83.5 Å、b = 232.0 Å、c = 86.0 Å、β = 105.5°。

实施例 5：本发明的晶体 2 的制备

制备含有浓度为 20mg/mL（溶剂组成：50mM Tris – HCl（pH 8.0）、50mM NaCl、10mM UDP 和 5mM $MnCl_2$）的实施例 2 中得到的 ΔN57K4CP 的溶液，并向该溶液中加入终浓度分别为 4M 和 20mM 的甲酸钠和二硫苏糖醇，并让整个溶液在室温静置。结果，生产了 ΔN57K4CP 的晶体。该晶体的光学显微镜图像如图 4 所示，该晶体是八面体晶体。通过 X 射线晶体学分析以得到下面的晶体数据。晶系：四方晶系；布喇菲晶格：简单四方晶格；空间群：P4；晶格常数：a = 336 Å、b = 336 Å、c = 100 Å。

通过各种方法尝试了 SEQ ID NO：4（其中没有从 N – 末端除去 57 个氨基酸残基）的 K4CP 的结晶，但是没有得到 K4CP 晶体。

实施例 6

将实施例 2 中生产的 ΔN57K4CP（20μg）在反应溶液（50mMTris – HCl，pH 7.2，0.2mM $MnCl_2$、0.15M NaCl，100μL）中于 30℃下温育 72 小时，该反应溶液含有 UDP – $[^3H]$ GalNAc（0.1μCi，30nmol），UDP – GlcUA（30nmol），和软骨素己糖（[A] 1nmol、[B] 0.1nmol、[C] 0.01nmol）。加热反应溶液并使用串联连接的 Sephacryl S500 HR10/30 柱和 Superose 6HR10/30 柱（GE Healthcare Biosciences）以 0.5mL/分钟的流速进行凝胶过滤层析。测量洗脱的级分的 $[^3H]$ 放射性以分析所合成的软骨素的洗脱模式（见图 5）。

用透明质酸参照标准品产生分子量的校准曲线，并基于校准曲线计算洗脱的合成软骨素的平均分子量。结果，发现 [A]、[B] 和 [C] 的平均分子量分别约为 16kDa、216kDa 和 685kDa。

实施例 7

在如实施例 6 中所用的反应溶液（100μL）中温育实施例 2 中生产的 ΔN57K4CP（200μg）以进行酶促反应，该反应溶液含有无放射性的 UDP－GalNAc（300nmol）、UDP－GlcUA（300nmol）和软骨素己糖（［A］10nmol、［B］1nmol、［C］0.1nmol）。加热反应溶液并应用到快速脱盐柱（GE Healthcare Biosciences），且较高分子量的洗脱的级分穿过 C18Sep－Pak（Waters），接着冻干。使用多角度激光散射检测器（Wyatt Technology Corporation）测量所得的合成软骨素的平均分子量，结果发现［A］、［B］和［C］的分子量分别为 34.7kDa、157kDa 和 344kDa（见表 1）。

表 1 通过光散射检测器对 rCH 分子量的测量

样品名称	D/A	第一次测量	第二次测量	平均值
［A］	30	31.8 k	37.6 k	34.7 k
［B］	300	156 k	158 k	157 k
［C］	3000	380 k	308 k	344 k

在表 1 中，"D/A"代表糖－核苷酸供体底物与软骨素己糖的摩尔浓度比。反应在 30℃下进行 72 小时。

从实施例 6 和 7 的结果发现通过使用 ΔN57K4CP 可以有效生产具有较高分子量的软骨素。

序 列 表

（略）

说 明 书 附 图

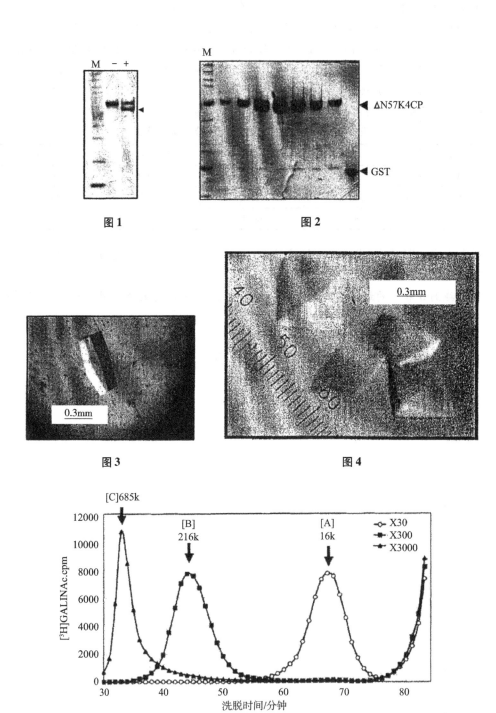

图1

图2

图3

图4

图5

第十四章 抗体和疫苗发明专利
申请文件的撰写及案例剖析

　　机体在抗原物质刺激下所形成的一类能与抗原特异结合的血清活性成分称为抗体。抗原－抗体反应是各种免疫技术及诊断技术的基础。在与抗体相关的专利申请中，根据其制备的原理和方法可分为多克隆抗体、单克隆抗体以及基因工程抗体。其中多克隆抗体属于第一代抗体，是将天然抗原经各种途径免疫动物获得的，由于抗原性物质具有多种抗原决定簇，故免疫动物血清中产生的实际上是含多种抗体的混合物，这种抗体是不均一的，无论是对抗体分子结构与功能的研究或是临床应用都受到很大限制，因此在与抗体相关的发明专利申请中，多克隆抗体仅占很小的比例，绝大部分申请的主题集中于单克隆抗体或基因工程抗体。因此，本章对抗体专利申请的特殊性进行介绍。

　　此外，疫苗本质是抗原，但能够使人或动物体产生免疫反应，因此与抗体相关联，故在本章一并予以介绍。

一、抗体发明专利申请

（一）申请前的预判
1. 关于专利保护客体
　　对于抗体类发明，也可能涉及利用抗体来进行检测等方法，则需要考虑是否属于《专利法》规定的疾病的诊断方法。关于这一方面，可以参见前述相关章节，在此不再重复。

2. 关于创造性
　　对于抗体本身，重点还是对于其创造性的预判。本书归纳的判断抗体创造性的思路，简单来说包括如下几点。

　　（1）如果请求保护的抗体针对已知抗原而以常规方式获得，应进一步判断其亲和力、特异性、安全性（如人源化程度）等参数，是否明显优于现有技术中的同类抗体。针对已知抗原，常规方法获得的单克隆抗体通常不具备创造性，但如获得了预料不到的特性或效果时（如与其他抗原的低交叉反应性或结合抗原的特异性更强，用于治疗的抗体副作用降低等），由特定的杂交瘤（通常需要保藏该杂交瘤）产生的单克隆抗体具备创造性，该杂交瘤也具备创造性。

　　如果对于某已知物质，不能容易推知其具有免疫原性，则相应制备的抗体可能具备创造性。如果某物质如蛋白是新的并具备创造性，则以其制备的有用抗体具备创造性。

　　（2）如果请求保护的抗体获得方式技术难度较大，则通常具备创造性。

（3）对于改造后的抗体，如果表面上是常规的改造如人源化、嵌合抗体 CDR、移植抗体等，则应判断抗体改造后的功能是否能够预期；只有在不能预期技术效果，才具备创造性，否则不具备创造性。

1）以具有保藏号的杂交瘤限定的抗体

对于具有保藏号的杂交瘤限定的抗体，其创造性判断难点与保藏号限定的微生物具有一定的相似性。下面通过案例以期提供更明确的创造性判断思路。

以常规的杂交瘤技术制备获得的杂交瘤，即使进行了保藏，其产生的抗体通常也不具备创造性，除非获得了预料不到的技术效果。

【案例 14-1】❶　**以带保藏号的杂交瘤细胞株限定的抗体**

案情：技术交底书中的发明涉及一种抗人 LIGHT 单克隆抗体，其特征在于，所述抗人 LIGHT 单克隆抗体为保藏编号 CGMCC No.4788 的杂交瘤细胞株产生的单克隆抗体，为 IgG2b 亚型。技术交底书提供了所述单抗的制备方法及特异性实验，但未提及其他与所述抗体效果相关的实验数据。

现有技术：对比文件 1 公开了一种抗人 LIGHT 单克隆抗体，并且公开了所述单克隆抗体通过杂交瘤细胞株产生，其制备方法与本申请完全相同，权利要求中的技术方案与对比文件 1 的技术方案相比，区别在于分泌的单抗亚型有区别，虽然发明人将分泌所述单抗的杂交瘤细胞株进行了保藏。

分析：本领域公知，小鼠抗体分为 4 个亚类，如 IgG1、IgG2a、IgG2b、IgG3，根据对比文件 1 制备杂交瘤细胞株的方法，本领域技术人员很容易想到可以获得上述常见的 4 种单抗 Ig 亚型，并且筛选获得本发明的 IgG2b 亚型也是很容易实现的。另外，保藏号仅代表了所述细胞株获得的途径，本发明仅仅是提供了另外一个细胞株分泌的抗体，对比文件 1 公开的单抗与该发明的杂交瘤细胞株分泌的亚型单抗作用相同。也就是说，从目前来看没有产生预料不到的技术效果，因而发明不具备创造性。若要提出专利申请，则应进一步研究是否存在可以构成预料不到的技术效果证据。

【案例 14-2】❷　**以保藏号限定的单克隆抗体具有预料不到的技术效果**

案情：技术交底书中的发明是一种人血管内皮生长因子单克隆抗体，产生该单克隆抗体的小鼠杂交瘤细胞系 V2 进行了保藏，保藏号为 CCTCC No. C200623。技术交底书中记载了合成重组人血管内皮生长因子抗原后，免疫五特征小鼠，经细胞融合、阳性克隆筛选获得分泌人源 VEGF IgM 抗体的杂交瘤细胞株，经 ELISA 检测分泌的抗体为人源 IgM 抗体，抗体的亲和常数 V2：3.67×10^{-9}M。同时，技术交底中还给出了多个与所述人抗 VEGF 单抗体外生物活性及体内抗肿瘤活性的实验数据。

现有技术：对比文件 1 公开使用噬菌体文库筛选人源化的 VEGF 单抗，并且提示抗体的种类包括 IgM，还提示挑选亲和力强的抗体，以用于治疗肿瘤。对比文件 1 列举了一个亲和力是 9.3nM 的单抗，与该发明单抗的亲和常数属于同一数量级。

分析：从抗体制备方法来看，该发明与对比文件 1 所公开的技术内容相比，其区

❶　参见专利申请 201110314777.1。
❷　参见专利申请 200610116318。

别在于选择出特定种类和特定亲和力的抗体杂交瘤，然而这种区别在对比文件1的启示下，本领域技术人员根据其他常规的技术（如利用市售的人源化动物直接制备抗体），通过有限的实验就能得到性质（包括亲和力）相似，甚至更好的单抗杂交瘤。另外选用鼠这一最常用的实验动物，制备杂交瘤细胞也是本领域的公知常识，也就是说为了制备特定抗体，选用特定的杂交瘤细胞系对于本领域技术人员来说是显而易见的。

但是从技术效果来看，对比文件1中所得到的是Fab抗体，Fab仅仅是抗体分子经酶解后的一个片段，因此分子量较小，且部分Fc段的功能缺失，稳定性亦差，而本发明的单克隆抗体是全人源的IgM型，是一种完整的抗体分子，不是单价的，在未作构架变化的前提下提高亲和力是很困难的，这样的单抗是不容易得到的，因此该发明获得了预料不到的技术效果。

2）以序列限定的抗体

对以序列限定的抗体而言，通过常规方法能够制备获得的抗体，即使以序列进行了限定，在没有获得预料不到的技术效果的情况下，也可能不具备创造性，因此获得的技术效果是非常重要的。

下面通过典型案例进行说明。

【案例14-3】❶　**以轻/重链可变区限定的单抗**

案情：发明涉及一种抗牛朊蛋白PrP27-30的单克隆抗体mab-PrP102-6，并测定其序列，轻链可变区基因如序列2所示，其重链可变区基因如序列3所示。技术交底书记载了单克隆抗体是以牛朊蛋白PrP27-30为抗原，经常规的杂交瘤技术获得的单克隆抗体，说明书公开了所述抗体的效价为1×10^{-4}，在特异性方面，仅与重组牛PrP27-30的单体和二聚体发生反应，而不与重组牛成熟叠朊和空载体具体蛋白反应，能特异地识别和结合牛PrP27-30；所述单克隆抗体与重组样或人的PrP具有交叉反应性，能够识别和结合重组羊或人的成熟PrP。

现有技术：对比文件1公开了一种利用PrP27-30作为免疫原所制备的多克隆抗体，表明PrP27-30具有免疫原性。

分析：对于本领域技术人员来说，利用具有免疫原性的蛋白制备单克隆抗体仅是本领域的一种常规技术手段，而从效果上来说，该发明的抗体也并没有产生任何预料不到的技术效果，因此所述单克隆抗体不具备创造性。

判断抗体创造性时应考虑所述抗体所针对的抗原表位。如果本申请的抗体针对的抗原表位与现有技术的相同，即使其抗体序列不同也不足以表明其具备创造性，除非获得了预料不到的技术效果。

【案例14-4】　**以序列限定的单抗并获得预料不到的技术效果**

案情：发明涉及一种对人类KDR具有特异性的抗体分子，测定了其相关序列，即包含序列如SEQ ID NO：15所示的重链可变区gH3和序列如SEQ ID NO：16所示的轻链可变区gL3。技术交底书中指明，二价种类以其较低的解离常数显示出二价的优势。移植的DFM的亲和力非常近似于鼠的IgG，DFM-PEG40显示亲和力有微弱的降低，

---

❶　参见专利申请200710141594.8。

并提供了所述抗体分子的各方面性能的具体数据，即 DFM、DFM－PEG40、mIgG 的 K_D 分别为 2.9×10^{-11}、4.1×10^{-11}、3.0×10^{-11}。

现有技术：对比文件 1 公开了数种对人 KDR 有特异性的单克隆抗体、单链抗体及嵌合抗体，上述抗体对人 KDR 的 Kd 值在 $4.9 \times 10^{-10} \sim 1.1 \times 10^{-9}M$ 的范围，这些抗体可竞争性抑制 VEGF 与 KDR 的结合，阻碍 VEGF 引起的信号传递和人内皮细胞的有丝分裂，具有抗血管生成和抗肿瘤的活性，可用于治疗肿瘤及其转移以及与不受控制的血管生长相关的类风湿性关节炎和牛皮癣。

分析：对比文件 1 公开了数种对人 KDR 有特异性的单克隆抗体、单链抗体及嵌合抗体，但对比文件 1 中没有公开任何抗体或其片段的具体序列。从该发明技术交底书记载的上述 Kd 值来看，该发明的抗体分子的 Kd 值显著高于对比文件 1（超过 10 倍），这种效果是本领域技术人员所不能事先预料到的，因此该发明的抗体分子相对于对比文件 1 具有预料不到的技术效果，具备创造性。

3）已知抗体的改造

对已知抗体进行改造，类似于对已知基因进行突变。如果仅仅是随意的改造，或者说根据常规方法进行的改造，而没有获得预料不到的技术效果，则不具备创造性。但如果改造的抗体获得的功能无法预期，或者具有克服技术偏见等预料不到的技术效果，则具备创造性。下面通过两个典型案例予以说明，以期为实际判断提供指导。

【案例 14－5】❶

案情：发明涉及一种生产截短的（膜结合病毒多肽）单纯疱疹病毒 1 型或 2 型糖蛋白 D（HSV gD）的不与膜结合的衍生物的方法，前述衍生物缺少膜结合结构域，不与前述膜结合，并且具有裸露的抗原决定簇，其提高中和抗体且保护免疫的个体不受病毒（病原体）单纯疱疹病毒 1 型和/或 2 型的体内挑战，前述方法包括在转染有编码 DNA 的稳定真核细胞系中表达前述 DNA。

现有技术：对比文件 1 公开了去除病毒蛋白跨膜区的序列并在宿主细胞中表达该蛋白，表达出的病毒蛋白不会插入到细胞膜中，从而方便蛋白纯化操作。现有技术中已知 HSV gD 是一种病毒膜蛋白，且可以作为一种免疫原引起生物体的免疫反应，并清楚地知晓 HSV gD 的序列。

分析：尽管去除蛋白的跨膜区是本领域对蛋白的常见改造方式，但是具体到该发明的 HSV gD 蛋白，由于现有技术中并不清楚 gD 蛋白如何激发体内的免疫反应从而展示出免疫保护性质，也就是并不清楚其抗原表位的性质，例如是否具有构象表位以及构象表位的结构。并且现有技术也表明膜结合病毒糖蛋白跨膜区域的缺失可能会影响胞外结构域的构象，因此本领域技术人员无法确定去除了跨膜区后的 HSV gD 蛋白是否能够具有与完整的 gD 蛋白相同的抗原表位结构，因此不具有使用对比文件的方法生产 HSV gD 的动机。从另外一个角度讲，实际上现有技术中不存在 HSV gD 的胞外部分能够产生体内免疫作用的合理预期，因此本发明中的截短的 HSV gD 实际上取得了预料不到的技术效果，具备了创造性。

---

❶ 参见欧洲专利局决定 T 0187/93。

【案例 14 – 6】❶

案情： 发明涉及一种用于治疗被蛇咬伤患者的抗蛇毒血清组合物，含有能够特异性结合响尾蛇属毒液的 Fab 片段并且利用免疫电泳技术通过抗 Fc 抗体将其中的 Fc 清除，同时还有药学上可接受的载体，所述的抗蛇毒血清组合物能够抑制响尾蛇属毒液的致命性。

现有技术： 文献 1 公开了从马血清中纯化的完整的抗体能够用于抗响尾蛇毒液，但是并没有教导使用 Fab 片段。文献 2 公开了一种用于代替完整抗体的 Fab 片段的生产方法，并且公开了在酶联免疫反应中使用 Fab 片段来检测来自澳洲棕蛇毒液的棕网蛇毒素，同时也公开了 Fab 片段在酶联免疫反应中的结构和完整的 IgG 是相似的。

现有技术中整体来看，到目前为止商业化的抗蛇毒血清产品只有 IgG 和 F (ab)$_2$ 片段，并没有 Fab 片段，而且本领域公知 Fab 片段在身体内会被迅速清理，而完整抗体和 F (ab)$_2$ 片段却不会。由于毒液会在体内保持较长时间，因此 Fab 片段可能还没有发挥作用就被清除，因而不会被用来制备抗蛇毒血清。此外，IgG 中含有一个额外的二硫键，从而可以结合到蛇毒抗原的重复蛋白上，而 Fab 片段却没有这样的键，因此现有技术中认为 Fab 片段不能抑制蛇毒。

分析： 现有技术中并没有使用 Fab 片段抑制蛇毒的技术启示，而该发明的发明人提供的证据与现有技术中的上述认识相反，证明该发明中经截断的 Fab 片段也能有效抑制蛇毒，并且也能够降低人体的有害的免疫反应。该发明的单抗克服了现有技术中的技术偏见，其功能具有非显而易见性，因此具备创造性。因此，尽管有些对抗体的改造使用了常规方法，但改造后抗体功能是否可预见需要结合现有技术进一步判断。

（二）专利申请文件的撰写

1. 说明书的撰写

对于单克隆抗体而言，其说明书为满足充分公开和支持其新颖性和创造性，通常需要交代下述内容。

（1）单克隆抗体的制备通常是经杂交瘤融合细胞分泌产生。因此说明书中首先需要记载杂交瘤的制备。通常应当记载所用的抗原的来源及成分（如果是已知抗原，则也应说明出处）或获得步骤（尤其对于新抗原，则必须提供获得步骤）、骨髓细胞的来源和维持培养、免疫的动物来源、免疫接种过程、产抗体细胞（脾细胞）的分离、两种细胞的融合步骤、所用的试剂、培养基、选择条件、杂交瘤的筛选、克隆过程、杂交瘤（通过单克隆抗体）的鉴定等。这是因为对于获得某一特定的单克隆抗体，若上述具体步骤中的工艺步骤或参数及条件可能有其特殊之处，则应当详细交代，尤其应当提供详细制备过程的实施例。通常情况下，对于获得特定的某一株杂交瘤细胞，若对于重复发明是必需的，则应当进行生物材保藏，并在说明书中记载其保藏日期、保藏单位和保藏号。

（2）单克隆抗体的分离和滴度测定（效价实验）。通常包括培养杂交瘤细胞获得培养上清或者给哺乳动物注入杂交瘤使其增生并从动物中获取腹水，用盐析法凝胶过滤，

---

❶ 参见美国专利申请 08/405454。

亲和色谱法纯化和鉴定，以及抗原抗体结合反应和滴度测定等。一般是通过实施例的方式清楚描述这些实验的具体步骤，其中所用的设备、生物材料、培养基和试剂的特征和获得途径以及实验结果等。

（3）单克隆抗体的应用效果方面。在说明书中至少记载所述单克隆抗体的用途，包括其实施例部分具体使用方法及效果实验。如果所述用途是现有技术中是已知的，需要描述清楚发明的单克隆抗体与现有技术的单克隆抗体或多克隆抗体相比在特性和使用效果等方面有改进的对比实验。例如，发明的单克隆抗体结合特异性提高、杂交瘤分泌产量提高、滴度增大等有关对比实验及其实验数据等，这部分属于单克隆抗体的效果，其直接影响到相关发明的创造性。另外，对于单克隆抗体用作药物，需要有相应的细胞实验、动物实验、临床试验等实验数据。

2. 权利要求书的撰写

抗体权利要求的撰写有其特殊之处，通常采用来源限定（如产生该抗体的杂交瘤）、序列限定或表位限定等，分别介绍如下。

1）以具有保藏号的杂交瘤限定的抗体

在较早一些时期，对于抗体，尤其是单克隆抗体，可以对杂交瘤进行生物保藏，然后可以用具有保藏号的杂交瘤来限定抗体。其权利要求的撰写通常是以杂交瘤细胞系名称后加保藏单位简称和保藏号来限定，例如：一种杂交瘤细胞株 CGMCC No. 1866。

随后可写相应的单克隆抗体权利要求，例如：一种由杂交瘤细胞株 CGMCC No. 1866 分泌的单克隆抗体。

2）用制备方法来限定抗体

许多情况下，可以采用抗体的制备方法来进行限定。如果仅以产生抗体的抗原方式来限定抗体，其保护范围是最大的，但适用的条件非常苛刻。例如如果发现利用一种已知蛋白可以用来制备新抗原，则可以写成：一种抗人白细胞介素 - 4 的单克隆抗体。

如果用制备方法的具体步骤或参数进行了限定，则保护范围相对又少一些。更多地适用于多克隆抗体。

【案例 14 - 7】

1. 一种整合膜蛋白的多克隆抗体的制备方法，其特征在于，用整合膜蛋白免疫动物，从动物体内分离多克隆抗体，其中，所述的整合膜蛋白是：

① SEQ ID NO：1 中第 455 ~ 755 位所示氨基酸序列的蛋白；或

② SEQ ID NO：1 所示氨基酸序列的蛋白。

2. 根据权利要求 1 所述的制备方法，其特征在于，所述的动物为家兔、小鼠或大鼠。

3. 根据权利要求 2 所述的制备方法，其特征在于，用纯化的所述的整合膜蛋白免疫兔子；免疫量 $600 \pm 200 \mu g$ 每只每次；初次免疫 14 ± 3 天后，每 14 ± 3 天用纯化的所述的整合膜蛋白 STY 加强免疫 1 次，免疫量是 $300 \pm 100 \mu g$ 每只每次，至少加强免疫 2 次；从兔血清中分离多克隆抗体。

4. 根据权利要求1至3任一项所述的制备方法，其特征在于，所述的整合膜蛋白在免疫动物之前，加入等体积的弗氏完全佐剂，充分乳化。

5. 一种如权利要求1至4任一项所述制备方法制备的整合膜蛋白的多克隆抗体。

3）以序列限定抗体

抗体分子的氨基酸序列是其基本的结构特征，因此，涉及抗体主题的权利要求同样适用《专利审查指南2010》中多肽或蛋白质的权利要求撰写方式，限定抗体分子的氨基酸序列或编码所述氨基酸序列的核苷酸序列。如果测定了重链和轻链的全长序列，则可以采用这种方式来进行限定。这种限定方式相比于杂交瘤细胞株来限定的保护范围似乎要更宽一些，但保护范围仍显得比较窄。

对于测定了抗体的全长，通常可用重链和轻链的全长序列可以进行限定。进一步地，如果通过充分的实验验证了其CDR，则可以考虑采用CDR序列来进行限定，扩大保护范围，但通常而言需要对重链和轻链的共6个CDR序列均要进行限定才能得以认可，但从提出申请的角度考虑，可以考虑先用部分CDR序列进行限定，待审查意见的观点来确定是否坚持或修改。在采用氨基酸序列限定抗体的同时，还可撰写编码所述抗体的核酸分子的权利要求。

基于生物技术的发展，目前采用序列限定的方式越来越多。通常典型的比较全面的权利要求书如【案例14−8】所示，其中该发明测定获得了抗体的全长氨基酸序列，并对制备过程的杂交瘤细胞株进行了生物保藏。

【案例14−8】[●]

1. 针对IL−13Rα1的人抗体，其特征是重链可变区如SEQ ID NO：5所示，并且轻链可变区如SEQ ID NO：6所示。

2. 根据权利要求1的抗体，其从杂交瘤细胞系DSM ACC2711获得。

3. 根据权利要求1或2所述的抗体用于生产药物组合物的用途。

4. 药物组合物，其包含药物有效量的根据权利要求1或2所述的抗体。

5. 一种编码针对IL−13Rα1的人抗体的核酸，其特征在于：所述人抗体的特征在于重链可变区如SEQ ID NO：5所示和轻链可变区如SEQ ID NO：6所示。

6. 包含根据权利要求5所述的核酸的表达载体，其能够在原核或者真核宿主细胞中表达所述核酸。

7. 包含根据权利要求6所述的表达载体的原核或者真核宿主细胞。

8. 产生结合IL−13Rα1并且抑制IL−13与IL−13Rα1的结合人抗体的方法，其特征是在原核或者真核宿主细胞中表达根据权利要求5所述的核酸并从所述细胞中回收所述人抗体。

9. 制备药物组合物的方法，其特征是通过重组表达产生根据权利要求1或2所述的抗体，回收所述抗体并将所述抗体与药用缓冲剂和/或佐剂组合。

10. 一种分泌针对IL−13Rα1的人抗体的杂交瘤细胞系DSM ACC2711。

但抗体分子又是一类特殊的免疫球蛋白，由两条相同的重链和两条相同的轻链组

[●]　依据专利申请200680001753改编。

成，4条链通过链间二硫键形成Y型基本结构框架，重链和轻链又可分为恒定区和可变区两部分，而由重链和轻链可变区共同形成的抗原结合部位是抗体分子的重要功能性结构域，通过其与相应抗原表位结构的特异性识别和结合，进而引发后续的免疫应答和免疫反应。因此，在抗体分子结构特征的限定上，可以限定重链可变区、轻链可变区的生物序列，也可以仅限定其发挥生物活性的功能性结构特征，比如构成抗原结合区的轻链3个CDR区和重链3个CDR区。当然如下所述，如果能够确证CDR，则下述例子给出从CDR角度进行限定的实例，其也可能得到国家知识产权局的认可。

【案例14-9】❶

1. 一种与人肿瘤坏死因子α结合的嵌合抗体，其特征在于，该嵌合抗体的重链可变区的CDR-H1为SEQ ID NO: 3所示的氨基酸序列，CDR-H2为SEQ ID NO: 4所示氨基酸序列，和CDR-H3为SEQ ID NO: 5所示氨基酸序列；以及

该嵌合抗体的轻链可变区的CDR-L1为SEQ ID NO: 8所示氨基酸序列，CDR-L2为SEQ ID NO: 9所示氨基酸序列，和CDR-L3为SEQ ID NO: 10所示氨基酸序列。

2. 如权利要求1所述的嵌合抗体，其特征在于，该嵌合抗体的重链可变区为SEQ ID NO: 2所示的氨基酸序列。

3. 如权利要求1所述的嵌合抗体，其特征在于，该嵌合抗体的轻链可变区为SEQ ID NO: 7所示的氨基酸序列。

4. 如权利要求1所述的嵌合抗体，其特征在于，所述嵌合抗体的重链恒定区序列是人IgG1的重链恒定区序列。

5. 如权利要求1所述的嵌合抗体，其特征在于，所述嵌合抗体的轻链恒定区序列是人κ抗体轻链恒定区序列。

6. 一种药物组合物，其特征在于，该组合物含有权利要求1至5任一项所述的嵌合抗体和药物学上可接受的载体。

7. 权利要求1至5任一项所述嵌合抗体在制备抑制或中和hTNFα活性的药物中的用途。

8. 如权利要求7所述的用途，所述抑制或中和hTNFα活性的药物用于治疗脓毒症、自身免疫疾病、移植排斥、感染病、肠功能紊乱症、类风湿性关节炎、节段性回肠炎或牛皮癣关节炎。

4）其他情形

当无法使用上述方式进行描述时，有时还可以允许采用其针对的特异表位的结构特征来限定。

【案例14-10】

发明首次发现一种新蛋白（PAR1）中某一重要表位如SEQ ID NO: 38所示，并对获得的抗体进行了验证，并能与PAR1产生拮抗作用。对此，可以撰写下述的权利要求。

---

❶ 依据专利申请200610118020.4改编。

1. 与人 PAR1 的表位特异结合的抗体或抗原结合分子，其中该表位包含氨基酸序列 SFLLRNPNDKYEPFWEDEEKNESGLTE（SEQ ID NO：38）。

但需要注意的是，这种撰写方式存在较大风险，例如现有技术实际上已有这种抗体，只不过不知道其表位而已，此时该权利要求有可能已失去了新颖性。此外，还可能被国家知识产权局质疑不能得到支持，因此从专利申请的角度还需要撰写进一步缩小保护范围的从属权利要求，以作为退路。

涉及抗体的发明，同时还可能涉及配套的权利要求的撰写，例如可能涉及对对应抗原的检测方法等，此时，需要注意避免撰写落于疾病的诊断方法的范畴，但对于利用抗体的检测方法，如果直接以其作为主题而属于疾病的诊断方法时，可以有以下几种方式予以避免。

（1）可以明确为体外检测可能排除疾病诊断方法的内容。

（2）有时可以在权利要求中增加"非诊断目的"，以排除不予授权的范畴。

（3）改变权利要求的主题，写成类似于制药用途的权利要求，例如：某抗体在制备检测某病原的检测试剂中的用途。

（4）此外，还可以通过撰写成产品，如检测试剂盒等形式以避免落于疾病的诊断方法范畴。具体还可见于前述相关例子。

二、疫苗相关发明专利申请

由于制备了非常优异的疫苗才使人类免受许多疾病的困扰，例如种牛痘、预防天花等。虽然目前涉及疫苗的申请量并不是特别大，但好的疫苗具有非常大的市场前景和应用价值，因此本书针对疫苗的专利申请文件撰写进行介绍。

（一）申请前的预判

疫苗的创造性预判有利于在申请时判断是否符合创造性的要求而决定是否提交专利申请。疫苗的制备过程具有特别之处，如克服了现有技术制备过程中的难题；或者制备过程比较常规，但所获得的疫苗在技术效果上具有非常优异之处，达到了本领域技术人员预料不到的程度。上述是疫苗具备创造性最常见的两大类理由。对于多联疫苗，如果仅仅是简单的叠加而没有解决明显的技术问题，应当判断不具备创造性。但如果疫苗联用解决至少一个技术问题、获得技术效果则通常具备创造性：如多联疫苗克服现有技术认为相互联用时会影响免疫原性、或化学不相容、各抗原之间存在的免疫反应的相互干扰等问题，或者在联用中通过选用合适的佐剂、稳定剂、防腐剂及其配比等克服各抗原不相容的问题等。

【案例 14 - 11】

现有技术中的白喉、破伤风、百日咳和乙型肝炎的疫苗都是公知的，但单独接种有各自的程序，非常麻烦。因而，能够想到将这四种疫苗联用，以克服该缺陷。但联合疫苗的制备中容易发明单个疫苗溶液的聚集和对瓶壁的粘附，如此导致不能长期保存，因而不能达到预期效果。为克服上述缺陷，发明人通过研究发现采取下述方式可以避免：即将其中的白喉类毒素和破伤风类毒素吸附于磷酸铝凝胶，乙肝表面抗原吸附于氢氧化铝凝胶。同时，证明将 4 种疫苗联用后，各疫苗的抗原性和效力并没有降低。该发明解决了上述技术问题，现有技术没有启示，因而具备创造性。其技术方案可以如此表述：1. 一种白喉－破伤风－百日咳－乙型肝炎联合疫苗，其中白喉类毒素和破伤风类毒素吸附于磷酸铝凝胶，乙肝表面抗原吸附于氢氧化铝凝胶。

此外，对于自体回输性疫苗，属于个体化治疗方式，通常被认为不具备实用性，不适合提出专利申请。例如，某发明涉及树突状细胞肿瘤疫苗。取自病人自体外周血的 CD43＋造血细胞，并在体外诱导树突状细胞获得疫苗，该疫苗仅能用于该病人的治疗。这种应用被认为是个体化的，无法在产业上应用而不具备实用性。

（二）说明书的撰写

下面从说明书、权利要求书的撰写进行介绍，并给出权利要求撰写示例。

首先介绍说明书的撰写。除技术领域和背景技术遵循通常规则外，对于疫苗相关的发明，对于疫苗的制备和所获得的技术效果两方面需重点强调如下。

1. 疫苗的制备

疫苗相关的发明当然需要首先公开疫苗的制备方法。疫苗根据其抗原成分的不同一般分为下面几种情况，分别予以介绍。

（1）对于含有减毒微生物的疫苗。说明书中应当记载起始微生物的来源和繁殖培养条件，减毒的具体方法步骤，减毒菌株的筛选和鉴定过程，减毒株的性能特征，可以参照获得的新微生物情形进行描述。

有些疫苗是将毒株进行一系列的传代培养后，获得弱毒株，再从弱毒株制备得到的减毒疫苗。由于经过了一系列的传代培养导致不能控制或不能清楚得知的突变，致使所获得特定弱毒株的过程不能重复再现，依赖于随机因素。因此，这种情况下，应当将得到的减毒微生物在申请日前到国家知识产权局认可的保藏单位进行保藏。此外，还有许多情形是要求减毒微生物进一步与佐剂混合配制成能实用的疫苗，此时还要描述所混合的佐剂名称、与减毒微生物的混合方法和混合比例等。

（2）对于含有已灭活的微生物或从该微生物中分离的特定抗原成分作为疫苗，说明书中应记载起始微生物的来源和繁殖培养条件。如果是从诸如患者体内新分离的特定病原体微生物，如果制备所述疫苗需要重复利用该微生物，则应当将所述微生物到国家知识产权局认可的保藏单位进行保藏。对该微生物的描述和保藏体现参照新微生物以保藏号限定的撰写形式。如果是已知微生物，则也应当交代该微生物来源或获得途径。起始微生物交代清楚后，还要具体描述对起始微生物的灭活方法和处理过程，再描述最终疫苗的组成成分、所含的佐剂等。如果是从该微生物中分离出抗原成分作为疫苗，还要具体描述该抗原的分离方法和鉴定参数。

（3）对于重组疫苗，主要包括用重组 DNA 方法表达抗原蛋白作疫苗和构建重组微生物作为活疫苗成分两种情形。对于重组抗原，一般通过转化细胞或微生物表达重组抗原蛋白；对于构建重组微生物疫苗，通常是通过破坏病原菌必需的代谢基因，构建减毒病原菌，对于其构建过程属于基因工程领域的，可以参照第十一章。在描述重组抗原和制备重组微生物构建描述清楚后，则进一步描述疫苗的组成和制备。

2. 疫苗的效果实验

对于疫苗相关的发明，必需要交代清楚所获得的疫苗的效果。通常而言，其包括免疫接种和病原体攻击实验、疫苗的保护效果等。对于含有减毒微生物或其他微生物活体的疫苗，还要记载该微生物的毒力实验以及遗传稳定性、回复突变实验情况等安全性实验。

对于预防性疫苗的免疫效果，通常可以提供以下两种方式：

① 动物体内攻毒实验：通常以动物如兔、小鼠等作为对象，接种发明的预防性疫苗后，再用同源病原体进行攻毒，可以记载实验组与对照组的发病率、生存率、病原体分离率等，通过实验数据比较以证明疫苗的有效性。

② 血清学实验：用发明的疫苗接种动物后，采集血液，通过血清学反应以检测是否产生相关抗体。必要时，再提取抗体进行动物体内攻毒实验，或将产生的抗体进行分离以进行细胞培养的体外中和实验等。

对于病原体感染和肿瘤的治疗性疫苗，需要提供激发抗原特异性的细胞免疫反应来证明其效果，通常仅提供体内注射免疫的实验数据不足以证明其治疗效果。通常可以通过下述实验结果予以说明。

① 动物移植瘤模型试验，比较肿瘤大小、生存率等指标。

② 细胞毒实验，例如采用^{51}Cr释放实验、LDH释放法、[^{3}H]脱氧胸苷释放法。

③ 免疫细胞因子的分泌实验，检测重要的免疫细胞因子的分泌功能。

④ 特异性免疫细胞的定量检测或淋巴细胞增殖反应实验。

3. 疫苗的安全性实验

对于疫苗，尤其人用疫苗，安全性要求非常重要。从专利申请的角度，对于活病毒疫苗、全颗粒微生物疫苗，在说明书中最好记载能够证明所述疫苗的安全性实验数据。其理由在于：活病毒疫苗仍然具有一定剩余毒力，而在体现也可能发生返祖恢复毒力的现象；全颗粒微生物疫苗则由于成分复杂，存在可能引起与免疫反应无关的不良反应。因此，涉及这种疫苗的发明，在提出专利申请时最好完成安全性实验，并记载在说明书中。

（三）权利要求的撰写

对于疫苗相关的发明，通常可能涉及疫苗本身的权利要求、疫苗的制备方法权利要求以及疫苗的用途权利要求等。下面分别说明。

1. 疫苗权利要求

对于用有确定化学成分的抗原制成的疫苗，其是抗原成分与一种或多种介质或者佐剂以一定比例配制的组合物，因此可以视同药物组合物来撰写权利要求。

对于含有灭活微生物的疫苗，由于灭活微生物的具体化学成分是不清楚的，因此可以用微生物的描述加上对微生物处理步骤来限定抗原成分，即相当于用方法来限定的产品权利要求。

对于含有减毒微生物的疫苗，由于其中的一个组分是活的微生物，对其描述与前面介绍的微生物本身的权利要求撰写要求相同。

2. 制备方法的权利要求

疫苗的制备方法权利要求，首先要判断所述制备方法是否具备专利法意义上的实用性，如果具备实用性，则根据疫苗的组成成分不同进行针对性的描述限定。

对于含有化学成分明确的抗原的疫苗，其制备方法的描述基本同药物组合物的制备方法权利要求。其中重点是要限定抗原成分，如果还需配合佐剂，则还要限定与其混合的佐剂及其配比和配制方法。如果发明的关键之处在于新的抗原，则应包括该抗原的制备方法。

对于含有灭活微生物的疫苗的制备方法，重点在于描述灭活微生物的制备方法，即对微生物的处理步骤。此外，如果该疫苗还需要与介质或佐剂配合，则还应限定其与一种或多种介质或者佐剂混合的比例及其配制的步骤。

对于含有减毒微生物的疫苗的制备方法，首先要描述减毒微生物的制备，这类似于新微生物的描述，如果需要与介质或佐剂配合，则还需要限定其与一种或多种介质或者佐剂混合的比例及其配制的步骤。

3. 疫苗的用途权利要求

由于直接撰写疫苗的用途权利要求往往涉及疾病的治疗方法而属于不授予专利权的主题，因此通常都撰写成抗原用作制备疫苗的用途权利要求，此时一方面需要清楚限定抗原，另一方面要明确疫苗所针对的疾病（适应症）。通常可以写成：某抗原在制备预防某疾病的疫苗中的用途。

上述三方面的权利要求，大多时候可以在一份专利申请的权利要求书中同时出现，则可以采用引用权利要求的方式来撰写，例如写成：如权利要求 1 所述的抗原在制备预防某疾病的疫苗中的用途。

（四）权利要求书撰写示例

下面通过一些示例，为疫苗相关发明的权利要求撰写的主题和布局提供参考。

【案例 14 – 12】❶

1. 禽痘病毒表达载体，其包含编码 Nipah 病毒糖蛋白的多核苷酸，其中所述 Nipah 病毒糖蛋白是附着（G）蛋白，其中所述载体施用于选自猪、猫、狗和马的动物。

2. 权利要求 1 所述的禽痘病毒表达载体，其中所述禽痘病毒表达载体是减毒的禽痘病毒表达载体。

3. 权利要求 1 所述的禽痘病毒表达载体，其中所述禽痘病毒表达载体是金丝雀痘病毒载体。

4. 权利要求 3 所述的禽痘病毒表达载体，其中所述金丝雀痘病毒载体包含编码具有 SEQ ID NO：8 所示序列的 G 蛋白的多核苷酸。

5. 权利要求 1 所述的禽痘病毒表达载体，其中所述禽痘病毒表达载体是鸡痘病毒载体。

6. 权利要求 5 所述的禽痘病毒表达载体，其中所述鸡痘病毒载体包含编码具有 SEQ ID NO：8 所示的序列的 G 蛋白的多核苷酸。

7. 权利要求 4 所述的禽痘病毒表达载体，其中所述金丝雀痘病毒载体包含编码具有 SEQ ID NO：15 或 SEQ ID NO：16 所示的序列的多核苷酸。

8. 权利要求 7 所述的禽痘病毒表达载体，其中所述鸡痘病毒载体包含编码具有

---

❶ 依据专利申请 200680022718.4 改编。

SEQ ID NO：18 或 SEQ ID NO：19 所示的序列的多核苷酸。

9. 一种用于递送和表达 Nipah 病毒糖蛋白的制剂，其中所述制剂包含权利要求 1 所述的禽痘病毒表达载体、赋形剂以及药学或兽医学可接受的运载体。

另外一份申请的权利要求书示例中，发明的关键在于以猕猴前列腺特异性抗原（PSA）制备成人用疫苗，权利要求包括了疫苗组合物，猕猴前列腺特异性抗原及其 DNA 序列的用途，还包括其 DNA 疫苗及其用途，权利要求覆盖比较全面，保护相对完善。但为了更保险起见，从专利申请的角度，最好还提供具体的猕猴前列腺特异性抗原的结构（如其氨基酸序列），以及 DNA 疫苗的具体序列，并撰写成相应的从属权利要求。

【案例 14 – 13】❶

1. 人用疫苗组合物，其包括猕猴前列腺特异性抗原（PSA）和对人施用的可药用载体，其中所述猕猴 PSA 引起人的免疫应答，该免疫应答产生抗人 PSA 的抗体。

2. 权利要求 1 所述的组合物，其中人的免疫应答导致对含有人 PSA 的人类细胞的细胞毒性、细胞介导型免疫。

3. 猕猴前列腺特异性抗原（PSA）在制备人用疫苗中的用途，所述疫苗用于提供抗人 PSA 免疫应答。

4. 猕猴 PSA 的 DNA 序列在制备人用疫苗中的用途，所述疫苗用于提供抗人 PSA 的免疫应答。

5. 人用 DNA 疫苗，包含源自猕猴 PSA 基因的基因序列。

6. 表达猕猴 PSA 的载体在制备人用疫苗中的用途，所述疫苗用于提供抗人 PSA 的免疫应答。

7. 权利要求 6 所述的用途，其中所述载体是 DNA 载体。

8. 权利要求 6 所述的用途，其中所述载体是 RNA 载体。

三、撰写案例分析❷

（一）案例推荐理由

下面提供一个较为常见的抗体相关的专利申请文件实例。

本发明单抗 7C8 仅以针对 GPC3 蛋白中段的 15 肽（即第 350 ~ 364 位多肽）所制备，其特异性识别 GPC3 蛋白的能力较强，具有高亲和力，并且抗体的氨基酸序列组成（尤其是 CDR 区）不同于现有技术，因而发明的单抗具备新颖性和创造性。同时，本申请不仅对杂交瘤细胞株进行了保藏，而对获得的抗体进行了序列分析。因而既可以通过序列限定的方式来请求保护所述抗体，同时也可用经保藏的杂交瘤细胞株来表述（若仅通过后者，其保护范围显得过窄）。对应地，还可以就编码所述抗体的 DNA 分子请求予以保护。配套地，就包含所述单抗的药物和治疗用试剂盒作为请求保护的对象。

---

❶ 依据专利申请 200680030353. X 改编。

❷ 依据专利申请 201010200883. 2 改编。

说明书实施例详细描述了抗体的制备方法和过程，也充分描述了所述抗体的用途，提供相关的实施例予以充分详细的披露，因此较为规范、充分地公开了发明创造。

（二）供参考的专利申请文件❶

权 利 要 求 书

1. 一种抑制肝癌的免疫球蛋白，其特征在于：其 V_H 链的互补决定区 CDR 具有选自下组的 CDR 的氨基酸序列：SEQ ID NO：6 所示的 CDR1，SEQ ID NO：8 所示的 CDR2，SEQ ID NO：10 所示的 CDR3；并且，

其 V_L 链的互补决定区 CDR 具有选自下组的 CDR 的氨基酸序列：SEQ ID NO：12 所示的 CDR1，SEQ ID NO：14 所示的 CDR2，SEQ ID NO：16 所示的 CDR3。

2. 一种抑制肝癌的免疫球蛋白，其特征在于，其 V_H 链和 V_L 链的氨基酸序列分别如 SEQ ID NO：2 和 SEQ ID NO：4 所示。

3. 一种抑制肝癌的药物，其特征在于，该药物包括权利要求 1 或 2 所述的免疫球蛋白以及与之交联的甲氨蝶呤。

4. 一种产生单克隆抗体的杂交瘤细胞，其特征在于，它是抗人肝癌杂交瘤 GPC3 - 7C8，保藏号是 CCTCC No. C201009。

5. 一种 DNA 分子，其特征在于，它编码权利要求 1 或 2 所述的免疫球蛋白。

6. 一种治疗肝癌的试剂盒，其特征在于，它含有权利要求 1 或 2 所述的免疫球蛋白，或权利要求 3 所述的药物。

7. 如权利要求 6 所述的治疗肝癌的试剂盒，其特征在于，其用于 TRFIA 法进行检测。

说 明 书

一种用于肝癌血清学诊断的单克隆抗体及其用途

技术领域

本发明涉及医药领域，更具体地涉及一种用于肝癌血清学诊断的单克隆抗体及其用途。

背景技术

原发性肝细胞肝癌（Hepatocellular Carcinoma，HCC）是我国最常见恶性肿瘤之一，占居民肿瘤死亡第二位。肝癌出现症状时多属中晚期，切除后复发、转移率高。因此，肝癌的早期诊断对延长患者的生存时间和降低肝癌死亡率具有重要意义。

目前肝癌的诊断主要依靠影像学检查、肝穿刺组织学检查以及实验室检查。影像

---

❶ 依据专利申请 201010200883.2 改编。

学诊断在肝癌诊断中起重要的作用，但是在诊断小肝癌及区分良恶性结节中均具有一定的局限性。肝硬化基础上肝内再生结节和发育不良的结节等良性病变较为常见，与肝癌的影像学特征有一定的重叠，放射学检查对肝内小的良恶性病变鉴别仍很困难。与肝脏病理对比，CT 诊断肝癌的敏感度59%~80%。有创的组织病理学检查是诊断肝癌的金标准，即使是很好的细针穿刺仍因取材限制而存在较高的假阴性率，并且有使肿瘤扩散和针道种植的危险。因此，临床仍需要高度敏感的血清肝癌特异标志物来鉴别肝脏良恶性病变，或在高危人群进行随访提高肝癌的早期诊断率。

血清甲胎蛋白（α – fetoprotein，AFP）是目前唯一广泛应用的 HCC 标志物。但是近年研究报道，以 AFP 诊断 HCC 的阳性率仅为50%，在直径 <3cm 的小肝癌中敏感性显著降低，其阳性率不足40%，容易造成漏诊；其次在一些良性肝病、生殖性畸胎瘤、肺癌等患者中也可有升高，容易造成误诊。如何运用已知的肿瘤标志物来联合诊断 HCC 或者探索新的肿瘤分子标志物，以及建立相应的易于推广的检测方法，仍是当今肝癌研究领域的重要课题之一。

此外，癌症的血清学检测技术一直是研究的重点。然而，目前现有的针对癌症（如 HCC）标志物的抗体的亲和性和特异性差异很大，大多数难以满足实际应用的需要。例如，以 GPC3 为例，国外有报道称，GPC3 外周血中含量较低，肝癌患者中 GPC3 浓度升高幅度较小，不易与正常对照尤其是肝硬化对照区分。

由于目前仍然没有检测和/或治疗肝癌的有效方法，因此，本领域迫切需要开发高特异性抗人肝癌单克隆抗体，以及相应的检测肝癌的有效方法。

发明内容

本发明人经过广泛而深入的研究，利用人肝癌相关膜分子 GPC3（第350~364位）偶联多肽为免疫原，经多年研究成功研制一种杂交瘤单克隆抗体，即抗人肝癌单抗 7C8。此抗体经多年研究证实稳定性好，和肝癌抗原结合的特异性强。在此基础上完成了本发明。本发明的单克隆抗体及其检测方法，对于肝癌高危人群普查、肝癌的早期诊断、肝癌疗效随访以及预后判断等方面也有广泛的应用价值，具有积极的社会效益。

本发明的目的是提供一种特异性抗人肝癌单克隆抗体、特异性检测人肝癌的试剂盒以及特异性治疗人肝癌的治疗剂。

在本发明的第一方面，提供了一种免疫球蛋白 V_H 链，它的互补决定区 CDR 具有选自下组的 CDR 的氨基酸序列：

SEQ ID NO：6 所示的 CDR1，SEQ ID NO：8 所示的 CDR2，SEQ ID NO：10 所示的 CDR3。

优选地，所述的免疫球蛋白 V_H 链具有 SEQ ID NO：2 所示的氨基酸序列。

在本发明的第二方面，提供了一种免疫球蛋白 V_L 链，它的互补决定区 CDR 具有选自下组的 CDR 的氨基酸序列：

SEQ ID NO：12 所示的 CDR1，SEQ ID NO：14 所示的 CDR2，SEQ ID NO：16 所示的 CDR3。

优选地，所述的免疫球蛋白 V_L 链，它具有 SEQ ID NO：4 所示的氨基酸序列。

在本发明的第三方面，提供了一种免疫球蛋白，其 V_H 链和 V_L 链分别具有 SEQ ID

NO：2 和 SEQ ID NO：4 所示的氨基酸序列。优选地，所述的免疫球蛋白是单克隆抗体。

在本发明的第四方面，提供了一种免疫偶联物，该免疫偶联物具有 V_H 链，该 V_H 链的 CDR 具有选自下组的 CDR 的氨基酸序列：

SEQ ID NO：6 所示的 CDR1，SEQ ID NO：8 所示的 CDR2，SEQ ID NO：10 所示的 CDR3，或者，

该免疫偶联物具有 V_L 链，该 V_L 链的 CDR 具有选自下组的 CDR 的氨基酸序列：

SEQ ID NO：12 所示的 CDR1，SEQ ID NO：14 所示的 CDR2，SEQ ID NO：16 所示的 CDR3。

优选地，所述的免疫偶联物是免疫毒素。

在本发明的第五方面，提供了一种产生单克隆抗体的杂交瘤细胞，它是抗人肝癌杂交瘤 GPC3 - 7C8，CCTCC No. C201009。

在本发明的第六方面，提供了一种 DNA 分子，它编码选自下组的蛋白质：上述的免疫球蛋白 V_H 链和 V_L 链构成的免疫球蛋白。

优选地，所述的 DNA 分子具有或含有选自下组的核酸序列：SEQ ID NO：1、3、5、7、9、11、13、15。

在本发明的第七方面，提供了一种检测肝癌的试剂盒，它含有上述的免疫球蛋白或免疫偶联物，或其活性片段。

优选地，所述的检测是血清检测。进一步优选，所述的血清检测是 ELISA 法或双抗夹心时间分辨免疫荧光法（TRFIA 法）。

在另一优选例中，所述的试剂盒还包括：用于检测血清 AFP 的试剂（如抗 AFP 的单体）。

在本发明的第八方面，提供了一种药物组合物，它含有上述的免疫球蛋白或上述的免疫偶联物，以及药学上可接受的载体。

本发明的 7C8 单抗或其片段可用于肝癌的检测（如放射性定位的诊断成像和血清学检测），还可用于免疫治疗，例如通过直接或间接地将 7C8 单抗或其片段与化学治疗剂或放疗剂相连从而使其能直接导向肿瘤细胞。

利用本发明抗体的特异性强、效价高的 GPC3 的特点，本发明可用于检测肝癌的方法，尤其是血清学检测方法。在本发明的一个优选例中，本发明提供一种检测血清 GPC3 的 TRFIA 法。

在本发明方法中，可将单克隆抗体 7C8 与其他肿瘤标志物（如 AFP）联合应用，这样不仅可提高肝癌早期诊断的阳性率，而且可对临床上为数众多的 AFP 低度或中度增高患者的良恶性病变进行鉴别诊断。

因而，本发明提供一种检测肝癌的试剂盒，它含有上述的免疫球蛋白或免疫偶联物，或其活性片段。一种人肝癌诊断试剂盒，已完成临床实验 207 例，检测阳性率高达 41%，与 AFP 联合应用检测阳性率可进一步提高至 75%。

本发明还提供了一种药物组合物，它含有上述的免疫球蛋白或免疫偶联物，以及药学上可接受的载体。通常，可将这些物质配制于无毒的、惰性的和药学上可接受的

水性载体介质中，其中 pH 通常为 5～8，较佳的 pH 为 6～8，尽管 pH 可随被配制物质的性质以及待治疗的病症而有所变化。配制好的药物组合物可以通过常规途径进行给药，其中包括（但并不限于）：腹膜内、静脉内或局部给药。

本发明的药物组合物可直接用于肝癌的治疗。此外，还可与其他治疗剂，如 IFN - α、IFN - β、TNF - α 等联用。

本发明的药物组合物含有安全有效量的本发明上述的免疫球蛋白或上述的免疫偶联物以及药学上可接受的载体或赋形剂。本发明的药物组合物可以被制成针剂形式，例如用生理盐水或含有葡萄糖和其他辅剂的水溶液通过常规方法进行制备。药物组合物如针剂、溶液宜在无菌条件下制造。活性成分的给药量是治疗有效量，例如每天约 1 微克/千克体重至约 5 毫克/千克体重。此外，本发明的多肽还可与其他治疗剂一起使用。

使用药物组合物时，是将安全有效量的 7C8 免疫偶联物施用于哺乳动物，其中该安全有效量通常至少约 10 微克/千克体重，而且在大多数情况下不超过约 8 毫克/千克体重，较佳地，该剂量是约 10 微克/千克体重至约 1 毫克/千克体重。当然，具体剂量还应考虑给药途径、病人健康状况等因素。

本发明的主要优点包括：本发明具有广泛的应用，其中包括（但并不限于）：与影像学检查和 AFP 检测等结合应用于肝癌的诊断；应用于 AFP 增高肝病的良恶性鉴别诊断；应用于治疗前 GPC3 阳性肝癌的预后监测指标；应用于肝癌高危人群的筛查。具体而言：（1）本发明单抗 7C8 仅以针对 GPC3 蛋白中段的 15 肽第 350～364 位多肽所制备，其特异性识别 GPC3 蛋白的能力较强。（2）单抗 7C8 具有高亲和力，并且抗体的氨基酸序列组成（尤其是 CDR 区）不同于现有技术。（3）本发明抗体应用于 TRFIA 法检测 GPC3 有很高灵敏度。其与 ELISA 方法相比，最低检测浓度并未见提高，但前者阴性标本的本底较易控制，因而出现假阳性的机会较少，且重复性好，批内和批间变异系数均能够控制在 13% 以内。

附图说明

图 1 显示了 GPC3 - ELISA 测定标准曲线。

图 2 显示了 ELISA 测定血清 GPC3 含量。

图 3 显示了 GPC3 受试者 ROC 曲线（ELISA）。

图 4 显示了 GPC3 - TRFIA 测定标准曲线。

图 5 显示了 CH 组和 HCC 组的血清 GPC3 - ROC 曲线。

图 6 显示了 GPC3 和 AFP 相关性分析。

具体实施方式

下面结合具体实施例，进一步阐述本发明。应理解，这些实施例仅用于说明本发明而不用于限制本发明的范围。下列实施例中未注明具体条件的实验方法，通常按照常规条件如 Sambrook 等人，分子克隆：实验室手册（New York：Cold Spring Harbor Laboratory Press，1989）中所述的条件，或按照制造厂商所建议的条件。

实施例 1：7C8 单抗的制备和纯化

1. 多肽合成

对全长 GPC3 蛋白抗原性进行分析，基于蛋白的抗原性和可及性，最终选择多肽抗原

GPC 第 3350~364 位氨基酸作为免疫原，该短肽被命名为 GPC3 – Ag2。采用人工合成方法制备短肽 GPC3 – Ag2，其序列为 AHSQQRQYRSAYYPE（SEQ ID NO：17）（见表 1）。

表 1

名称	GPC3 – Ag2
起始位置	350~364
分子量	1884.01Da
质量	14.3mg
纯度	97.70%

合成后，采用戊二醛法将合成的短肽与 KLH 进行偶联，获得偶联多肽作为免疫原。

2. 杂交瘤的制备

取 6~8 周龄 BALB/c 小鼠，初次免疫用合成的偶联多肽与等体积的弗氏完全佐剂混合后，于背部及腹股沟多点皮下免疫，以后每隔 2 周免疫一次，用同剂量的抗原与弗氏不完全佐剂混匀后于背部多点皮下免疫。第 3 次免疫 7 天后，鼠尾静脉采血，用间接 ELISA 法测定特异性抗体的产生。融合前 3 天，再用同样剂量的不加佐剂的抗原腹腔加强免疫 1 次。

加强免疫 3 天后，断颈处死小鼠，在无菌条件下取出脾脏，用注射器注入约 0.2~0.5mL 无血清培养液使其胀大，再用弯曲的注射针头多点刺破脾膜，用挤压的方法使淋巴细胞从中逸出，制备免疫脾细胞悬液后计数，用不完全培养液洗涤 2 次。取对数生长的骨髓瘤细胞 SP2/0，1000rpm 离心 5 分钟，弃上清，用不完全培养液混悬细胞后计数，取所需的细胞数，用不完全培养液洗涤 2 次。将骨髓瘤细胞与脾细胞按 1:10 的比例混合在一起，在 50mL 塑料离心管内用不完全培养液洗 1 次，1200rpm 离心 8 分钟。弃上清，用滴管吸净残留液体，以免影响 PEG 的浓度。轻轻弹击离心管底，使细胞沉淀略加松动。在室温下按常规操作进行融合，对阳性克隆按有限稀释法进行克隆化，经三次克隆化后筛选出所需要的能够稳定产生高效价单克隆抗体的杂交瘤细胞株，并冻存保种，在每支安瓿含 1×10^6 以上个细胞。

以获得的 GPC3（第 350~364 位）偶联多肽为抗原制备获得 10 株杂交瘤细胞株，分别命名为 2G7、3D4、3F5、3G1、3G6、4B9、5H10、6H10、7C8 和 9D9。这些杂交瘤制备的单克隆抗体阳性腹水 1:40000 稀释后直接做 ELISA 检测，结果如表 2 所示。

表 2　杂交瘤细胞株腹水效价

2G7	3D4	3F5	3G1	3G6	4B9	5H10	6H10	7C8	9D9
1.459	2.456	1.824	2.142	2.56	1.500	1.124	1.443	2.39	1.112

3. 7C8 单抗的制备和纯化

腹腔注射液体降植烷于 F_1 代小鼠，7~10 天后腹腔注射 1×10^6 个杂交瘤细胞，接种细胞 7~10 天后产生腹水，密切观察动物的健康状况与腹水征象，待腹水尽可能多，而小鼠濒于死亡之前，处死小鼠，用滴管将腹水吸入试管中。

取腹水与等体积的 PBS（0.01mol/L，pH 7.4，含 0.15mol/L 的 NaCl）稀释后，再加与上面等体积的饱和硫酸铵（90g 硫酸铵加到 100mL 蒸馏水中，80℃溶解，趁热过滤，降至室温后即有结晶析出，用硫酸调至 pH 7.0），置 4℃，4 小时，然后 10000rpm 离心 15 分钟，弃上清，沉淀用 1~5mL PBS 溶解，移入透析袋，在 PBS（0.01mol/L，pH 7.4，含 0.15mol/L 的 NaCl）中 4℃透析过夜，将透析袋中的蛋白液移入 Protein A Sepharose CL-4B 柱循环数次，用 Tris-HCl（0.05mol/L，pH 8.0，含 0.15mol/L 的 NaCl）清洗已经上样的 Protein A 柱，至在紫外色谱仪记录纸上显示没有蛋白再洗脱下来，然后用解离液（0.01mol/L，甘氨酸-HCl，pH 3.0，含 0.15mol/L 的 NaCl）洗脱抗体，洗脱液立即用 1mol/L Tris-HCl（pH 8.0）调 pH 至 7.2，在 PBS（0.01mol/L，pH 7.4，含 0.15mol/L 的 NaCl）中 4℃透析过夜后进行蛋白定量和特异性验证。

实施例 2：抗 GPC3（350-364aa）单克隆抗体 7C8 的鉴定和分型

挑选腹水效价 OD 值较高的 3 株杂交瘤 3D4、3G6、7C8，分别将腹水纯化后的 3 株单克隆抗体 3D4、3G6、7C8 作 1:10000 稀释后与 GPC3 标准品蛋白以及阴性对照蛋白（IL-15）进行直接做 ELISA 检测，结果如表 3 所示。

表 3 单克隆抗体与 GPC3 标准品蛋白的反应（OD 值）

单抗种类	GPC3 标准品	IL-15
3D4	0.149	0.135
3G6	2.622	1.013
7C8	2.839	0.102

结果表明，单克隆抗体 7C8 较 3D4 和 3G6 能更特异性的识别 GPC3 标准品蛋白，而与 IL-15 没有明显反应。进一步鉴定 7C8 其亚型为 IgG1。

产生高效价单克隆抗体 7C8 的杂交瘤细胞 GPC3-7C8，于 2010 年 3 月 19 日保藏于中国典型培养物保藏中心（CCTCC，中国，武汉市），保藏号为 CCTCCNo. C201009。

实施例 3：ELISA 法检测

1. HRP 标记第二抗体

本实施例中所用的第二抗体是 HRP 标记的抗 GPC3（GPC3 蛋白第 25~358 位氨基酸）单克隆抗体 GP9（制法参照 CN 200710039562.7 实施例中所述的方法），称取 HRP 0.6mg 溶于 120μL 水中；加入 NaIO$_4$（12.8mg/mL）120μL，4℃30 分钟；加入乙二醇（9μL/mL）120μL 室温 30 分钟；1mg/mL 的抗体 240μL 混匀后装入透析袋对碳酸盐缓冲液（0.05M pH 9.6）缓慢搅拌透析过夜，使之结合；第二天加 NaBH$_4$（5mg/mL）24μL，4℃ 2 小时；装透析袋，4℃对 0.05M/L PBS（pH 7.2）透析过夜 4℃离心，取上清检测效价。

2. ELISA 检测方法的线性关系

以实施例 1 中制备的抗 GPC3-Ag2 单抗 7C8 包板，以 HRP 标记抗 GPC3（GPC3 蛋白第 25~358 位氨基酸）单克隆抗体 GP9（见步骤 1）作为第二抗体，建立的夹心 ELISA 法，对稀释于 25% 正常人血清中的 GPC3 重组蛋白进行检测。

结果最低检测浓度为 1.5ng/mL，在 3.125~50ng 的范围内 GPC3 含量和 OD 值呈良好的线性关系，如图1所示。

3. ELISA 方法进行血清检测

利用如上建立的 ELISA 方法，对40例正常人、33例肝炎肝硬化及49例肝癌病人的血清进行了 GPC3 检测。结果：正常人平均值为 $8.14 \pm 10.76ng/mL$，肝炎肝硬化为 $15.67 \pm 44.40ng/mL$。肝癌患者平均均值为 $79.53 \pm 98.02ng/mL$，其中有大于 $200ng/mL$ 的有9人，最高者为 $275ng/mL$。

三组血清 GPC3 浓度呈偏态分布，正常人、肝炎肝硬化于肝癌间 GPC3 差异具有极显著性（$P < 0.0001$），正常人和肝炎肝硬化之间的差异无显著性（见图2）。

根据对肝癌和肝炎肝硬化两组病人所做的受试者工作曲线（见图3），当阳性值取 $19.12ng/mL$ 时，诊断的敏感性和特异性分别为 57.1% 和 90.9%；当阳性值取 $47.55ng/mL$ 时，诊断的敏感性和特异性分别为 42.9% 和 93.9%。

实施例4：TRFIA 法检测

1. 铕（Eu^{3+}）标记第二抗体

本实施例中所用的第二抗体是铕（Eu^{3+}）标记抗 GPC3（GPC3 蛋白第 25～358 位氨基酸）单克隆抗体 GP9。制法如下：

取 $0.2mg$ 抗 GPC3 蛋白第 25～358 位氨基酸单克隆抗体 GP9，经 PD-10 柱将缓冲液换成 $50mmol/L$ Na_2CO_3 - $NaHCO_3$ 缓冲液（pH 8.5），加入含 $0.2mg$ 的 Eu^{3+} - N2 - [p-异氰酸-苄基]-二乙烯三氨四乙酸（Eu^{3+} - DTTA）的小瓶中，30℃磁力搅拌反应 20 小时。反应液经用 $80mmol/L$ Tris - HCl 缓冲液（pH 7.8）平衡的 Sepharose CL - 6B 柱（$1cm \times 40cm$）层析，A280 监测收集第一洗脱峰，稀释分装备用。Eu^{3+} - GP9 经 Sepharose CL - 6B 层析，收集第一洗脱峰。以 EG&G Wal lac 提供的 Eu^{3+} 含量为 $0.02\mu mol/L$，抗体 GP9 含量为 $0.85mg/mL$，即平均每个 GP9 上连接了 3.25 个 Eu^{3+}。GP9 参考标准高点（$50ng/mL$）与零点的取代比为 21.42。说明 Eu^{3+} - GP9 免疫反应性基本无损失，定量分辨率较好，被测物浓度和反应发光强度基本成算术级正比关系。

2. TRFIA 方法测定血清 GPC3 浓度

将纯化的鼠抗 GPC3 单克隆抗体 7C8 用 $50mmol/L$ Na_2CO_3 - $NaHCO_3$ 包被缓冲液（pH 9.6）稀释至 $3\mu g/mL$，96 孔板中每孔加 $100\mu L$，4℃包被过夜。次日弃包被液，每孔加 $150\mu L$ 3% BSA/PBST，37℃封闭2h。弃封闭液，每孔加入 $100\mu L$ 参考标准液或1:5 稀释后的待检血清，37℃振荡孵育 1.5 小时后，PBST 洗 4 次，再加入 Eu^{3+} - GP9（1:100 稀释）$100\mu L$，37℃孵育 1 小时后，洗孔 6 次。每孔中加 $200\mu L$ 增强液 [1L pH 3.2 邻苯二甲酸氢钾-冰醋酸缓冲液含 $15\mu mol$ β-萘甲酰三氟丙酮（β-NTA），$50\mu mol$ 三正辛基氧化膦（TOPO），1mL Triton X - 100]，25℃振荡反应 5 分钟，读取荧光值。检测过程在 AutoDELFIA - 1235 上完成，双抗夹心 TRFIA 标准曲线由 AutoDELFIA - 1235 自带的双对数函数数学模型自动处理。

以实施例1制备的抗 GPC3 - Ag2（第 350～364 位氨基酸）单抗 7C8 及 Eu^{3+} 标记抗 GPC3（第 25～358 位氨基酸）单抗 GP9 进行 TRFIA 法，对稀释于 25% 正常人血清中的 GPC3 进行检测，经双对数法函数数据处理程序处理得到 GPC3 - TRFIA 的标准曲线，如图4所示。

从图 4 中分析，GPC3 蛋白浓度为 0 ~ 50ng/mL 时，其浓度与荧光计数值呈线性关系，相关系数为 0.991。该方法线性可测范围为 3.125 ~ 600ng/mL。

3. 血清 GPC3 检测结果

血清标本来源：41 例肝癌和 44 例慢性乙肝血清收集自 2003 年 1 月至 2008 年 12 月上海市大华医院肝脏病科。肝癌的诊断符合 2001 年全国肝癌学术会议上正式通过的《原发性肝癌的临床诊断与分期标准》。肝炎的诊断符合 2005 年中华医学会肝病学分会和感染病学分会联合制定的《慢性乙型肝炎防治指南标准》。患者血清分离后于 -70℃ 分装保存至检测。

利用 TRFIA 方法对上述样本检测，统计学分析采用 MedCalc 10.0.2 软件进行 ROC 曲线制作，SPSS 12.0 软件进行非参数秩和检验，以 $P < 0.05$ 为差异有显著性统计学意义。

结果表明：41 份 HCC 血清 GPC3 浓度为 86.68 ± 110.39ng/mL，其中有 6 例高于 150ng/mL；44 份肝炎血清 GPC3 浓度为 14.77 ± 29.48ng/mL。各组中 GPC3 浓度均呈非正态分布。经非参秩和检验，HCC 组和肝炎组之间的差异显著（$P < 0.001$）。

为更好地评价血清 GPC3 在 HCC 诊断中的应用价值，对肝炎组和肝癌组进行 受试者工作特征曲线（ROC 曲线）分析（见图 5），结果曲线下面积为 0.809。根据 ROC 曲线结果，当取 42.94ng/mL 为诊断界值时，血清 GPC3 诊断 HCC 的敏感性和特异性分别为 58.5% 和 95.5%。

实施例 5：血清 GPC3 与 AFP 的联合诊断

在本实施例中，同时对这 41 例 HCC 病人血清进行 AFP 检测，其中 AFP 放射免疫检测试剂盒购自上海生物制品研究所。

结果如图 6 所示，AFP 与 GPC3 之间无相关性（$R^2 = 0.0174$）。当 AFP 取 20ng/mL 为诊断界值时，诊断敏感性为 78.1%（32/41），特异性为 77.7%（34/44）；联合 GPC3 检测，在特异性不变的前提下，可将诊断敏感性提高至 92.7%；当 AFP 取 200ng/mL 为诊断界值时，诊断敏感性仅为 46.3%，联合 GPC3 检测，可将敏感性提高至 78.0%，同时特异性也能达 90.9%（见表 4）。

表 4　GPC3、AFP 及联合检测在诊断肝癌中的敏感性和特异性分析

HCC 和 CH	灵敏度/%	特异性/%
GPC3	58.5（24/41）	93.2（41/44）
AFP20	78.1（32/41）	77.7（34/44）
AFP200	46.3（19/41）	97.7（43/44）
GPC3 和 AFP20	92.7（38/41）	77.3（34/44）
GPC3 和 AFP200	78.0（32/41）	90.9（40/44）

注：AFP20，AFP 诊断界值 20ng/mL；AFP200、AFP 诊断界值 200ng/mL；GPC3 诊断界值 42.94ng/mL。

（1）灵敏度：比较计数为最高浓度点计数的 20%、50%、80% 时效应点对应的浓度（ED_{20}、ED_{50}、ED_{80}），以零标准点荧光强度均值加 2 秒后的荧光强度在标准曲线上得到的相应值为 2.06ng/mL。8 条不同时间进行测定的 GPC3 - TRFIA 的效点均值 ED_{20}、

ED_{50}、ED_{80}，分别为 32. 25ng/mL、74. 08ng/mL、156. 15ng/mL。

（2）精密度：本方法的批内和批间 CV 值分别为 12. 25%、12. 91%。4 批标准曲线 ABCV 均小于 12. 38%。

（3）方法的特异性将人 AFP 分别稀释成 1~80ng/mL 等一系列不同浓度，代替标准曲线的 GPC3 参考标准，在上述浓度范围内，甲胎蛋白对 GPC3 – TRFIA 均无交叉反应。

实施例 6：抗 GPC3（第 350~364 位氨基酸）单克隆抗体 7C8 的氨基酸序列

提取 GPC3 – 7C8 杂交瘤细胞的总 RNA，采用 cDNA 合成逆转录试剂盒，以 RNA 为模板合成第一条链 cDNA，再以 cDNA 为模板，扩增单克隆抗体 7C8 可变区基因。对可变区 PCR 产物序列进行 T/A 克隆，后挑选阳性菌落进行测序，并对测序结果进行氨基酸翻译分析。

结果表明，7C8 单抗重链可变区的 CDR1、CDR2 和 CDR3 的氨基酸序列分别列于 SEQ ID NO：6、8 和 10，对应的编码核酸序列分别列于 SEQ ID NO：5、7 和 9。此外，包含上述可变区的部分重链可变区基因及编码的氨基酸序列如 SEQ ID NO：1 和 2 所示。

7C8 单抗轻链可变区的 CDR1、CDR2 和 CDR3 的氨基酸序列分别列于 SEQ ID NO：12、14 和 16，对应的编码核酸序列分别列于 SEQ ID NO：11、13 和 15。此外，包含上述可变区的部分轻链可变区基因及编码的氨基酸序列如 SEQ ID NO：3 和 4 所示。

单克隆抗体 7C8 轻链和重链高变区（CDR）的氨基酸序列如下，V_H 链的互补决定区：SEQ ID NO：6 所示的 CDR1，SEQ ID NO：8 所示的 CDR2，SEQ ID NO：10 所示的 CDR3；V_L 链的互补决定区 CDR：SEQ ID NO：12 所示的 CDR1，SEQ ID NO：14 所示的 CDR2，SEQ ID NO：16 所示的 CDR3。

序列表

<110> ××××××

<120> 一种用于肝癌血清学诊断的单克隆抗体及其用途

<130> 101813

<160> 17

<170> PatentIn version 3. 4

<210> 1

<211> 246

<212> DNA

<213> 小鼠（Mus musculus）

<220>

<221> CDS

<222> （1）..（246）

<400> 1

ggt tat acc ttc tca gac tat tca atg cac tgg gtg aag cag gct cca   48

Gly	Tyr	Thr	Phe	Ser	Asp	Tyr	Ser	Met	His	Trp	Val	Lys	Gln	Ala	Pro
1				5					10					15	

gga	aag	gat	tta	aag	tgg	atg	ggc	tgg	ata	aac	act	gag	act	ggt	gag	96
Gly	Lys	Asp	Leu	Lys	Trp	Met	Gly	Trp	Ile	Asn	Thr	Glu	Thr	Gly	Glu	
			20					25					30			

cca	aca	tat	tca	gat	gac	ttc	aag	gga	cga	ttt	gcc	ttc	tct	ttg	gat	144
Pro	Thr	Tyr	Ser	Asp	Asp	Phe	Lys	Gly	Arg	Phe	Ala	Phe	Ser	Leu	Asp	
		35				40				45						

acc	tct	gcc	agc	act	gcc	tat	ttg	cag	atc	aac	aac	ctc	aaa	aat	gag	192
Thr	Ser	Ala	Ser	Thr	Ala	Tyr	Leu	Gln	Ile	Asn	Asn	Leu	Lys	Asn	Glu	
	50					55					60					

gac	acg	gct	aca	tat	ttc	tgt	gct	aga	gac	tgg	gac	gag	ggt	gct	atg	240
Asp	Thr	Ala	Thr	Tyr	Phe	Cys	Ala	Arg	Asp	Trp	Asp	Glu	Gly	Ala	Met	
65				70					75					80		

gac	tac
Asp	Tyr

246

<210> 2
<211> 82
<212> PRT
<213> 小鼠（Mus musculus）
<400> 2

Gly	Tyr	Thr	Phe	Ser	Asp	Tyr	Ser	Met	His	Trp	Val	Lys	Gln	Ala	Pro
1				5					10					15	

Gly	Lys	Asp	Leu	Lys	Trp	Met	Gly	Trp	Ile	Asn	Thr	Glu	Thr	Gly	Glu
			20					25					30		

Pro	Thr	Tyr	Ser	Asp	Asp	Phe	Lys	Gly	Arg	Phe	Ala	Phe	Ser	Leu	Asp
		35				40				45					

Thr	Ser	Ala	Ser	Thr	Ala	Tyr	Leu	Gln	Ile	Asn	Asn	Leu	Lys	Asn	Glu
	50					55					60				

Asp	Thr	Ala	Thr	Tyr	Phe	Cys	Ala	Arg	Asp	Trp	Asp	Glu	Gly	Ala	Met
65				70					75					80	

Asp	Tyr

<210> 3
<211> 237
<212> DNA
<213> 小鼠（Mus musculus）
<220>

<210> 3

<221> CDS

<222> （1）..（237）

<400> 3

agg	gcc	agc	aaa	agt	gtc	agt	aca	tct	ggc	tat	agt	tat	atg	cac	tgg	48
Arg	Ala	Ser	Lys	Ser	Val	Ser	Thr	Ser	Gly	Tyr	Ser	Tyr	Met	His	Trp	
1				5					10					15		

aac	caa	cag	aaa	cca	gga	cag	cca	ccc	aga	ctc	ctc	atc	tat	ctt	gta	96
Asn	Gln	Gln	Lys	Pro	Gly	Gln	Pro	Pro	Arg	Leu	Leu	Ile	Tyr	Leu	Val	
			20				25					30				

tcc	aac	cta	gaa	tct	ggg	gtc	cct	gcc	agg	ttc	agt	ggc	agt	ggg	tct	144
Ser	Asn	Leu	Glu	Ser	Gly	Val	Pro	Ala	Arg	Phe	Ser	Gly	Ser	Gly	Ser	
		35				40					45					

ggg	aca	gac	ttc	acc	ctc	aac	atc	cat	cct	gtg	gag	gag	gag	gat	gct	192
Gly	Thr	Asp	Phe	Thr	Leu	Asn	Ile	His	Pro	Val	Glu	Glu	Glu	Asp	Ala	
	50					55					60					

gca	acc	tat	tac	tgt	cag	cac	att	agg	gag	ctt	aca	cgt	tcg	gag		237
Ala	Thr	Tyr	Tyr	Cys	Gln	His	Ile	Arg	Glu	Leu	Thr	Arg	Ser	Glu		
65					70					75						

<210> 4

<211> 79

<212> PRT

<213> 小鼠（Mus musculus）

<400> 4

Arg	Ala	Ser	Lys	Ser	Val	Ser	Thr	Ser	Gly	Tyr	Ser	Tyr	Met	His	Trp
1				5					10					15	

Asn	Gln	Gln	Lys	Pro	Gly	Gln	Pro	Pro	Arg	Leu	Leu	Ile	Tyr	Leu	Val
			20				25					30			

Ser	Asn	Leu	Glu	Ser	Gly	Val	Pro	Ala	Arg	Phe	Ser	Gly	Ser	Gly	Ser
		35				40					45				

Gly	Thr	Asp	Phe	Thr	Leu	Asn	Ile	His	Pro	Val	Glu	Glu	Glu	Asp	Ala
	50					55					60				

Ala	Thr	Tyr	Tyr	Cys	Gln	His	Ile	Arg	Glu	Leu	Thr	Arg	Ser	Glu
65					70					75				

<210> 5

<211> 30

<212> DNA

<213 > 小鼠（Mus musculus）

<220 >

<221 > misc_feature

<223 > VH CDR1 编码序列

<400 > 5

ggttatacct tctcagacta ttcaatgcac   30

<210 > 6

<211 > 10

<212 > PRT

<213 > 小鼠（Mus musculus）

<220 >

<221 > misc_feature

<223 > VH CDR1

<400 > 6

Gly Tyr Thr Phe Ser Asp Tyr Ser Met His

1   5   10

<210 > 7

<211 > 51

<212 > DNA

<213 > 小鼠（Mus musculus）

<220 >

<221 > misc_feature

<223 > VH CDR2 编码序列

<400 > 7

tggataaaca ctgagactgg tgagccaaca tattcagatg acttcaaggg a   51

<210 > 8

<211 > 17

<212 > PRT

<213 > 小鼠（Mus musculus）

<220 >

<221 > misc_feature

<223 > VH CDR2

<400 > 8

Trp Ile Asn Thr Glu Thr Gly Glu Pro Thr Tyr Ser Asp Asp Phe Lys

1   5   10   15

Gly

<210> 9

<211> 27

<212> DNA

<213> 小鼠（Mus musculus）

<220>

<221> misc_feature

<223> VH CDR3 编码序列

<400> 9

gactgggacg agggtgctat ggactac   27

<210> 10

<211> 9

<212> PRT

<213> 小鼠（Mus musculus）

<220>

<221> misc_feature

<223> VH CDR3

<400> 10

Asp Trp Asp Glu Gly Ala Met Asp Tyr

1   5

<210> 11

<211> 33

<212> DNA

<213> 小鼠（Mus musculus）

<220>

<221> misc_feature

<223> VL CDR1 编码序列

<400> 11

agggccagca aaagtgtcag tacatctggc tat   33

<210> 12

<211> 11

<212> PRT

<213> 小鼠（Mus musculus）

< 220 >

< 221 > misc_feature

< 223 > VL CDR1

< 400 > 12

Arg Ala Ser Lys Ser Val Ser Thr Ser Gly Tyr

1   5   10

< 210 > 13

< 211 > 21

< 212 > DNA

< 213 > 小鼠（Mus musculus）

< 220 >

< 221 > misc_feature

< 223 > VL CDR2 编码序列

< 400 > 13

cttgtatcca acctagaatc t   21

< 210 > 14

< 211 > 7

< 212 > PRT

< 213 > 小鼠（Mus musculus）

< 220 >

< 221 > misc_feature

< 223 > VL CDR2

< 400 > 14

Leu Val Ser Asn Leu Glu Ser

1   5

< 210 > 15

< 211 > 30

< 212 > DNA

< 213 > 小鼠（Mus musculus）

< 220 >

< 221 > misc_feature

< 223 > VL CDR3 编码序列

< 400 > 15

cagcacatta gggagcttac acgttcggag   30

<210>   16
<211>   10
<212>   PRT
<213> 小鼠（Mus musculus）
<220>
<221>   misc_feature
<223>   VL CDR3
<400>   16

Gln His Ile Arg Glu Leu Thr Arg Ser Glu
1   5   10

<210>   17
<211>   15
<212>   PRT
<213> 智人（Homo sapiens）
<400>   17
Ala His Ser Gln Gln Arg Gln Tyr Arg Ser Ala Tyr Tyr Pro Glu
1   5   10   15

说 明 书 附 图

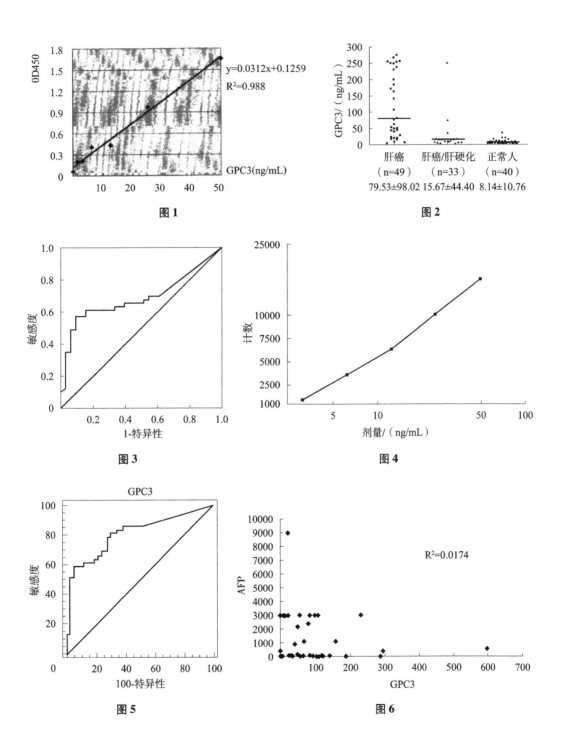

图 1

图 2

图 3

图 4

图 5

图 6

第十五章 植物育种和组织培养发明专利申请文件的撰写及案例剖析

植物相关的发明主要指植物育种方法类发明，因为在我国植物品种不授予专利权（但可以考虑通过《植物新品种保护条例》获得保护）。对于直接的转基因育种等参见相关章节，此处重点针对杂交、常规选育、品种改良、组织培养等相关发明。其中，植物组织培养主要应用于植物育种、植物脱毒、快速繁殖和种质资源保存等方面。这类发明也较为常见，因此本章对其进行介绍。

一、申请前的预判

（一）植物品种相关问题

根据《专利法》第二十五条的规定，植物品种不属于专利权保护的客体。由于在植物育种和组织培养中还可能出现一些不同于常规理解的而《专利法》认为属于"植物品种"的情况。根据《专利审查指南 2010》的规定，可以借助光合作用，以水、二氧化碳和无机盐等无机物合成碳水化合物、蛋白质来维系生存的植物的单个植株及其繁殖材料（如种子等），属于植物品种的范畴。对于植物而言，只要其明确能够再生成完整植株，则也可能被认为属于植物品种。例如，百合鳞茎、组织培养中得到可再生成完整植株的愈伤组织等也属于植物品种范畴。这些在撰写权利要求时应当予以避免。

（二）实用性相关问题

在植物的育种方法中，常用的手段诱变包括物理诱变、化学诱变、太空诱变、微波诱变等，这些手段在植物的新品种选育方面发挥了重要的作用。诱变是以生物体为诱变原始材料，在一定条件下诱导产生多样的突变体，为植物育种者提供候选材料。因为整个技术方案的重复实施受到随机因素的影响，因此需要考虑是否具备实用性的问题。通常如果以突变作为发明的关键，以突变步骤为实现发明的关键环节，则可能不具备实用性。但在有些情况下，即使包括了突变步骤，但整体发明的方案仍然可能被承认具备实用性。

（1）在植物育种领域，还会遇到利用辐射技术进行育种的其他情形，虽然技术方案的实施也受随机因素的影响，但是并不以"产生变异"为直接目的，因而不会导致不具备实用性的问题。

【案例 15－1】

发明涉及产生 Ogura 胞质雄性不育的甘蓝型油菜双低恢复系的方法，所述甘蓝型油菜恢复系携带恢复基因的萝卜渐渗物，其中该萝卜渐渗物缺失萝卜 $Pgi-2$ 等位基因并重组入甘蓝的 $Pgi-2$ 基因，包括以下步骤：

（1）将含有萝卜渐渗物的双低甘蓝型油菜品种与 Ogura 胞质雄性不育的恢复系杂交；

（2）减数分裂前用 γ 射线辐照步骤（1）获得的杂合恢复植株；

（3）收获自交种子并种植后代；

（4）与 Ogura 胞质雄性不育系测交，并通过分子标记辅助选择，选育携带恢复基因的萝卜渐渗物的甘蓝型油菜双低恢复系。

分析： 在发明的方法中，γ 射线辐照并不是为了产生植物变异，而是通过辐射促进 DNA 双链断裂随后再重连接断裂末端而增加染色体重组的概率。虽然这种断裂的发生具有随机性，断裂点的发生位置具有不确定性，但可以确定的是，当含有萝卜渐渗物的双低甘蓝型油菜品种与 Ogura 胞质雄性不育的恢复系杂交后，即使不经过 γ 射线辐照步骤，仍然能够实现染色体重组，将萝卜渐渗物与 Ogura 胞质雄性不育恢复基因重组后融合，获得携带恢复基因的萝卜渐渗物的甘蓝型油菜双低恢复系，只是重组的概率较低。可见，实施的结果是确定的，具有再现性，辐射并不改变"获得携带恢复基因的萝卜渐渗物的甘蓝型油菜双低恢复系"这一结果，只是增加"获得携带恢复基因的萝卜渐渗物的甘蓝型油菜双低恢复系"的概率。

提示： 如果诱变步骤不是解决其技术问题的必要技术特征并且有助于发明的实施，那么诱变步骤通常不会影响整个技术方案的实用性。

（2）有时对植物进行诱变育种时并不受随机因素的影响，所产生的突变体具有必然性，其结果是确定的、相同的。虽然受浓度、温度和处理时间等外界因素的影响，其结果只是在诱变后的群体中突变体所占比率不同而已，此时也不会导致不具备实用性的问题。

【案例 15 - 2】

发明涉及一种百合三倍体的培育方法，包括以下步骤：栽培百合种球，栽培 30 ~ 40 天后，花芽肉眼可见时，将重量百分含量 0.02% ~ 0.2% 的秋水仙素在温度为 20 ~ 25℃下，采用点滴法处理花芽 2 ~ 3 天，用清水清洗处理部位；对以上的处理植株按常规管理，选择柱头变得异常肥大和镜检花粉粒巨大者，将雄蕊去掉获得含 2n 雌配子的雌蕊，采正常的花粉与之杂交，采收果实，采用常规的三倍体胚的离体培养方法，即获得百合三倍体。

分析： 秋水仙素是微管特异性药物，是诱导植物体细胞染色体加倍的最有效的化学诱变剂，由于秋水仙素能够破坏纺锤丝的形成，因此可使分生细胞复制的染色体在细胞分裂时不能分向两极，从而导致新生细胞的染色体加倍。该诱变技术是在染色体层面上施加影响，而非在基因层面上施加影响。秋水仙素诱变植物细胞产生加倍突变体虽然受浓度、温度和处理时间等外界因素的影响，但该技术已很成熟，并成为诱导多倍体的重要手段。秋水仙素诱导植物细胞染色体加倍不受随机因素影响，利用秋水仙素处理花芽产生含 2n 雌配子的雌蕊是实施该发明的必然结果，也即实施该发明的结果是相同的。

提示： 并非所有的诱变均受随机因素影响。对于不受随机因素影响的诱变或突变步骤并不必然导致整个发明不具备实用性的问题。

通过组织培养的方法，经物理和化学诱导愈伤组织产生突变，筛选获得具有某种"特殊性状"的植物突变体是本领域的常用方法。这些方法的特点在于整个技术方案中既包括了诱变步骤，也包括了筛选的步骤，此时发明有可能不具备实用性。

【案例15-3】

发明涉及一种诱发水稻抗除草剂氯磺隆体细胞突变体的方法，包括愈伤组织的诱导、继代、筛选、分化、生根步骤，其特征在于在诱导培养基中添加20～30mg/L的诱变剂5-溴尿嘧啶，在筛选培养基中添加25～50mg/L的氯磺隆进行筛选。

通常，在植物的愈伤组织培养过程中本身也会发生自然变异，但发生变异的频率很低，为$10^{-7} \sim 10^{-6}$。该发明的发明点在于在愈伤组织培养基中添加诱变剂5-溴尿嘧啶，目的在于提高愈伤组织的诱变频率。根据现有技术，溴尿嘧啶是植物育种中的一种常用诱变剂，其是接触性作用试剂，主要靠其活性引起DNA化学变化，更多地在分子水平上作用，形成点突变。该诱变无目的性，并不是针对某一特定基因（在本发明中，为抗氯磺隆基因），整个诱变过程具有不确定性、随机性。因此，利用5-溴尿嘧啶对愈伤组织诱变，其结果不是唯一确定的、相同的，未必一定能够产生抗氯磺隆的突变体。虽然在整个技术方案中包括了筛选的步骤，但这种筛选是以已经产生抗氯磺隆的突变体为基础，否则无法筛选得到相关的突变体。由于5-溴尿嘧啶诱导突变产生抗氯磺隆的突变体依赖于随机因素，未必一定产生抗氯磺隆突变体的结果，因此整个技术方案也就不具有再现性，进而也不具备实用性。

植物育种相关发明的创造性，主要在于用所采取的方法步骤及获得的结果来进行判断。对于组织培养，还可能同时请求保护所用到的有创造性的培养基。这与通常按照"三步法"判断创造性没有太多的特殊性，因此不再重复。

二、专利申请文件的撰写

（一）组织培养

组织培养相关的发明主要包括：通过细胞和组织培养制备化学物质的方法，培养细胞和组织的方法（如达到快速繁殖的目的等），改良细胞、组织或品种，改良细胞的制备方法，细胞或组织的本身的发明等（对于动物而言，基本是细胞培养方法为多）。

组织培养的发明主要涉及组织培养的各个环节的改进或选择，以实现组织培养或获得更佳组织培养效果等，主要集中在培养方法和培养基中各种组分及其浓度的创新。因此，这类发明在撰写专利申请文件时，对于说明书而言，在背景技术部分应交代申请人所掌握的相关组织培养的状况及存在的问题，如组织培养还不能成功，或虽然能够进行组织培养但效果较差等。

在发明内容方面需要重点交代所作的改进，包括外植体的选取时间、培养方式、培养基的改进、特殊的处理等，以体现出发明点或发明解决的技术问题。同时，需要提供翔实的实施例，必要时包括发明过程所尝试的技术方案，如采用的多种培养基成分比较实验，最终获得本发明的最佳培养基等。对于表明组织培养成功或效果方面而言，需要提供相关的图片或照片以及数据对比等。

对于组织培养，说明书要充分说明组织培养方法步骤，包括外植体的选取、外植体的处理、各环节所用的培养基（尤其是其中的激素）、培养条件以及最终获得的结果并转化成技术效果来描述等。与此同时，相对于背景技术来说，发明的组织培养方法克服了哪些缺陷或在哪些地方进行了改进，以便于支撑其创造性。必要时，为体现研究难度或过度的工作量，可以将研究过程的实验设计进行合理交代，以期能够佐证发明的创造性。

（二）植物常规育种

说明书的撰写需要对植物育种过程进行充分描述，包括起始植物、育种过程和育种后的效果。对于转基因植物育种，其重点如果不在于育种本身而在转入的基因本身，则涉及基因工程领域。

对于植物育种发明中由于植物品种不受我国《专利法》的保护，因此在撰写权利要求时，应当避免撰写属于植物品种的权利要求。权利要求通常应当包括相关的步骤（包括亲本的选择和处理等），其中对于发明改进之处应当进行明确清楚的限定。对于植物育种而言，在实际的操作中，其方法步骤非常琐碎、细节较繁杂，因而对于科研人员来说，在撰写权利要求时往往没有把握关键环节或步骤，而是一股脑地将所有的步骤都进行详细描述（甚至是实施例本身），如此导致权利要求的保护范围非常之窄，难以充分保护发明创造。对于其中的常规步骤，则可以仅写其名称步骤，如发明关键不在如何诱导生根，而可以直接写成在生根培养基上培养至生根等，而不应限定过于琐碎的细节（具体可参见本书第二章第一节之六的例子）。

【案例 15 - 4】

早期两系杂交水稻相关发明的权利要求：

1. 一种杂交稻的培育方法，包括播种父母本，在母本植株抽穗期喷施赤霉素，其特征在于：利用籼粳中间型不育系培矮 64S 作母本，以籼稻 9311 作父本配制杂交种。

2. 根据权利要求 1 所述的方法，其特征在于安全隔离距离大于 500 米，或与所述父母本的抽穗扬花期相隔 15 天以上进行制种隔离。

3. 根据权利要求 1 所述的方法，其特征在于第一期父本比母本早插 25～30 天，或叶龄差 6.5～7.0 叶，或有效积温父母本差 200℃，第二期、第三期分别与前一期相隔 7 天，或用两期父本相隔 10 天。

4. 根据权利要求 1 所述的方法，其特征在于株行距母本 16.7 厘米×10 厘米，父本株距为 16.7 厘米，双行栽插时走道 33.3 厘米，父母本行比为 2:20 或 1:12。

5. 根据权利要求 1 所述的方法，其特征在于母本总穗数的 10% 抽穗时喷赤霉素 10g，隔一日喷 20g，第四日喷 5g。

6. 根据权利要求 1 或 2 所述的方法，其特征在于在破口期、始穗期和齐穗期连续防治粒黑粉病 2～3 次。

7. 根据权利要求 1 所述的方法，其特征在于整个生育期拔除外部性状与母本培矮 64S 有差异的植株，盛花后 25 天收获杂种种子。

3. 分子标记辅助育种

目前分子标记辅助育种相对于常规育种具有不可比拟的优势，发展十分迅速，通过分子标记辅助育种主要用于改良作物抗病虫性、抗除草剂性能以及对重要的农艺性状（如产量、品质、育性等）的筛选。但涉及分子标记辅助育种，通常是基于发现新的分子标记，因此请求保护分子标记是第一位的（具体参见前面章节的介绍），但作为辅助育种通常还需要衍生相关的权利要求主题，例如，检测该分子标记的方法、检测该分子标记所对应的性状的方法、筛选或鉴定具有相关性状的植物品种的方法、利用分子标记的植物育种方法等。通过这些主题可以对发明创造进行全方位的保护。

　　因此下面通过两个典型案例来进行说明，从这两个案例的权利要求来看，完全是从专利保护范围的角度进行限定，不要在独立权利要求写入常规方法步骤，但一些优选的方式可作为从属权利要求来撰写，因此不能仅仅从科研角度来表述。

　　【案例 15－5】❶

　　发明人研究发现阐明了大豆基因组上对应于蚜虫抗性等位基因座 1 的基因组序列 SEQ ID NO：81～84。它们作为大豆对蚜虫抗生数量性状基因座的标记。对此，形成了如下的权利要求书：

　　1. 一种将等位基因渗入大豆植物中的方法，包括：

　　（1）提供大豆植物群体；

　　（2）相对于选自 SEQ ID NO：81～84 的大豆基因组核酸标记，对该群体中的至少一个大豆植物进行基因型分型；

　　（3）从所述基因型分型的群体中选择包含与蚜虫抗性相关的等位基因的大豆植物。

　　2. 如权利要求 1 所述的方法，其中，所述选择的大豆植物显示每株植物具有 101～300 个蚜虫的中度的蚜虫抗性。

　　3. 如权利要求 1 所述的方法，其中，所述选择的大豆植物显示每株植物具有少于 100 个蚜虫的蚜虫抗性。

　　4. 如权利要求 1 所述的方法，其中，所述大豆基因组核酸标记选自 SEQ ID NO：81～82。

　　5. 一种将蚜虫抗性等位基因渗入大豆植物中的方法，包括：

　　（1）使至少一个蚜虫抗性大豆植物与至少一个蚜虫敏感性大豆植物杂交，以形成分离群体；

　　（2）用一种或多种核酸标记筛查所述分离群体，以确定来自所述分离群体的一个或多个大豆植物是否含有包含 SEQ ID NO：81～84 的蚜虫抗性基因座。

　　6. 分离的核酸分子用于检测与蚜虫抗性相关的标记多态性的用途，其中所述标记由选自 SEQ ID NO：81～84 及其互补序列的核酸序列表示。

　　7. 一种鉴定大豆植物中的蚜虫抗性等位基因的方法，包括检测与选自 SEQ ID NO：81～84 的 SNP 标记连锁的基因座。

　　8. 一组寡核苷酸，包括：

　　（1）一对寡核苷酸引物，其中所述引物中的每一个包含至少 12 个连续核苷酸，并且其中所述引物对允许 PCR 扩增包含 SEQ ID NO：81～84 的大豆基因组 DNA 多态性的 DNA 区段；和

---

　　❶ 参见专利申请 200880106337.3。

（2）至少一个检测寡核苷酸，其允许检测所述扩增的区段中的多态性，其中所述检测寡核苷酸的序列与包括步骤（1）的所述多态性的大豆 DNA 区段任一条链中相同数目连续核苷酸的序列至少 95% 相同。

【案例 15 - 6】❶

发明人发现与玉米丝黑穗病相关的基因座，其核苷酸序列如 SEQ ID NO：26 所示，来自 Mo17 的核酸序列，该序列代表 qHRS1 基因座中包含的一个木聚糖酶抑制剂基因的编码区，所编码的多肽氨基酸序列如 SEQ ID NO：27 所示。其中鉴定出标记 SSR148152 位于抗性 qHSR1 区域内，该分子标记的存在能够表明玉米品种具有丝黑穗病的抗性。基于此，发明提供玉米等位基因组合物和鉴定并选择具有提高的丝黑穗病抗性的玉米植物的方法。下面是一份专利申请文件的权利要求书，其较全面地将各个相关主题作为权利要求的主题，因而能够提供非常全面的保护，借得借鉴。

1. 测定玉米丝黑穗病抗性相关的多核苷酸在玉米植物中是否存在的方法，所述方法至少包括下列之一：

（1）从所述玉米植物分离核酸分子并扩增与所述多核苷酸同源的序列；或

（2）从所述玉米植物分离核酸分子并应用包含所述多核苷酸的 30 个或更多邻接核苷酸的标记探针进行 DNA 杂交；或

（3）从所述玉米植物分离蛋白质并利用由所述多核苷酸编码的蛋白质的抗体进行蛋白质印迹；或

（4）从所述玉米植物分离蛋白质并利用由所述多核苷酸编码的蛋白质的抗体进行 ELISA 测定；或

（5）检测源自所述多核苷酸并且是丝黑穗病抗性基因座特有的 mRNA 序列的存在；

其中所述多核苷酸的序列选自：

① 编码如 SEQ ID NO：27 所示氨基酸序列；或

② 能够赋予或增强丝黑穗病抗性的核苷酸序列，所述核苷酸序列如 SEQ ID NO：26 所示；或

③ 与①或②所述的核苷酸序列的互补序列，其中所述互补序列和所述核苷酸序列由相同数目的核苷酸组成并且 100% 互补；

从而测定所述多核苷酸在所述玉米植物中是否存在。

2. 测定丝黑穗病抗性基因座 qHSR1 在玉米植物中是否存在的方法，所述方法至少包括下列之一：

（1）从所述玉米植物分离核酸分子并扩增赋予丝黑穗病抗性的多核苷酸特有的序列；或

（2）从所述玉米植物分离蛋白质并利用由赋予丝黑穗病抗性的多核苷酸编码的蛋白质的抗体进行蛋白质印迹；或

（3）从所述玉米植物分离蛋白质并利用由赋予丝黑穗病抗性的多核苷酸编码的蛋白质的抗体进行 ELISA 测定；或

---

❶ 参见专利申请 20098013232.3。

（4）证明源自赋予丝黑穗病抗性的多核苷酸的 mRNA 序列的存在；其中所述多核苷酸选自：

① 编码赋予或提高丝黑穗病抗性的多肽的核苷酸序列，所述多肽选自 SEQ ID NO：27；

② 能够赋予或增强丝黑穗病抗性的核苷酸序列，所述核苷酸序列选自 SEQ ID NO：26；或

③ 与①或②所述的核苷酸序列的互补序列，其中所述互补序列和所述核苷酸序列由相同数目的核苷酸组成并且 100% 互补；

从而测定所述丝黑穗病抗性基因座在所述玉米植物中是否存在。

3. 鉴定表现出丝黑穗病抗性的玉米植物的方法，所述方法包括在玉米植物中检测遗传标记基因座，其中：

（1）包含所述遗传标记基因座或其互补序列的全部或部分的遗传标记探针，在严格条件下与 SEQ ID NO：26 杂交；并且

（2）所述遗传标记基因座包含与丝黑穗病抗性相关联的至少一个等位基因。

4. 鉴定表现出丝黑穗病抗性的玉米植物的方法，所述方法包括在所述玉米植物的种质中检测标记基因座的至少一个等位基因，其中：

（1）所述标记基因座位于 SSR148152 的 7 cM 内；并且

（2）至少一个等位基因与丝黑穗病抗性相关联。

5. 分子标记辅助的选择方法，所述方法包括：

（1）获取具有标记基因座的下述等位基因的第一玉米植物，其中所述标记基因座位于公开的 IBM 基因图谱上的 SSR148152 的 7cM 内，并且所述等位基因与提高的丝黑穗病抗性相关联；

（2）将所述第一玉米植物与第二玉米植物杂交；

（3）至少就所述等位基因对子代进行评估；以及

（4）选择至少具有所述等位基因的子代玉米植物。

6. 培育丝黑穗病抗性的玉米方法，其包括利用权利要求 3~5 任一项所述方法，以培育丝黑穗病抗性增强的玉米。

三、撰写案例分析

下面通过具体案例对组织培养发明的专利申请文件撰写进行说明。

（一）案例推荐理由

该专利申请权利要求 1 对保护范围进行了合理概括，写入了所有必要技术特征而排除了非必要技术特征。相对于现有技术而言，该发明的关键在于叶柄作为外植体，诱导愈伤组织的激素选择，胚状体培养时氮源选择以及培养基中以葡萄糖为单一碳源。这些关键环节整体构成完整的转基因转化再生体系，而其他未涉及的方面即是本领域常规操作，因此不必限定在独立权利要求 1 中。因而，独立权利要求 1 中仅限定其中的关键环节，如嫩叶柄用作外植体，诱导愈伤组织形成的激素二氯苯氧乙酸和激动素，胚状体培养时氮源即天冬酰胺、谷氨酰胺或天冬酰胺和谷氨酰胺二者，以及所用的培

养基以葡萄糖作为单一碳源。由于棉花组织培养的品种依赖性较强，因此说明书中提供两种不同品种的实例。

值得指出的是，本申请其实也是建立对棉花组织培养体系，理论上可以对棉花的组织培养方法作为权利要求的主题，然后再以其为基础将生产转基因棉花的方法作为并列的权利要求的主题。这样形成的权利要求的保护范围比较宽而且是合理的，而对于独立权利要求中没有限定过细的技术细节，必要的话可以将优选方式写在从属权利要求当中。

本申请中撰写了全面的从属权利要求，从多个方面如外植体的预处理、氮源的用量、碳源的用量、激素的用量等，形成较全面的保护范围梯度，以便在不得不修改独立权利要求时，能够有充分的修改空间。

说明书撰写中对现有技术的状况和存在的问题介绍简洁而到位。具体实施方式的描述比较全面完整而到位，包括该发明基因转化再生体系各个环节都有明确说明，并且进行了验证。说明书对该发明优点等结合具体改进技术措施，有理有据地进行了描述，可有力地支撑其新颖性和创造性，所撰写的内容易于理解发明，并充分支撑权利要求书请求保护的范围。

（二）供参考的专利申请文件❶

权 利 要 求 书

1. 生产转基因棉花植株的方法，所述方法包括下列步骤：

（1）取棉花幼嫩叶柄用作外植体；

（2）将该叶柄外植体于携带包含外源基因和选择标记基因的载体的根癌土壤杆菌培养物上培养，所述土壤杆菌能够实现外源基因和选择标记基因稳定转移到叶柄外植体细胞的基因组中；

（3）在包含浓度范围为 $0.01 \sim 0.5 mg/L$ 的 2，4 —二氯苯氧乙酸和浓度范围为 $0.05 \sim 1.0 mg/L$ 的激动素的培养基中培养叶柄外植体以诱导愈伤组织形成；

（4）选择表达外源基因的转化愈伤组织；

（5）在不含植物激素的液体分化培养基中悬浮培养所选择的愈伤组织少于20天以诱导胚胎发生愈伤组织形成；

（6）将胚胎发生愈伤组织转移至不含植物激素的半固体分化培养基中以形成胚状体；

（7）胚状体在具有天冬酰胺、谷氨酰胺或天冬酰胺和谷氨酰胺二者的氮源并且不含植物激素的培养基中萌发以生成幼小转基因棉花植株；

（8）将幼小转基因棉花植株在具有葡萄糖和蔗糖作为碳源并且不含植物激素的培养基中生长以产生转基因棉花植株；

其中步骤（2）~（8）中所用的培养基具有葡萄糖作为单一碳源，并且其中步骤

---

❶ 依据专利申请 99816721.5 改编。

（5）和（6）在5.8~7.5的pH下进行。

2. 如权利要求1所述的方法，其中叶柄外植体在暴露于根癌土壤杆菌培养物之前预培养一段时间。

3. 如权利要求1所述的方法，其中步骤（2）~（8）中使用的培养基中的葡萄糖量为10~50g。

4. 如权利要求3所述的方法，其中葡萄糖的量为30g。

5. 如权利要求1所述的方法，其中步骤（7）中氮源的量为700mg~5g。

6. 如权利要求5所述的方法，其中氮源的量为3.8g。

7. 如权利要求5所述的方法，其中氮源是天冬酰胺和谷氨酰胺二者，且天冬酰胺的量为200mgL~1g/L，谷氨酰胺的量为500mg/L~1g/L。

8. 如权利要求7所述的方法，其中天冬酰胺的量为500mg/L，谷氨酰胺的量为1g/L。

9. 如权利要求1或2所述的方法，其中步骤（5）的悬浮培养时间为10~20天。

10. 如权利要求9所述的方法，其中步骤（5）的悬浮培养时间为14天。

11. 如权利要求1所述的方法，其中2,4一二氯苯氧乙酸的浓度为0.05mg/L，激动素的浓度为0.1mg/L。

12. 如权利要求1所述的方法，其中步骤（5）和（6）在pH为6.2~7.0下进行。

13. 如权利要求12所述的方法，其中步骤（5）和（6）在pH为6.5下进行。

14. 如权利要求12所述的方法，其中步骤（5）和（6）在pH为6.5~7.0下进行。

说　明　书

利用棉花叶柄外植体进行土壤杆菌介导的基因转化

技术领域

本发明涉及植物基因工程领域，具体涉及棉花组织培养和土壤杆菌转化棉花，将外源基因导入棉花。

背景技术

棉花是广泛种植的经济作物之一。世界棉花年产量超过1亿吨，价值达450亿美元。亚洲是最大的棉花产地，世界上五大棉花制造商中有四个在亚洲。棉花不仅是纺织业的主要支柱，也为除草剂、杀虫剂的生产商提供了巨大的市场。有多种途径从分子水平改良棉花，包括提高产量和纤维质量及创造新的抗除草剂、抗虫抗病的棉花品种。分子水平的改良依赖于转基因技术，包括组织培养和基因转化。

对于棉花的组织培养，在1935年Stovsted首次报道了棉花的胚胎培养。1983年Davidonis和Kamilton首次成功的从培养了2年的愈伤组织获得有效的、可重复的棉花植株的再生。从此棉花植株的再生尝试了各种外植体，如子叶、下胚轴、茎、苗尖、未成熟胚胎、叶柄、叶、根、愈伤组织和原生质体等。

植株再生是常规的基因转化的基础。棉花的转化，1987 年 Firoozababy 等首次报道通过下胚轴和子叶外植体的土壤杆菌介导的棉花转化。随后，有多种有用的基因导入棉花中，如抗虫和抗除草剂的抗性基因，已利用外植体如下胚轴、子叶及其产生的愈伤组织，未成熟胚胎，进行土壤杆菌介导的转化和粒子轰击。Zhou 等（1993）在自体授粉一天后将 DNA 注射到中轴胎座中而成功转化棉花。

然而，已知的棉花转化方法，其转化率通常较低，用下胚轴作外植体时，仅达到 20% ~ 30%。有报道使用子叶外植体并用编码章鱼碱合成酶的 ocs 基因作报道基因时的显著性提高转化率，高达 80%（Firoozababy 等，1987）。然而，但没有转化的植物中也已发现章鱼碱，所以使用章鱼碱作为转化标记的有效性不可靠。更近的报道表明子叶的转化率仍然在 20% ~ 30%。当使用粒子轰击转化时，转化率更低（Keller 等，1997）。用于转化的外植体类型的差异可能对转化和再生的效率有显著的影响，总体来说子叶作为外植体优于下胚轴。

此外，棉花转化也高度依赖于基因型，除少数可再生的并可转化的品种，如陆地棉 cv. Coker 312 和陆地棉 Jin7，大部分其他重要的优良商用品种，如陆地棉 cv. D&P 5415 和陆地棉 cv. Zhongmian 12，用这些方法不能转化和再生。因此，缺少高效的植物再生方法被视为土壤杆菌转化棉花的最主要障碍（Gawel 等，1986）。

发明内容

针对现有技术的不足，本发明研究使用叶柄作为外植体配合培养基的改进而提供一种有效的转化棉花的方法。

本发明提供的技术方案为生产转基因棉花植株的方法，所述方法包括下列步骤：

（1）取棉花幼嫩叶柄用作外植体；

（2）将该叶柄外植体于携带包含外源基因和选择标记基因的载体的根癌土壤杆菌培养物上培养，该土壤杆菌能够实现外源基因和选择标记基因稳定转移到叶柄外植体细胞的基因组中；

（3）在包含浓度范围为 0.05 ~ 0.5mg/L 的 2,4 - 二氯苯氧乙酸和浓度范围为 0.1 ~ 1.0mg/L 的激动素的培养基中培养叶柄外植体以诱导愈伤组织形成；

（4）选择表达外源基因的转化愈伤组织；

（5）在不含植物激素的液体分化培养基中悬浮培养所选择的愈伤组织少于 20 天以诱导胚胎发生愈伤组织形成；

（6）将胚胎发生愈伤组织转移至不含植物激素的半固体分化培养基中以形成胚状体；

（7）胚状体在具有天冬酰胺、谷氨酰胺或天冬酰胺和谷氨酰胺二者的氮源并且不含植物激素的培养基中萌发以生成幼小转基因棉花植株；

（8）将幼小转基因棉花植株在具有葡萄糖和蔗糖作为碳源并且不含植物激素的培养基中生长以产生转基因棉花植株；

其中步骤（2）~（7）中所用的培养基具有葡萄糖作为单一碳源，并且其中步骤（5）和（6）在 5.8 ~ 7.5 的 pH 下进行。

将外源基因导入土壤杆菌以便将外源基因稳定地转移到与土壤杆菌接触的植物或

植物组织中是本领域已知的，例如可以采用二元载体系统。当然构建含有要导入植株的外源基因的载体的一般方法也是本领域公知的技术。而本发明可以用于产生表达任何数目外源基因的转基因植物，目的外源基因的选择根据需要而定，如除草剂抗性基因如抗草甘膦抗性基因的莽草酸合成酶基因，抗2，4－二氯苯氧乙酸抗性的2，4－D单加氧酶基因等。

在本领域中，通常认为棉花再生有很强的品种依赖性，如已证明 Coker 系列棉花品种相对易于转化，而 DP 5412、Zhongmian 12 和许多其他品种仍然难于再生。而本发明已成功转化两个棉花品种，即 Coker 312 和 Si－Mian 3，因此本发明可适用于不同棉花品种的转化，例如本发明也可适用于其他棉花品种如中国的 Jin 7 和 Ji 713，澳大利亚的 Siokra 1－3，美国的 T25、Coker 201 和 Coker 310。

与已报道的方法相比，本发明的方法具有更高的转化效率和生存率。曾有报道用叶柄外植体进行体细胞胚胎发生的诱导，但再生并不成功或再生率极低（Gawel 等，1986）。但本发明中，通过使用改良的培养基显著提高了再生效率，具体在是低浓度的2，4－二氯苯氧乙酸（2，4－D）和激动素的培养基中培养幼嫩的在初生维管束组织中富含薄壁组织细胞的叶柄时，获得高质量的愈伤组织。

使用本发明，在悬浮培养基中诱导胚胎的时间可以缩短到 10～14 天，而不是以前报道的 3 周（Cousins 等，1993），本发明发现缩短悬浮培养基处理的时间对高频率诱导胚胎发生是很重要的，因为时间过长，则会产生较多的很难再生的玻璃体胚胎，而减少异常胚胎的产生也很重要的。

为了使除幼小植株生长期以外的不同阶段的最大细胞生长，使用葡萄糖作为单一碳源。培养基中葡萄糖量可以为 10～50g/L，优选为 30g/L。而在幼小植株生长期，优选葡萄糖和蔗糖各为约 10g/L 作为碳源以促进幼小植株的健康生长。

对于愈伤组织的生长、胚胎发生和愈伤组织增殖，培养基的 pH 为 5.8～7.5，优选 6.2～7.0，最优选为 6.5。对于幼小植株生长时的根部健康生长，优选的 pH 为 7.0 的培养基。

为了有效的愈伤组织引发和胚胎潜能诱导，如前所述在愈伤组织诱导和选择培养基中低浓度的2，4－D 和激动素是重要的。2，4－D 的含量优选为 0.01～0.5mg/L，最优为 0.05mg/L。激动素的量为 0.05～1.0mg/L，最优选为 0.1mg/L。而在愈伤组织分化阶段和胚胎萌发阶段，当培养基中不添加植物激素时获得了最佳的结果。

在胚胎萌发和根部发生时，培养基中用氨基酸天冬酰胺和谷氨酰胺优于无机氨氮的氮源。在胚胎萌发的培养基中，天冬酰胺的量为 200～1000mg/L，优选为 500mg/L。谷氨酰胺的量为 500～2000mg/L，优选为 1000mg/L。采用这些优选的氮源时，当胚胎萌发、生长和根部发生被优先得到促进，而非胚胎发生的愈伤组织生长被抑制。在含有天冬酰胺和谷氨酰胺作为氮源的优选的 MMS3 培养基中，由于健康的根部发生，本发明方法获得移植转基因棉存活率几乎达到 100%，而根部发生较差被认为是移植转基因棉植株的低存活率的主要原因。

此外，在除与土壤杆菌共培养之外的棉花转化的不同阶段，植物组织和愈伤组织优选保持在 28℃，但可以在 25～35℃ 变化。而为了有效的转化，共培养阶段的温度不应高于28℃。棉花转化和再生的所有阶段的优选光照条件均为每天光照16小时（60～90 $\mu Em^{-2}S^{-1}$）和8小时避光。

本发明方法具有以下优点：外植体易于获得、转化率更高、再生效率更高。尤其，从转化到再生成植株的时间缩短，整个过程需要6~7个月，此前报道的下胚轴和子叶方法通常需要7~9个月或更长的时间完成上述过程。上述优点基于本发明采用叶柄作为外植体，并在以下几个方面得到优化：（1）除幼小植株生长期以外的不同阶段，培养基中使用葡萄糖作为单一碳源；（2）培养基pH调到较高即6.5～7.0；（3）在愈伤组织引发阶段使用低浓度的2，4–D和激动素，而在其他阶段不使用激素；（4）用于胚胎萌发的培养基中使用天冬酰胺和谷氨酰胺替代无机氨氮。

具体实施方式

下述实施例的目的是更好阐明本发明，并不是对本发明的限制。

为了描述方便，先将下述实施例中用到的培养基列出如下（下面以升为单位）：

（1）幼苗生长培养基：1/2 MS基本培养基盐混合物（Sigma M5524）、0.9g MgCl$_2$·6H$_2$O、2g吉兰糖胶（Phytagel™，Sigma），pH 7.0；

（2）叶柄预培养培养基：MS基本盐混合物、0.9g MgCl$_2$·6H$_2$O、2g吉兰糖胶（Phytagel™，Sigma），pH 7.0；

（3）共培养培养基：MS基本盐混合物、100mg盐酸硫胺素、1mg盐酸吡多醇、1mg烟酸、100mg肌醇、0.05mg 2，4–D、0.1mg激动素、30g葡萄糖、0.9g MgCl$_2$·6H$_2$O、2g吉兰糖胶（Phytagel™，Sigma），pH 7.0；

（4）MMS1–愈伤组织诱导和选择培养基：共培养培养基、50 mg卡那霉素、500mg头孢噻肟；

（5）MMS2–分化培养基：MS基本盐混合物、10mg盐酸硫胺素、1mg盐酸吡多醇、1mg烟酸、100mg肌醇、0.9g KNO$_3$、2g吉兰糖胶（Phytagel™，Sigma），pH 6.5；

（6）MMS3–胚胎萌发培养基：3.8g KNO$_3$、440mg CaCl$_2$·H$_2$O、375mg MgSO$_4$·7H$_2$O、170mg KH$_2$PO$_4$、1g谷氨酰胺、500mg天冬酰胺、43mg EDTA三价铁——钠盐、MS微量营养物（Murashige和Skoog，1962）、10mg盐酸硫胺素、1mg盐酸吡多醇、1mg烟酸、100mg肌醇、30g葡萄糖、0.9g MgCl$_2$·6H$_2$O、2g吉兰糖胶（Phytagel™，Sigma），pH 6.5；

（7）幼小植株生长培养基：S&H培养基大量和微量元素（Strewart和Hsu，1977）、10mg盐酸硫胺素、1mg盐酸吡多醇、1mg烟酸、100mg肌醇、10g葡萄糖、10g蔗糖、0.9g MgCl$_2$·6H$_2$O、2g吉兰糖胶（Phytagel™，Sigma），pH 7.0。

实验材料

1. 实施例中使用土壤杆菌菌株和质粒

采用土壤杆菌菌株LBA 4404（pBI121GFP）转化棉花叶柄和幼小的茎。

实施例中使用的植物材料：美国高地棉花品种Coker 312和中国山西棉花研究所的Si–Mian 3。

2. 外植体的获取

收集低光照条件下在温室中生长8～12周植株的幼嫩叶柄。用70%乙醇表面灭菌叶柄几秒钟，然后用20%漂白溶液（Clorox Co. USA，含1%氯）表面灭菌20分钟。在无菌水中清洗5次后，叶柄在MS培养基中预培养3天。

3. 土壤杆菌转化

在含50mg/L利福平、50mg/L卡那霉素和100mg/L链霉素的液体LB培养基中培养土壤杆菌菌株LBA4404（pBI121GFP）的单一群体。细菌在28℃200rpm的摇床中培养过夜。用液体MS培养基将细菌培养物稀释至$OD_{600}=0.3$。

将叶柄和幼嫩的茎切成约2cm长的片段。将片段浸入稀释的细菌悬浮液中5分钟，然后转移到含有浸在50mL共培养培养基中的滤纸的塑料平皿（100mm×25mm）上。平皿置于24℃培养箱中连续光照48小时。将共培养外植体转移到MMS1培养基中并在28℃培养，每天光照16小时（$60 \sim 90\mu Em^{-2}S^{-1}$）和8小时避光。2～4周后已出现卡那霉素抗性的愈伤组织，计算愈伤组织的数目并检测GFP基因的表达。

在荧光显微镜下，未转化的对照愈伤组织显红色，而表达GFP基因的转化愈伤组织显示鲜明的绿色荧光。总共检测113个推测转化的愈伤组织的GFP活性，GFP基因的转化频率是39.8%（见表1）。当使用棉花品种Si－Mian 3的叶柄转化时，发现26个检测的愈伤组织中有11个为GFP阳性，转化率是42.3%。

表1 棉花Coker 312和Si－Mian 3叶柄的转化频率

品种	检测的愈伤组织数目	GFP阳性愈伤组织数目	GFP基因转化频率
Coker 312	113个	45个	39.8%
Si－Mian 3	26个	11个	42.3%

4. 诱导体细胞胚胎发生和植株再生

选择急剧生长和强表达GFP的愈伤组织并将其转移到液体MMS2培养基中悬浮培养2周。选择易成粉状的乳白色颗粒状愈伤组织并将其转移到半固体分化培养基MMS2中。约2个月后，产生大量胚状体。1～2个月内，培养基上逐渐发生胞质紧密的胚胎发生结构，并产生大胚胎。短时间的悬浮培养处理，不仅对高频率诱导胚胎发生很重要，而且对产生高质量的胚状体很重要。再次检查GFP基因的表达均是GFP阳性。

将具有强GFP活性胚状体和胚胎发生愈伤组织转移到MMS3培养基中。1～2个月后，将1～2cm高的具有1～2片真叶和根部生长良好的小植株转移到幼小植物生长培养基中培养约1个月。约1个月后，将具有6～8片叶子和高10～15cm的小植株移植于土壤中并移入温室。所有30株移植的转基因植株均存活并发现表达GFP蛋白。获得所使用的转基因小植株所需的总时间少于7个月。移植于温室后到小植株还需2个月（见表2）。

表2 从转化叶柄片段到植株再生的时间范围（Coker 312）

转化	获得愈伤组织	胚胎出现	再生	移入温室	开花
2000－04－10	2000－05－26	2000－07－29	2000－11－01	2000－12－31	2001－02－14

5. 检测GFP蛋白活性

使用Leica MZ FLIII荧光立体显微镜，其具有480/40nm激发滤片和510nm阻挡滤片，检测 GFP 蛋白活性的表达。在荧光立体显微镜下，转化愈伤组织、胚状体，和幼嫩小植株中 GFP 基因的绿色荧光易于分辨，而未转化的对照呈红色。可能是因为某些生色的化学物质积累于根部，未转化的根部是例外，其在荧光显微镜下显示弱绿色。但由于 GFP 蛋白产生的绿色荧光更亮更均一，所以仍然可鉴定出有 GFP 活性的根。在荧光立体显微镜产生的蓝光下，诸如叶和茎这样富含叶绿素的绿色植物组织的红色荧光清晰可见。在 GFP 阳性绿色植物组织中，由于红色和绿色荧光的重叠，黄色荧光也可检测到。然而，与植物其他部分相比，GFP 基因在花瓣和花药中的表达更低。

6. 转基因植物的分析

根据 Paterson 等（1993）纯化推测转化品系和未转化对照植株的基因组。用 EcoRI 消化后，EcoRI 切割位于嵌合 GFP 基因 T – DNA 左边缘和 Nos – 3'终止子之间的 inj，根据生产商说明书，用 0.8% 的 TAE 琼脂糖凝胶分离 DNA 并转移到 Hybond – N 膜上。通过紫外交联将 DNA 固定于膜上，再用 DIG 标记的 GFP 基因编码区杂交。根据生产商的说明书（BOEHRINGER MANNHEIM）用抗 – DIG – AP 缀合物检测杂交探针。

用 GFP 基因编码区作为杂交探针，Southern 杂交分析来自 11 个随机选择的转基因品系和 1 个未转化的对照植株基因组 DNA 样品。数据表明 11 个品系中 7 个有单拷贝，3 个品系有 2 个拷贝，1 个品系有 6 个拷贝的 T – DNA 插入。具有单一拷贝 T – DNA 插入的转基因品系的百分比说明这种转化方法导致基因沉默和不期望的插入突变体的概率较低。

第三部分

实质审查意见答复的
相关要求和其他处理技巧

此处所提及的答复主要是针对实质审查意见通知书进行的。对于发明专利申请，除极少数可以直接授权的外，绝大部分申请都会接到审查员发出的审查意见通知书。如果能够针对审查意见撰写出具有说服力的意见陈述和/或正确合理地修改专利申请文件，则有利于获得专利权并缩短审查程序。反之，如果不能作出充分有说服力的答复，必然延长审查程序，甚至是本来可能获得专利权的申请被驳回。因此，审查意见答复是专利代理人应当具备的基本能力，在专利申请过程中具有重要意义。

在答复审查意见通知书时，经常需要修改专利申请文件，尤其是权利要求书。因此，下面对答复过程中涉及的关于专利申请文件的修改规定，以及意见陈述的相关环节和要求分别进行介绍。在本书第四部分结合医药及生物领域中具体的例子，分别针对不同条款的审查意见对答复技巧进行说明。

第十六章　专利申请文件的修改规定

提交专利申请后，申请人可以对专利申请文件进行修改以克服相关缺陷或者获得更有利的保护范围。对专利申请文件的修改包括主动修改和被动修改，前者是由申请人自行决定提出修改，而后者是应审查员的审查意见通知书和电话会晤等提出的要求而进行的修改。修改专利申请文件不仅要符合其撰写规定，还要符合关于修改的限制和修改的方式。

一、修改的内容和范围

《专利法》第三十三条对修改的内容与范围作了规定：对发明和实用新型专利申请文件的修改不得超出原说明书和权利要求书的记载范围。这是对发明和实用新型专利申请文件进行修改的最基本要求。不论申请人对专利申请文件的修改属于自行作出的主动修改还是针对通知书指出的缺陷进行的被动修改，都不得超出原说明书和权利要求书记载的范围。原说明书和权利要求书记载的范围包括原说明书和权利要求书文字记载的内容和根据原说明书和权利要求书文字记载的内容以及说明书附图（不包括摘要和摘要附图）能直接地、毫无疑义地确定的内容。注意，申请人向国家知识产权局提交的专利申请文件的外文文本和优先权文件的内容，不能作为判断申请文件的修改是否符合《专利法》第三十三条规定的依据。但是对于进入国家阶段的国际申请来说，原始提交的国际申请的权利要求书、说明书及其附图（不论是外文还是中文）都具有法律效力，可以作为专利申请文件修改的依据。

二、主动修改的时机和要求

对于发明专利申请而言，申请人有两次对其发明专利申请文件进行主动修改的时机：（1）在提出实质审查请求时；（2）在收到专利局发出的发明专利申请进入实质审查阶段通知书之日起的 3 个月内。对于实用新型专利申请和外观设计专利申请而言，在自申请日起 2 个月内可以提出主动修改，其修改应当符合《专利法》第三十三条的规定。

申请人在上述允许进行主动修改的时机提出的修改，该修改文本就会被国家知识产权局接受，所作修改只要符合《专利法》第三十三条的规定，即修改未超出原说明书和权利要求书的记载范围，就会被允许。

三、被动修改的要求和方式

根据《专利法实施细则》第五十一条第三款的规定，在答复审查意见通知书时，对专利申请文件进行的修改，应当针对通知书指出的缺陷进行。如果修改的方式不符合《专利法实施细则》第五十一条第三款的规定，则这样的修改文本一般不能被国家知识产权局接受。

然而，对于虽然修改方式不符合《专利法实施细则》第五十一条第三款规定，但其内容与范围满足《专利法》第三十三条要求的修改，只要经修改的文件消除了原专利申请文件存在的缺陷，并且具有被授权的前景，这种修改视为是针对通知书的缺陷进行的修改，因而经此修改的申请文件可以接受。但是，需要注意的是，当出现下列情况时，即使修改的内容没有超出原说明书和权利要求书记载的范围，也不能被视为是针对通知书指出的缺陷进行的修改，因而不予接受。

（1）主动删除独立权利要求中的技术特征，扩大了该权利要求请求保护的范围。

（2）主动改变独立权利要求中的技术特征，导致扩大了请求保护的范围。

（3）主动将仅在说明书中记载的与原来要求保护的主题缺乏单一性的技术内容作为修改后权利要求的主题。

（4）主动增加新的独立权利要求，该独立权利要求限定的技术方案在原权利要求书中未出现过。

（5）主动增加新的从属权利要求，该从属权利要求限定的技术方案在原权利要求书中未出现过。

上述规定仅仅是原则性的规定，并非法律层面的规定，根据实际情况，审查员有一定的灵活度来掌握。例如，某权利要求的主题属于《专利法》第二十五条不授予专利权的主题，但对于疾病的诊断和治疗方法而言，可以改写成制药用途权利要求，此时虽然改变权利要求的主题也是可以接受的；独立权利要求中增加某技术特征以克服不具备新颖性或创造性的缺陷，此时可以针对该特征撰写一些新的从属权利要求。在实际操作中，必要时可以与审查员沟通确定。

四、关于修改是否超范围的判断标准

《专利审查指南2010》第二部分第八章第5.2.2节分别针对权利要求书、说明书及摘要的修改，列出"允许的修改"的情形。但实际代理过程中，经常需要进行判断的是不允许的修改。

《专利审查指南2010》第二部分第八章第5.2.3节规定：如果申请的内容通过增加、改变和/或删除其中的一部分，致使所属技术领域的技术人员看到的信息与原申请记载的信息不同，而且又不能从原申请记载的信息直接地、毫无疑义地确定，那么，这种修改就是不允许的。对此，可以通俗地理解这里所说的申请内容，即指原说明书（及其附图）和权利要求书记载的内容，即原说明书和权利要求书明确记载的内容，以及基于申请日当时的技术水平根据原说明书和权利要求书以及说明书附图对本领域技术人员来说隐含公开的信息。其中，所说的申请内容不包括任何优先权文件的内容，也不包括说明书摘要及其附图的内容。

《专利审查指南2010》第二部分第八章第5.2.3.1节至第5.2.3.3节分别列出不允许的增加、不允许的改变和不允许的删除。虽然现实过程，经常需要修改专利申请文

件，而且有时争议也非常大，因此在本书第四部分对答复修改范围的审查意见给出了一些实例。此外，在实际代理过程中，可以通过起草较完备的专利申请文件，以及在修改过程中合理考虑，以尽量避免审查员以修改超范围为由驳回专利申请。因此，对于上述规定本书不再重复，可以参见《专利审查指南2010》的相关内容。

第十七章　审查意见答复和意见陈述的要求

对于实质审查意见通知书的答复，需要专利代理人能够依照《专利法》《专利法实施细则》以及《专利审查指南2010》的有关规定，通过陈述意见，以及必要时修改专利申请文件，为客户谋求尽可能有利的审查结果，充分维护客户的利益。

实质审查意见通知书通常分为第一次审查意见通知书和中间审查意见通知书。除极少数可以直接授予专利权的发明专利申请外，对于绝大多数发明专利申请，国家知识产权局都必须发出第一次审查意见通知书。在第一次审查意见通知书中，审查员通常是进行全面审查，尽可能全面指出专利申请文件存在的所有缺陷，但对于整个专利申请不具备授权前景时，则仅指出导致不能授予专利权的实质性缺陷。中间审查意见通知书是针对申请人的意见陈述及修改的专利申请文件继续进行实质审查的结果，由中间审查意见通知书可以更明确申请的前景，对于仍然不能克服审查员的审查意见指出的实质性缺陷的专利申请，在符合听证原则的条件下将可能被驳回。

除上述通知书外，有时国家知识产权局也会直接发出分案通知书、提交资料通知书、避免重复授权通知书等，进入中国国家阶段的PCT申请还可能接到缴纳单一性恢复费通知书等。这些通知书在本书中不作为重点。

一、答复的总体要求

（一）核查审查依据的文本

对审查意见的答复，通常首先要核查审查员依据的审查文本是否正确（尤其对于PCT申请进入国家阶段有多次文本修改的情形下）。一方面可以看通知书表格中填写的审查文本是否是申请人提交的最后文本。如填写存在错误，还需进一步结合通知书正文来判断是否实际上依据了错误的审查文本。因为，有时仅仅是表格填写错误，但通知书正文评述针对的文本是正确的，此时答复可以简单提及文本问题，以便审查员确认。

对于确定审查员所依据的文本确实存在错误的前提下，进一步判断是否影响到审查意见的实体内容。如果没有产生实质影响，则在答复时应针对审查意见进行详细的答复和/或修改专利申请文件。如果产生了实质影响，并且导致答复困难，则需在意见陈述书中对此进行说明。当然，在实际操作中，可以与审查员进行必要的电话沟通，以核实情况并决定如何处理。

现实中发生审查文本错误并导致答复困难的情形比较少见，但确实也可能存在，因此在接到审查意见通知书时需要进行核实。

（二）准确地理解和分析审查意见

在所依据的审查文本没有问题（或者虽然有问题，但不影响对审查意见的处理）

的基础上，判断具体审查意见是否正确，主要可以从事实认定是否正确、法律运用或审查标准是否正确两个方面来判断。再根据判断结果来采取相应的答复方式。答复审查意见时需要满足一定要求。

全面、准确地理解审查意见通知书的内容及所引用对比文件的技术内容，仔细分析所引用的对比文件是否足以支持专利申请文件存在审查意见通知书中所认定的实质性缺陷，从而对专利申请的前景作出正确判断，在此基础上确定答复审查意见通知书的策略，为修改专利申请文件和撰写意见陈述书做好准备。

审查意见对专利申请文件的总体倾向结论可分为三大类：第一类，审查意见仅指出申请文件存在的形式缺陷，此时只需按通知书的要求对专利申请文件进行修改即可以授权。但少数时候，也存在随后审查员再次发出有实质性缺陷的审查意见通知书。第二类，审查意见指出专利申请存在的实质性缺陷，但认为尚有可以授予专利权的内容。此时，需要判断审查意见是否正确，并确定是否修改以及如何修改专利申请文件，对于认为审查意见不正确的情况下，要提出强有力的意见陈述。如果克服了审查意见指出的缺陷，则申请可以被授予专利权。第三类，审查意见指出专利申请存在的实质性缺陷，并且认为没有可以授予专利权的内容。这是最严重的情形，如果不能提出强有力的具有说服力的意见陈述，专利申请将被驳回。当然上述划分仅仅是初步的，审查员的审查意见可以根据案件情况发生转换，不能一概而论。

判断审查意见的总体倾向有利于确定答复或处理策略，例如，确定是否或如何修改权利要求书和/或说明书、克服审查意见指出的缺陷的把握性有多大等。经核实和判断审查意见，通常可以分为以下几种情形。

（1）审查意见正确而且申请无授权前景，此时可能建议申请人放弃申请，不再答复。

（2）审查意见正确，但申请具备授权前景，则需要修改专利申请文件克服通知书中指出的所有缺陷。

（3）审查意见部分正确，部分不正确，则对应地修改专利申请文件克服确实存在的缺陷，同时对不能同意的审查意见进行意见陈述。

（4）审查意见不正确，则需对所有审查意见进行全面答复和陈述，以表明不存在相关的缺陷。

（5）对于审查意见是否正确存在疑问，或认为存在争议，则应当合理进行意见陈述。根据后续审查确定处理方式。

（三）修改专利申请文件的要求

根据审查意见，必要时需要修改专利申请文件。专利申请文件的修改应当满足如下要求：

（1）对于审查意见通知书中所指出的实质性缺陷，通过分析认为确实存在的，修改后的专利申请文件应当消除这些实质性缺陷。

（2）在消除专利申请文件尤其是消除权利要求书中确实存在的实质性缺陷时，应当使修改后的权利要求书尽量为客户争取充分的保护。

（3）修改专利申请文件尤其是在修改权利要求书时可同时将本身存在的形式缺陷

一并予以消除。

(4) 根据修改的权利要求书后必要时对说明书进行适应性修改。

说明书适应性修改主要有两类情况: 其一, 权利要求书的主题名称不变, 而根据审查意见通知书中引用的最接近的对比文件缩小了保护范围, 在这种情况下, 背景技术部分需要补入有关最接近的现有技术的说明, 发明内容部分的技术方案需要根据修改后的权利要求书, 尤其是修改后的独立权利要求进行修改, 说明书摘要中通常也要对相应独立权利要求的技术方案进行修改, 而技术领域、发明内容中要解决的技术问题和有益效果根据具体案情确定要否修改, 而具体实施方式多半不需要修改, 除非这一部分中出现某一或某些具体实施方式或实施例相对于引用的对比文件来说已成为现有技术。其二, 发明包含有几项主题名称不同的申请主题, 修改时删除了其中一些申请主题, 在这种情况下, 发明名称、技术领域、发明内容中要解决的技术问题和技术方案、说明书摘要均需要进行修改, 至于背景技术则根据审查意见通知书中是否引入了更接近的现有技术确定是否要补入有关内容, 具体实施方式修改的原则与前一种相同。

从目前的专利审查实践来看, 审查员较少强烈要求申请人在修改权利要求后必须适应性修改说明书, 因此申请人可以根据情况来确定是否修改说明书。对于说明书本身存在的需要修改的缺陷, 则必须要修改说明书, 而如果仅涉及权利要求的缺陷, 则不是必须要修改说明书的。当然, 从授权专利文件的质量来看, 许多情况下需要对说明书进行适应性修改, 但注意不要导致修改超范围的缺陷。但是上述仅仅是一般原则, 需要根据具体案情确定对说明书中哪些部分进行适应性修改, 总体来说目前并不是特别严格。

(5) 对专利申请文件所进行的修改应当符合《专利法》《专利法实施细则》以及《专利审查指南 2010》中有关专利申请文件修改的规定, 即应当符合《专利法》第三十三条的规定, 修改不得超出原说明书和权利要求书记载的范围, 也应当符合《专利法实施细则》第五十一条第三款的规定, 针对审查意见通知书指出的缺陷进行修改。

(6) 修改后的专利申请文件应当符合《专利法》《专利法实施细则》以及《专利审查指南 2010》所规定的对专利申请文件撰写的各项要求, 即修改后的专利申请文件不应当出现新的不符合《专利法》《专利法实施细则》以及《专利审查指南 2010》规定的专利申请文件撰写实质性缺陷和形式缺陷。

(四) 撰写意见陈述书时应当满足的要求

(1) 意见陈述书应该符合要求的格式, 即应当包括所有必要的部分——起始语段、修改说明、克服审查意见所指出缺陷的具体说明(核心部分)、结尾语段。

(2) 意见陈述书中应当全面答复审查意见通知书表达的所有审查意见和提出的问题或要求, 不得有遗漏。其中, 对于存在的形式缺陷, 通过修改专利申请文件加以克服, 并在意见陈述书中加以说明。对于实质性缺陷, 认为有必要修改专利申请文件的, 应当在意见陈述书中阐述所作修改能够克服审查意见通知书所指出缺陷的理由, 并对所作修改加以说明; 若认为审查意见存在不当之处, 应当依据《专利法》《专利法实施细则》和《专利审查指南 2010》的有关规定, 合情合理地陈述反驳意见。审查意见通知书提出有关疑问要求予以回答、解释的，应当给予充分答复，必要时辅以有关证据和辅助资料。

（3）论述理由时应当注意分寸，尤其应当注意禁止反悔原则，即避免在意见陈述书中为取得专利权所作出的解释成为侵权判断时不利于专利保护的限制性条件。

（4）意见陈述书的表述应当词语规范（尤其是专利用语），有理有据，层次清楚，表述准确，有逻辑性，有针对性，充分说清道理；并应当注意避免强词夺理，避免仅仅罗列不着边际的套话。

二、答复的注意事项

（1）答复审查意见时要正确处理好争取早日授权和争取最大合理权益的平衡关系。首先对于不影响实质保护的非实质性缺陷，应当尽可能地按照审查意见通知书的要求进行修改，但对于实质性缺陷应当判断审查意见通知书中的审查意见是否有道理。如果审查意见有道理，此时需要考虑如何合理缩小保护范围，而不能直接缩至最小的保护范围；如果审查意见本身存在错误或有理由而有较大把握反驳审查意见，则不必修改权利要求而在意见陈述中充分论述理由，同时也不要作出不必要的限制性解释。另外，一些情况下，例如对于审查意见中提出的某些问题，虽不能认同审查员的审查意见（尤其已就此问题进行过一次答复后），但为了使主要的保护范围能够获得授权，也可以先行删除或修改相关权利要求，而保留能够授权的权利要求。但对于前述删除或修改的权利要求，最好明确声明不能认同审查员的审查意见，但为了加快本申请的审查程序而暂时予以删除，其后可以通过提交分案申请等方式再争取获得专利保护。这种情况适合于对本申请而言相对次要的但确实又值得获得专利保护的主题，因而有必要随后提分案申请。

（2）答复审查意见时，注意全面考虑，避免矛盾，尤其不应引出新的实质性缺陷。例如在创造性的审查意见答复中，不能为了表明具有创造性，而将没有记载在说明书中的技术诀窍作为依据，以表明达到预料不到的技术效果，这显然与原申请文件相矛盾，有可能导致后续审查中被质疑公开不充分。正确的做法，依据原始申请文件，客观提出与现有技术的区别，并论述是否存在技术启示等。

（3）对于审查员在审查过程存在的明显错误，例如审查文本错误，则根据审查意见判断是否仍然可用，如果可用则建议同时指出审查文本存在错误（以使审查员后续过程中纠正），同时针对审查意见进行答复，以节约程序；如果文本错误导致审查意见不可用，则应当明确指出这一点。

（4）对于审查意见明显不符合《专利审查指南2010》规定的，则可以引用相关规定，据此说理。

【案例17-1】

相关案情：审查针对的权利要求1如下：一种抗高血压药物复方制剂，其特征在于：按重量份计主要由阿魏酸哌嗪20～400份和氯沙坦钾5～100份的混合物为药用成分构成。

审查意见：权利要求1中使用的"主要"一词表达了一种不明确的状态，本领域技术人员无法判断所述复方制剂的药用成分除阿魏酸哌嗪和氯沙坦钾外是否还包含了其他成分。因此，权利要求1不清楚，不符合《专利法》第二十六条第四款的规定。

分析： 根据《专利审查指南2010》第二部分第十章第4.2.1节（第278页最后一段至第279页第一段）指出：开放式和封闭式常用的措辞如下：（1）开放式，例如"含有"……"基本含有""主要由……组成""主要成分为"等，这些都表示该组合物中还可以含有权利要求中所未指出的某些组分，即使其在含量上占较大的比例。由此可知，上述的"主要"是清楚的，其表示上述复方制剂中除了药用成分阿魏酸哌嗪和氯沙坦钾外，还可以包含其他的药用成分。意见陈述时可以直接引用该规定，说明权利要求不存在不清楚的问题。

（5）对于审查意见对技术事实的认定存在错误的，则可以从技术角度进行澄清，消除审查员对技术可能存在的不清楚或误解。

（6）注意全面答复审查意见。对于审查意见中指出的所有缺陷都应当进行答复，对于仅涉及新颖性审查意见的情况，根据情况为加快审查进程，在提出具备新颖性的意见陈述之后还需适当对具备创造性的理由进行陈述。此外，对于审查意见通知书中假设评述的审查意见，同样需要予以答复，必要时针对其假设评述意见修改专利申请文件。

（7）在进行意见陈述时，尤其针对创造性审查意见，不能仅仅因为提出本申请是重大科研项目成果，获得科技奖如国际上的科技金奖等而认为能够获得授权。此时，应先行按《专利法》的要求提出本申请可以获得授权的理由，再附加提出本申请获得的科技方面的荣誉等加以佐证。

（8）在进行意见陈述时，注意用词。不能自己认为审查员的观点是错误的，而采取过激的言辞，甚至诋毁审查员或国家知识产权局，这些都于事无益。正确的做法是采取客观态度，实事求是地说理，在认可审查员的工作的基础上提出不同看法，请审查员考虑，如此审查员在心理上更容易接受。

（9）对于涉及单一性的审查意见或分案通知书，一方面应当考虑单一性的审查意见是否成立，如果不能成立而应当明确指出本申请具备单一性的理由；如果能够成立，则需要考虑如何修改或删除相关权利要求，同时与申请人沟通删除的发明内容是否另行提交分案申请（需要注意分案申请提交的时机）。

（10）虽然我国专利审查并没有明确案例法的做法，但有基本审查标准执行一致的理念。在答复审查意见时，如果有近期内的案情类似的授权专利申请或复审决定，则可以提出供审查员参考，也许能够增强说服力，此时需要把握案情是否确实可以类推，有时在意见陈述中也可以说明能够类推的理由。

（11）对于两次或更多次提出同样的审查意见，此时如果不能反驳审查意见或通过修改克服相关缺陷，将很可能导致申请被驳回。此时，可以主动与审查员进行电话讨论，或请求会晤。在进行电话讨论时，可以先联系审查员，让其有时间了解专利申请情况后，再行深入讨论。

（12）在某些情况下，答复审查意见时可以提交必要的证据。例如，在表明充分公开的情况下，可以提交教科书表明某一特征是已知技术；在创造性争辩中，提交证据表明某技术特征在现有技术中不是公知常识。尤其注意补充提交实验证据的情况下，仅在某些情况下才能被认可，特别是在创造性的争辩中，有可能要通过提交必要数据来佐证创造性，但在涉及公开不充分的情况下，补充原专利申请文件中缺乏的实验证据来证明充分公开通常不能成功。

（13）答复审查意见必须具有说服力，而不能是为了争辩而争辩，意见陈述不能采用不攻自破的理由，对于有利的结论，应当进行必要的分析、推理。

【案例17-2】

相关案情：1. 一种清热祛火的凉茶，其特征在于，所述凉茶由以下重量份的成分制成：凉粉草1~20份，鸡蛋花1~15份，布渣叶0.1~2份，菊花0.1~2份，金银花0.1~2份，夏枯草1~10份，甘草0.1~2份，甜味剂80~220份。

审查意见：对比文件1公开了一种祛火茶，具体公开了以下内容（参见说明书第7~8段）：本发明由下列组分构成：其特征是它含有水80~99份、白砂糖0.1~7份、仙草0.1~7份、鸡蛋花0.1~7份、布渣叶0.1~7份、菊花0.1~7份、金银花0.1~7份、夏枯草0.1~7份、甘草0.1~7份。由各中药组分的功效可以确定，对比文件1公开的祛火茶也具有清热的效果。权利要求1所要求保护的技术方案与对比文件1公开的内容相比，区别在于：二者甜味剂的重量份数不同。基于上述区别特征可以确定，权利要求1相对于对比文件1实际解决的技术问题是提供一种口味不同的凉茶。

本领域技术人员知晓凉茶的口感从本质上讲是苦的或淡的味道，为了能让消费者普遍接受，通常都在凉茶中添加甜味剂，根据不同甜味剂的类型以及不同消费者的口味需求，本领域技术人员通过常规调整即可确定甜味剂适宜的重量份数，其间无须付出创造性劳动。因此不符合《专利法》第二十二条第三款有关创造性的规定。

申请人意见陈述：其中对组分含量的不同进行了争辩，其后重点就口感进行了争辩：认为本申请的口感比对比文件1的要好，并提供了比较数据。并指出："通过实验（具体见实验例1）对其口感进行考察可知，与对比文件1的实验例3进行口感比较，最终结果显示：本发明的实施例提供的凉茶口感清甜有回甘，口感好于对比文件1的实验例3。"

分析：由于口感主要是甜味剂在起作用，由于本申请的方案甜味剂用量远大于对比文件1中的用量，其甜味显然会更明显。如此看来，本申请的口感是可以预料的，而申请人的意见陈述并没有提供为何口感好的分析，其结论尚不具有说服力。

但在与申请人沟通中发现，如果中药的苦味仅通过添加甜味剂是掩盖不住的，其是通过对中药各成分的比例的调节，结合增加甜味剂才使得口感更佳。如果此种理由在技术上是可行，则相关意见陈述可予以说明以增强说服力。例如：

该发明所述凉茶中，从性味来讲：凉粉草，味涩甘，性寒；鸡蛋花，味甘，性平；布渣叶，味微酸，性凉；菊花，味甘苦，性微寒；金银花，味甘，性寒；夏枯草，味辛、苦，性寒；甘草，味甘，性平；上述7种成分中，味道有甘、涩、酸、苦、辛，包含了酸、苦、甘、辛、咸等中药五种口味的四种味道。而四种口味中苦味是不能简单地用甜味剂掩盖的，如果简单添加甜味剂的结果是使甜得发腻，但是最后口中余留的仍然是苦味，发明人通过不断调整7味中药的用量，使得各成分之间的味道能相互影响，添加甜味剂后，又能掩盖味道，又能不影响其最终要达到的效果，最终确定了本发明的技术方案。另外，该发明通过配比各成分，并通过采用以下方法"按照配比称取各成分，将除甜味剂外的成分重量总和的8～20倍量的水煎煮2～3次，每次煎煮时间为20～120分钟，合并滤液后冷沉、离心，加入甜味剂，加水定容，超高温瞬时杀菌"，而制备得到凉茶，而通过实验（具体见实验例1）对其口感进行考察可知，与对比文件1的实验例3进行口感比较，最终结果显示：本发明的实施例提供的凉茶口感清甜有回甘，口感好于对比文件1的实验例3。

注意本案例仅从口感的角度表明如何进行陈述，并不代表本身必然具备创造性。若要表明本申请具备创造性，则还需要结合其他方面如饮用效果等进行争辩。

三、意见陈述书的撰写方式

撰写意见陈述书要符合一定格式以及应该包括内容。

（一）规范的意见陈述书正文的内容应当完整并符合格式要求

规范的意见陈述书除了包括标题（意见陈述书或意见陈述书正文）和落款外。意见陈述书正文通常包括起始语段、对专利申请文件的修改说明（若有修改）、对审查意见通知书中指出的缺陷具体陈述意见以及结束语段四个部分，其中对审查意见通知书中指出的缺陷具体陈述意见为重点（若有修改，也要重视修改依据等的说明）。

（二）各部分的撰写内容及要求

下面简单介绍四部分的内容及其要求。

1. 起始语段

通常在意见陈述书正文的第一段表明已研究分析了审查意见，并说明已针对审查意见通知书指出的缺陷对专利申请文件进行了修改。

2. 修改说明（若对专利申请文件进行了修改）

在这一部分需要说明专利申请文件尤其是权利要求书中的哪些权利要求是针对审查意见通知书中指出的哪些实质性缺陷进行了修改，对修改的内容作简要说明，并指出修改部分增加了技术特征和/或包含修改后技术特征的权利要求技术方案在原专利申请文件中的依据或出处，从而表明所作修改符合《专利法》第三十三条和《专利法实施细则》第五十一条第三款的规定。在这一部分应当对不同的修改点逐一进行说明，通常首先对第一独立权利要求的修改作出说明，然后是其从属权利要求，如涉及其他独立权利要求，再对其他独立权利要求以及其从属权利要求的修改也进行说明。

值得注意的是，如果修改的权利要求也克服了审查意见通知书中没有指出的原权利要求中存在的缺陷，最好一并在此进行具体说明，并指出所作修改是针对专利申请文件本身存在的形式缺陷和明显实质性缺陷进行的，按照《专利审查指南2010》第二部分第八章的有关规定，这样的修改可以视作针对通知书指出的缺陷进行的修改，也符合《专利法实施细则》第五十一条第三款的规定。

在修改说明中，对于某些特殊情况最好有针对性地说明，例如针对某些笔误或错误的修改，则要提供说理表明其修改符合《专利法》第三十三条的规定，以消除审查员的疑问，从而减少其可能发出的涉及修改超范围的审查意见通知书。

3. 针对审查意见通知书指出的缺陷具体陈述意见

除完全同意审查意见通知书中的所有观点和按照审查意见通知书建议进行修改的情形外，这一部分是意见陈述的重点，也是体现答复水平的重要参考。这一部分主要涉及针对审查意见指出的不符合《专利法》规定的缺陷所进行的答复，至于审查意见通知书没有涉及的缺陷而主动修改克服的，则也需要简要说明一下。撰写这一部分时需要注意下述几点。

（1）对于审查意见通知书存在不妥之处的，论述原专利申请文件尤其是原权利要求不存在审查意见通知书中所指出的缺陷的理由，即论述原权利要求符合相关规定的理由。如果审查意见明显存在引用对比文件与该发明不相关联或者审查意见通知书中论述的理由不正确而不能认可的，应当明确指出，并具体说明理由。

（2）对审查意见通知书中正确的意见予以认可的，那么论述修改后的专利申请文件尤其是修改后的权利要求已消除审查意见通知书中所指出缺陷的理由，即修改后的权利要求符合相关规定的理由。具体阐述方式见后面的重要常见条款的意见陈述规范。

（3）对于部分同意审查意见通知书的情况，也需要修改专利申请文件，并论述修改后的专利申请文件尤其是修改后的权利要求符合相关规定的理由，但是对于其中审查意见不妥之处也还需要对审查意见通知书中明显存在引用对比文件与该发明不相关联或者审查意见通知书中论述的理由不正确而不能认可的，应当明确指出，并具体说明理由。

【案例17－3】

审查意见通知书以申请在先、授权公告在后的中国专利文件指出本申请权利要求1不具备新颖性，且该审查意见正确，但又用这份文件和另一份为本申请现有技术的对比文件结合起来否定权利要求2的创造性，显然对权利要求2的审查意见是不正确的，对于这种审查意见部分正确部分不正确的情况，应当删去原权利要求1，将权利要求2改写成新的独立权利要求1。此时在论述新修改的独立权利要求1符合《专利法》第二十二条第二款、第三款有关新颖性和创造性的规定时，应当明确指出申请在先、公告在后的中国专利文件只能用作评价本申请新颖性的对比文件，不能与其他对比文件或公知常识结合起来否定本申请的创造性。

（4）审查意见通知书涉及多个与实质性缺陷相关的审查意见的，需要逐个分别进行阐述，不要遗漏。对各个审查意见的意见陈述，应分段撰写，最好编号。此外，应当注意论述的顺序，如果涉及的各个实质性缺陷不相关联，则可以先针对主要的审查意见（如有关新颖性和创造性的审查意见）进行阐述，再针对其他审查意见进行阐述，但是如果其中一些实质性缺陷相关联，则应当注意论述顺序，例如审查意见同时提出了不具备新颖性、创造性和权利要求书得不到说明书支持的实质性缺陷，则在意见陈述书中可先针对权利要求书是否得到说明书支持进行论述，然后再论述修改后的权利要求相对于审查意见通知书中引用的对比文件具备新颖性和创造性的理由。

4. 结束语段

在对所有应当进行意见陈述的方面作出陈述后，撰写一段意见陈述书的结束语段，相当于总结陈词。这一段虽然没有太多的实质性内容，但对于一份完整的意见陈述书而言，这是必不可少的。通常情况下可以写成如下形式："申请人相信，修改后的权利要求书已经完全克服了第一次审查意见通知书中指出的新颖性和创造性问题，并克服了其他一些形式缺陷，符合《专利法》《专利法实施细则》《专利审查指南2010》的有关规定。如果审查员在继续审查过程中认为本申请还存在其他缺陷，敬请联系本代理人。"对于有特殊情况的，例如请求会晤等，则需另外特别说明。

最后，需要强调一点，为了便于审查员联系到申请人或专利代理人，可以在落款处写明申请人或专利代理人的姓名和联系方式，尤其是电子邮箱（通常电子邮箱不包括在著录项目当中）等。

第十八章　主要实质性缺陷的处理思路和意见陈述规范

在对实审审查意见的答复中，最常见的是新颖性和创造性审查意见的答复，尤其是创造性审查意见的答复，因此下面重点以新颖性和创造性审查意见为例介绍答复的基本思路。其他条款的思路融入相关审查意见答复案例剖析中进行介绍，在此介绍其答复时意见陈述的基本思路和规范。

一、新颖性、创造性审查意见的处理思路和规范陈述

（一）处理思路

如果审查意见仅涉及权利要求不具备新颖性，通常情况下，申请人需要判断新颖性审查意见是否成立或能否克服，同时还需要初步判断即使具备新颖性，是否能够满足创造性的要求，以便加快审查程序。如果认为新颖性缺陷虽然能够克服，但根本不能满足创造性的要求，则需要修改权利要求书；如果即使修改权利要求书也仍然较明显不能满足创造性要求时，则可以考虑不必答复。下面将相关思路介绍如下。

1. 理解专利申请的内容及要求保护的主题

具体来说，应当对下述几个方面的内容给予特别关注。如果是专利申请文件撰写阶段即开始代理，则专利申请文件本身的理解基本完成，只是需要重温和重新补充某些方面的理解。

如果是后面中途转委托或中间阶段接受代理的（或者更换了专利代理人），则需要完成下述各个环节。

（1）阅读理解专利申请文件，确定本发明相对于其背景技术中的现有技术（主要是最接近的现有技术）解决了什么技术问题，采取了哪些技术措施，产生哪些技术效果，以对本发明有一个总体了解。

（2）在理解专利申请文件时，认真理解权利要求书中各权利要求由其技术特征所限定的技术方案的含义，必要时结合说明书记载的内容加以理解。其中以独立权利要求为重点，对独立权利要求而言，既要从整体上来理解独立权利要求的技术方案，又要注意限定该技术方案的各个技术特征尤其是区别技术特征在本发明中所起的作用。而对于从属权利要求而言，应当关注各个权利要求之间的区别以及各个附加技术特征在本发明中所起的作用，为判断这些权利要求相对于审查意见中引用的对比文件是否具备新颖性和创造性做好准备。

（3）在理解专利申请文件时，还应当对说明书具体实施方式所涉及的发明创造内容有清楚的了解，尤其要关注那些在原权利要求书中未明确写明的技术特征以及这些技术特征在本发明中所起的作用，以便在确定答复审查意见的应对策略时作出更全面的考虑，而不局限于原权利要求书。

（4）在阅读专利申请文件时，还应当关注专利申请文件存在的形式缺陷和一部分明显实质性缺陷，以便在修改专利申请文件时将这些缺陷一并克服，以节约程序。

为了便于在后面的分析环节中，将专利申请与现有技术的技术方案进行对比，以确定本发明的关键性区别特征，可以在阅读专利申请文件时以列表方式或者在对比文件中用彩笔进行标注方式给出各权利要求的技术特征，以便在分析环节与对比文件进行比较。对于上述阅读专利申请文件应当予以关注的其他内容，例如说明书中针对各权利要求中各个技术特征在本发明中所起的作用、那些未记载在权利要求书中而仅记载在说明书中的重要技术特征、专利申请文件本身所存在的形式缺陷和一部分明显实质性缺陷。

2. 准确地理解审查意见及所引用的对比文件的技术内容

在理解专利申请文件的技术内容后，需要全面、准确地理解审查意见通知书中的具体审查意见。

审查意见是平时专利代理实务中最经常遇到的，又以涉及专利申请的新颖性、创造性的审查意见为主。首先，需要从对比文件公开的时间和内容两个方面分析其与本专利申请的相关程度，在此基础上进一步理解审查意见通知书中的具体审查意见。

（1）将审查意见中引用的对比文件按照其公开的日期（若对比文件为中国专利文件或专利申请公开文件，则为其申请日）与本专利申请的申请日（有优先权要求的，包括优先权日）的关系加以分类，以便确定各对比文件与本专利申请的相关程度。

通过上述对审查意见通知书中所引用对比文件从时间上加以分类，确定其中哪一些对比文件与本发明新颖性和/或创造性的判断有关联。

（2）在上述工作的基础上，对于那些与本发明新颖性和/或创造性的判断相关的对比文件，结合审查意见的具体内容分析各份对比文件是否披露了各个权利要求中相应的技术特征。具体来说，应当通过对每份对比文件披露的内容进行分析，弄清楚如下几方面内容：

——每份对比文件分别披露了本发明独立权利要求中的哪些技术特征；

——每份对比文件针对各从属权利要求分别披露了哪些技术特征；

——每份对比文件所披露的技术特征（尤其是独立权利要求中的区别特征和从属权利要求中的附加技术特征）在各份对比文件中所起的作用是什么。

通过上述对所引用的各份对比文件披露的内容进行分析之后，为理解审查意见通知书中相关的审查意见做好准备。

（3）在上述工作的基础上，正确理解审查意见通知书中需要引用对比文件的审查意见。具体来说，应当明确如下几个方面的问题。

——审查意见通知书中的上述需要引用对比文件的审查意见除了涉及新颖性和/或创造性这一实质性缺陷外，是否还涉及防止重复授权，分别与哪些权利要求相关；

——对于不具备新颖性的审查意见，审查意见通知书中认定哪一份或哪几份对比文件影响本专利申请的新颖性，这几份对比文件分别涉及哪几项权利要求的新颖性；

——对于不具备创造性的审查意见，审查意见通知书中有几种结合对比的分析方式，这几种结合对比方式分别涉及哪几项权利要求，且在这几种结合中分别以哪一份对比文件作为最接近的对比文件；

——核实审查意见通知书为得出上述审查意见进行分析时对相关对比文件披露内容的事实认定是否正确。

通过上述对审查意见通知书中的具体内容进行分析、理解，为作出正确前景判断、确定答复策略和修改专利申请文件做好准备。

3. 作出正确的前景判断，以确定答复策略

在全面、正确理解审查意见通知书中的具体审查意见及所引用对比文件的内容后，就需要将专利申请文件与审查意见通知书的具体审查意见和所引用的对比文件进行对比分析，判断审查意见通知书中的哪些审查意见正确，哪些审查意见不正确，哪些审查意见可以商榷，在此基础上确定答复策略。

审查意见是否正确需要作出分析、判断，从平常专利代理实务来看，有相当部分的审查意见通知书中的审查意见是正确的，但也存在部分审查意见不正确的或可以商榷的情况，而审查意见完全不正确的情况也存在。对于审查意见正确的情况下，需要修改专利申请文件来加以克服，并在意见陈述中说明修改后的申请文件克服审查意见所指出缺陷的理由，即修改后的申请文件符合相关条款规定的理由；而对于审查意见不正确或可以商榷的情形下，就不需要修改专利申请文件，而需要在意见陈述书中陈述原申请文件不存在审查意见所指出缺陷的理由，即说明原申请文件符合相关条款规定的理由。

事实上，分析审查意见是否正确通常与理解审查意见通知书中的具体审查意见结合在一起进行。尽管如此，为了便于更好地理解这方面内容，对此再单独加以说明。

（1）由审查意见中引用的对比文件与本发明的关联性确定审查意见中对该对比文件的引用是否合适。

正如前面所指出的，对比文件与本发明的关联性可以从其公开的日期（对于中国专利申请文件或专利文件包括提出申请的日期）与本发明申请日（有优先权要求的，为优先权日）之间的关系以及对比文件披露的内容两方面加以判断，如果从这两方面能说明该引用的对比文件与本发明缺少关联性，则可以作为认定该审查意见不正确或者可以商榷的争辩点。

（2）分析审查意见通知书中论述具体审查意见的理由是否充分。

在分析了所引用对比文件的关联性后，应当进一步分析审查意见通知书中论述具体审查意见的理由是否充分，甚至是否存在明显不妥之处。如果通过分析认为论述的理由不充分，尤其是存在明显不妥之处，就可以认定审查意见不正确或者可以商榷。

4. 针对分析结果修改权利要求书和说明书

上述三个环节的工作均只是为了做好修改专利申请文件工作和撰写意见陈述书的准备。需要将上述分析结果体现在修改的专利申请文件和撰写的意见陈述书中。

在上述分析的基础上首先确定要否修改专利申请文件，尤其是要否修改权利要求书。通常应当按照下述思路进行。

（1）对审查意见通知书中所指出的、通过分析又认为确实存在的实质性缺陷进行修改。

对于通过分析认为确实存在的实质性缺陷，修改专利申请文件时应当消除审查意见通知书中指出的缺陷，使修改后的专利申请文件符合《专利法》《专利法实施细则》的有关规定，但是又要为客户取得尽可能宽的保护范围，即不应当为消除实质性缺陷而增加许多技术特征而使保护范围过窄，从而客户即使取得专利也不能得到真正的保护。

由于涉及专利申请新颖性和创造性的审查意见是重点，下面以此为例说明在修改时需要考虑的因素。

① 对于涉及专利申请新颖性或创造性的审查意见，修改的重点是独立权利要求，只要修改后的独立权利要求具备新颖性和创造性，将原有的从属权利要求直接改写成该独立权利要求的从属权利要求也必定满足新颖性和创造性的要求。按照《专利审查指南2010》第二部分第八章有关答复审查意见通知书修改的规定，不应当再增加其他未在原权利要求书中出现过的新的从属权利要求和其他未在原权利要求书中出现过的新的独立权利要求。

② 在修改专利申请文件时，需要注意全面克服所存在的缺陷，例如对于独立权利要求不具备新颖性的审查意见，在修改专利申请文件时不仅要使修改后的独立权利要求具备新颖性，还应当具备创造性，甚至还应当消除审查意见通知书中未指出的其他明显实质性缺陷和形式缺陷。

③ 为了克服原专利申请不具备创造性的实质性缺陷，修改后的独立权利要求在增加为技术方案带来创造性的技术特征时，应当在不超出原申请记载的范围的情况下，尽可能争取最大的保护范围。例如，拟加入从属权利要求的附加技术而使独立权利要求具备创造性时，应当从这些可加入的附加技术特征中选择有可能使其保护范围最宽的技术特征，甚至可以考虑加入说明书中记载的技术特征，以争取更宽的保护范围。

④ 修改后包含有使技术方案具备新颖性和创造性的技术特征，其依据可以来自原权利要求书中的从属权利要求，也可以来自说明书文字部分，甚至可以来自说明书附图中可直接地、毫无疑义地确定的内容；但是，需要注意的是，不应直接缩小至具体实施方式中记载的具体内容。

（2）在修改专利申请文件时，对于专利申请文件本身存在的形式缺陷，应当一并予以克服。

对审查意见通知书中没有指出的专利申请文件存在的形式缺陷，或者仅仅笼统地指出其存在形式缺陷，因此在修改专利申请文件时，尤其是在修改权利要求书时应当一并加以克服，如不克服，则导致审查程序的延长。当然这种缺陷应当是明确的，否则可以留待审查员指出后再行决定是否修改。

（3）确定是否针对所修改的权利要求书对说明书作出适应性修改。

说明书的修改包括两个方面：其一是针对审查意见通知书中指出的实质性缺陷或形式缺陷进行修改，这一方面的修改已包含在前面所说内容中；其二是针对修改的权利要求书对说明书作出适应性修改。具体可参见前述第十七章之一中的"3. 修改专利申请文件的要求"。

（4）修改后的专利申请文件应当符合《专利法》《专利法实施细则》以及《专利

审查指南 2010》的规定。

在答复审查意见通知书时，修改后的专利申请文件应当符合《专利法》《专利法实施细则》以及《专利审查指南 2010》的规定包括两方面的内容：其一是所进行的修改应当满足《专利法》《专利法实施细则》以及《专利审查指南 2010》对修改工作本身提出的要求，即修改的内容符合《专利法》第三十三条的规定，修改不得超出原说明书和原权利要求书的记载范围，修改的方式应当符合《专利法实施细则》第五十一条第三款的规定，针对通知书指出的缺陷进行修改；其二是修改后的专利申请文件应当符合《专利法》《专利法实施细则》和《专利审查指南 2010》有关专利申请文件撰写的规定，即不得出现新的不符合有关专利申请文件撰写规定的内容。

① 为了避免修改不符合《专利法》第三十三条的规定，在专利代理实务过程中适当从严把握，修改权利要求时应当尽量采用原说明书和原权利要求书中出现过的技术特征或技术用语，即权利要求书中新增加的技术特征应当尽量与原说明书中的描述相一致。如果必须采用变更的名称或采用原说明书和权利要求书中未出现过的技术名词等情况，则要充分说明理由。

② 对于《专利法实施细则》第五十一条第三款的规定，也应当遵守。在修改权利要求书时，不要主动删去独立权利要求中的技术特征；不要主动增加新的、原权利要求书中未出现过的独立权利要求；不要主动增加新的、原权利要求书中未出现过的从属权利要求。

③ 在修改专利申请文件时，应当注意使新修改的专利申请文件，尤其是新修改的权利要求书不要出现新的不符合专利申请文件撰写规定的内容。例如，在修改独立权利要求以及将原从属权利要求改写成新的独立权利要求的从属权利要求时，应当关注这些从属权利要求是否得到说明书的支持或者是否清楚地限定权利要求的保护范围，如果该从属权利要求不能得到说明书的支持或者未清楚地限定权利要求的保护范围，则应当将该项从属权利要求删去。

对于审查意见通知书的答复，通常需要针对审查意见修改专利申请文件，尤其是需要修改权利要求书。修改后的权利要求书（包括说明书的修改替换页）应当作为意见陈述书的附件提交。

5. 依据修改的专利申请文件撰写意见陈述书

撰写意见陈述书通常是基于修改后的权利要求书进行，具体的撰写思路与前述过程密切相关，至于涉及具体条款如何进行陈述参见后面的相关内容。

（二）涉及新颖性审查意见的陈述规范

首先，需要简单归纳一下审查员的审查意见。这样有利于明确审查员使用了哪些对比文件，这在后面的详细分析中需要逐篇分析，不能遗漏对任何一篇涉及的对比文件的分析。

其次，如果对权利要求进行了修改，则简单述及独立权利要求进行了何种修改，如增加了技术特征。

再次，具体阐述权利要求（或修改后的）具备新颖性的理由。先对独立权利要求进行分析，分析时应当按照《专利审查指南 2010》关于单独对比的原则进行，并且相对于审查员引用的每一份对比文件分别予以说明。通常的步骤是，指出某份对比文件披露的相关内容（注意不要忽视对比文件隐含公开的内容），然后指出这份对比文件没有披露独立权利要求的哪个或哪些技术特征，因而独立权利要求的技术方案与对比文件披露的技术内容相比存在区别技术特征，能带来某方面的技术效果，在此基础上得出独立权利要求相对于这份对比文件具备新颖性、符合《专利法》第二十二条第二款关于新颖性规定的结论。

对于单独对比原则，不要将多份对比文件混在一起进行说明，而是分别通过对比文件公开的事实来予以说明。另外，在没有分别说明的情况下，"权利要求1相对于对比文件1和2均具备新颖性""权利要求1相对于对比文件1和2分别具备新颖性"等都不是特别好的表达方式，应当力求避免。通常应分别对审查员引用的每份对比文件进行具体分析，然后得出"权利要求1相对于这份对比文件具备新颖性"的结论。

最后，对于从属权利要求最好也明确写明其具备新颖性。通常应先写明这些权利要求是独立权利要求的从属权利要求或是对独立权利要求从结构（或者组成、工艺条件）上作进一步限定，再指出在独立权利要求具备新颖性的基础上，这些从属权利要求也具备新颖性。例如，写成"权利要求2~4是对独立权利要求1作进一步限定的从属权利要求，在权利要求1具备新颖性的基础上，权利要求2~4也具备新颖性，符合《专利法》第二十二条第二款的规定"。

（三）涉及创造性审查意见的陈述规范

在对审查意见的答复中，遇到最多的审查条款就是创造性。因此，创造性的意见陈述的优劣至关重要。根据《专利审查指南2010》第二部分第四章第3.2.1.1节的要求，严格按照"三步法"来陈述意见，有利于增强说服力，建议各步骤的要求如下。

（1）指出审查意见中涉及的对比文件，其中最接近的现有技术是判断发明是否具有突出的实质性特点的基础。要特别说明的是，作为答复审查意见通知书的工作，通常直接以审查员认定的最接近的对比文件为准，在此基础上进行答复。但在特殊情况下，如果认为审查员认定的最接近的现有技术不妥，此时需要考虑如何陈述更好。如果直接以审查员认定的最接近的现有技术进行陈述，随后审查员可能会更换最接近的现有技术再次发出通知书，此时可以考虑指出最接近的现有技术确定的问题，并以合适的最接近的现有技术为基础论述本发明也具备创造性的理由，这样有可能加快审查进程。

根据《专利审查指南2010》第二部分第四章第3.2.1.1节的规定，最接近的现有技术是指现有技术中与要求保护的发明最密切相关的一个技术方案。例如，可以是与要求保护的发明技术领域相同，所要解决的技术问题、技术效果或者用途最接近和/或公开了发明的技术特征最多的现有技术，或者虽然与要求保护的发明技术领域不同，但能够实现发明的功能，并且公开发明的技术特征最多的现有技术。应当注意的是，在确定最接近的现有技术时，应首先考虑技术领域相同或相近的现有技术。

（2）指出独立权利要求与确定的最接近的现有技术的区别所在。通常情况下需要交代最接近的现有技术的对比文件公开的相关内容。但如果前面在对新颖性的意见陈述中已明确指出该对比文件公开了的具体内容，以及导致独立权利要求具备新颖性的特征，则此处可以开门见山地指出独立权利要求与该最接近的现有技术的区别所在，否则需要详细交代对比文件的相关内容。

（3）确定发明实际解决的技术问题。

首先，应当基于上述认定的区别技术特征所能达到的技术效果或功能来确定发明实际解决的技术问题，而这种技术效果应当是本领域的技术人员能够从专利申请文件所记载的内容中得知的。可以分析说明书中是否直接表明该区别技术特征的作用或产生的效果，或者虽然没有明确表明，但说明书的记载对本领域技术人员来说是由区别技术特征隐含具有或导致的效果。

其次，在确定上述区别技术特征达到的技术效果或功能后，要明确指出发明实际解决的技术问题。对于所确定的技术问题，如果说明书中已有记载，则采用说明书中的方式来说明，如果没有明确记载则通过所基于技术效果能够明确地推导出来的技术问题，进行合理的说明。注意不要将实际解决的技术问题表述为区别特征本身。

（4）确定发明实际解决的技术问题后，接下来分析现有技术是否存在技术启示。通常可以仅针对审查员认定的技术启示进行反驳，但有时为了更充分地进行反驳，增强说服力，也可视情况从下述三个方面来分析不存在技术启示：首先，明确判断在最接近的现有技术中是否存在技术启示；其次，明确判断其他涉及的非最接近的现有技术的对比文件是否存在技术启示（如果审查意见中引用这种对比文件）；最后，还要指明公知常识中是否存在技术启示。在分析时不仅要指出对比文件还没有解决所述技术问题这一观点，而且还要指出对比文件公开的特征及作用或达到的技术效果是不同的，尤其是区别技术特征在现有技术中有披露时，则需要表明其在对比文件中所起的作用与其在本发明解决相应技术问题中所起的作用是不同的。

此外，还可能基于以下一些因素来表明现有技术不存在技术启示：①解决了人们一直渴望解决但始终未能获得成功的技术难题。②克服了技术偏见、现有技术给出了相反的教导等。③获得了预料不到的技术效果，即获得的技术效果是申请日前本领域技术人员不可能预期得到的。④发明创造导致了在商业上获得成功。一般来说，存在上述第②方面，尤其是第③方面的因素相对常见。

（5）在肯定没有技术启示的情况下，总结得出独立权利要求不是显而易见的，具有突出的实质性特点的结论。

（6）接下来，最好还根据《专利审查指南2010》关于创造性要求的第二方面即"显著的进步"予以说明。如果同时认为获得了预料不到的技术效果，这一块可以写明效果，以及获得的预料不到的技术效果的程度。

（7）最后，根据分析指明相对于对比文件（包括单独及其结合）具备创造性的结论，同时指出法律依据。

（8）关于独立权利要求的创造性意见陈述完毕后，可以进一步简要表明从属权利要求的创造性，可以简单写成："权利要求2~4是对独立权利要求1作进一步限定的从属权利要求，在独立权利要求1具备创造性的基础上，权利要求2~4也具备创造性，符合《专利法》第二十二条第三款的规定。"

二、其他重要条款的审查意见的处理思路和规范陈述

其他实质性条款的审查意见通常不需要对比文件。对这一类审查意见的分析比较简单，只需要结合专利申请文件本身的事实进行理解。这些审查意见通常涉及独立权利要求缺少必要技术特征、权利要求书未以说明书为依据、权利要求未清楚地限定要求专利保护的范围等缺陷。对于这一类审查意见，通常是将理解审查意见通知书中的具体审查意见和判断这些审查意见是否正确结合起来进行的，因此应当依据《专利审查指南2010》的有关规定对专利申请文件本身的事实进行分析，以确定专利申请文件是否存在审查意见通知书指出的上述缺陷。

在阅读理解审查意见通知书中这一类审查意见时，还应当对其进行归纳整理，即明确审查意见通知书中的这一类审查意见涉及本专利申请哪些实质性缺陷，对于每一个实质性缺陷涉及的是权利要求书还是说明书，而对于涉及权利要求书的那些实质性缺陷，又分别涉及哪几项权利要求，从而为确定答复策略，是否修改专利申请文件或如何修改专利申请文件做好准备。

下面根据不同条款的意见陈述规范进行介绍。

（一）关于权利要求不能得到说明书支持

审查意见通知书中指出权利要求不能够得到说明书支持的意见是比较常见的。其中主要涉及审查员认为说明书不能支持权利要求过宽的保护范围。

首先，需要理解审查员给出的具体理由和事实。在医药生物领域，审查员通常认为权利要求的保护范围中涵盖了不能预期的内容，需要根据专利申请文件来分析审查意见中关于权利要求不能得到支持的结论是否正确。如果认可审查意见，并进行了相应修改，则仅需简单说明权利要求进行了何种修改（如对权利要求作了进一步限定），并根据发明解决的技术问题表明修改后的权利要求能够解决该技术问题，获得预期的技术效果，能够得到说明书的支持而克服了该缺陷。如果不能认可该审查意见，则应当根据下述思路争辩：明确权利要求的主题及请求保护的范围，尤其重点分析审查意见中提出的权利要求不能得到支持的理由所涉及的技术特征，所代表的范围或各种情形。

其次，根据说明书中记载的内容得出本发明的关键之处、所解决的技术问题及其对权利要求范围内的所有内容的要求，分析权利要求的整个范围均能解决技术问题。例如，对于某技术特征采用了上位概念，而说明书给出少数几个下位概念的实施例，此时需要具体说明发明如何利用这些下位概念的共性来解决技术问题的，因而能够预期到该上位概念概括所包含的所有方式都能解决发明所要解决的技术问题，并能得到相同的技术效果。

最后，得出权利要求能够得到说明书支持的结论。

注意，不能仅仅以权利要求的技术方案在说明书中有一致性描述为由而认为权利要求得到了说明书的支持（通常被认为仅仅是"形式上支持"），而应按照上述思路从实质内容来陈述得到支持的理由。

（二）关于说明书公开不充分的处理

关于说明书未充分公开发明创造的审查意见，如果不能反驳成功，则直接导致专

利申请被驳回，因此需要认真分析审查意见。

如果审查员指出的不清楚属于《专利法实施细则》第十七条中提及的缺陷，这种缺陷通常是可以通过修改专利申请文件或澄清而克服，在进行陈述时应当说明所指出的不清楚不影响本领域技术人员理解发明和再现发明，必要时修改专利申请文件，如在符合《专利法》第三十三条规定的情况下，将不规范的术语修改成规范的术语。

如果关于公开不充分的审查意见正确时，虽然针对目前请求保护的权利要求来说说明书公开不充分，则还需要判断说明书中是否还含有其他已充分公开的发明创造。如果与原来请求保护发明创造十分相关，则可以以充分公开的内容为基础来修改权利要求书。如果相差较大，如此修改不符合《专利法实施细则》第五十一条第三款的规定时而不能被接受时，则考虑提出分案申请，以获得应有的保护。

对于审查员认为说明书中应当描述的内容而未记载在说明书中的情况，可以争辩所述内容是本领域的公知常识，或者属于现有技术中已知的，本领域技术人员能够理解其内容并实施，因而无须在说明书中加以详细说明。此时，为了证明是公知常识，可以提供教科书等公知常识性证据，并具体指出公开的位置，或者提供现有技术的文献，指出其中已公开了相关的内容。

在医药生物领域经常遇到的关于公开不充分的审查意见是缺乏实验证据。此时主要争辩点在于，根据现有技术和说明书中公开的内容，本领域技术人员能够预期所述技术效果，无须实验证实。但特别要注意的是，要考虑到这种意见陈述不要导致专利申请不具备创造性的不利后果，因此在上述争辩的基础上，有时还需要对发明的贡献所在进行陈述，以表明说明书不仅充分公开了发明创造，还具备新颖性和创造性。

此外，还会遇到所用的生物材料不能获得或者未进行保藏而导致的公开不充分的审查意见。此时可以考虑所述使用的生物材料实际上属于本领域公知的，最好提供证据；或者所述生物材料虽然不能为公知所获得，但在本发明仅仅用于创制过程或验证过程，本发明技术方案不依赖于该生物材料即可实施等。具体例子可见后面的案例剖析。

（三）关于权利要求未清楚限定保护范围的处理

目前在专利代理实务中，经常会遇到审查员指出权利要求不清楚的问题，其涉及的种类非常多，既有形式不清楚的缺陷，如文字表述不规范、笔误、重复限定等，也有实质的导致权利要求保护范围不清楚的缺陷。因此，首先要弄清审查员所指出的不清楚的原因是什么。

对于简单的文字表述不规范、文字笔误等，根据要求修改成规范的或正确的表述即可。

对于前后限定矛盾、重复限定等缺陷，则根据专利申请文件的记载，得出对技术方案的正确理解，作相应的修改，并指出修改的依据。

对于术语的含义不清楚的情况，需要分情况处理。如审查员指出权利要求中使用的某术语不具备明确、清楚的含义，导致保护范围难以界定。此时，有两种处理方式：一种认为该术语确实含义不明确，则应当根据专利申请文件的整体内容，将其修改成清楚、明确的术语，但需指出修改的依据，确保符合《专利法》第三十三条的规定；

另一种方式是论述该术语在本领域具有通常可接受的含义，必要时可以提供在教科书、权威杂志上的文章中已使用等证据作为佐证，此时则不必修改权利要求。

此外，还有缺乏引用基础、引用关系错误，以及"多项引用多项"也会认为属于不清楚的情况，其主要是在撰写阶段造成的，这些缺陷都比较容易克服。

（四）关于必要技术特征的意见陈述规范

在争辩独立权利要求已记载了所有必要技术特征时，应先分析审查意见是否正确，如果认可审查意见则应对权利要求进行修改，写入审查意见认为缺乏的技术特征。此时，可以先简单说明权利要求作了何种修改，并因此克服了所述缺陷。必要时也可根据发明解决的技术问题，指出上述特征确实是必要的，因而写入独立权利要求中。

如果不认可审查意见的结论，则先简单提及审查意见中认为所缺乏的技术特征。首先，根据说明书的记载，阐述发明所解决的技术问题；其次，分析技术方案中解决该技术问题的关键技术特征，并进而结合被认为缺乏的技术特征的作用和目的，分析不写入该技术特征仍然能够解决所述技术问题；最后，得出权利要求不缺乏必要技术特征的结论，并明确法律条款。

其中需要注意的是，所解决的技术问题指的是申请人声称所要解决的技术问题，并非根据现有技术而重新确定的技术问题（创造性判断中，"三步法"中所确定的发明或者实用新型实际解决的技术问题），也不是本领域技术人员根据专利申请文件的内容来重新认定的技术问题，也不是技术方案客观解决的而申请人没有意识到或表示出来的技术问题。

（五）关于单一性的陈述规范

关于单一性条款，如果认为审查意见指出不具备单一性缺陷能够成立（尤其对于明显不具备单一性的情形），则考虑如何修改权利要求（通常需要删除不具备单一性的其他权利要求）以克服该缺陷，对于删除的发明可以提出分案申请。如果认为审查意见不能成立，则陈述具有单一性可合案申请的理由。该理由在许多情况是在前述对权利要求具备新颖性和创造性的陈述意见之后进行陈述的。因此，可以相对简化陈述，具体可包括下述几点。

首先，指明权利要求书包括几项独立权利要求（独立权利要求中并列技术方案）；其次，指明各独立权利要求请求保护的主题；再次，指出各独立权利要求共同的特定技术特征（针对具有相同的特定技术特征而言），或者先指出部分的独立权利要求的特定技术特征，然后指出其他独立权利要求的特定技术特征，指明两者是相应的特定技术特征；最后，根据单一性的规定，得出各独立权利要求属于一个总的发明构思，符合单一性的要求，可以合案申请的结论。

第十九章 答复审查意见通知书时的其他处理技巧

在答复审查意见通知书时，最通常的处理办法是以提交意见陈述书的方式进行答复。但也还存在其他的处理方式，主要包括：请求延期、电话讨论、会晤及现场调查和确定提交分案申请。另外，还可能存在需要放弃申请（不答复或主动撤回）、放弃专利权（涉及重复授权）等情况，但在发明审查意见通知书答复中较少遇见，因此本书不再对其进行深入介绍。

一、请求延期

根据《专利法实施细则》第六条第四款的规定，当事人因正当理由不能在期限内进行或者完成程序时，可以请求延长期限，此处的期限仅限于指定期限（但不包括无效宣告程序中专利复审委员会指定的期限）。审查意见通知书通常分为第一次审查意见通知书（简称"一通"）和后续审查意见通知书（简称"中通"），其答复的期限属于指定期限，分别为 4 个月和 2 个月。

如果申请人由于某种原因不能及时答复审查意见通知书，则可以请求延长答复期限，但应当在指定期限届满前提交延长期限请求书，说明理由，并缴纳延长期限请求费（以月为单位计算请求费）。

一次延期请求的延长期限不得超过 2 个月，且对同一审查意见通知书中指定的期限，一般只允许延长一次。

申请人确实不能及时答复的（或专利代理机构没能及时获得申请人的指示等），此时有必要请求延期答复。但在实际操作中，由于每次延期都需要费用，因此有时可以在答复期限内先行答复，再后续尽快补充需要补充答复的意见陈述，这样可以免除延期请求费和国家知识产权局审批延期请求的环节。但这种操作存在一定的风险，因此应当在可控范围之内，即补充的意见陈述应当在审查员对其进行处理之前，以避免申请被驳回的可能（如果申请本身具备授权前景，审查员通常能够理解申请人的这种处理方式）。

但在实际操作中，有时由于各种原因导致没有及时答复审查意见通知书，国家知识产权局会发出视为撤回通知书。如果申请人认为申请还需要，则可以提出恢复权利请求，并提供合理的理由，以使申请能够恢复审查。

二、电话讨论

根据《专利审查指南 2010》的规定，电话讨论是指审查员主动与申请人或专利代理人电话联系，以解决专利申请文件中所存在的次要的且不会引起误解的形式方面的缺陷所涉及的问题。正规的电话讨论需要审查员填写电话讨论记录表。

但在实际操作中，电话讨论由于方便快捷，发挥了更大的作用。对于审查员主动联系的电话讨论，通常是希望申请人或专利代理人能够按照其意见修改专利申请文件，有时也会沟通其认为存在疑问的问题，要求申请人或专利代理人进行解释。申请人或专利代理人可以根据电话讨论涉及问题，如果能够讨论清楚，双方达成一致，则可按照电话讨论的结论对专利申请文件进行修改，并尽快提交或答复，有时也可以主动提交修改或补正的方式进行。

电话讨论也可以由申请人或专利代理人发起。一种情况是，对审查意见不能准确理解时，或者审查意见表述存在不明确之处，可以主动电话联系审查员解决。此外，对于如何修改专利申请文件，或者认为电话沟通能够说服审查员，也可以主动联系审查员进行沟通。虽然《专利审查指南2010》并未规定可以讨论实质性问题，但也没有强行禁止，因此申请人或专利代理人可以主动联系审查员讨论一些明显的实质问题，通常审查员会接受这种讨论，如果得到审查员的同意，则尽快进行意见陈述。如果审查员不同意进行讨论，则以书面的方式进行答复。

电话讨论过程中，需要采取合适的语气，以商讨的口气进行，不要认为审查意见不对而采取激烈的语言，这样往往于事无补。

此外，在《专利审查指南2010》中虽然没有明文规定，但由于互联网和通信技术的迅速发展，其中也无意中改变了一些做法。例如，有时可以根据情况，将要修改的权利要求书先通过电子邮件发送给审查员看一看，若有问题可进一步修改，在得到同意的情况下再正式提交修改文本。由于这种方式尚不正规，也不具有法律效力，因此仅作为一种辅助手段，如果审查员不同意这种做法就不要采用。当然，这种方式在国外如欧洲专利局有些审查员也采用过。

三、会晤及现场调查

会晤是双方直接面对面交流沟通，理论上讲更容易了解双方的观点，达成共识。但从目前的实际情况来看，由于操作程序方面的问题，以及电话等沟通方式也非常快捷方便，因此审查员往往倾向于不同意进行会晤。不过，在特殊情况下仍然会同意进行会晤，因此简单介绍一下会晤的相关要求。

审查员认为有必要，在发出第一次审查意见通知书之后可约请申请人进行会晤，而申请人在答复审查意见通知书时或之后可以提出会晤要求（是否同意由审查员确定）。不管哪种方式，都要事先约定会晤日期和大致讨论的问题。

会晤地点是国家知识产权局指定的地点，通常是负责审查的审查员所在的办公区域所在地进行会晤。会晤时，委托了专利代理机构的，则专利代理人必须参加会晤，申请人可以与专利代理人一起参加会晤；未委托专利代理机构的，则申请人应当参加会晤。参加会晤的人数通常为1～2人，但对于多个共同申请人的，则可以根据共同申请人的个数来确定参加人数。

申请人或专利代理人参加会晤前，应当提前做好准备工作，将事先讨论的事实、理由等进行充分准备，必要时准备两套方案，首先按对申请人最有利的方向争取，在不能说服审查员的情况后，做好后退到能够接受程度的准备。在会晤过程中，需要按主持会晤的审查员安排进行，讨论有理有据，不要有过激语言，不要武断地否定审查员的观点。如果会晤中达成了一致意见，会晤后则按一致的意见提交意见陈述和/或修改文本，如果没有达成一致意见，则注意按书面方式的意见进行处理。提交意见陈述和/或修改文本时注意提交的时间，以免耽误导致申请视撤等不利后果。

申请人提供证据或请审查员现场调查等情形在现实中也很少见。在极特殊情况下，申请人仍然可以通过提供证据表明发明的技术效果优异以证明申请具备创造性，可提供证据表明可以实施以证明发明充分公开等，同样也可能通过请审查员到现场调查以澄清相关问题等。

四、提交分案申请

虽然分案申请的提交本身并不属于答复的一部分，但却融入答复的过程中需要考虑的因素，从为申请人提供充分保护发明创造性的角度而言，需要在答复中考虑清楚。

大多数分案申请与单一性相关。单一性问题理论上不是授权原则性的条款，一方面，不具备单一性的多项发明被授权，不能因此而无效；另一方面，对于申请人不适当的分案，最多影响申请授权的滞后和费用增加，通常不影响实质上是否授权。但通常而言，从立法宗旨来看，具备单一性的多项发明应当合案申请，分出不必要的多个申请，对于审查资源来说是一种浪费，对申请人来说，一方面可能因此获得多个专利权，但另一方面也因此需要缴纳多份专利费用。但有时，申请人可以根据后续行使专利权（如专利许可实施或转让等）或维权中的便利，采取合理的分案申请。

但也有其他情形，例如下述一些可以提出分案申请的情况：对于在答复时删除或修改了权利要求，但同时明确声明不能认同审查员的某些审查意见，但为了加快本申请的审查程序而暂时予以删除相关权利要求。这种情况下需要在本申请结案之前另行提出分案申请再争取获得专利保护。这种情况主要适合于对本申请而言相对次要的保护主题，但确实又值得获得专利保护而有必要随后提分案申请。此时的分案申请与是否缺乏单一性没有必然的联系，关键在于处理的策略和必要性，目前国家知识产权局对此也没有进行禁止性规定，因此可以在必要时采用。

在医药生物领域的单一性主要类型，请见相关章节。下面仅介绍分案申请的操作实务。

（一）需要提交分案申请的情形

针对一件发明专利申请可以提出一件或多件以上的发明专利分案申请（注意分案申请不能改变专利申请的类别），针对分案申请本身在特定条件也可以再分出一件或多件以上的发明专利分案申请。下述根据情况分成被动分案和主动分案，但这只是便于理解，是否提交分案申请完全由申请人决定，不存在必须提交分案申请的强制性规定。

1. 被动分案的情形

（1）审查意见通知书中指出申请存在不具备单一性的多项发明，申请人认可的情况下，可以将从本申请中删除的发明提出一项或多项分案申请。审查意见通知书指出单一性缺陷有多种情况，如认为申请中多项发明明显不具备单一性，或经检索和审查后在独立权利要求不具备新颖性或创造性，其从属权利要求之间不具备单一性或其余独立权利要求之间不具备单一性。

（2）申请人在答复审查意见通知书而修改权利要求时，审查员指出其修改后的权利要求与原权利要求中发明不具备单一性而不允许。此时，申请人可针对说明书中记载的该发明提交分案申请才可能获得专利保护。当然，在这种情况下，如果单一性并不是特别明显，申请人可以先在本申请中进行修改，在审查员不予接受时再确定提交分案申请。

2. 主动分案的情形

理论上，在规定期限终止前，申请人可以基于任何考虑因素而主动提出分案申请，但通常在下述情况下，可以考虑主动提出分案申请。

（1）说明书中记载有与原权利要求请求保护的发明之间不具有单一性的发明时，而且已错过主动修改的时机，那么在后续审查过程中难以通过修改增加到权利要求当中。此时，可以考虑针对说明书中记载的该发明提出分案申请。

（2）在申请的审查过程中，有部分权利要求不能被审查员认可其授权性，但为了其他被认可的权利要求尽快获得专利权，此时可以将不被认可的权利要求删除，并声明保留分案申请的权利。随后可针对被删除的权利要求另行提交分案申请。

（二）分案申请的递交时间

申请人最迟应当在收到国家知识产权局对原申请作出授予专利权通知书之日起2个月期限（即办理登记手续的期限）届满之前提出分案申请。即申请人可以收到授权通知书之前提出分案申请，也可以在办理登记手续的期限之前提出分案申请。

此外，在申请已被驳回，或者原申请已撤回，或者原申请被视为撤回且未被恢复权利的，就不能提出分案申请了。需要说明的是，撤回或视撤的申请在恢复后，也可以提出分案申请。如果申请被驳回，但自申请人收到驳回决定之日起3个月内，不论是否提出了复审请求，均可以提出分案申请；在提出复审请求以后以及对复审决定不服提起行政诉讼期间，也可以提出分案申请。也就是说，如果申请被驳回，也没有提出复审请求，则在收到驳回决定的3个月后，不能再提出分案申请了。

因分案申请存在单一性的缺陷，申请人可以按照审查员的审查意见再次提出分案申请，在提出分案申请的同时，应当提交审查员发出的指明了单一性缺陷的审查意见通知书或者分案通知书的复印件。

（三）分案申请提交的条件和要求

分案申请应当满足如下要求。

1. 分案申请的文本

分案申请应当在其说明书的起始部分，即发明所属技术领域之前，说明本申请是哪一件申请的分案申请，并写明原申请的申请日、申请号和发明创造名称。

对于已提出过分案申请，申请人需要针对该分案申请再次提出分案申请的，还应当在原申请的申请号后的括号内填写该分案申请的申请号。

2. 分案申请的内容

分案申请的内容不得超出原申请记载的范围，其判断原则就是《专利法》第三十三条的规定。

3. 分案申请的说明书和权利要求书

分案以后的原申请与分案申请的权利要求书应当分别要求保护不同的发明；而它们的说明书可以允许有不同的情况。例如，分案前原申请有 A、B 两项发明；分案之后，原申请的权利要求书若要求保护 A，其说明书可以仍然是 A 和 B，也可以只保留 A；分案申请的权利要求书若要求保护 B，其说明书可以仍然是 A 和 B，也可以只是 B。

4. 分案申请的类别

分案申请的类别应当与原申请的类别一致，即发明专利申请的分案申请只能是发明专利申请，而不能将其作为实用新型来提出分案申请。

5. 分案申请的申请人和发明人

分案申请的申请人应当与原申请的申请人相同；不相同的，应当提交有关申请人变更的证明材料。分案申请的发明人也应当是原申请的发明人或者是其中的部分成员。

6. 分案申请提交的文件

分案申请除应当提交专利申请文件外，还应当提交原申请的专利申请文件副本以及原申请中与该分案申请有关的其他文件副本（如优先权文件副本）。原申请中已提交的各种证明材料，可以使用复印件。原申请的国际公布使用外文的，除提交原申请的中文副本外，还应当同时提交原申请国际公布文本的副本。

7. 分案申请的期限和费用

分案申请适用的各种法定期限，例如提出实质审查请求的期限，应当从原申请日起算。对于已经届满或者自分案申请递交日起至期限届满日不足 2 个月的各种期限，申请人可以自分案申请递交日起 2 个月内或者自收到受理通知书之日起 15 日内补办各种手续。

对于分案申请，应当视为一件新申请缴纳各种费用。对于已经届满或者自分案申请递交日起至期限届满日不足 2 个月的各种费用，申请人可以在自分案申请递交日起 2 个月内或者自收到受理通知书之日起 15 日内补缴。

第四部分

审查意见答复技巧和案例剖析

对于审查意见通知书中的审查意见，理解后首先要判断其是否正确。对于明显正确的审查意见，通常应当修改专利申请文件以克服所述缺陷，或者导致不具备授权前景则应放弃专利申请。如果存在可以争辩的余地，或认定其不正确，则应当进行意见陈述予以反驳，以期审查员撤回其观点。

专利审查通常按照以下程序进行：首先是发明的理解、权利要求的解读；其次是保护客体的判断；最后进行检索，在检索的基础上采用适当的审查策略进行审查。从宏观角度可以分为：事实的审查和法律的审查。审查意见的答复与专利审查异曲同工，通常也可从两个方面进行，首先是对事实的核对：包括本申请的事实，例如对权利要求、说明书的理解；对比文件的事实，包括对比文件公开的时间、公开内容；审查意见通知书引用内容与对比文件公开内容是否一致，评述内容和使用法条是否一致等。在事实核对完成后，需要对法律适用进行核实，包括法律适用是否准确，推理是否正确等。对于事实存在错误的，还需要进一步判断是否影响审查结论。在上述工作的基础上，需结合本申请的情况选择合适的答复策略和方式。

在对实质审查意见的答复中，需要考虑到医药及生物领域的特殊性。医药和生物领域主要涉及西药、中药、药剂、食品、生物和基因工程等。与其他领域相比，医药和生物领域专利申请具有以下几方面特点。

（1）主题特殊性。医药生物领域的主题多与人类生命健康直接相关，出于人道主义以及社会伦理的考虑，相对于其他领域的专利申请，医药生物领域专利申请审查中对于其主题是否属于授权客体、发明是否具备实用性有着更为严格、细致的规定。

（2）实验数据作用突出。医药生物领域中技术方案的可预见性较低，技术效果往往需要实验数据来加以证实，并且在审查过程中，也不能通过向专利申请文件补加实施例或者实验数据来克服公开不充分的缺陷，因此原始专利申请文件中记载的实验数据是使得说明书满足充分公开要求的重要组成部分，同时也是解释权利要求保护范围、支持权利要求技术方案的依据；在对于发明具备创造性与否的争辩过程中，实验数据能否证明发明取得预料不到的技术效果更是直接的重要证据；并且在对专利申请文件进行修改的过程中，有时也需要考虑说明书中记载的实验数据。

（3）现有技术的特点。专利申请的内容往往涉及该领域中最新、最热门、最有价值的研究项目进展，虽然医药生物领域在不断发展，但在目前的现有技术中，化学制备方法中的反应位点及反应方式、反应条件都是本领域技术人员熟知的内容，大部分疾病的发生发展机理、治疗原则以及大部分已知药物的构效关系、作用靶点在一定程度上是明确的，各种天然食材、药材的提取制备方法也已经成熟，基因、生物工程的原理、设备、操作也有大量文献可循。也就是说，医药生物领域中全新的、突破性的发现比例较小，现有技术与相应领域中最新进展之间的界限有时并不十分清晰，发明技术方案与最接近的现有技术的区别往往集中在具体作用机理、参数限定、用量范围、协同作用等方面，对于技术方案的新颖性、创造性有较高的要求。

（4）判断标准具有特殊性。基于上述特殊性，医药和生物领域专利申请的审查过程中也具有一些不同于其他领域的特别规则，在《专利审查指南2010》第二部分第十章中对于化学领域发明专利申请审查的若干规定中已有相关记载，需要特别注意。

因此，在对医药和生物领域案件审查意见进行答复时，需要重视该领域的特点，在应答审查意见、作出陈述过程中，有时也需要借助这些特殊性，可从以下几方面入手，作出有针对性的、说服力强的回复。

（1）强调技术效果。由于医药生物领域技术方案往往依赖实验效果的证实，因此在许多方面的审查中，尤其是新颖性和创造性判断过程中，技术效果都是非常重要的考虑因素。尤其是，在创造性判断中，取得预料不到的技术效果是技术方案具备创造性的充分条件。在对技术效果进行争辩时，需要注意技术效果的"预料不到"可以是特别优异的效果，也可以是超出本领域技术人员预期的效果，例如某一温度下发生化学反应的产率明显高于其他温度，两种药物联用产生了协同作用而非各自效果的简单叠加，采用均质法处理提取液不仅使液体状态稳定，还提高了口服生物吸收利用度等，强调获得了难以预期的"意料之外"的效果，往往能说服审查员认可发明具备创造性。

（2）适时使用对比试验数据。审查意见中往往会提出权利要求技术方案相对于所提供的对比文件不具备创造性，在原始专利申请文件记载的实验数据难以直接证明两者效果上的差别时，可以将两个技术方案以原始专利申请文件中记载的方法进行对比实验，以直观地证明发明的效果不同于最接近的现有技术的效果。

（3）善用现有技术状况或知识水平来进行争辩。在现有技术中，对于医药生物领域的各种机理、方法、操作有着大量记载，当接到有关公开不充分、不支持、不清楚等意见，且根据原始说明书记载内容无法直接进行有力陈述的情况下，可以从现有技术状况和水平出发进行反驳，必要时可提供现有技术作为佐证，往往有事半功倍的效果。

因此，本部分主要基于各个法律条款，通过医药生物领域的具体案例对审查意见的答复进行剖析，以便了解各条款意见陈述的突破点，进而掌握答复的方法和技巧。由于事实认定与法律适用在审查意见中通常交织在一起，难以割裂，因此本部分对于各条款的审查意见，主要以答复针对的要点进行分类，并结合医药和生物领域的实际例子进行说明（为反映如何答复，所引用例子通常是审查意见值得商榷而可以反驳的情形），既反映答复的通用规则，也反映其在医药和生物领域的特殊性，以供实际答复审查意见通知书时借鉴其思路。

值得说明的是：（1）对于《专利法实施细则》第二十条第一款这一条款，其出发点主要是对撰写权利要求的指引作用，且目前国家知识产权局的审查实践已很少适用其来进行审查。即使采用该条款，大都是审查员认为独立权利要求缺乏某个必要技术特征时，若将该特征增加到独立权利要求即可授权的情形。而且事实上，独立权利要求缺乏必要技术特征时，往往会导致权利要求本身不具备新颖性或创造性，或者导致技术方案不完整、不清楚，或者权利要求不能得到说明书的支持。因此，针对该条款不再单独进行介绍。（2）对于非实质性条款，通常是容易理解和克服，往往也不会导致申请被驳回，其修改大多不影响权利要求的保护范围，因此本书也不再对其进行介绍和给出案例。

第二十章 新颖性审查意见答复的案例剖析

《专利法》第二十二条第二款规定："新颖性，是指该发明或者实用新型不属于现有技术；也没有任何单位或者个人就同样的发明或者实用新型在申请日以前向国务院专利行政部门提出过申请，并记载在申请日以后公布的专利申请文件或者公告的专利文件中。"

《专利法》第二十二条第五款规定："本法所称现有技术，是指申请日以前在国内外为公众所知的技术。"现有技术包括在申请日（有优先权的，指优先权日）以前在国内外出版物上公开发表、在国内外公开使用或者以其他方式为公众所知的技术。

《专利审查指南2010》规定的新颖性评述中，现有技术虽然包括使用公开或其他方式公开的技术，但基于专利实质审查阶段的特点，通常仅涉及公开出版物，而不太会涉及使用公开和其他方式公开的情形（这通常只在无效宣告程序中才会遇到）。

新颖性的判断中应当采用单独对比原则，简单来说就是用于判断待审申请的权利要求的新颖性的现有技术必须是现有技术客观存在的技术方案，而不是将不同的现有技术进行组合，或者根据现有技术进行演绎得到的技术方案。

由于新颖性的评述主要是基于客观事实进行比较，因此，相比其他条款，新颖性的审查相对客观，出现争议的情况相对较少。在收到新颖性的审查意见时，重点要注意对事实的核实。主要关注以下方面：对比文件公开的时间，是否属于现有技术；对比文件公开的内容，是否能够破坏新颖性；以及审查是否基于单独对比原则等。在事实认定无误的情况下，一般需要通过对专利申请文件进行修改以克服新颖性缺陷。

此外，新颖性审查意见中引用的对比文件通常与本申请较为接近，因此如果认定新颖性审查意见不正确，在争辩权利要求（修改后或未修改）具备新颖性的基础上，最好同时对本申请相对该对比文件具备创造性也进行简要陈述（必要时修改权利要求书），以利于节约程序，早日获得授权。在本章中，仅针对新颖性部分进行剖析，对创造性审查意见的答复则在下一章进行介绍。

一、对比文件公开时间的认定

由于在实质审查阶段审查员一般无法得知在国内外公开使用或者以其他方式为公众所知的技术，因此，在实质审查程序中所引用的对比文件主要是公开出版物。在通常情况下，公开出版物的公开日期比较确定，但也存在需要核查的情况。

目前对于硕士、博士论文的公开时间有时需要进行核实，以判断审查员引用的对比文件是否合格。此外，审查员有时还会引用互联网如网页形式的公开作为对比文件，此时有必要进行核实，若能找到其并没有在本申请的申请日之前公开的的证据，可以据此进行反驳，审查员在没有掌握更确凿证据的情况下，通常能够接受这种争辩。

【案例 20 - 1】

相关案情：本申请的申请日是 2012 年 2 月 29 日，审查意见通知书中引用了一篇硕士论文（《织布支撑聚偏氟乙烯/纳米 TiO_2 共混膜的制备及其在 MBR 中抗污染性能的研究》，盛夏，"中国优秀硕士学位论文全文数据库工程科技 I 辑（月刊）"，2012 年第 7 期），作为对比文件 1，评价了权利要求 1~9 不具备新颖性。其中，审查员将 CNKI 检索界面中的发表时间一栏的时间 2012 年 1 月 1 日认定为对比文件 1 的公开日期，并提供了该检索页面的截图。该日期早于本申请申请日 2012 年 2 月 29 日。

分析：根据《专利审查指南 2010》的规定，专利法意义上的出版物是指记载有技术或设计内容的独立存在的传播载体，并且应当表明或者有其他证据证明其公开发表或出版的时间。对于出版物，其印刷日视为公开日（参见《专利审查指南 2010》第二部分第三章第 2.1.2.1 节）。对于本案来说，对比文件 1 是一篇硕士论文，其出处是中国优秀硕士学位论文全文数据库工程科技 I 辑，为月刊，具体年期是 2012 年第 7 期。按照常理，月刊第 7 期的出版日期通常在 6 月或 7 月，因此有必要核实其公开时间。经检索，发现在中国优秀硕士论文电子期刊网上记录的对比文件 1 的公开日期是 2012 年 7 月 15 日，而在万方数据库中记录的对比文件 1 的公开日期是 2013 年 6 月 28 日，均晚于本申请的申请日，且均与审查员认定的公开时间不同。经咨询 CNKI 数据库运营商，确认 CNKI 上记录的发表时间 2012 年 1 月 1 日并非该文章可在网络被公众所获取的时间。据此，可以认定对比文件 1 的公开日晚于本案的申请日，不能作为现有技术。

意见陈述要点：审查员在审查意见通知书中引用了对比文件 1 评述了本申请的新颖性，经核实，中国优秀硕士论文电子期刊网上显示对比文件 1 的公开日期为 2012 年 7 月 15 日（详见附件 1 截图），在万方数据库中显示的对比文件 1 的公开日期是 2013 年 6 月 28 日（详见附件 2 截图），均晚于本申请的申请日。此外，经咨询 CNKI 运营商，CNKI 上显示的发表时间 2012 年 1 月 1 日并非该论文的网络公开时间（参见附件 3）。因此，审查意见中认定的对比文件 1 的公开日期不正确，对比文件 1 不能作为现有技术用于评述本申请的新颖性（注：由于篇幅所限，此处省略附件 1~3）。

技巧提示：随着互联网的发展，越来越多的刊物采用电子或网络公开的方式，而对于网络公开日期认定是否准确，必要时需要进行核实或者进行查证。在审查实践中，经常会遇到硕士、博士论文的公开时间，GenBank 上序列版本公开时间存在争议，因此若审查员引用此类作为对比文件，应当特别注意核实，必要时提供相关的证据。

此外，对于某些情况下条件符合时，还可以利用新颖性宽限期这一制度，以排除审查意见引用的对比文件作为现有技术，但这通常需要一定的理由和证据。

二、对比文件公开内容的认定

对于新颖性审查意见，要重视对比文件公开内容的核实，这是判断审查意见是否正确最重要的环节。在进行核实时，要针对权利要求保护的技术方案，逐一进行特征的比对；对于审查意见中引用的外文文献，要注意审查意见中的翻译是否准确；当对比文件公开内容不清晰时或者对比文件篇幅较长而审查员引用的内容比较分散时，要注意辨析审查意见中对于事实认定的准确性。

【案例 20 - 2】

相关案情： 本申请权利要求 1 要求保护一种组合物，其中含有生理适用的介质和在室温下为固体的颗粒，所述介质中包含经至少一种具有有机结构且在室温下为固体的半结晶聚合物结构化的至少一种液体脂肪相，所述颗粒选自颜料、珠光剂、填料或它们的混合物，所述颗粒通过至少一种分散剂分散于所述介质中，所述分散剂选自：聚（12 - 羟基硬脂酸）的硬脂酸酯、聚（12 - 羟基硬脂酸）、聚甘油基 - 2 - 二聚羟基硬脂酸酯以及它们的混合物。

权利要求 1 的从属权利要求进一步限定半结晶聚合物选自包含至少一个可结晶嵌段和至少一个无定形嵌段的嵌段共聚物、每个重复单元含至少一个可结晶侧链的均聚物和共聚物，以及其混合物。

说明书中记载了液体脂肪相适于经低熔点半结晶聚合物和/或高熔点半结晶聚合物结构化，其构成组合物的连续相。该脂肪相可包含一种或多种非极性或极性油或二者的混合物。非极性油具体是聚硅氧烷油、液体苯醚聚硅氧烷等。极性油是高甘油三酯含量的烃类植物油等。说明书中还记载了颜料可以是无机和/或有机的。无机颜料包括氧化锆，有机颜料包括铝的色淀。

引用的现有技术： 对比文件 1（WO9827953A1）的权利要求中公开了一种无水防汗凝胶 - 固体棒状组合物，其包含：（1）0.5% ~ 60% 重量的颗粒状防汗活性物质；（2）1% ~ 15% 重量的固体非聚合物胶凝剂，该胶凝剂选自 12 - 羟基硬脂酸、12 - 羟基硬脂酸的酯、12 - 羟基硬脂酸的酰胺和其组合；（3）10% ~ 80% 重量的无水液体载体。说明书中公开了特别优选的防汗活性物质是铝盐或锆盐，如卤化铝、氯化铝等。无水液体载体在环境条件下是液体，优选含有改性的或有机官能硅氧烷载体，选自聚烷基硅氧烷、聚烷芳基硅氧烷等。

审查意见： 对比文件 1 中公开了一种组合物，其含有颗粒状的防汗活性物质（铝盐或锆盐），以及选自 12 - 羟基硬脂酸的胶凝剂等。对比文件 1 和权利要求 1 的两种组合物中，其所使用的颗粒状物质有重合部分，铝盐和锆盐本身也是一种颜料。并且，两种组合物都是为了实现低残留功能而制备的。因此，权利要求 1 所要求保护的内容已经被对比文件 1 所公开，权利要求 1 没有新颖性。

分析： 对于本案来说，审查意见中引用的内容与对比文件公开的内容并不完全一致。对比文件 1 中尽管公开了铝盐和锆盐，但其与本申请说明书中示例的颜料并不相同，然而此处的差异并不足以导致推翻对新颖性的认定。

通过核实发现，权利要求 1 涉及一种组合物，其中限定了 3 种成分：介质、固体颗粒和分散剂。对审查意见进行分析可知，其分别认定对比文件 1 公开的无水液体载体聚硅氧烷相当于介质，颗粒状防汗活性物质相当于固体颗粒，胶凝剂相当于权利要求 1 中的分散剂。首先，权利要求 1 的半结晶聚合物在室温下为固体，而对比文件 1 公开的无水液体载体聚硅氧烷在环境条件下是液体，二者是不同的物质；其次，权利要求 1 的分散剂为聚合物，包括聚（12 - 羟基硬脂酸）等，而对比文件 1 公开的凝胶剂 12 - 羟基硬脂酸等为非聚合物。也就是说，审查意见中对于上述公开内容事实的认定存在错误，可以据此进行争辩。

意见陈述要点：经核实，申请人不能认同审查意见中关于对比文件1公开事实的认定。首先，权利要求1的液体脂肪相为被固体半结晶聚合物结构化的液体，所述半结晶聚合物在室温下为固体，而根据对比文件1说明书的记载，其中的无水液体载体聚硅氧烷在环境条件下是液体，二者并不相同，后者也并非前者的下位概念；其次，权利要求1采用的分散剂为聚合物，包括聚（12－羟基硬脂酸）等，而对比文件1采用的凝胶剂12－羟基硬脂酸为非聚合物。因此，权利要求1要求保护的技术方案并未在对比文件1中公开，权利要求1相对于对比文件1具备新颖性。

技巧提示：在审查意见中可能出现不直接引用对比文件文字记载的内容而是对其进行了概括或部分概括的情况，此时要特别注意对审查意见事实认定的核实。首先，要核实审查意见中概括的内容是否与对比文件中公开内容相一致，是否属于一个完整的技术方案；其次，当对比文件篇幅较长而审查意见引用其相关公开内容时，涉及对比文件的不同地方，其需要核实审查员引用的内容是否是对比文件所公开的一个技术方案还是对其内容进行了组合，若是后者则可据此提出反驳；最后，还要注意将对比文件公开的内容与权利要求相应的特征进行比对，确定权利要求的特征是否被公开。

【案例20－3】

相关案情：

权利要求1：一种测序反应小室，用于DNA片段与试剂进行测序反应，包括反应腔，其一侧内壁上固定多个DNA片段；试剂入口和试剂出口，分别设于反应腔另一侧内壁的两端，分别用于供试剂流入反应腔中和供试剂从反应腔中流出。

审查意见：对比文件1公开了一种测序核酸的方法和设备，包括（a）其基板上固定有核酸的试剂递送腔，（b）与试剂递送腔连接的导管，（c）与试剂递送腔连接的图像系统，和（d）与图像系统连接的数据收集系统。因此，对比文件1实质上公开了与权利要求1的测序反应小室等同的一种设备，因而权利要求1不具备新颖性。

分析：在本案中，权利要求1要求保护测序反应小室，反应腔的一侧内壁上固定多个DNA片段，对比文件中公开了基板上固定有核酸的试剂递送腔，此处"基板"相当于"一侧内壁"。然而，权利要求1还限定试剂入口和试剂出口分别设于反应腔另一侧内壁的两端，而对比文件中仅公开了与试剂递送腔连接的导管，并未公开试剂递送腔连接导管与试剂递送腔的具体连接关系。因此，可针对上述事实进行争辩。

意见陈述要点：申请人不能同意审查员关于新颖性的审查意见。在权利要求1的技术方案中，反应腔的一侧内壁上固定多个DNA片段；试剂入口和试剂出口，分别设于反应腔另一侧内壁的两端，分别用于供试剂流入反应腔中和供试剂从反应腔中流出。即反应腔、固定的DNA片段、试剂入口、试剂出口存在特定的位置关系，其中试剂入口和试剂出口设置在与固定DNA片段内壁的另一侧内壁的两端。然而，对比文件1中并未公开试剂递送腔连接导管与试剂递送腔的具体连接关系，因而没有公开权利要求中的这些特征，因而权利要求1相对于对比文件1具备新颖性，符合《专利法》第二十二条第二款的规定。

技巧提示：审查意见中有时会出现仅列出对比文件公开的相关内容，而未逐一将对比文件的内容与权利要求的特征进行比对的情况；有时甚至会出现列出的对比文件内容较多，夹杂着部分可能与权利要求并不相关内容的情形。在这种情况下，要注意将对比文件公开的内容与权利要求进行逐一特征比对核实。

【案例20-4】

相关案情：

权利要求1：叶酸盐在制备适用于预防和治疗炎症和炎症相关性疾病的药物制剂中的用途。

说明书中记载了5-甲酰四氢叶酸、5-甲基四氢叶酸、5，10-亚甲基四氢叶酸、5，10-次甲基四氢叶酸、10-甲酰四氢叶酸和四氢叶酸的异构体及药用盐等具体的化合物，这些化合物被施用给肾功能不全的患者的炎症，能够降低上述患者炎症标记物的水平。

引用的现有技术：对比文件1为一份专利文献，其中公开了一种拆分亚叶酸的方法。在该对比文件说明书背景技术部分介绍了亚叶酸或其盐的用途，相关表述如下："亚叶酸钙盐是治疗巨成红细胞叶酸缺乏性贫血的药物，在癌症治疗中用作提高叶酸拮抗剂（尤其是氨蝶呤、氨甲蝶呤和氟尿嘧啶）、耐药性解毒剂（即甲酰四氢叶酸），治疗牛皮癣和类风湿性关节炎之类自身免疫疾病用药，以及在化学治疗中用于提高对于某些抗寄生物药（例如甲氧苄氨嘧啶-磺胺甲基异恶唑）的耐药性。"

审查意见：对比文件1中公开了"亚叶酸钙盐是治疗牛皮癣和类风湿性关节炎之类自身免疫疾病用药"，因此，权利要求1不具备新颖性。

分析：审查意见认为所引用的文字内容明确记载在对比文件1中，而相关描述似乎公开了亚叶酸钙盐具有治疗牛皮癣和类风湿性关节炎之类自身免疫疾病的作用。然而，仔细阅读对比文件1的相关段落，会发现其上下文的表述有些不连贯，存在模糊之处。此时，需要对此进行确认，即对比文件1中公开的事实是否如其文字表面所述。

该对比文件1为国外申请进入中国的专利同族申请，对其原始提交的国际申请的相关内容进行核实后发现，上述段落的翻译不够准确。原文表达的意思是：氨蝶呤等叶酸拮抗剂是用于治疗牛皮癣和类风湿性关节炎等炎性疾病的药物，叶酸盐是上述活性成分的耐药性解毒剂，可以与氨蝶呤等一起用于治疗炎性疾病。基于上述信息可以明确，对比文件1中实际上并未公开叶酸盐本身具有抗炎作用，而是作为特定药物的辅助剂用于炎症的治疗。

在确定了对比文件1公开的事实的基础上，需要考虑的是，上述事实认定的差异是否导致审查意见的适用错误。进行比较即可以发现，尽管对比文件1中没有公开叶酸盐本身具有抗炎的作用，但其公开了叶酸盐可与其他药物联合用于治疗炎症。而权利要求1仅限定了叶酸盐用于治疗炎症，其中包含叶酸盐与其他药物联合运用的技术方案，因此对比文件1公开的内容仍然能够破坏权利要求的新颖性。

在这种情况下，可以通过对权利要求的修改，将叶酸盐与其他药物合用的技术方案排除，在此基础上进行陈述。

考虑到对比文件1中明确记载的信息的确可能导致理解上的差异，在进行意见陈述时除需要提供对比文件1国际申请的原文文件作为佐证，最好还能够提供其他证据证明在现有技术中叶酸盐确实是作为叶酸拮抗剂的解毒剂使用，以使陈述更具说服力。

意见陈述要点：申请人将权利要求修改为"叶酸盐作为唯一活性成分在制备适用于预防和治疗炎症和炎症相关性疾病的药物制剂中的用途"，其中进一步明确叶酸盐作为唯一活性成分，因而克服了审查意见指出的缺陷，具体理由如下。

对比文件1本身涉及拆分亚叶酸的方法，审查意见指出的相关段落是出现在对比文件1背景技术对叶酸盐作用的简单介绍，所述作用是现有技术中已经公开的，即本领域技术人员均熟悉的叶酸盐具有的作用。然而，在对比文件1优先权日之前，现有技术中叶酸盐仅被用作叶酸拮抗药（如氨基蝶呤、甲氨蝶呤等）耐药性的解毒剂，没有任何证据显示亚叶酸钙盐单独即可作为治疗牛皮癣和类风湿性关节炎的药物。

对比文件1中虽然出现了"叶酸盐是治疗……治疗牛皮癣和类风湿性关节炎之类自身免疫疾病用药"的描述性文字，但上述表述并没有表明亚叶酸钙盐是否在治疗牛皮癣和类风湿性关节炎之类自身免疫疾病用药中作为治疗活性成分。对比文件1全文未提供对该表述的理解依据，现有技术中更没有相关证据。因此，本领域技术人员基于现有技术水平，会将上述内容理解为叶酸盐被作为治疗牛皮癣和类风湿性关节炎之类自身免疫性疾病的用药中提高叶酸拮抗药（氨基蝶呤、甲氨蝶呤等）耐药性的解毒剂，而不会理解为亚叶酸钙盐本身可作为用于所述疾病的活性成分。在此提供对比文件1的国际申请的原文供参考。

综上，本申请所揭示的叶酸盐作为活性成分在制备适用于预防和治疗炎症和炎症相关性疾病的药物制剂中的用途与对比文件1中的用途明显不同，两者的技术方案实质上不相同，本申请权利要求1相对于对比文件1具备新颖性。

技巧提示：在对新颖性进行核实的过程中，要注意核查审查意见中引用的对比文件的内容是否客观地反映了对比文件公开的内容。当引用的对比文件是翻译成中文的外文文献时，还需要注意翻译的准确性，必要时需要核查对比文件的原始记载。因为外文毕竟不是审查员的母语，看起来和理解起来要费劲一些，导致认定对比文件的事实错误的概率也就大一些，此时要求在答复审查意见时，认真核查原文就显得更为重要。

三、注重技术角度的理解以提出反驳意见

【案例 20-5】

相关案情：

权利要求1：α-酮戊二酸在制备用于降低包括人和禽类的脊椎动物的葡萄糖到血浆的吸收的组合物的用途。

引用的现有技术：对比文件1公开了α-酮戊二酸具有抑制蛋白糖化作用和阻止分子重量的高度聚集，而组织蛋白的糖化作用贯穿糖尿病形成的整个病理过程。

审查意见：对比文件1公开了α-酮戊二酸具有抑制蛋白糖化作用和阻止分子重量的高度聚集，而组织蛋白的糖化作用贯穿糖尿病形成的整个病理过程，由此可见，对比文件1隐含公开了α-酮戊二酸可以用于治疗糖尿病。虽然权利要求1是降低葡萄糖到血浆吸收的用途，而对比文件1提及的是治疗糖尿病的用途。即权利要求1是以机

理来表征疾病，即降低葡萄糖到血浆的吸收，但是该机理所对应的疾病仍是糖尿病。虽然对比文件1没有披露本申请所述的机理，但针对的是同一疾病，机理虽然不同，但所针对的疾病相同的情况，权利要求1是不具备新颖性的。

分析： 审查意见认定权利要求针对的适应症也是糖尿病。但从技术角度可以得知，事实并非如此。对于糖尿病患者来说，其病因是体内糖代谢发生了紊乱（例如胰岛素的产生或活性降低），而不仅仅是葡萄糖摄入过多。因此，糖尿病的治疗并不能仅依赖于减少葡萄糖摄入。特别是，糖尿病人的葡萄糖代谢调节能力降低，因此除了高血糖以外，还经常发生低血糖症状。如果仅仅减少葡萄糖的摄入，还会加剧这种症状，甚至造成生命危险。而权利要求1涉及降低葡萄糖到血浆的吸收，其目的是减少葡萄糖在肠道中的吸收，而不是治疗糖尿病。

意见陈述要点： 权利要求1涉及降低葡萄糖到血浆的吸收，其目的是减少葡萄糖在肠道中的吸收，而不是治疗糖尿病。本申请说明书中指出，高葡萄糖症状可能是由于诸如肢端肥大症、柯兴氏综合征、甲状腺功能亢进、胰腺癌、胰腺炎、嗜铬细胞瘤、胰岛素含量不足或食物摄取过多引起的。这些不同的原因涉及不同的生理过程，需要的治疗也不同。例如，对于简单的由食物摄入过多引起的高葡萄糖症状而言，仅需减少其葡萄糖摄入即可，因此该发明的组合物是适用的。相反，对于糖尿病患者来说，其病因是体内糖代谢发生了紊乱（例如胰岛素的产生或活性降低），而不仅仅是葡萄糖摄入过多。因此，糖尿病的治疗并不能仅依赖于减少葡萄糖摄入。特别是，糖尿病人的葡萄糖代谢调节能力降低，因此除了高血糖以外，还经常发生低血糖症状。如果仅仅减少葡萄糖的摄入，还会加剧这种症状，甚至造成生命危险。

此外，该发明用于降低葡萄糖吸收的组合物不涉及体内代谢过程，因此它不仅可用于在多种疾病中降低葡萄糖浓度，而且还可以在健康人中用作减少热量摄入的手段，例如用于希望减肥的人或者需要控制体重的运动员，这也是糖尿病治疗剂所不可能实现的。

可见，本申请权利要求1的适应症并不是糖尿病，而是葡萄糖吸收过高。降低葡萄糖摄入与治疗糖尿病属于不同的医学目的，在药学上也属于不同的适应症。即权利要求1涉及的并不是糖尿病的治疗用途，而是 α - 酮戊二酸的一个新的适应症。对比文件1研究的是蛋白质的糖化过程，这与葡萄糖的吸收是完全不同的两个生理过程，因此对比文件1不可能存在对权利要求1的公开或教导。基于以上理由，权利要求1具备新颖性，其也具备创造性。

技巧提示： 对于审查意见的答复，离不开技术内容的理解。对于文字上类似的表述是否表达相同的含义，从技术角度论证可能得出不同的结论。通常而言，申请人或发明人对技术的理解往往比审查员更具有优势，可以充分利用其技术理解深入的优势提出反驳。

基于本案，从技术角度进行深入甄别，并符合技术的客观事实，则具有较强的说服力。

此外，对于医药用途权利要求，如果发明仅仅是从机理进行限定，但本质还是与现有技术所公开的治疗的疾病相同，则不具备新颖性。

例如：某发明的权利要求：式I化合物在制备刺激细胞凋亡的药物中的应用，式I

略，其中，R_1、R_2、R_3 和 R_4 各自独立代表—OH、—OCH_3、—O（C═O）CH_3，或氨基酸残基或氨基酸残基的取代基或盐，但不能同时都是—OH。对比文件 1 公开了一种去甲二氢愈创木酸（属于式Ⅰ中的一个具体化合物）及其治疗肿瘤用途，并公开了去甲二氢愈创木酸衍生物可与药物可接受的赋形剂或载体组合应用如 DMSO 溶液等。

审查意见指出，由于对比文件 1 实际上公开去甲二氢愈创木酸治疗肿瘤的用途，而上述权利要求仅是通过机理即刺激细胞凋亡，但实际仍然针对的是治疗肿瘤，因而不具备新颖性。权利要求是用化合物治疗肿瘤的作用机理限定的制药用途权利要求，上述作用机理所对应的疾病仍然是肿瘤。对此，该项权利要求应当予以删除，仅通过意见陈述反驳不能保住该项权利要求。

四、关于推定新颖性审查意见

【案例 20-6】

相关案情： 本申请权利要求保护一种适于入药或单独服用的动物精液药材，其特征在于该动物精液药材含有动物精液干粉和添加剂异 Vc 钠，所述精液干粉是将新鲜精液经真空冷冻干燥制得的白色粉末。

引用的现有技术： 对比文件 1 中公开了将采集的猪、马、驴等精液，经过纯制灭菌，制成干粉。所述粉末呈黄色或浅黄色。可将所述干粉配以调味品、甜味剂、抗氧化剂或香料等制成保健品。

审查意见： 对比文件 1 公开了以动物精液为原料的保健品，具体是猪、马、驴等的精液制成的干粉，可加入调味剂、甜味剂等。尽管对比文件 1 没有公开真空冷冻干燥，但是由于真空冷冻干燥对所干燥的动物精液化学成分没有影响，也就是真空冷冻干燥后的精液粉末不能与对比文件 1 中得到的精液灭菌干粉相区分。因此，权利要求 1 没有新颖性。

分析： 在本案中，对权利要求 1 限定的特征进行简单核查即可发现，权利要求 1 中限定"精液药材含有添加剂异 Vc 钠"，该特征在对比文件 1 中并没有公开。对比文件 1 中公开了其中可以含有抗氧化剂等添加剂，虽然"异 Vc 钠"属于食品中常用的抗氧化剂，但其是抗氧化剂的下位概念，而上位概念不能破坏下位概念的新颖性。

此外，审查意见认为"经真空冷冻干燥制得"的制备方法特征并未对所干燥的动物精液的化学成分产生影响，因此不能与对比文件 1 中得到的精液灭菌干粉相区分。审查意见中未对权利要求中限定的"白色粉末"的技术特征进行评述。然而，对于产品权利要求，不仅要考虑产品的组成成分特征，还要考虑产品的结构、性状等特征。如果制备方法或性能、用途等特征限定导致产品的结构、性状等发生了变化，则不能推定相应的特征未对产品产生了影响。尽管对比文件 1 中未公开粉末的干燥方法，然而，其中公开了粉末的颜色为"黄色或浅黄色"，本申请中真空冷冻干燥得到的粉末是"白色"的。颜色的不同说明制备方法对产品的性状产生了影响，不能认为二者相同或不能区分。

意见陈述要点： 申请人不能同意审查员的审查意见。权利要求 1 与对比文件 1 存在下述两个区别：（1）权利要求 1 中限定的药材中含有添加剂异 Vc 钠，对比文件 1 中未公开上述特征；（2）权利要求 1 限定精液干粉是将新鲜精液经真空冷冻干燥制得的白色粉末，本领域技术人员公知，不同的干燥方式可能导致最终获得的产品在性质上产生一定的变化，本申请采用真空冷冻干燥方式得到了白色的粉末，而对比文件 1 中公开的为黄色或浅黄色粉末，颜色的不同说明两种粉末的性质是不同的，因此不能认为真空冷冻干燥对所干燥的动物精液的化学成分没有影响。综上，权利要求 1 相对于对比文件 1 具备新颖性，符合《专利法》第二十二条第二款的规定。

技巧提示：在进行新颖性的特征比对时，要注意逐一核实权利要求中限定的技术特征是否被公开。对于审查意见中"推定相同"或者认为"不能区分"的内容（通常称为推定不具备新颖性），需要进行仔细核对，通常这种情况涉及包含"性能、参数、用途、制备方法"等特征限定的产品权利要求。从总体来看，审查员采用推定相同的方式往往是不能直接认定权利要求技术方案与对比文件的技术方案相同，此时申请人可以从技术的角度来分析存在的差别，必要时可以提供反映存在差别的证据。

【案例 20 – 7】❶

相关案情：

某申请的权利要求 1 如下。

1. 一种具有下式的化合物：

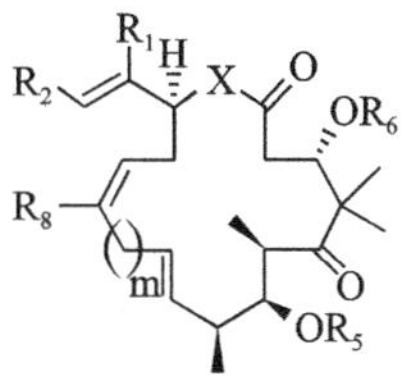

审查意见：对比文件 1（US2002/0062030A1）中公开的化合物 114（如下图所示）落入权利要求 1 的保护范围。因而，权利要求 1 不具备新颖性，不符合《专利法》第二十二条第二款的规定。

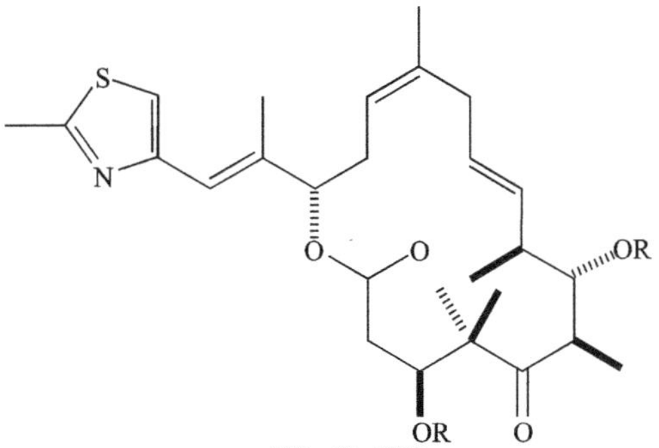

112, R=TBS
114, R=H

---

❶ 参见专利申请 03822561.1。

分析：对比文件 1 中公开化合物的形式来看，通常称为公开的是表格化合物，由于其提到如上式所示的化合物，根据《专利审查指南 2010》第二部分第十章第 5.1 节的规定，其可以用于评述专利申请权利要求的新颖性（即推定新颖性）。但同时也指出申请人能提供证据证明在申请日之前无法获得该化合物，则不能用于评述权利要求的新颖性。

而申请人掌握到在申请日后发表的一份期刊文献（Journal of American Society，2003 年，第 125 卷第 10 期，第 3190 页），其作者是对比文件 1 的主要发明人之一。该文献是一份更正发表的，其指出在锡烷 47（对应对比文件 1 中的化合物 98）与（Z）-烯丙氯 50（对应对比文件 1 中的化合物 106）进行耦合的过程中，所述 $C_{12} \sim C_{13}$ 三取代链烯被从（Z）-构型异构化到（E）-构型。此异构化的结果并不是像之前发表（如对比文件 1）的那样为其中 $C_{12} \sim C_{13}$ 双键处于（Z）-构型的埃坡霉素 54（即对比文件 1 中的化合物 114），而是一种其中 $C_{12} \sim C_{13}$ 双键处于（E）-构型的化合物。因此，据此可以认为对比文件 1 中的化合物 114 在申请日之前是无法获得的。

意见陈述要点：申请人不能同意审查员的审查意见。对比文件 1 虽然提到了化合物 114。但申请人认为该化合物在申请日前无法获得，其原因如下。

申请人提供一份期刊文献，即 Journal of American Society，2003 年，第 125 卷第 10 期，第 3190 页，称为附件 1。需要说明的是，附件的作者是作为美国专利文献的对比文件 1 的主要发明人之一。在该附件中，作者是对此前发表的相关文献进行更正的文献。其中，指出在锡烷 47（即对比文件 1 中的化合物 98）与（Z）-烯丙氯 50（即对比文件 1 中的化合物 106）进行耦合的过程中，所述 $C_{12} \sim C_{13}$ 三取代链烯被从（Z）-构型异构化到（E）-构型。此异构化的结果并不是如之前发表（包括对比文件 1）的那样为其中 $C_{12} \sim C_{13}$ 双键处于（Z）-构型的埃坡霉素 54（即对比文件 1 中的化合物 114），而是一种其中 $C_{12} \sim C_{13}$ 双键处于（E）-构型的化合物。可见，对比文件 1 中提到的化合物 114 在当时是错误的，对比文件 1 实质上并没有得到该化合物，因而不能影响权利要求 1 的新颖性，即权利要求 1 符合《专利法》第二十二条第二款的规定。

技巧提示：对于申请日后的证据，在审查过程中通常较难为审查员接受。但像本案，提交的附件 1 证据虽然在申请日后才公开，但其证明的是申请日前的事实，因此应当能够为审查员所接受。

此外，通过相关文献来证明对比文件存在错误的情况虽比较少见，但实践中还是存在许多可通过提交相关证据来澄清现有技术对比文件的真正意思的情况，这在答复过程中也不要忽视这种途径。

五、关于"偶然占先"的特殊情形

【案例 20 - 8】

相关案情：

某申请权利要求如下：

1. 一种如通式 I 所示的化合物，

其中，Ar 是取代或未取代的苯基、杂芳基；R_1 是氢、烷基；R_2 和 $R_{2'}$ 与它们所连接的 N 原子一起可形成除 N 原子外，还任选地含有另一个选自 N、S 或 O 的杂原子的杂环烷基环；R_3、R_4 和 R_6 彼此独立地为氢、烷基、环烷基；R_5 中 SO_2R_{10}，并且 R_{10} 是 NR_7R_8，R_7 和 R_8 是氢、烷基、环烷基。

2. 如权利要求 1 所述的化合物，其中 Ar 选自羟基、卤素取代基取代的苯基或芳基。

3. 如权利要求 1 或 2 所述的化合物在制备治疗癌症的药物中的用途。

根据说明书的记载，本申请的化合物具有抗癌活性，并提供有相关实验数据来支持。

审查意见引用的对比文件 1：其涉及一些化合物合成方法的文献，其中公开了一种具体化合物 1-[5-(氨基碘酰基)-2-(4-吗啉) 苯甲酰基]-4-苯基-哌嗪。该文献中并没有提及化合物具体活性和用途。

审查意见：对比文件 1 涉及一些化合物合成方法的文献，其中公开了一种具体化合物 1-[5-(氨基碘酰基)-2-(4-吗啉) 苯甲酰基]-4-苯基-哌嗪，该化合物相当于其中 Ar 是未取代的苯基；R_1、R_3、R_4 和 R_6 都是氢；R_2 和 $R_{2'}$ 与它们连接的 N 原子构成吗啉基；R_5 是 SO_2R_{10} 并且 R_{10} 是 NH_2 的通式 I 化合物，因此该化合物落入了权利要求 1 和 2 的范围内，即权利要求 1 和 2 相对于对比文件 1 而言不具备新颖性。

分析：通过分析，尤其是取代基的比较，不难发现对比文件 1 的化合物落于权利要求 1 的通式化合物范围之内，但权利要求 2 通过进一步限定 Ar 是取代的苯基，因而并没有落入权利要求 2 限定的范围之内。由此可以得出，权利要求 1 不具备新颖性，权利要求 2 具备新颖性，随后需要考虑的是如何作出处理。

对于权利要求 1 显然需要进行修改，通常而言需要通过修改不仅使权利要求 1 具备新颖性，同时还需具备创造性。在本案中，对比文件 1 比较特殊，其中虽然公开了一种具体化合物，但由于根本没有提及其具有本申请化合物的活性和用途，因而可以认为是一种所谓的"偶然占先"，因此权利要求的化合物具有基于对比文件 1 所无法预期的技术效果，即排除对比文件 1 中该明确公开的具体化合物后，权利要求即不仅具备新颖性，也具备创造性。

与此同时，对于权利要求 3 的用途因而可以基于原权利要求 1 的通式化合物（即不必排除对比文件 1 的该具体化合物）仍然能够成立。

意见陈述要点：申请人认真分析了审查意见，对权利要求进行了修改，在权利要求 1 中排除了审查意见中提及的具体化合物，以克服所述缺陷，修改后的权利要求如下。

1. 一种如通式 I 所示的化合物(通式 I 省略),其中,Ar 是取代或未取代的苯基、杂芳基;R_1 是氢、烷基;R_2 和 $R_{2'}$ 与它们所连接的 N 原子一起可形成除 N 原子外,还任选地含有另一个选自 N、S 或 O 的杂原子的杂环烷基环;R_3、R_4 和 R_6 彼此独立地为氢、烷基、环烷基;R_5 中 SO_2R_{10},并且 R_{10} 是 NR_7R_8,R_7 和 R_8 是氢、烷基、环烷基,但不包括化合物 1-[5-(氨基碘酰基)-2-(4-吗啉)苯甲酰基]-4-苯基-哌嗪。

2. 如权利要求 1 所述的化合物,其中 Ar 选自羟基、卤素取代基取代的苯基或芳基。

3. 如通式 I 所示的化合物在制备治疗癌症的药物中的用途(通式 I 省略),其中,Ar 是取代或未取代的苯基、杂芳基;R_1 是氢、烷基;R_2 和 $R_{2'}$ 与它们所连接的 N 原子一起可形成除 N 原子外,还任选地含有另一个选自 N、S 或 O 的杂原子的杂环烷基环;R_3、R_4 和 R_6 彼此独立地为氢、烷基、环烷基;R_5 中 SO_2R_{10},并且 R_{10} 是 NR_7R_8,R_7 和 R_8 是氢、烷基、环烷基。

修改后权利要求具备新颖性和创造性,具体理由如下:

权利要求 1 中由于已排除了对比文件 1 中具体化合物,因而具备新颖性。这种修改方式应当能够被允许,因为对比文件 1 根本没有提及化合物可以用于治疗癌症等任何用途,因而对比文件 1 只不过是巧合公开了本申请原通式 I 所述化合物中一种具体化合物。但基于对比文件 1,其显然不能预料到本申请化合物的技术效果,因而也不可能提供任何动机在该具体化合物的基础上进行改进以获得修改后的权利要求 1 中的其他化合物。因此,权利要求 1 具备创造性,对于从属权利要求 2 也具备创造性。值得进一步说明的是,权利要求 3 请求保护的制药用途权利要求,虽然针对了原权利要求 1 的所有化合物(即没有排除对比文件 1 中的该具体化合物),但其仍然具备创造性,这是因为对比文件 1 根本没有提及化合物可以用于治疗癌症等任何用途,因而不可能教导权利要求 3 中限定的所有化合物(包括对比文件 1 中公开了那一个具体化合物)在制备治疗癌症的药物中的用途。

技巧提示:对于审查员引用影响权利要求新颖性的现有技术时,通常是不能通过仅仅在权利要求中采取排除的方式来将该现有技术排除在权利要求保护范围之外。这样修改后的权利要求是否具备创造性往往存疑,而且也会导致审查不能很好地进行下去,因此国家知识产权局通常会认为这种修改是不符合《专利法》第三十三条的规定。

但有一种特殊情形,即《专利审查指南 2010》提及的具体放弃式的修改(参见《专利审查指南 2010》第二部分第八章第 5.2.3.3 节之第(3)种情形)。此外,还有一种像本案的特殊情形,即对比文件 1 的实际没有意识到公开具有治疗癌症的化合物中的一种具体化合物,但其对于完成本申请的发明而言应该没有任何教导的(有时称这种情形为"偶然占先"),因而可以采取"排除式"修改。因此,在特殊情况下,可以考虑采取本案的修改方式,有利于获得尽可能宽的保护范围(当然一般情形下的新颖性是不太可能采取这种修改方式的)。

六、涉及优先权的审查意见

部分新颖性审查意见涉及优先权是否成立的判断。当审查员检索到公开日早于本申请的申请日，但晚于本申请优先权日的文献（称为PX文献）时，需要对本申请优先权成立与否进行认定。如果本申请不享有优先权，则该文献可用作对比文件评述新颖性和/或创造性；反之，则不能用该对比文件评述新颖性和/或创造性。

《专利法》第二十九条规定，申请人就相同主题的发明或者实用新型在外国第一次提出专利申请之日起12个月内，又在中国提出申请的，依照该国同中国签订的协议或者共同参加的国际条约，或者依照相互承认优先权的原则，可以享有优先权。申请人自发明或者实用新型在中国第一次提出专利申请之日起12个月内，又向国务院专利行政部门就相同主题提出专利申请的，可以享有优先权。

《专利审查指南2010》第二部分第三章第4节对上述规定作了进一步的解释，优先权成立的条件主要包括时间、文件类型、法律状态等的限定，并且应当是首次记载了相同主题的发明或者实用新型。有关优先权的审查意见通常涉及上述要求，在接到有关优先权的意见时，首先应当分析审查员给出的理由属于哪一类，之后针对具体情况进行答复。

【案例20-9】

相关案情： 本申请的申请日为2004年8月23日，要求US10/650178的优先权，优先权日为2003年8月28日。权利要求1：一种固体药物剂型，其包含至少一种HIV蛋白酶抑制剂在至少一种可药用水溶性聚合物和至少一种可药用表面活性剂中的固体分散体，其中所述HIV蛋白酶抑制剂为利托那韦，并且所述可药用水溶性聚合物具有至少约50℃的Tg，且以占剂型重量50%~85%的量存在。

优先权文本中相关内容如下，权利要求1：一种固体药物剂型，其包含至少一种HIV蛋白酶抑制剂在至少一种可药用水溶性聚合物和至少一种可药用表面活性剂中的固体分散体。权利要求2：如权利要求1所述的剂型，其特征在于：所述可药用水溶性聚合物具有至少约50℃的Tg。权利要求7：如权利要求1所述的剂型，其特征在于：HIV蛋白酶抑制剂占5%~30%（重量），药用水溶性聚合物占50%~85%（重量），可药用表面活性剂占2%~20%（重量），以及占0%~15%（重量）的添加剂。权利要求9：如权利要求1所述的剂型，其特征在于：所述的HIV蛋白酶抑制剂为利托那韦。

优先权说明书中，实施例1~7中具体公开了制备所述固体药物剂型的方法，其包含活性成分HIV蛋白酶抑制剂利托那韦在Copovidone（水溶性聚合物）、含量为60重量%~75重量%以及Span20（表面活性剂）中的固体分散体，并且在说明书第2页第3段记载该发明提供一种固体药物剂型，其包含至少一种HIV蛋白酶抑制剂在至少一种可药用水溶性聚合物和至少一种可药用表面活性剂中的固体分散体，并且所述可药用水溶性聚合物具有至少约50℃的Tg；在说明书第3页第2~3段分别记载水溶性聚合物可以以占剂型重量50%~85%的量存在，其中所述HIV蛋白酶抑制剂可以为利托那韦。

审查意见： 对比文件1的申请日为2002年10月9日，公开日为2004年4月22日，其公开日介于本申请优先权日和申请日之间，且本申请的申请人与本申请相同。由于权利要求1的技术方案在优先权文本中没有明确记载，权利要求的技术方案中的各个特征，在优先权文本中是分别存在于不同的从属权利要求当中的，优先权文本中并没有将这些分散的特征组合在一起的技术方案。因此，本申请的优先权不能成立，对比文件1构成本申请的现有技术，可以用于评价本申请的新颖性和创造性。

分析： 在这种情况下，只有经核实确定本申请的优先权不成立，即本申请不享有所述优先权，该对比文件才能符合作为现有技术时间上的要求。那么本申请的优先权是否成立，需要判断本申请作为优先权基础的US10/650178是否是申请人就相同的发明创造在外国第一次提出的专利申请，即外国首次申请。

基于此，需要从两个方面对对比文件1能否作为现有技术进行全面反驳。首先，对比文件1没有公开本申请目前权利要求的技术方案，否则由于对比文件1先于优先权基础US10/650178之前提出申请，则表明优先权基础US10/650178并不是首次申请；其次，在此基础上，还要表明优先权基础US10/650178中记载了本申请目前的权利要求的技术方案，才能表明优先权能够成立。

具体来看，对比文件1公开了生产固体剂型的方法，在说明书发明内容部分（第7页最后1段至第9页第1段）所列举的活性成分中并未包括利托那韦，而且在实施例1~7中活性成分也仅为洛匹那韦，不含有利托那韦，并且该对比文件其他部分也均未公开其活性成分可以为利托那韦。因此，对比文件1实质上并没有公开含有利托那韦的技术方案。而本申请权利要求1~16的技术方案中均含有活性成分利托那韦。因此，对比文件1并没有公开权利要求1~16的技术方案，即该对比文件与本申请不是相同主题的发明，该对比文件不是申请人就相同的发明创造在外国第一次提出的专利申请。

同时，本申请权利要求1~16的技术方案均记载在优先权文本US10/650178中，在US10/650178实施例1~7中具体公开了制备所述固体药物剂型的方法，其包含活性成分HIV蛋白酶抑制剂利托那韦在Copovidone（水溶性聚合物）、含量为60重量%~75重量%以及Span20（表面活性剂）中的固体分散体，并且在说明书第2页第3段记载该发明提供一种固体药物剂型，其包含至少一种HIV蛋白酶抑制剂在至少一种可药用水溶性聚合物和至少一种可药用表面活性剂中的固体分散体，并且所述可药用水溶性聚合物具有至少约50℃的Tg；在说明书第3页第2~3段分别记载水溶性聚合物可以以占剂型重量约50%至约85%的量存在，其中所述HIV蛋白酶抑制剂可以为利托那韦，尽管本申请的权利要求1的技术特征记载在US10/650178不同的权利要求（权利要求1~2、7、9）中，但是从整个US10/650178看，本申请权利要求1所限定的技术方案并非是在US10/650178的技术方案的基础上将技术特征重新组合而得到的新的技术方案，而是已经记载在US10/650178说明书中。因此，可以认为US10/650178是本申请在外国的首次申请，享有优先权。

意见陈述要点： 申请人不能认同审查意见关于本申请不能享受优先权的观点，具体理由如下：

对比文件1公开了生产固体剂型的方法，在说明书发明内容部分（第7页最后1段至第9页第1段）所列举的活性成分中并未包括利托那韦，而且在实施例1~7中活性成分也仅为洛匹那韦，不含有利托那韦，并且该对比文件其他部分也均未公开其活性成分可以为利托那韦。因此，对比文件1实质上并没有公开含有利托那韦的技术方案。而本申请权利要求1~16的技术方案中均含有活性成分利托那韦。因此，对比文件 1 并没有公开权利要求 1~16 的技术方案，即该对比文件与本申请不是相同主题的发明，该对比文件不是申请人就相同的发明创造在外国第一次提出的专利申请。

同时，本申请权利要求 1~16 的技术方案均记载在优先权文本 US10/650178 中，其中实施例 1~7 中具体公开了制备所述固体药物剂型的方法，其包含活性成分 HIV 蛋白酶抑制剂利托那韦在 Copovidone（水溶性聚合物）、含量为 60 重量%~75 重量% 以及 Span20（表面活性剂）中的固体分散体，并且在说明书第 2 页第 3 段记载该发明提供一种固体药物剂型，其包含至少一种 HIV 蛋白酶抑制剂在至少一种可药用水溶性聚合物和至少一种可药用表面活性剂中的固体分散体，并且所述可药用水溶性聚合物具有至少约 50℃ 的 Tg；在说明书第 3 页第 2~3 段分别记载水溶性聚合物可以以占剂型重量约 50% 至约 85% 的量存在，其中所述 HIV 蛋白酶抑制剂可以为利托那韦，尽管本申请的权利要求 1 的技术特征记载在 US10/650178 不同的权利要求（权利要求 1~2、7、9）中，但是从整个 US10/650178 看，本申请权利要求 1 所限定的技术方案并非是在 US10/650178 的技术方案的基础上将技术特征重新组合而得到的新的技术方案，而是已经记载在 US10/650178 说明书中。因此，US10/650178 是本申请在外国的首次申请，享有优先权。

由于本申请能够享受优先权，因此对比文件 1 不能构成本申请的现有技术，不能用于评价本申请的新颖性和创造性。

技巧提示：对于审查意见认定申请不能享受优先权时，若要表明优先权成立，则需要对优先权文本进行分析，并说明申请的技术方案在优先权文本实际上已记载，有时可以将申请作为修改文本，而优先权作为原始文本，如果能够表明这种类比可以得出申请并没有超出优选权记载的范围，则优先权是成立的。其中，需要注意：优先权的判断与新颖性判断标准的异同；优先权文本也不能作为申请文件修改的依据。

此外，像本案一样，有时需要反驳审查意见引用的对比文件并非本申请的首次申请，即需要表明本申请的技术方案并未记载在该对比文件中，因而享受所要求的优先权，因此该对比文件不能用于评述本申请的新颖性和创造性。

七、涉及抵触申请的审查意见

抵触申请是指由任何单位或个人就同样的发明或者实用新型在申请日以前向国家知识产权局提出并且在申请日以后（含申请日）公布的专利申请文件，其将损害本申请日提出的专利申请的新颖性。

由于抵触申请不属于现有技术，因而使用条件比较苛刻，也不能用于评价创造性。因此在对于使用抵触申请评价发明专利新颖性的意见时，应当根据抵触申请的条件判断审查员引用的文件是否确实构成抵触申请，包括以下几点。

（1）对比文件的日期。该文件是否为申请日早于本申请申请日、公开日晚于或是本申请申请日当天。

（2）是不是中国专利申请或者是进入了中国国家阶段的国际专利申请。

（3）抵触申请的权利要求书、说明书（包括附图）可以作为公开内容引证使用，但不可以使用摘要内容。

(4) 是否与本申请为同样的发明或实用新型，即满足技术领域、所解决技术问题、技术方案和预期效果四方面实质上相同。

若上述任何一个条件得不到满足，则该对比文件不构成抵触申请，也就不能用于评价本申请新颖性。

【案例 20 – 10】

申请案情：

本申请的申请日为 2013 年 2 月 21 日❶，其权利要求如下：

1. 一种吲达帕胺缓释胶囊，其特征在于它的重量组成是：

吲达帕胺	0.5% ~3.0%	聚维酮 K30	1.0% ~3.0%
EUDRAGIT RS 100	2.0% ~6%	空白丸芯	75% ~95%
癸二酸二丁酯	0.1% ~1.0%	滑石粉	0.5% ~3.0%
硬脂酸镁	0.01% ~0.5%		

上述各组分的重量百分比之和为 100%。

审查员引用的对比文件 1（CN1175812C）：其是中国发明专利申请，申请日为 2012 年 8 月 28 日，授权公告日为 2014 年 11 月 17 日，具体公开的内容如下。

1. 一种吲达帕胺缓释胶囊，其特征在于：所述的吲达帕胺缓释胶囊主要由作为活性成分的吲达帕胺和包覆在活性成分外层具有缓释作用的缓释材料及药学上可接受的辅料以 0.5 ~3.0:5 ~20:131 ~165 的重量比配制成具有不同释放度的缓释微丸组合而成，缓释材料为丙烯酸树脂、羟丙基甲基纤维素、乙基纤维素、邻苯二甲酸醋酸纤维素和聚乙烯吡咯烷酮中的任意一种至四种；单粒胶囊中吲达帕胺的含量为 0.5 ~3.0mg。

审查意见：对比文件 1 是中国发明专利申请，申请日为 2012 年 8 月 28 日，授权公告日为 2014 年 11 月 17 日。对比文件 1 是在本申请日以前向国家知识产权局提出并且在申请日以后公布的发明专利，构成本申请的抵触申请。对比文件 1 公开的吲达帕胺缓释胶囊主要由作为活性成分的吲达帕胺和包覆在活性成分外层具有缓释作用的缓释材料及药学上可接受的辅料以 0.5 ~3.0:5 ~20:131 ~165 的重量比配制成具有不同释放度的缓释微丸组合而成，缓释材料为丙烯酸树脂、羟丙基甲基纤维素、乙基纤维素、邻苯二甲酸醋酸纤维素和聚乙烯吡咯烷酮中的任意一种至四种。根据上述原料的加入比例可以算出吲达帕胺重量占胶囊总重量的百分比为 0.27% ~2.2%。对比文件 1 的发明目的之一是使药物口服后的药效持久稳定，从而获得在同等给药量和时间间隔内维持平衡、持久的有效血药浓度。从上述内容可知，对比文件 1 与本申请属于同一技术领域，而且属于治疗高血压的同一药物的同一剂型。技术方案都是以吲达帕胺作为活性成分，且用量范围绝大部分重叠；EDUDRGIT RS 100 为一种丙烯酸乙酯 – 甲基丙烯酸酯共聚物，属于丙烯酸树脂类聚合物，与对比文件 1 中的丙烯酸树脂属于同一类缓释材料；聚维酮 K30 是常用的黏合剂和分散剂，其他辅料是本领域的常用原料。由此可见，本申请的权利要求 1 要求保护的吲达帕胺缓释胶囊与对比文件 1 公开的吲达帕胺缓释胶囊在技术领域、发明目的、技术方案及有益效果方面都是完全相同的。因此，

---

❶ 本案例的时间是虚构的。

权利要求 1 不具有《专利法》第二十二条第二款规定的新颖性。

分析：该审查意见中，将本申请权利要求 1 中的 EDUDRGIT RS 100 与对比文件 1 中丙烯酸树脂类聚合物认定为同一类物质，本申请中的聚维酮 K30 与对比文件 1 中的聚乙烯吡咯烷酮认定为同一类物质。实际上，本申请中的上述两种物质都是对应的下位概念，而对比文件 1 中相应物质为上位概念。另外，本申请中还包含了对比文件 1 未公开的癸二酸二丁酯、硬脂酸镁，即本申请与对比文件 1 技术方案存在区别，并且所述的区别也不属于惯用手段的直接置换，因此对比文件 1 不构成本申请的抵触申请，不能用于评价本申请的新颖性。

意见陈述要点：本申请权利要求 1 保护一种吲达帕胺缓释胶囊，其中具体限定了该胶囊的组分及各组分所占的重量百分比。对比文件 1 公开了一种吲达帕胺缓释胶囊，该胶囊主要由吲达帕胺、包覆其外层的缓释材料及药学上可接受的辅料以 0.5 ~ 3.0:5 ~ 20:131 ~ 165 的重量比配制成具有不同释放度的缓释微丸组合而成，其中缓释材料可选自丙烯酸树脂和聚乙烯吡咯烷酮，单位胶囊中吲达帕胺的含量为 0.5 ~ 3.0mg，所述缓释微丸主要由空白丸芯、主药层和缓释包衣层组成，主药层由吲达帕胺和辅料组成，主药层辅料含滑石粉，主药层外包裹淀粉保护层。其中丙烯酸树脂具体可选用 EUDRAGIT RS 100（参见对比文件 1 的权利要求 1 ~ 5 和实施例）。本申请权利要求 1 的技术方案与对比文件 1 所公开的技术方案相比，存在诸多不同之处：（1）对比文件 1 中公开的聚乙烯吡咯烷酮是一类物质，根据聚合方法分为不同系列，本申请权利要求 1 中的聚维酮 K30 是聚乙烯吡咯烷酮 K 系列中的一种，即对比文件 1 公开的是上位概念，而本申请中限定的为下位概念；（2）本申请的胶囊中含有癸二酸二丁酯和硬脂酸镁，而对比文件 1 未公开其胶囊中包含这两种组分。由此可见，本申请权利要求 1 的技术方案与对比文件 1 所公开的技术方案在组分上明显不同，因此二者有着实质上的区别。

由于本申请权利要求 1 的技术方案与对比文件 1 公开的技术方案实质上并不相同，因而对比文件 1 不构成本申请的抵触申请，即本申请权利要求 1 相对于对比文件 1 具备《专利法》第二十二条第二款规定的新颖性。

技巧提示：在采用抵触申请评述申请的新颖性时，对于抵触申请公开的内容要求十分严格。当抵触申请与本申请的权利要求存在区别（且所述区别也不是本领域的惯用手段的直接置换），则不能评述本申请的新颖性。其中，对于惯用手段的直接置换这一要求也非常严格，只有两者的手段极其惯用，而且目的方式等同，效果相同以至于可以直接相互置换，此时才能认定为惯用手段的直接置换。

在现实中，用抵触申请评价新颖性概率较低，但有时审查员在评价时可能基于对比文件记载的内容极其相近时，容易出现认定失误或者对存在一定争议的情况下先发出审查意见进行质疑，在答复时就要分析抵触申请公开的内容与本申请的技术方案之间的差异，并进行说理，如果确实存在区别，审查员能够容易接受申请人的观点。

第二十一章　创造性审查意见答复的案例剖析

《专利法》第二十二条第三款规定："创造性，是指与现有技术相比，该发明具有突出的实质性特点和显著的进步，该实用新型具有实质性特点和进步。"

根据《专利法》第二十二条第五款的规定，现有技术是指申请日以前在国内外为公众所知的技术。包括在申请日（有优先权的，指优先权日）以前在国内外出版物上公开发表、在国内外公开使用或者以其他方式为公众所知的技术。

根据《专利审查指南2010》的规定，与新颖性单独对比的审查原则不同，审查创造性时，是将一份或者多份现有技术中的不同的技术内容组合在一起对要求保护的发明进行评价。在审查实践中对于创造性的判断主要集中于判断发明是否具有突出的实质性特点。也就是要判断对本领域的技术人员来说，要求保护的发明相对于现有技术是否显而易见。对于发明是否显而易见，通常按照以下三个步骤进行：（1）确定最接近的现有技术，即现有技术中与要求保护的发明最密切相关的一个技术方案；（2）确定发明的区别特征和发明实际解决的技术问题；（3）判断要求保护的发明对本领域的技术人员来说是否显而易见，也就是现有技术整体上是否存在某种技术启示，使本领域的技术人员有动机对最接近的现有技术进行改进从而得到要求保护的发明。

根据《专利审查指南2010》的规定，通常认为以下情况属于现有技术中存在技术启示：（1）所述区别特征为公知常识；（2）所述区别特征为与最接近的现有技术相关的技术手段，例如同一份对比文件其他部分披露的技术手段，该技术手段在该其他部分所起的作用与该区别特征在要求保护的发明中所起的作用相同；（3）所述区别特征为另一份对比文件中披露的相关技术手段，该技术手段在该对比文件中所起的作用与该区别特征在要求保护的发明中所起的作用相同。

与新颖性条款相似，在收到创造性的审查意见后，首先应对事实进行核实，其次是对法律适用的核实。对事实的核实与新颖性审查意见的答复中核实相似。在法律适用的核实方面，由于在创造性的评述中，最接近对比文件的认定、发明实际解决的技术问题和非显而易见性都基于审查员的判断，存在较大争辩的空间，尤其是非显而易见性。在答复时，基于创造性的判断方式，可以从相反的角度进行争辩。

具体来说，对于事实核实方面，需要关注的点主要包括：（1）对比文件是否属于现有技术或其公开日是否早于本申请的优先权日或申请日；（2）审查意见中引用的对比文件的内容是否准确；（3）审查意见中对权利要求技术特征的认定是否准确；（4）对权利要求和对比文件特征的对比以及区别技术特征的认定是否准确。在法律适用的核实方面，主要应关注以下方面：（1）区别技术特征所解决的技术问题是否相同；（2）对发明实际解决技术问题的认定是否合理；（3）对比文件是否存在结合的启示，或现有技术中是否存在相反的启示；（4）是否存在预料不到的技术效果。

无论在审查过程还是后续的司法过程中，创造性均是最容易引起争议的法条之一。本章的案例主要从答复的角度介绍可以从哪些角度考虑并进行针对性陈述，并非认定案例本身一定具备或不具备创造性。对于案例的分析也仅基于审查意见中提供的事实，而不涉及该技术领域实际的现有技术状况。

一、对比文件公开内容的核实

对比文件公开内容事实的认定方面，与对新颖性的审查意见的答复中所述的相同。其主要从以下方面进行核实：核实审查意见中引用的对比文件公开内容的准确性，是否忠实于对比文件原文；核实审查意见中用以进行比较的最接近的现有技术是否是一个技术方案（即并非多个技术方案的组合）。当权利要求较为复杂、审查意见中引用的对比文件内容较多或引用的对比文件内容分布在对比文件不同位置时，尤其要注意核实审查意见认定的准确性。

【案例 21 –1】
相关案情：
权利要求1：昆仑雪菊提取物在制备抗缺氧药物中的用途，所述昆仑雪菊提取物中总黄酮含量以芦丁计为20% ~90%。

审查意见：权利要求1要求保护昆仑雪菊提取物在制备抗缺氧药物中的用途。对比文件1（"雪菊花药用功能及临床应用体会"，茹克娅·胡加阿不都拉等，中国民族民间医药，2011年第19期，第41~42页，公开日为2011年12月31日）公开了雪菊花（即昆仑雪菊）中挥发油及黄酮类成分为主要活性成分，且还公开了雪菊花能够提高小鼠心脑耐缺氧作用（参见第41页右栏第1~4段）。在对比文件1公开的内容的基础上，本领域技术人员容易想到对雪菊提取物中的主要活性成分黄酮的含量进行限定，且其抗缺氧的技术效果也是可以预期的。因此，在对比文件3的基础上结合本领域常用技术手段从而得到权利要求1的技术方案对本领域技术人员而言是容易做到的。因此，权利要求1不具备突出的实质性特点和显著进步，不具备创造性，不符合《专利法》第二十二条第三款的规定。

分析：审查意见引用的对比文件1是一篇综述性文章。在审查实践中，采用综述性文献作为对比文件的情形是比较常见的。然而，综述性文献属于对其他文献进行总结概括的文献，因语言、翻译等原因，可能出现其表述的内容与综述内容所来源的文献记载的内容不相符的情况。这种错误的信息，类似于翻译错误，不能准确代表现有技术公开的内容。因此在必要时，需要对综述文献所引证的内容进行核实。

对于本案来说，审查意见中引用的内容的出处来自对比文件1引证的参考文献。对其引用的参考文献进行阅读发现，参考文献分别涉及菊花、杭白菊和野菊，并无参考文献提及雪菊花，即对比文件1中公开的内容并不准确。

意见陈述要点：申请人不认同有关创造性的审查意见。权利要求1要求保护的是昆仑雪菊提取物在制备抗缺氧药物中的应用。对比文件1公开的是关于雪菊花药用功能的综述，对其功效、活性成分的描述来自对比文件1的参考文献。

对比文件1中的参考文献［1］～［12］分别是对菊花、杭白菊、野菊的研究报道，包括审查员提及的第41页右栏第1~4段提及"雪菊花的酚性部位可以增加豚鼠离体心脏冠脉流量，提高小鼠对减压缺氧的耐受能力，并对家兔的心、肝、肾功能无明显毒性作用。雪菊花的总提取物对离体心脏、心肌细胞均显示具有正性肌力作用，它具有抗乌头碱诱发的大鼠心律失常，以及氯仿诱发的小鼠心律失常作用"引用的文献［3］（蒋惠娣，夏强．杭白菊的心血管药理作用及其机制研究进展［J］．世界科学技术·中药现代化，2002，4（2）：31.），该文献报道的是杭白菊的功效。

通篇阅读对比文件1可以看出，作者的本意是对雪菊花的药用功能及临床应用方法的综述，但是收集的参考文献均是杭菊、白菊、野菊花的药用功效的报道，显然是将雪菊与杭菊、白菊、野菊几种药材混淆。因此，本领域技术人员通过对比文件1公开的内容正确理解，仅能得知菊花（包括杭白菊、野菊）的药用功能，并不能得知昆仑雪菊的功效。因此，根据对比文件1不能够否定本申请权利要求1的技术方案的创造性，因此本申请权利要求1符合《专利法》第二十二条第三款的规定。

技巧提示：关于对比文件公开内容的核实，这一方面与新颖性审查意见中的核实一样，是非常重要的。由于对比文件情形各种各样，审查员难免会存在认定和理解的偏差，这一点是答复时首先需要考虑的问题。

二、区别技术特征认定

审查员在使用"三步法"判断创造性时，需要确定发明与最近的现有技术相比，有哪些区别技术特征。因此，区别技术特征的认定也是需要关注的，如果区别技术特征认定存在错误或者不准确，在答复时可以进行针对性的争辩。

区别技术特征认定错误的主要原因在于：对权利要求的解读不准确，或者与对比文件进行比较时存在错误。

【案例21-2】

相关案情：

权利要求1：含有革兰氏阳性菌的组合物在制备一种用于预防和/或治疗选自癌症、自身免疫病或过敏症的疾病的药物中的用途，其中所述革兰氏阳性菌由非变性的灭活的革兰氏阳性菌细胞组成。

说明书中记载了含有革兰氏阳性菌的组合物包含通过深度冻干灭活的分枝杆菌。

审查意见：对比文件1中公开了减毒株卡介苗（BCG）的培养物制剂，该制剂由冷冻干燥的细菌构成，用于治疗免疫失调的疾病。卡介苗是用结核杆菌制备的疫苗，其中结核杆菌是"分歧杆菌"以及"革兰氏阳性菌"的下位概念，对比文件1公开的冷冻干燥方法与本申请记载的方法是相同的，由此可以推知所制备的分枝杆菌制剂是灭活和非变性的细菌。因此权利要求1与对比文件1的区别特征在于限定了免疫失调疾病的种类选自癌症、自身免疫病或过敏症。然而这些疾病如癌症、自身免疫病或过敏症是本领域技术人员熟知的常规的免疫失调疾病。因而，权利要求1相对于对比文件1不具备创造性。

分析：在审查意见中，有时会出现未直接使用对比文件记载的文字内容，而是进行概括性描述或进行推断的情形。对于其中的概括或推论是否正确，要注意进行核实。

对于本案来说，审查意见中认定了以下事实：一是对比文件 1 中公开的冷冻干燥方法与本申请相同，因此其中的分枝杆菌是灭活和非变性的；二是对比文件 1 中公开了 BCG 培养物制剂可用于治疗免疫失调疾病。在此基础上认定区别技术特征仅在于权利要求 1 进一步限定了下位的具体疾病类型。然而，对对比文件的内容进行仔细核实可以发现，对比文件 1 的冷冻干燥条件与本申请并不相同，其中使用了能够保护细菌活力的右旋糖酐等试剂，也就是说，对比文件 1 的细菌并非完全是灭活的。其次，对比文件中记载了使用 BCG 培养物制剂可以用于预防结核病，BCG 进入机体后能够引发针对结核杆菌的免疫应答反应，但并未记载 BCG 培养物制剂可用于治疗免疫失调疾病，审查意见中对 BCG 培养物制剂可用于治疗免疫失调疾病的认定也是不准确的。以上导致审查意见对于区别技术特征的认定存在错误。

意见陈述要点：申请人不认同关于权利要求 1 不具备创造性的审查意见。对比文件 1 中虽然使用了冷冻干燥方法，但其冷冻干燥条件不同于本申请，其中使用了具有细胞保护作用的试剂，因而其制剂中细菌并非完全被灭活。对比文件 1 实施例记载的冷冻干燥制剂细菌存活率的数据可支持上述论断。其次，对比文件 1 中并未公开 BCG 培养物制剂可用于治疗免疫失调疾病。尽管其中公开了 BCG 能够诱导体内的免疫反应，但其是针对制剂中的 BCG 产生的免疫应答，而非针对免疫失调疾病。因此，权利要求 1 与对比文件 1 的区别技术特征在于：权利要求 1 采用了非变性的灭活的革兰氏阳性菌细胞，并且限定疾病是癌症、自身免疫疾病或过敏症。然而，对比文件 1 中既没有给出需要对细菌进行灭活的启示，也未给出 BCG 制剂可用于其他与结核病不同的疾病的启示，且上述区别也不是本领域的公知常识。因此，权利要求 1 相对于对比文件 1 是非显而易见的，具备创造性。

技巧提示：关于区别特征的认定是创造性判断的最重要的环节。虽然其与事实认定（对比文件的事实和本申请的事实），因为事实认定不准确，往往可能导致区别特征的认定错误；同时区别特征还可能与对比文件与权利要求之间对比过程中导致的，但区别特征本身很可能左右是否具备创造性的结论。作为答复而言，在分析审查意见认定的区别特征不对的情况下，通常还需指出正确的区别特征，再进一步分析权利要求是否具备创造性。

【案例 21 -3】❶
相关案情：

权利要求 1：一种具有启动子功能的核酸分子，其中该启动子序列由 SEQ ID NO：26 所示。

说明书中记载，该发明的目的是提供拟南芥 *NI16* 基因启动子的核酸序列，其为 *NIM - 1* 基因的启动子，NI16 启动子可以为 *NI16* 基因上游区域如 SEQ ID NO：26（274bp）所示的序列。

引用的对比文件 1 中公开了水杨酸可诱导的 DNA 序列，即拟南芥 *Pr - 1* 基因的启动子，长 4.2kb，并公开了克隆所述 DNA 序列的方法。其中还公开了启动子序列达

---

❶ 参见专利申请 200480042402.2（WO2005/098006，EP1730287）。

689bp 或更长才足以获得启动子活性,而在 287~643bp 时不具明显的诱导活性。对比文件 2 公开了水杨酸诱导的基因可以是 *NIM-1* 基因。

审查意见:权利要求 1 要求保护一种具有启动子功能的核酸分子,对比文件 1 公开了水杨酸可诱导的 DNA 序列,即拟南芥的 *Pr-1* 基因的启动子。权利要求 1 与对比文件 1 的区别在于:启动子序列与对比文件 1 公开的不同。本申请实际解决的技术问题是提供可由水杨酸诱导的其他启动子序列。然而,对比文件 2 公开了水杨酸诱导的基因可以是 *NIM-1* 基因,本领域技术人员在对比文件 1 的基础上,结合对比文件 2 公开的内容,有动机去克隆其他水杨酸诱导的启动子如对比文件 2 中的 *NIM-1* 基因的启动子。因此,在对比文件 1 的基础上结合对比文件 2 从而获得权利要求 1 的技术方案对于本领域技术人员而言是显而易见的,权利要求 1 不具备创造性。

分析:对于审查意见中认定的技术启示,除了要考虑对比文件公开的整体内容外,还要结合权利要求本身的技术特征进行细致分析。

对于本案来说,权利要求 1 限定的是序列为 SEQ ID NO:26 的具有启动子功能的核酸分子。然而,对权利要求的技术特征进行仔细分析可知,权利要求限定的 SEQ ID NO:26 是具有特定长度,即 274bp 的序列。对于本案来说,审查意见中认定的区别技术特征虽不能说是错误,但其对区别技术特征认定的比较上位。

进一步阅读分析对比文件 1 的内容,不难发现对比文件 1 中明确记载了启动子序列达 689bp 或更长才足以获得启动子活性,而在 287~643bp 时不具明显的诱导活性。也就是说,尽管本领域技术人员可能从对比文件 1 中获得克隆其他启动子的技术启示,但对于启动子的长度,对比文件 1 中给出了明确的启示,短序列不具有明显的诱导活性。即对于序列长度,对比文件 1 整体上没有给出长度较短的技术启示,可以据此进行争辩。

意见陈述要点:申请人不能同意审查意见中的观点。对比文件 1 中公开的启动子全长 4.2kb,其中明确公开了当启动子序列达 689bp 或更长才足以获得启动子活性,在 287~643bp 时不具明显的诱导活性。而本申请的序列仅有 274bp,但仍然能够保持启动子活性。本领域技术人员在对比文件 1 和对比文件 2 公开内容的基础上,没有动机也无法找到如此短却仍然具有活性的启动子,本申请的启动子的获得超乎本领域技术人员的能力范围。因此,权利要求 1 相对于对比文件 1 和 2 的结合是非显而易见的,具备创造性。

技巧提示:在医药和生物领域,权利要求与对比文件的技术方案之间的区别技术特征往往不像机械领域那样容易描述。相应地,对这种区别特征的分析也有一定的领域特殊性,正如本案,需要从技术角度分析本领域技术人员在现有技术的教导下是否有动机去完成该发明,换句话来说,可以从发明过程的角度来争辩,而不仅局限区别特征本身。对此,需要对《专利审查指南 2010》第二部分第四章第 6.1 节规定的正确理解,该规定应当能够得出,如果发明偶然作出,也不能因此否定发明的创造性,但反之,如果发明是经创造性劳动(从本领域技术人员的角度,而不是完成发明的科研人员的角度)才能得到的,往往具备创造性。因此,对于发明过程的难易有时也从某一侧面影响着创造性是否成立。

三、公知常识认定

根据《专利审查指南 2010》的规定，当发明与最接近的现有技术的区别特征为公知常识时，通常认为发明是显而易见的。《专利审查指南 2010》中以示例的方式指出，公知常识可以是本领域的惯用手段、教科书或工具书等公开的技术手段。

在创造性的审查意见中，涉及使用"公知常识""惯用手段"等的情形较多，很多情况下是以说理的方式呈现，并不一定提供证据。对于这种情况，需要根据所属领域的情况，仔细甄别审查意见中认定的惯用手段等是否正确。如果认为所述区别特征并非本领域的公知常识，通常需要提出具有说服力的理由或证据，而不能简单地否定或要求审查员举证。

【案例 21 - 4】

相关案情：

权利要求 1 要求保护一种治疗癌症的药物组合物，其含有 40 - O - (2 - 羟乙基) - 雷帕霉素和芳香酶抑制药。

审查意见：对比文件 1 公开了雷帕霉素可与常用的抗肿瘤剂联用，在治疗肿瘤时具有良好的效果。权利要求 1 与对比文件 1 的区别仅在于将雷帕霉素替换为雷帕霉素衍生物 40 - O - (2 - 羟乙基) - 雷帕霉素，并将抗肿瘤试剂限定为芳香酶抑制剂。然而，40 - O - (2 - 羟乙基) - 雷帕霉素是已知的雷帕霉素衍生物、芳香酶抑制剂，是常用的抗肿瘤剂，将雷帕霉素替换为雷帕霉素衍生物是本领域的惯用手段，选择常用的抗肿瘤剂如芳香酶抑制剂也是很容易的，因此权利要求 1 不具备创造性。

分析：对于本案来说，审查意见中仅引用了一份对比文件，其中并未公开 40 - O - (2 - 羟乙基) - 雷帕霉素或其作用，现有技术中也未公开 40 - O - (2 - 羟乙基) - 雷帕霉素具有抗肿瘤作用。审查意见中认为将雷帕霉素替换为 40 - O - (2 - 羟乙基) - 雷帕霉素是本领域的惯用手段。然而，此处的认定值得推敲。基于医药领域的实践，通常认为将具有相同或相似作用的药物联合使用，或将具有相同或相似作用的药物进行替换，或对药物结构进行改造得到具有类似作用的药物等是本领域所惯用的。然而，40 - O - (2 - 羟乙基) - 雷帕霉素相对于雷帕霉素不仅发生了结构上的改变，该结构的变化是否导致 40 - O - (2 - 羟乙基) - 雷帕霉素的活性发生改变是本领域技术人员不能预期的，因而不能认定用 40 - O - (2 - 羟乙基) - 雷帕霉素替换雷帕霉素是本领域的惯用手段或公知常识。

意见陈述要点：申请人不认同审查员的意见。权利要求 1 中限定的是 40 - O - (2 - 羟乙基) - 雷帕霉素，而对比文件 1 公开的是雷帕霉素。40 - O - (2 - 羟乙基) - 雷帕霉素是雷帕霉素的衍生物，相对于雷帕霉素发生了结构上的改变，其结构改变后是否仍然具有抗肿瘤活性是本领域技术人员无法预见的，也没有现有技术表明 40 - O - (2 - 羟乙基) - 雷帕霉素具有抗肿瘤活性。当不确定 40 - O - (2 - 羟乙基) - 雷帕霉素是否具有抗肿瘤活性时，本领域技术人员不会想到将 40 - O - (2 - 羟乙基) - 雷帕霉素与其他抗肿瘤药物例如芳香酶抑制药联用以治疗癌症。因此，权利要求 1 相对于对比文件 1 是非显而易见的，具备创造性。

说明：如果后续审查过程中，审查员能够提供相关现有技术证据表明衍生物雷帕霉素衍生物 40 - O - (2 - 羟乙基) - 雷帕霉素与并没有改变雷帕霉素活性结构，那么本案仍然可能会被认定不具备创造性。此处意见陈述假定活性结构确实发生了改变。

技巧提示：审查意见中出现的"惯用技术手段""本领域常规技术""本领域技术人员很容易选择""通过有限的试验即可得到"或类似的表述，可以认为审查意见是将相应的区别特征认定为本领域的惯用手段或公知常识。对此类意见，首先需要甄别区别技术特征是否属于公知常识。

【案例 21 -5】

相关案情：

权利要求 1：一种含盐酸头孢甲肟的粉针剂，其特征在于粉针剂的组成为：盐酸头孢甲肟 100g、碳酸钠 51.6g、乙二胺 28.4g。

说明书中记载本申请要解决的技术问题是提供一种稳定性好、制剂杂质少的制剂。

审查意见： 对比文件 1 中公开了一种盐酸头孢甲肟粉针剂，含有盐酸头孢甲肟 250g、碳酸钠 66g，其中碳酸钠为助溶剂，所述粉针剂振摇 2 秒溶清，放置 30 分钟不析出，且稳定性良好。权利要求 1 与对比文件 1 相比，其区别在于权利要求 1 中还含有乙二胺，且碳酸钠的含量不同。基于该区别技术特征，权利要求 1 实际要解决的技术问题是制备一种可替代的粉针剂。然而，本领域技术人员公知乙二胺可用作助溶剂，因此容易想到在对比文件 1 的制剂中加入乙二胺，而根据制剂的需要调整乙二胺和碳酸钠的量也是很容易的，本申请说明书中也没有证实上述区别具有任何预料不到的技术效果，因此权利要求 1 不具备创造性。

分析： 在实际审查中，对于组分含量的差别，经常被审查员认定为是本领域的常规选择，或通过有限的试验可以调整得到。此类意见争辩较为困难，仅仅断言认为所述比例是通过大量的创造性劳动获得的，很难得到审查员的认可，可以考虑从现有技术或对比文件中寻找证据。

对于本案来说，审查意见中对于乙二胺作为助溶剂是公知常识的认定是准确的，本申请中乙二胺的作用之一也是作为助溶剂，因此无法从这一点来进行争辩。然而，仔细阅读对比文件 1 发现，对比文件 1 说明书中记载了盐酸头孢甲肟和碳酸钠的比例对于粉针剂的溶解性和稳定性非常重要。如果碳酸钠的用量超出对比文件 1 限定的范围 100:35 后，该针剂使用时配置的溶液 pH 过高，不但不能进一步提高盐酸头孢甲肟的溶解性，反而会对盐酸头孢甲肟的稳定性造成影响。而权利要求 1 中盐酸头孢甲肟与碳酸钠的比例远超出对比文件 1 中记载的最高比例，完全不同于对比文件 1 的教导。因此，可依据上述事实进行争辩。

意见陈述要点： 申请人不认同审查员的意见。本申请粉针剂中盐酸头孢甲肟、碳酸钠和乙二胺的含量相对于对比文件 1 是非显而易见的。对比文件 1 说明书中明确记载，当盐酸头孢甲肟和碳酸钠的比例超出 100:35 后，其粉针使用时配置的溶液 pH 过高，不但不能进一步提高盐酸头孢甲肟的溶解性，反而会对盐酸头孢甲肟的稳定性造成影响。本申请权利要求 1 中盐酸头孢甲肟与碳酸钠的比例为 100:51.6，已远超对比文件 1 公开的最高比例 100:35，而本领域公知乙二胺具有强碱性，在对比文件 1 明确指出溶液 pH 过高对盐酸头孢甲肟的稳定性具有不良影响的基础上，本领域技术人员没有动机在增加碳酸钠含量的同时再加入具有强碱性的乙二胺。因此，权利要求 1 相对于对比文件 1 是非显而易见的，具有突出的实质性特点。同时，由本申请说明书的记载可知，权利要求 1 要求保护的药物组合物在高温、光照下杂质和聚合物含量少（参见本申请说明书第 10 页表 4 第 3 行、第 11 页表 5 第 3 行），因而权利要求 1 具有显著的进步。因此，权利要求 1 具备创造性，符合《专利法》第二十二条第三款的规定。

技巧提示：审查意见引用公知常识的现象是比较常见的。不过，在实际的审查意见中，审查员往往不一定直接采用公知常识这一术语，往往会采用惯用手段、常规手段、常规选择、普通技术知识、根据需要容易确定或选择、根据常规实验能够筛选得到等描述，不一而足。因此，在答复中，也要特别重视核实审查意见认定区别特征为公知常识是否正确。

审查员在认定为公知常识时，通常没有明确的证据。作为申请人，在答复时，如果不能认同审查员的认定，则可以从以下两个方面来进行说明：首先，一方面所述区别特征本身就并非是公知常识性特征，另一方面从区别特征所起的作用出发来论述其并非是公知常识；其次，就是从本申请获得的技术效果预料不到的角度来争辩。从论述的角度，不仅可以通过推理和理论说明等方式来以理服人，必要时也可以提供合适的证据（不局限于公知常识性证据）来佐证或证明其观点。

四、区别技术特征的作用

在创造性"三步法"判断中，如果发明与现有技术的区别特征为同一份对比文件其他部分披露的技术手段或另一份对比文件中披露的相关技术手段，当该技术手段在所述对比文件中所起的作用与该区别特征在要求保护的发明所实际解决的技术问题中的作用相同时，通常认为现有技术给出了技术启示，则发明是显而易见的。根据上述规定，如果区别技术特征在现有技术中所起的作用不同于其在该发明中的作用，则不能认为现有技术给出了技术启示。

【案例 21-6】❶

相关案情：

权利要求 1：一种奶粉，该奶粉的原料组成中包括：牛奶 7000~9000 重量份、牛奶基础蛋白 0.5~20 重量份，所述牛奶基础蛋白是牛初乳的乳清中分子量为 1~30kDa 的蛋白，该奶粉的原料组成中还包括大豆磷脂 1~15 重量份，并且该奶粉是按照配方需要量将所述牛奶基础蛋白添加到被浓缩至 11~22 波美度、温度不超过 50℃的液态牛奶中并充分溶解分散，再通过喷雾干燥而得到的产品；其中，所述大豆磷脂是在所述牛奶基础蛋白之前添加到液态的牛奶中，或者在喷雾干燥工序中以喷涂方式添加。

说明书中记载，该发明的目的是提供一种有利于骨骼健康且具有良好冲调性的奶粉，通过将所述牛奶基础蛋白添加到不超过 50℃的液态牛奶中并充分溶解分散，可以使该牛奶基础蛋白能够耐受后续加工工序如喷雾干燥的较高温度，而不致发生变性衰

---

❶ 参见专利复审委员会第 45231 号复审请求决定，涉及专利申请 200710304508.0。

失其健骨功能。同时，添加大豆磷脂可改善奶粉的冲调性。

审查意见：对比文件1公开了一种液态牛奶制品，以重量百分比计，该牛奶制品包含：纯牛奶75%~99.99%，牛初乳素0.001%~18%，其中牛初乳素是牛初乳经脱脂肪、脱酪蛋白制备得到的乳清滤液。权利要求1与对比文件1相比，其区别在于：(1) 权利要求1加入了从牛初乳乳清中提取的分子量为1~30kDa的牛奶基础蛋白，最终制成了奶粉，而对比文件1含有牛初乳乳清液，且为液态奶；(2) 权利要求1的原料中还含有一定量大豆磷脂；(3) 权利要求1进一步限定了奶粉制备过程，包括牛奶基础蛋白、大豆磷脂的添加方式及添加条件。

对于区别技术特征 (1)：对比文件2公开了来自牛初乳乳清蛋白的初乳基础蛋白，其分子量为1~30kDa，具有增加骨质量密度的作用，可用于预防骨相关疾病，在对比文件1给出可将牛初乳乳清液加入到牛奶中的情况下，结合对比文件2给出的牛初乳乳清中的活性成分及功能特性，本领域技术人员容易想到直接添加牛初乳乳清中的活性成分如对比文件2公开的初乳基础蛋白，以增进产品的功能特性；对于牛奶基础蛋白的用量，在对比文件1给出牛初乳乳清用量的基础上，本领域技术人员根据乳清中所含功能性成分的含量、实际的功能性需求、终产品的日均摄入量等对乳制品中功效成分的添加量进行常规选择和适当调整是容易的，所产生的结果是可以预料的；对于将液态乳制品制成奶粉，这是乳制品领域很常规的。

对于区别技术特征 (2)：对比文件3公开了一种SOD营养强化奶粉，其含有大豆蛋白粉、低聚果糖、卵磷脂、复合维生素和复合微量元素。可见，对比文件3给出了可在奶粉中添加卵磷脂的技术启示，而卵磷脂在奶粉中所起的作用对本领域技术人员而言是熟知的，为了丰富奶制品的营养，本领域技术人员容易想到将卵磷脂添加到对比文件1的乳制品中，而大豆磷脂是常见的卵磷脂来源，其用量可以根据卵磷脂在奶粉中的常规用量、实际的营养需求、品质需求等进行常规选择和适应性调整，且产生的效果也是可以预料的。

对于区别技术特征 (3)：无论先将原料液态奶干燥然后再混合功效成分，还是先将功效成分添加到液态奶中再进行干燥得到奶粉，均是本领域技术人员在奶粉制备过程中根据添加成分的稳定性等能够进行常规选择的，而将液态奶浓缩到一定程度后添加功效成分再进行喷雾干燥，也是一种常规的操作技术；对于液态奶的浓缩程度，本领域技术人员可以根据常规操作以及实际喷雾干燥的需求进行常规选择和适当调整，所产生的效果也是可以预料的；同时，本领域技术人员熟知蛋白类活性成分在高温条件下容易变性失活，为了防止加入的牛奶基础蛋白受温度影响而发生变性，本领域技术人员容易想到控制加入液态牛奶的温度在合适的条件下；至于大豆磷脂的添加方式，本领域技术人员可以根据实际产品的属性选择合适的添加方式。因此，在对比文件1的基础上结合对比文件2、3以及本领域的常规技术得出权利要求1要求保护的技术方案，对本领域的技术人员来说是显而易见的，权利要求1不具备《专利法》第二十二条第三款规定的创造性。

分析：在医药领域的专利申请中，多组分的权利要求比较常见。这些权利要求中所包含的成分，可能具有多种作用，因此，即使在对比文件中公开了相同的成分，仍需辨析其在对比文件和在本申请中所起的作用是否相同。

对于本案来说，本申请中添加大豆磷脂的作用是改善奶粉冲调性。对比文件3公开的是一种添加了复合维生素、卵磷脂等成分的营养强化奶粉，其中明确指出，卵磷脂是生物膜的重要组成成分，能促进神经传导、提高大脑活力，并促进脂肪代谢、降低血清胆固醇、改善血液循环、预防心血管疾病。基于上述记载，可知对比文件3中添加卵磷脂是基于其保健功效，而不是改善奶粉的冲调性。即该区别技术特征在本申请中所起的作用与在对比文件3中所起的作用并不相同。

此外，审查意见中认为制备奶粉的工艺步骤是本领域常规技术手段。对于该意见，简单进行陈述则说服力不强，然而，对对比文件2公开的内容进行分析可知，其中分离乳清基础蛋白时采用了35℃的低温加热和冷冻干燥工艺，上述处理步骤均在较低温度下进行。而本申请的喷雾干燥温度显然远高于对比文件2中的温度。因此，可以结合对比文件2的内容进行争辩。

意见陈述要点：申请人不认同审查员的意见。本申请权利要求1实际解决的技术问题是提供一种有利于骨骼健康且具有良好冲调性的奶粉，要解决上述技术问题，需要较好地保留奶粉中的牛奶基础蛋白的活性，避免其变性，同时还具有良好的冲调性。

由对比文件2公开的内容可知，其中初乳基础蛋白为分子量在1~30kDa的多肽，易受温度和各种因素影响而发生变性，为此，对比文件2中分离该蛋白时采用了35℃的低温加热和冷冻干燥工艺。本领域技术人员公知喷雾干燥的温度远高于冷冻干燥温度，在对比文件2中已经明确指出高温不利于保持初乳基础蛋白活性的基础上，不会想到采用喷雾干燥方式。而本申请通过有目的选择将牛奶基础蛋白加入奶液时控制牛奶料液温度并充分分散，以降低其变性损失，再进行喷雾干燥。上述工艺及其具体参数的选择，使得在采用了喷雾干燥等高温处理工艺的前提下，仍然实现了最终产品中牛奶基础蛋白的较好保留。对比文件1~3中未给出关于上述特定制备步骤的技术启示，其也并非本领域公知常识。

此外，对比文件1公开了一种液态牛奶制品，其原料不含卵磷脂，对比文件3公开了一种添加了复合维生素、卵磷脂等成分的营养强化奶粉，但其中向奶粉中加入卵磷脂目的是基于其保健功效（审查意见中也认定其是为了丰富奶制品的营养）而非其乳化稳定功效。基于对比文件3，本领域技术人员即使想到向奶粉中添加卵磷脂，也是基于其保健功效，其添加量也会着重于考虑实现其保健功效的适宜量，而不会想到通过添加卵磷脂来改善奶粉的冲调性，更不会想到选择适宜改善冲调性的添加量，即对比文件3中并未给出添加所述用量的卵磷脂可改善奶粉的冲调性的技术启示，也没有证据显示本申请权利要求1中所限定的为了改善冲调性能适宜的所述大豆卵磷脂添加量属于公知常识。

综上，权利要求1相对于对比文件1~3是非显而易见的，具备创造性。

【案例21-7】

相关案情：

权利要求1：一种聚乙二醇1000－维生素E－琥珀酸酯（TPGS）修饰的己内酯－乳酸－羟基乙酸嵌段共聚物，是由TPGS中的羟基与结构单元A中的羧基结合形成酯键而得；所述结构单元 A 为聚己内酯、聚乳酸和聚羟基乙酸通过酯键相连而得到的聚合物；所述聚合物中，己内酯、乳酸、羟基乙酸和 TPGS 的摩尔百分比分别是 16.06%，23.78%，32.10% 和 28.06%；所述共聚物的数量平均分子量为 21886，分子量均一系数为 1.41。

说明书中公开了采用上述聚合物制备的抗癌药物纳米粒的药物释放图，由该图可以明显看出药物的释放在早期呈现明显的突释效应。

对比文件 1 和对比文件 2 均为非专利文献，其中对比文件 1 公开了用 PLGA－TPGS 无规共聚物制备的用于治疗癌症的纳米粒，对比文件 2 公开了 TPGS－PLA 共聚物用作微颗粒（microparticles）的载体。

审查意见：对比文件 1 中公开了一种 PLGA－TPGS 无规共聚物，其中使用了 TPGS 作为引发剂引发羟基乙酸和乳酸开环聚合制备共聚物，所制备的共聚物用作药物控制释放的载体。权利要求 1 与对比文件 1 相比，其区别在于：权利要求 1 中的结构单元中还含有聚己内酰胺，并且限定了共聚物中各组分的含量、平均分子量和分子量均一系数。对比文件 2 公开了一种使用 TPGS 引发己内酯开环聚合得到的共聚物，其也是作为药物控制释放的载体。由此，本领域技术人员容易想到使用 TPGS 同时引发 3 种单体聚合从而制备得到权利要求 1 所限定的共聚物。而权利要求 1 所限定的分子量与对比文件 1 实际得到的 PLGA－TPGS 的数均分子量很接近，本申请使用的聚合工艺与对比文件 1 的也很接近，因此得到如权利要求 1 所限定分子量的聚合物也是本领域技术人员容易想到的。而调节聚合物各单体的比例以制备不同的聚合物是本领域技术人员在制备不同性能的聚合物时所常用的技术手段。因此，在对比文件 1 的基础上结合对比文件 2 和常规技术手段得到权利要求 1 的技术方案对于本领域技术人员是显而易见的。权利要求 1 不符合《专利法》第二十二条第三款关于创造性的规定。

分析：对于基于区别技术特征所能达到的技术效果认定本申请实际解决技术问题，是审查实践中容易存在争议之处。《专利审查指南 2010》中指出，发明的任何技术效果都可以作为重新确定技术问题的基础，只要本领域的技术人员从本申请说明书中所记载的内容能够得知该技术效果即可。因此，对于区别技术特征解决的技术问题的认定可能存在与本申请记载的要解决的技术问题不一致、该区别技术特征在对比文件中所起的作用未明确公开等情况，这些情况均存在一定的争辩空间。

对于本案来说，审查意见中指出，对比文件 1 和对比文件 2 中的聚合物均是采用 TPGS 引发内酯开环聚合，也均是为了制备药物的控释载体，因此本领域技术人员容易想到采用 TPGS 同时引发 3 种单体聚合。然而，比较本申请体外药物释放图与对比文件 1 和对比文件 2 的药物释放图可知，本申请聚合物制备的药物相比对比文件 1 和 2 具有明显的突释作用。因此，根据本申请说明书的记载可以得知本申请的聚合物具有促进药物突释的效果。本申请实际获得的是早期具有较快的药物释放过程，而在后期又能保持一定药物释放浓度的聚合物载体。即本申请实际解决的技术问题并不是简单的控制药物释放，而是具有特定释放特点的控制释放，而该技术问题在对比文件 1 和对比文件 2 中均未涉及。

意见陈述要点：申请人不能同意审查意见中的观点。在制备聚合物载体时，本领域技术人员通常更多地关注将高分子材料用于药物的缓释以及药物的通透性方面，往往忽略了许多进展较快的疾病需要在疾病发现的早期能有一个较快的药物释放过程，而在疾病晚期又能保持一定的药物释放浓度。本申请实际要解决的技术问题在于提供早期具有较快药物释放、后期能够保持持续释放的药物载体，由本申请说明书实施例和附图记载的内容可以明显看出采用本申请聚合物制备的药物具有明显的突释作用。

对比文件1仅涉及药物的控制释放，未涉及药物的早期释放。而从对比文件2的图6可以看出，所述 TPGS－PCL 嵌段共聚物的前期药物释放率相比对比文件1更低，可见，对比文件2也未给出在共聚物中引入聚己内酯能够解决上述技术问题的启示。此外，根据本领域技术人员的常识，由于聚己内酯具有很大的烯属结构特征和结晶性，其生物降解要比聚α－羟基酸慢得多。可见，通常来说，当面对提高前期药物释放率这一技术问题时，基于本领域的公知常识，也没有动机在共聚物中引入聚己内酯以解决上述技术问题。综上所述，现有技术没有给出将所述区别特征应用到对比文件1以提高其前期药物释放率的启示，本领域技术人员没有动机将上述区别特征引入所述最接近的现有技术以获得权利要求1的技术方案；并且，本申请权利要求1的嵌段共聚物相对于对比文件1的无规共聚物，取得了更高的药物前期释放率，取得了有益的效果。因而权利要求1的技术方案具有突出的实质性特点和显著的进步，符合《专利法》第二十二条第三款关于创造性的规定。

技巧提示： 发明都是在现有技术的基础上进一步研发得到，因此其技术手段通常在现有技术可能存在过，例如食品组合物增加了某种已知组分，在其他不同的食品中也可能包括了该组分，但该组分在两种食品中所发挥的作用可能是不相同的。故在这些技术手段作为区别特征时，《专利审查指南2010》的规定，其必须在对比文件中所起的作用与在该发明的作用相同的时候，才认为给出了技术启示。这一点也常常是审查员与申请人容易发生分歧的环节。答复时，不仅要核实其区别特征在对比文件中是否被公开，还要进一步从对比文件所属的技术领域，区别特征实际的作用和产生效果进行核实。如果对比文件没有明确表明其作用与该发明的中作用相同，也不是本领域技术人员自然而然会意识到这一点，则据此可以提出其作用不相同而不具有技术启示的争辩。

五、论证现有技术缺乏结合启示

《专利审查指南2010》中认为现有技术中存在技术启示的第三种情况是，所述区别技术特征为另一份对比文件中披露的相关技术手段，该技术手段在该对比文件中所起的作用与该区别技术特征在要求保护的发明中为解决该重新确定的技术问题所起的作用相同。在这种情况下，通常会使用两份或两份以上对比文件。对于创造性评述采用两份以上文献的，需要考虑对比文件之间是否存在结合的启示。

根据《专利审查指南2010》的规定，在创造性"三步法"中，判断要求保护的发明对本领域的技术人员来说是否显而易见，是要确定现有技术整体上是否存在某种技术启示，这种启示会使本领域的技术人员有动机改进该最接近的现有技术并获得要求保护的发明。对于上述规定，要注意其中的表述"现有技术整体上"，也就是说，要考虑"整体的"教导。对于审查意见中依据的关于现有技术的记载，要核实其是否代表了现有技术整体的教导或与现有技术整体上的教导一致。

【案例 21-8】

相关案情：

权利要求 1：一种灯盏花素粉针剂，由灯盏花素钠盐与注射用水溶性药用辅料组成，其中灯盏花素钠盐的含量为重量百分比 5%~30%，余量为药用辅料。

说明书中记载本申请要解决的技术问题是克服已有灯盏花针剂稳定性差、保存期短、批合格率低、难以大规模投入工业生产的缺点。

审查意见：对比文件 1 公开了灯盏花素对于治疗脑血管疾病所致瘫痪有显著疗效。对比文件 2 公开了灯盏花素片剂原料药的提取工艺，该工艺包括：从灯盏花全株粗粉提取灯盏花素粗晶，将灯盏花素粗晶的 15 倍量的水在蒸汽浴上加热，再加入等量的乙醇，然后加入后的灯盏花素粗晶粉末，搅拌均匀后加入饱和的 $NaHCO_3$ 水溶液，搅拌使其充分溶解，趁热过滤，弃渣，滤液在蒸汽浴上加热至 55~65℃，加入盐酸酸化至 pH 为 2~2.5，保温静置 20 分钟，使其充分凝聚后过滤，用 50% 乙醇和水洗至中性，再用 95% 乙醇洗两次，80℃ 以下烘干，得灯盏花素精品。即对比文件 2 的制备过程中灯盏花素被制成灯盏花素钠盐。本领域技术人员在对比文件 1 的基础上结合对比文件 2 容易想到将灯盏花素盐作为药用，并与常规的辅料一起制成粉针制剂。因此，权利要求 1 不具备创造性。

分析：对比文件 1 公开了灯盏花素的用途，权利要求 1 与对比文件 1 的区别技术特征在于：权利要求 1 要求保护的是含有灯盏花素钠盐的粉针剂。基于本申请说明书记载的内容，其所要解决的技术问题是提供一种稳定性好的针剂。进一步分析该区别技术特征，可以认为包含两个细化的区别，一是制剂形式不同，二是活性成分不同。对于活性成分的变化，由本申请说明书的记载不难确定，将灯盏花素制备成钠盐，其实际所起的作用是使灯盏花素更加稳定。相应地，分析对比文件 2 可知，其涉及灯盏花素的精制，虽然该制备步骤中加入了 $NaHCO_3$，反应过程中生成了灯盏花素钠盐，但其作用并非是为了提高灯盏花素的稳定性，而是为了通过溶解再沉淀的过程得到纯度更高的灯盏花素。本领域技术人员在看到对比文件 2 公开的内容时，并不能得出灯盏花素钠盐相比灯盏花素更加稳定的启示。

意见陈述要点：申请人不认同审查员的意见。对比文件 1 仅公开了灯盏花素具有治疗脑血管疾病所致瘫痪的作用。权利要求 1 相比对比文件 1 的区别在于，权利要求 1 要求保护含有灯盏花素钠盐的粉针剂。其所要解决的技术问题是提供一种稳定性高、适合工业化生产的灯盏花素制剂。尽管对比文件 2 中公开了灯盏花素可与饱和 $NaHCO_3$ 水溶液反应，但其作用是为了得到纯化的灯盏花素。对比文件 2 中并未给出将灯盏花素制备成钠盐后具有提高灯盏花素稳定性的启示，也未给出将灯盏花素制备成粉针剂的启示。即对比文件 2 与对比文件 1 之间缺乏结合的启示。权利要求 1 相对于对比文件 1 和 2 是非显而易见的，同时本申请采用灯盏花素钠盐，解决了现有技术中灯盏花素针剂稳定性差、保存期短的缺陷，具有显著的进步。综上，权利要求 1 具备创造性，符合《专利法》第二十二条第三款的规定。

技巧提示：对于结合启示的分析，应与区别技术特征相关联，要考虑区别技术特征所代表的技术手段在用以结合的对比文件中所起的作用，是否与该技术手段在要求保护的发明中的作用。现有技术中经过存在从表面上看与区别特征相同的技术特征。此时，特别要注意分析这些特征在现有技术中的作用、目的，以及所能达到的效果，如果与在本发明中的作用、目的、效果不同，可以提出不存在技术启示的争辩。

【案例 21 – 9】

相关案情❶：

权利要求 1 要求保护组合物，包括：（a）结晶头孢噻呋游离酸；和（b）赋形剂，包括：（i）改性的液体载体；和（ii）未改性的液体载体，其中（i）与（ii）的体积比为 0.00001:99.99 ~ 0.001:99.99，从而使得该组合物具有可预计的持续释放特性且其中在制备该组合物后立即可以将所述组合物对宿主给药，使得所述的 1 ~ 3 种生物活性剂基于持续方式释放给宿主。

对比文件 1 公开一种药物组合物，包含结晶头孢噻呋游离酸、改性棉籽油和饱和椰子油，二者的体积比约为 0.01:99.99 ~ 30:70，优选 10:90 ~ 25:75，更优选 10:90 ~ 20:80。该组合物在制备后立即可以对宿主给药，并具有可预计的持续释放特性。

审查意见：权利要求 1 要求保护一种组合物，对比文件 1 公开了一种药物组合物，包含结晶头孢噻呋游离酸、改性棉籽油（属于权利要求 1 的（i）组分）和饱和椰子油（属于权利要求 1 的（ii）组分），二者的体积比约为 0.01:99.99 ~ 30:70。该组合物在制备后立即可以对宿主给药，并具有可预计的持续释放特性。因此，权利要求 1 与对比文件 1 区别在于：作为赋形剂的两种载体的体积比不同。然而，权利要求 1 限定的体积比上限"0.001:99.99"接近对比文件 1 公开的下限"0.01:99.99"。基于对比文件 1 公开的内容，本领域技术人员通过有限的实验容易选择该权利要求中所述两种载体的体积比的数值范围，且本申请组合物和对比文件 1 组合物所达到的技术效果相同，并未产生预料不到的技术效果。因此，权利要求 1 不具备创造性。

分析：对于本案来说，仅看审查意见中引用的部分，可以认为对比文件给出了改性棉籽油和饱和椰子油的比例可在 0.01:99.99 ~ 30:70 这样跨度很宽范围内进行选择的启示，在此基础上，对范围的进一步将改性的液体载体比例向更低比例扩展可能是本领域技术人员容易想到的。然而，进一步阅读可知，对比文件 1 相关部分还记载了以下内容，改性棉籽油和饱和椰子油的体积比优选 10:90 ~ 25:75，更优选 10:90 ~ 20:80。结合以上逐级优选方案的记载，可知对比文件 1 整体上给出的启示是改性液体载体含量相对较多，改性液体载体和未改性液体载体比例相对缩小的技术启示，与本申请要求保护的技术方案的改进方向相反，即对比文件 1 整体上给出了相反的教导。

意见陈述要点：申请人不能同意审查意见中的观点。权利要求 1 要求保护的上限 0.001:99.99 与对比文件 1 中公开的下限 0.01:99.99 之间相差一个数量级，这种差距不能认为是接近的；尤其是，对比文件 1 中相关部分的记载是，改性棉籽油和饱和椰子油二者的体积比约为 0.01:99.99 ~ 30:70，优选 10:90 ~ 25:75，更优选 10:90 ~ 20:80。根据对

---

❶ 参见专利复审委员会第 32934 号复审请求决定，涉及专利申请 200380103616.1。

比文件 1 整体记载的逐级优选方案的教导，本领域技术人员将考虑采用与该发明方案方向相反的、改性液体载体含量相对较多的技术方案；最后，对于由两种液体载体组成的混合赋形剂而言，对比文件 1 中公开的 0.01:99.99 ~ 30:70 已经是差异很大的比例范围，对于本领域技术人员而言，无论是基于对比文件 1 公开的内容，还是结合本领域的技术常识，都不会考虑脱离对比文件 1 公开的数值范围转而在改性的液体载体含量比例更低的范围内进行实验来选择更适宜的比例范围。即现有技术整体上没有给出将该区别特征应用于最接近的现有技术的启示，权利要求 1 的技术方案是非显而易见的，具备创造性。

技巧提示：一般情况下，审查意见中仅会引用对比文件与权利要求最相关的部分。为了确认所引用部分是否代表了对比文件整体的启示，通常需要阅读对比文件的整体内容，通过核实上下文，分析对比文件真正的技术教导。

【案例 21 - 10】

相关案情：

权利要求 1：一种治疗肺结核的药物，由下列重量范围内的原料药制成：阿胶 10 ~ 20 克，黄芪 10 ~ 20 克，青黛 10 ~ 15 克，甘草 6 ~ 10 克，生地 10 ~ 20 克，太白菊 10 ~ 20 克，白及 10 ~ 20 克，天冬 8 ~ 12 克，桑叶 10 ~ 20 克，丹皮 10 ~ 15 克，白茅根 10 ~ 15 克，党参 10 ~ 20 克，半夏 10 ~ 15 克，龙胆 8 ~ 12 克，小黑药 8 ~ 12 克，续断 10 ~ 20 克，百部 10 ~ 20 克，秦艽 10 ~ 20 克，沉香 8 ~ 12 克，桔梗 10 ~ 15 克，玄参 10 ~ 15 克，银柴胡 10 ~ 20 克，秋石 4 ~ 8 克，天浆壳 8 ~ 12 克，竹茹 8 ~ 12 克，冬虫夏草 4 ~ 8 克，熟地 8 ~ 12 克，石决明 8 ~ 15 克，川贝母 8 ~ 15 克，沙参 10 ~ 20 克，茯苓 8 ~ 12 克，当归 10 ~ 15 克，白芍 10 ~ 15 克，大黄 4 ~ 8 克，五味子 10 ~ 15 克，野木瓜 8 ~ 12 克，麦冬 8 ~ 12 克。

说明书记载：该发明组分中增设的黄芪利水消肿、脱毒生肌；青黛清热解毒；太白菊清热解毒、止咳；白茅根清热、止血；半夏化痰；龙胆清热泻火；小黑药补肺益肾，直接治疗肺结核；续断补肝肾；沉香暖肾纳气；秋石滋阴；天浆壳、竹茹清肺化痰；石决明平肝除热；大黄泻热毒、行瘀血；野木瓜强心、利尿、止痛。在此 15 味原料药的基础上再组合其他 21 味原料药，使得各药物功效产生协同作用。并记载了该发明的组方针对各种急慢性的肺部感染、轻重型肺痨都具有明显的疗效，治疗轻型肺结核的有效率高达 99% 以上。

审查意见：权利要求 1 要求保护一种治疗肺结核的药物，由 37 味中药原料制成。对比文件 1 中公开了多种中医治疗肺结核的处方，并公开了以滋阴润肺为主兼止咳止血治疗肺结核的"月华丸"，其组成为：天冬、麦冬、生地、熟地、山药、百部、沙参、川贝母、茯苓、阿胶、三七、白菊花、桑叶。权利要求 1 与对比文件 1 公开的内容相比，区别在于：权利要求 1 比对比文件 1 少了山药、三七、白菊花 3 种原料药，增加了黄芪、青黛、甘草等 27 味原料药，并限定了各原料药的重量配比。然而，对比文件 1 在公开了上述"月华丸"的基础上，还公开了利用补脾益肺、补肾益肺、阴阳双补、养阴清热、解毒杀虫、扶正抑菌等治疗肺结核的各种方剂，其中分别涉及了白及、甘草、丹皮、当归、白芍、桔梗、玄参、五味子、冬虫夏草、党参、银柴胡、秦艽 11 种原料药。至于对比文件 1 中未提的其他 15 味原料药，根据本领域技术人员的公知常识，其分别与以上治则相关或本身直接即可用于治疗肺结核，本领域技术人员根据治则及上述药物本身的功效容易想到将其与对比文件 1 中的基础方（即"月华丸"）及其他公开的治疗肺结核的常用原料药简单叠加在一起以形成可全面治疗肺结核的大复方，其功效也是可以预期的。至于减少的 3 味原料药，山药的功效为补脾益肺、补肾填精；三七的主要功效为止血；白菊花的主要功效是散风清热，显然上述简单叠加上去的原料药也具有这 3 味原料药的功效，其可认为是同类功效药物的简单替换，其替换后得到的药物的技术效果也是可以预料的。各原料药间的重量配比是本领域技术人员可作出的一般性常规选择，且本申请的说明书中也没有记载任何关于这样配比选择能给技术方案带来何种预想不到的技术效果的内容。因此，在对比文件 1 的基础上结合本领域公知常识从而得到权利要求 1 的技术方案是显而易见的，权利要求 1 不具备创造性。

分析：对审查意见中的技术启示尤其是"惯用手段"进行争辩时，可结合本领域的理论进行论证。本案涉及中药组方，由于常用的中药及其功能主治通常可在各种书籍中查找到，容易被认定为是本领域惯用技术手段。在意见陈述时，可以通过引入组方理论或辨证论治理论进行争辩。

意见陈述要点：申请人不能同意审查意见中的观点。本申请权利要求 1 要求保护的是由 37 味中药原料组成的复方制剂，针对各种急慢性的肺部感染、轻重型肺痨都具有明显的疗效，治疗轻型肺结核的有效率高达 99% 以上。该发明组分中增设的黄芪利水消肿、脱毒生肌；青黛清热解毒；太白菊清热解毒、止咳；白茅根清热、止血；半夏化痰；龙胆清热泻火；小黑药补肺益肾，直接治疗肺结核；续断补肝肾；沉香暖肾纳气；秋石滋阴；天浆壳、竹茹清肺化痰；石决明平肝除热；大黄泻热毒、行瘀血；野木瓜强心、利尿、止痛。在此 15 味原料药的基础上再组合其他 21 味原料药，使得各药物功效产生协同作用，经验证表明本申请的配方能够达到 99% 以上的独特疗效（必要可对申请说明书中记载疗效进行重点强调，以表明效果的真实性）。而对比文件 1 中未给出增加上述 15 味原料药的任何启示。虽然常用中药的功效是本领域公知的，但选择上述特定的药物进行组合对于本领域技术人员来说是非显而易见的，因此，权利要求 1 具备创造性。

六、获得预料不到的技术效果

根据《专利审查指南 2010》的规定，预料不到的技术效果，是指发明同现有技术相比，其技术效果产生"质"的变化，具有新的性能；或者产生"量"的变化，超出人们预期的想象。这种质或者量的变化，对所属技术领域的技术人员来说，事先无法预测或者推理出来。因此，如果发明取得了预料不到的技术效果，则说明发明具有显著的进步，并且是非显而易见的，因此具备创造性。

【案例 21 – 11】

相关案情[1]：

权利要求 1：一种生产截短的 1 型或 2 型单纯疱疹病毒（HSV）糖蛋白 D 的不与细

---

[1] 参见欧洲专利局申诉委员会决定 T 0187/93。

胞膜结合的衍生物的方法，所述衍生物缺少细胞膜结合结构域，不与所述细胞膜结合，并且具有裸露的抗原决定簇，其提高中和抗体且保护免疫的个体不受 1 型和/或 2 型单纯疱疹病毒的体内挑战，所述方法包括在转染有编码 DNA 的稳定真核细胞系中表达所述 DNA。

审查意见： 对比文件 1 公开了将通常锚定于被病毒感染的细胞膜上的病毒蛋白转化为被感染的真核细胞分泌的蛋白的方法，所述方法依赖在真核细胞中表达编码病毒蛋白的 DNA 序列，其中编码病毒膜蛋白疏水锚定区（如跨膜域）的序列被去除（即缺少细胞膜结合结构域），该方法能够轻松生产和纯化大量的蛋白质。对比文件 1 中还公开了流感病毒 HA 的 G 蛋白跨膜区缺失突变体的构建，并公开了所述截短技术在生产亚单位疫苗的病毒抗原中十分有用。权利要求 1 与对比文件 1 公开的内容相比，其区别在于，权利要求 1 中限定的是 HSV1 或 HSV2 的糖蛋白 D，而对比文件 1 中公开的是流感病毒 HA 的 G 蛋白。基于上述区别，权利要求 1 实际解决的技术问题是提供治疗 HSV1 或 HSV2 亚单位疫苗的抗原。然而，本领域技术人员在对比文件 1 公开内容的基础上，容易想到采用该截断方法生产其他类型病毒的膜结合多肽例如 HSV1 或 HSV2 的膜结合蛋白用作疫苗的抗原，而其效果也是可以预期的，因此权利要求 1 相对于对比文件 1 是显而易见的，不具备创造性。

分析： 权利要求的技术方案是否显而易见，获得的技术效果是否可以合理预期，应基于申请日（有优先权时应为优先权日）之前的现有技术进行判断。如果基于现有技术，本领域技术人员不能合理预期发明的技术效果，则不能认为发明不具备创造性。对于一些案例，可以从技术效果难以预期的角度进行争辩。

对于本案来说，权利要求 1 是否具备创造性的关键在于本领域技术人员是否能够显而易见地将对比文件 1 中公开的方法用于 HSV1 或 HSV2 的糖蛋白 D，以及是否能够合理预期重组生产的锚定－缺失蛋白能够提供免疫的个体不受 HSV1 或 HSV2 的体内挑战的免疫保护。如果仅是为了生产可溶性 HSV 的糖蛋白 D，可以认为本领域技术人员容易想到使用对比文件 1 中的方法。然而，基于本领域技术人员对申请日以前现有技术的了解，糖蛋白 D 介导免疫保护的机理并不清楚，而膜结合病毒糖蛋白跨膜区域的缺失可能会影响其胞外结构域的构象，进而影响其功能。尽管对比文件 1 中公开了所述截短技术在生产亚单位疫苗的病毒抗原中十分有用，但其所指的主要是生产的效能，而非蛋白的功能。因此，本领域技术人员基于对比文件和现有技术不能合理预期重组生产的不含细胞膜结合结构域的截短的病毒糖蛋白 D 衍生物具有体内免疫保护的特性，即本申请要求保护的技术方案的技术效果是难以预期的。

意见陈述要点： 申请人不能同意审查意见中的观点。相对于对比文件 1，本申请权利要求 1 通过将编码截短的 HSV1 或 HSV2 的糖蛋白 D 的衍生物的 DNA 在转染的真核细胞中表达，获得具有裸露的抗原决定簇的糖蛋白 D 的衍生物，其具有提高中和抗体且保护免疫的个体不受 HSV1 或 HSV2 的体内挑战的作用。然而，在本申请申请日前，本领域技术人员并不了解 HSV1 或 HSV2 糖蛋白 D 的免疫机制，因此在对比文件 1 的基础上没有动机选择 HSV1 或 HSV2 糖蛋白 D。进一步地，膜结合病毒糖蛋白跨膜区域的缺失可能会影响其胞外结构域的构象，进而影响到其功能，作为本领域技术人员，在回到本申请之前，基于对比文件 1 或现有技术均不能合理预期截短形式的糖蛋白 D 的衍生物还能够产生免疫保护作用从而使宿主免受 HSV1 或 HSV2 的免疫挑战。因此，权利要求 1 相对于对比文件 1 是非显而易见的，具备创造性。

【案例 21 - 12】

相关案情[1]：

权利要求 1：一种盐酸替扎尼定口腔崩解片，其特征在于：是由下述重量配比的原料、辅料制备而成的口腔崩解片：盐酸替扎尼定 4.567 份、微晶纤维素 67.5 份、羟丙基纤维素 7.5 份、甘露醇 10 份、枸橼酸 5 份、阿斯巴甜 15 份、薄荷脑 1.5 份、硬脂酸镁 1.5 份[2]。

说明书中记载了 7 种不同的盐酸替扎尼定口腔崩解片配方，并采用静态试管法测定了片剂崩解时间，结果如下表所示。

	处方 1	处方 2	处方 3	处方 4	处方 5	处方 6	处方 7
盐酸替扎尼定/份	4.576	4.576	4.576	4.576	4.576	4.576	4.576
微晶纤维素/份	25	30	45	67.5	67.5	54	67.5
L - HPC	6.25	7.5	5	7.5	7.5	6	7.5
枸橼酸/份	0	0	7.5	7.5	10	5	5
蛋白糖/份	5	10	15	0	0	0	0
阿斯巴甜/份	0	0	0	10	10	20	15
甘露醇/份	10	10	10	10	10	30	10
乳糖/份	50	25	15	25	0	0	0
薄荷脑/份	1	1	1	1	1.5	1.5	1.5
硬脂酸镁/份	1.5	1.5	1.5	1.5	1.5	1.5	1.5
外观/份	光洁	光洁	光洁	光洁	略粗糙	光洁	光洁
崩解时限/s	55	45	35	40	30	36	28
口感	味苦涩	味苦涩	略苦	有沙砾感	味酸	好	好
重量差异	合格	不合格	不合格	合格	合格	不合格	合格
硬度/kg	1.9	2.1	2.1	2.6	2.3	1.6	2.5
溶出度/%	88.25	90.09	90.18	91.03	92.27	91.35	92.47
综合评价	外观、流动性尚可，口感不好，崩解时间长	流动性、口感不好，崩解时间稍长	流动性、口感不好	流动性好，口感不好	流动性好，口感不好，外观稍差	外观口感好，流动性不好	外观、流动性好，口感好，崩解好

---

[1] 参见专利复审委员会第 32621 号复审请求决定，涉及专利申请 200510020630.6。

[2] 本案例的权利要求保护范围过窄，在此仅用作如何表明创造性的例子。

审查意见：对比文件 1 中公开了一种口腔崩解剂，并公开了活性成分可以为盐酸替扎尼定。对比文件 2 为一份涉及口腔崩解片的综述文献，其中详细阐述了口腔崩解片的研制方法。本领域技术人员在对比文件 1 和对比文件 2 的基础上，结合有限的试验即可确定口腔崩解片中活性成分的含量、辅料的种类以及辅料的用量，并且上述选择也未取得任何预料不到的技术效果。因此，权利要求 1 不符合《专利法》第二十二条第三款有关创造性的规定。

分析：对于医药领域，申请中的试验数据证据是非常重要的。在说明书中记载了相关数据的情况下，可以结合数据进行争辩。

对于本案来说，其中记载了不同配方口腔崩解片的数据，仔细分析可知，权利要求 1 要求保护的技术方案相比其他配方，具有崩解、口感、溶出度、外观和流动性均良好的特点，其中所用特定辅料及其用量的组合，产生了优于其他近似配方的效果，而这种效果，是本领域技术人员基于对比文件 1 或 2 公开的内容不能合理预期的，对此可以提出有力反驳。

意见陈述要点：申请人不能认同审查员的观点。对比文件 1 或对比文件 2 中均未公开本申请权利要求 1 的配方。同时，由本申请说明书中记载的数据可知，尽管采用了相似的配方，但仅权利要求 1 的配方同时具有良好的崩解性、口感、溶出度、外观和流动性（可以对说明书的效果进行比较说明），上述技术效果是本领域技术人员基于对比文件 1 或对比文件 2 公开的内容不能合理预期的。因此权利要求 1 是非显而易见的，具备创造性。

【案例 21 – 13】

相关案情[1]：

权利要求 1：一株表达腺苷蛋氨酸合成酶的重组大肠埃希氏菌（*Escherichia coli*）CGMCC No. 2299。

说明书中记载了所述重组大肠埃希氏菌的构建方法，包括：（1）用 PCR 法扩增编码大肠埃希氏菌腺苷蛋氨酸合成酶的 *metK* 基因；（2）将得到的 PCR 产物克隆到连接载体 pBR322 上，得到重组表达载体 pMETK；（3）将重组表达载体 pMETK 转化大肠埃希氏菌 DH5α，筛选阳性转化子，得到表达腺苷蛋氨酸合成酶的重组大肠埃希氏菌。表达实验显示所述重组大肠杆菌表达的腺苷蛋氨酸合成酶的表达量占菌体可溶性蛋白的 31.36%，比野生菌高 16 倍，表达的腺苷蛋氨酸合成酶的活性为 7.38U/mL，比野生菌高 22 倍。

对比文件 1 中公开了表达蛋氨酸合成酶的重组大肠杆菌 W3110/pKP481，该菌株是将编码大肠埃希氏菌腺苷蛋氨酸合成酶的 *metK* 基因连接到载体 pJF118ut 上，并转化大肠埃希氏菌 W3110 得到，所得到的重组菌 W3110/pK481 表达的腺苷蛋氨酸合成酶的活性比大肠埃希氏菌 W3110 活性增加了至少 2 倍，至多 5 倍。此外，还提及 *metK* 基因可被克隆至载体如 pUC19、pBR322 及 pACYC184 以增加基因的拷贝数目。

审查意见：权利要求 1 与对比文件 1 相比，其区别在于：（1）构建菌株的载体不

---

❶ 依据专利申请 200810055704.3 改编。

同，权利要求1的菌株使用了载体 pBR322，对比文件1为载体 pJF118ut，然而，载体 pJF118ut 是载体 pBR322 的衍生物，对比文件1同时还公开了 *metK* 基因可被克隆至载体如 pUC19、pBR322 及 pACYC184 以增加基因的拷贝数目。在对比文件1的教导下，本领域技术人员容易想到将 *metK* 基因克隆至 pBR322 载体以增加基因拷贝数，进而实现过表达。（2）权利要求1的菌株是在大肠埃希氏菌 DH5α 的基础上获得的工程菌，对比文件1为大肠埃希氏菌 W3110。然而，大肠杆菌 DH5α 是本领域公知的一种大肠杆菌菌株，在对比文件1的基础上，本领域技术人员容易想到使用各种已知的大肠杆菌菌株来构建基因工程菌。因此，权利要求1不具备创造性。

分析：根据《专利审查指南2010》的规定，"量"的变化超出人们预期的想象，也属于预料不到的技术效果。对于预料不到的量的变化的争辩，除了结合说明书中记载的数据，最好还能够提供相关的分析，即所述量的变化超出人们预期的原因。

对于本案来说，对比文件1中公开的重组菌 W3110/pK481 表达的腺苷蛋氨酸合成酶的活性比野生型增加了至少2倍，至多5倍。而本申请中重组大肠杆菌表达的腺苷蛋氨酸合成酶的表达量比野生菌高16倍，表达的腺苷蛋氨酸合成酶的活性比野生菌高22倍，上述结果远高于对比文件1增高的最高倍数，超出了本领域技术人员的预期。

意见陈述要点：申请人不能认同审查员的观点。对比文件1公开了表达蛋氨酸合成酶的重组大肠杆菌 W3110/pK481，该菌株是将编码大肠埃希氏菌腺苷蛋氨酸合成酶的 *metK* 基因连接到载体 pJF118ut 上，并转化大肠埃希氏菌 W3110 得到，所得的重组菌 W3110/pK481 表达的腺苷蛋氨酸合成酶的活性比相应的起始菌（即大肠埃希氏菌 W3110）活性增加了至少2倍，至多5倍。而该发明的重组大肠埃希氏菌，可高效表达腺苷蛋氨酸合成酶，其表达的腺苷蛋氨酸合成酶的表达量占菌体可溶性蛋白的31.36%，比野生菌株（即起始菌株）高16倍，且其所表达的腺苷蛋氨酸合成酶的活性高达7.38U/mL，比野生菌株高22倍。由此可见，该发明的重组菌株表达腺苷蛋氨酸合成酶活性的提高倍数远高于对比文件1重组菌株的提高倍数。尽管在对比文件1中还公开了可将 *metK* 基因克隆至载体如 pUC19、pBR322 及 pACYC184 中以增加基因的拷贝数，然而，本领域技术人员从对比文件1中并不能得知将 *metK* 基因克隆到 pBR322 载体上，再将重组载体转载于相应起始菌 DH5α 中得到的重组大肠埃希氏菌表达的腺苷蛋氨酸合成酶的活性可比起始菌高出22倍。因此，该发明相比对比文件1取得了预料不到的技术效果，具备创造性。

技巧提示：相对于其他领域而言，在医药和生物领域，许多发明的创造性都依赖于获得了预料不到的技术效果。因此，这是一种非常重要的争辩发明具备创造性的途径，不容忽视。通常情况下，对获得的效果发生了"质"的变化，容易提出争辩理由，多数情况下对获得效果在程度上是否超出本领域技术人员的预期往往存在争议，但这是答复时更容易遇到的情形。此时，就需要认真分析该发明与最接近现有技术所获得的效果，进行比较，给出该发明效果优于现有技术的程度，结合本领域常规预期的程度来说明获得了预料不到的技术效果。对于某些情况下，还可以补充提供相关的比较试验来佐证（见本章后续内容）。

七、提供对比试验数据佐证创造性

【案例 21 – 14】
相关案情❶：

权利要求 1：一种治疗咽喉慢喉喑症状的中药制备方法，所述中药是由下述重量配比的原料药制成的颗粒剂：马勃 25 份，莪术 50 份，金银花 125 份，桃仁 50 份，玄参 125 份，三棱 50 份，红花 50 份，丹参 75 份，板蓝根 125 份，麦冬 100 份，浙贝母 75 份，泽泻 75 份，鸡内金 50 份，蝉蜕 75 份，木蝴蝶 75 份，蒲公英 125 份，其特征在于，该制备方法的工艺步骤如下：（1）按上述配方称取中药，将莪术、三棱以文火加醋炒，将醋吸干并炒至药材发黄，备用；（2）将桃仁去皮，备用；（3）将鸡内金以文火清炒，炒至药材发黄，备用；（4）取金银花、浙贝母、红花各一半量，马勃五分之一量，粉碎成 120～140 目细粉，过筛，混匀，备用；（5）将其余 12 味及上述四味药的剩余量加水煎煮二次，每次 2 小时，合并煎液，滤过，滤液浓缩至温度为 65℃ 时相对密度为 1.15～1.20 的浸膏，加乙醇调整含醇量至 60%，取上清液；回收乙醇浓缩至温度为 85℃、相对密度为 1.28～1.32 的稠膏；（6）将稠膏与步骤（4）制备的细粉及 200 份蔗糖、100 份淀粉混匀，制粒，即得。

引用的对比文件 1：其公开了金嗓散结胶囊，并公开了与本申请相同的组方"马勃 50g、金银花 250g、玄参 250g、红花 100g、板蓝根 250g、浙贝母 150g、鸡内金（炒）100g、木蝴蝶 150g、莪术（醋炒）100g、桃仁（去皮）100g、三棱（醋炒）100g、丹参 150g、麦冬 200g、泽泻 150g、蝉蜕 150g、蒲公英 250g"。并公开了原料药的提取工艺步骤："以上十六味，取金银花、浙贝母、红花各 1/2 量，粉碎成细粉，过筛，混匀，马勃筛取 10g 细粉，其余 12 味及上述四味药的剩余量加水煎煮二次，每次 2 小时，合并煎液，滤过，滤液浓缩至 85°C 时相对密度为 1.28～1.32 的稠膏，与上述细粉混匀，干燥，粉碎，制成细小颗粒，装入胶囊，制成 1000 粒，即得"。

审查意见：权利要求 1 与对比文件 1 的中药组成及比例完全相同，其区别仅在于药物制备方法不同，本申请采用水提醇沉工艺，而对比文件 1 采用的是水提工艺制成药物。由于水提工艺和水提醇沉工艺都是本领域经常采用的中药提取方法，因此该区别技术特征属于公知常识，而制备方法的不同也没有带来预料不到的技术效果，因此权利要求 1 不符合《专利法》第二十二条第三款有关创造性的规定。

分析：在答复创造性审查意见时，必要的情况下可以提交试验数据，以佐证本申请的创造性。一般情况下，提供的数据应当是相对于最接近的现有技术的对比试验数据，即相对于审查意见中提供的对比文件中与本申请最接近的技术方案的对比数据，且要证明的效果在本申请的说明书中已有记载或能够直接确定。

对于本案来说，由于权利要求 1 与对比文件 1 的区别仅在于制备方法的不同，而从表面上看这两种制备方法都比较常规。然而，本申请说明书中记载了权利要求 1 的药物对于咽喉疾病具有优异的效果，可以通过提供对比试验数据的方式来证明上述效

---

❶ 参见专利申请 200410038253.4。

果相对于对比文件1是预料不到的。

意见陈述要点： 申请人认为本申请具备创造性。正如审查意见所指出的，权利要求1与对比文件1的区别在于药物制备方法不同。尽管水提工艺和水提醇沉工艺都是本领域经常采用的中药提取方法，但对具体中药采用何种制备方法存在多种不确定因素，不同工艺制备的中药提取物其性能、效果，或组成和/或含量可能不同。

在此，申请人提交几组按照对比文件1的水提工艺与按照本申请的水提醇沉工艺的对比数据，其中表3是水提工艺和水提醇沉工艺得到的浸膏量和干膏量以及制成颗粒量的对比，表4是水提工艺和水提醇沉工艺制备的成品的吸水率对比，表5是水提工艺和水提醇沉工艺制成的成型颗粒的流动性对比，表6是水提工艺和水提醇沉工艺得到的成品的红花TLC以及绿原酸TLC的鉴别以及绿原酸TLC的含量对比，表7和表8是水提工艺和水提醇沉工艺得到的成品的稳定性指标对比，表9是水提工艺和水提醇沉工艺得到的颗粒剂对急性血瘀症大鼠血液黏度的影响（由于篇幅所限，略去附件）。

通过数据对比可知，附件中的表3表明与水提工艺相比，水提醇沉工艺提取出的干膏量较少，有效去除了非药用部分；表4表明水提醇沉工艺制备的成品其平均吸水率变化小，稳定性好；表5表明水提醇沉工艺制备的成品颗粒流动性好，易于颗粒填充和分装；表6~8表明水提醇沉工艺制备的成品非药用成分少，醇沉后工艺稳定性好；表9水提醇沉工艺制备的成品药效更好。

由此可见，与对比文件1公开的水提工艺相比，本申请采用水提醇沉工艺制备药物，所得到的中药提取物其性能、效果以及含量具有预料不到的显著优越性，因此本申请权利要求1所要求保护的技术方案相对于对比文件1具备创造性，符合《专利法》第二十二条第三款的规定。

技巧提示： 关于在答复时补充试验数据尤其对比文件试验以支持发明的创造性，目前国外申请人采用较多，国内申请人比较少用。但该途径确实在某些情况下能够有力地佐证发明的创造性，因此应当重视利用这一途径。对此，重点对补充对比试验数据证明获得预料不到的技术效果方面，说明注意事项：第一，补充数据所证明的效果或事实，在原说明书中应当有依据，而不能去证明未提及的效果。第二，对比文件实验应当将本申请与审查员引用的最接近现有技术之间展开，并且两者都应在同等的实验条件下进行。第三，补充数据所证明的事实应当与权利要求的范围相适应，不能仅表明权利要求中某些技术方案，而是整体都应具有所证明的事实。第四，数据的比较应当科学客观，必要时进行统计分析，同时从技术角度论述所存在的差异达到了不能预期的程度。

八、创造性答复实例[1]

（一）申请文件相关内容

权利要求书：

一种醋蛋饮料，其特征在于它包括由以下原料经加工配制而成，所述原料按重量

---

❶ 依据专利申请201210241701.5改编。

计为：鸡蛋 50～60 份、米醋 10～40 份、水 900 份、蜂蜜 10～30 份、白砂糖 70～120份、柠檬酸 2～5 份、羧甲基纤维素钠 2～5 份，所述加工配制的方法为：（1）制备醋蛋液：将鸡蛋去壳，取出鸡蛋液打散，泡在酸度为 4 度以上的米醋中酸解，制成醋蛋液；（2）酶解：用水将酶分散后加入醋蛋液中搅匀，置于 50～60℃酶解 5～6 小时；（3）调味均质：将酶解后的醋蛋液加入水、调味稳定剂蜂蜜、白砂糖、柠檬酸、羧甲基纤维素钠，进行调味、均质；（4）将步骤（3）所得均质后的混合液包装灭菌，即得到醋蛋饮料。

说明书中记载所获得的效果：与现有技术相比，该发明的有益效果是：第一，该发明所述醋蛋饮料，既可作为日常饮用，又具有一定营养补充作用，其蛋白质含量大于 0.5%；第二，该发明利用醋和酶将鸡蛋中的蛋白大分子分解成了多肽等小分子物质，相比单一酶解，蛋白质降解更完全，更易于人体吸收；第三，该发明所述醋蛋饮料没有添加任何防腐剂，采用高温瞬时灭菌法灭菌，能有效保持醋蛋饮料原有风味，其保质期长达 6 个月，而传统醋蛋液杀菌温度不宜超过 100℃，且杀菌时间长，易破坏原有风味；第四，该发明所述醋蛋饮料运用米醋酸解蛋，比用一般的食醋酸解，口感更酸甜适口，无传统醋蛋强烈的醋酸刺激性味道，营养更丰富；第五，该发明所述醋蛋饮料的生产方法简单，易于工业生产。

（二）对比文件 1 公开的内容

对比文件 1 公开的内容：一种蜂蜜醋蛋液，其中带壳鸡蛋占 5%～7%、木瓜蛋白酶占 0.005%、米醋占 10%～14%、抗坏血酸占 0.25%～0.35%、白糖（即白砂糖）占 25%～35%、蜂蜜为 10%～14%，其余为水；其制备方法包括鸡蛋的清洗消毒，打蛋；将蛋液的蛋清、蛋黄搅打均匀；用 30% NaHCO$_3$ 调蛋液 pH 7.2～7.5，称取 0.005%的木瓜蛋白酶，用适量水分散加入蛋液中搅匀，缓慢搅拌，在夹层锅中加热使物料升温至 60～65℃，保持 80～90 分钟自行酶水解，加入冷水，冷却至 30℃；将前一天醋处理的蛋壳用纱布过滤后，加入配料罐的冷却蛋液中，搅匀，同时加入 0.25%的柠檬酸，搅拌使其溶解；将 0.3%～0.5%羧甲基纤维素钠和 0.1%～0.5%黄原胶混合，用水浸泡 12 小时，使溶胀成 4%的胶体溶液（预先配置）并将麦精粉搅拌分散于胶体溶液中，加入配料罐中搅匀；加入水溶后的抗坏血酸、白砂糖和蜂蜜等配料搅拌；配料时，将 0.2%～0.4%的氯化钾、0.06%～0.1%的葡萄糖酸锌和 0.05%的山梨酸钾加入；将总水量加到占 37.45%；均质；排气灭菌，加热到 80℃保持 5 分钟进行灭菌；灌装成品（参见对比文件 1 权利要求 1～3、6～7，说明书第 1 页第 6 段至第 2页倒数第 2 段）。

（三）审查意见

权利要求 1 请求保护一种醋蛋饮料，对比文件 1（CN1054178A）是最接近的现有技术，其公开了一种蜂蜜醋蛋液，其中带壳鸡蛋占 5%～7%，木瓜蛋白酶占 0.005%，米醋占 10%～14%，抗坏血酸占 0.25%～0.35%，白糖（即白砂糖）占 25%～35%，蜂蜜为 10%～14%，其余为水；其制备方法包括鸡蛋的清洗消毒，打蛋；将蛋液的蛋清、蛋黄搅打均匀；用 30% NaHCO$_3$ 调蛋液 pH 7.2～7.5，称取 0.005%的木瓜蛋白酶，用适量水分散加入蛋液中搅匀，缓慢搅拌，在夹层锅中加热使物料升温至 60 ~ 65℃，保持 80 ~ 90 分钟自行酶水解；将前一天醋处理的蛋壳用纱布过滤后，加入配料罐的冷却蛋液中，搅匀，同时加入 0.25% 的柠檬酸，将羧甲基纤维素钠和黄原胶混合，加入配料罐中搅匀；将总水量加到占 37.45%；均质；排气灭菌，加热到 80℃ 保持 5 分钟进行灭菌；灌装成品（参见对比文件 1 权利要求 2，说明书第 1 页第 6 段至第 2 页倒数第 2 段）。权利要求 1 所要求保护的技术方案与对比文件 1 公开的技术方案相比，其区别特征在于：（1）权利要求 1 的技术方案中为鸡蛋液，而对比文件 1 中的为带壳鸡蛋；（2）饮料中各组分含量不同；（3）权利要求 1 所要求保护的技术方案是先将米醋和去壳蛋液制成醋蛋液，再酶解醋蛋液，然后调配，而对比文件 1 的技术方案是先用米醋和蛋壳制成醋蛋液，再酶解去壳蛋液，然后将醋蛋液与酶解液混合，调配，而且酶解时间不同，权利要求 1 还限定了米醋的酸度；（4）权利要求 1 的技术方案是先包装再灭菌，而对比文件 1 是先灭菌再包装。基于上述区别特征，该发明实际要解决的技术问题是：如何选择一种不同配方的稳定的醋蛋饮料。

对于区别特征（1），去壳鸡蛋液是制备食品的常用原料，为了避免蛋壳影响饮料的口感和稳定性，选择去壳鸡蛋替代对比文件 1 的带壳鸡蛋是本领域的常规选择，该选择并未带来预料不到的技术效果。对于区别特征（2），各组分具体的添加量可由本领域技术人员根据风味和国家标准限制，通过有限的常规试验即可得出权利要求 1 所要保护的重量份数比，且说明书中也没有提供任何资料证明该选择是使得产品产生何种预料不到技术效果的特殊选择。对于区别特征（3），基于不同的原料，其处理方法也不同，所以本领域技术人员在对比文件 1 公开的蛋液和蛋壳酸水解和酶解方法的基础上，很容易想到当去掉了蛋壳以后，直接先将米醋和去壳蛋液制成醋蛋液，再酶解醋蛋液，并且根据酶解的程度选择酶解时间，然后调配的技术手段。酸度越高，溶液酸性越强是本领域公知常识，本领域技术人员为了使米醋酸性足以把蛋液酸水解，通过有限的常规试验即可确定选择酸度在 4 度以上的米醋。对于区别特征（4），为了避免包装过程中对饮料造成的污染，采用先包装再灭菌是本领域的惯用手段。因此在对比文件 1 公开的技术方案基础上，结合本领域的常规试验选择得到权利要求 1 所要保护的技术方案对本领域技术人员是显而易见的，不具备突出的实质性特点和显著的进步，所以权利要求 1 不具备《专利法》第二十二条第三款规定的创造性。

（四）申请人给出的答复初稿

（1）本申请与对比文件 1 相比，对比文件 1 的主原料是鸡蛋，包括鸡蛋壳和鸡蛋液，而该发明的主原料是鸡蛋液，作为饮料的主原料与对比文件 1 存在很大区别。该发明是以弃去蛋壳的蛋液为主原料，与对比文件 1 的出发角度完全不同，主原料上发生了质的变化（当然，具体的组成配比更是不同）。

（2）本申请与对比文件 1 相比，饮料中各组分不同，各组分用量区别明显。对比文件 1 所述蜂蜜饮料的白砂糖、蜂蜜的含量非常高，而该发明对于人体的健康来说糖的含量更适宜，更有利于人体健康，成本也更低；而且对比文件 1 中白砂糖和蜂蜜的含量过高，故加入 10% ~ 14% 的米醋来中和其过高的甜度，而本申请加工配制的醋蛋饮料通过科学配比和制作，口感好，入口柔和，且甜度适合。

而且，对比文件 1 在其说明书中公开的制备方法中，实际上是由 5% 的带壳鸡蛋、10% 的米醋、30% 的碳酸氢钠、0.005% 的木瓜蛋白酶、0.25% 的柠檬酸、0.3% 羧甲基纤维素钠、0.1% 黄原胶、5% 麦精粉、30% 白砂糖、10% 蜂蜜、0.025% 甜菊糖、0.25% 醋酸钠、0.05% 柠檬酸钠、0.01% 味精、0.25% 抗坏血酸、0.5% 乳浊剂、0.001% 乙荃麦芽粉、0.01% 蛋香香精、0.05% 山梨酶钾、0.3% 白酒和约为 8% 的水组成。对比文件的权利要求 1 是得不到说明书支持的非完整的技术方案。实质上对比文件 1 的权利要求与它的说明书公开的内容并不相符，只是为了上位而上位的一项权利要求而已，申请人认为对比文件的权利要求 1 与本申请的技术方案相比较是不恰当的。而实质上对比文件 1 说明书公开的完整的技术方案中添加了黄原胶、抗坏血酸、山梨酸钾乳浊剂等一系列添加剂，更是与本申请的技术方案中各组分料配比存在明显区别。在对比文件 1 说明书公开的这么错综复杂的原料和繁复麻烦的方法中，根本无法通过有限的试验得到本申请的技术方案。

（3）本申请所述技术方案与对比文件 1 相比，采用鸡蛋液为主要原料，对鸡蛋液先进行酸解，然后再进行酶解，酸解采用 4 度以上的米醋；而对比文件 1 中的制备方法是：直接对鸡蛋液进行酶解，对蛋壳进行米醋浸泡得到醋酸钙溶液，然后加入鸡蛋液酶解液中，鸡蛋液只进行了一次水解。而该发明采用的是先对鸡蛋液进行酸解，然后再进行酶解，蛋白质是进行了 2 次水解的，相对而言采用该发明中的方法后，鸡蛋液中的蛋白质水解得更加完全，更利于人体吸收。

而且，对比文件 1 中对蛋壳进行米醋浸泡是为了溶解蛋壳，得到醋酸钙溶液，而该发明中米醋对鸡蛋液酸解，则是为了在酶解前对鸡蛋液酸法水解，目的是水解蛋白质。更为重要的是，对比文件 1 既然是用醋来溶解蛋壳，根本无法提示本领域技术人员在酶解蛋液之前预先用米醋酸解蛋液，反而给出了相反的技术教导，教导本领域技术人员如果以蛋液为原料时可以不加入米醋。故两者相比，方法和目的都相差甚远，对比文件 1 不能给本申请先采用米醋水解再酶解鸡蛋液的技术启示，而且在食品上酸解和酶解鸡蛋液相结合是从未有过的，该发明的技术方案相对于对比文件 1 是非显而易见的。

通过以上对比分析，显然，无论是在组分含量上或制备方法上，都使该发明的醋蛋饮料具有突出的进步。因此，本申请的权利要求 1 具备创造性。

（五）关于申请人提供答复的初稿分析

本案中申请人给出的答复初稿反映目前实际答复中一些较典型的问题。

意见陈述没有按照创造性判断的"三步法"来进行，其陈述的逻辑性不强，也没有明显的整体思路。

倾向于学术研究，容易去攻击或特意寻找审查员引用的对比文件存在某些不足和缺陷，甚至是对于引用的专利申请文件的撰写缺陷，但这些又往往于创造性没有直接关联。同时，这也导致不能深入分析对比文件公开的内容，以及给出什么样的技术启示等。

论述时缺乏详细分析，没有提供充分的事实依据而直接断定，尤其是倾向于直接武断地认定本申请具有的优势、武断地认定本申请具有特别好的技术效果等，而没有具体分析事实依据。

此外，对于非常明显的属于本领域技术人员能够理解范围的变化，或者与对比文件公开内容属于细节的变化，也同等程度对待，但这些本身显然并不能支撑创造性理由。如此，也导致真正的重要理由不能凸显出来，进而也给审查员一种认为本申请没有有力的争辩创造性的印象。

虽然在实际中，如果发明确实具有明显的创造性，答复时存在上述各种问题，审查员通常能够客观分析和把握，也能得出权利要求具备创造性的结论。但大多数情况下，发明的创造性并非那么一目了然，因此需要给出逻辑清楚、依据充分、推理严谨、说理明晰的意见陈述是非常必要的，有利于增强说服力，尽可能使审查员认可发明的创造性。下面给出一个相对规范、按照"三步法"判断思路来进行的争辩意见。

（六）供参考的意见陈述

审查意见认为，本申请与对比文件 1 相比，蛋液水解方式差别仅在于酸水解和酶水解的顺序不同，而水解方式的顺序则是本领域技术人员作出的常规选择。但申请人不能认同，具体理由如下。

对比文件 1 公开的技术内容既包括明确记载在对比文件中的内容，还包括对于所属技术领域的技术人员来说，隐含的且可直接地、毫无疑义地确定的技术内容。但是，不得随意将对比文件的内容扩大或缩小。对比文件 1 中，从其说明书和权利要求书记载的内容来看，酶水解完毕后，是将"醋处理的蛋壳液"加入到配料罐中冷却的水解蛋液中，搅拌，同时加入柠檬酸搅拌，然后加入"溶胀成 4% 的胶体溶液（预先配置）、麦精粉"等配料搅拌，搅拌完毕，定量、匀质后，灭菌，包装。根据上述内容，本领域技术人员可以得出，上述操作并没有给"醋处理的蛋壳液"中的"醋液"继续水解蛋液提供酸水解作用的时间（酸水解蛋白是一个过程操作，需要一定的时间来完成，并非酸和蛋白放在一起就是酸水解蛋白），也即对比文件 1 并没有公开酶解和酸解联合水解蛋液的技术内容。

在此基础上，权利要求 1 与对比文件 1 的区别特征在于：（1）权利要求 1 的技术方案中为鸡蛋液，而对比文件 1 中的为带壳鸡蛋；（2）饮料中主要组分鸡蛋、米醋、水、蜂蜜、白砂糖、柠檬酸、羧甲基纤维素钠等含量不同，除上述成分外，对比文件 1 还用了一些其他配料成分，如对比文件 1 中利用的黄原胶、氯化钾、葡萄糖酸锌和山梨酸钾等；（3）权利要求 1 中是先将米醋和去壳蛋液制成醋蛋液，再酶解醋蛋液，然后调配，而对比文件 1 是先用米醋和蛋壳制成醋蛋壳液，再酶解去壳蛋液，然后将醋蛋壳液与酶解液混合，调配，而且酶解时间不同，权利要求 1 还限定了米醋的酸度；（4）权利要求 1 是先包装再灭菌，而对比文件 1 是先灭菌再包装。

其中，对于上述区别特征（3），首先，对比文件 1 既没有公开利用醋解和酶解联合水解蛋液，当然也不会公开醋解和酶解联合作用顺序；其次，醋解和酶解联合水解蛋液并不是本领域的公知常识；再次，对比文件 1 也没有公开木瓜蛋白酶酶解后蛋液水解度低还需要进一步提高蛋液水解度的技术需求；最后，与酶水解不同，酸水解蛋液不仅能水解蛋液中的蛋清和蛋黄中的各类蛋白质，醋解还能水解蛋黄中的卵磷脂、蛋碱等成分，增强了醋蛋液的营养度，而且，酸解和酶解相结合的方式相比于对比文件 1 酶解蛋液后醋的用量以及本领域常用的醋蛋液制备过程中醋的用量大为降低，这有利于改善醋蛋液的口感，由此可见，上述醋解在前、酶解在后的联合水解蛋液还给权利要求 1 请求保护的技术方案带来了有益的效果。

另外，对于上述区别特征（1）、（2）、（4），由于采用的如上不同的水解蛋液的方式，考虑到主成分用量的较大差异以及采用的灭菌工艺等的不同，其最后制得的饮料的组成差异也比较大，从而使其在技术效果上也存在差异，这些差异在对比文件 1 的基础上结合本领域的公知常识、本领域技术常规技能也是无法预期的。比如，对比文件 1 中白砂糖、蜂蜜、米醋的用量都要比权利要求 1 的用量高很多从而达到通过这些成分间的相互作用，调整口感，而权利要求 1 却不需要这么高的白砂糖、蜂蜜、米醋的用量从而达到酸甜适口的技术效果；再如，对比文件 1 公开的内容中山梨酸钾等防腐剂的加入就与灭菌和包装的先后顺序相关，食品工业领域，有一定保存期要求的液体食品/饮料，如先灭菌后包装一般需要加入适量的防腐剂，而本申请在没有添加防腐剂的基础上，也具有较长的 6 个月保质期。因此，从整体上来考量权利要求 1 请求保护的技术方案，权利要求 1 相对于对比文件 1、本领域的公知常识、本领域技术常规技能的结合是非显而易见的，具有突出的实质性特点，获得的技术效果也具有显著的进步，具备《专利法》第二十二条第三款规定的创造性。

第二十二章　实用性审查意见答复的案例剖析

《专利法》第二十二条第四款规定，实用性，是指该发明或者实用新型能够制造或者使用，并且能够产生积极效果。《专利审查指南2010》中对此作出进一步解释：授予专利权的发明或者实用新型，必须是能够解决技术问题，并且能够应用的发明或者实用新型。也就是说，请求保护的产品或方法必须在产业中能够制造或者使用，且能够解决技术问题。

医药和生物领域中有关实用性的审查意见包括以下两种常见情形。

（1）技术方案无再现性，无法在产业上实施。再现性指所属领域技术人员，根据公开的技术内容，能够重复实施专利申请中为解决技术问题所采用的技术方案。无再现性具体情形包括重复实施依赖随机因素、所实施主体的水平，重复实施结果不相同，例如人工诱变微生物的方法，从土壤中筛选微生物的方法。这种情况下，专利代理人需要给出技术方案能够重复再现的理由，比如该技术方案能够通过成熟的技术、设备在产业上进行批量生产，并且需要注意，能够重复实施但仅由于某些原因导致的产品成品率低也是具有再现性的，不属于不具备实用性的情况。

（2）技术方案属于非治疗目的的外科手术方法。治疗目的的外科手术方法属于不授予专利权的客体，而非治疗目的的外科手术方法由于无法在产业上实施而不具备实用性。如果审查意见涉及此种情况，需要判断技术方案中的方法是否确实属于外科手术方法，是否包括对有生命的人体或动物体的创伤性、介入性治疗或处置，如果不属于上述情形，则可以进行具备实用性的争辩。

上述情况多为撰写不当、审查员理解方式等原因导致审查员给出不具备实用性的审查意见，往往能够通过提交证据和意见陈述说服审查员。但是对于其他不具备实用性的情况，例如测量人体或动物体在极限情况下的生理参数的方法、违背自然规律、利用独一无二的自然条件的产品等，很可能通过修改以及意见陈述都无法克服缺乏实用性的问题。

一、技术方案是否在产业上无法实施

【案例 22-1】

相关案情：

权利要求1：一种用于医疗领域的染色体核型分析质控细胞建株方法，其主要特征是取已确诊的各类染色体病患者及部分染色体正常者的外周血、骨髓或羊水标本，用常规淋巴细胞分离液经离心分离出的白细胞与 RPMI1640 细胞培养液及 EB 病毒（EBV）转化液定量混合，经37℃、5% CO_2 培养箱中培养，EBV 能选择性地转化人类 B 淋巴细胞，并使其成为持续分裂、永久生存的细胞系或细胞株，当细胞数达到

10^5个/mL时，离心培养液收集细胞沉淀，根据细胞数量加入定量的冻存液使成10^5个/mL的细胞悬液，以每管1mL的量分装在冻存管中，置-20℃环境2h，再置-70℃环境2h，然后冻存在-196℃液氮中作为备用的质控细胞，用时复苏质控细胞，经进一步培养增殖细胞数后或直接分发给受控实验室，作细胞培养及染色体制片核型分析。

审查意见：权利要求1请求保护一种用于医疗领域的染色体核型分析质控细胞建株方法，其是需要取已确诊的各类染色体病患者及部分染色体正常者的外周血、骨髓或羊水标本。但由于人或动物的外周血、骨髓或羊水均为人体或动物体组织的一部分，其来源是有限的，并且受到受试者本人意愿的影响，因此无法在产业上大规模实施。因此，权利要求1不具备实用性。

分析：首先，为了克服审查意见指出的样本"受到受试者本人意愿的影响"，可以对权利要求的样本明确是那些已采集了的被确诊的标本，因而不再受患者意愿的限制。

其次，针对审查意见指出的来源有限的，可以从技术角度分析。该方法是通过对"标本"中分离的白细胞在含有EBV的培养液中培养，使得人类B细胞被选择性转化并成为"持续分裂、永久生存"的细胞系或细胞株，也即本申请的技术方案只需要少量的"标本"就可以大量增殖出所需细胞，并最终将获得的大量细胞用作染色体分析的质控考核材料，因此来源限制也不成为一个问题。

意见陈述要点：针对审查意见，申请人经认真分析，决定将权利要求修改为："一种用于医疗领域的染色体核型分析质控细胞建株方法，其主要特征是取自已确诊的各类染色体病患者及部分染色体正常者的外周血、骨髓或羊水标本为原料，……"在此基础上，"标本"是已经由医疗机构得到患者许可后获得的样本，其后续使用不再受患者意愿的限制，该方法是通过对"标本"中分离的白细胞在含有EBV的培养液中培养，使得人类B细胞被选择性转化并成为"持续分裂、永久生存"的细胞系或细胞株，也即本申请的技术方案只需要少量的"标本"就可以大量增殖出所需细胞，并最终将获得的大量细胞用作染色体分析的质控考核材料，本申请具备实用性，符合《专利法》第二十二条第四款的规定。

二、是否涉及非治疗目的的外科手术方法

【案例22-2】
相关案情：
权利要求1：一种制备针对自身抗原和/或种属间高度保守抗原的抗体的方法，是用小鼠自身抗原和/或与小鼠自身抗原高度保守的异源抗原免疫NZB/W F1小鼠，得到多克隆抗体或单克隆抗体。

审查意见：权利要求中的"免疫"属于上位概括，包括对小鼠进行例如注射、皮下植入以及通过静脉取血的步骤，上述步骤都是使用器械对有生命的人体或者动物体实施的创伤性或介入性处置的方法，因而所述方法为一种非治疗目的的外科手术方法，不具备实用性。

分析：审查意见着重指出由于"免疫"的用语涉及非治疗目的的外科手术方法，导致权利要求不具备实用性。首先，应当理解非治疗目的的外科手术方法之所以属于

没有实用性的范畴，主要是因为其无法在产业上实施，需要依赖医生等实施外科手术的主体的水平。权利要求 1 中的"免疫"属于一种描述，根据权利要求 1 整体技术方案可以判断出这是一种制备抗体的生物学方法，并且确实包括了创伤性或介入性的步骤。但是，制备抗体的方法属于已经成熟的、能够采用批量处理方式进行且个体差异较小的方法，因此，上述描述或步骤不会导致技术方案不具备实用性。

意见陈述要点：首先，本申请所要解决的技术问题是提供一种利用小鼠生产抗体的方法，该方法本身不属于外科手术方法。其次，免疫和采血对象的个体差异小，操作过程介入性小，属于不必依赖特殊专业技能训练就能实施的简单处置步骤，在实施过程中本领域技术人员的个体差异不会对技术效果造成影响。同时，通过对小鼠免疫途径获得目的抗体是目前生产抗体的常用方法，其积极效果是本领域技术人员可以预期的，具有产业用途。因此，所述方法具备实用性。

第二十三章 不授予专利权的主题审查意见答复的案例剖析

《专利法》第二条、第五条、第二十五条规定了不授予专利权的客体。在医药和生物领域，最常见的涉及不授权的主题是《专利法》第二十五条第一款第（三）项规定的"疾病的诊断和治疗方法"。《专利审查指南2010》中规定疾病的诊断和治疗方法是指以有生命的人体或动物体为直接实施对象，进行识别、确定或消除病因或病灶的过程，常见情形包括以下两种。

（1）权利要求主题名称为"药物/化合物×在诊断、治疗、预防、用于缓解疾病A中的用途"。这种情况属于使用药物治疗疾病的方法，但只要修改为制药用途形式，即"药物/化合物×在制备治疗疾病A的药物中的用途"，即可克服不授权客体的问题。

（2）使用药物处理动物细胞的方法。虽然细胞并不等同于动物或人体，但是细胞从微观层面反映动物及人体的部分生理活动，甚至某些细胞模型就是用来验证药物对于特定疾病活性作用的，因而使用药物作用于细胞的目的就是反映药物对于动物或人体的作用，因此该主题仍然属于疾病治疗方法。这种情形与一般的疾病治疗方法修改方式相同，可以在通过说明书记载能确定所对疾病的情况下，应修改为制药用途形式，或者，在权利要求中明确排除诊断或治疗疾病目的，例如"一种非治疗目的的××方法"。但需要注意，外科手术方法即使排除了治疗目的，还属于不具备实用性的范畴。

其他常见的涉及不授予专利权客体的情形包括以下几种。

（1）食品、化妆品中的原料或添加物质的种类、用量不符合相关法律标准中的规定，导致违反《专利法》第五条第一款关于违反法律或妨害公共利益而不授予专利权的情形。对于上述情况，除了在修改不超范围情况下能够将物质用量修改为符合相关规定以外，通常难以通过意见陈述方式克服，因此在撰写专利申请文件时就应当注意核查相关文件，避免被动。

（2）质量标准。对于仅规定了物质种类作为质量评价指标的质量标准型申请，由于所选用的指标均为人为规定，因此属于智力活动的规则与方法。对于这种情况，可以依据说明书内容，在技术方案中加入技术手段，比如使用高效液相色谱仪在特定的洗脱条件下测量某些物质的含量，以构成含有技术手段、能够解决技术问题的一种技术方案。

（3）天然物质。发现一种以天然形式存在的物质属于科学发现。但是将物质首次从自然界分离、提取出来，其结构可以被确切表征，并且具有产业应用的价值，则该物质、制备方法属于可被授予专利权的客体。

（4）人类胚胎干细胞及其制备方法、处于各个形成和发育阶段的人体，属于《专利法》第五条第一款规定的不授予专利权的客体；违反法律、行政法规的规定获取利用遗传资源，并依赖其完成的发明创造，属于《专利法》第五条第二款规定的不授予专利权的客体。

另外，对于不授予专利权的客体也会存在一些难以确定的情形。审查意见中涉及该条款时，还需要根据案情进行判断，如果不同意审查员的意见，则在答复时，除按《专利审查指南 2010》的规定进行据理力争外，有时可以引用在先的复审决定等作为佐证，增强说服力（虽然在我国不采取案例法，但提供的这种证据有时也能起到一定的作用）。

【案例 23 - 1】
相关案情：

权利要求 1：一种测定哺乳动物中胃分泌量的方法，所述方法包括以下步骤：

（1）给予所述哺乳动物含有过量的水不溶性碳酸盐的物质或制剂，以与胃中的酸反应，其中所述不溶性碳酸盐富集至少一种选自 ^{13}C、^{14}C、^{17}O 和 ^{18}O 的已知量的同位素；

（2）使呼出的二氧化碳中所选的或每种所选的同位素的含量稳定；

（3）获得含有二氧化碳的呼出气体样本；和

（4）测定呼出的二氧化碳中所选的或每种所选的同位素的含量。

说明书中相关记载：根据本申请说明书背景技术部分、实施例和附图的记载，该方法基于同位素标记的碳酸盐与胃酸反应产生二氧化碳的原理，通过测量给予碳酸盐的受试个体服用抑酸剂前后的呼气中 $^{13}C/^{12}C$ 的比例来判断胃酸分泌的变化。说明书第 2 页记载本申请的方法可用于鉴别患有胃酸过少、萎缩性胃炎等的患者。

审查意见：权利要求 1 要求保护一种测定哺乳动物胃分泌量的方法。由其描述可知，该权利要求以有生命的哺乳动物为直接实施对象，通过测量哺乳动物的胃分泌量，来判断哺乳动物是否是患有胃酸过少、萎缩性胃炎以及对抑酸治疗没有反应等诊断结果或健康状况，即其直接目的是获得疾病的诊断结果或健康状况。哺乳动物的健康信息如胃分泌量等属于本领域现有技术中的医学知识，且医生知晓胃酸分泌水平异常与健康状况之间的紧密联系，进而本领域技术人员根据本申请所述方法测得的胃分泌量并结合所掌握的医学知识可以直接得出疾病的诊断结果或健康状况，因此胃酸分泌量信息不能认为是中间结果或信息。因此权利要求 1 属于《专利法》第二十五条第一款第（三）项规定的疾病的诊断和治疗方法，不能被授予专利权。

分析：本案例的情形在实践中有一定的模糊性而往往存在争议。作为申请人，对此需要据理力争，争取得到审查员的认可。具体来说，测定哺乳动物中胃分泌量的方法，虽然说明书描述其在特定情况下，可鉴别患有胃酸过少、萎缩性胃炎等的患者。这似乎表明审查意见是正确的，但说明书以及结合现有技术，并未表明从 $^{13}C/^{12}C$ 的比例如何计算出胃酸的分泌量到底是多少，也不知道如何仅从胃酸分泌的变化就能直接判断该受试个体是否健康或患有胃炎等相关疾病。因而，可以争辩本申请的方法实质上只检测了受试个体呼气中 $^{13}C/^{12}C$ 的比例，并由此也只能间接判断出胃酸分泌的变化情况。

意见陈述要点：权利要求 1 请求保护一种测定哺乳动物中胃分泌量的方法。根据本申请说明书背景技术部分、实施例和附图的记载，该方法基于同位素标记的碳酸盐与胃酸反应产生二氧化碳的原理，通过测量给予碳酸盐的受试个体服用抑酸剂前后的呼气中 $^{13}C/^{12}C$ 的比例来判断胃酸分泌的变化。虽然说明书第 2 页记载本申请的方法可用于鉴别患有胃酸过少、萎缩性胃炎等的患者，第 8 页记载可根据 $^{13}C/^{12}C$ 的比例计算酸分泌量，但是说明书中并未记载从 $^{13}C/^{12}C$ 的比例如何计算出胃酸的分泌量到底是多少，也未记载如何仅从胃酸分泌的变化就能直接判断该受试个体是否健康或患有胃炎等相关疾病。也就是说，本申请的方法实质上只检测了受试个体呼气中 $^{13}C/^{12}C$ 的比例，并由此也只能间接判断出胃酸分泌的变化情况（参见说明书第 10 页倒数第 3 段），却还未达到能检测出实际的胃酸分泌量并将其与疾病相关联的程度。由于个体差异，每个个体的胃酸分泌量并不完全相同，而且胃酸分泌量的变化与神经系统、进食刺激等多种因素相关，尽管正常人的胃酸分泌量确实存在一定的范围，但仅从胃酸分泌情况的变化尚不能直接得出相关疾病的诊断结果或健康状况。即权利要求 1 的方法只是获取了作为中间结果的胃酸分泌变化信息的方法，不属于疾病的诊断方法。

技巧提示：对于疾病的诊断方法，通常有以下几种反驳情形：（1）表明发明的方案并非针对活的人或动物体。（2）对于离体方法，表明其结果并非用于离体样品的同一主体。（3）表明发明测定的结果，并不能得出疾病的诊断结论（或并没有直接反映健康状况），而仅仅是中间结果。（4）表明发明的方法并没有包括诊断的全过程等。（5）对于可能同时包含疾病诊断方法和非诊断方法，考虑增加"非诊断目的"的限定以排除诊断方法。

值得说明的是，疾病的诊断方法本身有时存在一定的模糊性，而且国家知识产权局政策在不同时期有不同的把握，因此需要根据情况来据理力争。但如果确不能得到审查员的认可，必要时增加在权利要求中"非诊断目的"的限定，同时说明这种修改的理由和依据，例如说明书中给出了其非诊断目的的应用，或本领域技术人员能够理解其必然可以用于非诊断目的等。

【案例 23 – 2】

相关案情：

权利要求 1：一种角栓除去剂组合物，该角栓除去剂组合物和角栓除去用片可以减轻从皮肤上剥离面膜时的疼痛而提高角栓除去效果。

权利要求 3：一种角栓除去方法，其特征在于：将如权利要求 1 所述的角栓除去剂组合物涂敷在皮肤上，使所述组合物干燥，再从皮肤上剥离所述组合物。

审查意见：权利要求 3 的技术方案包含了将组合物涂敷在皮肤上和从皮肤上剥离的步骤，由于角栓属于皮肤病，通过百度等检索手段可以清晰地发现：角栓（角化病）是角化毛孔被角栓闭塞，呈毛孔性角化小丘疹，病因不明。权利要求 3 的"角栓除去方法"包含将组合物涂敷在皮肤上和从皮肤上剥离的步骤，而角栓属于皮肤病，因而权利要求 3 是以有生命的人体/动物体为直接实施对象，以疾病治疗为目的的，属于疾病的治疗方法，不能授予专利权。

分析：通过查阅现有技术可知，角栓实际上不同于角化病，角化病是包括多种不同性质皮肤疾病，但角栓的出现多与痤疮、黑头、粉刺等相联系，为后者的一种表现。因此，单从角栓来看，其不属于一种疾病。但进一步来看，角栓的祛除方法可能无法与可能产生角栓现象的痤疮、黑头、粉刺等的治疗方法相区分开来，因此需要在权利要求中予以排除，如增加"非治疗目的"的限定。因此，意见陈述的重点，首先表明角栓本身不是一种疾病，其次修改权利要求，增加"非治疗目的"的限定，以明确权利要求的范围不包括任何治疗方法的内容。

意见陈述要点：修改说明：申请人将权利要求3修改为：一种非治疗目的的角栓除去方法，其特征在于：将如权利要求1所述的角栓除去剂组合物涂敷在皮肤上，使所述组合物干燥，再从皮肤上剥离所述组合物。

修改后的权利要求3不属于疾病的治疗方法，理由在于：根据现有技术的知识可知，角栓不同于角化病，角化病是包括多种不同性质皮肤疾病，但角栓的出现多与痤疮、黑头、粉刺等相联系，为后者的一种表现。单纯的"角栓"现有技术中一般又称为"黑头"，而黑头祛除的文献均可见于日常生活和美容类刊物中。而审查员指出"百度等检索手段可以清晰地发现：角栓（角化病）是角化毛孔被角栓闭塞，呈毛孔性角化小丘疹，病因不明"。申请人对此不予认同，对所提及百度等的内容，没有给出出处和公开时间，缺乏证明力。因此，该发明的技术方案的目的并不是针对疾病，因此不属于疾病的诊断和治疗方法。

在此，进一步提供一些证据进行佐证：

参考资料1：申请人花王公司提供的在申请日前发放公众的《毛孔手册》所示，角栓通常存在于皮肤处于健康状态的人体中，并不属于疾病。

参考资料2：为超市购买的花王公司商品"Biore pore pack"的照片，表明商品包装上有"能轻松清洁毛孔内的黑头（角栓）"的文字，而且示出了除去"角栓"的使用方法及图示。因此，申请人认为该发明的角栓除去方法不属于疾病的治疗方法，是单纯的美容方法。

但申请人考虑角栓的祛除方法可能无法与可能产生角栓现象的痤疮、黑头、粉刺等的治疗方法相区分开来，因此申请人在权利要求3中增加"非治疗目的"的限定，以使得该发明不包括属于疾病治疗方法的内容。

第二十四章　权利要求未以说明书为依据审查意见答复的案例剖析

《专利法》第二十六条第四款规定：权利要求应当以说明书为依据。这是指权利要求应当得到说明书的支持，权利要求请求保护的技术方案应当是所属技术领域技术人员能够从说明书充分公开的内容中得到或概括得出的技术方案，并且不得超出说明书公开的范围。

涉及不支持的审查意见，审查员通常会从发明解决的技术问题出发，指出权利要求请求保护的技术方案出于某些原因（概括不当、使用功能性限定等）而包含不能够解决要解决的技术问题的技术方案。医药和生物领域常见的不支持情况包括以下几种。

（1）化合物得不到说明书支持，例如通式化合物缺乏足够的具体实施例支持其结构所代表的范围。

（2）制备方法得不到说明书支持。某些组合物是原料经过特定方法、步骤（例如超流体萃取、发酵）得到的，而权利要求中仅明确了组合物的原料组分，未限定制备方法，也就是涵盖了包括简单混合在内的制备方法，而说明书中记载的效果可能是简单混合原料得到的组合物不能达到的。

（3）效果、数值范围得不到说明书支持。权利要求中可能限定了较宽泛的用途，但说明书中仅有个别的实验例支持其中部分的效果，例如一种化合物制备抗恶性肿瘤药物的用途的发明专利申请，说明书中仅提供化合物治疗某一种白血病的实验数据。

因此，如果不能认同有关不支持的审查意见，首先应当在意见陈述中声明本申请要解决的技术问题是什么，解决上述问题需要哪些技术手段，本申请中记载了哪些技术手段或技术方案，之后可以具体从以下几个方面进行反驳。

（1）如果不支持的审查意见涉及的并非该发明关键或发明点，而属于技术方案中已知技术手段中的一个，则可以从本领域能够进行选择的角度进行争辩。

（2）对于化合物结构得不到支持的意见，应当首先分析通式结构，对比已有的实施例结构，尝试总结规律。比如，权利要求中定义通式中某一或几处为多种取代基团，该位置仅给出一种实施方式，但根据给出的实施方式，可以按照类似的方法制备其他在该位置不同结构的化合物，此时凭借仅有的实施例也能制备得到其他化合物，因此说明书记载内容已经足以支持权利要求的技术方案。

（3）对于权利要求概括不合理、采用了上位概念概括或者并列选择方式概括，并且包含的一或多种下位概念或并列选择方式不能解决发明的要解决的技术问题的审查意见，有以下几种处理方式。

① 如果审查员确实提出了有力的反例或有充足理由，则应当对权利要求进行修改。

比如说明书中仅有药物治疗白血病的实验数据，应当将权利要求限定为该具体疾病的制药用途。

②　如果认为已有概括方式合理，可以提供相关证据，证明根据已记载在原始专利申请文件中的数据、效果，基于现有技术水平就可以得到请求保护的技术方案。例如，说明书中如果还记载了药物作用于端粒酶、环氧合酶并有抑制血管生成作用，根据现有技术就可以推知这样的化合物具有抑制恶性肿瘤的作用，说明书中的数据也就能够支持该权利要求。

③　如果在答复时不容易对反例或者质疑进行直接反驳，可以采用正向推导的方式，从所述特征在概括范围内所具有共同特性出发，表明该发明利用其共同特性而不是范围内不同的个体或类别的特性，因而能够进行概括，解释、证明由具体的下位概念概括为上位概念是合理的。有种特殊情况是，审查员所列举的反例其实是本领域技术人员能够合理排除的，此时则认为其不是合理质疑。例如，某组合物发明点在于组分的选择，此时如果审查员认为其中某种成分过低时不能解决所述技术问题而要求限定组分的含量范围，此时可以考虑本领域技术人员对于组分的含量范围是否能够根据常规知识来确定的角度进行反驳。

④　权利要求是否得到说明书的支持往往与其保护范围密切相关。如果对于权利要求保护范围解读的宽窄不一致，显然将得出是否得到说明书支持的不同结论。因此可以从权利要求即技术方案的保护范围的理解，或所针对发明要解决的技术问题出发进行争辩，提出权利要求的技术方案实际上足以解决正确认定的技术问题。

⑤　不支持的意见通常是没有证据佐证的，审查员在指出权利要求得不到支持时，也是根据现有技术情况综合理解来判断，往往是"有理由怀疑"，缺乏确凿的证据。因此，在对审查意见的反驳中，有时可以适当采取民法中的举证规则思路，即"谁主张，谁举证"。如果认为审查员质疑的理由不够充分，且也没有给出任何证据，则可以考虑从审查员举证不能的角度进行反驳。

下面从几个方面，结合实例阐述意见陈述的思路。注意对其进行分类的目的是突出反驳的突破口，但需要指出的是审查意见的答复应当是整体考虑，各突破口之间也存在联系。

一、发明解决的技术问题

发明解决的技术问题对于权利要求是否能够得到说明书的支持往往有密切的关联。如果对技术问题界定或认识不同，则可能得出不同的结论，因此这是争辩权利要求得到说明书支持的突破点之一。

【案例 24-1】

相关案情：

权利要求1：含微量元素的软胶囊，其特征是将含脂溶性生理活性物质的油状物用含非脂溶性微量元素的明胶胶囊壳包裹，所说的微量元素选自铁、锌、铜、锰、铬、锗、硒、氟、碘，所说的油状物是指植物油、水产动物油、油状聚乙二醇400，所说的生理活性物质选自维生素A、维生素D、维生素E、维生素K、β-胡萝卜素、番茄红素、虾青素、磷脂、蜂胶、茶多酚和角鲨烯。

说明书中记载：该发明中微量元素在胶皮中的组成为 0.01% ~ 20%，其含量受微量元素的每日的供给量，化合物的分子量或载体中所含微量元素的比例以及胶皮中所容纳微量元素的量的限制。上述组成在相关法律法规的规定范围之内。

另外，说明书实施例一至六列举了多种具有不同含量微量元素的软胶囊胶皮壳的具体实施方式。

审查意见：权利要求1中没有对微量元素的含量作出限定，则可认为所包含的微量元素是任意含量，显然任意含量的所述微量元素会使人体中毒，而不能用于实施该发明技术方案而实现发明的目的。因此，权利要求1的技术方案得不到说明书的支持，不符合《专利法》第二十六条第四款的规定。

分析：从发明的内容来看，该发明的发明点在于将公知的人体所需微量元素，混入软胶囊的胶囊壳中，使之与胶囊中的内容物分离，以防止微量元素造成胶囊内容物混浊和制剂效价降低，同时能将微量元素和生理活性物质同时提供给需要的人体。因此，该发明实质并不在于微量元素的含量，权利要求1虽未限定含量，应该理解为适当含量，具体用量完全可以根据人体的需要来添加，即本领域技术人员根据常规知识能够选择或确定微量元素的具体用量乃至配比，因此微量元素的含量并非必要的技术特征，不必在独立权利要求中进行限定。

意见陈述要点：根据本申请说明书的记载，本申请所解决的技术问题是将微量元素混入软胶囊的胶囊壳中，使与胶囊中的内容物分离，以防止微量元素造成胶囊内容物混浊和制剂效价降低，同时能将微量元素和生理物质同时提供给需要的人们。为此，本申请要求保护的含微量元素的软胶囊明确限定了将含脂溶性生理活性物质的油状物用含非脂溶性微量元素的明胶胶囊壳包裹。并且，在实施例一至六中还列举了多种具有不同含量微量元素的软胶囊胶皮壳的具体实施方式。

首先，本申请权利要求1中限定的9种微量元素（铁、锌、铜、锰、铬、锗、硒、氟、碘）是本领域公知人体所需微量元素，其每日的供给量是本领域技术人员的公知常识。其次，权利要求1中的特定术语"微量元素"已经明确其含量应当是"微量"，而且作为一种软胶囊药剂，其含量必然是药物领域公知常识中人体能够接受的所需微量元素的含量，不应当是审查意见中指出的"会使人体中毒的"极端含量。最后，本申请的发明点在于将微量元素混入软胶囊的胶囊壳中，使与胶囊中的内容物分离，以防止微量元素造成胶囊内容物混浊和制剂效价降低；并不在于胶囊壳中微量元素的具体含量。本领域技术人员在阅读本申请时，结合本领域中的普遍技术知识，能够理解权利要求1技术方案中微量元素在胶囊壳中的适当含量。

综上，本领域技术人员根据本申请具体公开的内容以及本领域的普通技术知识，能够确定胶囊壳中微量元素应有的合适含量，并且其效果是可以预先确定和评价的。因此，审查意见认为权利要求1未对微量元素的含量作出任何限定而导致其不符合《专利法》第二十六条第四款规定的理由不能成立。

技巧提示：发明解决的技术问题与权利要求的解读息息相关，对其保护范围的理解有明显的影响。这一点往往容易被误解，而过于从文字表面意义来理解。例如，对于发明关键在于组合物组分选择的情况下，独立权利要求可以仅限定其组分而不必限定各组分含量配比。此时，在理解权利要求时，不能由于权利要求未限定各组分含量配比，就教条地认定各组分含量的配比是任意的。正确的理解是其组分的含量是根据现有技术或通过简单实验就能够确定的，因而其并不是任意含量配比。又如，对于组合物开放式权利要求，其并不能教条理解可以增加任意的其他组分。正确的理解是增加的其他组分不能够改变该权利要求的组合物本性，如用于治疗糖尿病的组合物，其范围就不包括增加的组分导致该组合不能够治疗糖尿病而用于治疗癌症的情形。

二、权利要求保护范围的界定

【案例24-2】

相关案情：

权利要求1：一种米诺地尔溶液，包括米诺地尔、1, 2-丙二醇、乙醇，其特征在于每1000毫升米诺地尔溶液中含有下列组分：米诺地尔、1, 2-丙二醇、乙醇，余量为水。

审查意见： 权利要求1采用了开放式的表达方式，即用"含有"这个术语来限定米诺地尔溶液中各组分的关系，因此，该权利要求得不到说明书的支持。

案情分析： 权利要求1中虽然采用了"含有"这样的表述方式，但由于其结尾有"余量为水"这样的表述方式，则对于米诺地尔溶液实际上是采用封闭式的限定方式。因此，上述审查意见不涉及实体上的不支持，而是对权利要求的准确理解的问题。

意见陈述要点： 审查意见认为权利要求采用了"含有"一词而认为是开放式的表达方式，但是权利要求虽然对米诺地尔溶液中含有下列配比采用"含有"限定其组分，但在权利要求结尾明确了"余量为水"的限定，因而实际是采用封闭式的限定方式。基于此理解，审查意见关于不支持的观点也就不成立。

【案例24-3】

相关案情：

权利要求1：一种贮存稳定的药物制剂，该制剂基本上非可膨胀性扩散基质中含有羟氢可待酮盐酸盐及纳洛酮盐酸盐，所述基质包含乙基纤维素和至少一种脂肪醇，其中羟氢可待酮盐酸盐及纳洛酮盐酸盐是以持续、稳定并且独立的方式从该制剂中释放，其中羟氢可待酮盐酸盐的量为10～80mg，纳洛酮盐酸盐的量为1～50mg，并且其中羟氢可待酮盐酸盐及纳洛酮盐酸盐的重量比为2:1，且其中所述制剂不含有聚甲基丙烯酸酯和/或羟甲基纤维素钠（HPMC）。

说明书的记载： 该发明在基质中使用非可膨胀或非可腐蚀性的扩散基质，而避免基于聚甲基丙烯酸酯的基质，或含有适量水可膨胀材料的基质，尤其是羟烷基纤维素衍生物，并具体说明目前优选避免下列基质：基于聚甲基丙烯酸酯的基质（例如，EudragitRS30D及EudragitRL30D）或含有适量水可膨胀材料的基质，尤其是羟烷基纤维素衍生物，例如HPMC。

审查意见： 权利要求1所概括的制剂基质中可以包括丙烯酸和/或羟烷基纤维素的衍生物。然而根据本申请说明书的记载，该发明所采用的技术手段是在基质中使用非可膨胀或非可腐蚀性的扩散基质，而避免基于聚甲基丙烯酸酯的基质，或含有适量水可膨胀材料的基质，尤其是羟烷基纤维素衍生物。根据本申请说明书，本领域技术人员有理由质疑使用丙烯酸和/或羟烷基纤维素的衍生物作为制剂中的基质能否解决前述技术问题，达到所述技术效果。而且，本申请的实施例也不能证明含有丙烯酸和/或羟烷基纤维素的衍生物的基质可以达到上述技术效果，因此权利要求1所概括的范围没有以说明书为依据，权利要求1得不到说明书的支持，不符合《专利法》第二十六条第四款的规定。

分析： 审查意见的实际含义是认为目前权利要求中的"基本上非可膨胀性扩散基质"仅排除了聚甲基丙烯酸酯和/或HPMC，但涵盖范围仍然比较宽，没有明确排除丙烯酸和/或羟烷基纤维素的衍生物，而这两类物质是在说明书中明确指出是希望避免的。即审查员认为由"基本上非可膨胀性扩散基质"的技术特征所限定的范围过宽。对于上述意见，分析理解造成争议的"基本上非可膨胀性扩散基质"这一技术特征，现有技术中对于可膨胀性扩散基质的定义是明确的，而本领域技术人员知晓丙烯酸类和/或羟烷基纤维素的衍生物均属于可膨胀性扩散基质。因此，"基本上非可膨胀性扩散基质"就排除了上述物质，权利要求1保护范围能够得到说明书的支持。

意见陈述要点： 本申请所要解决的技术问题是提供一种含有羟氢可待酮及纳洛酮的贮存稳定性药物制剂，制剂中的活性化合物以持续、稳定及独立的方式释放。采用的技术手段是使用能够基于基质的阻止配方，优选实质上非可膨胀性扩散基质的配方，而不优选腐蚀性基质或可膨胀的扩散基质的配方，并且说明书中也已经具体说明该发明优选避免下列基质：基于聚甲基丙烯酸酯的基质（例如，EudragitRS30D及EudragitRL30D）或含有适量水可膨胀材料的基质，尤其是羟烷基纤维素衍生物，例如HPMC（参见说明书第10页最后一段）。作为缓控释药物辅料，丙烯酸树脂类通常在水或消化液中能够膨胀，具有渗透性，羟烷基纤维素因分子中具有活性羟基，也属于水中易膨胀物质，因此上述物质是本申请中列举的属于膨胀性扩散基质而不能实现该发明目的的情形。本领域技术人员能够理解这些物质并不包括在权利要求1限定的"非可膨胀性扩散基质"范围内。对于开放式权利要求，如果某些导致发明无法解决所述技术问题的非必要成分已经明确排除，并且这些物质本身已经从权利要求限定的应包含的组分中排除，则不应当要求权利要求中穷举这些不应包含的组分。

因此，本申请权利要求1虽为开放式权利要求，但是其中限定了基质为"基本上非可膨胀性扩散基质"，从而排除了与此性质相反的可膨胀性缓控释基质，本领域技术人员在本申请记载内容的基础上，根据基质的膨胀性质、参照本申请中的示例，可以任选添加除乙基纤维素和脂肪醇以外的非可膨胀性扩散基质，并预期制剂能够实现所述的药物释放模式。

审查意见质疑除了聚甲基丙烯酸酯和HPMC外制剂中如果含有其他的丙烯酸衍生物或羟烷基纤维素衍生物将无法解决本申请的技术问题，但是并未给出证据证明，究竟其他哪些丙烯酸衍生物或羟烷基纤维素衍生物满足本申请中"非可膨胀性扩散基质"的定义，却不能解决本申请的技术问题，达到所述技术效果。因此，审查意见的理由因证据不足而不能成立。

技巧提示：权利要求是否得到说明书的支持的结论是否正确，往往决定于对权利要求本身范围的理解是否正确。从答复的角度来看，可以根据审查意见来分析审查员对权利要求的理解是否存在偏差或误读，据此可以寻找反驳的突破点。上述两个案例均通过对权利要求的正确理解，而提出反驳意见，因而具有较强的说服力，此时对权利要求理解正确的基础上，通常能够说服审查员撤回其审查意见。

三、现有技术提供了支持依据

判断权利要求是否得到说明书的支持，除说明书记载的内容外，还要考虑到现有技术状况。对现有技术掌握或理解的不同，可能影响权利要求能否得到说明书支持的结论。这也是答复该类审查意见经常需要考虑的突破口。

【案例 24 - 4】

相关案情：

权利要求：

1. 筋骨草提取物在制备具有 5α - 还原酶抑制作用的组合物的用途。

2. 根据权利要求 1 的用途，其中所述组合物用于治疗痤疮。

说明书的记载：其中记载两个实施例，实施例 1：筋骨草提取物能够抑制 5α - 还原酶活性；实施例 2：筋骨草提取物能够降低大鼠体内 DHT（5α - 二氢睾酮）的血浆浓度水平。但没有记载使用该提取物治疗痤疮的试验数据。

审查意见：权利要求 2 请求保护组合物用于治疗痤疮的用途，但说明书中仅证明该类组合物能够抑制 5α - 还原酶，并不能证明其能够用于痤疮，现有技术中也没有记载过 5α - 还原酶抑制作用与痤疮治疗具有对应关系，因此权利要求 2 没有以说明书为依据。

（注：专利代理人检索到一本现有技术的相关教科书，其中指出：DHT 具有促进皮脂腺增生与分泌的作用，是皮肤中主要的活性雄激素之一，而皮脂腺分泌过盛以及皮脂腺异常容易导致痤疮发生。影响皮脂腺生理的药物很多，已有大量作为临床治疗痤疮的药物，例如抗雄激素剂。）

分析：审查意见仅根据组合物具有抑制 5α - 还原酶作用而没有进行直接针对痤疮的试验，就得出了权利要求 2 没有以说明书为依据的结论。对于上述意见，现有技术中确实没有记载 5α - 还原酶抑制作用与痤疮治疗的直接对应关系，但是，说明书中还提供了组合物降低 DHT 水平的实施例，而本领域技术人员基于现有技术可以知晓 DHT 对痤疮生长有间接促进作用。因此根据说明书中上述内容，本领域技术人员能够预期筋骨草提取物由于降低 DHT 血浆浓度水平而具备抑制痤疮的作用。所以，审查意见中没有考虑到实施例 2 的内容，在进行意见陈述时可以指出这点。权利要求 2 的技术方案由于能够得到实施例 2 的支持，符合以说明书为依据的要求。

在进行意见陈述时，可提供证明 DHT 血浆浓度水平与痤疮治疗的关系的现有技术作为证据。

意见陈述要点：本申请说明书中记载了筋骨草提取物的降低 DHT 浓度的活性试验。根据意见陈述书附上一份现有技术证明文件（可给出具体书名，出版时间等著录项目）：DHT 具有促进皮脂腺增生与分泌的作用，是皮肤中主要的活性雄激素之一，而皮脂腺分泌过盛以及皮脂腺异常容易导致痤疮发生，能够调节皮脂腺功能的物质包括抗雄激素剂，其也作为治疗痤疮的药物使用。因此，本领域技术人员根据本申请说明书中充分公开的内容，尤其是实施例 2 记载的内容，就能够预期筋骨草提取物由于降低 DHT 水平而可用于痤疮的治疗，即权利要求 2 能够得到说明书的支持。

【案例 24 – 5】❶

相关案情：

权利要求 1：一种胃漂浮型微丸，其特征为：由丸芯和药物层组成，其密度小于 $1g/cm^3$，能够在胃液中持续漂浮并释放药物；所述丸芯选自发泡聚苯乙烯。

说明书的记载： 其中记载本申请的发明目的是研究开发一个不受体内个体酸度影响，容易工业化生产，安全性高的漂浮制剂——胃内漂浮微丸。提供了 5 个具体的实施例，分别制备不同的缓释微丸或者微丸充填的胶囊，各实施例中丸芯材料均为发泡聚苯乙烯，用量不尽相同，丸芯密度均小于 $1g/cm^3$，丸芯以外均具有药物包衣液、保护层包衣液、缓释层包衣液，组成配比各不相同。

审查意见： 权利要求 1 仅限定了微丸的密度以及仅描述了"由丸芯和药物层组成"的结构。然而，微丸的密度以及胃内释放效果与其组成物质、辅料种类及含量有关，要达到"密度小于 $1g/cm^3$"以及胃内缓释的效果，所述微丸中各种辅料的理化性质、分子量或比重及其含量的选择都具有重要影响。为了同时实现所述的缓释效果和漂浮作用并使密度小于 $1g/cm^3$，本申请所述微丸中用于释放药物的包衣材料也是重要的，需要特定的缓释材料才能够既实现缓释的释放作用又使得其加入能够保持所限定的密度，因此药物释放包衣液的组成是特定的而非任意的。说明书中记载的微丸的结构都具有丸芯、药物包衣层、保护层和缓释层，因此仅限定了丸芯的组成导致权利要求得不到说明书的支持。

分析： 根据说明书记载，该发明的目的是研究开发一个不受体内个体酸度影响、容易工业化生产、安全性高的漂浮制剂，即一种胃内漂浮微丸，因此该微丸不需要一定具有药物缓释作用，微丸能够在胃液中保持漂浮状态而滞留在胃中并释放药物就已经实现了本申请的目的。说明书实施例中的微丸具备缓释层仅仅是举例说明。只要具有丸芯和药物包衣层且其密度小于 $1g/cm^3$，本领域技术人员可以合理预期该胃内漂浮微丸即可以实现本申请的目的。而药物包衣层在微丸中的占比相对较小，且很容易控制其密度。因此，权利要求 1 既然已经限定了最关键的丸芯密度，其能否作为实现胃漂浮效果就已经能够预期得到。

意见陈述要点： 现有技术研究表明，漂浮制剂能否在胃内漂浮的关键是其初始漂浮力和持续漂浮力，只有具有持续漂浮力的漂浮制剂才能在胃内实现漂浮滞留。权利要求 1 限定丸芯选自密度极低的发泡聚苯乙烯且限定胃漂浮型微丸"密度小于 $1g/cm^3$"，而胃液的密度为 $1.004 \sim 1.010\ g/cm^3$，由于胃漂浮型微丸密度小于胃液密度，本领域技术人员基于浮力原理，可以合理预期该胃漂浮型微丸无论药物层单独的

---

❶ 依据专利申请 200710098474.4 改编。

密度如何变化，只要具有丸芯和药物包衣层且其密度小于 $1g/cm^3$ 即可以在胃液中保持漂浮状态，实现本申请的目的。

另外，尽管实施例中的技术方案中使用了由特定的材料和组分制成的微丸，且并未给出实验数据以证明含有任意辅剂及任意用量辅剂所构成的丸芯和各包衣层的微丸都可以实现该发明的目的，但是权利要求 1 限定胃漂浮型微丸"密度小于 $1g/cm^3$"，同时限定了具体的丸芯材料为发泡聚苯乙烯，所属技术领域的技术人员在得知发泡聚苯乙烯和各辅料的密度后，可以对辅料材料进行选择并确定各成分的比例范围，通过常规工艺就能够制备得到密度小于 $1g/cm^3$ 的胃漂浮微丸，进而实现该发明的目的。因此，权利要求 1 能够得到说明书的支持。

技巧提示：权利要求是否得到说明书的支持与现有技术水平有关。因此，许多情况下，申请人可以从现有技术状况来分析，作为反驳的突破口。审查意见的质疑，有可能没有考虑到现有技术状况，或者对现有技术状况理解存在偏差等，此时需要找准审查意见中值得商榷的突破口（如其背后对现有技术考虑缺失或认定偏差等），可以对发明相关的现有技术进行澄清和分析，再提出权利要求得到说明书支持的反驳理由，这样的反驳有理有据，具有较强的说服力，容易被审查员接受。

四、权利要求概括是否合理

权利要求的概括不合理往往是审查员质疑其不能得到说明书支持的最常见的理由，下面通过案例具体说明其答复思路。

【案例 24 -6】❶

相关案情：

权利要求 1：一种毛发的增发方法，其特征是，在需要将毛发变粗的地方一根一根毛发表面上，涂敷毛发的耐水性增发部剂并固定，在毛发上形成筒状或鞘状增发保护膜，所述耐水性增发部剂由含有 5 重量% ~95 重量% 的耐水性树脂成分的低级醇溶液组成，所述低级醇为乙醇或异丙醇，所述耐水性树脂选自：

（1）N - 辛基丙烯酰胺和丙烯酸酯共聚合体的非中和物；

（2）丙烯酸烷基酯和双丙酮丙烯酰胺和甲基丙烯酸共聚合体的非中和物；

（3）丙烯酸烷基酯和甲基丙烯酸烷基酯和双丙酮丙烯酰胺和甲基丙烯酸共聚合体的非中和物；

（4）乙酸乙烯酯和丁烯酸共聚合体的非中和物；

（5）丁烯酸和乙酸乙烯酯和新癸酸乙烯酯共聚合体的非中和物；

（6）N - 辛基丙烯酰胺和丙烯酸羟丙基酯和甲基丙烯酸丁胺基酯共聚合物的非中和物；

（7）羧基化改性乙酸乙烯酯聚合物的非中和物的单品或者混合物以及共聚合物。

说明书的记载：其中记载了 10 个增发部剂的实施例，分别涉及上述列举的聚合物的部分种类（第 2、4、5、7 种），其他种类没有实施例。

---

❶ 参见专利申请 200580019374.7。

审查意见：该发明要解决的技术问题是增加发量并提高其耐水性和持久性。本领域技术人员公知树脂的化学结构不同，其性质例如韧性、与毛发的亲和性等各不相同，树脂与溶剂的配伍也将影响所成膜的性能，因此由树脂成分和溶剂乙醇或异丙醇组成的增发部剂是否能够具有持久性，需要对其最终性能效果进行考察，即通过确凿的实验进行验证。而本申请说明书仅通过实施例证实了有限的树脂种类如乙酸乙烯酯和丁烯酸共聚合体、丁烯酸和乙酸乙烯酯和新癸酸乙烯酯共聚合体、羧基化改性乙酸乙烯酯聚合物的非中和物的树脂（分别对应于权利要求1中限定的第2、4、5、7种耐水性树脂）能够用于增发部剂以解决该发明的技术问题并达到所述效果。除了上述树脂以外的权利要求1中所限定的其他树脂种类，诸如"N-辛基丙烯酰胺和丙烯酸酯共聚合体的非中和物""丙烯酸烷基酯和甲基丙烯酸烷基酯和双丙酮丙烯酰胺和甲基丙烯酸共聚合体的非中和物"等与前述具体的树脂化学结构相差较大，且没有效果例支持，根据说明书的记载本领域技术人员难于预见除上述树脂以外的任意种类树脂的技术方案都能解决该发明的技术问题并达到所述效果。因此，权利要求不能得到说明书的支持，不符合《专利法》第二十六条第四款的规定。

分析：对于上述审查意见，审查员认为权利要求涵盖的聚合物范围不合理，应当具体分析审查员认为没有效果试验支持的聚合物种类，可从结构、效果等方面入手，看它们与能得到试验例支持的聚合物之间存在什么关联或者共性，从已有的效果实施例中能否推知这些物质具有类似作用。

具体而言，权利要求1中所涉及的物质均为不同的酰胺、烯酸以及烯酯的聚合物的非中和体，属于同一类聚合物质，现有技术中也均是发用定型产品的常规成分，由于结构单元的不同理化性质相应有所不同，而且这些不同的结构单元彼此间具有关联，例如具有实施例支持的丙烯酸烷基酯和双丙酮丙烯酰胺和甲基丙烯酸共聚合体基础上再聚合甲基丙烯酸烷基酯，就得到了并没有相关实施例的丙烯酸烷基酯和甲基丙烯酸烷基酯和双丙酮丙烯酰胺和甲基丙烯酸共聚合体，并且各结构单元对应的性能效果也是已知的。以此类推，已有的实施例应当能够支持权利要求1所限定的各种类耐水性树脂。

意见陈述要点：本领域技术人员知晓，丙烯酸及其酯类共聚物是发用定型产品中典型的成膜聚合物，丙烯酸、甲基丙烯酸、丁烯酸、丙烯酸酯类以及N-烷基丙烯酰胺均为常用的定型聚合物所选择的单体成分。丙烯酸酯类的主要功能是为共聚物提供硬度和增加共聚物刚性；丙烯酸、甲基丙烯酸、丁烯酸使共聚物水溶解性增加，提供共聚物对头发粘附性；N-烷基丙烯酰胺增加共聚物刚性和定型作用，提供共聚物的耐湿性，并使共聚物对头发具良好的亲和性。不同单体赋予共聚物不同的性能，树脂成分是否能够实现该发明的目的，应当根据各种单体的特性及其赋予共聚物的性能进行判断，例如本申请实施例中涉及的"丙烯酸烷基酯和双酮丙烯酰胺和甲基丙烯酸共聚合体液非中和物"，其中的丙烯酸烷基酯为共聚物提供硬度和耐湿性，甲基丙烯酸的存在使共聚物的水溶解性增加，双酮丙烯酰胺中酮、胺官能团的存在使共聚物对头发具有良好的亲和性，三种单体共聚形成的共聚物经证实实现了良好的增发效果。权利要求1中涉及的没有效果例支持的"丙烯酸烷基酯和甲基丙烯酸烷基酯和双丙酮丙烯酰胺和甲基丙烯酸共聚合体的非中和物"是在上述经实施例验证具有良好增发效果的"丙烯酸烷基酯和双酮丙烯酰胺和甲基丙烯酸共聚合体液非中和物"的基础上共聚甲基丙烯酸烷基酯而得到的,甲基丙烯酸烷基酯能够增加共聚物的刚性及定型作用,使共聚物具有耐湿性,该水不溶性单体的增加使共聚物成为水溶性时比原共聚物更难被洗掉,即比实施例验证的共聚物具有更强的耐水性。同时,二者结构上的相似性决定了性质上的相似,在此基础上,本领域技术人员可以预期该"丙烯酸烷基酯和甲基丙烯酸烷基酯和双丙酮丙烯酰胺和甲基丙烯酸共聚合体的非中和物"具有与"丙烯酸烷基酯和双酮丙烯酰胺和甲基丙烯酸共聚合体液非中和物"相似的溶解性以及成膜性能,即能够实现良好的增发效果。

其次,对于权利要求1中涉及的"N-辛基丙烯酰胺和丙烯酸酯共聚合体的非中和物"和"N-辛基丙烯酰胺和丙烯酸羟丙基酯和甲基丙烯酸丁胺基酯共聚合物的非中和物",其中"N-辛基丙烯酰胺和丙烯酸酯共聚合体的非中和物"是在丙烯酸酯的基础上共聚N-辛基丙烯酰胺得到的;"N-辛基丙烯酰胺和丙烯酸羟丙基酯和甲基丙烯酸丁胺基酯共聚合物的非中和物"是在丙烯酸羟丙基酯和甲基丙烯酸丁胺基酯共聚合物的基础上共聚N-辛基丙烯酰胺得到的。丙烯酸酯、丙烯酸羟丙基酯和甲基丙烯酸丁胺基酯三者均属于丙烯酸酯类共聚物,能够增加共聚物刚性及定型作用,提供共聚物的耐湿性,羟基和胺基的存在使共聚物易于共聚并且改善共聚物对头发的亲和性。而N-辛基丙烯酰胺为疏水性单体,在大分子链中引入该疏水基团后,水溶液中大分子之间的疏水缔合作用明显增加。即N-辛基丙烯酰胺引入共聚物后使共聚物具有更强的疏水性,在此基础上,本领域技术人员可以预期"N-辛基丙烯酰胺和丙烯酸酯共聚合体的非中和物"和"N-辛基丙烯酰胺和丙烯酸羟丙基酯和甲基丙烯酸丁胺基酯共聚合物的非中和物"能够满足耐水性的要求;并且上述共聚物均属于丙烯酸及其酯类共聚物,与在前的"丙烯酸烷基酯和双酮丙烯酰胺和甲基丙烯酸共聚合体液非中和物"具有相近的溶解性能,上述聚合单体也均为常用的定型聚合物所选择的单体成分,N-辛基丙烯酰胺作为共聚单体同时使共聚物对头发具更好的亲和性,因此形成的共聚物能够满足人类头发的性能要求也是可以预期的,因此权利要求1符合《专利法》第二十六条第四款的规定。

技巧提示: 重点提示一下,对于上位概括受审查意见质疑时,可重点从发明的关键是否利用了该上位概括所包括的下位概念的共同特性来进行争辩。当然,如果该上位概括中某些不能适用于该发明的情形,则进一步判断是否是本领域技术人员显然能排除的情形,或者考虑对该上位概括增加适当的限定以明确排除这些不能适用的下位概念。

对于并列选择概括受到质疑时,则需要明确被质疑的并列选择要素与能够得到支持的并列要素之间的关系,如果具有使发明能够成立的共同特性,则可以进行有力的反驳。上述案例具有一定的代表性,其中的思路值得借鉴。

第二十五章　权利要求不清楚审查意见答复的案例剖析

《专利法》第二十六条第四款中规定：权利要求书应当清楚、简要地限定要求专利保护的范围。权利要求书的清楚，一是指每一项权利要求应当清楚，具体包括主题名称清楚、用词清楚、技术方案整体清楚；二是指构成权利要求书的所有权利要求作为一个整体也应当清楚。《专利审查指南 2010》中对于权利要求中不清楚的情形进行了大量的举例，因此在撰写过程中首先应当避免出现其中列举的明显不清楚的情况。

就医药和生物领域而言，均存在大量的专业术语，同词多义、同义多词现象十分常见，并且在专利申请中可能出现申请人自定义词语，其定义可能仅记载在说明书中而未在权利要求中体现，也可能与现有技术中的术语相同但具有不同范围的定义；另外，制备方法中往往步骤繁多，常使用参数限定，这些都可能导致权利要求涉及的技术方案复杂、权利要求保护范围存在不清晰之处。实际情况中涉及不清楚的争议，多集中在以下几方面。

（1）类型不清楚。通常主题名称决定了权利要求的类型，比如方法（包括用途）、产品，模糊不清的主题名称比如"产品及制造方法""一种技术"等属于《专利审查指南 2010》明确规定的不清楚的主题名称，但是除此之外还可能出现一些相对模糊难辨或者审查员认为不恰当的主题名称，例如"一种药物组合物的配方""配方"涵盖"配方组成""配制方案"的含义，难以明确指代的究竟是产品或是方法。

（2）对技术术语及其涵盖范围的理解。通常，已有的技术用语是具有固定的、公知的含义的，但在医药领域中常见如下情形：

① 商品名、化学名、异名等导致的同词多义、同义多词：例如中药鸡眼草既是一种中药正名，也是短穗铁苋菜、小金钱草的异名。

② 不同的工具书中记载的含义可能不尽相同，或者不同的语境中词语表达的含义有所不同；或者申请人在说明书中对已有术语进行了自定义。

③ 使用了现有技术中从未出现的自定义词。

（3）用于表达程度但含义不确定的用语造成保护范围不清楚："高温""强""厚"等。

（4）部分语句或者内容表达不清或不完整或者前后相矛盾，导致权利要求整体技术方案模糊不明。

因此，针对不清楚的审查意见，首先应当分析审查员指出的不清楚属于哪种具体情况，争议点是什么，说明书中是否记载了相关内容，之后结合相应领域中的具体情况来进行答复。

（1）权利要求类型不清楚的情况，在不超范围情况下可以修改主题名称或者结合本领域对于该主题名称的理解，陈述权利要求类型清楚或在该语境中具有唯一理解的理由。

（2）解释、澄清技术术语在本申请中正确且唯一的含义，可辅以工具书、现有技术文件来佐证，对于词义不唯一对应的情况，还需要结合说明书中内容，从本领域技术人员角度出发，阐述哪一种含义是唯一能够在该技术方案中能够解决技术问题、实现技术效果的，或者取其他含义时明显无法解决技术问题的，以证明权利要求现有保护范围正确合理；如果是自定义词或者定义不同于公知含义的词语，在进行意见陈述的同时，还需要将说明书中明确记载的定义补充到权利要求书中。

（3）对于表达程度的用语，需要结合相应技术领域中的一般理解，说明表达程度的用语是现有技术中的常规表达，具备本领域技术人员能够知晓的清楚的范围，对现有技术的陈述最好做到理证结合，既有理论上的解释，也可以辅以一些实例证明，比如通常指代具体的数值范围等；

（4）分析引起争议的语句或内容的含义，解释权利要求整体技术方案是什么、现有权利要求已经达到了本领域技术人员能够理解的程度，有时可能需要引证说明书中的内容进行解释。

一、主题名称不清楚

【案例 25－1】

相关案情：

权利要求1：一种包含去氨加压素和药学可接受载体的药物剂型，其适合于鼻内、舌下、口腔、透黏膜、经皮或皮内给药，当给予患者时可建立约0.1微微克去氨加压素/mL 血浆/血清至约10.0微微克去氨加压素/mL 血浆/血清的稳定的血浆/血清去氨加压素浓度并减少尿的产生。

审查意见： 权利要求1要求保护的主题"药物剂型"模糊不清，不清楚是产品还是方法，仅为一种药物形式的表观或者说是一种信息表达。因此，权利要求1不符合《专利法》第二十六条第四款关于权利要求应当清楚的规定。

分析： 审查意见将"药物剂型"按照字面含义机械地理解为药物制剂的形态，这与本领域的普遍理解不符，本领域技术人员能够将该用语理解为指代具有各种剂型形式的产品。

意见陈述要点： "药物剂型"在医药领域应被理解是指具有一定物理形态的药物产品，其是例如片剂、胶囊剂等的上位概念，因此，能表明要求保护的主题是一种产品，因此权利要求1的主题类型是清楚的，符合《专利法》第二十六条第四款的规定。

技巧提示： 申请人可以通过陈述解释权利要求1是清楚的，但为了更明确，也可以主动修改为如"药物制剂"或"药物"。在本案例中，如果征得审查员的同意或应审查员的要求，也可以修改。

二、术语、词语是否清楚

【案例 25 – 2】

相关案情：

权利要求中有如下记载："……所述雷帕霉素为 CCI – 779。"

审查意见：权利要求中的 CCI – 779 为雷帕霉素的酯，与雷帕霉素为不同的化合物，存在不清楚的问题。

分析：说明书记载了"雷帕霉素"的含义，其不仅包括雷帕霉素本身，还包括其所有类似物、衍生物和同类物。权利要求限定了"雷帕霉素"为 CCI – 779，是在本申请所定义的"雷帕霉素"的范围中进行了具体化合物的选择，并不会导致不清楚。

意见陈述要点：对于权利要求不清楚的意见，申请人不能认同，因为按照说明书的记载以及本领域的惯常表达，雷帕霉素泛指雷帕霉素类的物质，具体包括雷帕霉素本身、其衍生物、酯、盐等，并且雷帕霉素酯具体包括 CCI – 779，因此，CCI – 779 属于雷帕霉素广义含义中的一种具体物质，权利要求保护范围是清楚的。

技巧提示：如果最初撰写时应当采用更明确地表述即雷帕霉素酯，尽量避免这种配合说明书中内容才能表明权利要求保护范围清楚的情形。

【案例 25 – 3】❶

相关案情：

权利要求 1：一种含有细菌超抗原和抗体的结合物，其中所述超抗原是氨基酸序列为 SEQ ID NO：7 的葡萄球菌肠毒素 E 的变体，其与葡萄球菌肠毒素 E 的不同在于其具有以下氨基酸取代，其中所述氨基酸取代的位置对应于 SEQ ID NO：7 上氨基酸的位置：

（i）第 20 位的氨基酸为甘氨酸或其保守变体，第 21 位的氨基酸为苏氨酸或其保守变体，第 24 位的氨基酸为甘氨酸或其保守变体，第 27 位的氨基酸为赖氨酸或其保守变体，第 227 位的氨基酸为丝氨酸或丙氨酸或其保守变体；并且

（ii）所述超抗原的氨基酸序列至少有一个 C 区的氨基酸被不同的氨基酸取代，使得所述超抗原变体与氨基酸序列为 SEQ ID NO：7 的葡萄球菌肠毒素相比具有减弱了的血清反应性，所述 C 区中的氨基酸取代的位置选自第 74、75、78、79、81、83 和 84 位。

审查意见：权利要求 1 中出现的"C 区"含义不清楚，导致权利要求 1 保护范围不清楚。

分析：审查意见指出"C 区"含义不清楚，实际上是指 C 区所指代的氨基酸序列不清楚。权利要求 1 中确实没有直接对"C 区"进行定义，但是，C 区指代的氨基酸并非仅能通过 C 区定义来加以描述，权利要求 1 中也从另一方面进行了限定，即"所述超抗原是氨基酸序列为 SEQ ID NO：7 的葡萄球菌肠毒素 E 的变体，其与葡萄球菌肠毒素 E 的不同在于其具有氨基酸取代"，"所述氨基酸取代的位置对应于 SEQ ID NO：7

---

❶ 参见专利申请 02813104.5。

上氨基酸的位置"，并且"所述 C 区中的氨基酸取代的位置选自 74、75、78、79、81、83 和 84 位"，也就是说，权利要求 1 技术方案是在一条已知的氨基酸序列上，对于某几个固定的位置进行了取代，C 区是对上述位置的另一种自命名的表述方式，因此其指代的氨基酸序列位置实质上是清楚的。

意见陈述要点：首先，申请人在权利要求 1 中（ii）中的"C 区中的氨基酸取代的位置"增加"对应于 SEQ ID NO：7 上氨基酸的"的表述，即进一步明确了所述 C 区中的氨基酸取代的位置选自对应于 SEQ ID NO：7 上氨基酸的第 74、75、78、79、81、83 和 84 位。

因此，上述所谓 C 区氨基酸取代的位置实际上是根据 SEQ ID NO：7 的序列确定的。本领域的技术人员根据 SEQ ID NO：7 的序列以及上述取代位置即可清楚、唯一地确定发生在超抗原中的氨基酸取代的位置，该位置的确定无须依赖于 C 区在序列上的位置。因此，权利要求 1 保护范围是清楚的。

技巧提示：虽然像本案例可以争辩权利要求实质上是清楚的，但在撰写原始专利申请文件中还是应当尽量避免这种情况的出现，以免导致审查程序延长。

【案例 25 - 4】❶

相关案情：

权利要求 1：一种用于确定蛋白质中的 CD8 + 表位的方法，包括以下步骤：

（a）从单一人血源获得树突状细胞的溶液和原初 CD8 + T 细胞的溶液；

（b）在树突状细胞的所述溶液中分化所述树突状细胞，以产生分化的树突状细胞的溶液；

（c）从所述蛋白质制备肽集；

（d）将所述 CD8 + T 细胞的所述溶液与抗 CD40 抗体组合起来，以提供 T 细胞和抗体的溶液；

（e）将所述分化的树突状细胞和所述肽集与所述 T 细胞和抗体的溶液组合起来；和

（f）测量所述 T 细胞在所述步骤（e）中的增殖。

说明书的记载：其中记载了来自 HPV E7 肽集（HPV18 E7 pepset）的低反应肽和无反应肽，进行 INF - γELISPOT（INF - γ 酶联免疫斑点分析）测定。

审查意见：由于权利要求 1 步骤（c）和（e）的"肽集"不是本领域通用术语，本领域技术人员无法明确其含义，说明书也没有对此进行解释。尽管申请人提交的作为附件的参考文献也提及了肽集，但是并没有对肽集提供本领域通用合理的定义，因此权利要求 1 的保护范围仍然是无法清楚界定的。

分析："肽集"并非申请人完全杜撰出的词语，而是现有技术中出现过的已知的用语，这一点已由申请人提交的附件作出佐证（参考文献 1：Multipin peptide libraries for antibody and receptor epitope screening and characterization. Gordon Tribbick 等，公开日 2002 年 5 月 14 日），并且"肽集"可以从字面进行理解，即肽的集合，是一种相对宽

---

❶ 参见专利申请 200480025351.2。

泛的定义，虽然没有指定具体的肽的种类，但是用于相对简略地表达一类由肽组成的集合物，以区别于其制备原料是有意义且可以接受的，而且在申请人提交的附件中该词语所表达的也是这种含义；此外，说明书中记载的内容也表明肽集（HPV18 E7 pep-set）含有低反应肽和无反应肽，是多种肽的集合。因此，"肽集"的含义就是指肽的集合，其含义清楚。

为了增强说服力，可以提交现有技术的证据。

意见陈述要点： 首先，"肽集"从字面含义可以理解为肽的集合；而且，申请人提供的附件中的两份参考文献的公开日都在本申请的优先权日之前，其中都使用了"pepset"一词，参考文献1中将"pepset"解释为"peptide libraries"即"肽文库"，可见现有技术参考文献中所述"pepset"就是指肽的集合。而说明书中也记载了"肽集"（pepset）这一概念，并进一步解释其包含感兴趣的蛋白质，尽管这一概念是出现在优选的实施方案中，但也表明"肽集"是包含肽的物质，并且说明书还进一步记载"来自HPV E7肽集（HPV18 E7 pepset）的低反应肽和无反应肽"表明HPV E7肽集（HPV18 E7 pepset）含有低反应肽和无反应肽，是多种肽的集合。

综合上述分析，本领域技术人员可以理解，"肽集"就是指肽的集合，所述集合中包含了多种肽，权利要求1的步骤（c）"从所述蛋白质制备肽集"可以理解为"从所述蛋白质制备多种肽的集合"。因此，尽管术语"肽集"不是严格意义上的科学术语，但是本领域技术人员根据其用词，结合说明书记载的内容和本领域的常识，能够清楚理解其在权利要求1中的含义，因而该术语的使用不会导致权利要求1的保护范围不清楚。

三、技术方案整体清楚

【案例 25 –5】
相关案情：
权利要求1：其中记载"杂菌分散细菌培养基的配方为：棉籽壳栽培料1%～50%、蛋白胨1%、酵母浸粉0.5%、氯化钠0.5%、磷酸氢二钾0.2%、琼脂粉1.5%～2%，制作时先用部分水冷浸提栽培料中杂菌，然后将滤液与预溶的其他组分混合煮沸，随即分装成试管，试管封门"。

审查意见： 权利要求中涉及细菌培养基的配方，所限定的各组分的含量百分数之和小于100%，且不满足某一组分的下限值＋其他组分的上限值≥100这一条件，从而造成该权利要求不清楚。

分析： 权利要求1中限定用量的物料均为固体，仅这些物料并不能构成培养基，还需要溶剂，在微生物领域公知，培养基配制过程中最常用的溶剂就是水，并且权利要求中还包括混合煮沸的步骤，因而本领域技术人员可确定权利要求1虽然是一个完整技术方案，但未写明所有用料，可根据常识判断出所述培养基中必然还包含水，通过加入水可使其各成分之和达到100%，可见权利要求中整体技术方案是清楚、明晰的，权利要求保护范围清楚。

意见陈述要点： 审查意见指出权利要求限定的各组分的含量百分数之和小于

100%，而不清楚。对此，申请人不能同意审查员的意见。由于权利要求涉及的是培养基，除采用棉籽壳栽培料、蛋白胨、酵母浸粉、氯化钠、磷酸氢二钾、琼脂粉外，在制作过程中还需要使用水，权利要求中也限定了"制作时先用部分水冷浸提栽培料中杂菌，然后将滤液与预溶的其他组分混合煮沸"。因此，本领域技术人员可以确定培养基中还含有水，可通过加入水使其各成分之和达到100%，因而权利要求是清楚的。

技巧提示：在专利申请实践中，有时确实会发生撰写的封闭式组合物各组分含量百分比之和存在不符合100%的情形，此时有两种可能的修改方式：一种是根据说明书实施例修改其中明显不符合要求的某个组分的端点值；另一种是在其后增加"上述各种组分之和为100%"。

但上述修改在国家知识产权局审查实践中也存在一些争议，因此在撰写时应当特别注意避免。此外，为了减少这种情形的发生，对于封闭式组合物最好采用各组分之间的配比关系来限定，但需要注意计量单位，以避免不同的理解。

【案例25-6】❶

相关案情：

权利要求1：一种通过基因工程获得的桥石短小芽孢杆菌，其特征在于：其中与孢子形成相关的基因 hos 失活并且具有 SEQ ID NO：1 的碱基序列，因而其不形成孢子。

说明书记载：其中记载该发明尝试通过用诱变剂处理亲代菌株桥石短小芽孢杆菌HPD31（保藏号为 FERMBP-1087，此前曾用作宿主生产重组蛋白）获得突变体，以获得不具备孢子形成能力的桥石短小芽孢杆菌。发明克隆了与孢子形成相关的基因 hos 的 DNA 序列（SEQ ID NO：1），按照类似于已知的同源重组的方法对桥石短小芽孢杆菌基因组上的特定蛋白酶基因进行失活，因而构建了其中所述基因失活的桥石短小芽孢杆菌，实验证实该菌株不具备孢子形成能力。

审查意见：所述的桥石短小芽孢杆菌是在亲代菌株（保藏号为 FERMBP-1087 的桥石短小芽孢杆菌 HPD31）的基础上，通过诱变剂使其发生突变后筛选得到的，并通过验证确定突变基因为 SEQ ID NO：1 所示的 hos 基因，权利要求1中仅用 hos 基因失活来限定桥石短小芽孢杆菌，该菌的其他结构并不清楚，由于亲代菌株 HPD31 的特异性，因而权利要求1不能清楚、完整地描述该发明所述的新型桥石短小芽孢杆菌的结构。因此所述权利要求不清楚。

分析：按照审查意见，如果不进行争辩，就只能修改成由特定保藏号限定的原始菌株才能克服不清楚缺陷，但这样会使得权利要求范围较小，与该发明实质贡献不相称。

对于通过基因工程的方法获得的具有特定特征的微生物，只要在权利要求中清楚地定义由于使用了基因工程的方法带给所述微生物特定特征就能够清楚地限定要求保护的微生物。权利要求请求保护的主题已经明确为"桥石短小芽孢杆菌"，该菌是本领域已知的微生物菌种，另外特征部分清楚地限定了其不能形成孢子，与孢子形成相关的具有 SEQ ID NO：1 序列的 hos 基因失活。则该权利要求的范围应为由与孢子形成相

---

❶ 根据专利申请 200480032747.X 改编。

关的具有 SEQ ID NO：1 序列的 *hos* 基因失活而导致不能形成孢子的桥石短小芽孢杆菌，其除了具有所述 *hos* 基因失活、不能形成孢子的特定特征之外，其他特征应属于桥石短小芽孢杆菌的种本身具有的结构和特征，因此权利要求是清楚的。即对于通过基因工程的方法获得的具有特定特征的微生物，在权利要求中定义了使用基因工程的方法带给所述微生物的特定特征，并且该微生物其他特征是公知的，则这样的限定是清楚的。

意见陈述要点：申请人不能同意审查员的观点。该发明是通过基因工程的方法获得的具有特定特征的微生物，权利要求 1 请求保护的主题已经明确为"桥石短小芽孢杆菌"，该菌是本领域已知的微生物菌种，同时权利要求 1 特征部分清楚地限定了其不能形成孢子，与孢子形成相关的具有 SEQ ID NO：1 序列的 *hos* 基因失活。该权利要求的范围应为由与孢子形成相关的具有 SEQ ID NO：1 序列的 *hos* 基因失活而导致不能形成孢子的桥石短小芽孢杆菌，其除了具有所述 *hos* 基因失活、不能形成孢子的特定特征之外，其他特征都是属于桥石短小芽孢杆菌种的原有结构和特征，因此权利要求是清楚的。

第二十六章　公开不充分审查意见答复的案例剖析

《专利法》第二十六条第三款规定：说明书应当对发明作出清楚、完整的说明，以所属技术领域的技术人员能够实现为准。《专利审查指南2010》中进一步明确，所属技术领域的技术人员能够实现，是指所属领域的技术人员按照说明书记载的内容，就能够实现该发明的技术方案，解决其技术问题，并且产生预期的技术效果。医药和生物领域中，公开不充分的审查意见主要涉及以下几方面。

（1）化学产品公开不充分。包括没有给出能确认相关结构的谱图、定性定量数据，没有给出清楚完整的制备方法和用途，需要注意，即使是结构首创的化合物，也需要在说明书中记载至少一种制备方法和至少一种用途。

（2）化学方法公开不充分。包括制备方法或其他方法中的原料物质的成分、性能、制备方法或来源是否为本领域技术人员能够知晓的，制备工艺步骤和条件是否已经清楚记载。

（3）化学产品用途公开不充分。化学产品的用途包括新产品的用途和已知产品的新用途，无论哪一种用途，说明书中都应当记载所使用的化学产品、使用方法以及所取得的效果，由于化学领域中对于物质结构与效果的预测效果有限，因此通常需要提供支持所声称效果的实验数据。

（4）生物领域申请中所涉及的生物材料如果不是公众能够得到的，是否已在申请日前按规定保藏。

判断说明书公开充分与否的关键在于说明书中对于解决技术问题的技术手段以及技术效果的记载。因此，对于涉及公开不充分的审查意见，可以从以下几点出发进行争辩。

（1）对于缺乏确认化学产品的谱图或数据、缺少验证化学产品用途的实验数据的意见。首先，不能为克服公开不充分而补交在原始专利申请文件中没有记载的实验数据，因为判断说明书是否充分公开须以申请日提交的原说明书和权利要求书记载的内容为准。但是，可以提交现有技术证据或根据现有技术进行抗辩，比如新的化合物是在已知的化合物结构上进行的结构修饰，所述的反应位点上发生化学反应的过程、制备条件都是已知的，本领域技术人员在看到新化合物的结构描述上就知道该化学反应能够发生、产物可以预期。另外，根据化合物的结构、同类结构物质的已知作用就能够预期该化合物具有相似的作用。上述情况中，即使没有提供数据也可以通过陈述证明化学产品或用途已充分公开。

（2）对于技术手段模糊不清、不能实现的审查意见。首先可以依据说明书的记载明确要解决的技术问题，解释为解决该技术问题需要哪些技术手段，而说明书中是否已经公开了足以解决所述技术问题的技术手段，本领域技术人员基于现有技术和普通技术知识就能判断根据说明书中内容可以实现该发明技术方案。

（3）可以从本领域技术人员角度出发，争辩说明书之所以未对技术手段进行更具体的说明，是因为所述的技术手段是本领域已知甚至熟知的，且其在本申请中也起到同样作用，说明书中对于效果的描述也是清楚的，可以结合现有技术情况，解释说明书记载的技术方案客观上能够起到什么效果、本领域技术人员基于现有技术就知晓采用哪些已知的具体手段可以实现技术方案、能够解决技术问题。此种情况可能需要补充现有技术作为佐证，必要时可以提供现有技术或公知常识证据。

一、根据说明书记载内容进行反驳

【案例 26 – 1】

相关案情：

权利要求1：包含不同 HIV – 1 基因片段的异源基因重组病毒，其中所述该异源基因的 DNA 序列具有 SEQ ID NO：1 所示的 cr3 基因的序列。

说明书的记载： 该发明的本质在于，构建由 HIV 蛋白质富含 CTL 表位的区域组成的嵌合基因，其中这些区域选自在病毒生活周期的即早期表达的内部保守蛋白质和调节蛋白，并具体公开由嵌合基因 cr3（序列如于 SEQ ID NO：1 所示）。以 cr3 嵌合基因导入亲本病毒 FPV 的减毒株 HP –438，以获得含 cr3 的减毒病毒株 FPCR3，并以此验证了其免疫原性和效果。

审查意见： 本申请涉及包含不同 HIV – 1 基因片段的嵌合基因 cr3，用于构建含有该基因的重组病毒的减毒株 FPCR3 的亲本 HP –438 没有根据《专利法》的规定进行保藏，导致本领域技术人员在本申请的申请日前无法实施该发明，因此说明书公开不充分。

分析： 本申请的本质是获得嵌合基因 cr3，其中利用减毒株 HP –438，仅仅是为了验证该嵌合基因的效果。因此，不是完成该发明所必须使用的生物材料，即使未进行专利程序的保藏，也不影响发明的实施。

意见陈述要点： 本申请的目的虽然是获得具有更好效果疫苗，但发明的关键在于将 HIV 蛋白质富含 CTL 表位的区域组成的嵌合基因作为免疫原编码基因，以此制备减毒疫苗。说明书中使用到的亲本减毒株 HP –438 仅仅是为了验证说明书中已经给出嵌合基因 cr3 的序列，本领域技术人员能够制备该嵌合基因，也可选择其他合适的病毒或质粒载体来表达 cr3，因而减毒株 HP –438 未进行保藏并不会导致说明书公开不充分。综上，本申请说明书符合《专利法》第二十六条第三款的规定。

【案例 26 – 2】❶

相关案情： 本申请涉及一种重组水痘 – 带状疱疹病毒以及与其相关的药物组合物和制备方法。该发明的目的之一在于提高水痘带状疱疹疫苗的品质控制和品质保证的精度，以确保、保证减毒活水痘疫苗的有效性，安全性和均质性，同时提供一种优于 Oka 株的，经改变的水痘 – 带状疱疹病毒疫苗，建立通过诱变生产重组水痘 – 带状疱疹

---

❶ 参见专利申请 200580014523.0。

病毒的方法。

该发明为解决上述技术问题采取的技术手段是将BAC（大肠杆菌人工染色体）载体序列插入到水痘－带状疱疹病毒基因组的非必需区域中，使重组病毒基因组可以作为BAC在细菌细胞中进行操作。当将含有水痘－带状疱疹病毒基因组的BAC引入到哺乳动物细胞中时，所述重组水痘－带状疱疹病毒即可产生并增殖。

本申请共有5个实施例，实施例1表明重组病毒基因序列在大肠杆菌中稳定复制，获得了包含BAC序列的重组VZV病毒（rV01）和不含BAC序列的VZV病毒（rV02）。实施例2证明重组水痘病毒rV02在哺乳动物细胞中与水痘病毒Oka株表现同等的增殖能力。实施例3涉及弱致病性的变异型重组水痘－带状疱疹病毒的制备。实施例4涉及由实施例1中的重组病毒制备疫苗。实施例5涉及采用实施例4中的疫苗做动物实验，证明重组水痘－带状疱疹病毒疫苗与Oka株在诱导抗VZV抗体方面能力等同。

审查意见：该发明的目的在于提高水痘带状疱疹疫苗的品质控制和品质保证的精度，以确保、保证减毒活水痘疫苗的有效性，安全性和均质性。此外，该发明还为了研制一种优于Oka株的、经改变的水痘－带状疱疹病毒疫苗，建立通过诱变生产重组水痘－带状疱疹病毒的方法。

本申请说明书实施例1~5分别为重组水痘－带状疱疹病毒rV02的制备、增殖性考察、制备成疫苗以及注射疫苗后的抗体效价测定。抗体效价的测定中确认重组水痘－带状疱疹病毒疫苗与Oka株同等程度地诱导抗VZV抗体，但是，对于所述疫苗的效果仅给出了"确认重组水痘－带状疱疹病毒疫苗与Oka株同等程度地诱导抗VZV抗体"这样一种断言性结论，并没有给出其抗体效价的实验结果，也未给出其与Oka株比较的结果，这种效果描述不属于可接受的实验结果，因而本申请属于"说明书中给出了具体的技术方案，但未提供实验证据，而该方案又必须依赖实验结果加以证实才能成立"的情况，导致本领域技术人员无法实现所述技术方案。

分析：该发明说明书公开是否充分的争议焦点是，该发明的重组水痘－带状疱疹病毒是否能够解决该发明要解决的技术问题，即是否能够在细菌载体中稳定复制，并能够作为疫苗株诱导免疫反应。

该发明实施例1已经证实该发明的重组VZV－BAC－DNA能够在大肠杆菌中稳定复制，从而解决了现有技术中病毒传代产生的遗传变异问题。实施例2证实了该发明的重组水痘－带状疱疹病毒能够在哺乳动物细胞中稳定增殖，即保证了其作为疫苗株的可行性。至于该发明的重组水痘－带状疱疹病毒作为疫苗株的免疫原性，本领域技术人员完全可以合理预测。从该发明设计方案可以看出，BAC序列插入在基因11的ORF的侧翼区域或基因12的ORF侧翼区域中，即VZV基因组的任何一个ORF未被破坏，其ORF表达的与病毒毒力、免疫原性相关的基因均无变化。因此，无论实施例5的描述定性为"断言性结论"抑或"实验结论"（认为应当定性为"实验结论"），都不影响本领域技术人员在阅读说明书后，得出该发明的重组病毒能够在细菌载体中稳定复制，并能够作为疫苗株诱导免疫反应的结论。因此，本申请说明书公开充分，符合《专利法》第二十六条第三款的规定。

意见陈述要点：申请人不能同意审查意见。具体理由如下：

本申请要求保护一种"重组水痘－带状疱疹病毒"以及与其相关的药物组合物和制备方法。该发明实施例 1 已经证实该发明的重组 VZV－BAC－DNA 能够在大肠杆菌中稳定复制，从而解决了现有技术中病毒传代产生的遗传变异问题。实施例 2 证实了该发明的重组水痘－带状疱疹病毒能够在哺乳动物细胞中稳定增殖，即保证了其作为疫苗株的可行性。至于该发明的重组水痘－带状疱疹病毒作为疫苗株的免疫原性，本领域技术人员完全可以合理预测。从该发明设计方案可以看出，BAC 序列插入在基因 11 的 ORF 的侧翼区域或基因 12 的 ORF 侧翼区域中，即 VZV 基因组的任何一个 ORF 未被破坏，其 ORF 表达的与病毒毒力、免疫原性相关的基因均无变化。

实施例 4 描述了如何将实施例 1 所获得的重组水痘－带状疱疹病毒 rV02 制备成疫苗；实施例 5 描述了将实施例 4 中制备的疫苗以及 OkaZ 株活疫苗分别接种到豚鼠上，接种后第 4 周、第 6 周、第 8 周，从各接种豚鼠的大腿部静脉采血，测定其血液中抗体的效价。对于抗体效价的测定采用中和法，确认重组水痘－带状疱疹病毒疫苗与 Oka 株同等程度地诱导抗 VZV 抗体。实施例 5 给出实验结论至少属于定性的"实验结论"。那么，根据说明书的描述，本领域技术人员能够得出该发明的重组病毒能够在细菌载体中稳定复制，并能够作为疫苗株诱导免疫反应的结论。因此，本申请说明书公开充分，符合《专利法》第二十六条第三款的规定。

二、争辩技术手段属于现有技术

【案例 26－3】

相关案情：申请涉及一种益智软胶囊的制造方法，所述方法是将益智破壳取仁，过筛，分开皮壳和种子，随后将种子捣碎，加去离子水提取浓缩成流浸膏，干燥，或加维生素 E 醋酸酯、蔗糖酯、菜籽油，制成内容物，在模压丸机中制成软胶囊。其中，制备内容物的具体步骤如下：（1）将益智种子捣碎，在常温下榨取油脂；（2）将油饼粉碎，与益智皮壳混合，用水蒸气蒸馏法提取挥发油；（3）将益智油脂、挥发油以及蒸馏后残渣经水浸提制成的干浸膏粉混合制成混悬内容物。说明书中记载，本申请是针对传统方法制作益智制剂过程以及放置过程中挥发油损失多，提取单一成分不利于综合药效且其中辛辣成分不利于服食的缺陷，提供一种能克服上述缺陷的新的制备益智产品的方法。说明书描述了所述益智软胶囊的制备方法，并提供了若干具体实施例。

审查意见：本申请说明书没有记载制备软胶囊的药物成分益智油脂、挥发油和干浸膏粉三者之间的用量比例，也没有记载维生素 E 醋酸酯、蔗糖酯的用量，以及混悬液与胶液的比例和它们与前者的比例，而这些用量是实施本申请技术方案不可缺少的必要技术特征，在没有详细公开这些技术内容的情况下，本申请不符合《专利法》第二十六条第三款的规定。

分析：首先需要分析发明要解决的技术问题是什么，说明书中未详细记载的用量及比例对于这一技术问题的解决起什么作用，然后判断这些内容的缺失是否会影响到本领域技术人员实施相应的技术方案，是否会影响到技术问题的解决和预期效果的达成。

从说明书记载的内容出发，分析现有技术存在的缺陷，确定该发明要解决的技术问题是"提供一种能够较完全地提取益智所有有效成分的方法"。为了解决这一问题，该发明采用分段提取益智中药材的手段，分段得到益智油脂、挥发油和干浸膏粉，然后将其合并。由于这 3 种分段产物几乎囊括了益智的所有有药用价值的成分。因此，本领域技术人员根据其常识能够推知，三者之间的具体比例无论大小，均不会影响到上述"较完全提取益智所有有效成分"的目的，也不会影响到分段提取等技术手段的实施，不会影响到预期效果的达成，即获得"有效成分完全"的益智产品。即"益智油脂、挥发油和干浸膏粉"的比例关系并非说明书中必须记载的内容，说明书不对上述内容进行具体说明不会影响本领域技术人员实现该发明。

意见陈述要点： 本申请所要解决的技术问题是提供一种能够较完全地提取益智所有有效成分的方法、含有益智有效成分完全、放置过程中挥发油不易逸散、服食方便的益智产品。为解决上述技术问题，该发明采用的技术手段为对益智植物进行分段提取，分段产物分别为益智油脂、挥发油和干浸膏粉，三者合并成为益智提取物。该益智提取物单独或者与包括维生素 E 醋酸酯、蔗糖酯、菜籽油在内的添加成分混合形成混悬液，该混悬液即为最终制得的软胶囊的内容物。

益智是一种已知的药食同源中药材，该发明所采取的提取、制剂各步骤的单元操作均是已知的。对于益智油脂、挥发油和干浸膏粉三者之间的比例，该发明的目的是尽可能完全地将益智成分提取出来并置于终产品当中，从其技术方案，即在益智分段提取后将所有提取物合并也可看出，该发明并不关注于对益智各成分的量进行调整、组配，而是追求将天然存在的成分尽可能完全地提取出来，就比例而言应是尽可能接近于天然比例。因此，说明书对益智油脂、挥发油和干浸膏粉的比例不作限定并不影响该发明的实现。关于维生素 E 醋酸酯、蔗糖酯、菜籽油的用量，从说明书的记载可以理解到这些成分是选择性的成分，或作为填料，或起乳化作用或抗氧化作用。通常药物制品中除活性成分外还包含有载体填料等，本领域技术人员可以对其自行进行选择和调配，显然上述成分的用量属于这种情况，因此说明书中没有限定它们的用量并不影响该发明技术方案的实现。关于混悬液和胶液的比例，该发明已清楚地阐述终产品的形式是软胶囊，明确说明采用现有技术中已知的模压法制备该软胶囊。显然，药液（即混悬液）和胶片乃至胶液的比例是现有胶囊制备技术中已知的，该发明仅采用现有制剂技术而并不对其进行特殊限定显然不会影响该发明技术方案的实现。

【案例 26 - 4】

相关案情： 本申请涉及平创药水，其原料为多衣皮、冰片和水。权利要求请求保护包含以多衣皮、冰片和水为原料的平创药水。

审查意见： 对于制成药物的其中一种原料药"多衣"，本领域技术人员并不知晓该原料药物的植物形态、具体来源和植物基源。在上海科学技术出版社出版的《中药大辞典》中没有记载、无法获得。

分析： 多衣是一种已知中药原料，虽然在上海科学技术出版社出版的《中药大辞典》中没有记载，但并不代表其确实不能获得。可以查阅更全面的权威的辞典，如在江苏新医学院编的《中药大辞典》中有明确的记载，据此可以提出意见陈述。

意见陈述要点： 申请人不能同意审查员的审查意见。据申请人核查，该原料药

"多衣"及其功效已在江苏新医学院编的《中药大辞典》中明确记载,本领域技术人员能够得到该原料药,也可以根据现有技术预测其药效。因此,审查意见认为上海科学技术出版社出版的《中药大辞典》中没有记载多衣这种原料药,但并不代表其确实不能获得,因而审查意见不能成立。

技巧提示:本案例说明,即使有时审查员提供了相关证据,也并不代表其必然能支持其审查意见中的观点。但申请人对此提出反驳的最有效的途径是提供更充分的证据。本案例提供了一种可借鉴处理思路。

【案例 26-5】

相关案情:本申请要求保护一种抗元口服液,该口服液每 1000mL 包括:"人参果甙 700~800mg,人参挥发油 0.02~0.04mg,枸杞子提取液 35~40mg……"其中包括一个必要组分"枸杞子提取液"。

说明书中简要描述了对枸杞子的处理方法及枸杞子在抗元口服液中的作用。

审查意见:枸杞子提取液是成分不确定的混合物,说明书没有描述、《药典》上也没有记载枸杞子提取液的提取方法,同时市场上也没有现成的市售产品。本领域技术人员无法根据说明书的记载获得枸杞子提取液。

分析:枸杞子是一种药食两用的常见中药材,研究、应用都已经成熟,例如市售的保健品中很多都会添加枸杞子提取液,因此,本领域技术人员基于现有技术能够很容易地对枸杞子进行常规提取、获得提取液。本申请中使用的就是常规枸杞子提取液,因此说明书满足公开充分的要求。

意见陈述要点:本申请提供了一种以人参果为主要成分,具有抗疲劳、抗辐射、延缓衰老的抗元口服液,其中该抗元口服液中包括枸杞子提取液。从《中药大辞典》(上海科学技术出版社 1986 年 6 月第 1 版,第 1518 页)记载的内容可以看出,现有技术对于将枸杞子进行水提、醇提等常规提取所得到的提取物的成分、使用、功效均有较成熟的研究,本领域普通技术人员对于枸杞子提取液已有常规的认识,并且,其中介绍的枸杞子的功用即为本申请中"枸杞子提取液"发挥的作用,这也证明本申请的"枸杞子提取液"是用常规溶剂,经常规提取方法,制备的常规提取液。另外,从本申请说明书对于枸杞子提取液制备方法的描述可见,本申请的"枸杞子提取液"是经浸提、浓缩而成流浸膏,而非经特殊工艺提取到枸杞子中的特殊成分。因此,在说明书没有另行载明的情况下,对该发明的"枸杞子提取液",应当理解为是用本领域常规方法制备的,并发挥枸杞子的常规功效。所以,本领域技术人员按照本申请说明书记载的内容,结合本领域的常规技术,就能够再现该发明的技术方案,解决其技术问题,并且产生预期的技术效果。

技巧提示:在本案例中,该发明的关键是以人参果为主要成分的抗元口服液,对于其中的枸杞子提取液,仅仅是用常规溶剂,经常规提取方法,制备的常规提取液即可满足要求。因此,不会导致说明书公开不充分的问题。但如果发明的关键在于选择特定的枸杞子提取液,常规的提取液不能满足要求,则说明书中应当提供枸杞子提取液的制备方法等内容,以符合充分公开的要求。

三、争辩相关缺陷并非发明的构成要素

【案例 26 - 6】

相关案情：本申请涉及一种重组人 N - 端缺失脂肪细胞补体相关蛋白，其特征在于改变人全长脂肪细胞补体相关蛋白的结构，将野生型的蛋白去除 N - 端 107 个氨基酸，将第 176 位苯丙氨酸替换为天冬氨酸，获得具有 SEQ ID NO：1 的氨基酸序列。说明书实施例中，对该重组蛋白的表达进行了验证，其中用到大肠杆菌宿主细胞 JF1125 菌株进行重组表达，表明重组蛋白的活性得到进一步增强（权利要求中并不涉及 JF1125 菌株）。

审查意见：本申请的说明书不符合《专利法》第二十六条第三款的规定，因为本申请涉及一种大肠杆菌宿主细胞 JF1125 菌株，其中现有技术中没有记载，本领域技术人员也不知如何获得所述菌株，并因此导致所属技术领域的技术人员根据说明书的记载无法实施所述方法获得所述重组蛋白。

分析：审查意见认为 JF1125 菌株在现有技术中不存在，进而认为说明书未充分公开。但由于该发明的关键在于重组蛋白本身，所述菌株仅仅是在验证过程用到而已，并非是该发明的关键因素，其也可以采用其他现有技术中已知的合适菌株进行验证，因此其并不能导致本申请的说明书公开不充分。

意见陈述要点：申请人不能认同审查意见。因为该发明的目的是获得一种重组人 N - 端缺失脂肪细胞补体相关蛋白，说明书清楚描述了其结构特征，即将野生型的蛋白去除 N - 端 107 个氨基酸，将第 176 位苯丙氨酸替换为天冬氨酸，获得具有 SEQ ID NO：1 的氨基酸序列。并经过实验验证，其获得了更好的技术效果。至于实施例中用到的菌株 JF1125 在申请日前不能为公众所获得的事实，其并不能影响该发明的实现。在实施例中该菌株仅仅用于验证该发明的重组蛋白活性的工具，并不构成该发明的要素，其完全可以采用其他现有技术已知的合适的宿主菌株来进行验证。因此本申请的说明书公开充分，符合《专利法》第二十六条第三款的规定。

技巧提示：值得说明的是，如果权利要求中涉及 JF1125 菌株，例如请求保护重组蛋白的制备方法，并具体限定采用 JF1125 菌株作为宿主，则相关权利要求可能被认为得不到说明书的支持，或者认为相应的说明书公开不充分，因为此时 JF1125 菌株已成为请求保护的技术方案的构成要素。此外，虽然本案例争辩可以让审查员认可申请已充分公开发明创造，但在实际申请中还是避免本案的这种情况为妥。

第二十七章　单一性审查意见答复的案例剖析

《专利法》第三十一条第一款规定，单一性，是指一件发明或者实用新型专利申请应当限于一项发明或者实用新型，属于一个总的发明构思的两项以上发明或者实用新型，可以作为一件申请提出。《专利法实施细则》第三十四条规定，可以作为一件专利申请提出的属于一个总的发明构思的两项以上的发明或者实用新型，应当在技术上相互关联，包含一个或者多个相同或者相应的特定技术特征，其中特定技术特征是指每一项发明或者实用新型作为整体，对现有技术作出贡献的技术特征。而所谓对现有技术作出贡献的技术特征，就是指使发明相对于现有技术具备新颖性和创造性的技术特征。

根据上述规定，单一性审查主要在于判断权利要求中是否包含使它们在技术上相互关联的一个或者多个相同或者相应的特定技术特征。对于化学发明中的马库什权利要求以及中间体与最终产物的单一性，《专利审查指南2010》第二部分第十章第8节中有更为详细的规定。

与其他条款的审查意见答复相同，当收到有关单一性的审查意见时，首先需对审查意见的正确性进行核实，包括事实认定是否准确以及法律适用是否准确。在此基础上，需首先明确审查员认定的"不具备相同或相应的特定技术特征"的理由是什么，是权利要求或技术方案之间根本就没有相同或相应的技术特征，还是虽然有相同技术特征，但是所述技术特征不是对现有技术作出贡献的特定技术特征。

对于没有相同或相应技术特征的审查意见，一般只需核实权利要求或技术方案之间有无相同或相应技术特征，并简要陈述所述技术特征构成特定技术特征的理由，判断和处理方式比较简单。对于存在相同或相应技术特征，但审查意见认定其并非特定技术特征时，需要重点论述这些技术特征为什么构成特定技术特征，才能证明权利要求或技术方案满足单一性的要求。

在答复有关单一性的意见时，大致可以采用如下思路：首先陈述权利要求/技术方案之间有哪些相同或相应的技术特征；然后陈述这些相同或相应的技术特征是相对于现有技术特征作出贡献的特定技术特征，并给出理由。

【案例 27 – 1】❶
相关案情：

权利要求：

1. 固体清洗组合物，其包含：

①甲基丙烯酸盐；②碳酸钠；③水；④羧酸盐；⑤ 消泡剂；⑥偏硅酸盐；⑦表面

---

❶　参见专利申请 200880011789.3。

活性剂。

2. 凝固化基料，其包含：①甲基丙烯酸盐；②碳酸钠；以及③水；④其中该甲基丙烯酸盐、碳酸钠以及水相互反应以形成水合物固体。

3. 清洗组合物，其包含：①凝固化基料，其中该凝固化基料包含甲基丙烯酸盐、碳酸钠以及水；以及②至少一种功能成分。

4. 组合物的凝固化方法，该方法包括：①混合包含甲基丙烯酸盐、碳酸钠以及水的凝固化基料；和②向该组合物加入该凝固化基料以形成凝固的材料。

说明书的记载： 其中记载所述的甲基丙烯酸盐选自：聚甲基丙烯酸钠、聚甲基丙烯酸锂、聚甲基丙烯酸钾、聚甲基丙烯酸铵，以及聚甲基丙烯酸的链烷醇胺盐。

专利文献对比文件1的实施例中公开了一种聚合物及其使用方法，其是含聚丙烯酸、丙烯酸和甲基丙烯酸的共聚物，当该聚合物在水的存在下与碳酸钠接触时被完全中和时，会生成聚丙烯酸钠以及丙烯酸和甲基丙烯酸的共聚物钠盐。使用该聚合物的具体方法为：1.8份聚乙二醇黏合剂在水中溶解，将所得溶解液加入18.4份的所述聚合物，使用混合器将所得溶液与70.9份碳酸钠混合，最后所得成团物质经干燥、过筛即得。

审查意见： 权利要求1~4的相同技术特征是："组合物，含有甲基丙烯酸盐、碳酸钠和水"。对比文件1公开了一种含有甲基丙烯酸盐、碳酸钠和水的组合，即公开了上述相同技术特征，因此，该相同技术特征不构成对现有技术作出贡献的特定技术特征，因此权利要求1~4之间不具有单一性。

分析： 审查意见认为权利要求1~4之间的相同技术特征已经被对比文件1公开，首先应确认上述意见是否正确。

本案中，对比文件1公开的是聚合物及其具体使用方法，该聚合物在与碳酸钠接触后生成聚丙烯酸钠以及丙烯酸和甲基丙烯酸的共聚物钠盐，同时具体使用方法就是将聚合物与水和碳酸钠混合，因此，可以认为对比文件1公开的技术方案中包括了水、碳酸钠，并且还含有聚丙烯酸钠以及丙烯酸和甲基丙烯酸的共聚物钠盐。但是，丙烯酸和甲基丙烯酸的共聚物钠盐并不等同于本申请中的甲基丙烯酸盐，前者是混合共聚物的盐，后者是一种单体物质的盐，从本申请记载的内容也可以看出本申请使用的就是甲基丙烯酸单体聚合物的盐，与对比文件1中不同。因此对比文件1技术方案中实际上不含甲基丙烯酸盐，权利要求1~4之间共同技术特征"组合物，含有甲基丙烯酸盐、碳酸钠和水"没有被对比文件1公开，因而构成了相同的特定技术特征，权利要求1~4具备单一性。

意见陈述要点： 对比文件1公开了一种聚合物及其使用方法，所述的聚合物在所述方法下，形成含有水、碳酸钠以及丙烯酸和甲基丙烯酸的共聚物钠盐的混合物。然而，本领域技术人员知晓丙烯酸和甲基丙烯酸的共聚物是由两种单体丙烯酸和甲基丙烯酸共聚所得到的混合物，并不等同于甲基丙烯酸。同样地，丙烯酸和甲基丙烯酸的共聚物钠盐也不等同于甲基丙烯酸盐。因此，对比文件1技术方案中不含有甲基丙烯酸盐，没有公开权利要求1~4之间的相同技术特征。因此权利要求1~4中的相同技术特征构成了相同的特定技术特征，因而符合单一性的要求。

【案例 27-2】❶

相关案情:

权利要求 1: 包含细菌的疫苗, 其中该细菌的核酸通过与直接与核酸发生反应的核酸靶向化合物发生反应而被改变, 从而所述细菌包含位于一个或者多个选自 *phrB*、*uvrA*、*uvrB*、*uvrC*、*uvrD* 和 *recA* 的 DNA 修复酶基因上的基因突变, 这样细菌的增殖被衰减。

审查意见: 权利要求 1 中所述细菌包含的特定基因突变是其特定技术特征, 每一种的基因突变导致细菌的不同, 同时造成了疫苗的组分不同, 因而由每一种基因突变造成的每一种疫苗也是不同的技术方案, 权利要求 1 并列技术方案之间没有相同或者相应的特定技术特征, 不具备单一性。

分析: 对审查意见进行分析可知, 其中认定"细菌包含的特定基因突变"是并列权利要求中包含的特定技术特征, 其仅指出"细菌包含的特定基因突变"是"特定技术特征", 未对权利要求中的其他技术特征予以评述。然而, 所述权利要求的并列技术方案除主题名称相同, 还包括以下相同的技术特征:"其中该细菌的核酸通过与直接与核酸发生反应的核酸靶向化合物发生反应而被改变""所述细菌包含位于一个或者多个DNA 修复酶基因上的基因突变"和"这样细菌的增殖被衰减"。审查意见未对这些技术特征进行评述的可能原因是忽略了这些相同技术特征的存在, 另一种可能是审查员认为其他技术特征并非"特定技术特征"。因此, 可以从上述两个角度来进行陈述。

意见陈述要点: 权利要求 1 请求保护一种疫苗, 由于所含细菌基因突变位点的不同而包含了若干并列技术方案。这些并列技术方案中存在以下相同的技术特征:"包含细菌的疫苗, 其中该细菌的核酸通过与直接与核酸发生反应的核酸靶向化合物发生反应而被改变""所述细菌包含位于一个或者多个 DNA 修复酶基因上的基因突变"和"这样细菌的增殖被衰减"。由于现有技术中未公开具有上述技术特征的疫苗, 所述的相同技术特征也是对现有技术作出贡献的特定技术特征。可见, 权利要求 1 的并列技术方案之间包含多个相同的特定技术特征, 符合单一性的要求。

【案例 27-3】❷

相关案情:

权利要求 1: 包含选自表儿茶素及儿茶素的黄烷醇、其衍生物或其药学上可接受的盐的化合物的组合物在制备用于减少由紫外线引起的皮肤红斑和/或光老化或通过降低皮肤粗糙度、改善皮肤厚度或改善皮肤密度以改善皮肤质量的药品中的用途, 其中该衍生物选自氧化产物、甲基化的衍生物和葡萄糖醛酸化的衍生物, 其中所述黄烷醇以可可组分的形式存在。

审查意见: 权利要求 1 包括并列技术方案, 它们之间相同的技术特征为: 含有表儿茶素或儿茶素的黄烷醇类结构化合物的组合物在制备用于减少紫外线引起的皮肤红斑和/或光老化或通过降低皮肤粗糙度、改善皮肤厚度或改善皮肤密度以改善皮肤质量

---

❶ 参见专利申请 200480007051.1。

❷ 参见专利申请 200680052794. X。

的药品中的用途，其中所述黄烷醇以可可组分的形式存在。对比文件 1 公开了低聚原花青素祛斑美白、帮助形成皮肤蛋白、使皮肤富有弹性、细嫩、光洁的功能，并且低聚原花青素为表儿茶素和儿茶素的低聚体形式，可可豆中存在该化合物。即对比文件 1 已经公开了含有表儿茶素或儿茶素的黄烷醇类结构化合物的组合物制备改善皮肤质量的药品的用途，且化合物可以以可可组分的形式存在。可见，上述相同的技术特征已经被对比文件 1 公开，不属于特定技术特征，因而权利要求 1 的上述几组技术方案之间不具有相同或者相应的特定技术特征，不属于一个总的发明构思。

分析： 权利要求 1 中的化合物为"表儿茶素及儿茶素、表儿茶素及儿茶素的氧化产物、表儿茶素及儿茶素的甲基化的衍生物和表儿茶素及儿茶素的葡萄糖醛酸化的衍生物"，为单体形式，而对比文件 1 公开的低聚原花青素为表儿茶素和儿茶素的低聚体，不同于权利要求 1 的表儿茶素及儿茶素的单体形式，低聚体的活性与单体的活性之间也没有必然的等同性，因此权利要求 1 中并列技术方案之间的相同的技术特征没有被对比文件 1 公开，在没有其他证据的基础上，本领域技术人员无法认定权利要求 1 之间的上述共同结构特征不是权利要求 1 所要求保护的多个技术方案之间相同的特定技术特征，因此也不应当得出权利要求 1 所要求保护的技术方案之间不具有单一性的结论。

意见陈述要点： 对于上述审查意见，申请人认为：对比文件 1 公开的低聚原花青素是一种低聚物，而本申请权利要求 1 请求保护的表儿茶素及儿茶素的黄烷醇、其衍生物（具体包括氧化产物、甲基化的衍生物和葡萄糖醛酸化的衍生物）或其药学上可接受的盐的化合物均属于单体化合物，单体化合物与低聚物在结构上不相同，活性方面也没有必然的等同性，因此，权利要求 1 并列技术方案之间的相同技术特征没有被对比文件 1 公开，因而基于目前对比文件 1，并不能否认该相同的技术特征构成特定技术特征，因此权利要求 1 满足单一性的要求。

技巧提示： 对于单一性的审查意见，通常只要给出不同独立权利要求具备相同或相应的特定技术特征的理由，通常能够为审查员所接受。此外，也尽量避免由于单一性被驳回而延长审查，例如，不同发明间是否具备单一性结论不是特别明确，此时还可考虑合案申请是否给该审查员带来过多的审查负担，如果是，则建议修改权利要求书，删除的发明可以通过分案申请的提出。但要避免对明显不具备新颖性和创造性的发明提出分案申请。

第二十八章　修改超范围审查意见答复的案例剖析

《专利法》第三十三条规定，对发明和实用新型专利申请文件的修改不得超出原说明书和权利要求述记载的范围。原说明书和权利要求书记载的范围包括原说明书和权利要求文字记载的内容和根据原说明书和权利要求文字记载的内容以及说明书附图能直接、毫无疑义地确定的内容。

修改超范围发生的原因，常常由于原始专利申请文件撰写存在缺陷或不足，导致其后修改困难。因此，首先，应当注意原始专利申请文件撰写问题，在原始专利申请文件中提供其后可能修改的支撑，如各种可能要修改形成的技术方案，必要的实验方法和证据等，在原始申请文件撰写完善的情况下，则其后修改超范围的问题也能相应避免。其次，要避免明显的超范围的修改，《专利审查指南2010》第二部分第八章第5.2节中列举了一些修改超范围的判断标准，在修改时首先应当参照该部分规定，避免出现规定的不允许的修改、增加、改变、删除的情形，并且还要重点表明所作修改在原始专利申请文件中具有明确的依据，并适当说明理由。

对于专利申请文件修改没有超范围的争辩，首先需要核实审查意见，核对审查员指出的修改部分与实际修改情况是否相符。如相符，则进一步解读审查员认为超范围的原因是什么，而当时修改时是否给出了修改依据，判断所述修改依据是否确实存在并正确，审查员给出的理由与修改依据之间是否不相对应。如果修改依据存疑，即修改后的文本不是直接记载在原始专利申请文件中的内容，则需要判断修改部分是否是根据原始专利申请文件记载内容能够直接、毫无疑义得到的，并针对能够得到的理由进行争辩。

需要注意：修改可针对权利要求书、说明书全文、说明书附图、说明书摘要进行，修改依据包括原始权利要求书、说明书、说明书附图，但不包括说明书摘要。

医药和生物领域中常见的修改超范围包括以下几种情况。

（1）由于撰写失误导致了专利申请文件中包含明显错误，审查员认为缺乏修改为正确方式的依据。这种情况下，申请人需要澄清专利申请文件中记载是错误的，而正确的是什么，原始专利申请文件中是否有过记载，出现错误的原因是什么，并提供相关理由。例如，并不存在中药"黄芪"，本领域技术人员能够判断"黄芪"为"黄芪"形近字、词的错写，并且说明书中记载的药物用途也符合黄芪的功效主治。另外，如果目前的错误名称所指代的技术手段不可能解决发明的技术问题，而本领域技术人员根据描述就能唯一推定正确名称应该为什么。上述情况下，只要确实属于明显失误并进行充分说理，修改不超范围的意见陈述比较容易被认可。

（2）为了克服新颖性、创造性等问题而在技术方案中修改或补入了一些技术特征，而审查员认为这些技术特征是相互离散的，并且原始记载在不同的技术方案中，修改涉及将分散于不同技术方案的技术特征进行组合。或者在修改或补入技术特征后，审查员认为修改后的内容是原始专利申请文件中没有记载过的，也不能通过记载内容得出的，比如进行了技术特征的概括、替换等。上述情况下，需要核对原始专利申请文件中的记载内容，原文中是否存在记载了修改后所有技术特征的技术方案，如果也没有，则尝试争辩从说明书中能否看出该发明不同技术方案中的同类的技术特征是能够完全等同、相互替换的，上位的技术特征是否能够实现全部技术方案等，找到能够从原始文件中直接、毫无疑义得到修改后技术方案的依据。

一、对背景技术的修改

【案例 28 − 1】

相关案情： 本申请涉及对已知的水蛭蛋白酶抑素进行密码子优化获得新的编码基因，申请人在接到第一次审查意见通知书对背景技术部分进行了修改。

修改前：

背景技术中某段记载：JungH. H. 等人于 1995 年在水蛭体内分离出一种弹性蛋白酶抑制剂，命名为水蛭蛋白酶抑素，可高效特异地抑制弹性蛋白酶活性，无论特异性，还是活性均优于市售产品，并且在酸碱状态下均很稳定，因此采用基因工程手段，实现水蛭蛋白酶抑素的体外高效表达，对该蛋白的进一步开发并进行规模化生产，意义重大。

发明内容中某段记载：该发明提供的水蛭蛋白酶抑素，是具有序列表中序列 4 氨基酸残基序列的蛋白质，或者是将序列 4 的氨基酸残基序列经过一个或几个氨基酸残基的取代、缺失或添加且具有与序列 4 的氨基酸残基序列相同活性的由序列 4 衍生的蛋白质。序列表中序列 4 的蛋白质由 57 个氨基酸残基组成。

修改后：

背景技术中的对应的段落：JungH. H. 等人于 1995 年在水蛭体内分离出一种弹性蛋白酶抑制剂，命名为水蛭蛋白酶抑素（见序列表中的序列 4，该蛋白由 57 个氨基酸残基组成），……（该段省略部分与原记载相同）

修改说明： 上述修改是将发明内容部分有关水蛭蛋白酶抑素的相关信息"见序列表中的序列 4，该蛋白由 57 个氨基酸残基组成"移至说明书背景技术部分介绍 Jung H. H. 等人的研究工作的段落。

审查意见： 修改后的专利申请文件中说明书背景技术部分既未明确地记载在原说明书和权利要求书中，也不能由原说明书和权利要求书所记载的内容直接导出，其原因在于：说明书引用的文献的著录项目不全，无法仅凭此姓名和年份就检索出相关信息，也无法根据这样的不清楚内容而添加相关内容，因此超出了原说明书和权利要求书记载的范围。

分析： 申请人对于背景技术进行修改，主要是为了更加明确最接近的现有技术情况，便于对比出该发明对于现有技术的改进之处，而整个发明涉及对已知的水蛭蛋白酶抑素进行密码子优化而实现的，因此，水蛭蛋白酶抑素应当是一种已知的物质。同时，依据背景技术给出的现有技术文件的著录项目信息（如姓名、年份和水蛭的英文

hirudo）在非专利期刊库中能够检索出对应的文献，其记载了所述的序列4的信息。因此，这种修改符合《专利法》第三十三条的规定。

意见陈述要点：《专利审查指南2010》第二部分第八章第5.2.2.2节涉及对说明书及其摘要的修改，其中指出可以允许的修改包括修改说明书背景技术部分：如果审查员通过检索发现了比申请人在原说明书中引用的现有技术更接近所要求保护的主题的对比文件，则应当允许申请人修改说明书，将该文件的内容补入这部分，并引证该文件，同时删除描述不相关的现有技术的内容。应当指出，这种修改实际上使说明书增加了原申请的权利要求书和说明书未曾记载的内容，但由于修改仅涉及背景技术而不涉及发明本身，且增加的内容是申请日前已经公知的现有技术，因此是允许的。可见，对背景技术部分的修改，尽管其没有记载在原说明书和权利要求书中，但不必然要求其必须能够由原说明书和权利要求书记载的信息直接地、毫无疑义地确定，只要申请人能够提供相应的现有技术文献，则应当允许申请人进行适应性修改。

该发明实质上揭示了水蛭蛋白酶抑素进行密码子优化以在毕赤酵母菌中的高效表达方法，以及保障该方法得以实现的水蛭蛋白酶抑素的编码基因，而表达得到的水蛭蛋白酶抑素与已经公开的水蛭蛋白酶抑素的氨基酸残基序列是相同的。进一步地，依据背景技术中给出的著录项目信息，如姓名、年份和hirudo（水蛭的英文）在非专利期刊库中是能够检索出文献1（"Isolation and Characterization of Guamerin, a New Human Leukocyte Elastase Inhibitor from Hirudo nipponia", Jung H. H. et al, The Journal of Biological Chemistry, 270 (23), 1995年6月9日, 第13879~13884页），并加以核实，即本申请背景技术部分增加的内容是作为现有技术的文献1已经公开的信息，这样的修改应当是能够允许的，符合《专利法》第三十三条的规定。

二、对明显错误的修改

【案例28-2】

相关案情：申请针对已知的乙肝病毒前S1抗原的抗体进行酶联免疫测定，权利要求请求保护一种乙肝病毒前S1抗体酶联免疫测定试剂盒的制备方法，该方法涉及乙肝病毒前S1抗原的氨基酸序列，原权利要求书和说明书中所记载的乙肝病毒前S1抗原的氨基酸序列均为：

MGGWSSKPRKEMGTNLSVPNPLGFFPDHQLDPAFGANSNNPDWDFNPVKDDWPAANQVGV
GAFGPRLTPPHGGILGWSPQAQGILTTVSTIPPPASTNRQSGRQPTPISPPLRDSHPQA。

申请人在答复审查意见通知书时进行了修改，其中将乙肝病毒前S1抗原的氨基酸序列修改为：

MGGWSSKPRKGMGTNLSVPNPLGFFPDHQLDPAFGANSNNPDWDFNPVKDDWPAANQVGV
GAFGPRLTPPHGGILGWSPQAQGILTTVSTIPPPASTNRQSGRQPTPISPPLRDSHPQA。

修改说明：修改前后比较可知，在修改文本的氨基酸序列中第11位氨基酸为"G"，而在原说明书和权利要求书中第11位氨基酸均为"E"。申请人指出所作修改是根据现有技术中的乙肝病毒前S1抗原的氨基酸序列，而对权利要求2中乙肝病毒前S1抗原的氨基酸序列明显打印错误的进行更正。并同时提交了如下附件1作为证据来证明其为明显的打印错误。附件 1：The Journal of Immunology，Vol 138，No. 11 - 12，1987 年 6 月，第 4457～4458 页（其中记载的乙肝病毒前 S1 抗原的氨基酸序列与本申请修改后的序列相同）。

审查意见：修改后乙肝病毒前 S1 抗原的氨基酸序列，既未明确记载在原说明书和权利要求书中，也不能由原说明书和权利要求所记载的内容直接确定，因此该修改超出了原说明书和权利要求书记载的范围，不符合《专利法》第三十三条的规定。同时，申请人提交的附件 1 所述的信息在原始说明书中没有引证，不能作为其可以进行修改的依据，也就不能证明所作修改是更正明显的错误以及修改后是唯一正确的答案。

分析：本申请中所做的修改实际上是对属于现有技术的内容进行修改。原始专利申请文件中记载存在明显的错误，而且能够根据现有技术能够确定所述错误的正确形式，因此应当争辩修改符合《专利法》第三十三条的规定。

意见陈述要点：乙肝病毒前 S1 抗原的氨基酸序列是已知、唯一的，原权利要求书和说明书所记载的序列中第 11 位氨基酸为"E"属于明显错误，申请人也提交了附件 1，其中可以对其明确证实。因而，所属技术领域的技术人员依据现有的技术知识，也可以确定该序列中第 11 位氨基酸应当为"G"，申请人的这种修改应属于更正明显错误，而且修改是唯一、确定的。

对于审查意见中指出的上述附件 1 的引证信息在原始说明书中没有引证的问题，申请人认为，由于该附件 1 的公开日期在本申请的申请日之前，属于现有技术，因此可以作为证据来证明本申请中存在的明显错误。而且，申请人对说明书的修改仅涉及背景技术而不涉及发明本身，因此，所述修改符合《专利法》第三十三条的规定。

【案例 28 - 3】

相关案情：

某专利申请：由于专利申请文件中使用了不一致的中药材而存在矛盾。其中，权利要求书和说明书发明内容对技术方案部分的描述的中药原料之一为"蟾酥"，但在制备方法中记载的是"蟾蜍"。

申请人在修改专利申请文件时，将"蟾蜍"修改为"蟾酥"，简单提及"蟾蜍"是笔误，因而符合《专利法》第三十三条的规定。

审查意见：申请人将"蟾蜍"修改为"蟾酥"不符合《专利法》第三十三条的规定，因为说明书中采用了不一致的描述，本领域技术人员不能明了和确定到底哪一种名称是正确的，申请人也不能认为记载不一致而随意改成任意一种。

分析：本申请中同时存在正确、错误两种名称，此时如果要证明其中一种是正确的，包括两方面思路：（1）从使用正确名称"蟾酥"的技术方案能够得出该发明的技术方案就应当使用该名称，而非"蟾蜍"。（2）通过说明书中对于药物性质、用途的描述确定应当为"蟾酥"。

意见陈述要点：申请人认为将说明书中提到的制备方法中的"蟾蜍"修改为"蟾酥"并没有超出原申请文件记载的范围。首先，在权利要求书和说明书发明内容对技术方案部分的描述的该中药原料为"蟾酥"，并且在说明书发明内容部分针对各味原料药的功效进行了描述，其中包括对"蟾酥"的功效进行了明确说明，指出"方剂中蟾酥、斑蝥辛温有毒，用于本方中……故以此两味为本方佐使"。同时，在说明书实施例1~3中也使用了"蟾酥"而非"蟾蜍"作为原料药以制备最终产品。因此，可以看出本申请处方中使用的原料药确为"蟾酥"，而说明书制备方法中记载的"蟾蜍"为"蟾酥"的笔误，应当可以将其修改为正确的"蟾酥"。根据《专利审查指南2010》第二部分第八章第5.2.2节第（11）种情形，这种修改属于允许的修改，符合《专利法》第三十三条的规定。

技巧提示：基于本案例需要提示的是，如果申请人对专利申请文件进行了修改，通常应当对修改的依据进行适当说明，对为何可以修改的理由进行分析，尤其对于涉及那些表面看来可能不符合《专利法》第三十三条规定的修改，但实际上是不超范围的情形。这样有利于审查员的审查，有可能缩短审批时间。

三、特征组合的修改

【案例28－4】[1]

相关案情：原始权利要求如下。

1. 一种包括两种或多种不同抗原的免疫原性组合物，其中所述抗原选自下列种类中的至少两个：（1）至少一种奈瑟氏球菌黏附素；（2）至少一种奈瑟氏球菌自体转运蛋白；（3）至少一种奈瑟氏球菌毒素；（4）至少一种奈瑟氏球菌Fc获得蛋白；或（5）至少一种奈瑟氏球菌膜相关蛋白。

2. 如权利要求1所述的免疫原性组合物，其特征在于还包括外膜小泡制品，其中所述抗原在外膜小泡中已被（优选重组）上调。

修改后的权利要求：

1. 一种包括至少一种奈瑟氏球菌自体转运蛋白抗原和至少一种不同抗原的免疫原性组合物，其中所述至少一种不同抗原选自下列种类：（1）至少一种奈瑟氏球菌黏附素；（2）至少一种奈瑟氏球菌毒素；（3）至少一种奈瑟氏球菌Fc获得蛋白；或（4）至少一种奈瑟氏球菌膜相关蛋白，其中，所述抗原当存在于外膜小泡中时，已在外膜小泡中被上调。

原始说明书中相关记载：

（1）优选该发明的免疫原性组合物包括至少一种奈瑟氏球菌自体转运蛋白和至少一种奈瑟氏球菌毒素且任选包括奈瑟氏球菌黏附素、奈瑟氏球菌铁获得蛋白。

（2）该发明提供免疫原性组合物，它包括至少或恰好两种、三种、四种、五种、六种、七种、八种、九种或十种不同的抗原，这些抗原选自下列至少或恰好两个、三个、四个或全部五个选自下述种类的抗原：至少一种奈瑟氏球菌粘附素；至少一种奈瑟氏球菌自体转运蛋白；至少一种奈瑟氏球菌毒素；至少一种奈瑟氏球菌Fc获得蛋白；至少一种奈瑟氏球菌膜相关蛋白。

审查意见：根据说明书中记载内容（1）"优选该发明的免疫原性组合物包括至少一种奈瑟氏球菌自体转运蛋白和至少一种奈瑟氏球菌毒素且任选包括奈瑟氏球菌黏附

---

[1] 参见专利申请03818648.9。

素、奈瑟氏球菌铁获得蛋白"，本申请所述疫苗组合物应当至少同时含有奈瑟氏球菌自体转运蛋白抗原和奈瑟氏球菌毒素抗原，而修改后的权利要求1中仅至少含有奈瑟氏球菌自体转运蛋白抗原一种物质，"至少一种奈瑟氏球菌自体转运蛋白抗原与其他至少一种其他抗原"这一技术特征不属于原始记载的内容，并且自体转运蛋白抗原与其他抗原组合的技术方案也不能从原始说明书和权利要求书中记载的内容可以唯一、毫无疑义地得出，因此权利要求1修改超范围。

分析：审查意见中认为权利要求1的修改改变了权利要求中的技术特征，改变后的技术特征以及原有技术特征之间的组合没有记载在原专利申请文件中，给出的理由之一是与说明书记载内容（1）不符。分析上述理由，可以看出，虽然说明书记载内容（1）是同时包括奈瑟氏球菌自体转运蛋白和至少一种奈瑟氏球菌毒素的技术方案，但它只是说明书记载的众多技术方案中一种优选方案，不能据此排除其他技术方案的内容，说明书记载内容（2）中记载了含有至少两种抗原成分的组合物并列举了五类具体组分，即已经记载包含至少两种组分各种组合的多项并列技术方案。可见审查意见依据的理由不正确，据此得出的结论也有误。

本案中，修改后的权利要求1是包含（2）和至少一种（1）、（3）、（4）、（5）的组合物。说明书已经记载了包含上述技术方案的多项并列技术方案，并且，原始的权利要求1也是一种组合物，包含（1）、（2）、（3）、（4）、（5）五种组分之中的至少两种，可见权利要求1实际上也包括多个并列技术方案，涵盖（1）、（2）、（3）、（4）、（5）不同抗原之间的各种组合，其中一类就是包含（2）以及至少一种（1）、（3）、（4）、（5），即修改后的权利要求1的技术方案。因此权利要求1的技术方案可以从原始专利申请文件记载的内容中直接、毫无疑义地确定，修改没有超出原始文件的记载。

意见陈述要点：原始权利要求1为一种包括两种或多种不同抗原的免疫原性组合物，所述抗原选自5种组分种类中的至少两个，实质上包含了所述（1）~（5）中不同抗原之间的各种组合，其中一类技术方案就是包含了（2）即至少一种奈瑟氏球菌自体转运蛋白和至少一种不同抗原的免疫原性组合物。修改后的权利要求1实质上是选择了原始权利要求1中包含（2）至少一种奈瑟氏球菌自体转运蛋白和至少一种选自上述（1）、（3）、（4）、（5）不同抗原的组合物技术方案，而删除了其他并列技术方案。说明书记载的内容（2）"该发明提供免疫原性组合物，它包括至少或恰好两种、三种、四种、五种、六种、七种、八种、九种或十种不同的抗原，这些抗原选自下列至少或恰好两个、三个、四个或全部五个选自下述种类的抗原：至少一种奈瑟氏球菌黏附素；至少一种奈瑟氏球菌自体转运蛋白；至少一种奈瑟氏球菌毒素；至少一种奈瑟氏球菌Fe获得蛋白；至少一种奈瑟氏球菌膜相关蛋白"，其中记载了含有至少两种抗原成分的组合物并列举了五类具体组分，即也已经记载包含至少两种组分各种组合的多个并列技术方案。也记载了包含不同抗原的组合物的并列技术方案，可见原始权利要求书和说明书中均记载过修改后权利要求1的技术方案。因此，修改后的权利要求1的技术方案是可以从原始专利申请文件记载的内容中直接、毫无疑义地确定的内容。

第二十九章 实际答复案例剖析及示例

在实际情况中，一件发明专利申请文件可能存在多个不同的缺陷，由于审查顺序的要求，这些缺陷可能会分别在多次审查意见通知书中指出，那么在答复审查意见通知书时要针对每次通知书中的审查意见进行答复。现提供两个分属于生物领域和医药领域的完整案例展示如何进行答复。

【案例 29 – 1】

本案例来源于实际案例，进行了适当的改编，与实际情形存在一定的不同。本案例中实质审查审批过程中涉及两次审查意见通知书，分别涉及《专利法》第二十二条第四款、第二十六条第三款以及第二十二条第三款。针对审查员提出的合理质疑，在答复时需要认真分析判断审查意见是否成立，找到答复的关键，提出充分有力的反驳。本案例答复审查意见通知书时，均没有修改专利申请文件，反映实际过程中的一种情形。

原始专利申请文件❶

权利要求

1. 一种建立鸡永生化前脂肪细胞的方法，其特征在于，包括如下步骤：

（1）克隆 *chTERT* 的全长编码区序列：提取鸡胚组织总 RNA，反转录得到 cDNA，扩增 *chTERT* 的全部编码区序列 chTERT – T1、chTERT – T2 和 chTERT – T3，将 3 段扩增产物拼接后克隆到 pMD18 – T Simple 载体中，得到 pMD18T – chTERT；

（2）克隆鸡端粒酶 RNA 基因 *chTR*：将 *chTR* 克隆到 TA 克隆载体 pMD18 – T，得到 pMD18T – chTR；

（3）构建逆转录病毒表达载体：分别对 pMD18T – chTERT 和病毒载体 pLXRN 进行酶切，分别回收 chTERT 和 pLXRN 的线性 DNA 片段并连接，构建了表达 *chTERT* 基因的逆转录病毒载体 pLXRN – chTERT；分别对 pMD18T – chTR 和 pLPCX 进行双酶切，分别回收 chTR 和 pLPCX 的线性 DNA 片段并连接，构建了表达 *chTR* 基因的逆转录病毒载体 pLPCX – chTR；

（4）包装制备逆转录病毒：将步骤（3）中制备的逆转录病毒载体 pLXRN – chTERT 和 pLPCX – chTR 分别与被膜蛋白载体 pVSV – G 共转染包装细胞，培养细胞，收集细胞上清，过滤去除细胞碎片后加入病毒浓缩试剂，离心浓缩病毒，得到了分别表达 *chTERT* 基因的逆转录病毒和表达 *chTR* 基因的逆转录病毒；

（5）逆转录病毒的感染和筛选：培养原代鸡前脂肪细胞，用步骤（4）制备的表达

---

❶ 在此仅针对其答复方面进行展示，本案例的专利申请文件撰写方面不是本书所要推荐的。原始案例来源于专利申请 201210420889. X，本书引用时有所改编。

chTERT 基因的逆转录病毒感染原代鸡前脂肪细胞，加入含有 G418 的选择培养基筛选表达 *chTERT* 基因的阳性细胞，对表达 *chTERT* 基因的阳性细胞换液培养获得永生化鸡前脂肪细胞系 ICPA－1；或者先用步骤（4）制备的表达 *chTERT* 基因的逆转录病毒感染原代鸡前脂肪细胞，加入含有 G418 的选择培养基筛选表达 *chTERT* 基因的阳性细胞，筛选结束后将表达 *chTERT* 基因的阳性细胞重新铺板，加入步骤（4）制备的表达 *chTR* 基因的逆转录病毒，感染后加入含有嘌呤霉素的选择培养基筛选表达 *chTERT* 基因和 *chTR* 基因的阳性细胞，对表达 *chTERT* 基因和 *chTR* 基因的阳性细胞传代培养获得永生化鸡前脂肪细胞系 ICPA－2。

（注：本案例主要涉及权利要求 1，因此其余从属权利要求 2～9 予以省略。）

说　明　书

一种建立鸡永生化前脂肪细胞的方法

技术领域

该发明涉及生物技术领域，具体涉及建立鸡的永生化前脂肪细胞的方法。

背景技术

脂肪不仅是能量储藏组织，而且是机体生长发育过程中重要的内分泌器官。脂肪的功能发生紊乱可导致肥胖症，并可引发代谢综合征以及多种复杂疾病，如糖尿病、动脉粥样硬化、血脂异常、高血压和恶性肿瘤等。

腹脂过度蓄积是肉鸡业生产的一个难题。为了解决实际生产中肉鸡腹脂过度蓄积的问题，培育优质低脂肉鸡，科研人员已开展肉鸡腹部脂肪细胞分化的研究。目前，鸡脂肪细胞分化研究仍然依赖于体外培养的原代鸡前脂肪细胞，而原代培养的细胞本身存在不能无限传代、异质性（混合了巨噬细胞、间皮细胞或者其他一些细胞类型）、不同来源的细胞存在遗传背景差异等难以克服的缺点和不足，从而导致了研究难以获得稳定可靠的结果。脂肪细胞分化的理想研究模型是永生化的前脂肪细胞。与体外培养的原代细胞相比，永生化的前脂肪细胞既具有无限增殖能力，又具有正常前脂肪细胞的特征，它能提供大量稳定均一、性状一致的细胞来源，排除由于不同发育阶段、不同生理条件以及不同细胞群体间的影响，保证了研究的重复性和可比性。目前，人类已通过多种方法建立了人（包括白色脂肪和棕色脂肪）、鼠、牛和猪等物种的永生化前脂肪细胞系，而鸡的永生化前脂肪细胞至今尚未建立。

建立永生化细胞系主要有自发突变、射线照射、化学诱变、病毒感染、病毒癌基因转导和端粒酶活性重建等方法，其中端粒酶活性重建被认为是目前建立永生化细胞的首选方法。人的端粒酶基因 *hTERT* 已被广泛用于人及多种哺乳动物细胞的永生化。截至目前，国内、外尚无应用 *hTERT* 建立鸡永生化前脂肪细胞的研究报道，更无利用鸡的端粒酶逆转录酶基因（*chTERT*）和端粒酶 RNA（*chTR*）建立鸡永生化前脂肪细胞的报道。

发明内容

该发明是要解决原代鸡前脂肪细胞不能无限传代、异质性、不同来源的细胞存在遗传背景差异等导致研究难以获得稳定可靠的结果的问题而提供一种建立永生化的鸡前脂肪细胞的方法。

该发明提供的具体解决方案是：一种建立鸡永生化前脂肪细胞的方法，其特征在于，包括如下步骤：

（1）克隆 chTERT 的全长编码区序列：提取鸡胚组织总 RNA，反转录得到 cDNA，扩增 chTERT 的全部编码区序列 chTERT–T1、chTERT–T2 和 chTERT–T3，将 3 段扩增产物拼接后克隆到 pMD18–T Simple 载体中，得到 pMD18T–chTERT；

（2）克隆鸡端粒酶 RNA 基因 chTR：将 chTR 克隆到 TA 克隆载体 pMD18–T，得到 pMD18T–chTR；

（3）构建逆转录病毒表达载体：分别对 pMD18T–chTERT 和病毒载体 pLXRN 进行酶切，分别回收 chTERT 和 pLXRN 的线性 DNA 片段并连接，构建了表达 chTERT 基因的逆转录病毒载体 pLXRN–chTERT；分别对 pMD18T–chTR 和 pLPCX 进行双酶切，分别回收 chTR 和 pLPCX 的线性 DNA 片段并连接，构建了表达 chTR 基因的逆转录病毒载体 pLPCX–chTR；

（4）包装制备逆转录病毒：将步骤（3）中制备的逆转录病毒载体 pLXRN–chTERT 和 pLPCX–chTR 分别与被膜蛋白载体 pVSV–G 共转染包装细胞，培养细胞，收集细胞上清，过滤去除细胞碎片后加入病毒浓缩试剂，离心浓缩病毒，得到了分别表达 chTERT 基因的逆转录病毒和表达 chTR 基因的逆转录病毒；

（5）逆转录病毒的感染和筛选：培养原代鸡前脂肪细胞，用步骤（4）制备的表达 chTERT 基因的逆转录病毒感染原代鸡前脂肪细胞，加入含有 G418 的选择培养基筛选表达 chTERT 基因的阳性细胞，对表达 chTERT 基因的阳性细胞换液培养获得永生化鸡前脂肪细胞系 ICPA–1；或者先用步骤（4）制备的表达 chTERT 基因的逆转录病毒感染原代鸡前脂肪细胞，加入含有 G418 的选择培养基筛选表达 chTERT 基因的阳性细胞，筛选结束后将表达 chTERT 基因的阳性细胞重新铺板，加入步骤（4）制备的表达 chTR 基因的逆转录病毒，感染后加入含有嘌呤霉素的选择培养基筛选表达 chTERT 基因和 chTR 基因的阳性细胞，对表达 chTERT 基因和 chTR 基因的阳性细胞传代培养获得永生化鸡前脂肪细胞系 ICPA–2。

该发明获得的有益效果为：通过导入 chTERT 基因（或先后导入 chTERT 基因和 chTR 基因）激活了鸡前脂肪细胞自身的端粒酶活性，能够迅速、有效地建立永生化的鸡前脂肪细胞，所建立的永生化鸡前脂肪细胞成功越过了复制衰老，获得了永生性，并且该永生化鸡前脂肪细胞保持了与原代鸡前脂肪细胞十分相近的表型，保持了细胞运动的接触抑制和细胞增殖的密度限制，体外利用油酸诱导能够分化形成脂滴，并能够冻存和长期保存。

附图说明

图 1 是具体实施方式一中永生化鸡前脂肪细胞系 ICPA–1、ICPA–2 的生长曲线。

图 2 是具体实施方式一中永生化鸡前脂肪细胞系 ICPA–1 在累积群体倍增数为 22（PD22）时的亚汇合形态学、汇合形态学图。

图 3 是具体实施方式一中永生化鸡前脂肪细胞系 ICPA–2 在累积群体倍增数为 6

（PD6）时的亚汇合形态学、汇合形态学图。

图 4 是具体实施方式一中感染 pLXRN 病毒空载体的对照鸡前脂肪细胞在累积群体倍增数为 2（PD2）时的形态学图。

图 5 是具体实施方式一中原代培养的鸡前脂肪细胞的形态学图。

图 6 是具体实施方式一中为 1 代、3 代鸡前脂肪细胞的形态学图。

图 7 是具体实施方式一中永生化鸡前脂肪细胞系 ICPA-1、ICPA-2 端粒酶活性的检测结果图。

具体实施方式

具体实施方式一：

本实施方式建立鸡永生化前脂肪细胞的方法按以下步骤进行。

一、克隆 *chTERT* 的全长编码区序列

首先利用 RNA 提取试剂盒提取 4 日龄 AA 肉鸡鸡胚组织总 RNA，采用反转录试剂盒将提取的鸡胚组织总 RNA 进行反转录得到鸡胚组织 cDNA，分别设计 3 对扩增引物（SEQ ID NO：1~6），以鸡胚组织 cDNA 为模板，分 3 段 PCR 扩增 *chTERT* 的全部编码区序列 chTERT-T1、chTERT-T2 和 chTERT-T3，将 3 段扩增产物分别经 1% 琼脂糖凝胶电泳检测及胶回收试剂盒进行回收、纯化，设计 PCR 扩增引物 P7 并利用重叠延伸 PCR 的方法将 chTERT-T1 和 chTERT-T2 两个片段拼接起来，得到 chTERT-T1T2，将 chTERT-T1T2 连接至 pMD18-TSimple 载体，将 chTERT-T3 连接至 pMD18-T 载体，然后将两种连接产物分别转化 TOP10 感受态细胞，进行阳性克隆子的筛选与鉴定，将鉴定结果为阳性的菌液分别扩培并提取质粒 DNA 得到 pMD18TS-T1T2 与 pMD18T-T3，然后对 pMD18TS-T1T2 质粒进行 *Sal*I-*Nco*I 双酶切鉴定，对 pMD18T-T3 质粒进行 *Sal*I-*Nco*I 和 *Sal*I-*Xho*I 双酶切鉴定，酶切鉴定无误后将质粒送交测序公司进行测序，验证目的基因的正确性，将测序正确的 pMD18TS-T1T2 质粒和 pMD18T-T3 质粒分别进行 *Sal*I-*Nco*I 双酶切，分别回收 chTERT-T1T2 片段与 pMD18T-T3 载体片段，将回收得到的 chTERT-T1T2 片段与 pMD18T-T3 载体片段连接，得到 pMD18T-chTERT。

二、克隆鸡端粒酶 RNA 基因 *chTR*

利用 AA 肉鸡基因组 DNA 为模板，以 P8 和 P9 为引物进行 PCR 扩增，将 PCR 扩增产物用 2% 琼脂糖凝胶电泳检测，然后采用胶回收试剂盒进行回收、纯化，获得 *chTR* 基因的序列，将 *chTR* 与 TA 克隆载体 pMD18-T 进行连接，将连接产物转化 TOP10 感受态细胞，然后进行阳性克隆子的筛选与鉴定，将鉴定结果为阳性的菌液进行扩培并提取质粒 DNA 得到 pMD18T-chTR，然后对 pMD18T-chTR 质粒进行 *Bgl* II-*Cla* I 双酶切鉴定，酶切鉴定无误后进行测序，验证目的基因 *chTR* 的正确性。

三、构建逆转录病毒表达载体

分别对 pMD18T-chTERT 和病毒载体 pLXRN 进行 *Sal*I-*Xho*I 双酶切，分别回收 chTERT 和 pLXRN 的线性 DNA 片段并连接，构建了表达 *chTERT* 基因的逆转录病毒载体 pLXRN-chTERT，分别对 pMD18T-chTR 和 pLPCX 进行 *Bgl* II-*Cla* I 双酶切，分别回收 *chTR* 和 pLPCX 的线性 DNA 片段并连接，构建了表达 *chTR* 基因的逆转录病毒载体

pLPCX - chTR，将构建好的表达 *chTERT* 基因的逆转录病毒载体 pLXRN - chTERT 和表达 *chTR* 基因的逆转录病毒载体 pLPCX - chTR 送交测序公司进行测序，再次验证目的基因克隆和载体构建的正确性。

四、包装制备逆转录病毒

采用转染试剂将步骤（3）中制备的表达 *chTERT* 基因的逆转录病毒载体 pLXRN - chTERT 和表达 *chTR* 基因的逆转录病毒载体 pLPCX - chTR 分别与被膜蛋白载体 pVSV - G 共转染包装细胞 GP2 - 293，培养细胞，在 24h、48h 和 72h 收集细胞上清，过滤去除细胞碎片后加入病毒浓缩试剂，离心浓缩病毒，得到了分别表达 *chTERT* 基因的逆转录病毒和表达 *chTR* 基因的逆转录病毒，测定两种逆转录病毒的滴度， -80℃ 保存备用。

五、逆转录病毒的感染和筛选

培养原代鸡前脂肪细胞，按照 5×10^5 个/mL 的细胞密度铺于培养皿中，用步骤（4）制备的表达 *chTERT* 基因的逆转录病毒感染原代鸡前脂肪细胞，感染 48h 后加入含有 400μg/mL G418 的选择培养基筛选表达 *chTERT* 基因的阳性细胞，对表达 *chTERT* 基因的阳性细胞换液培养 6 个月可获得永生化鸡前脂肪细胞系 ICPA - 1；或者先用步骤（4）制备的表达 *chTERT* 基因的逆转录病毒感染原代鸡前脂肪细胞，感染 48h 后加入含有 400μg/mL G418 的选择培养基筛选表达 *chTERT* 基因的阳性细胞，筛选结束后将表达 *chTERT* 基因的阳性细胞重新铺板，加入步骤（4）制备的表达 *chTR* 基因的逆转录病毒，感染 48h 后加入含有 2.5μg/mL 嘌呤霉素的选择培养基筛选表达 *chTERT* 基因和 *chTR* 基因的阳性细胞，对表达 *chTERT* 基因和 chTR 基因的阳性细胞传代培养 2~3 代，即可获得永生化鸡前脂肪细胞系 ICPA - 2。

（说明书其他内容、序列表、说明书附图等省略。）

第一次审查意见通知书

该发明涉及一种建立鸡永生化前脂肪细胞的方法，经审查提出如下审查意见。

一、权利要求 1 不具备实用性不符合《专利法》第二十二条第四款的规定

权利要求 1 请求保护一种建立鸡永生化前脂肪细胞的方法，其步骤是分别克隆 *chTERT* 和 *chTR* 基因，构建相应的病毒表达载体 pLXRN - chTERT 和 pLPCX - chTR，然后包装制备逆转录病毒，感染原代鸡前脂肪细胞，将 *chTERT* 或/和 *chTR* 基因整合到鸡前脂肪细胞的基因组中，筛选得到永生化鸡前脂肪细胞系 ICPA - 1 和 ICPA - 2。然而，现有技术文献记载：逆转录病毒感染后，其病毒 DNA 在转录和整合后即插入到宿主基因组或染色体中，这个过程是随机的插入，插入位点任意，并可能对靶细胞造成危害，或对抑癌基因的破坏，或对原癌基因的激活（参见如："逆转录病毒载体用于基因治疗的安全性"，《国外医学分子生物学分册》1995 年第 17 卷第 2 期；"利用逆转录病毒侵染技术制备转基因动物研究进展"，《黄牛杂志》第 30 卷第 3 期；"逆转录病毒与畜禽转基因"，《甘肃畜牧兽医》1998 年第 1 期等）。由此可见，由逆转录病毒载体感染筛选的过程存在不确定的随机因素，不能重复获得完全相同的 ICPA - 1 和 ICPA - 2，即该发明的技术方案不具备再现性，不符合《专利法》第二十二条第四款规定的实用性。

二、说明书没有充分公开发明创造，不符合《专利法》第二十六条第三款的规定

由于 ICPA－1 和 ICPA－2 细胞系是申请人通过重组逆转录病毒、将 *chTERT* 或/和 *chTR* 基因随机整合到鸡前脂肪细胞的基因组中筛选获得的，属于不可重复获得的生物材料，申请人应当根据《专利法实施细则》第二十四条第三款的规定对此生物材料进行保藏，并提交保藏证明和存活证明。然而，申请人未提供以上证明文件，导致本领域技术人员无法获得所述的 ICPA－1 和 ICPA－2 细胞系，因此，本申请说明书公开不充分，不符合《专利法》第二十六条第三款的规定。

本申请的说明书中也没有记载其他任何可获得专利权的实质性内容，因而即使对专利申请文件进行修改，本申请也不具备被授予专利权的前景。如果申请人不能在本通知书规定的答复期限内提出具有说服力的理由，本申请将被驳回。

针对第一次审查意见通知书的分析

审查意见虽然提出两个方面的缺陷，但这两个缺陷存在一定关联。其中还给出了相关证据，似乎审查意见比较确凿，因此更需要进行深入分析，以便作出正确的判断。

审查意见认为指出不具备实用性的关键理由在于：由于逆转录病毒载体感染筛选的过程存在不确定的随机因素，不能重复获得完全相同的细胞系 ICPA－1 和 ICPA－2，即该发明的技术方案不具备再现性，不符合《专利法》第二十二条第四款规定的实用性。同时，从该理由可知，审查员将细胞系 ICPA－1 和 ICPA－2 理解为两个具体的特定细胞系，进而也就提出由于没有对这两个细胞系进行保藏而导致本申请说明书公开不充分。

对本申请进行分析可知，关键是利用鸡的 *chTERT* 基因和 *chTR* 基因激活鸡前脂肪细胞的端粒酶活性，从而使鸡前脂肪细胞获得永生性，其制备过程确实存在一些可变因素，正如审查员提到的逆转录病毒载体感染的过程存在不确定的随机因素，但通过筛选步骤能够将这些不确定因素予以排除，通过本领域的实验技能能够重复再现获得鸡永生化前脂肪细胞。《专利审查指南 2010》第二部分第五章第 3.2.1 节指出再现性与由于实施过程中未能确保某些技术条件而导致成品率低之间存在区别，审查意见可能对此存在一定的不同认识。

而在本申请中通过最后的步骤即第（5）步中两种不同方式获得的鸡永生化前脂肪细胞，分别称为细胞系 ICPA－1 和 ICPA－2，其并不是具体的某一个细胞系，而具有所述特性的一类细胞系，只不过采用了编号来表示而已。审查意见对于这一点理解存在一定的偏差。

基于上述分析，可以提出意见陈述。

针对第一次审查意见通知书的答复要点

一、权利要求 1 符合《专利法》第二十二条第四款规定的实用性

权利要求 1 请求保护一种建立鸡永生化前脂肪细胞的方法，基本原理是将鸡的端粒酶逆转录酶基因（*chTERT*）单独或将其与端粒酶 RNA 基因（*chTR*）一同导入原代鸡前脂肪细胞，重建鸡前脂肪细胞的端粒酶活性，有活性的端粒酶能够延长和保护端粒，从而延长细胞的生命周期并获得永生化的鸡前脂肪细胞，其关键之处是利用鸡的 *chTERT* 基因和 *chTR* 基因激活鸡前脂肪细胞的端粒酶活性，从而使鸡前脂肪细胞获得

永生性。

从目前将外源基因整合到宿主细胞基因组并进行稳定表达的方法来看主要可以分为两大类：一是利用病毒（逆转录病毒、慢病毒）载体等；二是利用转染试剂、显微注射或电转化等方法将携带外源基因的真核表达载体（如 pcDNA3.1 等）导入。采用这些导入外源基因的方法，外源基因绝大多数是随机插入基因组的。事实上目前除了鼠和线虫细胞外，其他动物细胞的外源基因整合都是随机整合的。

本发明根据鸡细胞的特点选用了其中一种感染宿主范围广泛、基因表达效率高的泛嗜性逆转录病毒作为载体，将鸡的 *chTERT* 和 *chTR* 基因导入鸡前脂肪细胞。只要能够实现该发明的关键，即正确导入 *chTERT* 和 *chTR* 基因，并进行高效稳定的表达，激活细胞的端粒酶，就可以重复建立永生化鸡前脂肪细胞。虽然，逆转录病毒载体感染的过程中，外源基因绝大多数是随机插入基因组的，但是只要能够成功插入到鸡前脂肪细胞基因上，经过筛选获得永性细胞系是完全可以重复再现的。该发明建立的永生化细胞中，*chTERT* 和 *chTR* 的确是随机整合到染色体中的，但这种随机插入并不影响细胞系的永生化。

对于细胞系 ICPA-1 和 ICPA-2，其仅仅是为了方便区分，将通过单独导入 *chTERT* 基因的方法所建立的永生化鸡前脂肪细胞命名为 ICPA-1（Immortalized chick preadipocyte -1），将通过先后导入 *chTERT* 和 *chTR* 基因的方法所建立的永生化鸡前脂肪细胞命名为 ICPA-2（Immortalized chick preadipocyte -2），可见 ICPA-1 和 ICPA-2 只是代表两类永生化前脂肪细胞，并不是指特定遗传背景的特定的某一个细胞系。只要外源基因 *chTERT* 和 *chTR* 能够在细胞中高效、稳定地表达，就可以获得永生化的鸡前脂肪细胞。而外源基因的随机整合并不影响获得永生化的鸡前脂肪细胞系。

对于审查意见提出的逆转录病毒的随机插入可能破坏靶细胞的抑癌基因或激活原癌基因的问题，但由于该发明方法还包括细胞的筛选和鉴定步骤，在该步骤中需要进行生物学鉴定、锚定不依赖性生长实验、细胞的倍型分析等，以排除细胞存在致瘤性的可能。

《专利审查指南2010》第二部分第五章第3.2.1节指出："再现性，是指所属技术领域的技术人员，根据公开的技术内容，能够重复实施专利申请中为解决技术问题所采用的技术方案。这种重复实施不得依赖任何随机的因素，并且实施结果应该是相同的。但是，……申请发明或者实用新型专利的产品的成品率低与不具有再现性是有本质区别的。前者是能够重复实施，只是由于实施过程中未能确保某些技术条件（例如环境洁净度、温度等）而导致成品率低。"

该发明有可能会出现审查意见所指出的转录和整合过程中插入位点失误的情况，但是这种情况即是《专利审查指南2010》所规定的成品率低的问题，大多数情况下会正常完成 *chTERT* 和 *chTR* 在细胞中的表达，所以该发明具有再现性。

综上所述，该发明的技术方案具备再现性，符合《专利法》第二十二条第四款的实用性。

二、该发明符合《专利法》第二十六条第三款关于充分公开的规定

如前所述，该发明所提到的 ICPA-1 和 ICPA-2 只是代表两类永生化前脂肪细胞，

一种是用 *chTERT* 建立的，另一种是用 *chTERT* 和 *chTR* 建立，并不是指特定遗传背景的特定的某一个细胞系。在该发明中利用逆转录病毒感染鸡前脂肪细胞群体，不同细胞之间外源基因的整合位点都是不同的，但是外源基因的随机整合并不影响它们成为永生化的鸡前脂肪细胞。其他人利用该发明所重复建立的鸡永生化前脂肪细胞系，也将是外源基因整合位点不同但都可以获得了永生性的鸡前脂肪细胞杂合群体，不存在无法重复实施的问题。

《专利审查指南2010》第二部分第十章第9.2.1节规定："通常情况下，说明书应当通过文字记载充分公开申请专利保护的发明。在生物技术这一特定的领域中，有时由于文字记载很难描述生物材料的具体特征，即使有了这些描述也得不到生物材料本身，所属技术领域的技术人员仍然不能实施发明。在这种情况下，为了满足专利法第二十六条第三款的要求，应按规定将所涉及的生物材料到国家知识产权局认可的保藏单位进行保藏。"

从上述内容可以看出，如果能够通过文字记载充分公开申请内容，是不需要保藏生物材料的。而该发明所要求保护的方法，已经公开充分，并且不是要求保护特定的细胞系，而 ICPA-1 和 ICPA-2 所代表的两类永生化前脂肪细胞，是发明人给予命名而已。因此对于这两个细胞系不属于应当进行保藏的情形，本申请说明书符合充分公开的要求。

相信通过上述意见陈述能够表明本申请并不存在不具备实用性和公开不充分的缺陷。如果审查员在继续审查过程中认为本申请还存在其他缺陷，敬请联系申请人或代理人，将尽力配合审查员的工作。

第二次审查意见通知书

国家知识产权局接到针对第一次审查意见通知书的答复后，不再坚持有关发明具备实用性以及说明书公开充分的意见，但指出权利要求1不具备创造性的问题，引用了对比文件1和对比文件2。具体审查意见如下。

审查员接到了申请人针对第一次审查意见通知书的意见陈述书，经进一步审查，提出如下审查意见：

权利要求1请求保护一种建立鸡永生化前脂肪细胞的方法，对比文件1（US 20050008621A1）公开了构建永生化人前脂肪细胞系的方法，其通过 cDNA 克隆人 *TERT* 基因、构建人 TERT 重组质粒载体，采用常规转染方法如转染试剂、显微注射或电转化等方法将重组质粒载体导入人前脂肪细胞中，重新构建了人端粒酶活性，获得人永生化前脂肪细胞（参见第11~12、30、43、50、51、104~107段）。权利要求1与对比文件1的区别在于：（1）构建的是鸡永生化前脂肪细胞；（2）采用逆转录病毒法导入 *chTERT* 和/或 *chTR*；（3）限定了构建细胞系的操作步骤。

然而，对于区别技术特征（1），对比文件2（"鸡的端粒生物学研究"，王伟等，《遗传》2012年1月，34（1）：19-26）公开了利用 *chTERT* 和 *chTR* 建立鸡永生化细胞的技术启示，端粒酶活性重建是建立永生化细胞的重要方法之一，鸡的端粒酶具有种属特异性，*chTERT* 和 *chTR* 可以重组鸡的端粒酶活性（参见第2.4~2.5节）。由于已通过重组端粒酶活性获得人永生化前脂肪细胞，本领域技术人员有动机想到在鸡前脂肪细胞中重组鸡的端粒酶活性获得鸡永生化前脂肪细胞。

对于区别技术特征（2），对比文件2还公开了鸡的端粒酶具有种属特异性，且鸡的 TERT 和 TR 在不同体细胞中的表达情况不一致，但是在端粒酶阳性的 chES 和 DT40 细胞中，chTERT 和 chTR 均有较高表达，chTR 可促进内源 chTERT 的表达（见表1，第2.4～2.5节）。即对比文件2给出了以下启示：鸡不同体细胞中 chTERT 和 chTR 不一定都表达，但 chTERT 和 chTR 重组鸡端粒酶活性。因此本领域技术人员可以想到，先检测鸡前脂肪细胞中 chTERT 和 chTR 的表达情况，再导入未表达或弱表达的基因以重组端粒酶活性；或者直接导入 chTERT 和 chTR 基因重组端粒酶活性。而逆转录病毒法是导入外源基因的常规方法。

对于区别技术特征（3），虽然权利要求1限定了构建细胞系的操作步骤，但是构建载体、包装病毒、逆转录病毒感染和筛选是本领域的常规技术手段，本领域技术人员知道容易选择这些具体操作条件。

综上，权利要求1不具备突出的实质性特点和显著的进步，不符合《专利法》第二十二条第三款规定的创造性。

（所有从属权利要求2～9也被认为不具备创造性，具体审查意见省略。）

基于上述理由，本申请的独立权利要求以及从属权利要求都不具备创造性，说明书中也没有可以被授予专利权的实质性内容，因而本申请不具备被授予专利权的前景。如果申请人不能在本通知书规定的答复期限内提出表明本申请具备创造性的充分理由，本申请将被驳回。

针对第二次审查意见通知书的分析

审查员使用的最接近的现有技术是构建永生化人前脂肪细胞系的方法，并且结合了一份利用 chTERT 和 chTR 建立鸡永生化细胞的文献。但是，该发明的发明点是利用鸡的 chTERT 基因和 chTR 基因使鸡前脂肪细胞获得永生性，首先鸡和人的前脂肪细胞系差异比较大，在对比文件1技术方案基础上，只能想到继续对人前脂肪细胞系进行改造，比如可能能够想到利用对比文件2公开的鸡前脂肪细胞基因特性，改造得到一种人永生化细胞，但很难会直接转移到鸡永生化细胞的研究，并且重组不同物种前脂肪细胞在技术上也有很大不同。此时可以结合并提供现有技术文献来佐证以增强说服力。意见陈述应当针对两种细胞的差异性指出对比文件1、2之间不存在结合启示，因而这两份对比文件不能用于否定权利要求的创造性。

针对第二次审查意见通知书的答复要点

申请人认为该发明权利要求1具备创造性，详述如下。

对比文件1公开了构建永生化人前脂肪细胞系的方法，其通过 cDNA 克隆人 TERT 基因、构建人 TERT 重组质粒载体，采用常规转染方法如转染试剂、显微注射或电转化等方法将重组质粒载体导入人前脂肪细胞中，重新构建了人端粒酶活性，获得人永生化前脂肪细胞。虽然该发明与对比文件1的基本步骤一致，但是该发明限定了构建鸡永生化前脂肪细胞系的具体操作步骤与对比文件1公开的构建永生化人前脂肪细胞系的方法存在诸多区别。权利要求1与对比文件1的区别在于：（1）权利要求1构建的是鸡永生化前脂肪细胞，而对比文件1构建的是永生化人前脂肪细胞系；（2）采用逆转录病毒法导入 chTERT 和/或 chTR；（3）相应为了获得鸡永生化前脂肪细胞，在构建细胞系的操作步骤上存在诸多区别，例如对比文件 1 采用胰岛素等激素作为诱导剂诱导人前脂肪细胞的分化，而该发明是利用油酸诱导鸡前脂肪细胞分化等。现具体分析如下。

（1）对比文件 1 是采用过表达人 TERT 来建立人永生化前脂肪细胞的方法，而该发明是建立鸡永生化前脂肪细胞的方法，采用过表达鸡 TERT 和 TR 来建立鸡的永生化前脂肪细胞。Wong 等和 Michailidis 等（Michailidis et al.，2005；Wong et al.，2003）的研究已证明（见附件 1 和 2），转导人的 TERT 无法重建鸡细胞的端粒酶活性，即利用对比文件 1 的方法无法重建鸡细胞的端粒酶活性，因此无法利用对比文件 1 来建立鸡的永生化细胞。

人和鸡的前脂肪细胞在脂肪细胞分化过程中，基因表达调控、分化的诱导、脂肪的合成和分解等不完全相同。哺乳动物主要通过脂肪细胞来合成脂肪，而鸡的脂肪主要由肝脏合成，肝脏合成的甘油三酯，通过脂蛋白运送到脂肪组织，储存于脂肪细胞（Gondret et al.，2001）（见附件 3）；人和鼠的脂肪细胞可以利用胰岛素或地塞米松等激素诱导分化，而鸡的脂肪细胞的诱导分化必须利用脂肪酸（Matsubara et al.，2008；Matsubara et al.，2005）（见附件 4 和 5），若仅有激素而无脂肪酸，鸡脂肪细胞不能分化。因此，本申请权利要求 1 与对比文件 1 相比，在构建的步骤上也存在明显差异，尤其是对比文件 1 采用胰岛素等激素作为诱导剂诱导人前脂肪细胞的分化，而该发明是利用油酸诱导鸡前脂肪细胞分化，采用对比文件 1 中的诱导方法不能诱导鸡前脂肪细胞分化。❶

审查意见提到的对比文件 1 证明转导 hTERT 可以建立人永生化前脂肪细胞。但是 Darimont 等的研究已证明（已附证明文件）：单独转导人 TERT 并不能使人前脂肪细胞永生化，而是延长细胞寿命而已，要永生化人前脂肪细胞除了人 TERT 外，还需要借助于癌基因的帮助，即不仅要导入 TERT，还需要导入 HPV - E7 等病毒癌基因（Darimont and Mace，2003；Darimont et al.，2003）。与这个研究不同，该发明仅利用鸡的 TERT 和 TR 就可以建立鸡永生化前脂肪细胞，不需要再次引入病毒癌基因，因此该发明的方法更加简单快速，并且降低了导入病毒癌基因所引起的转化风险。

总之，采用对比文件 1 中的方法无法建立鸡的永生化前脂肪细胞，也无法诱导鸡前脂肪细胞的分化；并且该发明限定了构建鸡永生化前脂肪细胞系的具体步骤，因此无法将对比文件 1 的方法应用于该发明。

（2）根据对比文件 1 以及对比文件 2 公开的一些鸡端粒酶表达和活性重建方面的

---

❶ 从这个角度来说，本申请还存在其他众多与对比文件 1 公开内容的区别，但并非是关键要素。例如：对比文件 1 采用 Puromycin 或 Hygromycin 抗生素来筛选永生化细胞，而该发明采用的抗生素为 G418（Neomycin）和 Puromycin；与对比文件 1 不同，该发明所用的 TERT 的核苷酸序列和氨基酸序列与对比文件 1 中所用的 TERT 不同（请见序列表）；与对比文件 1 不同，该发明所用的逆转录病毒载体不同；与对比文件 1 不同，该发明基因克隆和表达检测引物不同。因此原始权利要求 1 其实还可以适当进行提炼概括，删除非必要的技术特征，可先作为从属权利要求来撰写。虽然，有时撰写较细而将非必要技术特征写入独立权利要求 1 中，导致与现有技术区别技术特征很多也一定程度上影响审查员的判断。

信息，审查意见认为本领域人员根据这些公开的信息，可以想到采用端粒酶活性重建来建立鸡永生化前脂肪细胞。申请人认为由于生物多样性和复杂性仅仅根据对比文件2和对比文件1，难以自然而然地想到该发明，具体原因如下：

①端粒酶活性重建和细胞永生化是两个不同的概念，两者不能画等号。重建端粒酶活性并不一定使细胞永生化。细胞的永生化机制因物种以及细胞类型的不同而有差异，因此不同物种或不同细胞类型其永生化的方法也不同。有的细胞永生化依赖于端粒酶活性，这类细胞可以通过重建端粒酶活性使其永生化（Bodnar et al.，1998；Vaziri and Benchimol，1998）；有的细胞永生化需要端粒酶活性，但端粒酶活性仅是一个必要条件，重建端粒酶活性仅是延长细胞寿命，并不能使细胞永生化，要使这类细胞永生化还需要导入病毒癌基因等（Kiyono et al.，1998；Kyo et al.，2003）；另外，有些细胞类型的永生化采用一种不依赖端粒酶活性的机制，这类细胞的永生化与TERT没有关系（Cesare and Reddel，2008；Dunham et al.，2000）。根据对比文件2和对比文件1，不能判断得出重建端粒酶活性能使鸡前脂肪细胞永生化。

②对比文件2提到鸡端粒酶有种属特异性，审查意见据此认为本领域技术人员可以想到利用鸡的端粒酶chTERT和chTR来重建鸡前脂肪细胞端粒酶活性，使其永生化。端粒酶是一个很大的复合物，成分和结构都非常复杂，其活性受许多因素的影响。通过对比文件2虽然可知chTERT和chTR的表达水平与端粒酶活性相关，但并不能由此判断重建鸡细胞的端粒酶活性到底是需要chTERT、chTR及端粒保护蛋白等中的一个或多个。另外，尽管Fragnet等（Fragnet et al.，2005）的研究表明利用chTERT和chTR能够在兔的织网红细胞裂解物系统中重建鸡的端粒酶活性，但是目前尚未能利用chTERT和chTR在鸡的细胞内重建鸡的端粒酶活性，更没有利用chTERT和chTR建立鸡的永生化细胞的报道。因此，根据对比文件2，无法得出下述结论：鸡端粒酶chTERT和chTR一定能重建鸡前脂肪细胞的端粒酶活性，一定能使细胞永生化。另外，从目前的研究看，鸡端粒酶的种属特异性是相对的，其种属特异性与细胞类型等有关。事实上，已有人利用人的端粒酶 hTERT 建立了鸡羽毛角质化干细胞的永生化细胞系（Xu et al.，2009）。通常人们在建立各种动物的永生化细胞时，都是用人的 TERT 重建端粒酶活性，以建立永生化细胞。尚无人尝试利用鸡 TERT 和 TR 来永生化鸡的细胞。因此，申请人认为对比文件2不能提供技术启示。由此可见，权利要求1具备突出的实质性特点。

同时，本发明方法能够迅速、有效地建立永生化的鸡前脂肪细胞，获得了永生性，并且该永生化鸡前脂肪细胞保持了与原代鸡前脂肪细胞十分相近的表型，保持了细胞运动的接触抑制和细胞增殖的密度限制，体外利用油酸诱导能够分化形成脂滴，并能够冻存和长期保存。因而该发明也获得了明显的技术效果，即具有显著的进步。

综上所述，权利要求1与对比文件1和2相比具有突出的实质性特点和显著的进步，因此符合《专利法》第二十二条第三款的规定，具备创造性。相应地，从属权利要求2~9也具备创造性。

相信通过上述意见陈述能够表明本申请具备创造性。如果审查员在继续审查过程中认为本申请还存在其他缺陷，敬请联系申请人或专利代理人，将尽力配合审查员的工作。

案例重点评析

（1）审查意见往往基于一定理由针对申请提出相关的合理质疑。申请人或专利代理人应当进行有理有据的反驳，才能得到审查员的认可。

（2）本案对于不具备实用性的反驳，把握了重点，即将实用性的再现性要求与实验过程的不确定性相区别开来，尤其在生物技术领域这种不确定性和最终实验可实现两者往往是并存的，但通常都会采用配套的筛选鉴定来获得最终的结果。因此，这种情形不能认定为不具备实用性。

（3）本案对于公开不充分的关键点在于，对两种细胞系的编号的理解，其并不是某个特定的细胞系，而是具有所述特性的细胞系类型。基于此，审查员指出需要进行对其进行专利程序的保藏也就站不住脚。

（4）本案的创造性方面，把握根本的区别所在，从技术原理等来否定审查员认定的技术启示，并结合证据提出强有力的反驳理由。

（5）本案针对审查员在第一次审查意见通知书和第二次审查意见通知书中指出的缺陷，没有必要修改权利要求，因此为不能为了迎合审查员的审查意见而将不必要的技术特征增加到权利要求当中去。

【案例 29 – 2】❶

本案例也来源于实际案例，但进行了适当的改编，权利要求仅以独立权利要求 1 为例。本案例中实质审查审批过程中主要涉及《专利法》第二十二条第三款，具体来说是涉及典型的化合物权利要求的创造性。针对审查意见，合理修改专利申请文件和意见陈述，反映现实中的一种典型情形。需要说明的是，在此提供该案例仅从答复审查意见通知书的角度来提取可借鉴之处，并非表明本案在实际审查中的最终结论。

相关案情：
权利要求

1. 一种化学式（4）所示的化合物或其药学上可接受的盐类或溶剂化物，

其中：

R_1 是环戊基；

R_2 是—$(CR_6R_7)_n$（5~6 元杂环），其中所述 5~6 元杂环基团任选被至少一个 R_4 基团取代；

R_3 是—$(CR_6R_7)_t$（C_6~C_{10} 芳基）或—$(CR_6R_7)_t$（4~10 元杂环），其中所述 R_3 基团的所述 C_6~C_{10} 芳基和 4~10 元杂环部分各自任选被至少一个 R_5 基团取代；

各个 R_4 独立地选自卤素、—OR_6、氧代、—NR_6R_7、—CF_3、—CN、—C（O）

---

❶ 根据专利申请 200910138135.3 改编。

R_6、—$C(O)OR_6$、—$OC(O)R_6$、—$NR_6C(O)R_7$、—$NR_6C(O)OR_7$、—NR_6C $(O)NR_6R_7$、—$C(O)NR_6R_7$、—$SO_2NR_6R_7$、—$NR_6SO_2R_7$、$C_1 \sim C_6$ 烷基、$C_2 \sim C_6$ 烯基和 $C_2 \sim C_6$ 炔基，其中所述 $C_1 \sim C_6$ 烷基、$C_2 \sim C_6$ 烯基和 $C_2 \sim C_6$ 炔基基团任选被至少一个 R_5 取代；

各个 R_5 独立地选自 $C_1 \sim C_6$ 烷基、卤素、—OR_6、—CF_3、和—CN；

各个 R_6 和 R_7 独立地选自氢和 C_1-C_6 烷基；

n 是 0、1、2、3、4 或 5；并且

t 是 0、1、2、3、4 或 5；

条件是化学式（4）的化合物不是 6-环戊基-3-[(5,7-二甲基 [1,2,4] 三唑并 [1,5-α] 嘧啶-2-基) 甲基]-6-[2-(2-乙基吡啶-4-基) 乙基]-4-羟基-5,6-二氢-2H-吡喃-2-酮、3-[(6-氯 [1,2,4] 三唑并 [1,5-α] 嘧啶-2-基) 甲基]-6-环戊基-6-[2-(2-乙基吡啶-4-基) 乙基]-4-羟基-5,6-二氢-2H-吡喃-2-酮或 6-环戊基-3-[(5,7-二甲基 [1,2,4] 三唑并 [1,5-α] 嘧啶-2-基) 甲基]-6-[2-(5-乙基吡啶-3-基) 乙基]-4-羟基-5,6-二氢-2H-吡喃-2-酮。

说明书要点

说明书中记载，该发明涉及可用作丙型肝炎病毒（HCV）聚合酶的抑制剂的化合物、包含有该化合物的药学组合物、使用该化合物及配制剂来治疗 HCV-感染的哺乳动物（例如人类）的方法以及可用于制备该化合物的方法。

说明书中记载了化学式（4）的结构，限定了各取代基团的选项，提供了化合物的制备方法，记载了多个具体化合物的制备实施例，并测试了 183 个实施例化合物与 HCV 聚合酶的活性，提供了对 HCV 聚合酶的抑制浓度（IC_{50}）数据。

第一次审查意见通知书

（Ⅰ）

（1）权利要求 1 要求保护一种化学式（4）的化合物或其药学上可接受的盐类或溶剂化物。对比文件 1 公开了一类抑制 HCV 聚合酶活力的化合物（Ⅰ）（见式（Ⅰ））。当对比文件 1 中 R_2 选自环戊基，R_1 选自杂芳基、环杂烷基，R_3 选自—（CH_2）—芳基、环杂烷基、杂芳基，且 R_1 和 R_3 被一个或多个选自卤素、苯基、环烷基、—O—、OH 和 CH_3 的基团取代，$X-W$ 是 $C\equiv C$，R_4 是—OR_5，R_5 是 H 时，权利要求 1 与对比文件 1 的主结构相同，取代基类型相同，主要区别在于权利要求 1 中具体限定了 R_2 的杂环为 5~6 元，R_3 的芳基为 $C_6 \sim C_{10}$，杂环为 4~10 元，以及 R_4 还可以为—NR_6R_7、—CF_3、—CN 等。权利要求 1 实际解决的技术问题时提供了结构相近的抗 HCV 化合物。由于对比文件 1 的实施例中具体给出了 R_2 为苯基、R_3 为苯基、萘基、

三唑基、吡啶基、吡唑并嘧啶基等，实施例中给出了 5～10 元的芳基或杂环，根据实施例的内容本领域技术人员可以进行上位概念的合理概括，对芳基或杂环的数据进行具体限定。而对比文件 1 中给出的取代基卤素、苯基、环烷基、—O—、—OH 和 CH_3 与权利要求 1 中限定的 R_4—NR_6R_7、—CF_3、—CN 等结构与性质相近。由于结构与性质相近的取代基在化合物中可相互替代，所得到的化合物具有同样的药理活性，因此本领域技术人员容易想到将对比文件 1 的取代基以相近结构和性质的基团如—NR_6R_7、—CF_3、—CN 等进行替代，并可预期所得化合物的药理活性，因此权利要求 1 的技术方案是显而易见，不具备《专利法》第二十二条第三款规定的创造性。

（2）权利要求 1 还要求保护化学式（4）化合物的溶剂化物，但本申请说明书中未提供任何溶剂化物实施例，更没有对其稳定性、可预期的效果进行任何说明。由于一种化合物能否形成溶剂化物，尤其是稳定的溶剂化物，具有偶然性和不可预期性，而且其中的溶剂分子数目难以预先确定。因此，根据本申请说明书公开的内容，本领域技术人员难于预见该通式化合物中哪些化合物能形成溶剂化物以及能够形成何种形式的溶剂化物，因此，权利要求 1 得不到说明书的支持，不符合《专利法》第二十六条第四款的规定。

针对第一次审查意见通知书的分析

第一次审查意见通知书中分别指出了创造性问题和不支持问题。对于创造性，其使用了对比文件 1。经核实，通知书中引用的对比文件 1 属于申请日前的现有技术、通知书中引用的文件内容正确。

对于创造性的法律适用，审查意见中使用了化合物通式结合特定基团作为最接近的现有技术，在此基础上评述了与权利要求 1 的差异。然而，最接近的现有技术应当是与要求保护的发明最密切相关的一个技术方案，而不应是对比文件中未公开的不同技术方案的组合。此外，而在《专利审查指南 2010》第二部分第十章中对于化合物创造性有细化的规定。基于化合物结构是否接近，可分成两种情况：结构上与已知化合物不接近的、有新颖性的化合物，并有一定的用途或者效果，可以认为具备创造性；结构上与已知化合物接近的化合物，必须要有预料不到的用途或者效果。此预料不到的用途或者效果可以是与该已知化合物的已知用途不同的用途；或者是对已知化合物的某一已知效果有实质性的改进或提高；或者是在公知常识中没有明确的或不能由常识推论得到的用途或效果。

对于本案来说，审查意见认为对比文件 1 中公开的化合物与本申请的化合物具有相同的基本核心部分，基团的取代是显而易见的，并且用途和效果相似。对于该审查意见的陈述应针对上述两个方面分别进行，对于化学结构，要重点论述对比文件 1 与本申请结构的区别，不属于具有相同基本核心部分的情况，或该区别是非显而易见的。由于对比文件 1 公开的化合物的用途与本申请相同，对于用途和效果来说，争辩点应主要放在效果的程度方面。基于本申请说明书中公开了 183 个实施例化合物，其中涉及众多的取代基示例，相对来说本申请限定的取代基范围不是非常宽泛，针对第一次审查意见通知书，可以不对相应的技术方案进行修改。

第一次审查意见通知书中不支持的审查意见理由较为充分，符合本领域对溶剂化物的技术认知，该审查意见难以通过争辩克服，需要对专利申请文件进行修改，删除相应的部分，即删除权利要求中的"溶剂化物"。

答复第一次审查意见通知书的陈述要点

申请人对权利要求1进行了修改，删除了其中的"溶剂化物"，审查意见第（2）点的缺陷已被克服。

申请人不同意有关创造性的审查意见。权利要求1要求保护式（4）的化合物，其与对比文件1公开的是式1化合物，二者的区别不仅在于核心环上的6-位的取代形式不同，并且取代基R_3也不同。该发明的R_3当存在连接子基团时具有非硫连接子，而对比文件1中披露的与该发明具有类似化学式的化合物均具有硫连接子。此外，该发明中R_3的可选范围也与对比文件1中明显不同。即该发明化合物的主结构及取代基均与对比文件1的化合物不同。而且，正如本申请说明书中提供的IC_{50}数据所阐明的，该发明具有强效抗病毒活性。对比文件1并未向本领域技术人员教导或暗示使用如该发明中所述的非硫连接子以及6-位上的取代形式。相反，根据对比文件1中提供的示例化合物及其中所提供的数据，对比文件1的教导不是在R_3位使用非硫连接基团，至多是提供了在R_3中使用硫连接子的技术启示。因此，在对比文件1的基础上，本领域技术人员不可能也没有任何理由想到在对比文件1的化合物通式中使用如该发明所述的6-位取代形式和R_3中的非硫连接子。因此，权利要求1相对于对比文件1是非显而易见的，具有创造性。

第二次审查意见通知书

权利要求1要求保护一种化学式（4）的化合物、或其药学上可接受的盐类。对比文件1公开了一类用作丙型肝炎病毒RNA依赖型RNA聚合酶抑制剂的式（Ⅰ）化合物，并具体披露了化合物3-苄基-6-[2-（3-氯-4-甲氧基苯基）乙基]-6-环戊基二氢吡喃-2,4-二酮（见式（Ⅱ），下称化合物178）。将权利要求1的化合物与对比文件1化合物178对比可知，二者区别仅在于：权利要求1中取代基R_2为—(CR_6R_7) n（5~6元杂环），而对比文件1化合物178中相应取代基为—$(CH_2)_2$-[2-（3-氯-4-甲氧基苯基）]。因此，本申请权利要求1的技术方案相对于对比文件1实际所要解决的技术问题仅是提供一类化合物结构与现有技术略有差异并且同样作为丙型肝炎病毒聚合酶抑制剂的新化合物。然而对比文件1教导了6-环戊基-4-羟基-5,6-二氢吡喃-2-酮/6-环戊基-5,6-二氢吡喃-2,4-二酮（二者为互变异构体）结构可以作为使化合物产生抑制丙型肝炎病毒聚合酶的母核结构，另一方面也给出了在该结构母核的基础上采用各种取代基对化合物进行结构改造以及R_2末端为5~6元杂环取代基的技术启示。本领域技术人员在此基础上通过对R_2末端取代基进行变化从而得到权利要求1的化合物是显而易见的，因此，权利要求1不具备创造性，不符合《专利法》第二十二条第三款的规定。

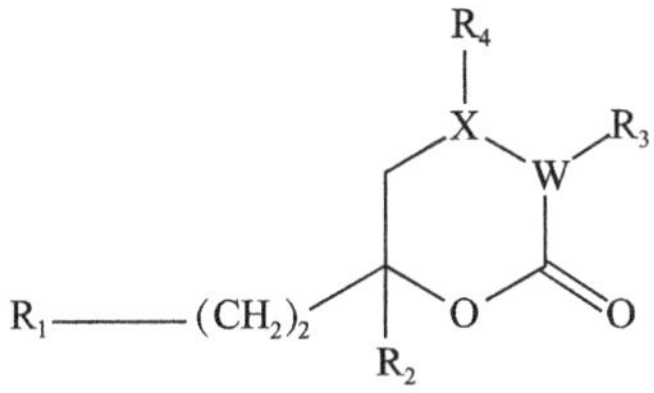

（Ⅰ） 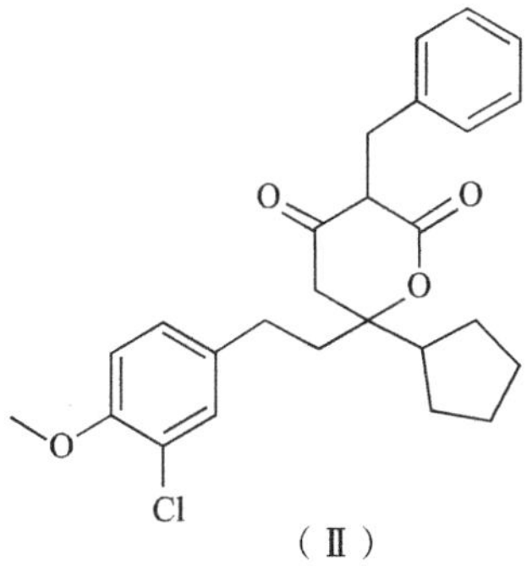　　　　　　　　（Ⅱ）

针对第二次审查意见通知书的分析

可能由于在答复第一次审查意见通知书时，陈述式（4）化合物的主环结构与对比文件1公开的式1化合物不同，使审查员意识到第一次审查意见通知书中选择的最接近的现有技术不甚合适，此次审查意见中使用了具体化合物178作为最接近的现有技术，其公开了本申请权利要求式（4）的主环结构，与权利要求1的化合物仅存在一个取代基的差别。并且审查意见中认为权利要求1与对比文件1中R_2取代基的替换已在对比文件1中给出了相应的启示。此时，答复第一次审查意见通知书中争辩的关于不具有相同的基本核心结构的理由不再合适。

由于权利要求1式（4）化合物相比化合物178仅存在一个取代基的差异，将其认定为属于《专利审查指南2010》中规定的结构相似化合物的理由较难辩驳，仅能从预料不到的技术效果角度进行争辩。而基于本申请说明书中提供的数据客观判断，争辩权利要求1中所有的化合物均具有预料不到技术效果的那些说服力很难，反而可能导致审查员要求把权利要求的化合物限定为验证了效果的那些具体化合物。基于上述分析，可以考虑缩小权利要求的保护范围，使权利要求的化合物与对比文件1中公开化合物的结构区别更加明显，同时根据本申请公开的183个实施例的实验数据，选择其中效果具有实质性提高的化合物及结构与其近似的化合物予以保护。陈述意见时，仍然选择从结构和效果两方面进行陈述，避免仅仅争辩预料不到的技术效果。

答复第二次审查意见通知书的对权利要求书修改及意见陈述要点

一、对权利要求书的修改

申请人对权利要求书进行了修改，具体如下：

1. 一种式（4a）的化合物或其药学上可接受的盐：

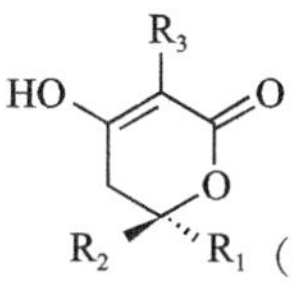

其中：

R_1是环戊基；

R_2 是—（CH_2）$_2$（吡啶基）、—（CH_2）$_2$（吡唑基）、—（CH_2）$_2$（吡咯基）、—（CH_2）$_2$（噁唑基）、—（CH_2）$_2$（噻唑基）、—（CH_2）$_2$（咪唑基）、—（CH_2）$_2$（异噁唑基）、—（CH_2）$_2$（异噻唑基）、—（CH_2）$_2$（1，2，3-三唑基）、—（CH_2）$_2$（1，3，4-三唑基）、—（CH_2）$_2$（1，3，4-噻二唑基）、—（CH_2）$_2$（哒嗪基）、—（CH_2）$_2$（嘧啶基）、—（CH_2）$_2$（吡嗪基）或-（CH_2）$_2$（1，3，5-三嗪基）基团，它们各自任选被至少一个 R_4 基团取代；

R_3 是-（CH_2）（[1，2，4] 三唑并 [1，5-a] 嘧啶-2-基），任选被至少一个 R_5 基团取代；

各个 R_4 独立地选自卤素、—OR_6、C_1～C_6 烷基、C_2～C_6 烯基及 C_2～C_6 炔基，其中所述 C_1～C_6 烷基、C_2～C_6 烯基及 C_2～C_6 炔基基团任选地被至少一个 R_5 取代；

各个 R_5 独立地选自 C_1～C_6 烷基、卤素、—OR_6、—CF_3 及—CN；

各个 R_6 与 R_7 分别选自氢和 C_1～C_6 烷基；

条件是所述式（4a）的化合物不是 6-环戊基-3-[（5，7-二甲基 [1，2，4] 三唑并 [1，5-a] 嘧啶-2-基）甲基]-6-[2-（2-乙基吡啶-4-基）乙基]-4-羟基-5，6-二氢-2H-吡喃-2-酮、3-[（6-氯 [1，2，4] 三唑并 [1，5-a] 嘧啶-2-基）甲基]-6-环戊基-6-[2-（2-乙基吡啶-4-基）乙基]-4-羟基-5，6-二氢-2H-吡喃-2-酮或 6-环戊基-3-[（5，7-二甲基 [1，2，4] 三唑并 [1，5-a] 嘧啶-2-基）甲基]-6-[2-（5-乙基吡啶-3-基）乙基]-4-羟基-5，6-二氢-2H-吡喃-2-酮。

二、意见陈述要点

申请人针对第二次审查意见通知书修改了权利要求书。修改后的权利要求 1 的化合物与对比文件 1 的化合物 178 相比，R_2 与 R_3 基团均不相同。申请人认为修改后的权利要求 1 具备创造性，理由如下：（1）权利要求 1 的化合物与化合物 178 结构差异显著，对比文件 1 没有给出将化合物 178 的相应基团修改为本申请权利要求 1 限定的具体取代基的启示。首先，对比文件 1 中未公开权利要求 1 中限定的 R_3 基团—（CH_2）（[1，2，4] 三唑并 [1，5-a] 嘧啶-2-基），其与化合物 178 的相应位置的—CH_2—苯基结构差异巨大，对比文件 1 中也没有公开该基团位置被—CH_2—杂环基取代的情形，即没有给出对上述取代基进行结构改造的技术启示；其次，对比文件 1 中公开了 187 个实施例，仅实施例 8 的化合物在 R_2 相应位置使用了吡啶基，即权利要求 1 限定的多种杂环基的一种。对比文件 1 中将化合物依据 IC_{50} 值从优至劣划分为 A～D 四个等级，其中化合物 178 为 A 等级，实施例 8 的化合物处于 D 等级，本领域技术人员在想要得到作用相似或更好效果的化合物时，会关注具有较好活性的化合物及其取代基，没有动机使用活性差的类似吡啶基的杂环取代基对本身活性较好的化合物 178 的相应基团进行取代；（2）本申请要求保护的化合物相对于对比文件 1 的化合物 178 具有更好的活性，对比文件 1 没有启示进行结构改造可以得到活性显著增强的 HCV 抑制剂。❶ 综上，权利要求 1 相对于对比文件 1 是非显而易见的，并具备显著的进步，因

---

❶ 在实际答辩中，这里最好给出相对翔实的数据对比。

此具有《专利法》第二十二条第三款规定的创造性。

案例重点评析

（1）对于审查意见中提出的质疑，最重要的是对其对应的法律问题进行分析，详细分析哪些意见具有合理性，哪些意见具有争辩的空间。对于具有争辩空间的，要从法律的角度进行针对性陈述，而不是仅仅关注技术问题。

（2）《专利审查指南2010》中规定，驳回通常在第二次审查意见通知书之后作出。答复第一次审查意见时，如果客观判断认为存在可通过争辩空间的，不一定需要对专利申请文件立即进行限制，从而为申请人争取更大的保护范围。

（3）对于审查意见表述中存在不影响审查基本结论的错误或缺陷，不一定要进行争辩。对于法律适用上的错误或缺陷，则需要明确指出，至少有可能获得多一次审查意见通知书的机会，避免因为未修改而导致驳回。

（4）对于合理的审查意见，可以通过对专利申请文件进行适当的修改以克服缺陷。对于不支持的意见，可以删除相应得不到说明书支持的部分。

（5）对于创造性的意见，如果审查意见是正确的，但对比文件仅影响权利要求中部分内容的创造性，此时通常可以通过对权利要求进行进一步的限定，扩大与最接近的现有技术的区别，并找到最合理反驳点，结合充分的说理以克服缺陷和说服审查员。在本案中，对于创造性的争辩，不能直接以本申请获得预料不到的技术效果为争辩点。虽然本申请有部分化合物被验证了效果，达到预料不到的程度，但有更多的化合物没有被验证（或者也不太可能表明所有的化合物都能达到），如直接从获得预料不到的技术效果角度进行争辩，极有可能使得审查员认为权利要求应当限定到得到验证的具体化合物。

参考文献

[1] 吴观乐. 专利代理实务 [M]. 2版. 北京：知识产权出版社，2007.

[2] 欧阳石文，吴观乐. 专利代理实务应试指南及真题精解 [M]. 2版. 北京：知识产权出版社，2012.

[3] 中华人民共和国国家知识产权局. 专利审查指南2010 [M]. 北京：知识产权出社版，2010.

[4] 渡边睦雄. 化学和生物技术专利申请文件的撰写与阅读 [M]. 2版. 冯剑波，译. 北京：知识产权出版社，2005.

[5] 魏保志. 发明专利保护客体典型案例评析 [M]. 北京：知识产权出社版，2013.

[6] 王澄. 机械领域发明专利申请文件撰写与答复技巧 [M]. 北京：知识产权出社版，2012.

[7] 张清奎. 化学领域发明专利申请文件撰写与审查 [M]. 北京：知识产权出社版，2010.

[8] 张清奎. 医药及生物技术领域发明专利申请文件撰写与审查 [M]. 北京：知识产权出社版，2002.

[9] 刘士俊. 专利创造性分析原理 [M]. 北京：知识产权出版社，2012.

[10] 肖诗鹰，刘铜华. 中药知识产权保护和申报技术指南 [M]. 北京：中国医药科技出版社，2005.

[11] 国家知识产权局专利复审委员会. 专利授权其他实质性条件 [M]. 北京：知识产权出版社，2011.

[12] 杨帆. 中药发明专利"三性"审查标准研究 [D]. 成都：成都中医药大学，2012.

[13] 赵良，闫家福，何瑜，刘会英. 浅谈如何合理地扩大中药专利申请的保护范围 [J]. 中国中药杂志，2013，38（3）：449–452.

[14] 赵健，张馨文，朱红星. 晶体药物专利申请的技巧及注意事项 [J]. 现代药物与临床，2012，27（4）：418–421.

[15] 吴江明. 制药用途发明的创造性判断 [N]. 中国知识产权报，2012–05–23（011）.